Springer Collected Works in Mathematics

For further volumes:
http://www.springer.com/series/11104

Courtesy *Aftenposten*, Oslo

Atle Selberg 1960

Atle Selberg

Collected Papers I

Reprint of the 1989 Edition

Springer

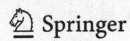

Atle Selberg (1917 – 2007)
Institute for Advanced Study
Princeton, NJ
USA

ISSN 2194-9875
ISBN 978-3-642-41021-5 (Softcover)
978-3-540-18389-1 (Hardcover)
DOI 10.1007/978-3-642-15077-7
Springer Heidelberg New York Dordrecht London

Library of Congress Control Number: 2012954381

Mathematical Subject Classification: AMS Classification (1980): 00A10

Printed on acid-free paper

Springer is part of Springer Science+Business Media (www.springer.com)

Foreword

The early work of Atle Selberg lies in the fields of analysis and number theory. It concerns the Riemann zeta-function, Dirichlet's L-functions, the Fourier coefficients of modular forms, the distribution of prime numbers, and the general sieve method. It is brilliant, and unsurpassed, and in the finest classical tradition. His later work cuts across many fields: function theory, operator theory, spectral theory, group theory, topology, differential geometry, and number theory. It has enlarged and transfigured the whole concept and structure of arithmetic. It exemplifies the modern tradition at its sprightly best, and makes him one of the master mathematicians of our time.

Thanks are due to Springer-Verlag, particularly to Dr. Heinz Götze, for bringing out this publication, which will enable the reader to perceive the depth and originality of Atle Selberg's ideas and results, and sense the scale and intensity of their influence on contemporary mathematical thought.

E.T.H. Zürich
1 July 1988

K. Chandrasekharan

Note

Particular thanks are due to Professor K. E. Aubert of the University of Oslo, and Dr. Albert Stadler of the E.T.H. Zürich, for help in the compilation of this volume.

Volume II will contain material on which Atle Selberg has lectured at different times and places in recent years, but which has not so far appeared in print. Among the topics included will be: sieve methods, Eisenstein series, automorphic forms.

Table of contents

1.

Über einige arithmetische Identitäten

Avhandlinger utgitt av Det Norske Videnskaps-Akademi i Oslo
I. Mat.-Naturv. Klasse (1936), No. 8, 1–23

Einleitung.

Die vorliegende Arbeit[1] ist der Herleitung einiger arithmetischer Identitäten aus dem Gebiete der unendlichen Reihen, Produkte und Kettenbrüche gewidmet. Wir bedienen uns dabei einer Hilfsfunktion

$$C_{k,i}(x) = 1 - x^i q^i + \sum_{\mu=1}^{\infty} (-1)^\mu x^{k\mu} q^{(2k+1)\frac{\mu^2+\mu}{2} - i\mu} (1 - x^i q^{(2\mu+1)i}) \frac{(1-xq)\cdots(1-xq^\mu)}{(1-q)\cdots(1-q^\mu)}, \tag{1}$$

wo $|q| < 1$ und k reell und $> -\frac{1}{2}$.[2] Unter diesen Voraussetzungen konvergiert (1) für alle i und alle $x \neq 0$. Das Studium dieser Funktion in §§ 1 und 2 gibt, daß $C_{k,i}(x)$ für rationale k einer linearen Differenzgleichung genügt. In §§ 3 und 4 suchen wir von dieser Funktionalgleichung ausgehend für spezielle Werte von k und i neue Ausdrücke für die Funktion $C_{k,i}(x)$ zu entwickeln. Als Spezialfälle gewinnen wir neben bekannten Formeln von Euler, Jacobi und Rogers-Ramanujan auch einige, die neu sind. Am interessantesten ist der § 3, der die Spezialfälle, wo i und k ganzzahlig und gleich sind, behandelt. Für $k=i=1$ ergibt sich Eigenschaften der gewöhnlichen Theta-Funktionen, für $k=i=2$ die Rogers-Ramanujanschen Identitäten und für $k=i=3$ neue Identitäten, welche zu der Zahl 7 in derselben Beziehung stehen wie die Rogers-Ramanujanschen zu der Zahl 5.

---

[1] Die Arbeit wurde von Herrn Prof. Carl Størmer an Herrn Prof. G. N. Watson geschickt um sein Urteil zu hören. Für eine Reihe bibliographischer Daten und Vorschläge zur Verbesserung bin ich Herrn Prof. G. N. Watson meinen besten Dank schuldig.

[2] Um die Mehrdeutigkeit der Funktion bei nichtganzzahligen k oder i zu vermeiden könnte man hier $x = e^u$, $q = e^v$ setzen.

§ 1.

Bilden wir aus (1) den Ausdruck $-x^{-i}q^{-i}C_{k,i}(x)$, so ergibt sich

$$-x^{-i}q^{-i}C_{k,i}(x)=1-x^{-i}q^{-i}$$

$$+\sum_{\mu=1}^{\infty}(-1)^{\mu}x^{k\mu}q^{(2k+1)\frac{\mu^2+\mu}{2}+i\mu}(1-x^{-i}q^{-(2\mu+1)i})\frac{(1-xq)\cdots(1-xq^{\mu})}{(1-q)\cdots(1-q^{\mu})}.$$

Da die rechte Seite, wie man sofort sieht, gleich $C_{k,-i}(x)$ ist, so folgt

(2) $$C_{k,-i}(x)=-x^{-i}q^{-i}C_{k,i}(x).$$

Durch gliedweise Subtraktion bekommt man ferner

$$C_{k,i}(x)-C_{k,i-1}(x)=x^{i-1}q^{i-1}(1-xq)$$

$$+\sum_{\mu=1}^{\infty}(-1)^{\mu}x^{k\mu}q^{(2k+1)\frac{\mu^2+\mu}{2}-i\mu}$$

$$(1-q^{\mu}+x^{i-1}q^{(2i-1)\mu+i-1}(1-xq^{\mu+1}))\frac{(1-xq)\cdots(1-xq^{\mu})}{(1-q)\cdots(1-q^{\mu})}.$$

Zerlegt man jedes Glied dieser Summe in zwei Teile, indem man setzt

$$1-q^{\mu}+x^{i-1}q^{(2i-1)\mu+i-1}(1-xq^{\mu+1})=\{1-q^{\mu}\}$$

$$+\{x^{i-1}q^{(2i-1)\mu+i-1}(1-xq^{\mu+1})\},$$

und vereinigt man den letzten Teil jedes Gliedes mit dem ersten des darauf folgenden, so bekommt man

$$C_{k,i}(x)-C_{k,i-1}(x)=x^{i-1}q^{i-1}(1-xq)$$

$$\Big\{1-x^{k-i+1}q^{2(k-i+1)}+\sum_{\mu=1}^{\infty}(-1)^{\mu}x^{k\mu}q^{(2k+1)\frac{\mu^2+\mu}{2}+(i-1)\mu}$$

$$(1-x^{k-i+1}q^{2(k-i+1)(\mu+1)})\frac{(1-xq^2)\cdots(1-xq^{\mu+1})}{(1-q)\cdots(1-q^{\mu})}\Big\}.$$

Der Ausdruck im geschweiften Klammer ist, wie man leicht bestätigt, gleich $C_{k,k-i+1}(xq)$; man bekommt also

(3) $$C_{k,i}(x)=C_{k,i-1}(x)+x^{i-1}q^{i-1}(1-xq)C_{k,k-i+1}(xq).$$

Durch Kombination der Formeln (2) und (3) läßt sich offenbar neue Beziehungen zwischen den verschiedenen $C_{k,i}$ herleiten.

Aus (2) und (3) ziehen wir den Schluß, daß wenn n eine ganze positive Zahl ist, so ist

$$C_{k,i}(q^{-n})=0\,.$$

Wir führen den Beweis induktiv. Wie der Ausdruck (1) zeigt, ist die Behauptung richtig für $n=1$. Wir nehmen sie jetzt für $n=m$ für richtig an und zeigen, daß sie dann auch für $n=m+1$ richtig ist. Gemäß (3) ist

$$C_{k,i}(q^{-m-1})=C_{k,i-1}(q^{-m-1})+q^{-(i-1)m}(1-q^{-m})\,C_{k,k-i+1}(q^{-m})\,.$$

Nun ist gemäß Voraussetzung $C_{k,k-i+1}(q^{-m})=0$ und folglich

$$C_{k,i}(q^{-m-1})=C_{k,i-1}(q^{-m-1})\,. \tag{4}$$

Ebenso findet man

$$C_{k,-i}(q^{-m-1})=C_{k,1-i}(q^{-m-1})\,. \tag{5}$$

Infolge von (2) ist nun

$$C_{k,-i}(q^{-m-1})=-q^{mi}\,C_{k,i}(q^{-m-1}),$$

und

$$C_{k,1-i}(q^{-m-1})=-q^{m(i-1)}\,C_{k,i-1}(q^{-m-1}).$$

Wird dies in (5) eingetragen, so ergibt nach Multiplikation mit $-q^{-m(i-1)}$

$$q^m\,C_{k,i}(q^{-m-1})=C_{k,i-1}(q^{-m-1}),$$

was mit (4) zusammengehalten $C_{k,i}(q^{-m-1})=0$ gibt, w. z. b. w.

§ 2.

Findet man aus (2) $C_{k,i-1}$ durch $C_{k,1-i}$ ausgedruckt, so ergibt sich, wenn man mit diesem Ausdruck in die Formel (3) eingeht

$$C_{k,k-i+1}(xq)=\frac{x^{1-i}q^{1-i}}{1-xq}\,C_{k,i}(x)+\frac{1}{1-xq}\,C_{k,1-i}(x).$$

Nun ist nach (3)

$$C_{k,k-i}(xq)=C_{k,k-i+1}(xq)-x^{k-i}q^{2(k-i)}(1-xq^2)\,C_{k,i}(xq^2),$$

und ebenso

$$C_{k,\,1+i}(x) = C_{k,\,i}(x) + x^i q^i (1 - xq)\, C_{k,\,k-i}(xq)\,.$$

Mit Hilfe von diesen drei Gleichungen läßt sich offenbar $C_{k,\,1+i}(x)$ linear durch $C_{k,\,i}(x)$, $C_{k,\,1-i}(x)$ und $C_{k,\,i}(xq^2)$ ausdrücken. Fahren wir in dieser Weise fort, so erhalten wir

$$C_{k,\,k-i-1}(xq) = C_{k,\,k-i}(xq) - x^{k-i-1} q^{2(k-i-1)} (1 - xq^2)\, C_{k,\,1+i}(xq^2)\,,$$

$$C_{k,\,2+i}(x) = C_{k,\,1+i}(x) + x^{1+i} q^{1+i} (1 - xq)\, C_{k,\,k-i-1}(xq)\,,$$

u. s. w.

Allgemein erkennt man hieraus, daß wenn n eine ganze positive Zahl ist, so läßt sich $C_{k,\,n+i}(x)$ linear mit Hilfe von $C_{k,\,i}(x)$, $C_{k,\,1-i}(x)$, $C_{k,\,i}(xq^2)$, $C_{k,\,1-i}(xq^2)$, $\cdots\cdots$, $C_{k,\,i}(xq^{2n-2})$, $C_{k,\,1-i}(xq^{2n-2})$, $C_{k,\,i}(xq^{2n})$ ausdrücken. Dabei sind die Koeffizienten rationale Funktionen in x, x^i und x^k.

Mit Hilfe von (2) und (3) bestätigt man leicht, daß

$$C_{k,\,mk-n-i}(xq^m) = \frac{C_{k,\,(m-1)k-n-i}(xq^{m-1}) - xq^m\, C_{k,\,(m-1)k-n-1-i}(xq^{m-1})}{1 - xq^m}\,.$$

Lassen wir m eine ganze positive Zahl sein, so ergibt sich durch m-malige Anwendung dieser Gleichung, daß $C_{k,\,mk-n-i}(xq^m)$ mit Hilfe von $C_{k,\,-n-i}(x)$, $C_{k,\,-n-1-i}(x)$, $\cdots\cdots$, $C_{k,\,-(n+m)-i}(x)$ linear ausgedrückt werden kann. Nach (2) folgt hieraus, daß $C_{k,\,mk-n-i}(xq^m)$ auch durch $C_{k,\,n+i}(x)$, $C_{k,\,n+1+i}(x)$, $\cdots\cdots$, $C_{k,\,n+m+i}(x)$ linear ausgedrückt werden kann. Wenden wir jetzt das vorgehende Resultat betreffs $C_{k,\,n+i}(x)$ an, so erhalten wir, daß $C_{k,\,mk-n-i}(xq^m)$ für ganze positive n linear mit Hilfe von $C_{k,\,i}(x)$, $C_{k,\,1-i}(x)$, $C_{k,\,i}(xq^2)$, $C_{k,\,1-i}(xq^2)$, $\cdots\cdots$, $C_{k,\,i}(xq^{2(n+m-1)})$, $C_{k,\,1-i}(xq^{2(n+m-1)})$, $C_{k,\,i}(xq^{2(n+m)})$ ausgedrückt werden kann.

Sei nun k gleich der positiven rationalen Zahl $\frac{r}{s}$, wo r und s relativ prim sind. Setzen wir im Obigen $m = s$ und $n = r$, so ergibt sich, daß $C_{k,\,-i}(xq^s)$ und somit nach (2) auch $C_{k,\,i}(xq^s)$ linear durch $C_{k,\,i}(x)$, $C_{k,\,1-i}(x)$, $C_{k,\,i}(xq^2)$, $C_{k,\,1-i}(xq^2)$, $\cdots\cdots$, $C_{k,\,i}(xq^{2(r+s-1)})$, $C_{k,\,1-i}(xq^{2(r+s-1)})$, $C_{k,\,i}(xq^{2(r+s)})$ ausgedrückt werden kann. Es besteht also eine Gleichung

$$(6)\qquad \sum_{\mu=0}^{r+s} \alpha_\mu(x)\, C_{k,i}(xq^{2\mu}) + \sum_{\mu=0}^{r+s-1} \beta_\mu(x)\, C_{k,1-i}(xq^{2\mu}) + C_{k,i}(xq^s) = 0\,,$$

wo $\alpha_\mu(x)$ und $\beta_\mu(x)$ rationale Funktionen von x, x^k und x^i sind. Wenn man die Entwicklungen, welche zur Gleichung (6) führten genauer nachgeht, so erkennt man leicht, daß der Koeffizient von $C_{k,i}(xq^{2(r+s)})$ nicht identisch verschwindet.

Ersetzt man in (6) i durch $1-i$ so geht (6) über in

$$(6')\qquad \sum_{\mu=0}^{r+s-1} \delta_\mu(x)\, C_{k,i}(xq^{2\mu}) + \sum_{\mu=0}^{r+s} \gamma_\mu(x)\, C_{k,1-i}(xq^{2\mu}) + C_{k,1-i}(xq^s) = 0\,,$$

dabei sind $\delta_\mu(x)$ und $\gamma_\mu(x)$ rationale Funktionen von x, x^k und x^i; hier kann $\gamma_{r+s}(x)$ nicht identisch gleich Null sein.

Die linken Seiten von (6) und (6') können nicht identisch sein, denn beide enthalten mindestens ein Glied, das in der anderen nicht vorkommt, nämlich resp.

$$\alpha_{r+s}(x)\, C_{k,i}(xq^{2(r+s)}) \text{ und } \gamma_{r+s}(x)\, C_{k,1-i}(xq^{2(r+s)})\,.$$

Eliminiert man aus (6) und (6') $C_{k,1-i}(x)$, so ergibt sich eine neue Gleichung zwischen den verschiedenen $C_{k,i}(xq^\nu)$ $(\nu = 0, 1, 2, \cdots, 2(r+s))$ und $C_{k,1-i}(xq^m), \cdots\cdots, C_{k,1-i}(xq^{2(r+s)})$, wo $m \geq 1$. Ersetzt man in (6) x durch xq^m, so kann zwischen (6) und der neuen Gleichung $C_{k,1-i}(xq^m)$ eliminiert werden, u. s. w. Das Verfahren ist offenbar der gewöhnlichen Elimination oder Resultantenbildung bei algebraischen Gleichungen vollkommen analog. Als Endresultat ergibt sich, wie man leicht erkennt eine Gleichung

$$(7)\qquad \sum_{\mu=0}^{n} A_\mu(x)\, C_{k,i}(xq^\mu) = 0\,,$$

wobei die Koeffizienten $A_\mu(x)$ rationale Funktionen von x, x^k und x^i sind die nicht alle identisch verschwinden.

Unser Beweis dieser Funktionalgleichung setzt voraus, daß k eine positive rationale Zahl ist. Es ist aber durch eine unbedeutende Modifikation der Beweismethode leicht einzusehen, daß eine Funktionalgleichung der Form (7) auch für nichtpositive rationale k besteht.

Wenn $i=\frac{1}{2}$ oder $i=1$, so vereinfachen sich die Verhältnisse bedeutend dadurch, daß im ersten Falle $i=1-i$ ist, während im zweiten Falle $1-i=0$ ist, und $C_{k,0}(x)$ identisch gleich Null ist. In beiden Fällen gewinnt man die Funktionalgleichung direkt aus (6) oder (6'). und es ist auch leicht independente Ausdrücke für die Koeffizienten $A_\mu(x)$ aufzustellen.

Wir betrachten zuletzt noch den Fall, daß k eine ganze positive Zahl ist. Infolge von (3) ist dann

$$C_{k,1}(x)=(1-xq)(C_{k,k}(xq),$$

$$C_{k,k-1}(x)=C_{k,k}(x)-x^{k-1}q^{k-1}(1-xq)C_{k,1}(xq),$$

u. s. w.

Fährt man in dieser Weise fort, so ergibt sich folgende durch Induktion leicht zu beweisende Formeln

$$C_{k,m}(x)=\sum_{\mu=0}^{m-1}(-1)^\mu x^{\mu k}q^{(2k+1)\frac{\mu^2+\mu}{2}-m\mu}(1-xq)(1-xq^2) \tag{8}$$
$$\cdots(1-xq^{2\mu+1})a_{m,\mu}(x)C_{k,k}(xq^{2\mu+1}),$$

$$C_{k,k-m}(x)=\sum_{\mu=0}^{m}(-1)^\mu x^{\mu k-m}q^{(2k+1)\frac{\mu^2+\mu}{2}+\mu(k-m)}(1-xq)(1-xq^2) \tag{8'}$$
$$\cdots(1-xq^{2\mu})b_{m,\mu}(x)C_{k,k}(xq^{2\mu}),$$

wobei

$$a_{m,\mu}(x)=\frac{1}{(1-q)^2\cdots(1-q^\mu)^2}\sum_{n=0}^{m-\mu-1}x^n q^{n(\mu+1)}(1-q^{n+1}) \tag{9}$$
$$\cdots(1-q^{n+\mu})\cdot(1-q^{m-(n+\mu)})\cdots(1-q^{m-n-1}),$$

$$b_{m,\mu}(x)=\frac{1}{(1-q)^2\cdots(1-q^{\mu-1})^2(1-q^\mu)}\sum_{n=0}^{m-\mu}x^n q^{n\mu}(1-q^{n+1}) \tag{9'}$$
$$\cdots(1-q^{n+\mu})\cdot(1-q^{m-(n+\mu)+1})\cdots(1-q^{m-n-1}).[1]$$

---

[1] Für $\mu=0$ wird diese Formel sinnlos, $b_{m,0}(x)$ ist aber gleich x^m zu setzen, da ein leeres Produkt 1 bezeichnet.

Da

$$C_{k,\,k-\left[\frac{k}{2}\right]}(x)=C_{k,\,\left[\frac{k+1}{2}\right]}(x)$$

so ergibt sich aus (8) und (8′)

$$\begin{aligned}&\sum_{\mu=0}^{\left[\frac{k-1}{2}\right]}(-1)^{\mu}x^{\mu k}q^{(2k+1)\frac{\mu^2+\mu}{2}-\mu\left[\frac{k+1}{2}\right]}(1-xq)\\ &\quad\cdots(1-xq^{2\mu+1})\,a_{\left[\frac{k+1}{2}\right],\,\mu}(x)\,C_{k,\,k}(xq^{2\mu+1})\\ &=\sum_{\mu=0}^{\left[\frac{k}{2}\right]}(-1)^{\mu}x^{\mu k-\left[\frac{k}{2}\right]}q^{(2k+1)\frac{\mu^2+\mu}{2}+\mu\left[\frac{k+1}{2}\right]}(1-xq)\\ &\quad\cdots(1-xq^{2\mu})\,b_{\left[\frac{k}{2}\right],\,\mu}(x)\,C_{k,\,k}(xq^{2\mu}).\end{aligned}\tag{10}$$

§ 3.

Mit Hilfe der Differenzgleichung für $C_{k,\,i}(x)$ wollen wir jetzt neue Ausdrücke und Entwicklungen für $C_{k,\,i}(x)$ herleiten. Wir gewinnen auf diese Weise eine Reihe Identitäten zwischen unendlichen Reihen, Produkten und Kettenbrüchen.

Wir betrachten zunächst den Fall, daß k und i ganze Zahlen sind. Da nach dem im vorigen Paragraphen bewiesenen $C_{k,\,m}(x)$ linear durch $C_{k,\,k}(xq)$, $C_{k,\,k}(xq^{3})$, ..., $C_{k,\,k}(xq^{2m-1})$ ausgedruckt werden kann, so interessiert in erster Reihe die Funktion $C_{k,\,k}(x)$.

Sei zunächst $k=1$. Gemäß (10) ist dann

$$C_{1,\,1}(x)=(1-xq)\,C_{1,\,1}(xq).\tag{11}$$

Da $C_{1,\,1}(0)=1$, so ergibt sich durch wiederholte Anwendung

$$\begin{aligned}C_{1,\,1}(x)&=1+\sum_{\mu=1}^{\infty}(-1)^{\mu}x^{\mu}q^{\frac{3\mu^2-\mu}{2}}(1-xq^{2\mu})\frac{(1-xq)\cdots(1-xq^{\mu-1})}{(1-q)\cdots(1-q^{\mu})}\\ &=\prod_{\mu=1}^{\infty}(1-xq^{\mu}).\end{aligned}\tag{12}$$

Setzt man in dieser Formel $x=1$, so ergibt sich die EULERsche[1] Formel

$$(13)\qquad \sum_{-\infty}^{\infty}(-1)^{\mu} q^{\frac{3\mu^2+\mu}{2}} = \prod_{\mu=1}^{\infty}(1-q^{\mu}).$$

Für $k=2$ ergibt sich nach (10)

$$(14)\qquad C_{2,2}(x)=(1-xq)\,C_{2,2}(xq)+xq(1-xq)(1-xq^2)\,C_{2,2}(xq^2).$$

Setzt man

$$P(x)=\frac{C_{2,2}(x)}{(1-xq)(1-xq^2)(1-xq^3)\cdots},$$

so schreibt sich (14)

$$(15)\qquad P(x)=P(xq)+xq\,P(xq^2).$$

Für die Koeffizienten der Potenzreihenentwicklung

$$P(x)=\sum_{\mu=0}^{\infty} A_{\mu}x^{\mu},$$

ergibt sich hieraus durch Koeffizientenvergleichung

$$A_{\mu}=\frac{q^{2\mu-1}}{1-q^{\mu}}A_{\mu-1},$$

und somit, da $A_0=P(0)=1$,

$$(16)\qquad A_{\mu}=\frac{q^{\mu^2}}{(1-q)(1-q^2)\cdots(1-q^{\mu})},$$

$$(17)\qquad P(x)=\frac{C_{2,2}(x)}{(1-xq)(1-xq^2)\cdots}=\sum_{\mu=0}^{\infty}\frac{q^{\mu^2}x^{\mu}}{(1-q)(1-q^2)\cdots(1-q_{\mu})}.$$

Setzt man in (17) $x=1$ und $x=q$, so ergibt sich unter Anwendung der Definition (1) von $C_{2,2}$

$$(18)\qquad \frac{\sum_{-\infty}^{\infty}(-1)^{\mu} q^{\frac{5\mu^2+\mu}{2}}}{(1-q)(1-q^2)(1-q^3)\cdots}=\sum_{\mu=0}^{\infty}\frac{q^{\mu^2}}{(1-q)(1-q^2)\cdots(1-q^{\mu})},$$

[1] Novi Comm. Acad. Petrop. 5 (1754–5), 75–83.

$$(18') \qquad \frac{\sum\limits_{-\infty}^{\infty}(-1)^{\mu}\, q^{\frac{5\mu^2+3\mu}{2}}}{(1-q)(1-q^2)(1-q^3)\cdots} = \sum_{\mu=0}^{\infty}\frac{q^{\mu^2+\mu}}{(1-q)(1-q^2)\cdots(1-q^{\mu})},$$

und hieraus[1]

$$(19) \qquad \prod_{\mu=0}^{\infty}\frac{1}{(1-q^{5\mu+1})(1-q^{5\mu+4})} = \sum_{\mu=0}^{\infty}\frac{q^{\mu^2}}{(1-q)(1-q^2)\cdots(1-q^{\mu})},$$

$$(19') \qquad \prod_{\mu=0}^{\infty}\frac{1}{(1-q^{5\mu+2})(1-q^{5\mu+3})} = \sum_{\mu=0}^{\infty}\frac{q^{\mu^2+\mu}}{(1-q)(1-q^2)\cdots(1-q^{\mu})},$$

welche die Identitäten von ROGERS-RAMANUJAN[2] sind.

Für $C_{3,3}$ ergibt sich aus (10)

$$(20) \qquad \begin{aligned} C_{3,3}(x) &= (1+xq)(1-xq)\,C_{3,3}(xq) + x^2q^2(1-xq)(1-xq^2)\,C_{3,3}(xq^2) \\ &\quad - x^3q^5(1-xq)(1-xq^2)(1-xq^3)\,C_{3,3}(xq^3). \end{aligned}$$

Setzt man hier

$$Q_0(x) = \frac{C_{3,3}(x)}{(1-xq)(1-xq^2)(1-xq^3)\cdots},$$

so schreibt sich (20)

$$(21) \qquad Q_0(x) = (1+xq)\,Q_0(xq) + x^2q^2\,Q_0(xq^2) - x^3q^5\,Q_0(xq^3).$$

Wir definieren jetzt

$$\begin{aligned} Q_0(x) &- x^2q^2\; Q_0(xq^2) &= Q_1(x), \\ Q_1(x) &- x^2q^4\; Q_1(xq^2) &= Q_2(x), \\ &\quad\vdots \\ Q_{n-1}(x) &- x^2q^{2n}\, Q_{n-1}(xq^2) &= Q_n(x), \\ &\quad\vdots \end{aligned}$$

[1] Die Identität der linken Seiten von (18) und (19), (18') und (19') ist eine leichte Folge der JACOBIschen Formel (Fund. Nova, (1829), 180—182)

$$\sum_{-\infty}^{\infty}(-1)^{\mu}\,q^{\mu^2}z^{\mu} = \prod_{\mu=1}^{\infty}(1-q^{2\mu})(1-q^{2\mu-1}z)\left(1-q^{2\mu-1}\frac{1}{z}\right).$$

[2] Zur Geschichte dieser Identitäten vgl. Collected Papers of S. RAMANUJAN (1927) 344.

Es ist leicht zu bestätigen, daß

$$Q_{n+1}(x)-(1+xq)\,Q_{n+1}(xq)-x^2q^{2n+4}\,Q_{n+1}(xq^2)+x^3q^{2n+7}\,Q_{n+1}(xq^3)$$
$$=\{Q_n(x)-(1+xq)\,Q_n(xq)-x^2q^{2n+2}\,Q_n(xq^2)+x^3q^{2n+5}\,Q_n(xq^3)\}$$
$$-x^2q^{2n+4}\{Q_n(xq^2)-(1+xq^3)\,Q_n(xq^3)-x^2q^{2n+6}\,Q_n(xq^4)$$
$$+x^3q^{2n+11}\,Q_n(xq^5)\}\,.$$

Durch Induktion überzeugt man sich deshalb leicht, daß $Q_n(x)$ der Funktionalgleichung genügt

(22) $$Q_n(x)=(1+xq)\,Q_n(xq)+x^2q^{2n+2}\,Q_n(xq^2)-x^3q^{2n+5}\,Q_n(xq^3)\,.$$

Bei beliebigem festem r ist augenscheinlich $Q_0(x)$ beschränkt im Kreise $|x|\leq r$. Es sei $|Q_0(x)|\leq A$. Folglich haben wir

$$|Q_1(x)|\leq|Q_0(x)|+|x^2q^2|\cdot|Q_0(xq^2)|\leq A(1+r^2|q|^2).$$

Ebenso haben wir

$$|Q_1(xq^2)|\leq A(1+r^2|q|^4)\leq A(1+r^2|q|^2)\,.$$

Daher ist

$$|Q_2(x)|\leq|Q_1(x)|+|x^2q^4|\cdot|Q_1(xq^2)|$$
$$\leq A(1+r^2|q|^2)\,(1+r^2|q|^4)\,.$$

Auf gleiche Weise haben wir

$$|Q_n(x)|\leq A\prod_{m=1}^{n}(1+r^2|q|^{2m})\leq A\prod_{m=1}^{\infty}(1+r^2|q|^{2m})=B\,,$$

d. h. $Q_n(x)$ ist beschränkt. Folglich ist

$$|Q_{n+\varrho}(x)-Q_n(x)|\leq\sum_{m=0}^{\varrho-1}|Q_{n+m+1}(x)-Q_{n+m}(x)|$$
$$=\sum_{m=0}^{\varrho-1}|x^2q^{2n+2m+2}\,Q_{n+m}(xq^2)|\leq\frac{Br^2|q|^{2n+2}}{1-|q|^2}\,.$$

Die Funktionenfolge $Q_n(x)$ konvergiert somit in jedem endlichen Kreise $|x|\leq r$ gleichmäßig gegen eine Grenzfunktion $Q(x)$.

Durch Grenzübergang folgt nunmehr aus (22)

$$Q(x)=(1+xq)\,Q(xq). \tag{23}$$

Weil nun für alle n $Q_n(0)=1$, und daher auch $Q(0)=1$, so folgt hieraus

$$Q(x)=\prod_{\mu=1}^{\infty}(1+xq^{\mu}). \tag{24}$$

Aus der Rekursionsformel

$$Q_n(x)-x^2q^{2n+2}\,Q_n(xq^2)=Q_{n+1}(x)$$

leitet man durch wiederholte Anwendung ab:

$$Q_n(x)=\sum_{\mu=0}^{\infty}x^{2\mu}q^{2\mu^2+2n\mu}\,Q_{n+1}(xq^{2\mu}). \tag{25}$$

Ersetzt man hier n durch $n+1$, so kommt

$$Q_{n+1}(x)=\sum_{\mu=0}^{\infty}x^{2\mu}q^{2\mu^2+2(n+1)\mu}\,Q_{n+2}(xq^{2\mu}).$$

Wird dies in (25) eingetragen, so ergibt sich nach einer kurzen Zwischenrechnung

$$Q_n(x)=\sum_{\mu=0}^{\infty}x^{2\mu}q^{2\mu^2+2n\mu}\,\frac{1-q^{2\mu+2}}{1-q^2}\,Q_{n+2}(xq^{2\mu}).$$

Fährt man auf diese Weise fort, so ergibt sich folgende durch Induktion leicht zu beweisende Formel

$$Q_n(x)=\sum_{\mu=0}^{\infty}x^{2\mu}q^{2\mu^2+2n\mu}\,\frac{(1-q^{2\mu+2})\cdots(1-q^{2\mu+2m})}{(1-q^2)\cdots(1-q^{2m})}\,Q_{n+m+1}(xq^{2\mu}), \tag{26}$$

und indem wir den Grenzübergang $m\to\infty$ vollziehen

$$Q_n(x)=\sum_{\mu=0}^{\infty}x^{2\mu}q^{2\ \ 2+2n\mu}\,\frac{Q(xq^{2\mu})}{(1-q^2)(1-q^4)\cdots(1-q^{2\mu})}. \tag{27}$$

Setzt man hier $n=0$, so ergibt durch Division mit

$$Q(x) = (1+xq)(1+xq^2)(1+xq^3)\cdots,$$

da

$$Q(xq^{2\mu}) = (1+xq^{2\mu+1})(1+xq^{2\mu+2})\cdots,$$

folgende Formel

$$\frac{Q_0(x)}{Q(x)} = \frac{C_{3,3}(x)}{(1-x^2q^2)(1-x^2q^4)\cdots}$$

(28)
$$= \sum_{\mu=0}^{\infty} \frac{x^{2\mu}q^{2\mu^2}}{(1-q^2)(1-q^4)\cdots(1-q^{2\mu})\cdot(1+xq)\cdots(1+xq^{2\mu})}.$$

Nun ist nach (1)

$$C_{3,3}(1) = \sum_{-\infty}^{\infty} (-1)^\mu q^{\frac{7\mu^2+\mu}{2}};$$

ferner ist

$$(1-q)\,C_{3,3}(q) = \sum_{-\infty}^{\infty} (-1)^\mu q^{\frac{7\mu^2+5\mu}{2}},$$

$$C_{3,3}(1) - q^2(1-q)(1-q^2)\,C_{3,3}(q^2) = \sum_{-\infty}^{\infty} (-1)^\mu q^{\frac{7\mu^2+3\mu}{2}}.$$

Eine Umformung dieser unendlichen Reihen in unendliche Produkte, welche der in der Fußnote S. 11 geschilderten ganz analog ist, gibt die drei Identitäten

$$\prod_{\mu=0}^{\infty} \frac{1}{(1+q^{7\mu+7})(1-q^{14\mu+2})(1+q^{14\mu+3})(1+q^{14\mu+11})(1-q^{14\mu+12})(1-q^{28\mu+8})(1-q^{28\mu+20})} \tag{29}$$
$$= \sum_{\mu=0}^{\infty} \frac{q^{2\mu^2}}{(1+q)(1+q^3)\cdots(1+q^{2\mu-1})\cdot(1-q^4)(1-q^8)\cdots(1-q^{4\mu})};$$

$$\prod_{\mu=0}^{\infty} \frac{1}{(1+q^{7\mu+7})(1+q^{14\mu+5})(1-q^{14\mu+6})(1-q^{14\mu+8})(1+q^{14\mu+9})(1-q^{28\mu+4})(1-q^{28\mu+24})} \tag{30}$$
$$= \sum_{\mu=0}^{\infty} \frac{q^{2\mu^2+2\mu}}{(1+q)(1+q^3)\cdots(1+q^{2\mu-1})\cdot(1-q^4)(1-q^8)\cdots(1-q^{4\mu})};$$

$$\prod_{\mu=0}^{\infty} \frac{1}{(1+q^{7\mu+7})(1+q^{14\mu+1})(1-q^{14\mu+4})(1-q^{14\mu+10})(1+q^{14\mu+13})(1-q^{28\mu+12})(1-q^{28\mu+16})} \tag{31}$$
$$= \sum_{\mu=0}^{\infty} \frac{q^{2\mu^2+2\mu}}{(1+q)(1+q^3)\cdots(1+q^{2\mu+1})\cdot(1-q^4)(1-q^8)\cdots(1-q^{4\mu})}.$$

Weitere Formeln dieser Art gibt das Studium der Funktion $C_{k,k}(x)$ für $k=4, 5, 6$.

§ 4.

Wir betrachten jetzt einige einfache Fälle, wo k und i nicht beide ganze Zahlen sind.

Wir fangen mit $C_{0,\frac{1}{2}}(x)$ an; für diese Funktion nimmt die Funktionalgleichung (7), wie sich leicht herausstellt, die Form

$$C_{0,\frac{1}{2}}(x)=\left(1-\sqrt{xq}\right)C_{0,\frac{1}{2}}(xq), \tag{32}$$

woraus

$$C_{0,\frac{1}{2}}(x)=C_{0,\frac{1}{2}}(0)\prod_{\mu=1}^{\infty}\left(1-\sqrt{xq^{\mu}}\right). \tag{33}$$

Nun ist nach (1)

$$C_{0,\frac{1}{2}}(0)=1+\sum_{\mu=1}^{\infty}\frac{(-1)^{\mu}q^{\frac{\mu^2}{2}}}{(1-q)(1-q^2)\cdots(1-q^{\mu})}.$$

Die rechte Seite ist, wie man leicht erkennt,[1] gleich

$$1+\sum_{\mu=1}^{\infty}\frac{(-1)^{\mu}q^{\frac{\mu^2}{2}}}{(1-q)(1-q^2)\cdots(1-q^{\mu})}=\prod_{\mu=1}^{\infty}\left(1-q^{\mu-1}\sqrt{q}\right).$$

Wir erhalten somit aus (33)

$$C_{0,\frac{1}{2}}(x)=\prod_{\mu=1}^{\infty}\left(1-q^{\mu-1}\sqrt{q}\right)\left(1-\sqrt{xq^{\mu}}\right). \tag{34}$$

Setzt man hier $x=1$, und schreibt man q^2 statt q, so ergibt sich die Formel von Jacobi[2]

---

[1] Dies ergibt sich leicht aus der Formel (Euler, Introd. in Analysin Infinitorum, (1748) §§ 306–307)

$$1+\sum_{\mu=1}^{\infty}\frac{(-1)^{\mu}q^{\frac{\mu^2+\mu}{2}}z^{\mu}}{(1-q)(1-q^2)\cdots(1-q^{\mu})}.=\prod_{\mu=1}^{\infty}(1-zq^{\mu}).$$

Sie wird am leichtesten dadurch bewiesen, daß man für die Funktion $f(z)=\prod_{\mu=1}^{\infty}(1-zq^{\mu})$ durch Koeffizientenvergleichung in der Gleichung $f(z)=(1-zq)f(zq)$ die Potenzreihenentwicklung bestimmt.

[2] Fund. Nova, 186.

$$(35)\qquad 1+2\sum_{\mu=1}^{\infty}(-1)^{\mu}q^{\mu^2}=\prod_{\mu=1}^{\infty}\frac{1-q^{\mu}}{1+q^{\mu}}.$$

In dem allgemeineren Fall $C_{0,i}(x)$ lautet die Funktionalgleichung (7)

$$(36)\qquad C_{0,i}(x)=(1+q^{-i})\,C_{0,i}(xq)-q^{-i}(1-xq^2)\,C_{0,i}(xq^2).$$

Nun ist

$$C_{0,i}(x)=1-x^i q^i$$

$$+\sum_{\mu=1}^{\infty}(-1)^{\mu}q^{\frac{\mu^2+\mu}{2}-i\mu}(1-x^i q^{(2\mu+1)i})\frac{(1-xq)\cdots(1-xq^{\mu})}{(1-q)\cdots(1-q^{\mu})}$$

$$=\left\{1+\sum_{\mu=1}^{\infty}(-1)^{\mu}q^{\frac{\mu^2+\mu}{2}-i\mu}\frac{(1-xq)\cdots(1-xq^{\mu})}{(1-q)\cdots(1-q^{\mu})}\right\}$$

$$-x^i q^i\left\{1+\sum_{\mu=1}^{\infty}(-1)^{\mu}q^{\frac{\mu^2+\mu}{2}+i\mu}\frac{(1-xq)\cdots(1-xq^{\mu})}{(1-q)\cdots(1-q^{\mu})}\right\}.$$

Da die Koeffizienten $(1+q^{-i})$ und $-q^{-i}(1-xq^2)$ von (36) Polynome in x sind und somit x^i nicht enthalten, so genügen die zwei Teile, in welche wir $C_{0,i}(x)$ zerlegt haben, je der Differenzgleichung (36). Schreiben wir

$$P_{0,i}(x)=1+\sum_{\mu=1}^{\infty}(-1)^{\mu}q^{\frac{\mu^2+\mu}{2}-i\mu}\frac{(1-xq)(1-xq^2)\cdots(1-xq^{\mu})}{(1-q)(1-q^2)\cdots(1-q^{\mu})},$$

so gilt folglich

$$(37)\qquad P_{0,i}(x)=(1+q^{-i})\,P_{0,i}(xq)-q^{-i}(1-xq^2)\,P_{0,i}(xq^2).$$

Nehmen wir für i den Wert $\frac{\pi\sqrt{-1}}{ln\,q}$, so daß $q^{-i}=-1$, so geht (37), wenn weiter für die Funktion kurz $P_0(x)$ geschrieben wird, über in

$$(38)\qquad P_0(x)=(1-xq^2)\,P_0(xq^2).$$

Hieraus ergibt sich weiter

$$(39)\qquad P_0(x)=P_0(0)\prod_{\mu=1}^{\infty}(1-xq^{2\mu}).$$

Nun ist

$$P_0(0) = 1 + \sum_{\mu=1}^{\infty} \frac{q^{\frac{\mu^2+\mu}{2}}}{(1-q)(1-q^2)\cdots(1-q^\mu)} = \prod_{\mu=1}^{\infty} (1+q^\mu),$$

und schließlich

(40) $$P_0(x) = \prod_{\mu=1}^{\infty} (1+q^\mu)(1-xq^{2\mu}).$$

Setzt man hier $x=1$, so ergibt sich die Formel

(41) $$1 + \sum_{\mu=1}^{\infty} q^{\frac{\mu^2+\mu}{2}} = \prod_{\mu=1}^{\infty} (1+q^\mu)(1-q^{2\mu}),$$

die auf anderem Wege leicht zu verifizieren ist.

Aus (37) bestimmt man leicht die Koeffizienten in der Reihenentwicklung von $P_{0,i}(x)$ nach Potenzen von x. Ebenso weist man leicht nach,[1] daß

(42) $$\frac{P_{0,i}(x)}{P_{0,i}(xq)} = 1 + q^{-i} - \cfrac{q^{-i}(1-xq^2)}{1+q^{-i} - \cfrac{q^{-i}(1-xq^3)}{1+q^{-i} - \cfrac{q^{-i}(1-xq^4)}{1+q^{-i} - \cdots}}}$$

Ein interessanter Fall ist ferner $k = i = \frac{1}{2}$; die Funktionalgleichung (7) nimmt die Form

(43) $$C_{\frac{1}{2},\frac{1}{2}}(x) = \frac{(1-xq)(1-xq^2)}{\left(1+\sqrt{xq}\right)} C_{\frac{1}{2},\frac{1}{2}}(xq^2).$$

Durch wiederholte Anwendung dieser Gleichung ergibt sich, da $C_{\frac{1}{2},\frac{1}{2}}(0) = 1$,

(44) $$C_{\frac{1}{2},\frac{1}{2}}(x) = \prod_{\mu=1}^{\infty} \frac{1-xq^\mu}{1+q^{\mu-1}\sqrt{xq}}.$$

---

[1] Die Formel (42) gilt nur wenn $|q^{-i}| < 1$ oder $q^{-i} = 1$. Für $|q^{-i}| = 1$ konvergiert der Kettenbruch nur wenn $q^{-i} = 1$ ist, und man sieht leicht, daß (42) dann richtig ist. Im Falle $|q^{-i}| \neq 1$ vgl. PERRON: Die Lehre von den Kettenbrüchen. §§ 57 satz 46 D.

Setzen wir hier $x=q$, so gewinnen wir aufs neue die Formel (35); setzen wir $x=1$, so erhalten wir

$$\sum_{-\infty}^{\infty}(-1)^{\mu} q^{\mu^2+\frac{\mu}{2}} = \prod_{\mu=1}^{\infty} \frac{1-q^{\mu}}{1-q^{\mu-\frac{1}{2}}}, \tag{45}$$

was übrigens auch unabhängig von (44) leicht bewiesen werden kann.

Für $k=1$, $i=\frac{1}{2}$ lautet die Funktionalgleichung (7)

$$C_{1,\frac{1}{2}}(x)=\left(1-\sqrt{xq}\right)C_{1,\frac{1}{2}}(xq)+q\sqrt{x}\left(1-\sqrt{xq}\right)(1-xq^2)\,C_{1,\frac{1}{2}}(xq^2). \tag{46}$$

Setzen wir

$$R(x)=\frac{C_{1,\frac{1}{2}}(x)}{\left(1-\sqrt{xq}\right)\left(1-\sqrt{xq^2}\right)\cdots},$$

so schreibt sich (46)

$$R(x)=R(xq)+q\sqrt{x}\left(1+q\sqrt{x}\right)R(xq^2),$$

woraus[1]

$$\frac{R(x)}{R(xq)}=\frac{C_{1,\frac{1}{2}}(x)}{\left(1-\sqrt{xq}\right)C_{1,\frac{1}{2}}(xq)}=1+\cfrac{q^2x+q\sqrt{x}}{1+\cfrac{q^3x+q\sqrt{xq}}{1+\cfrac{q^4x+q^2\sqrt{x}}{1+\cdots}}} \tag{48}$$

Lassen wir $\sqrt{x}$ gegen $\frac{1}{\sqrt{q}}$ konvergieren, so ergibt sich, indem wir q^2 statt q schreiben,

$$\prod_{\mu=0}^{\infty}\frac{(1-q^{6\mu+3})^2}{(1-q^{6\mu+1})(1-q^{6\mu+5})}=1+\cfrac{q^2+q}{1+\cfrac{q^4+q^2}{1+\cfrac{q^6+q^8}{1+\cdots}}} \tag{49}$$

---

[1] Prof. Watson hat mich darauf aufmerksam gemacht, daß Kettenbrüche dieser Art von Ramanujan stammen. Vgl. Watson, Journal London Math. Soc. 4 (1929), 231–237.

Setzen wir dagegen $\sqrt{x} = -\frac{1}{\sqrt{q}}$, so ergibt sich, indem wir wiederum q durch q^2 ersetzen,

$$(50)\qquad \sum_{\mu=0}^{\infty} (-1)^{\mu} q^{3\mu^2+2\mu}(1+q^{2\mu+1}) = \cfrac{1}{1+\cfrac{q^2-q}{1+\cfrac{q^4-q^2}{1+\cdots}}}$$

Aus (46) kann auch sehr einfach die Entwicklung von

$$C_{1,\frac{1}{2}}(x)\prod_{\mu=1}^{\infty}\frac{1}{1-xq^{\mu}}$$

nach Potenzen von $\sqrt{x}$ bestimmt werden.

Mit Hilfe von (2) und (3) findet man die Formeln

$$(51)\qquad \begin{aligned} C_{1\frac{1}{2},\frac{1}{2}}(x) &= \left(1-\sqrt{xq}\right) C_{1\frac{1}{2},1}(xq) \\ &+ xq^2\left(1-\sqrt{xq}\right)(1-xq^2)\, C_{1\frac{1}{2},\frac{1}{2}}(xq^2), \end{aligned}$$

$$(51')\qquad \begin{aligned} C_{1\frac{1}{2},1}(x) &= (1-xq)\, C_{1\frac{1}{2},\frac{1}{2}}(xq) \\ &+ q\sqrt{x}\,(1-xq)(1-xq^2)\, C_{1\frac{1}{2},1}(xq^2). \end{aligned}$$

Hieraus bekommt man

$$(52)\qquad \frac{C_{1\frac{1}{2},1}(x)}{(1-xq)\,C_{1\frac{1}{2},\frac{1}{2}}(xq)} = 1 + \cfrac{q^2x+q\sqrt{x}}{1+\cfrac{q^3x}{1+q^4x+q^2\sqrt{x} \over 1+\cfrac{q^5x}{1+\cdots}}}$$

Setzt man hier $x = \frac{1}{q}$ so erhält man, indem man q^2 statt q schreibt,

$$\frac{\sum\limits_{-\infty}^{\infty}(-1)^{\mu} q^{4\mu^2+\mu}}{\sum\limits_{-\infty}^{\infty}(-1)^{\mu} q^{4\mu^2+3\mu}} = 1 + \cfrac{q^2+q}{1+\cfrac{q^4}{1+\cfrac{q^6+q^3}{1+\cfrac{q^8}{1+\cdots}}}}$$

Nach einigen Umformungen ergibt sich hieraus

$$(53)\qquad \prod_{\mu=0}^{\infty}\frac{(1-q^{8\mu+3})(1-q^{8\mu+5})}{(1-q^{8\mu+1})(1-q^{8\mu+7})}=1+\cfrac{q^2+q}{1+q^4+\cfrac{q^6+q^8}{1+q^8+\cfrac{q^{10}+q^{12}}{1+\cdots}}}$$

Mit $\sqrt{x}=1$ und $\sqrt{x}=-1$ ergibt sich in ähnlicher Weise die beiden Formeln

$$(54)\qquad \prod_{\mu=0}^{\infty}\frac{1+q^{2\mu+1}}{1+q^{2\mu+2}}=1+\cfrac{q}{1+q^2+\cfrac{q^3}{1+q^4+\cfrac{q^5}{1+\cdots}}}$$

$$(55)\qquad \sum_{\mu=0}^{\infty}(-1)^{\mu}q^{\frac{\mu^2+\mu}{2}}=\cfrac{1}{1+\cfrac{q}{1+\cfrac{q^2-q}{1+\cfrac{q^3}{1+\cfrac{q^4-q^2}{1+\cdots}}}}}$$

Die letzte kann auch aus einer Formel von EISENSTEIN[1] hergeleitet werden.

Der allgemeine Fall $C_{1,i}$ behandelt man genau wie $C_{0,i}$. Die Funktionalgleichung (7) lautet

$$(56)\qquad \begin{aligned} C_{1,i}(x)=&(1+q^{-i})\,C_{1,i}(xq)-q^{-i}(1+xq^2+xq^3)(1-xq^2)\,C_{1,i}(xq^2)\\ &+xq^{4-2i}(1-xq^2)(1-xq^3)(1-xq^4)\,C_{1,i}(xq^4)\,. \end{aligned}$$

Ähnlich wie bei $C_{0,i}$ kann $C_{1,i}$ in zwei Teile zerlegt werden, von welchen der eine alle Glieder in $C_{1,i}$ enthält, in denen x^i nicht vorkommt. Diese Teile genügen beide der Differenzgleichung (56); setzen wir also

[1] Journal f. Mathematik 27, 1844.

$$P_{1,i}(x) = 1 + \sum_{\mu=1}^{\infty} (-1)^{\mu} x^{\mu} q^{\frac{3\mu^2+3\mu}{2} - i\mu} \frac{(1-xq)(1-xq^2)\cdots(1-xq^{\mu})}{(1-q)(1-q^2)\cdots(1-q^{\mu})},$$

so ist

$$P_{1,i}(x) = (1+q^{-i}) P_{1,i}(xq) - q^{-i}(1+xq^2+xq^3)(1-xq^2) P_{1,i}(xq^2)$$

$$+ xq^{4-2i}(1-xq^2)(1-xq^3)(1-xq^4) P_{1,i}(xq^4).$$

Für $i = \frac{\pi\sqrt{-1}}{\ln q}$, $q^{-i} = -1$, verschwindet das Glied $(1+q^{-i}) P_{1,i}(xq)$, und man leitet leicht aus der Funktionalgleichung folgende Formel her, indem die Funktion der Kürze halber weiter mit $P_1(x)$ bezeichnet wird

$$\frac{P_1(x)}{P_1(x) - xq^2(1-xq^2)P_1(xq^2)} = 1 + \cfrac{xq^2}{2 + xq^3 - \cfrac{1}{\cfrac{P_1(xq^2)}{P_1(xq^2) - xq^4(1-xq^4)P_1(xq^4)}}};$$

hieraus ergibt sich

$$\frac{P_1(x)}{P_1(x) - xq^2(1-xq^2)P_1(xq^2)} = 1 + \cfrac{xq^2}{2 + xq^3 - \cfrac{1}{1 + \cfrac{xq^4}{2 + xq^5 - \cfrac{1}{1 + \cdots}}}} \tag{57}$$

Setzt man hier $x=1$, so erhält man

$$\prod_{\mu=1}^{\infty} \frac{(1-q^{6\mu+3})^2}{(1-q^{6\mu+1})(1-q^{6\mu+5})} = 2 + \cfrac{q-1}{1 + \cfrac{q^2}{2 + q^3 - \cfrac{1}{1 + \cfrac{q^4}{2 + \cdots}}}} \tag{58}$$

Für $x = \frac{1}{q}$ bekommt man

$$\sum_{\mu=0}^{\infty} q^{\frac{3\mu^2+\mu}{2}}(1-q^{2\mu+1}) = \cfrac{1}{1+\cfrac{q}{2+q^2-1+\cfrac{q^3}{1+\cfrac{q^3}{2+q^4-1+\cfrac{q^5}{1+\cdots}}}}} \tag{59}$$

Aus (56) bestimmt man auch leicht die Potenzreihenentwicklung von

$$P_{1,i}(x)\prod_{\mu=1}^{\infty}\frac{1}{1-xq^{\mu}}$$

nach Potenzen von x. Mit den hier benutzten Methoden lassen sich auch einige weitere Fälle von k und i bewältigen; da aber die Formeln, zu welchen wir auf diese Weise gelangen, nicht so einfach ausfallen wie die obigen, wollen wir darauf nicht näher eingehen.

2.

Über die Mock-Thetafunktionen siebenter Ordnung

Archiv for Mathematatik og Naturvidenskab B. 41 (1938), Nr. 9, 1–15

EINLEITUNG

Die von Ramanujan entdeckten «Mock»-thetafunktionen[1]) zerfallen in drei Klassen, die von 3ter, 5ter und 7ter Ordnung. Die Funktionen der Ordnung 3 und 5 sind von G. N. Watson[2]) ausführlich behandelt worden. Da zwischen den Funktionen der Ordnung 7, im Gegensatz zu den anderen, keine linearen Beziehungen angegeben sind, wird sich eine Untersuchung der Mock-thetafunktionen 7ter Ordnung im wesentlichen darauf beschränken, zu zeigen, dass die von Ramanujan angegebenen Reihen wirklich Mock-thetafunktionen darstellen[3]). Das Ziel dieser Arbeit ist diesen Beweis zu erbringen.

Es scheint zweckmässig die folgenden von Watson eingeführten abkürzenden Bezeichnungen zu benutzen.

$$\prod_m (x, q) = \prod_{n=0}^{m-1} (1 + xq^n); \quad \prod_\infty (x, q) = \prod_{n=0}^{\infty} (1 + xq^n).$$

---

[1]) Zur Definition und Geschichte der Mock-thetafunktionen vgl. Collected Papers of S. Ramanujan (1927), 354—355.

[2]) G. N. Watson, Journ. London Math. Soc., 11 (1936), 55—80, und Proc. London Math. Soc. (2), 42 (1937), 274—304.

[3]) D. h. falls sie nicht als Summe einer Thetafunktion und einer anderen Funktion, die bei radieller Annäherung an eine Einheitswurzel beschränkt bleibt, geschrieben werden können. Ich hoffe später auf diese Frage zurückzukommen.

Eine Reihenentwicklung von Euler[1]) wird wiederholt benutzt, nämlich

(I) $$\prod_\infty (x, q) = \sum_{n=0}^{\infty} \frac{q^{\frac{n^2-n}{2}} x^n}{\Pi_n(-q, q)}.$$

Zwei Formeln aus der Theorie der gewöhnlichen Thetafunktionen[2]) kommen auch zu Anwendung:

Wenn $q = \varrho e^{\frac{M}{N}\pi i}$, wo $0 \leqq \varrho < 1$, und M und N zwei relativ primische ganze Zahlen sind, M ungerade, so ist, wenn ϱ gegen 1 strebt,

(II) $$\left| \Pi_\infty(-q, q)\ \Pi_\infty(-q, q^2) \right| \sim \left(\frac{\pi}{N}\right)^{\frac{1}{2}} (1-\varrho)^{-\frac{1}{2}},$$

(III) $$\left| \Pi_\infty(-q, q^2) \right| \sim exp\left(\frac{\pi^2}{24 N^2\, ln\frac{1}{\varrho}}\right).$$

Ausserdem verwenden wir eine Formel aus der Theorie der Mock-thetafunktionen 3ter Ordnung.[3]) Wenn

$$\Phi(q) = \sum_{n=0}^{\infty} \frac{q^{n^2}}{\Pi_n(q^2, q^2)},$$

und q radiell gegen eine Einheitswurzel $e^{\frac{M}{2N}\pi i}$ strebt, wo M und N relativ primische ganze Zahlen sind, M ungerade, so gilt

(IV) $$\Phi(q) = \vartheta_4(0, -q)\ \Pi_\infty(q, q^2) + O(1).$$

Schliesslich wird vielfach die leicht beweisbare Ungleichung benutzt, dass, wenn $0 \leqq \varrho_1 \leqq \varrho_2 \leqq 1$, θ reell,

(V) $$\left| 1 + \varrho_1 e^{i\theta} \right| \geqq \sqrt{\frac{\varrho_1}{\varrho_2}} \left| 1 + \varrho_2 e^{i\theta} \right|.$$

---

[1]) Introductio in analysin infinitorum, 1 (1748) § 306—307.

[2]) Diese zwei Formeln sind leicht aus der Transformationstheorie der Thetafunktionen ableitbar; in der schwachen Form, in welcher sie oben angeführt sind, kann man sie auch ohne Schwierigkeit elementar beweisen. Die in (II) auftretende Funktion ist übrigens $\vartheta_4(0, q)$.

[3]) Diese Formel ist eine unmittelbare Konsequenz der von Watson in seiner erstgenannten Arbeit aufgestellten Transformationsformeln für Mock-thetafunktionen 3ter Ordnung.

Bei der Untersuchung der Mock-thetafunktionen 7ter Ordnung spielen folgende drei Identitäten[1]) eine wichtige Rolle. Wir setzen

$$A(q) = \sum_{n=0}^{\infty} \frac{q^{2n^2}}{\Pi_{2n}(q, q)\, \Pi_n(-q^2, q^2)},$$

$$B(q) = \sum_{n=0}^{\infty} \frac{q^{2n^2+2n}}{\Pi_{2n}(q, q)\, \Pi_n(-q^2, q^2)},$$

$$C(q) = \sum_{n=0}^{\infty} \frac{q^{2n^2+2n}}{\Pi_{2n+1}(q, q)\, \Pi_n(-q^2, q^2)},$$

Dann ist

$$A(q) = \frac{1}{\Pi_\infty(-q^2, q^2)} \sum_{-\infty}^{\infty} (-1)^n q^{\frac{7n^2+n}{2}},$$

$$B(q) = \frac{1}{\Pi_\infty(-q^2, q^2)} \sum_{-\infty}^{\infty} (-1)^n q^{\frac{7n^2+5n}{2}},$$

$$C(q) = \frac{1}{\Pi_\infty(-q^2, q^2)} \sum_{-\infty}^{\infty} (-1)^n q^{\frac{7n^2+3n}{2}}.$$

Durch diese Identitäten sind also die drei Funktionen durch Thetafunktionen ausdrückbar.

§ 1.

Die Mock-thetafunktionen der Ordnung 7 sind durch die folgenden drei Reihen definiert:

$$\sum_{n=0}^{\infty} \frac{q^{n^2}}{\Pi_n(-q^{n+1}, q)}, \quad \sum_{n=0}^{\infty} \frac{q^{n^2}}{\Pi_n(-q^n, q)}, \quad \sum_{n=0}^{\infty} \frac{q^{n^2+n}}{\Pi_{n+1}(-q^{n+1}, q)}$$

Der Kürze halber betrachten wir im folgenden nur die erste dieser Funktionen und bezeichnen sie mit $f(q)$. Der Beweis lässt sich ebenso für die zwei anderen führen.

---

[1]) Vgl. A. Selberg, Über einige aritmetische Identitäten (Avh. utg. av Vid.-Akad. i Oslo. M.-N. Kl. 1936. No. 8), s. 15.

Wir wollen zuerst eine zweckmässige Umformung der Reihe für $f(q)$ vornehmen. Es ist

$$f(q) = \sum_{n=0}^{\infty} \frac{q^{n^2}}{\Pi_n(-q^{n+1}, q)} = \sum_{n=0}^{\infty} q^{n^2} \frac{\Pi_n(-q, q)}{\Pi_{2n}(-q, q)} =$$

$$= \sum_{n=0}^{\infty} q^{n^2} \frac{\Pi_n(-q, q)}{\Pi_{2n}(q^{\frac{1}{2}}, q^{\frac{1}{2}})\, \Pi_n(-q^{\frac{1}{2}}, q)\, \Pi_n(-q, q)} = \sum_{n=0}^{\infty} q^{n^2} \frac{\Pi_\infty(-q^{n+\frac{1}{2}}, q)}{\Pi_{2n}(q^{\frac{1}{2}}, q^{\frac{1}{2}})\, \Pi_\infty(-q^{\frac{1}{2}}, q)}.$$

Geschrieben in dieser Form ist das allgemeine Glied der Reihe auch dann definiert, wenn n die Hälfte einer ungeraden ganzen Zahl ist. Schieben wir diese Glieder zwischen die ursprünglichen ein, erhalten wir die Reihe

$$\sum_{n=0}^{\infty} q^{\frac{n^2}{4}} \frac{\Pi_\infty(-q^{\frac{n+1}{2}}, q)}{\Pi_n(q^{\frac{1}{2}}, q^{\frac{1}{2}})\, \Pi_\infty(-q^{\frac{1}{2}}, q)} = f(q) + \sum_{n=0}^{\infty} q^{n^2+n+\frac{1}{4}} \frac{\Pi_\infty(-q^{n+1}, q)}{\Pi_{2n+1}(q^{\frac{1}{2}}, q^{\frac{1}{2}})\, \Pi_\infty(-q^{\frac{1}{2}}, q)} =$$

$$= f(q) + q^{\frac{1}{4}} \frac{\Pi_\infty(-q, q)}{\Pi_\infty(-q^{\frac{1}{2}}, q)} \sum_{n=0}^{\infty} \frac{q^{n^2+n}}{\Pi_{2n+1}(q^{\frac{1}{2}}, q^{\frac{1}{2}})\, \Pi_n(-q, q)} =$$

$$= f(q) + q^{\frac{1}{4}} \frac{\Pi_\infty(-q, q)}{\Pi_\infty(-q^{\frac{1}{2}}, q)}\, C(q^{\frac{1}{2}}).$$

Hieraus erhalten wir weiter

$$f(q) + q^{\frac{1}{4}} \frac{\Pi_\infty(-q, q)}{\Pi_\infty(-q^{\frac{1}{2}}, q)}\, C(q^{\frac{1}{2}}) = \frac{1}{\Pi_\infty(-q^{\frac{1}{2}}, q)} \sum_{n=0}^{\infty} \frac{q^{\frac{n^2}{4}}}{\Pi_n(q^{\frac{1}{2}}, q^{\frac{1}{2}})}\, \Pi_\infty(-q^{\frac{n+1}{2}}, q) =$$

$$= \frac{1}{\Pi_\infty(-q^{\frac{1}{2}}, q)} \sum_{n=0}^{\infty} \sum_{m=0}^{\infty} \frac{(-1)^m\, q^{\frac{n^2}{4} + \frac{nm}{2} + \frac{m^2}{2}}}{\Pi_n(q^{\frac{1}{2}}, q^{\frac{1}{2}})\, \Pi_m(-q, q)} \quad \text{(durch I)} =$$

$$= \frac{1}{\Pi_\infty(-q^{\frac{1}{2}}, q)} \sum_{m=0}^{\infty} \frac{(-1)^m\, q^{\frac{m^2}{2}}}{\Pi_m(-q, q)} \sum_{n=0}^{\infty} \frac{q^{\frac{n^2}{4} + \frac{mn}{2}}}{\Pi_n(q^{\frac{1}{2}}, q^{\frac{1}{2}})} =$$

$$= \frac{1}{\Pi_\infty(-q^{\frac{1}{2}}, q)} \sum_{m=0}^{\infty} \frac{(-1)^m\, q^{\frac{m^2}{2}}}{\Pi_m(-q, q)}\, \Phi_m(q^{\frac{1}{4}}).$$

Hier ist als Abkürzung

$$\Phi_m(q^{\frac{1}{4}}) = \sum_{n=0}^{\infty} \frac{q^{\frac{n^2}{4}+\frac{mn}{2}}}{\Pi_n(q^{\frac{1}{2}}, q^{\frac{1}{2}})}$$

gesetzt.

Aus der leicht zu beweisenden Rekursionsformel

$$\Phi_m(q^{\frac{1}{4}}) = -\frac{1}{1-q^{\frac{2m-1}{4}}}\,\Phi_{m-1}(q^{\frac{1}{4}}) + \frac{2}{1-q^{\frac{2m-1}{4}}},$$

erhalten wir durch m-malige Anwendung[1])

$$\Phi_m(q^{\frac{1}{4}}) = \frac{(-1)^m}{\Pi_m(-q^{\frac{1}{4}}, q^{\frac{1}{2}})}\,\Phi(q^{\frac{1}{4}}) + 2\Delta_m(q^{\frac{1}{4}}),$$

wo

$$\Delta_m(q^{\frac{1}{4}}) = \sum_{p=1}^{m} \frac{(-1)^{p-1}}{\Pi_p(-q^{\frac{2m-2p+1}{4}}, q^{\frac{1}{2}})}.$$

Führen wir diesen Ausdruck für Φ_m in die obige Reihe ein, ergibt sich

$$\sum_{m=0}^{\infty} \frac{(-1)^m q^{\frac{m^2}{2}}}{\Pi_m(-q, q)}\,\Phi_m(q^{\frac{1}{4}}) = \Phi(q^{\frac{1}{4}}) \sum_{m=0}^{\infty} \frac{q^{\frac{m^2}{2}}}{\Pi_m(-q, q)\;\Pi_m(-q^{\frac{1}{4}}, q^{\frac{1}{2}})} +$$

$$+2\sum_{m=0}^{\infty} \frac{(-1)^m q^{\frac{m^2}{2}}}{\Pi_m(-q, q)}\,\Delta_m(q^{\frac{1}{4}}) = \Phi(q^{\frac{1}{4}}) \sum_{m=0}^{\infty} \frac{q^{\frac{m^2}{2}}}{\Pi_m(-q^{\frac{1}{2}}, q^{\frac{1}{2}})\,\Pi_{2m}(-q^{\frac{1}{4}}, -q^{\frac{1}{4}})} +$$

$$+2\sum_{m=0}^{\infty} \frac{(-1)^m q^{\frac{m^2}{2}}}{\Pi_m(-q, q)}\,\Delta_m(q^{\frac{1}{4}}) = \Phi(q^{\frac{1}{4}})\,A(-q^{\frac{1}{4}}) + 2\sum_{m=0}^{\infty} \frac{(-1)^m q^{\frac{m^2}{2}}}{\Pi_m(-q, q)}\,\Delta_m(q^{\frac{1}{4}}).$$

Wir erhalten also schliesslich die folgende Formel für $f(q)$:

$$f(q) = \frac{1}{\Pi_\infty(-q^{\frac{1}{2}}, q)}\,\Phi(q^{\frac{1}{4}})\,A(-q^{\frac{1}{4}}) - q^{\frac{1}{4}}\,\frac{\Pi_\infty(-q, q)}{\Pi_\infty(-q^{\frac{1}{2}}, q)}\,C(q^{\frac{1}{2}}) + \tag{1}$$

$$+\frac{2}{\Pi_\infty(-q^{\frac{1}{2}}, q)} \sum_{m=0}^{\infty} \frac{(-1)^m q^{\frac{m^2}{2}}}{\Pi_m(-q, q)}\,\Delta_m(q^{\frac{1}{4}}).$$

---

[1]) Da Φ_0 die im (IV) auftretende Funktion ist, lassen wir den Index weg.

Erinnern wir jetzt an die Definition des Begriffs der Mock-thetafunktion. Die charakteristische Eigenschaft dieser Funktionen ist, dass wenn q radiell gegen eine Einheitswurzel $e^{\frac{M}{N}2\pi i}$ strebt, so gibt es für jeden solchen Punkt eine Thetafunktion[1]) von q, die sich von der Mock-thetafunktion nur um eine beschränkte Grösse unterscheidet. Wir wollen nun von (1) ausgehend zeigen, dass $f(q)$ eine Mock-thetafunktion ist. Wir setzen also $q = \varrho e^{\frac{M}{N}2\pi i}$, wo $0 \leqq \varrho < 1$, und M und N zwei relativ primische ganze Zahlen sind. Wir können offenbar immer erreichen dass M ungerade ist. Für $q^{\frac{1}{4}}$ wählen wir den Wert $\varrho_1 e^{\frac{M}{2N}\pi i}$, wo ϱ_1 die reelle positive vierte Wurzel von ϱ ist. Wir wollen untersuchen wie sich die drei Glieder der Formel (1) verhalten, wenn ϱ gegen 1 strebt. Für das erste Glied erhalten wir nach (IV),

$$\frac{A(-q^{\frac{1}{4}})}{\Pi_\infty(-q^{\frac{1}{2}}, q)}\,\Phi(q^{\frac{1}{4}}) = \vartheta_4(0, -q^{\frac{1}{4}})\,A(-q^{\frac{1}{4}})\,\frac{\Pi_\infty(q^{\frac{1}{4}}, q^{\frac{1}{2}})}{\Pi_\infty(-q^{\frac{1}{2}}, q)} + O\left(\frac{A(-q^{\frac{1}{4}})}{\Pi_\infty(-q^{\frac{1}{2}}, q)}\right).$$

Das erste Glied hier ist offenbar eine gewöhnliche Thetafunktion und fordert deshalb keine weitere Behandlung. Wir wollen zeigen, dass das zweite Glied beschränkt bleibt. Es ist

$$\frac{A(-q^{\frac{1}{4}})}{\Pi_\infty(-q^{\frac{1}{2}}, q)} = \frac{\sum\limits_{-\infty}^{\infty}(-1)^n(-q^{\frac{1}{4}})^{\frac{7n^2+n}{2}}}{\Pi_\infty(-q^{\frac{1}{2}}, q^{\frac{1}{2}})\,\Pi_\infty(-q^{\frac{1}{2}}, q)}.$$

Der Zähler dieses Bruches ist, wie man leicht sieht, von der Form $O\left(\frac{1}{\sqrt{1-\varrho}}\right)$. Nach (II) haben wir für den Nenner

$$\left|\,\Pi_\infty(-q^{\frac{1}{2}}, q^{\frac{1}{2}})\,\Pi_\infty(-q^{\frac{1}{2}}, q)\right| \sim \left(\frac{2\pi}{N}\right)^{\frac{1}{2}}(1-\varrho)^{-\frac{1}{2}}.$$

Der Quotient ist also beschränkt.

Das zweite Glied der Formel (1) ist eine Thetafunktion, wir sehen aber leicht, dass es beschränkt sein wird. Es ist

[1]) Wir benutzen das Wort «Thetafunktion» im selben weiten Sinn wie Ramanujan.

$$\frac{\Pi_\infty(-q,q)}{\Pi_\infty(-q^{\frac{1}{2}},q)}\,C(q^{\frac{1}{2}}) = \frac{\sum_{-\infty}^{\infty}(-1)^n q^{\frac{7n^2+3n}{4}}}{\Pi_\infty(-q^{\frac{1}{2}},q)}.$$

Der Zähler ist ganz wie oben von der Form $O\left(\frac{1}{\sqrt{1-\varrho}}\right)$, und für den Nenner haben wir nach (III)

$$|\Pi_\infty(-q^{\frac{1}{2}},q)| \sim exp\left(\frac{\pi^2}{12\,N^2\;ln\frac{1}{\varrho}}\right).$$

Das zweite Glied in (1) strebt somit gegen Null und ist beschränkt.

Die zwei ersten Glieder ergeben folglich zusammen:

$$\frac{\Pi_\infty(q^{\frac{1}{4}},q^{\frac{1}{2}})}{\Pi_\infty(-q^{\frac{1}{2}},q)}A(-q^{\frac{1}{4}})\vartheta_4(0,-q^{\frac{1}{4}})+O(1)=\frac{1}{\Pi_\infty(-q^{\frac{1}{4}},q^{\frac{1}{2}})}A(-q^{\frac{1}{4}})\vartheta_4(0,-q^{\frac{1}{4}})+O(1).$$

Es steht jetzt nur zurück zu zeigen, dass das dritte Glied beschränkt ist.

§ 2.

Wir müssen zuerst einige Abschätzungen für $|\Delta_m|$ herleiten. Aus der Definition

$$\Delta_m(q^{\frac{1}{4}}) = \sum_{p=1}^{m}\frac{(-1)^{p-1}}{\Pi_p\left(-q^{\frac{2m-2p+1}{4}},\,q^{\frac{1}{2}}\right)},$$

leitet man leicht die Rekursionsformel her:

(2) $$\Delta_{m+1} = \frac{1}{1-q^{\frac{2m+1}{4}}} - \frac{\Delta_m}{1-q^{\frac{2m+1}{4}}}.$$

Hieraus folgt

$$|\Delta_{m+1}| \leq \frac{1}{\left|1-q^{\frac{2m+1}{4}}\right|} + \frac{|\Delta_m|}{\left|1-q^{\frac{2m+1}{4}}\right|}.$$

Der kleinste Wert, den $\left|1-q^{\frac{2m+1}{4}}\right|$ mit $q^{\frac{1}{4}} = \varrho_1 e^{\frac{M}{2N}2\pi i}$, bei festem N annehmen kann, ist, wie aus einer einfachen geometrischen Betrachtung hervorgeht, $\sin\frac{\pi}{2N}$, also hat man

$$\frac{1}{\left|1-q^{\frac{2m+1}{4}}\right|} \leqq \frac{1}{\sin\frac{\pi}{2N}} \leqq N.$$

Aus der obigen Ungleichung für $|\Delta_{m+1}|$ folgt nun

$$|\Delta_{m+1}| \leqq N + N|\Delta_m|.$$

Durch wiederholte Anwendung erhalten wir hieraus

(3) $|\Delta_{\mu+m}| \leqq N + N^2 + \ldots + N^m + N^m|\Delta_\mu| < (N+1)^m(1+|\Delta_\mu|).$

Wir bestimmen jetzt μ als die positive ganze Zahl für welche

$$\varrho^\mu \leqq \frac{1}{2N+3} < \varrho^{\mu-1}.$$

Durch (3) ist $|\Delta_m|$ für $m > \mu$ abgeschätzt, wir wollen nun annehmen, dass $m \leqq \mu$ ist.

$2N$-malige Anwendung von (2) gibt

$$\Delta_m = \sum_{p=1}^{2N} \frac{(-1)^{p-1}}{\Pi_p(-q^{\frac{2m-2p+1}{4}}, q^{\frac{1}{2}})} + \frac{\Delta_{m-2N}}{\Pi_{2N}(-q^{\frac{2m-4N+1}{4}}, q^{\frac{1}{2}})},$$

woraus

$$|\Delta_m| \leqq \sum_{p=1}^{2N} \frac{1}{\left|\Pi_p(-q^{\frac{2m-2p+1}{4}}, q^{\frac{1}{2}})\right|} + \frac{|\Delta_{m-2N}|}{\left|\Pi_{2N}(-q^{\frac{2m-4N+1}{4}}, q^{\frac{1}{2}})\right|}.$$

Für das erste Glied der linken Seite erhalten wir ganz wie oben

$$\sum_{p=1}^{2N} \frac{1}{\left|\Pi_p(-q^{\frac{2m-2p+1}{4}}, q^{\frac{1}{2}})\right|} \leqq \sum_{p=1}^{2N} N^p < (N+1)^{2N}.$$

Danach betrachten wir den Ausdruck $\left|\Pi_{2N}(-q^{\frac{2m-4N+1}{4}}, q^{\frac{1}{2}})\right|$, indem wir der Kürze halber $\varepsilon = e^{\frac{M}{2N}\pi i}$ schreiben. Es ist

$$\left|\Pi_{2N}(-q^{\frac{2m-4N+1}{4}}, q^{\frac{1}{2}})\right| = \prod_{p=1}^{2N} \left|1 - \varrho_1^{\,2m-2p+1}\, \varepsilon^{2m-2p+1}\right|.$$

Nach (V) haben wir

$$\left|1 - \varrho_1^{\,2m-2p+1}\, \varepsilon^{2m-2p+1}\right| \geqq \varrho_1^{\,2N-p} \left|1 - \varrho_1^{\,2m-4N+1}\, \varepsilon^{2m-2p+1}\right|,$$

also wird

$$\left|\Pi_{2N}\left(-q^{\frac{2m-2p+1}{4}}, q^{\frac{1}{2}}\right)\right| \geqq \prod_{p=1}^{2N} \varrho_1^{2N-p} \left| 1 - \varrho_1^{2m-4N+1} \varepsilon^{2m-2p+1} \right| .$$

Man sieht leicht, dass wenn p von 1 bis $2N$ geht, nimmt $\varepsilon^{2m-2p+1}$ die Werte $e^{\frac{\pi i}{2N}}, e^{\frac{3\pi i}{2N}}, \ldots, e^{\frac{4N-1}{2N}\pi i}$, d. h. sämtliche Wurzeln der Gleichung $z^{2N} + 1 = 0$, in irgendeiner Reihenfolge an. Hieraus erhellt dass

$$\left|\Pi_{2N}\left(-q^{\frac{2m-2p+1}{4}}, q^{\frac{1}{2}}\right)\right| \geqq \varrho_1^{2N^2-N} \left(1+\varrho_1^{4mN-8N^2+2N}\right) > \varrho^{\frac{N^2}{2}} \left(1+\varrho^{(m-1)N}\right).$$

Aus (4) erhalten wir nun

$$|\varDelta_m| < (N+1)^{2N} + \frac{\varrho^{-\frac{N^2}{2}}}{1+\varrho^{(m-1)N}} |\varDelta_{m-2N}| .$$

Wir wollen für das Weitere, was offenbar keine Einschränkung bedeutet, annehmen, dass $\varrho^{-\frac{N^2}{2}} \leqq 1 + \frac{1}{2}(2N+3)^{-N}$. Da für $m \leqq \mu$, $\varrho^{(m-1)N} \geqq \varrho^{(\mu-1)N} > (2N+3)^{-N}$ ist, ergibt sich hieraus

$$(5) \qquad |\varDelta_m| < (N+1)^{2N} + \frac{1+\frac{1}{2}(2N+3)^{-N}}{1+\ (2N+3)^{-N}} |\varDelta_{m-2N}| .$$

Durch wiederholte Anwendung dieser Ungleichung bekommen wir, indem, wie man leicht sieht, $|\varDelta_m| < (N+1)^{2N}$ für $0 \leqq m < 2N$ ist, dass wenn $m \leqq \mu$,

$$(6) \qquad |\varDelta_m| < \frac{(N+1)^{2N}}{1 - \dfrac{1+\frac{1}{2}(2N+3)^{-N}}{1+\ (2N+3)^{-N}}} = K_1 ,$$

wo K_1 wie später $K_2, K_3, \ldots$ u. s. w. eine positive nur von N abhängige Konstante bezeichnet.

Aus (3) erhalten wir jetzt für positive m,

$$(7) \qquad |\varDelta_{\mu+m}| < (N+1)^m (1+K_1) = K_2 (N+1)^m .$$

§ 3.

Wir gehen nun an die Formel (1) zurück, um das dritte Glied der rechten Seite zu untersuchen. Wir schätzen zuerst die Summe

$$\sum_{m=0}^{\infty} \frac{(-1)^m q^{\frac{m^2}{2}}}{\Pi_m(-q, q)} \Delta_m(q^{\frac{1}{4}})$$

ab. Es ist

$$\left| \sum_{m=0}^{\infty} \frac{(-1)^m q^{\frac{m^2}{2}}}{\Pi_m(-q, q)} \Delta_m \right| \leqq \sum_{m=0}^{\infty} \frac{|q|^{\frac{m^2}{2}}}{|\Pi_m(-q, q)|} |\Delta_m| =$$

$$= \sum_{m=0}^{\mu} \frac{|q|^{\frac{m^2}{2}}}{|\Pi_m(-q, q)|} |\Delta_m| + \sum_{m=1}^{\infty} \frac{|q|^{\frac{(m+\mu)^2}{2}}}{|\Pi_{m+\mu}(-q, q)|} |\Delta_{m+\mu}|.$$

Mittels (6) und (7) wird hieraus

$$\left| \sum_{m=0}^{\infty} \frac{(-1)^m q^{\frac{m^2}{2}}}{\Pi_m(-q, q)} \Delta_m \right| < K_1 \sum_{m=0}^{\mu} \frac{|q|^{\frac{m^2}{2}}}{|\Pi_m(-q, q)|} +$$

$$+ K_2 \sum_{m=1}^{\infty} \frac{|q|^{\frac{(m+\mu)^2}{2}} (N+1)^m}{|\Pi_{m+\mu}(-q, q)|}.$$

Schreiben wir als Abkürzung für das allgemeine Glied der zweiten Summe auf der rechten Seite μ_m, so gilt für $m \geqq 0$,

$$\frac{\mu_{m+1}}{\mu_m} = \frac{|q|^{m+\mu+\frac{1}{2}}}{|1 - q^{m+\mu+1}|} (N+1) \leqq \frac{\varrho^\mu}{1-\varrho^\mu} (N+1) \leqq \frac{1}{2},$$

da gemäss der Voraussetzung $\varrho^\mu \leqq \frac{1}{2N+3}$ ist.

Es ist deshalb

$$\sum_{m=1}^{\infty} \mu_m \leqq \sum_{m=1}^{\infty} \frac{\mu_0}{2^m} = \mu_0 = \frac{|q|^{\frac{\mu^2}{2}}}{|\Pi_\mu(-q, q)|}.$$

Wird dies in die obige Ungleichung eingetragen, ergibt sich

$$(8)\quad \left|\sum_{m=0}^{\infty}\frac{(-1)^m q^{\frac{m^2}{2}}}{\Pi_m(-q,q)}\Delta_m\right| < K_1\sum_{m=0}^{\mu}\frac{|q|^{\frac{m^2}{2}}}{|\Pi_m(-q,q)|}+K_2\frac{|q|^{\frac{\mu^2}{2}}}{|\Pi_\mu(-q,q)|}<$$

$$< K_3\sum_{m=0}^{\infty}\frac{|q|^{\frac{m^2}{2}}}{|\Pi_m(-q,q)|},$$

wo $K_3 = K_1 + K_2$ ist.

Weiter haben wir

$$\sum_{m=0}^{\infty}\frac{|q|^{\frac{m^2}{2}}}{|\Pi_m(-q,q)|}=\sum_{p=0}^{N-1}\sum_{n=0}^{\infty}\frac{|q|^{\frac{(nN+p)^2}{2}}}{|\Pi_{nN+p}(-q,q)|}=$$

$$=\sum_{n=0}^{\infty}\frac{|q|^{\frac{n^2N^2}{2}}}{|\Pi_{nN}(-q^N,q)|}\sum_{p=0}^{N-1}|q|^{nNp+\frac{p^2}{2}}\frac{|\Pi_{N-p-1}(-q^{nN+p+1},q)|}{|\Pi_{N-1}(-q,q)|}.$$

Nun ist

$$\sum_{p=0}^{N-1}|q|^{nNp+\frac{p^2}{2}}\frac{|\Pi_{N-p-1}(-q^{nN+p+1},q)|}{|\Pi_{N-1}(-q,q)|}<\frac{\sum_{p=0}^{N-1}2^{N-p-1}}{|\Pi_{N-1}(-q,q)|}<$$

$$<\frac{2^N}{|\Pi_{N-1}(-q,q)|}.$$

Der letzte Ausdruck ist augenscheinlich beschränkt, da die Faktoren im Nenner für $N \leqq 4$ sämtlich $\geqq 1$, und für $N > 4$, $\geqq \sin\frac{2\pi}{N}$ sind. Wir erhalten deshalb aus der letzten Gleichung

$$(9)\qquad \sum_{m=0}^{\infty}\frac{|q|^{\frac{m^2}{2}}}{|\Pi_m(-q,q)|}<K_4\sum_{n=0}^{\infty}\frac{|q|^{\frac{n^2N^2}{2}}}{|\Pi_{nN}(-q^N,q)|}.$$

Danach schätzen wir die Grösse $|\Pi_{nN}(-q^N,q)|$ nach unten ab, es ist

$$|\Pi_{nN}(-q^N,q)|=\prod_{p=1}^{n}\prod_{r=0}^{N-1}|1-q^{pN+r}|=\prod_{r=0}^{N-1}\prod_{p=1}^{n}|1-\varrho^{pN+r}\varepsilon^r|,$$

wo der Kürze halber $\varepsilon = e^{\frac{2M}{N}\pi i}$ gesetzt ist.

Nach (V) haben wir

$$\left|1-\varrho^{pN+r}\varepsilon^r\right| \geqq \varrho^{\frac{r}{2}} \left|1-\varrho^{pN}\varepsilon^r\right|.$$

Hieraus folgt

$$\left|\Pi_{nN}(-q^N, q)\right| \geqq \prod_{p=1}^{n} \prod_{r=0}^{N-1} \varrho^{\frac{r}{2}} \left|1-\varrho^{pN}\varepsilon^r\right|.$$

Wenn r von 0 bis $N-1$ geht, sieht man, dass ε^r die Werte $e^{\frac{2\pi i}{N}}, e^{\frac{4\pi i}{N}}, \ldots, e^{\frac{2N-2}{N}\pi i}$ in irgendeiner Reihenfolge annimmt, d. h. die Wurzeln der Gleichung $z^N - 1 = 0$. Es ist deshalb weiter

$$\prod_{r=0}^{N-1} \varrho^{\frac{r}{2}} \left|1-\varrho^{pN}\varepsilon^r\right| = \varrho^{\frac{N^2-N}{4}}(1-\varrho^{pN^2}) > \varrho^{N^2}(1-\varrho^{pN^2}),$$

woraus

$$\left|\Pi_{nN}(-q^N, q)\right| > \varrho^{nN^2}\, \Pi_n(-\varrho^{N^2}, \varrho^{N^2})$$

folgt.

Wenn wir dies in (9) einführen, ergibt sich

$$\sum_{m=0}^{\infty} \frac{|q|^{\frac{m^2}{2}}}{|\Pi_m(-q, q)|} < K_4 \sum_{n=0}^{\infty} \frac{\varrho^{\frac{N^2}{2}n^2 - N^2 n}}{\Pi_n(-\varrho^{N^2}, \varrho^{N^2})} = K_4\, \Pi_\infty(\varrho^{-\frac{N^2}{2}}, \varrho^{N^2})$$

$$\text{(nach I)} \quad = K_4(1+\varrho^{-\frac{N^2}{2}})\, \Pi_\infty(\varrho^{\frac{N^2}{2}}, \varrho^{N^2}) < K_5\, \Pi_\infty(\varrho^{\frac{N^2}{2}}, \varrho^{N^2}),$$

da gemäss der Voraussetzung $\varrho^{-\frac{N^2}{2}} < 1 + \frac{1}{2}(2N+3)^{-N}$ ist.

Setzen wir dies in (8) ein, bekommen wir

$$\left| \sum_{m=0}^{\infty} \frac{(-1)^m q^{\frac{m^2}{2}}}{\Pi_m(-q, q)} \varDelta_m \right| < K_6\, \Pi_\infty(\varrho^{\frac{N^2}{2}}, \varrho^{N^2}).$$

Wir erhalten schliesslich für das letzte Glied der Formel (1)

$$(10) \quad \left| \frac{1}{\Pi_\infty(-q^{\frac{1}{2}}, q)} \sum_{m=0}^{\infty} \frac{(-1)^m q^{\frac{m^2}{2}}}{\Pi_m(-q, q)} \varDelta_m \right| < K_6 \left| \frac{\Pi_\infty(\varrho^{\frac{N^2}{2}}, \varrho^{N^2})}{\Pi_\infty(-q^{\frac{1}{2}}, q)} \right|.$$

Nach (III) wissen wir aber, dass, wenn ϱ gegen 1 strebt,

$$\Pi_\infty(\varrho^{\frac{N^2}{2}}, \varrho^{N^2}) \sim exp\left(\frac{\pi^2}{12\,N^2\,ln\frac{1}{\varrho}}\right),$$

und für den Nenner bekommen wir ebenfalls,

$$|\Pi_\infty(-q^{\frac{1}{2}}, q)| \sim exp\left(\frac{\pi^2}{12\,N^2\,ln\,\frac{1}{\varrho}}\right).$$

Der Quotient auf der rechten Seite von (10) strebt mithin gegen 1, und die linke Seite bleibt beschränkt w. z. b. w.

Wenn wir dies mit dem in § 1 Gefundenen zusammenhalten, ergibt sich

$$(11) \qquad f(q) = \frac{1}{\Pi_\infty(-q^{\frac{1}{4}}, q^{\frac{1}{2}})}\,\vartheta_4(0, -q^{\frac{1}{4}})\,A(-q^{\frac{1}{4}}) + O(1).$$

Hiermit ist es bewiesen, dass $f(q)$ eine Mock-thetafunktion ist.

Zum Schluss könnte es von Interesse sein zu untersuchen, ob es andere ähnlich gebaute Reihen gibt, auf welche unser Beweisverfahren anwendbar bleibt. Wie wir im Anfang des § 1 sahen, entstand $C(q^{\frac{1}{2}})$, von einem unwesentlichen Faktor abgesehen, dadurch aus $f(q)$, dass wir die Glieder mit Index $n+\frac{1}{2}$ bildeten. Es gibt aber auch eine andere Reihe mit dieser Eigenschaft, nämlich

$$\sum_{n=0}^{\infty} q^{n^2}\,\frac{\Pi_n(q,q)}{\Pi_{2n}(-q,q)};$$

man findet indessen leicht, dass die Summe dieser Reihe vollständig durch Thetafunktionen ausdrückbar ist. Dasselbe ist der Fall bei zwei anderen analogen Reihen.

(Eingegangen 29. X. 1937).

3.

Über die Fourierkoeffizienten elliptischer Modulformen negativer Dimension

C. R. Neuvième Congrès Math. Scandinaves, Helsingfors (1938), 320–322
Mercatorin Kirjapaino, Helsinki 1939

Wir betrachten im Folgenden ganze Modulformen der Dimension $-k$ und der Stufe Q,

$$f(\tau)=(c\tau+d)^{-k} f\left(\frac{a\tau+b}{c\tau+d}\right),$$

wo $\begin{pmatrix} a & b \\ c & d \end{pmatrix}$ eine Modultransformation ist, die der Hauptkongruenzgruppe der Stufe Q gehört, also $\begin{pmatrix} a & b \\ c & d \end{pmatrix} \equiv \begin{pmatrix} 1 & 0 \\ 0 & 1 \end{pmatrix}$ mod Q ist. Wir nehmen im Folgenden an das k ganz ist, eine ähnliche Theorie lässt sich aber auch für den Fall eines gebrochenen k aufbauen. Die Funktion $f(\tau)$ ist in eine in der oberen Halbebene konvergente Reihe entwickelbar,

$$f(\tau)=\sum_{n=0}^{\infty} a_n e^{2\pi i \frac{n}{Q}\tau}.$$

Da sich das Koeffizientenproblem nach Hecke [1]) immer auf den Fall zurückführen lässt, dass die Funktion $f(\tau)$ in allen rationalen Spitzen des Fundamentalbereiches verschwindet, d. h. dass $f(\tau)$ eine »Spitzenform» ist, wollen wir nur diesen Fall betrachten. Mehrere Verfasser haben sich mit dieser Frage beschäftigt, indem sie sich der Hardy-Littlewoodschen Methode bedienten; diese Methode führt aber in dem vorliegendem Fall nur zu gewissen Abschätzungen für die Grössenordnung der Koeffizienten. Ich werde im Folgenden die Grundzüge einer neuen Methode skizzieren, die zu exakten Reihenentwicklungen für die Koeffizienten führt. Der Ausgangspunkt bildet die Reihe

---

[1]) E. Hecke. *Theorie der Eisensteinschen Reihen höherer Stufe.* Hamb. Abh. vol. V. 1927. S. 199—224.

$$\sum \frac{e^{2\pi i \frac{m}{Q} \frac{a\tau+b}{c\tau+d}}}{(c\tau+d)^k}, \tag{1}$$

wo m eine positive ganze Zahl ist, und $\begin{pmatrix} a & b \\ c & d \end{pmatrix}$ alle Modultransformationen durchläuft, für welche $\begin{pmatrix} a & b \\ c & d \end{pmatrix} \equiv \begin{pmatrix} a_0 & b_0 \\ c_0 & d_0 \end{pmatrix}$ mod Q und $0 < a \leq |c| Q$, $0 < b \leq |d| Q$. Um absolute Konvergenz zu erreichen wird $k > 2$ vorausgesetzt. Man sieht leicht dass die Reihe (1) falls sie nicht identisch verschwindet, eine Spitzenform der Dimension $-k$ und der Stufe Q darstellt. Bekanntlich gibt es nur eine endliche Anzahl linear unabhängiger Modulformen gegebener Stufe und Dimension. Für einige spezielle Werte von Q lässt sich nun zeigen dass für jedes k ebensoviele linear unabhängige Funktionen unter den Reihen (1) existieren, wie es linear unabhängige Modulformen gibt. Der Satz gilt vermutlich für alle Q.[1]) Jede Spitzenform lässt sich hiernach durch eine endliche Anzahl der Reihen (1) linear ausdrücken. Das Koeffizientenproblem wird somit darauf zurückgeführt, die Reihe (1) in eine Fourierreihe umzuformen. Dies gelingt leicht unter Anwendung der Identität

$$\sum_{h=-\infty}^{\infty} \frac{e^{-2\pi i \frac{m}{\tau+h}}}{(\tau+h)^k} = 2\pi i^k m^{-\frac{k-1}{2}} \sum_{n=1}^{\infty} n^{\frac{k-1}{2}} J_{k-1}(4\pi \sqrt{mn})\, e^{2\pi i n\tau},$$

wo J_{k-1} Besselfunktionen sind. Der Einfachheit halber führe ich die Formeln nur für den Fall $Q=1$ an. k muss jetzt gerade angenommen werden.

Setzen wir nun

$$\frac{m^{k-1}\, i^{-k}}{2\pi} \sum \frac{e^{2\pi i m \frac{a\tau+b}{c\tau+d}}}{(c\tau+d)^k} = \sum_{n=1}^{\infty} a_{m,n}\, e^{2\pi i n\tau},$$

bekommen wir folgenden Ausdruck für $a_{m,n}$

$$a_{m,n} = (mn)^{\frac{k-1}{2}} \left\{ \frac{i^{-k}}{2\pi} \varepsilon_{m,n} + \sum_{q=1}^{\infty} \frac{S(m,n;q)}{q} J_{k-1}\left(\frac{4\pi \sqrt{mn}}{q}\right) \right\}. \tag{2}$$

[1]) Während der Drucklegung habe ich einen verhältnismässig einfachen Beweis dieses Satzes für alle Q gefunden.

Hier ist $\varepsilon_{m,n}=1$ für $m=n$ und $\varepsilon_{m,n}=0$ für $m \neq n$. $S(m,n;q)$ sind die sogenannten Kloostermannschen Summen

$$S(m,n;q)=\sum_{\substack{0<h\leq q\\(h,q)=1}} e^{\frac{2\pi i}{q}(mh+n\bar{h})}; \quad h\bar{h}\equiv 1 \bmod q.$$

Im Falle eines beliebigen Q treten etwas allgemeinere Summen auf.

Als Resultat ergibt sich, dass die Koeffizienten einer Spitzenform durch eine endliche Anzahl solcher Reihen linear darstellbar sind. Dies kann zum Beispiel dazu angewendet werden exakte Formeln für die Anzahl Darstellungen einer positiven Zahl n als Summe von r Quadratzahlen für jedes r aufzustellen.

Betrachten wir wieder die Reihe (2), sehen wir, dass sie in m und n symmetrisch ist. Hieraus und mit Benutzung der Formel

$$S(m,n;q)=\sum_{d|(m,n,q)} d\, S\left(1,\frac{mn}{d^2};\frac{q}{d}\right),$$

leitet man leicht alle die multiplikativen Eigenschaften der Koeffizienten her, die HECKE [1]) neuerdings entdeckt hat. Dasselbe gelingt auch im Falle beliebiger Stufe.

Die Reihe (2) kann schliesslich für die Abschätzung der Koeffizienten verwendet werden. Die Methode liefert im wesentlichen dasselbe Resultat wie die Hardy-Littlewoodsche, aber nach weniger Rechnung.

Eine ausführliche Darstellung wird später anderswo erscheinen.

[1]) E. HECKE. *Über Modulfunktionen und Dirichletreihen mit Produktentwicklung.* I und II. Math. Annalen vol. 114. S. 1—28 und 316—351.

4.

Bemerkungen über eine Dirichletsche Reihe, die mit der Theorie der Modulformen nahe verbunden ist

Archiv for Mathematik og Naturvidenskab B. 43 (1940), Nr. 4, 47–50

Es ist wohlbekannt, dass man einer ganzen Modulform reeller Dimension eine Dirichletsche Reihe zuordnen kann, deren Koeffizienten die Fourierkoeffizienten der Modulform sind, und die in der ganzen Ebene bis auf Pole regulär ist und einer Funktionalgleichung genügt. Dagegen scheint es nicht früher bemerkt zu sein, dass man in ähnlicher Weise zwei Modulformen gleicher Dimension eine Dirichletsche Reihe zuordnen kann, deren Koeffizienten aus den Produkten entsprechender Fourierkoeffizienten der Modulformen gebildet sind, und die ebenso eine in der ganzen Ebene bis auf Pole reguläre Funktion darstellt, die einer Funktionalgleichung genügt. Wir wollen im folgenden dies kurz skizzieren für den einfachen Fall, dass es sich um zwei Spitzenformen der Art $(-k, 1)$ handelt.[1])

[1]) Im Falle beliebiger Stufe Q, werden die Formeln komplizierter. Es gibt aber einen allgemeineren Fall, in welchem die obigen Entwicklungen ohne Modifikation gelten. Es sei $0 < \theta \leq 1$, weiter sei $f(\tau) = \sum_{n=0}^{\infty} \alpha_n e^{2\pi i(n+\theta)\tau}$ und $\varphi(\tau) = \sum_{n=0}^{\infty} \beta_n e^{2\pi i(n+\theta)\tau}$ in der oberen Halbebene regulär. Gilt dann, mit k positiv und reell,

$$f(\tau)\overline{\varphi(\tau)} = \frac{1}{|c\tau+d|^{2k}}\, f\left(\frac{a\tau+b}{c\tau+d}\right)\, \overline{\varphi\left(\frac{a\tau+b}{c\tau+d}\right)},$$

wenn $\frac{a\tau+b}{c\tau+d}$ eine beliebige Transformation aus der vollen Modulgruppe ist, so behalten die Formeln dieser Arbeit ihre Gültigkeit falls

$$\zeta_{f,\varphi}(s) = \zeta(2s) \sum_{n=0}^{\infty} \frac{\alpha_n \overline{\beta}_n}{(n+\theta)^{k-1+s}}$$

gesetzt wird.

Es bezeichne im folgenden $f(\tau)=\sum_{n=1}^{\infty}\alpha_n e^{2\pi i n\tau}$, $\varphi(\tau)=\sum_{n=1}^{\infty}\beta_n e^{2\pi i n\tau}$ zwei Spitzenformen der Art $(-k, 1)$. Wir betrachten dann die Dirichletsche Reihe

$$\zeta_{f,\varphi}(s) = \zeta(2s)\sum_{n=1}^{\infty}\frac{\alpha_n\bar{\beta}_n}{n^{k-1+s}}, \tag{1}$$

wo $\zeta(2s)$ die gewöhnliche Riemannsche ζ-Funktion ist. Man findet ohne Schwierigkeit die folgende Darstellung

$$(2\pi)^{-s}\Gamma(s+k-1)\,\zeta_{f,\varphi}(s)=(2\pi)^{k-1}\,\zeta(2s)\iint_S f(\tau)\overline{\varphi(\tau)}\,y^{k-2+s}dx\,dy, \tag{2}$$

wo $\tau=x+iy$ ist, und das Doppelintegral über den Vertikalhalbstreifen S erstreckt ist, der durch die Bedingungen $y>0$, $-\frac{1}{2}<x<\frac{1}{2}$ festgelegt ist. Um einen bequemeren Ausdruck für $\zeta_{f,\varphi}$ zu erhalten, wollen wir das Integral weiter umformen. Aus der Theorie der Modulgruppe ist bekannt, dass der Streifen S lückenlos mit Fundamentaldreiecken ausgefüllt werden kann. Wir schreiben deshalb $\iint_S=\sum\iint_{D_i}$, wo D_i sämmtliche dieser Dreiecke durchläuft. Es sei nun T eine Modulsubstitution $T^{-1}\tau=\dfrac{a\tau+b}{c\tau+d}$ und TD_i das Dreieck, worin D_i durch T überführt wird. Man zeigt leicht, dass

$$\iint_{D_i} f(\tau)\overline{\varphi(\tau)}\,y^{k-2+s}\,dx\,dy=\iint_{TD_i} f(\tau)\overline{\varphi(\tau)}\,y^{k-2+s}\frac{dx\,dy}{|c\tau+d|^{2s}}.$$

Wir nehmen nun in jedem Glied der Summe $\sum\iint_{D_i}$ eine solche Transformation T vor, dass alle Dreiecke D_i in ein bestimmtes Fundamentaldreieck überführt werden, wir wählen etwa das Dreieck D, das durch die Zusatzbedingung $|\tau|>1$, aus dem Streifen S hervorgeht. Wir erhalten dann:

$$(2\pi)^{-s}\Gamma(s+k-1)\,\zeta_{f,\varphi}(s)=\tfrac{1}{2}(2\pi)^{k-1}\iint_D f(\tau)\overline{\varphi(\tau)}\,y^{k-2+s}\,\zeta(2s)\sum\frac{1}{|c\tau+d|^{2s}}dx\,dy,$$

wo die Summe $\Sigma|c\tau+d|^{-2s}$ auf alle ganzen Zahlen c und d mit $(c, d)=1$ zu erstrecken ist. Wie man leicht sieht, ist

$$\zeta(2s)\sum \frac{1}{|c\tau+d|^{2s}} = \sum{}' \frac{1}{|m\tau+n|^{2s}},$$

wo die Summe Σ' über alle ganze Zahlen m und n zu erstrecken ist, das Paar $m = n = 0$ ausgenommen. Der Ausdruck auf der rechten Seite ist eine Epsteinsche Zetafunktion, die weiter mit $Z\tau(s)$ bezeichnet werden soll. Schliesslich bekommen wir für $\zeta_{f,\varphi}(s)$

(3) $(2\pi)^{-s}\Gamma(s+k-1)\,\zeta_{f,\varphi}(s) = \frac{1}{2}(2\pi)^{k-1}\iint\limits_{D} f(\tau)\overline{\varphi(\tau)}\,y^{k-2+s}\,Z_\tau(s)\,dx\,dy,$

wo

$$Z_\tau(s) = \sum{}' \frac{1}{|m\tau+n|^{2s}}.$$

Es ist nun leicht, von dieser Darstellung ausgehend, zu zeigen, dass $\zeta_{f,\varphi}$ in der ganzen Ebene analytisch fortsetzbar und überall regulär ist, höchstens mit Ausnahme eines Poles erster Ordnung in $s = 1$. Bekanntlich besitzt die Epsteinsche Zetafunktion eine Funktionalgleichung. Man findet, dass dieselbe für die Funktion $Z_\tau(s)$ folgende Form annimmt:

$$\pi^{-s}\Gamma(s)\,y^s\,Z_\tau(s) = \pi^{s-1}\,\Gamma(1-s)\,y^{1-s}\,Z_\tau(1-s).$$

Führt man dies in (3) ein, so ergibt sich für $\zeta_{f,\varphi}$ die folgende Funktionalgleichung:

(4) $(2\pi^2)^{-s}\Gamma(s)\Gamma(s+k-1)\,\zeta_{f,\varphi}(s) = (2\pi^2)^{s-1}\Gamma(1-s)\Gamma(k-s)\,\zeta_{f,\varphi}(1-s).$

Es verdient zum Schluss bemerkt zu werden, dass das Studium der Funktion $\zeta_{f,\varphi}$ auf asymptotische Formeln für gewisse Koeffizientensummen führt. So gilt z. B.

$$\sum_{n\leq x} \frac{\alpha_n\,\overline{\beta}_n}{n^{k-1}} = A\,x + O\left(x^{\frac{3}{5}}\right), \tag{5}$$

wo A eine Konstante ist. Es ist bemerkenswert, dass man hieraus, indem man $f = \varphi$ wählt, die Abschätzung

$$\alpha_n = O\left(n^{\frac{k}{2}-\frac{1}{5}}\right) \tag{6}$$

bekommt. (6) ist schärfer als die von Salié herrührende Abschätzung $\alpha_n = O\left(n^{\frac{k}{2}-\frac{1}{6}+\varepsilon}\right)$. Eine weitere Abschätzung die man aus (5) folgern kann, ist

$$\sum_{n \leq x} a_n = O\left(x^{\frac{k}{2} - \frac{1}{10}}\right). \tag{7}$$

Dies ist eine wesentliche Verschärfung eines Satzes von Walfisz. Es ist fernerhin zu bemerken, dass wir hierbei nur vorausgesetzt haben, dass k reell und positiv ist, dagegen haben Salié und Walfisz ihre Sätze nur für den Fall bewiesen, dass k eine ganze Zahl ist.

Ich erwähne schliesslich, dass man im Falle ganzzahliger Dimension k asymptotische Formeln für Koeffizientensummen aufstellen kann, die nur über die Koeffizienten mit Primzahlindex erstreckt sind.

Eine ausführliche Darstellung der Resultate mit vollständigem Beweise wird später erscheinen.

5.

Beweis eines Darstellungssatzes aus der Theorie der ganzen Modulformen

Archiv for Mathematik og Naturvidenskab B. 44 (1941), Nr. 3, 33–44

EINLEITUNG.

Im folgenden wird ein neuer Beweis für die Darstellbarkeit der ganzen Modulformen durch eine gewisse Art Poincaréscher Reihen[1]) gegeben. Der Beweis hat, wie zum Schluss gezeigt wird, viele Berührungspunkte mit einem kürzlich von H. Petersson erbrachten Beweis.[2]) Der Einfachheit halber wird in dieser Arbeit nur Spitzenformen ganzzahliger Dimension mit dem Multiplikatorsystem 1 betrachtet, die zur Hauptkongruenzgruppe modulo Q gehören; was die erste Voraussetzung betrifft, ist sie unwesentlich, denn der Beweis kann ebenso für beliebige reelle Dimensionen geführt werden, eine Ausdehnung des Verfahrens auf allgemeinere Grenzkreisgruppen dagegen würde nur möglich sein, wenn der Hilfsatz 2 dieser Arbeit eine entsprechende Verallgemeinerung gestattete.

§ 1.
Hilfsätze

Im folgenden sei $F(x, y)$ eine kontinuierliche Funktion zweier reellen Veränderlichen. Wir nehmen weiter an, dass $|F(x, y)| < \frac{A}{(1+x^2+y^2)^{1+\theta}}$, wo A und θ positive Konstanten sind.

---

[1]) Reihen dieser Art sind zuerst von H. Petersson in einer Reihe von Abhandlungen untersucht worden, vgl. Math. Annalen 103 (1930), S. 369—436, Math. Annalen 106 (1932), S. 343—368, und Abh. Math. Seminar der Hansischen Univ. 12 (1938), S. 415—472.

[2]) Vgl. H. Petersson, Über eine Metrisierung der ganzen Modulformen, Jahresbericht der Deutschen Mathem.-Vereinigung 49 (1939), S. 49—75.

Hilfsatz 1.

Es sei Q und d reelle Zahlen und h positiv, dann ist

$$\lim_{h\to 0} h \sum_{m=-\infty}^{\infty} \sum_{n=-\infty}^{\infty} F(Qm\sqrt{h}, (Qn+d)\sqrt{h}) = \frac{1}{Q^2}\int_{-\infty}^{\infty}\int_{-\infty}^{\infty} F(x,y)\,dx\,dy = \mathfrak{J}.$$

Beweis: Aus der Definition des Doppelintegrals für endliche Gebiete folgt, dass mit endlichem R gilt

$$(1)\quad \lim_{h\to 0} h \sum_{Q^2m^2+(Qn+d)^2<\frac{R^2}{h}} F(Qm\sqrt{h},(Qn+d)\sqrt{h}) = \frac{1}{Q^2}\iint_{x^2+y^2<R^2} F(x,y)\,dx\,dy = \mathfrak{J}_R.$$

Es sei jetzt ein positives ε gegeben, wir wählen dann ein R_0, derart dass für $R > R_0$, $|\mathfrak{J}-\mathfrak{J}_R| < \frac{\varepsilon}{3}$ gilt. Weiter haben wir für $h<1$,

$$\Big|h \sum_{Q^2m^2+(Qn+d)^2\geq\frac{R^2}{h}} F(Qm\sqrt{h},(Qn+d)\sqrt{h})\Big| < \frac{4A}{Q^2}\iint_{x^2+y^2>(R-2Q)^2} \frac{dx\,dy}{(1+x^2+y^2)^{1+\theta}} = \mathfrak{J}'_R.$$

Wir wählen nun ein $R > R_0$, derart dass $\mathfrak{J}'_R < \frac{\varepsilon}{3}$; nach (1) können wir dann ein positives $\delta < 1$ angeben, derart dass für $h < \delta$,

$$\Big|\mathfrak{J}_R - h \sum_{Q^2m^2+(Qn+d)^2<\frac{R^2}{h}} F(Qm\sqrt{h}, (Qn+d)\sqrt{h})\Big| < \frac{\varepsilon}{3}.$$

Für $h<\delta$ gilt dann

$$\Big|\mathfrak{J} - h\sum_{m=-\infty}^{\infty}\sum_{n=-\infty}^{\infty} F(Qm\sqrt{h}, (Qn+d)\sqrt{h})\Big| < |\mathfrak{J}-\mathfrak{J}_R| + \Big|\mathfrak{J}_R -$$

$$- h\sum_{Q^2m^2+(Qn+d)^2<\frac{R^2}{h}} F(Qm\sqrt{h},(Qn+d)\sqrt{h})\Big| + \Big|h\sum_{Q^2m^2+(Qn+d)^2\geq\frac{R^2}{h}} F(Qm\sqrt{h},(Qn+d)\sqrt{h}\Big| <$$

$$< \frac{\varepsilon}{3}+\frac{\varepsilon}{3}+\frac{\varepsilon}{3} = \varepsilon,$$

w. z. b. w.

Hilfsatz 2.

Es sei Q eine positive ganze Zahl und h positiv, dann ist

$$\lim_{h \to 0} h \sum_{\substack{m \equiv 0 (Q) \\ n \equiv 1 (Q) \\ (m,n)=1}} F(m\sqrt{h}, n\sqrt{h}) = \frac{6}{\sigma(Q)\pi^2} \int_{-\infty}^{\infty}\int_{-\infty}^{\infty} F(x, y)\,dx\,dy,$$

wo $\sigma(Q) = Q^2 \prod_{q/Q} \left(1 - \frac{1}{q^2}\right)$; das Produkt ist hier über sämmtliche Primzahlen q zu erstrecken, die in Q aufgehen.

Beweis: Wir setzen, wenn d eine ganze Zahl ist,

$$K_d(h) = h \sum_{\substack{m \equiv 0 (Q) \\ n \equiv d (Q)}}' F(m\sqrt{h}, n\sqrt{h}) = h \sum_{m=-\infty}^{\infty} \sum_{n=-\infty}^{\infty}{}' F(Qm\sqrt{h}, (Qn+d)\sqrt{h}).^{*)}$$

$K_d(h)$ wird offenbar ungeändert wenn d durch eine modulo Q kongruente Zahl ersetzt wird. Nach Hilfsatz 1 gilt

$$(2) \qquad \lim_{h \to 0} K_d(h) = \frac{1}{Q^2} \int_{-\infty}^{\infty}\int_{-\infty}^{\infty} F(x, y)\,dx\,dy = \mathfrak{J},$$

ausserdem gilt für alle d und positive h

$$(3) \qquad |K_d(h)| < A + \frac{4A}{Q^2} \int_{-\infty}^{\infty}\int_{-\infty}^{\infty} \frac{dx\,dy}{(1+x^2+y^2)^{1+\theta}} = B.$$

Bezeichnet $\mu(d)$ die Möbiussche Funktion, haben wir bekanntlich $\sum_{\substack{d/m \\ d/n}} \mu(d) = 1$, wenn $(m,n) = 1$, und $= 0$ wenn $(m,n) > 1$. Folglich gilt

$$h \sum_{\substack{m \equiv 0 (Q) \\ n \equiv 1 (Q) \\ (m,n)=1}} F(m\sqrt{h}, n\sqrt{h}) = h \sum_{\substack{m \equiv 0 (Q) \\ n \equiv 1 (Q)}}' \sum_{\substack{d/m \\ d/n}} \mu(d) F(m\sqrt{h}, n\sqrt{h}).$$

Da $\sum_{\substack{d/m \\ d/n}} 1 = 0\left(|m|^{\frac{\theta}{2}} + |n|^{\frac{\theta}{2}}\right)$, ist die obenstehende multiple Reihe absolut konvergent, die Anordnung der Glieder ist also gleichgültig; indem wir $m = m_1 d$, $n = n_1 d$ mit $d > 0$ setzen, erhalten wir

*) Σ' bedeutet hier dass ein eventuelles Glied $F(0,0)$ in der Summe fortgelassen wird.

$$(4)\quad h\sum_{\substack{m\equiv 0(Q)\\ n\equiv 1(Q)\\ (m,n)=1}} F(m\sqrt{h},n\sqrt{h})=\sum_{\substack{d>0\\ (d,Q)=1}}\ \sum_{\substack{m_1\equiv 0(Q)\\ n_1\equiv \bar d(Q)}}{}' \frac{\mu(d)}{d^2}\,hd^2F(m_1\sqrt{hd^2},n_1\sqrt{hd^2})=$$

$$=\sum_{\substack{d>0\\ (d,Q)=1}}\frac{\mu(d)}{d^2}\sum_{\substack{m_1\equiv 0(Q)\\ n_1\equiv \bar d(Q)}}{}' hd^2F(m_1\sqrt{hd^2},n_1\sqrt{hd^2})=\sum_{\substack{d>0\\ (d,Q)=1}}\frac{\mu(d)}{d^2}K_{\bar d}(hd^2).$$

Hier ist $\bar d$ durch die Kongruenz $d\bar d\equiv 1 \pmod{Q}$ bestimmt. Sei jetzt ε eine positive Zahl, nach (2) können wir dann ein positives δ wählen, derart dass für $h<\delta$,

$$|\mathfrak{J}-K_d(h)|<\varepsilon$$

für $d=1,2,\ldots,Q$, d. h. für alle d. Wir haben nun

$$\sum_{\substack{d>0\\ (d,Q)=1}}\frac{\mu(d)}{d^2}K_{\bar d}(hd^2)=\sum_{\substack{0<d<\sqrt{\frac{\delta}{h}}\\ (d,Q)=1}}\frac{\mu(d)}{d^2}K_{\bar d}(hd^2)+$$

$$+\sum_{\substack{\sqrt{\frac{\delta}{h}}\le d\\ (d,Q)=1}}\frac{\mu(d)}{d^2}K_{\bar d}(hd^2)=\mathfrak{J}\sum_{\substack{0<d<\sqrt{\frac{\delta}{h}}\\ (d,Q)=1}}\frac{\mu(d)}{d^2}+$$

$$+\sum_{\substack{0<d<\sqrt{\frac{\delta}{h}}\\ (d,Q)=1}}\frac{\mu(d)}{d^2}(K_{\bar d}(dh^2)-\mathfrak{J})+\sum_{\substack{d\ge\sqrt{\frac{\delta}{h}}\\ (d,Q)=1}}\frac{\mu(d)}{d^2}K_{\bar d}(hd^2).$$

Hieraus erhalten wir unter Benutzung von (3) und (5)

$$\left|\sum_{\substack{d>0\\ (d,Q)=1}}\frac{\mu(d)}{d^2}K_{\bar d}(hd^2)-\mathfrak{J}\sum_{\substack{d>0\\ (d,Q)=1}}\frac{\mu(d)}{d^2}\right|\le\mathfrak{J}\sum_{d\ge\sqrt{\frac{\delta}{h}}}\frac{1}{d^2}+$$

$$+\varepsilon\sum_{0<d<\sqrt{\frac{\delta}{h}}}\frac{1}{d^2}+B\sum_{d\ge\sqrt{\frac{\delta}{h}}}\frac{1}{d^2}<(\mathfrak{J}+B)\frac{1}{\sqrt{\frac{\delta}{h}}-1}+\frac{\pi^2}{6}\varepsilon,$$

indem $\sum_{d\ge x}\frac{1}{d^2}<\sum_{d\ge x}\left(\frac{1}{d-1}-\frac{1}{d}\right)\le\frac{1}{x-1}$. Lassen wir jetzt h gegen 0 streben, bekommen wir

$$\overline{\lim_{h\to 0}}\left|\sum_{\substack{d>0\\ (d,Q)=1}}\frac{\mu(d)}{d^2}K_{\bar d}(hd^2)-\mathfrak{J}\sum_{(d,Q)=1}\frac{\mu(d)}{d^2}\right|\le\frac{\pi^2}{6}\varepsilon.$$

Da ε beliebig klein gewählt werden kann, schliessen wir hieraus

$$\lim_{h \to 0} \sum_{\substack{d>0 \\ (d,Q)=1}} \frac{\mu(d)}{d^2} K_{\bar d}(hd^2) = \mathfrak{J} \sum_{(d,Q)=1} \frac{\mu(d)}{d^2} = \frac{6}{\pi^2} \frac{1}{\prod\limits_{p/Q} \left(1 - \frac{1}{p^2}\right)} \mathfrak{J}.$$

Wird dies in (4) eingetragen, erhalten wir den Satz.

§ 2.

Wir betrachten jetzt Spitzenformen der Art $(-k, Q)$,[1]) wo Q eine ganze positive Zahl ist und k ganz und > 2 angenommen wird. Nach Petersson bezeichnen wir mit $G_k(\tau, \nu; Q)$ die Reihe

$$G_k(\tau, \nu; Q) = \sum_M \frac{e^{2\pi i \frac{\nu}{Q} M\tau}}{(c\tau + d)^k},$$

wo M ein gewisses System von ganzzahligen Matrizen $\begin{pmatrix} a & b \\ c & d \end{pmatrix}$ mit der Determinante 1 durchläuft, nämlich ein volles System zu $\Gamma(Q)$[2]) gehörigen Matrizen mit verschiedenen zweiten Zeilen. $M\tau$ steht hier für $\dfrac{a\tau + b}{c\tau + d}$. Für ν ganzzahlig und positiv stellt die obige Reihe nach Petersson eine Spitzenform der Art $(-k, Q)$ dar.

Es sei nun $f(\tau) = \sum\limits_{\nu=1}^{\infty} \alpha_\nu e^{2\pi i \frac{\nu}{Q}\tau}$ eine beliebige Spitzenform der Art $(-k, Q)$. Das Hauptziel dieser Arbeit ist zu zeigen, dass $f(\tau)$ durch einen endlichen Linearausdruck von Funktionen G_k darstellbar ist. Um diesen Satz zu beweisen, betrachten wir zuerst eine unendliche Linearform der G_k. Wir setzen mit h positiv

$$K(h, \tau) = \sum_{\nu=1}^{\infty} \alpha_\nu e^{-2\pi \frac{\nu}{Q} h} G_k(\tau, \nu; Q). \tag{6}$$

Führen wir hier die obige Reihe für G_k ein, ergibt sich leicht, dass die so entstandene multiple Reihe absolut konvergent ist. Wir erhalten deshalb

---

[1]) Wegen der Definition und wichtigsten Eigenschaften einer Spitzenform der Art $(-k, Q)$ vgl. etwa E. Hecke, Modulfunktionen und Dirichletreihen mit Produktentwicklung, Math. Annalen 114 (1937), S. 1—28 § 1.

[2]) $\Gamma(Q)$ bezeichnet hier die Hauptkongruenzgruppe modulo Q, d. h. die Gesammtheit der zur vollen Modulgruppe gehörigen Matrizen mit $\begin{pmatrix} a & b \\ c & d \end{pmatrix} \equiv \begin{pmatrix} 1 & 0 \\ 0 & 1 \end{pmatrix}$ (mod. Q).

$$(7)\quad K(h,\tau)=\sum_{\nu=1}^{\infty}\sum_{M}\frac{\alpha_{\nu}e^{-2\pi\frac{\nu}{Q}h+2\pi i\frac{\nu}{Q}M\tau}}{(c\tau+d)^k}=\sum_{M}\frac{1}{(c\tau+d)^k}f(hi+M\tau).$$

Wir setzen nun $M\tau'=hi+M\tau$, hieraus bekommen wir weiter

$$\tau'=\tau+hi\frac{(c\tau+d)^2}{1-hic(c\tau+d)}\quad\text{und}\quad\frac{c\tau'+d}{c\tau+d}=\frac{1}{1-hic(c\tau+d)}.$$

Da M zu $\Gamma(Q)$ gehört, gilt nach der Definition $f(M\tau')=$ $=(c\tau'+d)^k f(\tau')$; wird dies in (7) eingeführt, erhalten wir

$$K(h,\tau)=\sum_{\substack{c\equiv 0(Q)\\ d\equiv 1(Q)\\ (c,d)=1}}(1-hic(c\tau+d))^{-k}f\left(\tau+hi\frac{(c\tau+d)^2}{1-hic(c\tau+d)}\right).$$

Setzen wir der Kürze halber

$$F(x,y)=(1-ix(x\tau+y))^{-k}f\left(\tau+i\frac{(x\tau+y)^2}{1-ix(x\tau+y)}\right),$$

schreibt sich die obige Gleichung

$$(8)\qquad hK(h,\tau)=h\sum_{\substack{c\equiv 0(Q)\\ d\equiv 1(Q)\\ (c,d)=1}}F(c\sqrt{h},d\sqrt{h}).$$

Im folgenden nehmen wir der Einfachheit halber an, dass τ rein imaginär ist, d. h. $\tau=i\vartheta$ mit $\vartheta>0$. Es gilt dann

$$\mathfrak{J}\left(\tau+i\frac{(x\tau+y)^2}{1-ix(x\tau+y)}\right)=\frac{\vartheta+\vartheta^2x^2+y^2}{(1+x^2\vartheta)^2+x^2y^2}$$

und

$$|1-ix(x\tau+y)|=(1+x^2\vartheta)^2+x^2y^2.$$

Bekanntlich ist nun $|f(\tau)|<A\{\mathfrak{J}(\tau)\}^{\frac{k}{2}}$, wo A eine Konstante ist. Unter Benutzung der zwei obenstehenden Ausdrücke, bekommen wir hieraus

$$|F(x,y)|<\frac{A}{(\vartheta+\vartheta^2x^2+y^2)^{\frac{k}{2}}}\leq\frac{B}{(1+x^2+y^2)^{\frac{k}{2}}}.$$

$F(x,y)$ erfüllt also die Bedingungen des vorigen Paragraphen. Nach Hilfsatz 2 erhalten wir schliesslich aus (8)

$$\text{(9)}\quad \lim_{h\to 0} hK(h,\tau) = \frac{6}{\sigma(Q)\pi^2}\int_{-\infty}^{\infty}\int_{-\infty}^{\infty}\frac{f\left(\tau + i\dfrac{(x\tau+y)^2}{1-ix(x\tau+y)}\right)}{(1-ix(x\tau+y))^k}\,dx\,dy.$$

Wir gehen nun zur Berechnung des Doppelintegrals

$$\mathcal{J} = \int_{-\infty}^{\infty}\int_{-\infty}^{\infty}(1-ix(x\tau+y))^{-k} f\left(\tau + i\frac{(x\tau+y)^2}{1-ix(x\tau+y)}\right)dx\,dy$$

über. Wir setzen mit $\delta \geq 0$,

$$\mathcal{J}_\delta = \int_{-\infty}^{\infty}\int_{-\infty}^{\infty}(1-ix(x\tau+y))^{-k} f\left(\delta i + \tau + i\frac{(x\tau+y)^2}{1-ix(x\tau+y)}\right)dx\,dy.$$

Es ist dann

$$\text{(10)}\qquad \lim_{\delta\to 0}\mathcal{J}_\delta = \mathcal{J}.$$

Beweis: Der Kürze halber bezeichnen wir den Integrand in $\mathcal{J}_\delta$ mit $F_\delta(x,y)$. Es gilt dann für alle x und y und $\delta \geq 0$

$$|F_\delta(x,y)| < \frac{B}{(1+x^2+y^2)^{\frac{k}{2}}},$$

dies findet man genau wie oben im Spezialfall $\delta = 0$. Es ist deshalb

$$|\mathcal{J}-\mathcal{J}_\delta| \leq \int_{-\infty}^{\infty}\int_{-\infty}^{\infty}|F(x,y)-F_\delta(x,y)|\,dx\,dy < \iint_{x^2+y^2<R^2}|F(x,y)-F_\delta(x,y)|\,dx\,dy + \iint_{x^2+y^2>R^2}\frac{2B\,dx\,dy}{(1+x^2+y^2)^{\frac{k}{2}}}$$

Wir wählen nun ein R so gross, dass das letzte Integral kleiner als $\frac{\varepsilon}{2}$ wird. Da $F_\delta(x,y)$ im Bereiche $x^2+y^2 \leq R^2$, uniform gegen $F(x,y)$ strebt, wenn $\delta \to 0$, können wir ein $\delta_0 > 0$ wählen, derart, dass für $0 \leq \delta < \delta_0$, gilt $|F(x,y) - F_\delta(x,y)| < \frac{\varepsilon}{2\pi R^2}$ für $x^2+y^2 \leq R^2$. Wir erhalten folglich für $0 \leq \delta < \delta_0$, $|\mathcal{J}-\mathcal{J}_\delta| < \frac{\varepsilon}{2}+\frac{\varepsilon}{2} = \varepsilon$, woraus (10) folgt.

Um $\mathcal{J}_\delta$ zu berechnen entwickeln wir den Integrand in einer Reihe

$$f\left(\delta i+\tau+i\frac{(x\tau+y)^2}{1-ix(x\tau+y)}\right)=\sum_{\nu=1}^{\infty}\alpha_\nu e^{-2\pi\frac{\nu}{Q}\delta+2\pi i\frac{\nu}{Q}\left(\tau+i\frac{(x\tau+y)^2}{1-ix(x\tau+y)}\right)}.$$

Da nun $\mathfrak{J}\left(\tau+i\frac{(x\tau+y)^2}{1-ix(x\tau+y)}\right)=\frac{\vartheta+\vartheta^2x^2+y^2}{(1+x^2\vartheta)^2+x^2y^2}$ ist der Fehler, falls wir die Reihe nach N Glieder abbrechen, absolut kleiner als

$$e^{-\frac{2\pi}{Q}\frac{\vartheta+\vartheta^2x^2+y^2}{(1+x^2\vartheta)^2+x^2y^2}}\sum_{\nu=N+1}^{\infty}\alpha_\nu e^{-2\pi\frac{\nu}{Q}\delta}.$$

Bezeichnen wir die N'te Partialsumme mit $S_N(x,y)$, haben wir

$$\left|\mathcal{J}_\delta-\int_{-\infty}^{\infty}\int_{-\infty}^{\infty}\frac{S_N(x,y)\,dx\,dy}{(1-ix(x\tau+y))^k}\right|<\int_{-\infty}^{\infty}\int_{-\infty}^{\infty}\frac{\left|f\left(\delta i+\tau+i\frac{(x\tau+y)^2}{1-ix(x\tau+y)}\right)-S_N(x,y)\right|}{((1+x^2\vartheta)^2+x^2y^2)^{\frac{k}{2}}}dx\,dy.$$

Sei nun ein positives ε gegeben, wir wählen dann ein N_0 so gross, dass für $N>N_0$ ist $\sum_{\nu=N+1}^{\infty}|\alpha_\nu|e^{-2\pi\frac{\nu}{Q}\delta}<\varepsilon$. Wir bekommen dann für $N>N_0$

$$\left|f\left(\delta i+\tau+i\frac{(x\tau+y)^2}{1-ix(x\tau+y)}\right)-S_N(x,y)\right|<\varepsilon\, e^{-\frac{2\pi}{Q}\frac{\vartheta+\vartheta^2x^2+y^2}{(1+x^2\vartheta)^2+x^2y^2}}.$$

Die obige Ungleichung gibt folglich

$$\left|\mathcal{J}_\delta-\int_{-\infty}^{\infty}\int_{-\infty}^{\infty}\frac{S_N(x,y)\,dx\,dy}{(1-ix(x\tau+y))^k}\right|<\varepsilon\int_{-\infty}^{\infty}\int_{-\infty}^{\infty}\frac{e^{-\frac{2\pi}{Q}\frac{\vartheta+\vartheta^2x^2+y^2}{(1+x^2\vartheta)^2+x^2y^2}}}{((1+x^2\vartheta)^2+x^2y^2)^{\frac{k}{2}}}dx\,dy=\varepsilon B.$$

Hieraus erhellt dass

$$\mathcal{J}_\delta=\lim_{N\to\infty}\int_{-\infty}^{\infty}\int_{-\infty}^{\infty}\frac{S_N(x,y)\,dx\,dy}{(1-ix(x\tau+y))^k}.$$

Wir können deshalb $\mathcal{J}_\delta$ durch gliedweise Integration berechnen, wir bekommen

$$\text{(11)}\qquad \mathcal{J}_\delta=\sum_{\nu=1}^{\infty}\alpha_\nu e^{-2\pi\frac{\nu}{Q}\delta+2\pi i\frac{\nu}{Q}\tau}\,D\left(2\pi\frac{\nu}{Q}\right),$$

wo der Kürze halber für $a>0$,

$$D(a)=\int_{-\infty}^{\infty}\int_{-\infty}^{\infty}\frac{e^{-a\frac{(x\tau+y)^2}{1-ix(x\tau+y)}}}{(1-ix(x\tau+y))^k}\,dx\,dy$$

gesetzt ist. Um $D(a)$ zu berechnen wollen wir zuerst die Integration in Bezug auf y ausführen; indem wir $x\neq 0$ voraussetzen, erhalten wir durch die Einführung von $u=x(x\tau+y)$,

$$F(x)=\int_{-\infty}^{\infty}\frac{e^{-a\frac{(x\tau+y)^2}{1-ix(x\tau+y)}}}{(1-ix(x\tau+y))^k}\,dy=\frac{1}{|x|}\int_{-\infty+x^2\tau}^{\infty+x^2\tau}\frac{e^{-\frac{a}{x^2}\frac{u^2}{1-iu}}}{(1-iu)^k}\,du.$$

Setzen wir hier weiter $z=u+i$, bekommen wir

$$F(x)=\frac{i^k}{|x|}\int_{-\infty+x^2\tau+i}^{\infty+x^2\tau+i}\frac{e^{-\frac{ai}{x^2}\left(z-2i-\frac{1}{z}\right)}}{z^k}\,dz=i^k\frac{e^{-\frac{2a}{x^2}}}{|x|}\int_{-\infty+x^2\tau+i}^{\infty+x^2\tau+i}\frac{e^{-\frac{ai}{x^2}\left(z-\frac{1}{z}\right)}}{z^k}\,dz.$$

Der Integrationsweg in dem letzten Integral ist eine Gerade, die paralell zur reellen Achse läuft, und oberhalb dieser liegt. Durch Verschiebung des Integrationsweges finden wir den Wert des Integrals gleich dem Residuum in $z=0$ mit negativem Vorzeichen. Hieraus bekommen wir

$$F(x)=2\pi i^{1-k}\frac{e^{-\frac{2a}{x^2}}}{|x|}J_{k-1}\left(\frac{2ai}{x^2}\right).$$

$D(a)$ wird also schliesslich

$$D(a)=2\pi i^{1-k}\int_{-\infty}^{\infty}\frac{e^{-\frac{2a}{x^2}}}{|x|}J_{k-1}\left(\frac{2ai}{x^2}\right)dx=$$

$$=2\pi i^{1-k}\int_{0}^{\infty}\frac{e^{-y}}{y}J_{k-1}(iy)\,dy=\frac{\pi}{k-1}.\text{ [1]}$$

Führen wir diesen Ausdruck in (11) ein, bekommen wir

$$\mathfrak{J}_\delta=\frac{\pi}{k-1}\sum_{\nu=1}^{\infty}\alpha_\nu e^{-2\pi\frac{\nu}{Q}\delta+2\pi i\frac{\nu}{Q}\tau}=\frac{\pi}{k-1}f(\delta i+\tau).$$

---

[1] Der Wert des letzten Integrals berechnet sich aus: G. N. Watson, Theory of Bessel Functions, S. 386 Formel (7). Übrigens ist hier nur wesentlich, dass $D(a)$ konstant ist.

(10) gibt folglich

$$J = \frac{\pi}{k-1} f(\tau).$$

Wird dies in (9) eingetragen, ergibt sich schliesslich, indem wir an (6) erinnern, die Beziehung

$$\lim_{h \to 0} h \sum_{\nu=1}^{\infty} \alpha_\nu e^{-2\pi \frac{\nu}{Q} h} G_k(\tau, \nu; Q) = \frac{6}{\sigma(Q)(k-1)\pi} f(\tau). \tag{12}$$

Wir haben (12) nur unter der Voraussetzung bewiesen, dass τ rein imaginär ist, es ist aber leicht zu sehen, dass diese Einschränkung fortgelassen werden kann. Bekanntlich existiert es nur eine endliche Anzahl linear unabhängiger Spitzenformen der Art $(-k, Q)$; daraus folgt dass wir ein System linear unabhängiger Funktionen $G_k(\tau, \nu_1; Q), \ldots, G_k(\tau, \nu_\varkappa; Q)$ angeben können, derart dass für jedes ν

$$G_k(\tau, \nu; Q) = \sum_{i=1}^{\varkappa} a_i(\nu)\, G_k(\tau, \nu_i; Q),$$

wo $a_i(\nu)$ von τ unabhängig ist. Wird dies in (12) eingetragen, erhalten wir

$$\frac{6}{\sigma(Q)(k-1)\pi} f(\tau) = \lim_{h \to 0} \sum_{i=1}^{\varkappa} A_i(h)\, G_k(\tau, \nu_i; Q),$$

wo $A_i(h)$ von τ unabhängig ist. Die obenstehende Beziehung gilt für alle τ auf der positiven imaginären Achse; man sieht leicht, dass dies nur dann der Fall sein kann, wenn alle $A_i(h)$ gegen endliche Grenzwerte konvergieren. Wir erhalten deshalb folgende Gleichung

$$\frac{6}{\sigma(Q)(k-1)\pi} f(\tau) = \sum_{i=1}^{\varkappa} A_i\, G_k(\tau, \nu_i; Q), \tag{13}$$

die für alle τ auf der positiven imaginären Achse besteht. Hieraus folgt, da beide Seiten von (13) in der oberen Halbebene analytisch sind, dass (13) überall in diesem Gebiet gültig ist. Hiermit ist der Satz bewiesen:

Hauptsatz.

Jede Spitzenform der Art $(-k, Q)$ *lässt sich durch eine endliche Linearkombination der Funktionen* $G_k(\tau, \nu; Q)$ *darstellen.*

Wir wollen zum Schluss einige Anwendungen von (12) machen, indem wir die Fourierentwicklung[1]) der G_k einführen und die Koeffizienten der beiden Seiten vergleichen. Wir setzen

$$G_k(\tau, \nu; Q) = \frac{1}{\nu^{k-1}} \sum_{n=1}^{\infty} c_n(\nu)\, e^{2\pi i \frac{n}{Q}\tau}.$$

Setzen wir dies in (12) ein, und vergleichen die Koeffizienten von $e^{2\pi i \frac{n}{Q}\tau}$, erhalten wir

$$\lim_{h \to 0} h \sum_{\nu=1}^{\infty} \frac{\alpha_\nu c_n(\nu)}{\nu^{k-1}} e^{-2\pi \frac{\nu}{Q} h} = \frac{6}{\sigma(Q)(k-1)\pi} \alpha_n.$$

Bekanntlich ist nun $c_n(\nu)$ in n und ν symmetrisch.[2]) Die obenstehende Gleichung gibt deshalb

$$(14) \qquad \lim_{h \to 0} h \sum_{\nu=1}^{\infty} \frac{\alpha_\nu \overline{c_\nu(n)}}{\nu^{k-1}} e^{-2\pi \frac{\nu}{Q} h} = \frac{6}{\sigma(Q)(k-1)\pi} \alpha_n.$$

Es sei nun ausser $f(\tau)$ eine zweite Spitzenform der Art $(-k, Q)$ gegeben, etwa $\varphi(\tau) = \sum_{\nu=1}^{\infty} \beta_\nu e^{2\pi i \frac{\nu}{Q}\tau}$. Da $\varphi(\tau)$ nach dem obigen Satze durch eine endliche Linearkombination der G_k dargestellt werden kann, erhalten wir aus (14), dass der Grenzwert

$$\lim_{h \to 0} h \sum_{\nu=1}^{\infty} \frac{\alpha_\nu \overline{\beta_\nu}}{\nu^{k-1}} e^{-2\pi \frac{\nu}{Q} h}$$

existiert. Wir definieren jetzt das «skalare Produkt» zweier Spitzenformen folgendermassen

$$(15) \qquad (f, \varphi) = \lim_{h \to 0} h \sum_{\nu=1}^{\infty} \frac{\alpha_\nu \overline{\beta_\nu}}{\nu^{k-1}} e^{-2\pi \frac{\nu}{Q} h}.$$

---

[1]) Die Fourierentwicklung ist von H. Petersson explizit hergeleitet, vgl. Acta Math. 58 (1932), S. 169—215.

[2]) Im allgemeineren Falle gilt dagegen nur $c_n(\nu) = \overline{c_\nu(n)}$.

(14) gibt dann

$$(16) \qquad (f, G_k(\tau, n; Q)) = \frac{6\, n^{1-k}}{\sigma(Q)(k-1)\pi}\, a_n .$$

Man sieht hieraus, dass das oben definierte skalare Produkt sich nur durch einen konstanten Faktor von dem Peterssonschen[1]) unterscheidet. Durch Verwendung eines bekannten Satzes von Hardy-Littlewood über Potenzreihen mit positiven Koeffizienten, kann man aus (15) schliessen dass

$$(17) \qquad \sum_{\nu \leq x} \frac{a_\nu \overline{\beta_\nu}}{\nu^{k-1}} = \frac{2\pi}{Q}(f, \varphi)\, x + o(x).$$

In einer schon erschienenen Arbeit[2]) habe ich eine schärfere Form von (17) angegeben, mit dem Restgliede $O(x^{\frac{3}{5}})$ statt $o(x)$. Der Beweis dieses Satzes fordert etwas tieferliegender Hilfsmittel.

[1]) Vgl. die in Fussnote 2 Seite 1 genannte Abhandlung von Petersson, S. 55 Formel (10).

[2]) Vgl. A. Selberg, Bemerkungen über eine Dirichletsche Reihe, die mit der Theorie der Modulformen nahe verbunden ist, Arch. f. Math. og Naturvidenskab. B. XLIII Nr. 4. S. 47—50. Es ist übrigens zu bemerken, dass der Inhalt der vorliegenden Arbeit ungefähr ein Jahr älter als die vorgenannte Abhandlung ist, aus verschiedenen Ursachen hat die Veröffentlichung bis jetzt warten müssen.

6.

Über ganzwertige ganze transzendente Funktionen

Archiv for Mathematik og Naturvidenskab B. 44 (1941), Nr. 4, 45–52

EINLEITUNG.

Als ganzwertige ganze Funktion bezeichnen wir nach Pólya[1]) eine ganze Funktion $f(z)$, die für $z = 0, 1, 2, \ldots$ lauter ganze rationale Werte annimmt. Pólya bewies den Satz:

Gilt

$$\lim_{r\to\infty} \frac{r^{\frac{1}{2}}M(r)}{2^r} = 0,$$

so muss $f(z)$ eine ganze *rationale* Funktion sein.

Später hat Hardy[2]) gezeigt, das man den Faktor $r^{\frac{1}{2}}$ weglassen kann, der Satz besagt in dieser Fassung offenbar, dass 2^z im wesentlichen diejenige ganzwertige ganze transzendente Funktion vom schwächsten Wachstum ist. Das Ziel dieser Arbeit ist den schärferen Satz zu beweisen:

Hauptsatz.

Es sei $f(z)$ eine ganzwertige ganze Funktion; gilt dann

$$\overline{\lim_{r\to\infty}} \frac{\log M(r)}{r} \leqq \log 2 + \frac{1}{1500},$$

muss $f(z)$ identisch von der Form $P(z)2^z + Q(z)$ sein, wo P und Q Polynome in z sind.

---

[1]) G. Pólya: Über ganzwertige ganze Funktionen. Palermo Rend. 40. 1.—16. (1915).

[2]) G. H. Hardy. On a Theorem of Mr. G. Pólya. Cambr. Phil. Soc. Proc. 19, 60—63. (1917).

§ 1.
Hilfsätze.

Wir benutzen den folgenden Hilfsatz[1]) von Pólya:

Hilfsatz I.

Es sei $f(z)$ und $\varphi(z)$ ganze Funktionen, ausserdem sei $|f(z)| < Ae^{\theta|z|}$ und $|\varphi(z)| < Be^{\theta|z|}$ wo A, B und θ positive Konstanten sind, $\theta < 1$. Gilt dann für alle positive ganze rationale $n, f(n) = \varphi(n)$, so ist identisch $f(z) = \varphi(z)$.

Im folgenden bezeichne $f(z)$ eine ganzwertige ganze Funktion, wir nehmen weiter an, dass $|f(z)| < Ae^{\theta|z|}$ wo A und θ positive Konstanten mit $\theta < 1$ sind. Dies bedeutet offenbar keine Einschränkung beim Beweis des Hauptsatzes. Weiter bezeichne Δ die Operation $\Delta f(z) = f(z) - f(z-1)$. Wir bilden nun die Differenzenfolge

$$a_0 = f(0),\ a_1 = \Delta f(1),\ \ldots,\ a_n = \Delta^n f(n),\ \ldots;$$

hieraus wird wieder eine Differenzenfolge

$b_n = \Delta^{\left[\frac{4n}{907}\right]} a_n$, für $n = 0, 1, 2, \ldots$, gebildet. $[x]$ bedeutet wie üblich die grösste ganze Zahl $\leqq x$.

Hilfsatz II.

Verschwinden alle b_n von einem gewissen n ab, muss $f(z)$ identisch von der Form $P(z)2^z + Q(z)$ sein, wo P und Q Polynome sind.

Beweis: Es sei $b_n = 0$ für $n \geqq n_0$, weiter sei im folgenden $m = \left[\frac{4n}{907}\right]$ und $m_0 = \left[\frac{4n_0}{907}\right]$; nach bekannten Formeln der Differenzenrechnung gilt für $n \geqq n_0$,

$$b_n = \Delta^m a_n = \sum_{h=0}^{m-m_0} (-1)^h \binom{m-m_0}{h} \Delta^{m_0} a_{n-h} = 0.$$

Hieraus bekommt man, indem $n - h \geqq n_0$, durch Induktion leicht, dass für $n \geqq n_0$ verschwinden alle $\Delta^{m_0} a_n$. Es existiert deshalb ein Polynom $P_1(n)$, dessen Grad k m_0 nicht übersteigt, derart dass für $n \geqq n_0$

[1]) G. Pólya: Loc. cit.

$$a_n = P_1(n) = c_0 + c_1\binom{n}{1} + \ldots + c_k\binom{n}{k}.$$

Wir bilden jetzt die Funktion

$$\varphi(z) = 2^z \sum_{\nu=0}^{k} c_\nu \binom{z}{\nu} 2^{-\nu} + \sum_{n=0}^{\infty} (a_n - P_1(n)) \binom{z}{n}.$$

Durch direkte Bildung der Differenzen, findet man

$$\Delta^n \varphi(n) = \sum_{\nu=0}^{k} c_\nu \binom{n}{\nu} + a_n - P_1(n) = a_n = \Delta^n f(n).$$

Es folgt hieraus, dass für alle positive ganzzahlige $n, f(n) = \varphi(n)$ gilt. Der erste Hilfsatz ist deshalb verwendbar, es gilt mithin identisch $f(z) = \varphi(z)$ d. h. $f(z) = P(z)2^z + Q(z)$ w. z. b. w.

Da die b_n definitiongemäss ganze rationale Zahlen sind, genügt es offenbar zu zeigen, dass $\lim\limits_{n\to\infty} b_n = 0$, um den Satz anwenden zu können.

§ 2.
Abschätzung von $|\mathbf{b}_n|$.

Wir wollen zuerst b_n durch ein Integral ausdrücken. Nach der Cauchyschen Integralformel haben wir

$$a_n = \sum_{\nu=0}^{n} (-1)^{n-\nu} \binom{n}{\nu} f(\nu) = \sum_{\nu=0}^{n} (-1)^{n-\nu} \binom{n}{\nu} \frac{1}{2\pi i} \int f(z) \frac{dz}{z-\nu} =$$

$$= \frac{1}{2\pi i} \int f(z) \left\{ \sum_{\nu=0}^{n} \frac{(-1)^{n-\nu}\binom{n}{\nu}}{z-\nu} \right\} dz = \frac{1}{2\pi i} \int f(z) \frac{n!\; dz}{z(z-1)\ldots(z-n)},$$

wo der Integrationsweg eine einfache geschlossene Kurve ist, die die Punkte $z = 0, 1, \ldots, n$ im positiven Sinn umkreist. Aus dem obigen Ausdruck erhalten wir für b_n,

$$b_n = \frac{1}{2\pi i} \int f(z)\, \Delta^m \frac{n!}{z(z-1)\ldots(z-n)}\, dz.$$

Die Differenzen sind hier nach n zu bilden. Wir wählen jetzt als Integrationsweg den Kreis $|z| = r = 2n$, und setzen $z = re^{i\varphi}$; wir bekommen

$$b_n = \frac{1}{2\pi}\int_{-\pi}^{\pi} z f(z)\, \Delta^m \frac{n!}{z(z-1)\ldots(z-n)}\, d\varphi,$$

woraus folgt

$$(1)\quad |b_n| \leqq \frac{rM(r)}{2\pi}\int_{-\pi}^{\pi}\left|\Delta^m \frac{n!}{z\ldots(z-n)}\right| d\varphi = \frac{rM(r)}{\pi}\int_{0}^{\pi}\left|\Delta^m \frac{n!}{z\ldots(z-n)}\right| d\varphi.$$

Wir bestimmen jetzt eine Zahl δ durch die Bedingungen: $\cos\delta = \frac{900}{907}$, $0 \leqq \delta \leqq \pi$. Wir schreiben dann

$$(2)\quad \int_0^{\pi}\left|\Delta^m \frac{n!}{z\ldots(z-n)}\right| d\varphi = \int_{\delta}^{\pi}|\quad| d\varphi + \int_0^{\delta}|\quad| d\varphi = J_1 + J_2.$$

Um J_1 abzuschätzen, untersuchen wir $\left|\Delta^m \frac{n!}{z(z-1)\ldots(z-n)}\right|$ im Interval $\delta \leqq \varphi \leqq \pi$, es ist

$$\left|\Delta^m \frac{n!}{z\ldots(z-n)}\right| \leqq \sum_{\nu=0}^{m}\binom{m}{\nu}\frac{(n-\nu)!}{|z\ldots(z-n+\nu)|}.$$

Man sieht sofort, dass der Ausdruck auf der rechten Seite wächst, wenn φ abnimmt, und deshalb seinen grössten Wert erreicht, wenn $\varphi = \delta$. Indem wir $z_1 = re^{i\delta}$ setzen, erhalten wir

$$(3)\quad \left|\Delta^m \frac{n!}{z\ldots(z-n)}\right| \leqq \frac{n!}{|z_1\ldots(z_1-n)|}\sum_{\nu=0}^{m}\binom{m}{\nu}\prod_{\mu=1}^{\nu}\frac{|z_1-n+\mu-1|}{n-\nu+\mu}$$

Nun ist für $1 \leqq \mu \leqq \nu \leqq m \leqq \frac{4n}{907}$, $z_1 = 2ne^{i\delta}$ und $n \geqq 1$,

$$\frac{|z_1-n+\mu-1|}{n-\nu+\mu} \leqq \frac{|z_1-n+\mu-1|}{n-m+\mu} \leqq \frac{\sqrt{4n^2+(n-\mu)^2-4(n-\mu)n\cos\delta}}{n-m+\mu} \leqq$$

$$\leqq \frac{\sqrt{4n^2+n^2-4n^2\cos\delta}}{n-m} \leqq \frac{\sqrt{5-\frac{3600}{907}}}{1-\frac{4}{907}} < \frac{1+\frac{14}{907}}{1-\frac{4}{907}} < \frac{51}{50}.$$

Wird dies in (3) eingetragen ergibt sich

(4) $$\left|\Delta^m \frac{n!}{z\ldots(z-n)}\right| \leqq \frac{n!}{|z_1\ldots(z_1-n)|}\sum_{\nu=0}^{m}\binom{m}{\nu}\left(\frac{51}{50}\right)^{\nu} =$$

$$= \frac{\left(\frac{101}{50}\right)^m n!}{|z_1\ldots(z_1-n)|} \leqq \left(\frac{101}{50}\right)^{\frac{4n}{907}} \frac{n!}{|z_1\ldots(z_1-n)|} < e^{\frac{2,9}{907}n}\frac{n!}{|z_1\ldots(z_1-n)|}.$$

Um $\frac{n!}{|z_1\ldots(z_1-n)|}$ abzuschätzen, schreiben wir

(5) $$\frac{n!}{|z_1\ldots(z_1-n)|} = \left|\frac{n\,\Gamma(n)\,\Gamma(z_1-n)}{z_1\;\Gamma(z_1)}\right| = \frac{1}{2}\left|\frac{\Gamma(n)\,\Gamma(z_1-n)}{\Gamma(z_1)}\right|.$$

Jetzt benutzen wir die Stirlingsche Formel; es ist für $n>1$, indem $\alpha_1, \alpha_2, \ldots$ im folgenden positive Konstanten bedeuten

$$\log|\Gamma(n)| < \alpha_1 + \left(n-\frac{1}{2}\right)\log n - n,$$

ebenso gilt

$$\log|\Gamma(z_1-n)| < \alpha_2 + R\left\{\left(z_1-n-\frac{1}{2}\right)\log(z_1-n)\right\} - R(z_1-n) =$$

$$= \alpha_2 + \left\{\left(2\cos\delta-1\right)n-\frac{1}{2}\right\}\log n\sqrt{5-4\cos\delta} - (2\cos\delta-1)n - 2n\sin\delta.$$

$$\operatorname{arctg}\frac{\sin\delta}{\cos\delta-\frac{1}{2}} =$$

$$= \alpha_2 + \left(\frac{893}{907}n-\frac{1}{2}\right)\log n\sqrt{\frac{935}{907}} - \frac{893}{907}n - 2n\frac{\sqrt{12649}}{907}\operatorname{arctg}\frac{\sqrt{12649}}{446,5},$$

und

$$\log|\Gamma(z_1)| > -\alpha_3 + R\left\{\left(z_1-\frac{1}{2}\right)\log z_1\right\} - R(z_1) =$$

$$= -\alpha_3 + \left(2n\cos\delta-\frac{1}{2}\right)\log 2n - 2n\cos\delta - 2n\sin\delta\operatorname{arctg}(\operatorname{tg}\delta) =$$

$$= -\alpha_3 + \left(\frac{1800}{907}n-\frac{1}{2}\right)\log 2n - \frac{1800}{907}n - 2n\frac{\sqrt{12649}}{907}\operatorname{arctg}\frac{\sqrt{12649}}{900}.$$

Hieraus geht hervor, dass

$$\log\left|\frac{\Gamma(n)\Gamma(z_1-n)}{\Gamma(z_1)}\right|<\alpha_4-\frac{1800}{907}n\log 2+\frac{893}{907}n\log\sqrt{\frac{935}{907}}-2n\frac{\sqrt{12649}}{907}\cdot$$

$$\left\{\operatorname{arctg}\frac{\sqrt{12649}}{446{,}5}-\operatorname{arctg}\frac{\sqrt{12649}}{900}\right\}=\alpha_4-2n\log 2-\frac{n}{907}\cdot$$

$$\left\{2\sqrt{12649}\operatorname{arctg}\frac{\sqrt{12649}}{914}-14\log 2-\frac{893}{2}\log\frac{935}{907}\right\}\leqq$$

$$\leqq\alpha_4-2n\log 2-\frac{4{,}2}{907}n.$$

Wird dies in (5) eingetragen, erhalten wir aus (4)

$$\left|\Delta^m\frac{n!}{z\ldots(z-n)}\right|\leqq\alpha_5\,2^{-2n}\,e^{-\frac{1{,}3}{907}n}<\alpha_5\,2^{-2n}\,e^{-\frac{n}{749}}.$$

Schliesslich erhalten wir für J_1,

$$J_1=\int_\delta^\pi\left|\Delta^m\frac{n!}{z\ldots(z-n)}\right|d\varphi<\alpha_6\,2^{-2n}\,e^{-\frac{n}{749}}. \tag{6}$$

Jetzt schätzen wir J_2 ab; zu diesem Zwecke betrachten wir $\left|\Delta^m\frac{n!}{z\ldots(z-n)}\right|$ im Interval $0\leqq\varphi\leqq\delta$. Wir wollen zuerst den Ausdruck $\frac{n!}{z\ldots(z-n)}=\frac{\Gamma(n+1)\,\Gamma(z-n)}{\Gamma(z+1)}$ durch ein Integral darstellen. Dabei benutzen wir die bekannte Formel

$$\frac{\Gamma(u)\,\Gamma(v)}{\Gamma(u+v)}=\int_0^\infty\frac{y^{u-1}}{(1+y)^{u+v}}\,dy,$$

die für $R(u)>0$, $R(v)>0$, gültig ist. Da $n+1>0$ und $R(z-n)\geqq(2\cos\delta-1)\,n>0$, erhalten wir

$$\frac{n!}{z(z-1)\ldots(z-n)}=\int_0^\infty\frac{y^n}{(1+y)^{z+1}}\,dy.$$

Daraus bekommt man einfach

$$\Delta^m\frac{n!}{z(z-1)\ldots(z-n)}=\int_0^\infty\frac{y^{n-m}(y-1)^m}{(1+y)^{z+1}}\,dy,$$

woraus weiter für $n>1$

Hieraus ergibt sich

$$\log\left|\frac{\Gamma(2n)\,\Gamma(z_1-n)}{\Gamma(z_1+n)}\right|<\alpha_4+2n\log 2n+(\sqrt{5}\cos\delta-1)n\log n\sqrt{6-2\sqrt{5}\cos\delta}-$$

$$-(\sqrt{5}\cos\delta+1)n\ \log n\sqrt{6+2\sqrt{5}\cos\delta}-\sqrt{5}n\sin\delta\operatorname{arctg}\left(\frac{\sqrt{5}}{2}\sin\delta\right)=$$

$$=\alpha_4-n\left\{\sqrt{5}\cos\delta\log\sqrt{\frac{6+2\sqrt{5}\cos\delta}{6-2\sqrt{5}\cos\delta}}+\log\sqrt{1+\tfrac{5}{4}\sin^2\delta}+\right.$$

$$\left.+\sqrt{5}\sin\delta\cdot\operatorname{arctg}\left(\frac{\sqrt{5}}{2}\sin\delta\right)\right\},$$

wird hier $\cos\delta=1-\frac{\sqrt{5}}{2}\cdot 10^{-4}$ eingeführt, erhalten wir durch Ausrechnung

$$\log\left|\frac{\Gamma(2n)\,\Gamma(z_1-n)}{\Gamma(z_1+n)}\right|<\alpha_4-n\left(\sqrt{5}\log\frac{3+\sqrt{5}}{2}+0{,}393\cdot 10^{-4}\right)$$

woraus

$$\left|\frac{\Gamma(2n)\,\Gamma(z_1-n)}{\Gamma(z_1+n)}\right|<\alpha_5\left(\frac{3+\sqrt{5}}{2}\right)^{-\sqrt{5}n}e^{-0{,}393\cdot 10^{-4}n}.$$

Aus (5) und (4) erhalten wir nun schliesslich

$$\left|\Delta^m\frac{2n!}{z(z^2-1^2)\dots(z^2-n^2)}\right|<\alpha_5\left(\frac{3+\sqrt{5}}{2}\right)^{-\sqrt{5}n}e^{-4{,}6\cdot 10^{-6}n},$$

woraus für J_1 folgt,

$$(6)\quad J_1=\int_{\delta}^{\frac{\pi}{2}}\left|\Delta^m\frac{2n!}{z(z^2-1^2)\dots(z^2-n^2)}\right|d\varphi<\alpha_6\left(\frac{3+\sqrt{5}}{2}\right)^{-\sqrt{5}n}e^{-4{,}6\cdot 10^{-6}n}.$$

Wir gehen jetzt zur Abschätzung von J_2 über und untersuchen

$$\left|\Delta^m\frac{2n!}{z(z^2-1^2)\dots(z^2-n^2)}\right|$$

im Interval $0<\varphi<\delta$. Zuerst leiten wir eine Integraldarstellung her, es ist für $n>0$, $R(z-n)>0$,

$$\frac{2n!}{z(z^2-1^2)\dots(z^2-n^2)}=\frac{\Gamma(2n+1)\,\Gamma(z-n)}{\Gamma(z+n+1)}=\int_0^\infty\frac{y^{2n}}{(1+y)^{z+n+1}}\,dy,$$

Aus (7) bekommen wir jetzt

$$(8)\quad \left|\Delta^m \frac{n!}{z\ldots(z-n)}\right| < \alpha_7\, 10^{-n} + 2^{-2n} e^{-\frac{n}{749}} \int_1^{100} \frac{2\,dy}{\left(1-\frac{1}{y}\right)^{\frac{906}{907}}} < \alpha_8\, 2^{-2n} e^{-\frac{n}{749}}.$$

Hieraus finden wir für J_2,

$$(9)\qquad J_2 = \int_0^{\delta} \left|\Delta^m \frac{n!}{z\ldots(z-n)}\right| d\varphi < \alpha_9\, 2^{-2n} e^{-\frac{n}{749}}.$$

Wird schliesslich (9) und (6) in (2) eingeführt, erhalten wir unter Benutzung von (1),

$$(10)\qquad |b_n| \leqq \frac{r M(r)}{\pi}(J_1 + J_2) < \alpha_{10}\, r M(r)\, 2^{-2n} e^{-\frac{n}{749}}.$$

§ 3.
Beweis des Hauptsatzes.

Wegen Wortlaut des Satzes siehe Einleitung.

Beweis: Es sei

$$\overline{\lim_{r\to\infty}} \frac{\log M(r)}{r} \leqq \log 2 + \frac{1}{1500};$$

hieraus erhalten wir

$$M(r) < \alpha_{11}\, 2^r e^{\frac{r}{1499}}.$$

Wird dies in (10) eingetragen, ergibt sich

$$|b_n| < \alpha_{12}\, r 2^{r-2n} e^{\frac{r}{1499} - \frac{n}{749}},$$

woraus, indem $r = 2n$,

$$|b_n| < \alpha_{13}\, n e^{2n\left(\frac{1}{1499} - \frac{1}{1498}\right)} = \alpha_{13}\, n e^{-\frac{2n}{1499\,.\,1498}}.$$

Hieraus ergibt sich $\lim\limits_{n\to\infty} b_n = 0$; wird dies mit dem zweiten Hilfsatz zusammengehalten, erhalten wir den Satz.

7.

Über einen Satz von A. Gelfond

Archiv for Mathematik og Naturvidenskab B. 44 (1941), Nr. 15, 159–170

EINLEITUNG.

In seiner Arbeit[1]) *Sur un theorème de M. G. Polya*, hat Gelfond den folgenden Satz bewiesen:

Es sei g (z) eine ganze Funktion, die den Bedingungen genügt,

$$(1) \qquad g(n),\ g'(n),\ \ldots,\ g^{p-1}(n),$$

sind sämmtlich ganze Zahlen, wenn n eine ganze nichtnegative Zahl ist,

$$(2) \qquad |g(z)| < Ae^{\Theta|z|}, \quad \Theta < p\log\left(1+e^{\frac{1-p}{p}}\right),$$

dann muss g (z) ein Polynom sein.

Für $p = 1$ ist der Satz, wie das Beispiel $g(z) = 2^z$ zeigt, scharf, dagegen lässt sich, wie in dieser Arbeit gezeigt werden soll, die Schranke $p\log\left(1+e^{\frac{1-p}{p}}\right)$ für $p > 1$ durch eine grössere ersetzen. Von Interesse ist, dass während der obige Ausdruck sich für grosse p assymptotisch wie $p\log\left(1+\frac{1}{e}\right)$ verhält, kann man zeigen, dass die neue Schrancke sich wie $p\log\omega$ mit $\omega > 1+\frac{1}{e}$ verhält.

Der Beweis beruht wie derjenige von Gelfond, auf eine Interpolationsformel, nur sind die Interpolationspolynome hier etwas allgemeiner definiert.

§ 1.

Es bezeichne im Folgenden α eine nur von p abhängige Grösse $0 < \alpha < 1$. Wir ordnen jetzt jede ganze Zahl $n \geqq 0$, p ganze Zahlen $m_1, m_2, \ldots, m_p$, zu, die folgendermassen definiert sind:

---

[1]) Atti Reale Accad. naz. Lincei 1929, vol. X, p. 569—574.

(3) $$m_{i+1}=\left[\frac{\left(1-\frac{i}{2(p-1)}\alpha\right)(n-m_1-m_2-\ldots-m_i)}{(p-i)\left(1-\frac{\alpha}{4}\frac{p+i-1}{p-1}\right)}\right]$$

für $i=0,1,\ldots p-1$. $[x]$ bezeichnet hier wie üblich die grösste ganze Zahl $\leqq x$. Die m_i besitzen offenbar die Eigenschaft

(4) $$m_1+m_2+\ldots+m_p=n.$$

Aus (3) ergibt sich weiter leicht, dass

$$\left|m_i-\left(1-\frac{i-1}{2(p-1)}\alpha\right)m_1\right|\leqq 2^{i-1},$$

und dass die m_i bei festem i und wachsendem n nie abnehmend sind. Wir definieren jetzt eine Polynomfolge

(5) $$P_n(z)=\prod_{i=1}^{p} z(z-1)\ldots(z-m_i+1).$$

Aus der Identität

$$\frac{P_{n-1}(x)}{P_n(z)}+\frac{P_n(x)}{P_n(z)}\frac{1}{z-x}=\frac{P_{n-1}(x)}{P_{n-1}(z)}\frac{1}{z-x},$$

erhalten wir

(6) $$\frac{1}{z-x}=\frac{P_0(x)}{P_1(z)}+\frac{P_1(x)}{P_2(z)}+\ldots+\frac{P_{n-1}(x)}{P_n(z)}+\frac{P_n(x)}{P_n(z)}\frac{1}{z-x}.$$

Es sei nun $g(z)$ eine ganze Funktion, die Cauchysche Integralformel gibt dann unter Anwendung von (6)

(7) $$g(x)=\sum_{\nu=0}^{n-1}A_\nu P_\nu(x)+R_n(x),$$

wo

(8) $$A_\nu=\frac{1}{2\pi i}\int_{\Gamma_\nu}\frac{g(z)}{P_\nu(z)}\,dz,$$

und

(8′) $$R_n(x)=\frac{P_n(x)}{2\pi i}\int_{\Gamma'_n}\frac{g(z)}{P_n(z)(z-x)}\,dz.$$

Als Integrationsweg dient in (8) eine einfache geschlossene Kurve, die die Punkte $0,1,\ldots,m_1$, in positivem Sinne umkreist, in (8′) kommt noch der Punkt x hinzu.

Wir nehmen in der Folge an, dass $g(z)$ der Bedingung $|g(z)| < Ae^{\Theta|z|}$, mit $\Theta < p$ genügt, es gilt dann der

Hilfsatz I

Gilt von einem gewissen ν ab, $A_\nu = 0$, so muss $g(z)$ ein Polynom sein.

Beweis: Es sei $A_\nu = 0$ für $\nu \geqq \nu_0$, die Formel (7) gibt dann unter Berücksichtigung von (8'), für $n > \nu_0$,

$$g(x) - \sum_{\nu=0}^{\nu_0} A_\nu P_\nu(x) = \frac{P_n(x)}{2\pi i} \int_{\Gamma'_n} \frac{g(z)}{P_n(z)(z-x)} dz.$$

Es sei nun μ eine beliebige positive ganze Zahl, wir wählen dann n so gross, dass $m_p > \mu$ ist; wie aus (5) hervorgeht, ist dann $P_n(x)$ durch $(x-\mu)^p$ teilbar, ausserdem ist $\int \frac{g(z)}{P_n(z)(z-x)} dz$ eine ganze Funktion von x. Daraus ergibt sich, dass die ganze Funktion $g(x) - \sum_{\nu=0}^{\nu_0} A_\nu P_\nu(x)$ in $x = \mu$ eine p-fache Nullstelle hat. Durch Verwendung der Jensenschen Formel erhalten wir leicht unter Heranziehung der Bedingung $|g(z)| < Ae^{\Theta|z|}$, dass $g(x) - \sum_{\nu=0}^{\nu_0} A_\nu P_\nu(x)$ identisch verschwindet, d.h. dass $g(x)$ ein Polynom ist.

Es sei in der Folge $l_i = \left[\frac{\alpha}{2} \frac{i-1}{p-1} m_1\right]$ für $i = 1, 2, \ldots p$, gesetzt. Wir definieren jetzt eine neue Reihe von Polynomen

$$(9) \qquad Q_n(z) = \prod_{i=1}^{p} (z-l_i)(z-l_i-1) \ldots (z-m_i+1).$$

Wir setzen dann

$$(10) \qquad B_n = \frac{1}{2\pi i} \int_{\Gamma_n} \frac{g(z)}{Q_n(z)} dz,$$

es gilt dann der

Hilfsatz II

Verschwinden die B_n von einem gewissen n_0 ab, muss $g(z)$ ein Polynom sein.

Beweis: Es sei $B_n = 0$ für $n \geqq n_0$, und $l_1^{(0)}, l_2^{(0)}, \ldots, l_p^{(0)}$, die zu n_0 gehörenden Werte von $l_1, l_2, \ldots, l_p$. Wir denken uns n_0 so gewählt, dass für $n \geqq n_0$, ist $n - \sum_{i=1}^{p} l_i \geqq n_0 - \sum_{i=1}^{p} l_i^{(0)}$.

Wir betrachten dann den Ausdruck für $n \geqq n_0$

$$\frac{1}{Q_n(z) \prod_{i=1}^{p} z(z-1)\ldots(z-l_i^{(0)}+1)}.$$

Diese rationale Funktion kann offenbar in eine Partialbruchreihe

$$\frac{1}{Q_n(z) \prod_{i=1}^{p} z(z-1)\ldots(z-l_i^{(0)}+1)} = \sum_{\nu=0}^{n} \frac{a_{\nu,n}}{P_\nu(z)},$$

entwickelt werden. Vergleichen wir die Anfangsglieder der Entwicklungen nach Potenzen von $\frac{1}{z}$ in der Umgebung von $z = \infty$, sehen wir, dass $a_{\nu,n} = 0$ für $\nu < n_0$, ausserdem gilt $a_{n,n} \neq 0$, da die zwei Ausdrücke dieselben Pole haben sollen. Es gilt altso für $n \geqq n_0$,

$$\frac{1}{Q_n(z) \prod_{i=1}^{p} z(z-1)\ldots(z-l_i^{(0)}+1)} = \sum_{\nu=n_0}^{n} \frac{a_{\nu,n}}{P_\nu(z)},$$

oder auch

$$\frac{1}{Q_n(z)} = \sum_{\nu=n_0}^{n} \frac{a_{\nu,n}}{P_\nu(z)} \prod_{i=1}^{p} z(z-1)\ldots(z-l_i^{(0)}+1),$$

hieraus findet sich umgekehrt, da $a_{n,n} \neq 0$,

$$\frac{1}{P_n(z)} \prod_{i=1}^{p} z(z-1)\ldots(z-l_i^{(0)}+1) = \sum_{\nu=n_0}^{n} \frac{b_{\nu,n}}{Q_\nu(z)}.$$

Durch Multiplikation mit $\frac{1}{2\pi i} g(z)\,dz$ und Integration erhalten wir jetzt

$$\frac{1}{2\pi i} \int_{\Gamma_n} \frac{g(z) \prod_{i=1}^{p} z(z-1)\ldots(z-l_i^{(0)}+1)}{P_n(z)}\,dz = \sum_{\nu=n_0}^{n} b_{\nu,n} B_\nu = 0.$$

Hilfsatz I ergibt nun auf $g(z)\prod_{i=1}^{p} z(z-1)\dots(z-l_i^{(0)}+1)$ angewandt, dass dieser Ausdruck, und mithin auch $g(z)$ selbst, ein Polynom ist.

§ 2.

Hilfsatz III

Es sei m und ν positiv und ganz, ausserdem sei $m\geqq 2(p-1)\nu$, dann gilt

$$\frac{\nu!(2\nu)!\dots(p\nu)!(m-(p-1)\nu)!(m-p\nu)!\dots(m-2(p-1)\nu)!}{p!\,\nu!^p\prod_{i=1}^{p}(z-(i-1)\nu)(z-(i-1)\nu-1)\dots(z-m+(i-1)\nu)}=\sum_{0\leq\alpha_i\leq m}c_{\alpha_1\dots\alpha_p}\prod_{i=1}^{p}\frac{\alpha_i!}{z\dots(z-\alpha_i)}$$

wo die $c_{\alpha_1\alpha_2\dots\alpha_p}$ sämmtlich ganze Zahlen sind.

Beweis: Es gilt[1]) wenn $\Delta\left(\frac{1}{y}\right)$ die Diskriminante $\prod_{i<j}\left(\frac{1}{y_i}-\frac{1}{y_j}\right)$ der p Grössen $\frac{1}{y_1}, \frac{1}{y_2}, \dots, \frac{1}{y_p}$, bedeutet, für $R(z)>m\geqq 2(p-1)\nu$,

$$(11)\qquad \frac{\nu!(2\nu)!\dots(p\nu)!(m-(p-1)\nu)!(m-p\nu)!\dots(m-2(p-1)\nu)!}{p!\,\nu!^p\prod_{i=1}^{p}(z-(i-1)\nu)(z-(i-1)\nu-1)\dots(z-m+(i-1)\nu)}=$$

$$=\int_0^\infty\dots\int_0^\infty\frac{(y_1y_2\dots y_p)^m\,\Delta^{2\nu}\left(\frac{1}{y}\right)}{((1+y_1)(1+y_2)\dots(1+y_p))^{z+1}}\,dy_1\,dy_2\dots dy_p,$$

entwickeln wir hier $\Delta^{2\nu}\left(\frac{1}{y}\right)$ nach Potenzen der Grössen y_i, erhalten wir

$$(y_1y_2\dots y_p)^m\,\Delta^{2\nu}\left(\frac{1}{y}\right)=\sum_{0\leq\alpha_i\leq m}c_{\alpha_1\alpha_2\dots\alpha_p}y_1^{\alpha_1}y_2^{\alpha_2}\dots y_p^{\alpha_p},$$

wo die $c_{\alpha_1\alpha_2\dots\alpha_p}$ ganze Zahlen sind. Wird dies in (11) eingetragen, erhalten wir wegen

$$\int_0^\infty\frac{y_i^{\alpha_i}}{(1+y_i)^{z+1}}\,dy_i=\frac{\alpha_i!}{z(z-1)\dots(z-\alpha_i)},$$

den Hilfsatz.

[1]) Leider habe ich die Formel (11) nirgends in der Litteratur finden können, ein Beweis hier zu bringen scheint aber nicht angebracht, da die Arbeit sonst zu sehr anschwellen würde; sollte sich aber herausstellen, dass die Formel neu wäre, beabsichtige ich später ein Beweis zu veröffentlichen.

Hilfsatz IV.

Es bezeichne ω_m das kleinste gemeinschaftliche Multiplum der Zahlen 1, 2, ..., m, dann sind alle Koeffizienten $v_{s,k}$ in der Partialbruchzerlegung

$$\omega_m^{p-1} \frac{\nu!(2\nu)!\dots(p\nu)!(m-(p-1)\nu)!(m-p)\nu!\dots(m-2(p-1)\nu)!}{p!\,\nu!^p \prod_{i=1}^{p}(z-(i-1)\nu)(z-(i-1)\nu-1)\dots(z-m+(i-1)\nu)} =$$

$$= \sum_{\substack{0 \leq k \leq m \\ 1 \leq s \leq p}} \frac{v_{s,k}}{(z-k)^s},$$

ganze Zahlen.

Beweis: Nach dem vorigen Hilfsatz genügt es zu zeigen, dass alle Koeffizienten der Partialbruchzerlegung von

$$\omega_m^{p-1} \prod_{i=1}^{p} \frac{\alpha_i!}{z(z-1)\dots(z-\alpha_i)}$$

ganze Zahlen sind, wenn $0 \leqq \alpha_i \leqq m$. Nun ist

$$\frac{\alpha_i!}{z(z-1)\dots(z-\alpha_i)} = \sum_{j=0}^{\alpha_i} (-1)^{\alpha_i - j} \frac{\binom{\alpha_i}{j}}{z-j},$$

es genügt deshalb zu zeigen, dass die Koeffizienten der Partialbruchzerlegung von

$$\omega_m^{p-1} \frac{1}{(z-j_1)(z-j_2)\dots(z-j_p)},$$

ganze Zahlen sind, venn $0 \leqq j_i \leqq m$ für $i = 1, 2, \dots, p$. Wir nehmen an, dass $j_1 = j_2 = \dots = j_s$, während die übrigen j von j_1 verschieden sind, und untersuchen den Hauptteil im Pole $z = j_1$, es ist

$$\omega_m^{p-1} \frac{1}{(z-j_1)(z-j_2)\dots(z-j_p)} = \frac{\omega_m^{p-1}}{(z-j_1)^s(z-j_1+(j_1-j_{s+1}))\dots(z-j_1+(j_1-j_p))} =$$

$$= \omega_m^{p-1} \frac{1}{(j_1-j_{s+1})\dots(j_1-j_p)(z-j_1)^s\left(1+\frac{z-j_1}{j_1-j_{s+1}}\right)\dots\left(1+\frac{z-j_1}{j_1-j_p}\right)}.$$

Wie man hieraus sieht, berechnet sich der Koeffizient von $\frac{1}{(z-j_1)^\sigma}$ durch eine Summe von Glieder von der Form

$$\pm\,\omega_m^{p-1}\,\frac{1}{(j_1-j_{s+1})^{\beta_{s+1}}\ldots(j_1-j_p)^{\beta_p}}\,,$$

wo die β ganz und $\geqq 1$ sind, und $\beta_{s+1}+\ldots+\beta_p=p-\sigma\leqq p-1$. Da nun die Differenzen $|j_1-j_{s+1}|,\ldots,|j_1-j_p|$, ganze positive Zahlen $\leqq m$ sind, und ω_m durch jede der Zahlen $1, 2,\ldots, m$, teilbar ist, folgt schliesslich, dass der obige Ausdruck eine ganze Zahl ist. Hiermit ist der Hilfsatz bewiesen.

Wir setzen jetzt $m=m_1$ und bestimmen ν als die kleinste der Zahlen $l_2=\left[\frac{\alpha}{2(p-1)}m_1\right]$ und $\left[\frac{m_1-m_i}{i-1}\right]$ für $i=2,\ldots,p$.

Aus (3) findet man leicht dass

$$\frac{\alpha}{2(p-1)}m_1-2^{p-1}\leqq\nu\leqq\frac{\alpha}{2(p-1)}m_1\,. \tag{12}$$

Vergleichen wir jetzt die Ausdrücke

$$Q_n(z)\quad\text{und}\quad\prod_{i=1}^{p}(z-(i-1)\nu)\,(z-(i-1)\,\nu-1)\ldots(z-m_1+(i-1)\,\nu)\,,$$

sehen wir, dass

$$Q_n(z)=\frac{1}{q_n(z)}\prod_{i=1}^{p}(z-(i-1)\nu)\,(z-(i-1)\nu-1)\ldots(z-m_1+(i-1)\,\nu)$$

wo $q_n(z)$ ein Polynom mit ganzen Koeffizienten ist. Wir erhalten dann nach dem vorigen Hilfsatze

$$\omega_{m_1}^{p-1}\,\frac{\nu!\,(2\nu)!\ldots(p\nu)!\,(m_1-(p-1)\nu)!\ldots(m_1-2\,(p-1)\nu)!}{p!\;\nu!^{\,p}\qquad\qquad Q_n(z)}= \tag{13}$$

$$=q_n(z)\sum_{\substack{0\leq k\leq m_1\\ 1\leq s\leq p}}\frac{v_{s,k}}{(z-k)^s}=\sum_{\substack{0\leq k\leq m_1\\ 1\leq s\leq p}}\frac{v'_{s,k}}{(z-k)^s}\,,$$

wo die $v'_{s,k}$ ganze Zahlen sind.

§ 3.

Es sei nun $g(z)$ eine ganze Funktion, die der Bedingung $|g(z)|<A\,e^{\Theta(z)}$ mit $\Theta<p$ genügt, ausserdem soll, wenn k eine nichtnegative ganze Zahl ist, $g(k), g'(k),\ldots g^{(p-1)}(k)$, sämmtlich ganze Zahlen sein. Es gilt dann der

Hilfsatz V

Der Ausdruck

$$\omega_{m_1}^{p-1}\frac{\nu!(2\nu)!\ldots(p\nu)!}{\nu!^p}(m_1-(p-1)\nu)!(m_1-p\nu)!\ldots(m_1-2(p-1)\nu)!B_n$$

ist eine ganze Zahl.

Beweis: Es ist nach (10) und (13)

$$\omega_{m_1}^{p-1}\frac{\nu!(2\nu)!\ldots(p\nu)!}{\nu!^p}(m_1-(p-1)\nu)!\ldots(m_1-2(p-1)\nu)!B_n=$$

$$=\omega_{m_1}^{p-1}\frac{\nu!(2\nu)!\ldots(p\nu)!}{\nu!^p}(m_1-(p-1)\nu)!\ldots(m_1-2(p-1)\nu)!\frac{1}{2\pi i}\int_{\Gamma_n}\frac{g(z)}{Q_n(z)}dz=$$

$$=\frac{1}{2\pi i}\int_{\Gamma_n}g(z)\sum_{\substack{0\leq k\leq m_1\\1\leq s\leq p}}\frac{p!\,v'_{s,k}}{(z-k)^s}dz=$$

$$=\sum_{\substack{0\leq k\leq m_1\\1\leq s\leq p}}\frac{p!}{(s-1)!}v'_{s,k}\,g^{(s-1)}(k)$$

Da die $v'_{s,k}$ ganz sind, stellt der letzte Ausdruck eine ganze Zahl dar.

Wir schätzen jetzt $|B_n|$ ab. Aus (10) bekommen wir, indem wir den Kreis $|z|=r=\frac{1}{\beta}m_1$ wo $0<\beta<1$, als Integrationsweg wählen,

$$|B_n|\leqq\frac{r}{2\pi}\int_{-\pi}^{\pi}\frac{|g(z)|}{|Q_n(z)|}d\varphi\leqq A\,r\,e^{\Theta r}\frac{1}{Q_n(r)}. \tag{14}$$

Vergleichen wir nun die zwei Ausdrücke

$$Q_n(r)=\prod_{i=1}^{p}(r-l_i)(r-l_i-1)\ldots(r-m_i+1),$$

und

$$\prod_{i=1}^{p}(r-(i-1)\nu)(r-(i-1)\nu-1)\ldots(r-m_1+(i-1)\nu)$$

finden wir leicht, dass die Anzahl der Faktoren in dem letzten, welche in dem ersten nicht vorkommen, $\leqq p^2\,2^{p-1}$ ist. Deshalb gilt

$$Q_n(r)\geqq r^{-p^2 2^{p-1}}\prod_{i=1}^{p}(r-(i-1)\nu)(r-(i-1)\nu-1)\ldots(r-m_1+(i-1)\nu).$$

Wird dies in (14) eingetragen, ergibt sich

$$|B_n| \leqq A\, r^{p^2 2^p}\, e^{\Theta r} \frac{1}{\prod_{i=1}^{p} (r-(i-1)\nu)(r-(i-1)\nu-1)\dots(r-m_1+(i-1)\nu)},$$

woraus

$$(15)\quad \omega_{m_1}^{p-1} \frac{\nu!(2\nu)!\dots(p\nu)!}{\nu!^p}(m_1-(p-1)\nu)!(m_1-p\nu)!\dots(m_1-2(p-1)\nu)!|B_n|$$

$$\leqq p!A\, r^{p^2 2^p} e^{\Theta r}\, \omega_{m_1}^{p-1} \frac{\nu!(2\nu)!\dots(p\nu)!\,(m_1-(p-1)\nu)!\dots(m_1-2(p-1)\nu)!}{p!\,\nu!^p \prod_{i=1}^{p}(r-(i-1)\nu)\dots(r-m_1+(i-1)\nu)}.$$

Um hier die rechte Seite abzuschätzen, könnten wir die Stirlingsche Formel einführen, da dies aber auf sehr unübersichtliche Ausdrücke führt, sollen wir ein anderes Verfahren verwenden. Nach der Formel (11) erhalten wir aus (15)

$$(15')\quad \omega_{m_1}^{p-1} \frac{\nu!(2\nu)!\dots(p\nu)!}{\nu!^p}(m_1-(p-1)\nu)!(m_1-p\nu)!\dots(m_1-2(p-1)\nu)!|B_n|$$

$$\leqq A'\, \omega_{m_1}^{p-1}\, r^{p^2 2^p}\, e^{\Theta r} \int_0^\infty \dots \int_0^\infty \frac{(y_1 y_2 \dots y_p)^{m_1} \Delta^{2\nu}\left(\frac{1}{y}\right)}{((1+y_1)(1+y_2)\dots(1+y_p))^{r+1}}\, dy_1 dy_2 \dots dy_p.$$

Nun ist nach dem Primzahlsatz

$$\omega_{m_1} = \prod_{q \leqq m_1} q^{\left[\frac{\log m_1}{\log q}\right]} \leqq e^{\log m_1 \sum_{q \leqq m_1} 1} = e^{m_1 + o(m_1)}\ ;[1])$$

erinnern wir uns an (12) und an die Beziehung $m_1 = \beta r$, sehen wir, dass die rechte Seite von (15′) kleiner wird als

$$(16)\quad e^{(\Theta+(p-1)\beta)r+o(r)} \int_0^\infty \dots \int_0^\infty \frac{(y_1 y_2 \dots y_p)^{\beta r}\left|\Delta\left(\frac{1}{y}\right)\right|^{\frac{\alpha\beta r}{p-1}} \left\{1+\Delta^{-2^p}\left(\frac{1}{y}\right)\right\}}{((1+y_1)(1+y_2)\dots(1+y_p))^{r+1}} dy_1 \dots dy_p.$$

Man sieht nun leicht, dass der Integralausdruck für $r > r_0$ kleiner wird als

$$\int_0^\infty \dots \int_0^\infty \left(\frac{(y_1 y_2 \dots y_p)^{\beta} \left|\Delta\left(\frac{1}{y}\right)\right|^{\frac{\alpha\beta}{p-1}}}{(1+y_1)(1+y_2)\dots(1+y_p)}\right)^r \frac{1+\Delta^{-2^p}\left(\frac{1}{y}\right)}{(1+y_1)\dots(1+y_p)}\, dy_1 \dots dy_p \leqq A'' M^r,$$

[1]) q durchläuft hier die Primzahlen.

wo M das Maximum der Funktion

$$\frac{(y_1 y_2 \dots y_p)^\beta \left|\Delta\left(\frac{1}{y}\right)\right|^{\frac{\alpha\beta}{p-1}}}{(1+y_1)(1+y_2)\dots(1+y_p)}$$

im Bereich $y_i \geqq 0$ ist, und A'' eine nur von α, β und p abhängige Grösse bedeutet. Wird dies in (16) eingetragen, erhalten wir aus (15′)

$$(17)\quad \omega_{m_1}^{p-1} \frac{\nu!(2\nu)!\dots(p\nu)!}{\nu!^p} (m_1-(p-1)\nu)!(m_1-p\nu)!\dots(m_1-2(p-1)\nu)!|B_n|$$

$$\leqq e^{\Theta r + o(r)} \left(\frac{1}{M} e^{-(p-1)\beta}\right)^{-r}$$

Wir haben jetzt α und β so zu wählen, dass das Minimum von

$$\Phi(\alpha,\beta,y) = \frac{(1+y_1)\dots(1+y_p)}{(e^{p-1} y_1 \dots y_p)^\beta \left|\Delta\left(\frac{1}{y}\right)\right|^{\frac{\alpha\beta}{p-1}}}$$

im Bereiche $y_i \geqq 0$ grösstmöglichst wird. Man sieht leicht, dass die p Gleichungen

$$\frac{\partial \log \Phi(\alpha,\beta,y)}{\partial y_i} = 0; \quad i = 1, 2, \dots, p,$$

bei festem α und β, nur ein Lösungsystem $y_1, y_2, \dots, y_p$ besitzen[1]) (abgesehen von solchen die durch Permutation der Indices entstehen), für dieses Wertsystem muss deshalb $\Phi(\alpha,\beta,y)$ seinen kleinsten Wert annehmen. Wir betrachten nun das Minimum des Ausdrucks

$$(18)\quad (1+y_1)(1+y_2)\dots(1+y_p)$$

im Bereiche $y_i \geqq 0$, unter den Nebenbedingungen $e^{p-1} y_1 y_2 \dots y_p = 1$ und $\left|\Delta\left(\frac{1}{y}\right)\right| = 1$; ein solches existiert offenbar. Wir erhalten als Bedingungen für Minimum

$$\frac{\partial \log \Phi(\lambda,\mu,y)}{\partial y_i} = 0; \quad i = 1, 2, \dots p,$$

---

[1]) Die symmetrischen Grundfunktionen der y_i lassen sich nämlich durch rationale Funktionen von α und β ausdrücken.

und

$$\frac{\partial \log \Phi(\lambda,\mu,y)}{\partial \lambda}=0, \quad \frac{\partial \log \Phi(\lambda,\mu,y)}{\partial \mu}=0,$$

wo λ und μ zwei Hilfsparameter sind. Es sei nun $y_1^{(0)}, y_2^{(0)}, \ldots y_p^{(0)}$, das zum Minimum von (18) gehörende Wertsystem, die dazu gehörenden λ_0 und μ_0 bestimmen sich dann aus den Beziehungen

$$\mu_0 \sum_{i=1}^{p} y_i^{(0)} = \sum_{i=1}^{p} \frac{(y_i^{(0)})^2}{1+y_i^{(0)}}$$

und

$$\mu_0(1-\lambda_0)\sum_{i=1}^{p}\frac{1}{y_i^{(0)}} = \sum_{i=1}^{p}\frac{1}{1+y_i^{(0)}}.$$

Wegen dieser Beziehungen ergibt sich leicht, da $y_i^{(0)}>0$, dass $0<\mu_0<1$ und $0<\lambda_0<1$. Wählen wir jetzt $\alpha=\lambda_0$ und $\beta=\mu_0$, nimmt die Funktion $\Phi(\alpha,\beta,y)$ ihr Minimum für das Wertsystem $y_1^{(0)}, y_2^{(0)}, \ldots y_p^{(0)}$ an, und der Minimumswert berechnet sich zu $\prod_{i=1}^{p}(1+y_i^{(0)})$. Wird dies in (17) eingetragen, bekommen wir

$$(19)\quad \omega_{m_1}^{p-1}\frac{\nu!(2\nu)!\ldots(p\nu)!}{\nu!^p}(m_1-(p-1)\nu)!(m_1-p\nu)!\ldots(m_1-2(p-1)\nu)!|B_n|$$

$$\leq\left(\frac{e^\theta}{(1+y_1^{(0)})(1+y_2^{(0)})\ldots(1+y_p^{(0)})}\right)^r e^{o(r)}.$$

Es sei nun

$$\Theta<\log\prod_{i=1}^{p}(1+y_i^{(0)}).$$

(19) gibt dann, dass wenn n gegen ∞ strebt, muss der Ausdruck

$$\omega_{m_1}^{p-1}\frac{\nu!(2\nu)!\ldots(p\nu)!}{\nu!^p}(m_1-(p-1)\nu)!(m_1-p\nu)!\ldots(m_1-2(p-1)\nu))!B_n$$

gegen Null konvergieren. Da er aber nach Hilfsatz V eine ganze Zahl darstellt, müssen folglich die B_n von einem gewissen n ab sämmtlich verschwinden. Aus Hilfsatz II schliessen wir dann, dass $g(z)$ ein Polynom sein muss. Wir haben somit den

Hauptsatz.

Es sei $g(z)$ eine ganze Funktion mit der Eigenschaft, dass

$$g(n),\ g'(n), \ldots, g^{(p-1)}(n),$$

ganze Zahlen sind, für alle ganze Zahlen $n \geqq 0$. *Es sei weiter*

$$|g(z)| < A\, e^{\Theta|z|}$$

wo A *und* Θ *positive Konstanten sind. Gilt dann*

$$\Theta < \log\left\{ \min \prod_{i=1}^{p} (1+y_i) \right\},$$

unter den Nebenbedingungen $y_i > 0$, $e^{p-1}\, y_1 y_2 \ldots y_p = 1$ *und* $\left|\Delta\left(\frac{1}{y}\right)\right| = 1$, *so muss* $g(z)$ *ein polynom sein.*

Dass die obige Schranke besser als die Gelfondsche ist, folgt ohne Weiteres daraus, dass wegen $\left|\Delta\left(\frac{1}{y}\right)\right| \neq 0$, gilt,

$$\prod_{i=1}^{p} (1+y_i) > \left(1 + \sqrt[p]{y_1 y_2 \ldots y_p}\right)^p = \left(1 + e^{\frac{1-p}{p}}\right)^p.$$

Speziell erhalten wir für $p = 2$ die Schranke

$$\log\left(1 + \sqrt{\frac{4}{e} + \frac{1}{e^2}} + \frac{1}{e}\right) \quad \text{statt} \quad 2\log\left(1 + e^{-\frac{1}{2}}\right).$$

Für grössere p wird die genaue Berechnung der oben gegebenen Schranke schwieriger. Man kann aber leicht untere Abschätzungen erhalten, z.B. gilt für alle $p \geqq 1$

$$\log\left\{ \min \prod_{i=1}^{p} (1+y_i) \right\} > \frac{p}{2} \log\left(1 + \sqrt{\frac{4}{e^2} + \frac{1}{e^4}} + \frac{1}{e^2}\right),$$

den Beweis dieser Abschätzung hier zu geben, würde aber zu weit führen.

8.

Über ganzwertige ganze transzendente Funktionen II

Archiv for Mathematatik og Naturvidenskab B. 44 (1941), Nr. 16, 171–181

EINLEITUNG.

In der vorliegenden Arbeit[1]) bezeichnen wir eine Funktion $f(z)$ als ganzwertig, falls $f(z)$ für alle ganze rationale Werte des Argumentes, ganze rationale Werte annimmt. Unser Ziel ist den folgenden Satz zu beweisen:

Hauptsatz.

Es sei $f(z)$ eine ganzwertige ganze Funktion, weiter sei $M(r) = \underset{|z|=r}{Max} |f(z)|$, gilt dann

$$\overline{lim} \frac{\log M(r)}{r} \leqq \log \frac{3+\sqrt{5}}{2} + 2 \cdot 10^{-6},$$

so muss $f(z)$ identisch von der Form sein:

$$f(z) = P_1(z)\left(\frac{3+\sqrt{5}}{2}\right)^z + P_2(z)\left(\frac{3-\sqrt{5}}{2}\right)^z + P_3(z),$$

wo P_1, P_2 und P_3 Polynome sind.

Das schärfste bisher bekannte Resultat in dieser Richtung rührt, so viel ich weiss, von F. Carlson[2]) her, der bewiesen hat, dass falls

$$\overline{\lim} \frac{\log M(r)}{r} \leqq \log \frac{3+\sqrt{5}}{2},$$

gilt, muss $f(z)$ von der oben angegebenen Form sein.

---

[1]) Diese Abhandlung bildet eine Fortsetzung meiner gleichbetitelten Arbeit: Über ganzw. ganze transzendente Funkt., im folgenden mit (I) zitiert.

[2]) F. Carlson, Über ganzwertige Funktionen, Math. Zeitschr. B. 11 (1921). S. 1—23.

Um den Hauptsatz zu beweisen leiten wir zuerst einen entsprechenden Satz für gerade Funktionen her.

§ 1.
Ein Hilfsatz.

Es sei im folgenden $g(z)$ eine gerade ganzwertige ganze Funktion, ausserdem sei $|g(z)| < Ae^{\Theta|z|}$, wo A und Θ reelle positive Konstanten sind und $\Theta < 1$. Dies bedeutet ja wegen

$$\log \frac{3+\sqrt{5}}{2} + 2 \cdot 10^{-6} < 1,$$

keine Einschränkung. Wir bilden jetzt die Differenzenfolge

$$a_0 = g(0), \quad a_1 = \Delta^2 g(1), \ldots, a_n = \Delta^{2n} g(n), \ldots$$

wo Δ den Operator $\Delta g(z) = g(z) - g(z-1)$ bezeichnet. Im folgenden bezeichne m die Grösse $m = \left[\frac{n}{2} \cdot 10^{-4}\right]$, aus der Folge der a_n bilden wir dann eine neue Differenzenfolge

$$b_n = \Delta^m a_n.$$

Es gilt nun der

Hilfsatz.

Falls die b_n von einem gewissen n ab sämmtlich verschwinden, muss $g(z)$ identisch von der Form sein:

$$g(z) = P_4(z)\left(\frac{3+\sqrt{5}}{2}\right)^z + P_5(z)\left(\frac{3-\sqrt{5}}{2}\right)^z + P_6(z),$$

wo die P Polynome sind.

Beweis: Es sei $b_n = 0$ für $n \geq n_0$, ausserdem bezeichne m_0 die Grösse $m_0 = \left[\frac{n_0}{2} \cdot 10^{-4}\right]$. Es ist dann für $n \geq n_0$,

$$b_n = \Delta^m a_n = \Delta^{m-m_0}(\Delta^{m_0} a_n) =$$

$$= \sum_{h=0}^{m-m_0} (-1)^h \binom{m-m_0}{h} \Delta^{m_0} a_{n-h} = 0.$$

Durch Induktion erkennt man hieraus leicht, dass für $n \geq n_0$

$$\Delta^{m_0} a_n = 0.$$

Daraus ergibt sich dass für $n \geqq n_0$
$$a_n = P_7(n),$$
wo P_7 ein Polynom dessen Grad höchstens $m_0 - 1$ ist. Wir interpolieren jetzt die Funktion $g(z)$ mittels der Reihe
$$\varphi(z) = \sum_{n=0}^{\infty} a_n \frac{z^2(z^2-1^2)\ldots(z^2-(n-1)^2)}{1\cdot 2\cdot 3\ldots 2n}.$$

Man zeigt leicht, dass diese Reihe in jedem Kreise $|z| < r$ mit endlichem Radius uniform konvergiert, und somit eine ganze Funktion von z darstellt, ausserdem gilt für alle ganze rationale n, $\varphi(n) = g(n)$. Wir wollen nun einen anderen Ausdruck für $\varphi(z)$ herleiten, es ist
$$\frac{z^2(z^2-1^2)\ldots(z^2-(n-1)^2)}{1\cdot 2\cdot 3\ldots 2n} = \frac{1}{2\pi i}\int_c \frac{u^z+u^{-z}}{2(u-1)}\left(\frac{u}{(u-1)^2}\right)^n du$$
wo der Integrationsweg z. B. die Kurve $\left|\frac{u}{(u-1)^2}\right| = \frac{1}{2}$ ist, die den Punkt $u = 1$ im positiven Sinn einmal umkreist. Hieraus erhalten wir
$$\varphi(z) = \sum_0^{\infty} \frac{a_n}{2\pi i}\int_c \frac{u^z+u^{-z}}{2(u-1)}\left(\frac{u}{(u-1)^2}\right)^n du =$$
$$= \frac{1}{2\pi i}\int_c \frac{u^z+u^{-z}}{2(u-1)}\sum_0^{\infty} a_n\left(\frac{u}{(u-1)^2}\right)^n du = \frac{1}{2\pi i}\int_c \frac{u^z+u^{-z}}{2(u-1)}\,\frac{P_8\left(\frac{u}{(u-1)^2}\right)}{\left(1-\frac{u}{(u-1)^2}\right)^{m_0+1}}\,du,$$
wo P_8 ein Polynom ist. Der Ausdruck der unter dem letzten Integralzeichen steht, ist innerhalb C regulär, mit Ausnahme möglicher Pole in $u=1$, $u = \frac{3+\sqrt{5}}{2}$ und $u = \frac{3-\sqrt{5}}{2}$. Durch Berechnung der Residuen findet man deshalb leicht
$$\varphi(z) = P_4(z)\left(\frac{3+\sqrt{5}}{2}\right)^z + P_5(z)\left(\frac{3-\sqrt{5}}{2}\right)^z + P_6(z).$$

Da nun $\varphi(z) = g(z)$ für alle ganze rationale z, und gemäss Voraussetzung $|g(z)| < A e^{\theta|z|}$ und ebenfalls wie man leicht zeigt

$|\varphi(z)| < Be^{\theta|z|}$ wo B eine positive reelle Konstante ist; ergibt sich unter Benutzung des ersten Hilfsatzes in (I), dass identisch $\varphi(z) = g(z)$ gilt, w. z. b. w.

Da die b_n definitionsgemäss ganze rationalen Zahlen sind, ist es um den Hilfsatz anwenden zu können, hinreichend zu zeigen, dass $\lim\limits_{n \to \infty} b_n = 0$.

§ 2.

Abschätzung von $|b_n|$.

Wir wollen zuerst b_n durch ein Integral darstellen, es ist

$$a_n = \Delta^{2n} g(n) = \sum_{\nu=0}^{2n} (-1)^\nu \binom{2n}{\nu} g(n-\nu) = \sum_{\nu=0}^{2n} (-1)^\nu \binom{2n}{\nu} \frac{1}{2\pi i} \int_{c'} \frac{g(z)}{z-n+\nu}\, dz =$$

$$= \frac{1}{2\pi i} \int_{c'} g(z) \sum_{\nu=0}^{2n} (-1)^\nu \frac{\binom{2n}{\nu}}{z-n+\nu}\, dz = \frac{1}{2\pi i} \int_{c'} g(z) \frac{2n!\; dz}{z(z^2-1^2)\ldots(z^2-n^2)}.$$

Hierbei bezeichnet c' eine einfache geschlossene Kurve, die die Punkte $z = 0, \pm 1, \pm 2, \ldots, \pm n$, in positivem Sinn einmal umkreist. Für b_n bekommt man hieraus folgenden Ausdruck

$$b_n = \Delta^m a_n = \frac{1}{2\pi i} \int_{c'} g(z)\, \Delta^m \frac{2n!}{z(z^2-1^2)\ldots(z^2-n^2)}\, dz.$$

Die Differenzen sind hier und im folgenden in Bezug auf n zu bilden. Wir wählen jetzt als Integrationsweg den Kreis $|z| = r = \sqrt{5}\, n$, und setzen in der obigen Formel $z = re^{i\varphi}$, es wird dann

$$b_n = \frac{1}{2\pi} \int_{-\pi}^{\pi} z g(z) \Delta^m \frac{2n!}{z(z^2-1^2)\ldots(z^2-n^2)}\, d\varphi.$$

Indem wir den Absolutbetrag nehmen, erhalten wir schliesslich [1])

---

[1]) Hier ist $M_1(r) = \operatorname{Max}\limits_{|z|=(r)} |g(z)|$.

$$(1)\quad |b_n| \leqq \frac{r M_1(r)}{2\pi} \int_{-\pi}^{\pi} \left| \Delta^m \frac{2n!}{z(z^2-1^2)\dots(z^2-n^2)} \right| d\varphi =$$

$$= \frac{2 r M_1(r)}{\pi} \int_{0}^{\frac{\pi}{2}} \left| \Delta^m \frac{2n!}{z(z^2-1^2)\dots(z^2-n^2)} \right| d\varphi .$$

Wir schreiben jetzt

$$(2)\quad \int_0^{\frac{\pi}{2}} \left| \Delta^m \frac{2n!}{z(z^2-1^2)\dots(z^2-n^2)} \right| d\varphi = \int_{\delta}^{\frac{\pi}{2}} |\quad| d\varphi + \int_0^{\delta} |\quad| d\varphi = J_1 + J_2 ,$$

wo δ durch die Bedingungen, $\cos\delta = 1 - \frac{\sqrt{5}}{2} 10^{-4}$ und $0 < \delta < \frac{\pi}{2}$, festgelegt ist. Zuerst schätzen wir J_1 ab, und untersuchen zu diesem Zweck den Ausdruck $\left| \Delta^m \frac{2n!}{z(z^2-1^2)\dots(z^2-n^2)} \right|$ im Intervall $\delta \leqq \varphi \leqq \frac{\pi}{2}$. Es ist

$$\left| \Delta^m \frac{2n!}{z(z^2-1^2)\dots(z^2-n^2)} \right| = \left| \sum_{\nu=0}^{m} (-1)^\nu \binom{m}{\nu} \frac{(2n-2\nu)!}{z(z^2-1^2)\dots(z^2-(n-\nu)^2)} \right| \leqq$$

$$\leqq \sum_{\nu=0}^{m} \binom{m}{\nu} \frac{(2n-2\nu)!}{|z|\,|z^2-1^2|\dots|z^2-(n-\nu)^2|} .$$

Wie man sofort sieht, nimmt der Ausdruck auf der rechten Seite ab, wenn φ wächst, und nimmt folglich seinen grössten Wert für $\varphi = \delta$ an; setzen wir deshalb $z_1 = re^{i\delta}$, erhalten wir

$$(3)\quad \left| \Delta^m \frac{2n!}{z(z^2-1^2)\dots(z^2-n^2)} \right| \leqq \sum_{\nu=0}^{m} \binom{m}{\nu} \frac{(2n-2\nu)!}{|z_1|\,|z_1^2-1^2|\dots|z_1^2-(n-\nu)^2|} =$$

$$= \frac{2n!}{|z_1(z_1^2-1^2)\dots(z_1^2-n^2)|} \sum_{\nu=0}^{m} \binom{m}{\nu} \prod_{\mu=0}^{\nu-1} \frac{|z_1^2-(n-\mu)^2|}{(2n-2\mu)(2n-2\mu-1)} .$$

Nun ist für $0 \leqq \mu \leqq \nu - 1 < \frac{n}{2} \cdot 10^{-4} - 1$,

$$\frac{|z_1^2-(n-\mu)^2|}{(2n-2\mu)(2n-2\mu-1)} \leqq \frac{|z_1^2-n^2(1-\frac{1}{2}\cdot 10^{-4})^2|}{4n^2(1-\frac{1}{2}\cdot 10^{-4})^2} \leqq \frac{|5e^{2i\delta}-(1-\frac{1}{2}\cdot 10^{-4})^2|}{4(1-\frac{1}{2}\cdot 10^{-4})^2} <$$

$$< \frac{\sqrt{16+60\cdot 10^{-4}}}{4(1-\frac{1}{2}10^{-4})^2} < 1+4\cdot 10^{-4};$$

wird dies in (3) eingetragen, ergibt sich

$$(4)\quad \left|\Delta^m \frac{2n!}{z(z^2-1^2)\dots(z^2-n^2)}\right| \leqq \frac{2n!}{|z_1(z_1^2-1^2)\dots(z_1^2-n^2)|}\cdot\sum_{\nu=0}^{m}\binom{m}{\nu}(1+4\cdot 10^{-4})^\nu =$$

$$=(2+4\cdot 10^{-4})^m \frac{2n!}{|z_1(z_1^2-1^2)\dots(z_1^2-n^2)|} \leqq e^{0{,}694\,m}\frac{2n!}{|z_1(z_1^2-1^2)\dots(z_1^2-n^2)|} \leqq$$

$$\leqq e^{0{,}347\cdot 10^{-4}n}\frac{2n!}{|z_1(z_1^2-1^2)\dots(z_1^2-n^2)|}.$$

Jetzt schätzen wir den Ausdruck $\dfrac{2n!}{|z_1(z_1^2-1^2)\dots(z_1^2-n^2)|}$ ab, es ist

$$(5)\quad \left|\frac{2n!}{z_1(z_1^2-1^2)\dots(z_1^2-n^2)}\right| = \left|\frac{2n}{z_1+n}\right|\left|\frac{\Gamma(2n)\,\Gamma(z_1-n)}{\Gamma(z_1+n)}\right| < \left|\frac{\Gamma(2n)\,\Gamma(z_1-n)}{\Gamma(z_1+n)}\right|.$$

Um den letzten Ausdruck abzuschätzen, verwenden wir die Stirlingsche Formel; es ist für $n>1$, wenn in der Folge $\alpha_1, \alpha_2, \alpha_3 \dots$ u. s. w. positive reelle Konstanten bezeichnen,

$$\log|\Gamma(2n)| < \alpha_1 + (2n-\tfrac{1}{2})\log 2n - 2n,$$

und ebenfalls

$$\log|\Gamma(z_1-n)| < \alpha_2 + R\{(z_1-n-\tfrac{1}{2})\log(z_1-n)\} - R(z_1-n) =$$

$$=\alpha_2+\{(\sqrt{5}\cos\delta-1)n-\tfrac{1}{2}\}\log n\sqrt{6-2\sqrt{5}\cos\delta}-(\sqrt{5}\cos\delta-1)n-$$

$$-\sqrt{5}\,n\sin\delta\,\mathrm{arctg}\,\frac{\sin\delta}{\cos\delta-\frac{1}{\sqrt{5}}},$$

und

$$\log|\Gamma(z_1+n)| > -\alpha_3+R\{(z_1+n-\tfrac{1}{2})\log(z_1+n)\}-R(z_1+n)=$$

$$=-\alpha_3+\{(\sqrt{5}\cos\delta+1)n-\tfrac{1}{2}\}\log n\sqrt{6+2\sqrt{5}\cos\delta}-(\sqrt{5}\cos\delta+1)n-$$

$$-\sqrt{5}\,n\sin\delta\,\mathrm{arctg}\,\frac{\sin\delta}{\cos\delta+\frac{1}{\sqrt{5}}}.$$

$$\left|\Delta^m \frac{n!}{z\ldots(z-n)}\right| \leqq \int_0^\infty \frac{y^{n-m}|y-1|^m}{(1+y)^{R(z)+1}}\,dy \leqq \int_0^\infty \frac{y^{n-m}|y-1|^m}{(1+y)^{2n\cos\vartheta+1}}\,dy$$

$$\leqq 2\int_1^\infty \frac{y^n\left(1-\frac{1}{y}\right)^m}{(1+y)^{\frac{1800}{907}n+1}}\,dy \leqq 2\int_1^{100} \frac{y^n\left(1-\frac{1}{y}\right)^m}{(1+y)^{\frac{1800}{907}n}}\,dy +$$

$$+2\int_{100}^\infty \frac{dy}{(1+y)^{\frac{893}{907}n+1}} < 2\int_1^{100} \frac{y^n\left(1-\frac{1}{y}\right)^m}{(1+y)^{\frac{1800}{907}n}}\,dy + 2\cdot 10^{-n}\int_{100}^\infty \frac{dy}{y^{\frac{4}{3}}} \leqq$$

$$\leqq 2\int_1^{100} \frac{y^n\left(1-\frac{1}{y}\right)^m}{(1+y)^{\frac{1800}{907}n}}\,dy + \alpha_7\cdot 10^{-n}.$$

Nun ist $m \geqq \frac{4n}{907} - \frac{906}{907}$, es wird deshalb schliesslich

$$(7)\quad \left|\Delta^m \frac{n!}{z\ldots(z-n)}\right| < \alpha_7\cdot 10^{-n} + 2\int_1^{100} \frac{y^n\left(1-\frac{1}{y}\right)^{\frac{4n}{907}}}{(1+y)^{\frac{1800}{907}n}}\cdot \frac{dy}{\left(1-\frac{1}{y}\right)^{\frac{906}{907}}}.$$

Wir bestimmen jetzt den Maximumwert der Funktion

$$\frac{y^n\left(1-\frac{1}{y}\right)^{\frac{4n}{907}}}{(1+y)^{\frac{1800}{907}n}}$$

im Interval $1 \leqq y \leqq 100$. Indem wir die logarithmische Ableitung gleich Null setzen, erhalten wir als Bedingung für Maximum

$$\frac{907}{y} + \frac{4}{y(y-1)} - \frac{1800}{y+1} = 0;$$

hieraus findet man $y = \frac{21}{19}$. Wird dies in dem obigen Ausdruck eingetragen, ergibt sich für den Maximumwert

$$\left(\frac{21}{19}\right)^n \left(\frac{2}{21}\right)^{\frac{4n}{907}} \left(\frac{19}{40}\right)^{\frac{1800}{907}n} < 2^{-2n} e^{-\frac{n}{749}}.$$

woraus durch Bildung der Differenzen

$$\Delta^m \frac{2n!}{z(z^2-1^2)\dots(z^2-n^2)} = \int_0^\infty \frac{y^{2n}}{(1+y)^{z+n+1}}\left(1-\frac{1+y}{y^2}\right)^m dy =$$

$$= \int_0^\infty \frac{y^{2(n-m)}}{(1+y)^{z+n+1}}(y^2-y-1)^m\, dy.$$

Hieraus erhalten wir für $0 \leqq \varphi \leqq \delta$,

$$(7) \quad \left|\Delta^m \frac{2n!}{z(z^2-1^2)\dots(2^2-n^2)}\right| \leqq \int_0^\infty \frac{y^{2(n-m)}|y^2-y-1|^m}{(1+y)^{n+r\cos\delta}}\,dy =$$

$$= \int_0^\infty \frac{y^{2(n-m)}\;|y^2-y-1|^m}{(1+y)^{n(\sqrt{5}+1)-\frac{5}{2}n\cdot 10^{-4}}}\,dy.$$

Wir zerlegen jetzt das letzte Integral in drei Teile, es ist

$$(8) \quad \int_0^\infty \frac{y^{2(n-m)}\;|y^2-y-1|^m}{(1+y)^{n(\sqrt{5}+1)-\frac{5}{2}n\cdot 10^{-4}}}\,dy = \int_{\frac{1}{100}}^{100} \frac{y^{2(n-m)}\;|y^2-y-1|^m}{(1+y)^{n(\sqrt{5}+1)-\frac{5}{2}n\cdot 10^{-4}}}\,dy +$$

$$+ \int_0^{\frac{1}{100}} \frac{y^{2(n-m)}\;|y^2-y-1|^m}{(1+y)^{n(\sqrt{5}+1)-\frac{5}{2}n\cdot 10^{-4}}}\,dy + \int_{100}^\infty \frac{y^{2(n-m)}\;|y^2-y-1|^m}{(1+y)^{n(\sqrt{5}+1)-\frac{5}{2}n\cdot 10^{-4}}}\,dy <$$

$$< \int_{\frac{1}{100}}^{100} \frac{y^{2(n-m)}\;|y^2-y-1|^m}{(1+y)^{n(\sqrt{5}+1)-\frac{5}{2}n\cdot 10^{-4}}}\,dy + \int_0^{\frac{1}{100}} y^{\frac{3}{2}n}\cdot 3^n\,dy +$$

$$+ \int_{100}^\infty \frac{dy}{(1+y)^n} < \int_{\frac{1}{100}}^{100} \frac{y^{2(n-m)}\;|y^2-y-1|^m}{(1+y)^{n(\sqrt{5}+1)-\frac{5}{2}n\cdot 10^{-4}}}\,dy + \alpha_7 e^{-n} =$$

$$= \int_{\frac{1}{100}}^{100} \frac{y^{2n}\;\left|1-\frac{1+y}{y^2}\right|^m}{(1+y)^{n(\sqrt{5}+1)-\frac{5}{2}n\cdot 10^{-4}}}\,dy + \alpha_7 e^{-n} < \alpha_8 \int_{\frac{1}{100}}^{100} \frac{y^{2n}\left|1-\frac{1+y}{y^2}\right|^{\frac{n+1}{2}\cdot 10^{-4}-1}}{(1+y)^{n(\sqrt{5}+1)-\frac{5}{2}n\cdot 10^{-4}}}\,dy +$$

$$+ \alpha_7 e^{-n} = \alpha_8 \int_{\frac{1}{100}}^{100} \frac{y^{(2-10^{-4})n}\,|y^2-y-1|^{\frac{n}{2}\cdot 10^{-4}}}{(1+y)^{n(\sqrt{5}+1)-\frac{5}{2}n\cdot 10^{-4}}} \cdot \frac{dy}{\left|1-\frac{1+y}{y^2}\right|^{1-\frac{1}{2}\cdot 10^{-4}}} + \alpha_7 e^{-n}.$$

Um eine obere Schranke für das letzte Integral zu erhalten, untersuchen wir die Maxima der Funktion

$$(9)\qquad \frac{y^{(2-10^{-4})n}\,|y^2-y-1|^{\frac{n}{2}\cdot 10^{-4}}}{(1+y)^{n(\sqrt{5}+1)-\frac{5}{2}n\cdot 10^{-4}}}$$

im Intervall $\frac{1}{100}\leqq y\leqq 100$. Durch Nullsetzen der logarithmischen Ableitung, erhalten wir als Bedingung für Maximum

$$\frac{2-10^{-4}}{y}+\frac{10^{-4}(y-\frac{1}{2})}{y^2-y-1}-\frac{\sqrt{5}+1-\frac{5}{2}\cdot 10^{-4}}{1+y}=0.$$

Diese Gleichung hat in dem besagten Intervall zwei Wurzeln y_1 und y_2, die den folgenden Ungleichungen genügen

$$\frac{\sqrt{5}+1}{2}-\frac{1}{77}\leqq y_1\leqq\frac{\sqrt{5}+1}{2}-\frac{1}{78},$$

und

$$\frac{\sqrt{5}+1}{2}+\frac{1}{76}\leqq y_2\leqq\frac{\sqrt{5}+1}{2}+\frac{1}{75}.$$

Aus (9) finden wir nun für die zwei Maximumwerte

$$\left(\frac{y_1^2}{(1+y_1)^{\sqrt{5}+1}}\right)^n\cdot\left((1+y_1)^5\left|1-\frac{1+y_1}{y_1^2}\right|\right)^{\frac{n}{2}\cdot 10^{-4}}<\left(\frac{3+\sqrt{5}}{2}\right)^{-\sqrt{5}n}\quad e^{-5\cdot 10^{-6}n},$$

und ebenfalls

$$\left(\frac{y_2^2}{(1+y_2)^{\sqrt{5}+1}}\right)^n\cdot\left((1+y_2)^5\left|1-\frac{1+y_2}{y_2^2}\right|\right)^{\frac{n}{2}\cdot 10^{-4}}<\left(\frac{3+\sqrt{5}}{2}\right)^{-\sqrt{5}n}\quad e^{-5\cdot 10^{-6}n}.$$

Aus (8) erhalten wir jetzt

$$\int_0^\infty\frac{y^{2(n-m)}|y^2-y-1|^m}{(1+y)^{n(\sqrt{5}+1)-\frac{5}{2}n\cdot 10^{-4}}}\,dy<\alpha_9\left(\frac{3+\sqrt{5}}{2}\right)^{-\sqrt{5}n}\quad e^{-5\cdot 10^{-6}n},$$

oder aus (7)

$$\left|\Delta^m\frac{2n!}{z(z^2-1^2)\dots(z^2-n^2)}\right|<\alpha_9\left(\frac{3+\sqrt{5}}{2}\right)^{-\sqrt{5}n}\quad e^{-5\cdot 10^{-6}n}.$$

Für J_2 bekommen wir schliesslich

$$(10)\quad J_2 = \int_0^{\delta} \left| \Delta^m \frac{2n!}{z(z^2-1^2)\ldots(z^2-n^2)} \right| d\varphi < \alpha_{10} \left(\frac{3+\sqrt{5}}{2}\right)^{-\sqrt{5}n} e^{-5\cdot 10^{-6} n}.$$

Werden (6) und (10) mit (2) und (1) zusammengehalten, ergibt sich

$$(11)\qquad |b_n| \leqq \alpha_{11}\, r M_1(r) \left(\frac{3+\sqrt{5}}{2}\right)^{-\sqrt{5}} e^{-4{,}6\cdot 10^{-6} n}.$$

§ 3.

Beweis des Hauptsatzes.

Wir beweisen zuerst den

Satz.

Es sei $g(z)$ eine gerade ganzwertige ganze Funktion, ausserdem sei $M_1(r) = \operatorname{Max}_{|z|=r} |g(z)|$, gilt dann

$$\overline{\lim_{r\to\infty}} \frac{\log M_1(r)}{r} \leqq \log \frac{3+\sqrt{5}}{2} + 2\cdot 10^{-6},$$

so muss $g(z)$ von der Form sein:

$$g(z) = P_4(z)\left(\frac{3+\sqrt{5}}{2}\right)^z + P_5(z)\left(\frac{3+\sqrt{5}}{2}\right)^z + P_6(z).$$

Beweis: Gemäss Voraussetzung gilt

$$M_1(r) < \alpha_{12} \left(\frac{3+\sqrt{5}}{2}\right)^r e^{\frac{4{,}5}{\sqrt{5}}\cdot 10^{-6} r}.$$

(11) gibt dann

$$|b_n| \leqq \alpha_{13}\, r \left(\frac{3+\sqrt{5}}{2}\right)^{r-\sqrt{5}n} e^{\left(\frac{4{,}5}{\sqrt{5}} r - 4{,}6 n\right)\cdot 10^{-6}},$$

oder indem $r = \sqrt{5}n$,

$$|b_n| \leqq \alpha_{14}\, n\, e^{-10^{-7} n},$$

woraus folgt

$$\lim_{n\to\infty} b_n = 0,$$

wird dies mit dem Hilfsatz des ersten Paragraphen zusammengehalten, erhalten wir den Satz.

Hauptsatz.

Wortlaut siehe Einleitung.

Beweis: Ist $f(z)$ eine ganzwertige ganze Funktion, muss sowohl $f(z)+f(-z)$ wie $z(f(z)-f(-z))$ gerade ganzwertige ganze Funktionen sein, wenden wir auf dieselben den vorangehenden Satz an, erhalten wir den Hauptsatz.

9.

On the zeros of Riemann's zeta-function

Skrifter utgitt av Det Norske Videnskaps-Akademi i Oslo
I. Mat.-Naturv. Klasse (1942), No. 10, 1–59

1. Introduction.

The hypothesis of RIEMANN that all complex zeros of the zeta-function lie on the line $\sigma = \frac{1}{2}$, is still unproved. The most important results which have been obtained in this direction are: (a) theorems which, roughly expressed, assert that rather many zeros are lying on the line $\sigma = \frac{1}{2}$; (b) theorems which assert that almost all zeros lie in the immediate neighbourhood of this line.

In this paper we are chiefly concerned with theorems of the type (a), but as an application of the methods, we also in the last section give some new theorems of type (b).

Since the zeros of $\zeta(s) = \zeta(\sigma + it)$ lie symmetrically with respect to the real axis, it suffices to consider the zeros in the upper half-plane. In the following T always denotes a real positive number. Then $N(T)$ means the number of zeros $\sigma + it$ with $0 < t < T$, further $N_0(T)$ denotes the number of zeros with $\sigma = \frac{1}{2}$ and $0 < t < T$, finally $N(\sigma', T)$ denotes the number of zeros with $\sigma > \sigma'$ and $0 < t < T$.

It is well known that

$$N(T) = \frac{T}{2\pi} \log \frac{T}{2\pi} - \frac{T}{2\pi} + R(T), \tag{1.1}$$

where[1]

$$R(T) = O(\log T).$$

Obviously we have $N_0(T) \leqq N(T)$, where equality only takes place for large T if the RIEMANN hypothesis is true. The problem of the order of magnitude of $N_0(T)$ was first attacked by HARDY[2], who proved

[1] v. MANGOLDT (1), numbers in brackets refer to the bibliography at the end of the paper. See also *Cambr. Tract*, formula (17) p. 4. *Cambr. Tract* is used throughout as an abbreviation of E. C. TITCHMARSH. The Zeta-Function of Riemann, *Cambr. Math. Tracts*, No. 26. (1930).

[2] HARDY (1).

that $N_0(T)$ tends to infinity with T.[1] Later HARDY and LITTLEWOOD[2] showed, that there is an $A>0$ and a T_0 such that

$$N_0(T) > AT \quad (T > T_0). \tag{1.2}$$

Other authors[3] have determined numerical values for the constant A. In an earlier paper[4] I have improved (1.2) slightly, replacing the right-hand side by $AT \log\log\log T$. In this paper we are going to improve (1.2) further, as shown by our Theorem B in § 6. Comparing this with (1.1), we see that $T \log T$ is the true order of magnitude of $N_0(T)$. Theorem A of the same paragraph represents a similar improvement of a more general result[5] of HARDY and LITTLEWOOD.

Theorem C of § 6 is especially interesting because it is not trivial even if we assume the truth of the RIEMANN hypothesis. In fact, using the deep-lying result of LITTLEWOOD[6], that on the RIEMANN hypothesis

$$\int_0^T |R(t)|\,dt = O(T \log\log T),$$

where $R(T)$ is the same expression as in (1.1), we can only show that Theorem C is true if $\Phi(t)$ increases more rapidly than $\log\log t$.

In the last section § 7, we are concerned with the problem of an upper bound for $N(\sigma, T)$. Since the zeros lie symmetrically with respect to $\sigma = \frac{1}{2}$,[7] it suffices to consider the case $\sigma > \frac{1}{2}$. LITTLEWOOD[8] has shown that for $\frac{1}{2} < \sigma \leqq 1$,

$$N(\sigma, T) = O\left(T \frac{1}{\sigma - \frac{1}{2}} \log \frac{1}{\sigma - \frac{1}{2}}\right), \tag{1.3}$$

uniformly in σ. Our Theorem E shows that the factor $\log \frac{1}{\sigma - \frac{1}{2}}$ here may be omitted. Theorem D is a result of a more general type. Finally Theorem F is an improvement of another result due to LITTLEWOOD,[8] which says that if $\Phi(t)$ is positive and increases to infinity with t, then all but an infinitesimal

---

1 See also LANDAU (1), DE LA VALLÉE POUSSIN (1) (2), HARDY and LITTLEWOOD (1), FEKETE (1), PÓLYA (1).

2 HARDY and LITTLEWOOD (2), Theorem A.

3 SIEGEL (1), KUZMIN (1).

4 SELBERG (1).

5 HARDY and LITTLEWOOD (2), Theorem B.

6 LITTLEWOOD (2), Theorem 9.

7 This is a consequence of the functional equation of the zeta-function, *Cambr. Tract*, formula (6) p. 2.

8 LITTLEWOOD (1).

proportion of the zeros of $\zeta(s)$ in the upper half-plane lie in the region

$$\left|\sigma - \frac{1}{2}\right| < \Phi(t) \frac{\log\log t}{\log t} \quad (t > e).$$

We show here that the factor $\log\log t$ may be omitted.

The underlying idea of our methods is to introduce an auxiliary function, which to a certain extent neutralizes the peculiarities of $|\zeta(s)|$ on the line $\sigma = \sigma_0$; in this paper we have always $\sigma_0 = \frac{1}{2}$. This idea, with $\sigma_0 > \frac{1}{2}$, was first invented by BOHR and LANDAU[1] in their researches concerning $N(\sigma, T)$ for fixed $\sigma > \frac{1}{2}$, and has later been used by other authors[2] in connection with the same problem. As far as I know it has hitherto neither been used to obtain results on $N(\sigma, T)$, which hold uniformly for $\frac{1}{2} < \sigma \leqq 1$,[3] nor[4] in connection with the problem of $N_0(T)$.

The results of the present paper do not pretend to be the best which can be obtained by these and similar methods. In fact, several things seem to suggest, that the condition $a > \frac{1}{2}$ of Theorem A and Theorem D, if we use still more sophisticated arguments, may be replaced by $a > \vartheta$ where $\vartheta < \frac{1}{2}$. It seems also rather probable that the results obtained in § 7 can be improved further in other directions, in particular that

$$N(\sigma, T) = O\left(T^{1-\frac{2\sigma-1}{3-2\sigma}} \log T\right),$$

uniformly for $\frac{1}{2} \leqq \sigma \leqq 1$. The proof of this, however, would require that many of our lemmas had to be developed in a more general form than necessary for the main object of this paper, namely the study of $N_0(T)$ I'll probably return to this question in a later paper.

Throughout the paper A and T_0 denote positive numbers, not necessarily the same at each occurrence, which depend[5] only on the fixed number a. The constants implied by the O's will also only depend[5] on a.

---

[1] BOHR and LANDAU (1).

[2] CARLSON (1), LANDAU (2), TITCHMARSH (1), HOHEISEL (1).

[3] After this was written I have discovered that HOHEISEL (2) has proved that $N(\sigma, T) = O(T^{1-(2\sigma-1)^2} \log^6 T)$, uniformly in $\frac{1}{2} \leqq \sigma \leqq 1$. When σ is near to $\frac{1}{2}$, this however is not so good as (1.3).

[4] Apart from my paper mentioned above.

[5] In §§ 2–3, A, T_0 and the constants implied by the O's will be absolute constants.

2. Lemmas.

Lemma 1.

If $1 \leqq m \leqq x,\ 1 \leqq n \leqq x,\ m \neq n,$ *then*

$$\sum \frac{1}{\sqrt{mn}\left|\log \frac{m}{n}\right|} = O(x \log x).$$

We write

$$\sum = \sum_{m < \frac{n}{2}} + \sum_{\frac{n}{2} \leqq m \leqq \frac{3}{2} n} + \sum_{m > \frac{3}{2} n} = \sum\nolimits_1 + \sum\nolimits_2 + \sum\nolimits_3,$$

then

$$\sum\nolimits_1 = O\left(\sum_{m,\, n \leqq x} \frac{1}{\sqrt{m n}}\right) = O\left(\left(\sum_{n \leqq x} \frac{1}{\sqrt{n}}\right)^2\right) = O(x),$$

and so for Σ_3. In Σ_2 we have $m = n + r$, where $|r| \leqq \frac{1}{2} n$ and

$$\frac{1}{\left|\log \frac{m}{n}\right|} = \frac{1}{\left|\log\left(1 + \frac{r}{n}\right)\right|} = O\left(\frac{n}{|r|}\right),$$

hence

$$\sum\nolimits_2 = O\left(\sum_{n=1}^{x} \sum_{r=1}^{\frac{n}{2}} \frac{1}{\sqrt{n \cdot \frac{n}{2}}} \cdot \frac{n}{r}\right) = O\left(\sum_{n=1}^{x} \sum_{r=1}^{x} \frac{1}{r}\right) = O(x \log x).$$

Lemma 2.

If $0 \leqq \gamma \leqq 1,\ T > 4,\ \sqrt{T} \leqq U \leqq T^{\frac{3}{3}},$ *and* $\xi > 0,$ *then*

$$\ {}^{(t+\gamma)} dt = \begin{cases} O\left(\dfrac{1}{\log \dfrac{T + \sqrt{T}}{\xi}}\right), & \text{if } \xi \leqq T, \\[2ex] e^{\frac{\pi}{4} i} \sqrt{2 \pi \xi}\, e^{-i(\xi + \gamma)} + O\left(\dfrac{1}{\log \dfrac{\xi}{T - \sqrt{T}}} + \dfrac{1}{\log \dfrac{T + U + \sqrt{T}}{\xi}}\right), & \text{if } T \leqq \xi \leqq T + \\[2ex] O\left(\dfrac{1}{\log \dfrac{\xi}{T + U - \sqrt{T}}}\right), & \text{if } \xi \geqq T + U. \end{cases}$$

Suppose first that U only is restricted to $0<U\leqq T$, then if $\xi\leqq T-\sqrt{T}$ we put

$$\int_T^{T+U}\left(\frac{t}{e\xi}\right)^{i(t+\gamma)}dt=\int_T^{T+U}e^{iw}dt,$$

where $w=(t+\gamma)\log\frac{t}{e\xi}$, $\frac{dw}{dt}=\log\frac{t}{\xi}+\frac{\gamma}{t}\geqq 0$, and $\frac{d^2w}{dt^2}=\frac{1}{t}-\frac{\gamma}{t^2}>0$. The real part of the integral is

$$\int_{t=T}^{t=T+U}\frac{\cos w\,dw}{\log\frac{t}{\xi}+\frac{\gamma}{t}}=\frac{1}{\log\frac{T}{\xi}+\frac{\gamma}{T}}\int_{t=T}^{t=T+\theta U}\cos w\,dw=O\left(\frac{1}{\log\frac{T}{\xi}}\right)\quad(0<\theta<T),$$

and similarly for the imaginary part. Hence, for $\xi\leqq T-\sqrt{T}$,

$$\int_T^{T+U}\left(\frac{t}{e\xi}\right)^{i(t+\gamma)}dt=O\left(\frac{1}{\log\frac{T}{\xi}}\right)=O\left(\frac{1}{\log\frac{T+\sqrt{T}}{\xi}}\right),$$

secondly if $T-\sqrt{T}\leqq\xi\leqq T$, we have for $\sqrt{T}\leqq U\leqq T$,

$$\int_T^{T+U}\left(\frac{t}{e\xi}\right)^{i(t+\gamma)}dt=\int_T^{T+\sqrt{T}}\left(\frac{t}{e\xi}\right)^{i(t+\gamma)}dt+\int_{T+\sqrt{T}}^{T+U}\left(\frac{t}{e\xi}\right)^{i(t+\gamma)}dt=$$

$$=O(\sqrt{T})+O\left(\frac{1}{\log\frac{T+\sqrt{T}}{\xi}}\right)=O\left(\frac{1}{\log\frac{T+\sqrt{T}}{\xi}}\right).$$

These equations prove the first part of the lemma, the last part may be proved in a similar manner.

Thus only the case $T\leqq\xi\leqq T+U$ remains to discuss, we get putting $t=\xi+v$,

$$\int_T^{T+U}\left(\frac{t}{e\xi}\right)^{i(t+\gamma)}dt=e^{-i(\xi+\gamma)}\int_{T-\xi}^{T+U-\xi}\left(1+\frac{v}{\xi}\right)^{i(\xi+v+\gamma)}e^{-iv}dv,$$

now

$$\left(1+\frac{v}{\xi}\right)^{i(\xi+v+\gamma)}=e^{i(\xi+v+\gamma)\log\left(1+\frac{v}{\xi}\right)}=$$

$$=e^{iv+i\frac{v^2}{2\xi}+O\left(\frac{U^3}{T^2}\right)+O\left(\frac{U}{T}\right)}=e^{iv+i\frac{v^2}{2\xi}}+O\left(\frac{U^3}{T^2}\right).$$

Thus

$$\int_T^{T+U} \left(\frac{t}{e\,\xi}\right)^{i(t+\gamma)} dt = e^{-i(\xi+\gamma)} \int_{T-\xi}^{T+U-\xi} e^{i\frac{v^2}{2\xi}} dv + O\left(\frac{U^4}{T^2}\right) =$$

$$= \sqrt{2\xi}\, e^{-i(\xi+\gamma)} \int_{\frac{T-\xi}{\sqrt{2\xi}}}^{\frac{T+U-\xi}{\sqrt{2\xi}}} e^{iv^2} dv + O\left(\frac{T}{U}\right) =$$

$$= \sqrt{2\xi}\, e^{-i(\xi+\gamma)} \left\{ \int_0^{\frac{\xi-T}{\sqrt{2\xi}}} e^{iv^2} dv + \int_0^{\frac{T+U-\xi}{\sqrt{2\xi}}} e^{iv^2} dv \right\} + O\left(\frac{T}{U}\right).$$

Now it is for $\omega \geqq 0$,

$$\int_0^{\omega} e^{iv^2} dv = \int_0^{\infty} e^{iv^2} dv - \int_{\omega}^{\infty} e^{iv^2} dv,$$

here the first integral to the right is equal to $e^{\frac{\pi}{4}i} \frac{\sqrt{\pi}}{2}$, while in the second we may turn the line of integration through $\frac{\pi}{4}$, putting $v = \omega + r e^{\frac{\pi}{4}i}$, then we see that it is

$$O\left(\int_0^{\infty} e^{-r^2 - \sqrt{2} r \omega} dr\right) = O\left(\min\left(1, \frac{1}{\omega}\right)\right) = O\left(\frac{1}{1+\omega}\right).$$

Inserting this above, we find

$$\int_T^{T+U} \left(\frac{t}{e\,\xi}\right)^{i(t+\gamma)} dt = e^{\frac{\pi}{4}i} \sqrt{2\pi\xi}\, e^{-i(\xi+\gamma)} + O\left(\frac{\xi}{\xi - T + \sqrt{\xi}} + \frac{\xi}{T+U-\xi+\sqrt{\xi}}\right) +$$

$$+ O\left(\frac{T}{U}\right) = e^{\frac{\pi}{4}i} \sqrt{2\pi\xi}\, e^{-i(\xi+\gamma)} + O\left(\frac{1}{\log\frac{\xi}{T-\sqrt{T}}} + \frac{1}{\log\frac{T+U+\sqrt{T}}{\xi}}\right).$$

Thus our lemma is completely proved.

Lemma 3.

If $-1 \leqq \gamma \leqq 1$, $0 < U \leqq T$, *and* λ *real and* $\neq 0$, *then*

$$\int_T^{T+U} t^{i\gamma} e^{i\lambda t} dt = O\left(\frac{1}{|\lambda|}\right).$$

Integrating by part we find

$$\int_T^{T+U} t^{i\gamma} e^{i\lambda t}\,dt = \left[\frac{e^{i\lambda t}}{i\lambda} t^{i\gamma}\right]_T^{T+U} - \frac{\gamma}{\lambda}\int_T^{T+U} t^{i\gamma-1} e^{i\lambda t}\,dt =$$

$$= O\left(\frac{1}{|\lambda|}\right) + O\left(\frac{1}{|\lambda|}\int_T^{2T}\frac{dt}{t}\right) = O\left(\frac{1}{|\lambda|}\right).$$

Lemma 4.

If $s=\sigma+it$, we have

$$\zeta(s) = \sum_{n<x} n^{-s} - \frac{x^{1-s}}{1-s} + O(x^{-\sigma}),$$

uniformly for $\sigma \geqq \frac{1}{2}$, $|t| \leqq x$.

This is a special case of a theorem due to HARDY and LITTLEWOOD.[1]

We shall also require a special case of the so-called „approximate functional equation".[2]

Lemma 5.

If $s = \frac{1}{2} + it$, *where* $|t|>1$, *then*

$$\zeta(s) = \sum_{n<\sqrt{\frac{|t|}{2\pi}}} n^{-s} + \chi \sum_{n<\sqrt{\frac{|t|}{2\pi}}} n^{s-1} + O\left(|t|^{-\frac{1}{4}}\right),$$

where

$$\chi = \left(\frac{|t|}{2\pi e}\right)^{-it} e^{\frac{1}{4}\pi i \operatorname{sgn} t}.$$

From this we find

Lemma 6.

If $1 < T \leqq t \leqq T+U$, $\sqrt{T} \leqq U \leqq T^{\frac{3}{5}}$, $0 \leqq h \leqq 1$, *and* $\tau = \sqrt{\frac{T}{2\pi}}$, *then*

$$\zeta\left(\frac{1}{2} + i(t+h)\right) = \sum_{n<\tau} n^{-\frac{1}{2}-i(t+h)} + e^{\frac{1}{4}\pi i - ih}\left(\frac{t}{2\pi e}\right)^{-i(t+h)} \sum_{n<\tau} n^{-\frac{1}{2}+i(t+h)} + O\left(T^{-\frac{3}{20}}\right).$$

This follows since

$$\sum_{\tau}^{\sqrt{\frac{t+h}{2\pi}}} n^{-\frac{1}{2}} < \sum_{\tau}^{\sqrt{\frac{T+U+1}{2\pi}}} \left(\frac{2\pi}{T}\right)^{\frac{1}{4}} < \sum_{\sqrt{\frac{T}{2\pi}}}^{\sqrt{\frac{T}{2\pi}}+T^{\frac{1}{10}}} \left(\frac{2\pi}{T}\right)^{\frac{1}{4}} = O\left(T^{\frac{1}{10}-\frac{1}{4}}\right) = O\left(T^{-\frac{3}{20}}\right),$$

[1] HARDY and LITTLEWOOD (2), Lemma 2. *Cambr. Tract*, Theorem 19.

[2] HARDY and LITTLEWOOD (2), (3). *Cambr. Tract*, Theorem 22.

and

$$(t+h)^{-i(t+h)} = t^{-i(t+h)}\left(1+\frac{h}{t}\right)^{-i(t+h)} = e^{-ih}t^{-i(t+h)} + O\left(\frac{1}{T}\right),$$

and

$$O\left(\frac{1}{T}\sum_{n<\tau} n^{-\frac{1}{2}}\right) = O(T^{\frac{1}{4}-1}) = O(T^{-\frac{3}{20}}).$$

Now suppose that $s = \frac{1}{2} + it$, and write

(2.1) $$X(t) = \frac{1}{2} t^{\frac{1}{4}} e^{\frac{1}{4}\pi t}\, \pi^{-\frac{s}{2}}\, \Gamma\left(\frac{s}{2}\right)\zeta(s),$$

so that $X(t)$ is real for real t[1]. Supposing t positive, and approximating to the gamma-function by STIRLING's theorem, we obtain

(2.2) $$\zeta\left(\frac{1}{2}+it\right) = -\left(\frac{2}{\pi}\right)^{\frac{1}{4}} e^{\frac{1}{8}\pi i}\left(\frac{t}{2\pi e}\right)^{-\frac{i}{2}t} X(t)\left(1+O\left(\frac{1}{t}\right)\right).$$

There is a conjugate formula when $t<0$. From (2.2) we see that

(2.3) $$\left|\zeta\left(\frac{1}{2}+it\right)\right| = \left(\frac{2}{\pi}\right)^{\frac{1}{4}} |X(t)| \left(1+O\left(\frac{1}{t}\right)\right).$$

Lemma 7.

Under the conditions of Lemma 6, we have

$$X(t+h) = \theta_h + \bar{\theta}_h + O\left(T^{-\frac{3}{20}}\right),$$

where

$$\theta_h = -\left(\frac{\pi}{2}\right)^{\frac{1}{4}} e^{\frac{1}{2}ih-\frac{1}{8}\pi i}\left(\frac{t}{2\pi e}\right)^{\frac{i}{2}(t+h)} \sum_{n<\tau} n^{-\frac{1}{2}-i(t+h)},$$

and $\bar{\theta}_h$ is the conjugate of θ_h.

(2.2) gives

$$X(t+h) = -\left(\frac{\pi}{2}\right)^{\frac{1}{4}} e^{-\frac{1}{8}\pi i}\left(\frac{t+h}{2\pi e}\right)^{\frac{i}{2}(t+h)} \zeta\left(\frac{1}{2}+i(t+h)\right)\left(1+O\left(\frac{1}{T}\right)\right).$$

Inserting here the expression for $\zeta\left(\frac{1}{2}+i(t+h)\right)$ from Lemma 6, we get the required result.

---

[1] This is a consequence of the fact that the expression

$$\pi^{-\frac{s}{2}}\Gamma\left(\frac{s}{2}\right)\zeta(s),$$

remains unchanged if s is changed into $1-s$. See *Cambr. Tract*, formula (7) and (6″).

3. Properties of α_ν and β_ν.

Let

$$(3.1)\qquad \frac{1}{\sqrt{\zeta(s)}}=\sum_{\nu=1}^{\infty}\frac{\alpha_\nu}{\nu^s},\quad \alpha_1=1,$$

be the DIRICHLET series for $\frac{1}{\sqrt{\zeta(s)}}$, valid for $\sigma>1$. The coefficients α_ν may easily be calculated from the expansion[1]

$$(3.2)\qquad \frac{1}{\sqrt{\zeta(s)}}=\prod_p(1-p^{-s})^{\frac{1}{2}}=\prod_p\left(\sum_{r=0}^{\infty}(-1)^r\binom{\frac{1}{2}}{r}p^{-rs}\right),$$

where p runs through all prime numbers. We see that

$$\alpha_{\nu_1}\alpha_{\nu_2}=\alpha_{\nu_1\nu_2},\ \text{if } (\nu_1,\nu_2)=1.^2$$

Since the series for $\sqrt{1-z}$ is majorized by $\frac{1}{\sqrt{1-z}}$, we see that $|\alpha_\nu|\leqq\alpha'_\nu$ for all ν, where the α'_ν are defined by

$$(3.3)\qquad \sqrt{\zeta(s)}=\sum_{\nu=1}^{\infty}\frac{\alpha'_\nu}{\nu^s},\quad \alpha'_1=1\ (\sigma>1).$$

In particular $|\alpha_\nu|\leqq 1$ for all ν.

Lemma 8.

If $u>0$, $\gamma\geqq 0$, then for $r=1, 2, 3,$

$$\frac{1}{2\pi i}\int_L\frac{e^{us}\sqrt{s+i\gamma}}{s^r}\,ds=\frac{c_r}{(r-1)!}\sqrt{\gamma}\,u^{r-1}+O(u^{r-\frac{3}{2}}),$$

where the c_r are constants, and the integral is taken along a curve L, which starts at infinity on the negative real axis,[3] encircles the origin and the point $-i\gamma$ once in the positive direction, and returns to its starting point.

We may obviously choose L such that $|s|\geqq 2\gamma$ on L. Then

$$\sqrt{s+i\gamma}=\sqrt{s}\left(1+\frac{i\gamma}{s}\right)^{\frac{1}{2}}=\sum_{j=0}^{\infty}\frac{(i\gamma)^j}{s^{j-\frac{1}{2}}}\binom{\frac{1}{2}}{j},$$

hence[4]

$$\frac{1}{2\pi i}\int_L\frac{e^{us}\sqrt{s+i\gamma}}{s^r}\,ds=\sum_{j=0}^{\infty}(i\gamma)^j\binom{\frac{1}{2}}{j}\frac{1}{2\pi i}\int_L\frac{e^{us}}{s^{r+j-\frac{1}{2}}}\,ds=$$

$$=\sum_{j=0}^{\infty}(i\gamma)^j\binom{\frac{1}{2}}{j}\frac{u^{r+j-\frac{3}{2}}}{\Gamma\left(r+j-\frac{1}{2}\right)}=-\frac{u^{r-\frac{3}{2}}}{2\Gamma\left(\frac{1}{2}\right)}\sum_{j=0}^{\infty}\frac{(-i\gamma u)^j}{j!\left(j-\frac{1}{2}\right)\left(j+\frac{1}{2}\right)\cdots\left(j+r-\frac{3}{2}\right)}$$

---

1 This follows from the well-known product-expansion for $\zeta(s)$ due to EULER.

2 (m, n) here and in the following means the greatest common divisor of m and n.

3 We choose that branch of $\sqrt{s+i\gamma}$ which is positive when $s+i\gamma$ is real and positive, so we start at $-\infty$ with the amplitude of $\sqrt{s+i\gamma}$ equal to $-\frac{\pi}{2}$.

4 It is easily justified that the order of integration and summation may be inverted.

Now if $r=1$, $w\geqq 0$,

$$\sum_{j=0}^{\infty}\frac{(-iw)^j}{j!\left(j-\frac{1}{2}\right)}=w^{\frac{1}{2}}\left\{-2w^{-\frac{1}{2}}+\int_0^w\frac{e^{ix}-1}{x^{\frac{3}{2}}}dx\right\},$$

while for $r>1$, $w\geqq 0$,

$$\sum_{j=0}^{\infty}\frac{(-iw)^j}{j!\left(j-\frac{1}{2}\right)\cdots\left(j+r-\frac{3}{2}\right)}=\frac{w^{\frac{3}{2}-r}}{(r-2)!}\int_0^w(w-x)^{r-2}dx\left\{-2x^{-\frac{1}{2}}+\int_0^x\frac{e^{-ix}-1}{x^{\frac{3}{2}}}dx\right\}.$$

But

$$-2x^{-\frac{1}{2}}+\int_0^x\frac{e^{-ix}-1}{x^{\frac{3}{2}}}dx=\int_0^{\infty}\frac{e^{-ix}-1}{x^{\frac{3}{2}}}dx+O\left(x^{-\frac{1}{2}}\right)=c+O\left(x^{-\frac{1}{2}}\right),$$

where c is a constant, inserting this we find

$$\sum_{j=0}^{\infty}\frac{(-iw)^j}{j!\left(j-\frac{1}{2}\right)\cdots\left(j+r-\frac{3}{2}\right)}=c'_r\sqrt{w}+O(1),$$

where the c'_r are constants. Hence we finally get

$$\frac{1}{2\pi i}\int_L\frac{e^{us}\sqrt{s+i\gamma}}{s^r}ds=-\frac{u^{r-\frac{3}{2}}}{2\Gamma\left(\frac{1}{2}\right)}\left\{c'_r\sqrt{\gamma u}+O(1)\right\}=$$

$$=\frac{c_r}{(r-1)!}\sqrt{\gamma}\,u^{r-1}+O\left(u^{r-\frac{3}{2}}\right).$$

Lemma 9.

If $x\geqq 2$, $0\leqq\gamma\leqq 1$, *and* $r=1,2,3$; *then*

$$\frac{1}{2\pi i}\int_{-2i}^{2i}\frac{x^s\sqrt{s+i\gamma}}{s^r}ds=\frac{c_r}{(r-1)!}\sqrt{\gamma}(\log x)^{r-1}+O\left((\log x)^{r-\frac{3}{2}}\right),$$

where the integral is taken along a path lying, apart from the end-points, to the right of the imaginary axis.

This follows from Lemma 8, if we put $u=\log x$, since the integrals over $(-\infty-2i,-2i)$ and $(2i,-\infty+2i)$ obviously are

$$O\left(\frac{1}{\log x}\right)=O\left((\log x)^{r-\frac{3}{2}}\right).$$

Lemma 10.

It is for $\sigma \geqq 1$,[1]

$$\zeta(s) \neq 0, \quad \frac{1}{\zeta(s)} = O(|s|).$$

Lemma 11.

Let ϱ *be a positive integer, and* $0 \leqq \gamma \leqq 1$, *and write*

$$f(s) = \prod_{p|\varrho} (1 - p^{-1-s-i\gamma})^{-\frac{1}{2}} ((s + i\gamma)\zeta(1 + s + i\gamma))^{-\frac{1}{2}},$$

further put for $r = 2, 3$,

$$f(s) = \sum_{j=0}^{r-1} \frac{s^j}{j!} f^{(j)}(0) + s^r R(s),$$

then for $s = it$, $-2 \leqq t \leqq 2$, $j = 0, 1, 2$,

$$f^{(j)}(0) = O\Big(\prod_{p|\varrho} (1 + p^{-\frac{3}{4}})\Big),$$

and

$$R(it) = O\Big(\prod_{p|\varrho} (1 + p^{-\frac{3}{4}})\Big).$$

We have that

$$((s + i\gamma)\zeta(1 + s + i\gamma))^{-\frac{1}{2}}$$

is regular on and in the neighbourhood of $\sigma = 0$.[2] Hence when A is small it is regular in and upon the boundary of the rectangle bounded by the lines $\sigma = A$, $\sigma = -A$, $t = -2 - A$, $t = 2 + A$, and its modulus here is $O(1)$. Also

$$\prod_{p|\varrho} (1 - p^{-1-s-i\gamma})^{-\frac{1}{2}}$$

is regular here, and its modulus less than

$$\prod_{p|\varrho} (1 - p^{-1+A})^{-\frac{1}{2}} \leqq \prod_{p|\varrho} (1 + p^{-\frac{3}{4}}).$$

Hence

$$f(s) = O\Big(\prod_{p|\varrho} (1 + p^{-\frac{3}{4}})\Big),$$

in and upon the rectangle considered. Now the integral formula of CAUCHY gives for $j = 0, 1, 2$,

$$f^{(j)}(0) = \frac{j!}{2\pi i} \int \frac{f(s)}{s^{j+1}} ds,$$

[1] For the first part of the lemma see *Cambr. Tract*, p. 4 of the Introduction, the second part is a consequence of *Cambr. Tract*, Theorem 9.

[2] Because $\zeta(s)$ is regular and $\neq 0$ on $\sigma = 1$ apart from the simple pole at $s = 1$.

where the integral is taken round the rectangle in the positive direction. Similarly for $-2 \leqq t \leqq 2$,

$$R(it) = \frac{1}{2\pi i}\int \frac{f(z)}{(z-it)z^r}\,dz.$$

From these formulas we find

$$|f^{(j)}(0)| = O\Big(\prod_{p|\varrho}(1+p^{-\frac{3}{4}})\int|ds|\Big) = O\Big(\prod_{p|\varrho}(1+p^{-\frac{3}{4}})\Big),$$

and

$$|R(it)| = O\Big(\prod_{p|\varrho}(1+p^{-\frac{3}{4}})\Big).$$

Lemma 12.

If $\xi \geqq e$, $1 \leqq d \leqq \xi$, $0 \leqq \gamma \leqq \frac{1}{\sqrt{\log \xi}}$, *and* ϱ *is a positive integer, then for* $r = 2, 3$,

$$\sum_{\substack{\nu < \frac{\xi}{d} \\ (\nu,\varrho)=1}} \frac{a_\nu}{\nu^{1+i\gamma}}\Big(\log\frac{\xi}{d\nu}\Big)^{r-1} = c_r\prod_{p|\varrho}(1-p^{-1-i\gamma})^{-\frac{1}{2}}\sqrt{\gamma}\Big(\log\frac{\xi}{d}\Big)^{r-1} +$$

$$+ O\Big(\prod_{p|\varrho}(1+p^{-\frac{3}{4}})(\log\xi)^{r-\frac{3}{2}}\Big).$$

We may suppose $\frac{\xi}{d} \geqq 2$, since the lemma is obviously true for $1 \leqq \frac{\xi}{d} \leqq 2$. For $x > 0$ and $r = 2, 3$, it is

$$\frac{1}{2\pi i}\int_{1-i\infty}^{1+i\infty}\frac{x^s}{s^r}\,ds = \begin{cases} 0, & \text{if } 0 < x \leqq 1, \\ \dfrac{(\log x)^{r-1}}{(r-1)!}, & \text{if } x \geqq 1. \end{cases}$$

From (3.2) we see that for $s = \sigma + it$, $\sigma > 0$,

$$\sum_{(\nu,\varrho)=1}\frac{a_\nu}{\nu^{1+s+i\gamma}} = \prod_{(p,\varrho)=1}(1-p^{-1-s-i\gamma})^{\frac{1}{2}} = \prod_{p|\varrho}(1-p^{-1-s-i\gamma})^{-\frac{1}{2}}\frac{1}{\sqrt{\zeta(1+s+i\gamma)}}.$$

This gives

$$\sum_{\substack{\nu < \frac{\xi}{d} \\ (\nu,\varrho)=1}} \frac{a_\nu}{\nu^{1+i\gamma}}\Big(\log\frac{\xi}{d\nu}\Big)^{r-1} = \frac{(r-1)!}{2\pi i}\int_{1-i\infty}^{1+i\infty}\frac{\big(\frac{\xi}{d}\big)^s}{s^r}\prod_{p|\varrho}(1-p^{-1-s-i\gamma})^{-\frac{1}{2}}\frac{ds}{\sqrt{\zeta(1+s+i\gamma)}}.$$

Here we may deform the line of integration[1] into a path which consists of: the imaginary axis from $-i\infty$ to $-2i$, then a curve joining the points

[1] That this is allowed follows from Lemma 10.

$-2i$ and $2i$ and lying to the right of the imaginary axis, finally the imaginary axis from $2i$ to $i\infty$. Using Lemma 10, we find that the integrals over $(-\infty i, -2i)$ and $(2i, \infty i)$, are

$$O\left(\prod_{p|\varrho}(1-p^{-1})^{-\frac{1}{2}}\right)=O\left(\prod_{p|\varrho}(1+p^{-\frac{3}{4}})\right).$$

Hence

$$\sum_{\substack{\nu<\frac{\xi}{d}\\(\nu,\varrho)=1}} \frac{a_\nu}{\nu^{1+i\gamma}}\left(\log\frac{\xi}{d\nu}\right)^{r-1}=\frac{(r-1)!}{2\pi i}\int_{-2i}^{2i}\frac{\left(\frac{\xi}{d}\right)^s}{s^r}\prod_{p|\varrho}(1-p^{-1-s-i\gamma})^{-\frac{1}{2}}\frac{ds}{\sqrt{\zeta(1+s+i\gamma)}}+$$

$$+O\left(\prod_{p|\varrho}(1+p^{-\frac{3}{4}})\right)=\frac{(r-1)!}{2\pi i}\int_{-2i}^{2i}\frac{\left(\frac{\xi}{d}\right)^s\sqrt{s+i\gamma}}{s^r}f(s)\,ds+O\left(\prod_{p|\varrho}(1+p^{-\frac{3}{4}})\right),$$

$f(s)$ being the function occurring in Lemma 11. Now Lemma 9 and Lemma 11 give

$$\sum_{\substack{\nu<\frac{\xi}{d}\\(\nu,\varrho)=1}} \frac{a_\nu}{\nu^{1+i\gamma}}\left(\log\frac{\xi}{d\nu}\right)^{r-1}=(r-1)!\sum_{j=0}^{r-1}\frac{f^{(j)}(0)}{j!}\,\frac{c_{r-j}}{(r-j-1)!}\sqrt{\gamma}\left(\log\frac{\xi}{d}\right)^{r-j-1}+$$

$$+O\left(\prod_{p|\varrho}(1+p^{-\frac{3}{4}})\left(\log\frac{\xi}{d}\right)^{r-\frac{3}{2}}\right)+\frac{(r-1)!}{2\pi}\int_{-2}^{2}\left(\frac{\xi}{d}\right)^{it}\sqrt{i(t+\gamma)}\,R(it)\,dt=$$

$$=c_r f(0)\sqrt{\gamma}\left(\log\frac{\xi}{d}\right)^{r-1}+O\left(\prod_{p|\varrho}(1+p^{-\frac{3}{4}})\left(\log\frac{\xi}{d}\right)^{r-\frac{3}{2}}\right).$$

Here

$$f(0)=\prod_{p|\varrho}(1-p^{-1-i\gamma})^{-\frac{1}{2}}(i\gamma\zeta(1+i\gamma))^{-\frac{1}{2}}=$$

$$=\prod_{p|\varrho}(1-p^{-1-i\gamma})^{-\frac{1}{2}}+O\left(\frac{1}{\sqrt{\log\xi}}\prod_{p|\varrho}(1+p^{-\frac{3}{4}})\right),$$

since

$$i\gamma\zeta(1+i\gamma)=1+O(\gamma)=1+O\left(\frac{1}{\sqrt{\log\xi}}\right).$$

Inserting this we get

$$\sum_{\substack{\nu<\frac{\xi}{d}\\(\nu,\varrho)=1}} \frac{a_\nu}{\nu^{1+i\gamma}}\left(\log\frac{\xi}{d\nu}\right)^{r-1}=c_r\prod_{p|\varrho}(1-p^{-1-i\gamma})^{-\frac{1}{2}}\sqrt{\gamma}\left(\log\frac{\xi}{d}\right)^{r-1}+$$

$$+O\left(\prod_{p|\varrho}(1+p^{-\frac{3}{4}})\left(\log\frac{\xi}{d}\right)^{r-\frac{3}{2}}\right).$$

This proves the lemma.

Lemma 13.

If $\xi \geqq e$, $1 \leqq d \leqq \xi$ and $0 \leqq \gamma \leqq \frac{1}{\log \xi}$, and ϱ is a positive integer then

$$\sum_{\substack{\nu < \frac{\xi}{d} \\ (\nu, \varrho)=1}} \frac{\alpha_\nu}{\nu}\left(\log \frac{\xi}{d\nu}\right) \cdot \frac{\sin(\gamma \log \nu d)}{\gamma} = O\left(\prod_{p|\varrho}\left(1+p^{-\frac{3}{4}}\right)(\log \xi)^{\frac{3}{2}}\right).^{1}$$

Lemma 12 gives when $\gamma \leqq \frac{1}{\log \xi}$, for $r = 2, 3$,

$$\sum_{\substack{\nu < \frac{\xi}{d} \\ (\nu, \varrho)=1}} \frac{\alpha_\nu}{\nu^{1+i\gamma}}\left(\log \frac{\xi}{d\nu}\right)^{r-1} = O\left(\prod_{p|\varrho}\left(1+p^{-\frac{3}{4}}\right)(\log \xi)^{r-\frac{3}{2}}\right),$$

multiplying this formula for $r = 2$ by $\log \xi$ and subtracting the formula for $r = 3$, we get

$$\sum_{\substack{\nu < \frac{\xi}{d} \\ (\nu, \varrho)=1}} \frac{\alpha_\nu}{\nu^{1+i\gamma}} \log \frac{\xi}{d\nu} \cdot \log d\nu = O\left(\prod_{p|\varrho}\left(1+p^{-\frac{3}{4}}\right)(\log \xi)^{\frac{3}{2}}\right),$$

multiplying by $d^{-i\gamma}$ and integrating with respect to γ from 0 to γ, and taking the real part, we obtain the required result.

In the following write for $\nu < \xi$,

$$\beta_\nu = \alpha_\nu \left(1 - \frac{\log \nu}{\log \xi}\right).$$

Lemma 14.

If n is a positive integer $< \xi$, and

$$\lambda_n = \sum_{\nu_1 \nu_2 | n} \beta_{\nu_1} \beta_{\nu_2},$$

then, if n contains more than two different prime divisors

$$\lambda_n = 0,$$

and if $n = p_1^{r_1} p_2^{r_2}$,

$$\lambda_n = \frac{1}{2} \frac{\log p_1 \cdot \log p_2}{(\log \xi)^2},$$

and finally if $n = p^r$,

$$\lambda_n = \frac{\log p}{\log \xi} + \frac{r-1}{4}\left(\frac{\log p}{\log \xi}\right)^2, \quad |\lambda_n| < \frac{5}{4} \frac{\log p}{\log \xi}.$$

[1] When $\gamma = 0$, the left-hand side has to be interpreted as the limit when $\gamma \to +0$.

It is
$$\lambda_n = \frac{1}{(\log \xi)^2} \sum_{\nu_1 \nu_2 | n} a_{\nu_1} a_{\nu_2} \log \frac{\xi}{\nu_1} \cdot \log \frac{\xi}{\nu_2},$$
now write
$$F(s_1, s_2) = \xi^{s_1 + s_2} \sum_{\nu_1 \nu_2 | n} a_{\nu_1} a_{\nu_2} \nu_1^{-s_1} \nu_2^{-s_2},$$
then we see that
$$\lambda_n = \frac{1}{(\log \xi)^2} \left(\frac{\partial^2 F(s_1, s_2)}{\partial s_1 \partial s_2} \right)_{s_1 = 0,\, s_2 = 0}$$
Now if $n = \prod_{p|n} p^{r_p}$, we get remembering (3.2)
$$F(s_1, s_2) = \xi^{s_1 + s_2} \prod_{p|n} \left(\sum_{\substack{j+k \leqq r_p \\ j,k \geqq 0}} a_{p^j} a_{p^k} p^{-s_1 j - s_2 k} \right) =$$
$$= \xi^{s_1 + s_2} \prod_{p|n} \left(\sum_{\substack{j+k \leqq r_p \\ j,k \geqq 0}} (-1)^{j+k} \binom{\frac{1}{2}}{j} \binom{\frac{1}{2}}{k} p^{-s_1 j - s_2 k} \right).$$
Here we see[1] that each factor in the product $\prod_{p|n}$ to the right, vanishes when $s_1 = s_2 = 0$. Hence, if n contains at least three different prime divisors,
$$\frac{\partial^2 F(s_1, s_2)}{\partial s_1 \partial s_2}$$
must vanish for $s_1 = s_2 = 0$; this proves the first part of the lemma. Next, if $n = p_1^{r_1} p_2^{r_2}$, we have
$$\lambda_n = \frac{2}{(\log \xi)^2} \prod_{p|n} \left(\sum_{\substack{j+k \leqq r_p \\ j,k \geqq 0}} (-1)^{j+k} \binom{\frac{1}{2}}{j} \binom{\frac{1}{2}}{k} j \log p \right) =$$
$$= \frac{2 \log p_1 \log p_2}{(\log \xi)^2} \prod_{p|n} \left(\sum_{\substack{j+k \leqq r_p \\ j,k \geqq 0}} \frac{1}{2} (-1)^{j+k} \binom{\frac{1}{2}}{k} \binom{-\frac{1}{2}}{j-1} \right) = \frac{1}{2} \frac{\log p_1 \log p_2}{(\log \xi)^2},$$
which is the second part of our lemma. Finally for $n = p^r$, we find
$$\lambda_n = -\frac{2}{\log \xi} \sum_{\substack{j+k \leqq r \\ j,k \geqq 0}} (-1)^{j+k} \binom{\frac{1}{2}}{j} \binom{\frac{1}{2}}{k} j \log p +$$
$$+ \frac{1}{(\log \xi)^2} \sum_{\substack{j+k \leqq r \\ j,k \geqq 0}} (-1)^{j+k} \binom{\frac{1}{2}}{j} \binom{\frac{1}{2}}{k} j k (\log p)^2 = \frac{-2 \log p}{\log \xi} \sum_{\substack{j+k \leqq r \\ j,k \geqq 0}} \frac{1}{2} (-1)^{j+k} \binom{\frac{1}{2}}{k} \binom{-\frac{1}{2}}{j-1}$$
$$+ \left(\frac{\log p}{\log \xi} \right)^2 \sum_{\substack{j+k \leqq r \\ j,k \geqq 0}} \frac{1}{4} (-1)^{j+k} \binom{-\frac{1}{2}}{j-1} \binom{-\frac{1}{2}}{k-1} = \frac{\log p}{\log \xi} + \frac{r-1}{4} \left(\frac{\log p}{\log \xi} \right)^2,$$

[1] Here and in the following we make use of the relation $\sum_{j+k=i} \binom{l}{j} \binom{m}{k} = \binom{l+m}{i}$.

since

$$\frac{r-1}{4}\left(\frac{\log p}{\log \xi}\right)^2 < \frac{\log n}{4\log \xi}\cdot\frac{\log p}{\log \xi} < \frac{1}{4}\,\frac{\log p}{\log \xi},$$

our lemma is completely proved.

4. Discussion of $\int\limits_T^{T+U} I^2\,dt$.

In the following let a be a fixed number $>\frac{1}{2}$.[1] Further let $T>4$, $T^a \leqq U \leqq T^{\frac{3}{2}}$, $\xi = T^{\frac{2a-1}{20}}$, and $\frac{1}{\log \xi} \leqq H \leqq \frac{1}{\sqrt{\log \xi}}$. Then for real t we put

$$(4.1)\qquad \eta = \eta(t) = \sum_{\nu<\xi} \beta_\nu \cdot \nu^{-\frac{1}{2}-it},$$

as an abbreviation we often write η_h for $\eta(t+h)$. We see that always

$$|\eta| \leqq \sum_{\nu<\xi} \frac{1}{\sqrt{\nu}} = O(\xi^{\frac{1}{2}}).$$

Now write

$$(4.2)\qquad I = I(t, H) = \int\limits_t^{t+H} X(u)\,|\eta(u)|^2\,du,$$

We shall then prove

Lemma 15.

$$\int\limits_T^{T+U} I^2\,dt = O\left(U\frac{H^{\frac{3}{2}}}{\sqrt{\log \xi}}\right).$$

(4.2) gives

$$(4.3)\qquad \int\limits_T^{T+U} I^2\,dt = \int\limits_0^H\!\!\int\limits_0^H dh\,dk \int\limits_T^{T+U} X(t+h)\,X(t+k)\,|\eta_h\eta_k|^2\,dt.$$

Hence we have to investigate the integral

$$\int\limits_T^{T+U} X(t+h)\,X(t+k)\,|\eta_h\eta_k|^2\,dt,$$

where $0 \leqq h \leqq H$, $0 \leqq k \leqq H$.

Lemma 7 gives

$$X(t+h)\,X(t+k)\,|\eta_h\eta_k|^2 = \theta_h\theta_k|\eta_h\eta_k|^2 + \bar\theta_h\bar\theta_k|\eta_h\eta_k|^2 + \theta_h\bar\theta_k|\eta_h\eta_k|^2 +$$
$$+ \bar\theta_h\theta_k|\eta_h\eta_k|^2 + O\left(T^{-\frac{3}{20}}\xi^2\left|\sum_{n<\tau} n^{-\frac{1}{2}-i(t+h)}\right|\right) + O\left(T^{-\frac{3}{20}}\xi^2\left|\sum_{n<\tau} n^{-\frac{1}{2}-i(t+k)}\right|\right) +$$
$$+ O(T^{-\frac{3}{10}}\xi^2) = P + \bar P + Q + \bar Q + R_1 + R_2 + R_3.$$

[1] From this point onward A, T_0 and the constants of the O's depend upon a only.

Now

$$(4.5)\qquad \int_T^{T+U} R_3\,dt = O(U\cdot T^{-\frac{3}{10}}\xi^2) = O(T^{\frac{1}{2}}\xi^2).$$

Also

$$\int_T^{T+U} R_1\,dt = O\left(T^{-\frac{3}{20}}\xi^2 \int_T^{T+U}\left|\sum_{n<\tau} n^{-\frac{1}{2}-i(t+h)}\right| dt\right) =$$

$$= O\left(T^{-\frac{3}{20}}\xi^2 U^{\frac{1}{2}}\left\{\int_T^{T+U}\left|\sum_{n<\tau} n^{-\frac{1}{2}-i(t+h)}\right|^2 dt\right\}^{\frac{1}{2}}\right),$$

using Lemma 1, we get

$$\int_T^{T+U}\left|\sum_{n<\tau} n^{-\frac{1}{2}-i(t+h)}\right|^2 dt = \sum_{m,\,n<\tau}\frac{1}{\sqrt{mn}}\int_T^{T+U}\left(\frac{m}{n}\right)^{i(t+h)} dt =$$

$$= U\sum_{n<\tau}\frac{1}{n} + O\left(\sum_{m,\,n<\tau}{}'\frac{1}{\sqrt{mn}\left|\log\frac{m}{n}\right|}\right)^{1} = O(U\log T) +$$

$$+ O(T^{\frac{1}{2}}\log T) = O(U\log T).$$

Hence

$$(4.6)\qquad \int_T^{T+U} R_1\,dt = O(T^{-\frac{3}{20}}\xi^2 U\sqrt{\log T}) = O(T^{\frac{1}{2}}\xi^2),$$

similarly

$$(4.7)\qquad \int_T^{T+U} R_2\,dt = O(T^{\frac{1}{2}}\xi^2).$$

We now turn to

$$\int_T^{T+U} P\,dt \quad\text{and}\quad \int_T^{T+U}\bar{P}\,dt,$$

it is sufficient to consider the first. Now from (4.4) and (4.1)

$$(4.8)\qquad \int_T^{T+U} P\,dt = \int_T^{T+U}\theta_h\,\theta_k\,|\eta_h\eta_k|^2\,dt =$$

$$= \sum_{\nu<\xi}\frac{\beta_{\nu_1}\beta_{\nu_2}\beta_{\nu_3}\beta_{\nu_4}}{(\nu_1\nu_2\nu_3\nu_4)^{\frac{1}{2}}}\left(\frac{\nu_2\nu_3}{\nu_1\nu_4}\right)^{i\frac{h-k}{2}}\int_T^{T+U}\theta_h\,\theta_k\left(\frac{\nu_2\nu_4}{\nu_1\nu_3}\right)^{i\left(t+\frac{h+k}{2}\right)} dt.$$

Thus we are led to investigate

$$\int_T^{T+U}\theta_h\,\theta_k\left(\frac{\mu_2}{\mu_1}\right)^{i\left(t+\frac{h+k}{2}\right)} dt,$$

[1] As usual the dash Σ' implies $m \neq n$.

where μ_1 and μ_2 are positive coprime integers $<\xi^2$. Inserting the expression for θ from Lemma 7, we get

$$(4.9)\quad \int_T^{T+U} \theta_h \theta_k \left(\frac{\mu_2}{\mu_1}\right)^{i\left(t+\frac{h+k}{2}\right)} dt = \sqrt{\frac{\pi}{2}}\, e^{i\frac{h+k}{2}-\frac{\pi}{4}i} \sum_{m,n<\tau} \frac{\left(\frac{n}{m}\right)^{i\frac{h-k}{2}}}{\sqrt{mn}} \int_T^{T+U} \left(\frac{t\mu_2}{2\pi e m n \mu_1}\right)^{i\left(t+\frac{h+k}{2}\right)} dt.$$

We first assume that $\frac{\mu_2}{\mu_1} \geqq 1$, then

$$\frac{2\pi m n \mu_1}{\mu_2} < 2\pi\tau^2 = T.$$

Hence Lemma 2 gives

$$\int_T^{T+U} \left(\frac{t\mu_2}{2\pi e m n \mu_1}\right)^{i\left(t+\frac{h+k}{2}\right)} dt = O\left(\frac{1}{\log\frac{T+\sqrt{T}}{2\pi m n}}\right).$$

Now, when N is a positive integer $\leqq T$, we have that the number of divisors of N is $O(\xi)$, inserting the above equation in (4.9), this gives,

$$(4.10)\quad \int_T^{T+U} \theta_h \theta_k \left(\frac{\mu_2}{\mu_1}\right)^{i\left(t+\frac{h+k}{2}\right)} dt = O\left(\sum_{m,n<\tau} \frac{1}{\sqrt{mn}} \frac{1}{\log\frac{T+\sqrt{T}}{2\pi m n}}\right) =$$

$$= O\left(\xi \sum_{N<\tau^2} \frac{1}{\sqrt{N}} \frac{1}{\log\frac{T+\sqrt{T}}{2\pi N}}\right) = O(\xi) + O\left(\xi \sum_{N<\tau^2-1} \frac{1}{\sqrt{N}} \frac{1}{\log\frac{\left(\tau+\frac{1}{10}\right)^2}{N}}\right)$$

$$= O(\xi) + O\left(\xi \int_0^{\tau^2} \frac{dv}{\sqrt{v}\log\frac{\left(\tau+\frac{1}{10}\right)^2}{v}}\right) = O(\xi) + O\left(T^{\frac{1}{2}}\xi \int_0^{\frac{1}{1+\frac{1}{10\tau}}} \frac{du}{\log\frac{1}{u}}\right)$$

$$= O(\xi) + O\left(T^{\frac{1}{2}}\xi \int_0^{\frac{1}{1+\frac{1}{10\tau}}} \frac{du}{1-u}\right) = O(T^{\frac{1}{2}}\xi\log T) = O(T^{\frac{1}{2}}\xi^2).$$

Next we take the case that $\frac{\mu_2}{\mu_1} < 1$. We first estimate the sum of those terms on the right-hand side of (4.9), for which

$$\frac{2\pi m n \mu_1}{\mu_2} < T, \quad m n < \frac{\mu_2}{\mu_1}\tau^2.$$

By Lemma 2 we get that the sum of these terms is less than

$$(4.11)\qquad \sqrt{\frac{\pi}{2}} \sum_{\substack{m,\,n<\tau \\ mn<\frac{\mu_2}{\mu_1}\tau^2}} \frac{1}{\sqrt{mn}} \left| \int_T^{T+U} \left(\frac{t\,\mu_2}{2\,\pi\, e\, m\, n\, \mu_1}\right)^{i\left(t+\frac{h+k}{2}\right)} d\,t \right| =$$

$$= O\left(\sum_{mn<\frac{\mu_2}{\mu_1}\tau^2} \frac{1}{\sqrt{mn}} \cdot \frac{1}{\log \dfrac{\mu_2\,(T+\sqrt{T})}{\mu_1\, m\, n\, 2\,\pi}} \right) = O(T^{\frac{1}{2}}\xi^2),$$

in virtue of the argument used to prove (4.10). Secondly, writing $\tau_1 = \sqrt{\dfrac{T+U}{2\,\pi}}$, we turn to the terms for which

$$2\,\pi\, m\, n \frac{\mu_1}{\mu_2} \geqq T+U,\quad m\, n \geqq \frac{\mu_2}{\mu_1}\tau_1^2,$$

we get from Lemma 2 that their sum is less than

$$(4.12)\qquad \sqrt{\frac{\pi}{2}} \sum_{\substack{m,\,n<\tau \\ mn\geqq\frac{\mu_2}{\mu_1}\tau_1^2}} \left| \int_T^{T+U} \left(\frac{t\,\mu_2}{2\,\pi\, e\, m\, n\, \mu_1}\right)^{i\left(t+\frac{h+k}{2}\right)} d\,t \right| = O\left(\xi \sum_{\frac{\mu_2}{\mu_1}\tau_1^2}^{\tau^2} \frac{1}{\sqrt{N}} \frac{1}{\log \dfrac{\mu_1\, 2\,\pi\, N}{\mu_2\,(T+U-\sqrt{T})}} \right) =$$

$$= O\left(\sqrt{\frac{\mu_1}{\mu_2}}\,\xi\right) + O\left(\sqrt{\frac{\mu_1}{\mu_2}}\, T^{-\frac{1}{2}}\xi \sum_{\frac{\mu_2}{\mu_1}\tau_1^2+1}^{\tau^2} \frac{1}{\log \dfrac{\mu_1 N}{\mu_2\left(\tau_1 - \frac{1}{10}\right)^2}} \right) = O\left(\sqrt{\frac{\mu_1}{\mu_2}}\,\xi\right) +$$

$$+ O\left(\sqrt{\frac{\mu_1}{\mu_2}}\, T^{-\frac{1}{2}}\xi \int_{\frac{\mu_2}{\mu_1}\tau_1^2}^{\left(\tau_1-\frac{1}{10}\right)^2} \frac{d\,v}{\log \dfrac{\mu_1}{\mu_2} \dfrac{v}{\left(\tau_1 - \frac{1}{10}\right)^2}} \right) = O\left(\sqrt{\frac{\mu_1}{\mu_2}}\,\xi\right) + O\left(\sqrt{\frac{\mu_2}{\mu_1}}\, T^{\frac{1}{2}}\xi \int_{\left(1-\frac{1}{10\,\tau_1}\right)^{-2}}^{\frac{\mu_1}{\mu_2}} \frac{d\,v}{\log v} \right) =$$

$$= O\left(\sqrt{\frac{\mu_1}{\mu_2}}\,\xi\right) + O\left(\sqrt{\frac{\mu_1}{\mu_2}}\, T^{\frac{1}{2}}\xi\right) + O\left(\sqrt{\frac{\mu_2}{\mu_1}}\, T^{\frac{1}{2}}\xi \log T\right) = O(T^{\frac{1}{2}}\xi^2).$$

Finally we have to discuss the contribution to the right-hand side of (4.9) of the terms for which

$$T \leqq \frac{2\,\pi\, m\, n\, \mu_1}{\mu_2} < T+U,\quad \frac{\mu_2}{\mu_1}\tau^2 \leqq m\, n < \frac{\mu_2}{\mu_1}\tau_1^2.$$

By Lemma 2

$$\int_T^{T+U}\left(\frac{t\mu_2}{2\pi e m n \mu_1}\right)^{i\left(t+\frac{h+k}{2}\right)}dt = 2\pi e^{\frac{\pi}{4}i-\frac{h+k}{2}i}\sqrt{\frac{mn\mu_1}{\mu_2}}\,e^{-2\pi i\frac{mn\mu_1}{\mu_2}}+$$

$$+O\left(\frac{1}{\log\frac{2\pi m n\mu_1}{\mu_2(T-\sqrt{T})}}+\frac{1}{\log\frac{(T+U+\sqrt{T})\mu_2}{2\pi m n \mu_1}}\right).$$

The contribution of the O-terms may be estimated in the same manner as in (4.10) and (4.12), the result being that it is $O(T^{\frac{1}{2}}\xi^2)$. Hence we get from (4.9), (4.11), and (4.12), that for $\frac{\mu_2}{\mu_1}<1$,

$$(4.13)\qquad \int_T^{T+U}\theta_h\theta_k\left(\frac{\mu_2}{\mu_1}\right)^{i\left(t+\frac{h+k}{2}\right)}dt=$$

$$=\pi\sqrt{2\pi}\sqrt{\frac{\mu_1}{\mu_2}}\sum_{\substack{m,\,n<\tau\\ \frac{\mu_2}{\mu_1}\tau^2\leqq mn<\frac{\mu_2}{\mu_1}\tau_1^2}}\left(\frac{n}{m}\right)^{i\frac{h-k}{2}}e^{-2\pi i\frac{mn\mu_1}{\mu_2}}+O(T^{\frac{1}{2}}\xi^2).$$

Now consider the expression

$$\sum_{\substack{m,\,n<\tau\\ \frac{\mu_2}{\mu_1}\tau^2\leqq mn<\frac{\mu_2}{\mu_1}\tau_1^2}}\left(\frac{n}{m}\right)^{i\frac{h-k}{2}}e^{-2\pi i\frac{mn\mu_1}{\mu_2}}=\sum_{\frac{\mu_2}{\mu_1}\tau<n<\tau}\ \sum_{m\geqq\frac{\tau^2\mu_2}{n\mu_1}}^{m<\min\left(\tau,\,\tau_1^2\frac{\mu_2}{n\mu_1}\right)}\left(\frac{n}{m}\right)^{i\frac{h-k}{2}}e^{-2\pi i\frac{mn\mu_1}{\mu_2}},$$

if we here replace $\min\left(\tau,\frac{\tau_1^2\mu_2}{n\mu_1}\right)$ by $\frac{\tau_1^2\mu_2}{n\mu_1}$, it is easily seen that an error is only made in the sums over m, if

$$\frac{\mu_2}{\mu_1}\tau<n<\frac{\mu_2}{\mu_1}\frac{\tau_1^2}{\tau}<\frac{\mu_2}{\mu_1}\tau+\frac{\mu_2}{\mu_1}\frac{U}{\tau},$$

and that this error is less than

$$\frac{\tau_1^2}{\frac{\mu_2}{\mu_1}\tau}\cdot\frac{\mu_2}{\mu_1}-\tau=\frac{\tau_1^2-\tau^2}{\tau}<\frac{U}{\tau}.$$

Hence the total error thus made in the above double-series is

$$O\left(\frac{\mu_2}{\mu_1}\frac{U^2}{T}\right)=O\left(\sqrt{\frac{\mu_2}{\mu_1}}T^{\frac{1}{2}}\xi^2\right).$$

Next, if we replace

$$\left(\frac{n}{m}\right)^{i\frac{h-k}{2}} \text{ by } \left(\frac{2\pi n^2 \mu_1}{T\mu_2}\right)^{i\frac{h-k}{2}} = \left(\frac{\mu_1}{\mu_2}\right)^{i\frac{h-k}{2}} \left(\frac{n}{\tau}\right)^{i(h-k)},$$

we see that the error made in each term is $O\left(\frac{U}{T}\right)$; since the number of terms is $O\left(\frac{\mu_2}{\mu_1} U \log T\right)$, the total error so made is

$$O\left(\frac{\mu_2}{\mu_1}\frac{U^2}{T}\log T\right) = O\left(\sqrt{\frac{\mu_2}{\mu_1}}\, T^{\frac{1}{2}}\, \xi^2\right).$$

According to this (4.13) takes the form

$$\int_T^{T+U} \theta_h \theta_k \left(\frac{\mu_2}{\mu_1}\right)^{i\left(t+\frac{h+k}{2}\right)} dt = \pi\sqrt{2\pi}\,\tau^{-i(h-k)} \left(\frac{\mu_1}{\mu_2}\right)^{\frac{1}{2}+i\frac{h-k}{2}} \sum_{\frac{\mu_2}{\mu_1}\tau<n<\tau} n^{i(h-k)} \cdot \sum_{m \geqq \frac{\mu_2}{\mu_1}\frac{T}{2\pi n}}^{m<\frac{\mu_2}{\mu_1}\frac{T+U}{2\pi n}} e^{-2\pi i m \frac{n\mu_1}{\mu_2}} + O(T^{\frac{1}{2}}\xi^2).$$

Now when $(\mu_1, \mu_2) = 1$,

$$\sum_{m \geqq \frac{\mu_2}{\mu_1}\frac{T}{2\pi n}}^{m<\frac{\mu_2}{\mu_1}\frac{T+U}{2\pi n}} e^{-2\pi i m \frac{n\mu_1}{\mu_2}} = \begin{cases} \dfrac{\mu_2}{\mu_1}\dfrac{U}{2\pi n} + O(\mu_2), & \text{if } \mu_2/n, \\[2ex] O(\mu_2), & \text{if } \mu_2 \text{ does not divide } n. \end{cases}$$

Inserting this above, we find that for $\frac{\mu_2}{\mu_1} < 1$,

$$\int_T^{T+U} \theta_h \theta_k \left(\frac{\mu_2}{\mu_1}\right)^{i\left(t+\frac{h+k}{2}\right)} dt = \tag{4.14}$$

$$= \sqrt{\frac{\pi}{2}} \left(\frac{\mu_1}{\mu_2}\right)^{-\frac{1}{2}+i\frac{h-k}{2}} U\tau^{-i(h-k)} \sum_{\substack{\frac{\mu_2}{\mu_1}\tau<n<\tau \\ \mu_2 | n}} n^{-1+i(h-k)} + O(\sqrt{\mu_1\mu_2\tau}) + O(T^{\frac{1}{2}}\xi^2) =$$

$$= \sqrt{\frac{\pi}{2}}\, \frac{U\tau^{-i(h-k)}}{\sqrt{\mu_1\mu_2}} (\mu_1\mu_2)^{i\frac{h-k}{2}} \sum_{\frac{\tau}{\mu_1}<n<\frac{\tau}{\mu_2}} n^{-1+i(h-k)} + O(T^{\frac{1}{2}}\xi^2).$$

Putting

$$\mu_1 = \frac{\nu_1\nu_3}{\varkappa}, \quad \mu_2 = \frac{\nu_2\nu_4}{\varkappa}, \quad \varkappa = (\nu_1\nu_3, \nu_2\nu_4),$$

and inserting (4.10) and (4.14) in (4.8), we obtain

$$\int_T^{T+U} P\,dt = \sqrt{\frac{\pi}{2}}\, U\tau^{-i(h-k)} \sum_{\substack{\nu<\xi \\ \nu_3\nu_4<\nu_1\nu_2}} \frac{\beta_{\nu_1}\beta_{\nu_2}\beta_{\nu_3}\beta_{\nu_4}}{\nu_1\nu_2\nu_3\nu_4} \frac{\varkappa^{1-i(h-k)}}{(\nu_2\nu_3)^{-i(h-k)}}\cdot$$

$$\cdot \sum_{\frac{\tau\varkappa}{\nu_1\nu_3}<n<\frac{\tau\varkappa}{\nu_2\nu_4}} n^{-1+i(h-k)} + O\left(T^{\frac{1}{2}}\xi^2\left(\sum_{\nu<\xi}\frac{|\beta_\nu|}{\sqrt{\nu}}\right)^4\right),$$

or since $\sum_{\nu<\xi}\frac{|\beta_\nu|}{\sqrt{\nu}} = O(\xi^{\frac{1}{2}})$, and $\bar{P}$ is the conjugate of P,

(4.15) $$\int_T^{T+U} (P+\bar{P})\,dt =$$

$$= \sqrt{2\pi}\, U\,\mathbf{R}\left\{\tau^{i(h-k)} \sum_{\substack{\nu<\xi \\ \nu_3\nu_4<\nu_1\nu_3}} \frac{\beta_{\nu_1}\beta_{\nu_2}\beta_{\nu_3}\beta_{\nu_4}}{\nu_1\nu_2\nu_3\nu_4} \frac{\varkappa^{1+i(h-k)}}{(\nu_2\nu_3)^{i(h-k)}} \sum_{\frac{\tau\varkappa}{\nu_1\nu_3}<n<\frac{\tau\varkappa}{\nu_2\nu_4}} n^{-1-i(h-k)}\right\}^1 + O(T^{\frac{1}{2}}\xi^4)$$

Next we examine

$$\int_T^{T+U} Q\,dt.$$

It is by (4.4) and (4.1)

(4.16) $$\int_T^{T+U} Q\,dt = \int_T^{T+U} \theta_h\bar{\theta}_k\,|\eta_h\eta_k|^2\,dt =$$

$$= \sum_{\nu<\xi} \frac{\beta_{\nu_1}\beta_{\nu_2}\beta_{\nu_3}\beta_{\nu_4}}{(\nu_1\nu_2\nu_3\nu_4)^{\frac{1}{2}}} \left(\frac{\nu_2}{\nu_1}\right)^{ik}\left(\frac{\nu_4}{\nu_3}\right)^{ih} \int_T^{T+U} \theta_h\bar{\theta}_k\left(\frac{\nu_2\nu_4}{\nu_1\nu_3}\right)^{it} dt.$$

Hence we have to discuss

$$\int_T^{T+U} \theta_h\bar{\theta}_k\left(\frac{\mu_2}{\mu_1}\right)^{it} dt,$$

where μ_1, μ_2 are positive coprime integers $<\xi^2$. Inserting the expression for the θ's, we find

(4.17) $$\int_T^{T+U} \theta_h\bar{\theta}_k\left(\frac{\mu_2}{\mu_1}\right)^{it} dt =$$

$$= \sqrt{\frac{\pi}{2}} \sum_{m,n<\tau} \frac{m^{-ih}n^{ik}}{\sqrt{mn}} \int_T^{T+U} \left(\frac{t}{2\pi}\right)^{i\frac{h-k}{2}} \left(\frac{n\mu_2}{m\mu_1}\right)^{it} dt.$$

---

[1] Here and in the following $\mathbf{R}\{z\}$ denotes the real part of z, similarly $\mathbf{I}\{z\}$ denotes the imaginary part.

By Lemma 3 and Lemma 1, we see that the terms on the right-hand side for which $m\mu_1 \neq n\mu_2$, contribute less than

$$O\left(\sum_{\substack{m,n<\tau\\ m\mu_1 \neq n\mu_2}} \frac{1}{\sqrt{mn}\left|\log\frac{n\mu_2}{m\mu_1}\right|}\right) = O\left(\xi^2 \sum_{m',n'<\tau\xi^4}' \frac{1}{\sqrt{m'n'}\left|\log\frac{n'}{m'}\right|}\right) =$$

$$= O(T^{\frac{1}{2}}\xi^4 \log T) = O(T^{\frac{1}{2}}\xi^5).$$

Hence (4.17) gives, when μ in the following denotes $\max(\mu_1, \mu_2)$,

$$\int_T^{T+U} \theta_h\bar{\theta}_k\left(\frac{\mu_2}{\mu_1}\right)^{it} dt = \sqrt{\frac{\pi}{2}} \sum_{\substack{m,n<\tau\\ m\mu_1 = n\mu_2}} \frac{m^{-ih}n^{ik}}{\sqrt{mn}} \int_T^{T+U}\left(\frac{t}{2\pi}\right)^{i\frac{h-k}{2}} dt + O(T^{\frac{1}{2}}\xi^5) =$$

$$= \sqrt{\frac{\pi}{2}}\,\frac{\mu_1^{ik}\,\mu_2^{-ih}}{\sqrt{\mu_1\mu_2}} \int_T^{T+U}\left(\frac{t}{2\pi}\right)^{i\frac{h-k}{2}} dt \cdot \sum_{n_1<\frac{\tau}{\mu}} n_1^{-1-i(h-k)} + O(T^{\frac{1}{2}}\xi^5),$$

replacing here

$$\int_T^{T+U}\left(\frac{t}{2\pi}\right)^{i\frac{h-k}{2}} dt \text{ by } U\left(\frac{T}{2\pi}\right)^{i\frac{h-k}{2}} = U\tau^{i(h-k)},$$

we easily see that the error made is

$$O\left(\frac{U^2}{T}\log T\right) = O(T^{\frac{1}{2}}\xi^5),$$

hence

$$(4.18)\quad \int_T^{T+U} \theta_h\bar{\theta}_k\left(\frac{\mu_2}{\mu_1}\right)^{it} dt = \sqrt{\frac{\pi}{2}}\,U\tau^{i(h-k)}\,\frac{\mu_1^{ik}\,\mu_2^{-ih}}{\sqrt{\mu_1\mu_2}} \sum_{n<\frac{\tau}{\mu}} n^{-1-i(h-k)} + O(T^{\frac{1}{2}}\xi^5).$$

Inserting this in (4.16) again writing

$$\mu_1 = \frac{\nu_1\nu_3}{\varkappa},\quad \mu_2 = \frac{\nu_2\nu_4}{\varkappa},\quad \mu = \frac{\max(\nu_1\nu_3, \nu_2\nu_4)}{\varkappa},$$

we obtain

$$\int_T^{T+U} Q\,dt = \sqrt{\frac{\pi}{2}}\,U\tau^{i(h-k)} \sum_{\substack{\nu<\xi\\ \nu_1\nu_3 \leqq \nu_2\nu_4}} \frac{\beta_{\nu_1}\beta_{\nu_2}\beta_{\nu_3}\beta_{\nu_4}}{\nu_1\nu_2\nu_3\nu_4}\,\frac{\varkappa^{1+i(h-k)}}{(\nu_2\nu_3)^{i(h-k)}} \sum_{n<\frac{\tau\varkappa}{\nu_2\nu_4}} n^{-1-i(h-k)} +$$

$$+ \sqrt{\frac{\pi}{2}}\,U\tau^{i(h-k)} \sum_{\substack{\nu<\xi\\ \nu_2\nu_4 < \nu_1\nu_3}} \frac{\beta_{\nu_1}\beta_{\nu_2}\beta_{\nu_3}\beta_{\nu_4}}{\nu_1\nu_2\nu_3\nu_4}\,\frac{\varkappa^{1+i(h-k)}}{(\nu_2\nu_3)^{i(h-k)}} \sum_{n<\frac{\tau\varkappa}{\nu_1\nu_3}} n^{-1-i(h-k)} +$$

$$+ O\left(T^{\frac{1}{2}}\xi^5\left(\sum_{\nu<\xi}\frac{|\beta_\nu|}{\sqrt{\nu}}\right)^4\right),$$

or since $\overline{Q}$ is the conjugate of Q,

(4.19) $$\int_T^{T+U} (Q+\overline{Q})\,dt =$$

$$= \sqrt{2\pi}\, U \mathbf{R} \left\{ \tau^{i(h-k)} \sum_{\substack{\nu<\xi \\ \nu_1\nu_3 \leqq \nu_2\nu_4}} \frac{\beta_{\nu_1}\beta_{\nu_2}\beta_{\nu_3}\beta_{\nu_4}}{\nu_1\nu_2\nu_3\nu_4} \frac{\varkappa^{1+i(h-k)}}{(\nu_2\nu_3)^{i(h-k)}} \sum_{n<\frac{\tau\varkappa}{\nu_2\nu_4}} n^{-1-i(h-k)} + \right.$$

$$\left. + \tau^{i(h-k)} \sum_{\substack{\nu<\xi \\ \nu_2\nu_4<\nu_1\nu_3}} \frac{\beta_{\nu_1}\beta_{\nu_2}\beta_{\nu_3}\beta_{\nu_4}}{\nu_1\nu_2\nu_3\nu_4} \frac{\varkappa^{1+i(h-k)}}{(\nu_2\nu_3)^{i(h-k)}} \sum_{n<\frac{\tau\varkappa}{\nu_1\nu_3}} n^{-1-i(h-k)} \right\} + O(T^{\frac{1}{2}}\xi^7).$$

This combined with (4.15) gives, since

$$\sum_{n<\frac{\tau\varkappa}{\nu_1\nu_3}} n^{-1-i(h-k)} + \sum_{\frac{\tau\varkappa}{\nu_1\nu_3}<n<\frac{\tau\varkappa}{\nu_2\nu_4}} n^{-1-i(h-k)} = \sum_{n<\frac{\tau\varkappa}{\nu_2\nu_4}} n^{-1-i(h-k)} + O\left(\frac{\xi^2}{\tau\varkappa}\right),$$

that

$$\int^{+U} (P+\overline{P}+Q+\overline{Q})\,dt = \sqrt{2\pi}\,\mathbf{R}\left\{ U\tau^{i(h-k)} \sum_{\nu<\xi} \frac{\beta_{\nu_1}\beta_{\nu_2}\beta_{\nu_3}\beta_{\nu_4}}{\nu_1\nu_2\nu_3\nu_4} \frac{\varkappa^{1+i(h-k)}}{(\nu_2\nu_3)^{i(h-k)}} \sum_{n<\frac{\tau\varkappa}{\nu_2\nu_4}} n^{-1-i(h-k)} \right\}$$

$$+ O\left(\frac{U}{\tau}\xi^2\left(\sum_{\nu<\xi}\frac{|\beta_\nu|}{\nu}\right)^4\right) + O(T^{\frac{1}{2}}\xi^7).$$

But

$$\frac{U}{\tau}\xi^2\left(\sum_{\nu<\xi}\frac{|\beta_\nu|}{\nu}\right)^4 = O\left(U T^{-\frac{1}{2}}\xi^2(\log T)^4\right) = O(T^{\frac{1}{2}}\xi^7),$$

hence (4.5), (4.6), (4.7) and (4.20) combined with (4.4), give

(4.21) $$\int_T^{T+U} X(t+h)X(t+k)|\eta_h\eta_k|^2\,dt =$$

$$= \sqrt{2\pi}\, U \mathbf{R}\left\{ \tau^{i(h-k)} \sum_{\nu<\xi} \frac{\beta_{\nu_1}\beta_{\nu_2}\beta_{\nu_3}\beta_{\nu_4}}{\nu_1\nu_2\nu_3\nu_4} \frac{\varkappa^{1+i(h-k)}}{(\nu_2\nu_3)^{i(h-k)}} \sum_{n<\frac{\tau\varkappa}{\nu_2\nu_4}} n^{-1-i(h-k)} \right\} + O(T^{\frac{1}{2}}\xi^7).$$

For brevity we write

(4.22) $$K(\gamma) = \mathbf{R}\left\{ \tau^{i\gamma} \sum_{\nu<\xi} \frac{\beta_{\nu_1}\beta_{\nu_2}\beta_{\nu_3}\beta_{\nu_4}}{\nu_1\nu_2\nu_3\nu_4} \frac{\varkappa^{1+i\gamma}}{(\nu_2\nu_3)^{i\gamma}} \sum_{n<\frac{\tau\varkappa}{\nu_2\nu_4}} n^{-1-i\gamma} \right\},$$

(4.21) then takes the form

$$\int_T^{T+U} X(t+h)X(t+k)|\eta_h\eta_k|^2\,dt = \sqrt{2\pi}\, U K(h-k) + O(T^{\frac{1}{2}}\xi^7).$$

Inserting this in (4.3) we obtain

$$\int_T^{T+U} I^2 dt = \sqrt{2\pi}\, U \int_0^H \int_0^H K(h-k)\, dh\, dk + O(T^{\frac{1}{2}} \xi^7).$$

But

$$T^{\frac{1}{2}} \xi^7 = T^a \cdot T^{-\frac{3}{10}(a-\frac{1}{2})} \leqq U T^{-\frac{3}{10}(a-\frac{1}{2})} = O\left(\frac{U H^{\frac{3}{2}}}{\sqrt{\log \xi}}\right),$$

and

$$\int_0^H \int_0^H K(h-k)\, dh\, dk = \int_{-H}^{H} (H - |\gamma|)\, K(\gamma)\, d\gamma = 2 \int_0^H (H-\gamma) K(\gamma)\, d\gamma,$$

since $K(-\gamma) = K(\gamma)$. Thus the above equation gives

$$\int_T^{T+U} I^2 dt = 2\sqrt{2\pi}\, U \int_0^H (H-\gamma) K(\gamma)\, d\gamma + O\left(\frac{U H^{\frac{3}{2}}}{\sqrt{\log \xi}}\right). \tag{4.23}$$

By Lemma 4, supposing $0 < \gamma \leqq H$,

$$\sum_{n < \frac{\tau \varkappa}{\nu_2 \nu_4}} n^{-1-i\gamma} = \zeta(1+i\gamma) + \frac{i}{\gamma}\left(\frac{\nu_2 \nu_4}{\tau \varkappa}\right)^{i\gamma} + O\left(\frac{\nu_2 \nu_4}{\tau \varkappa}\right),$$

which inserted in (4.22) gives

$$K(\gamma) = \mathbf{R}\left\{\tau^{i\gamma} \zeta(1+i\gamma) \sum_{\nu < \xi} \frac{\beta_{\nu_1} \beta_{\nu_2} \beta_{\nu_3} \beta_{\nu_4}}{\nu_1 \nu_2 \nu_3 \nu_4} \frac{\varkappa^{1+i\gamma}}{(\nu_2 \nu_3)^{i\gamma}}\right\} +$$

$$+ \mathbf{R}\left\{\frac{i}{\gamma} \sum_{\nu < \xi} \frac{\beta_{\nu_1} \beta_{\nu_2} \beta_{\nu_3} \beta_{\nu_4}}{\nu_1 \nu_2 \nu_3 \nu_4}\, \varkappa \left(\frac{\nu_4}{\nu_3}\right)^{i\gamma}\right\} + O\left(\frac{\xi^2}{\tau}\left(\sum_{\nu < \xi} \frac{|\beta_\nu|}{\nu}\right)^4\right).$$

Turning here first our attention to the second term on the right-hand side, we observe that it changes the sign, when $\nu_1, \nu_2, \nu_3, \nu_4$ are interchanged into $\nu_2, \nu_1, \nu_4, \nu_3$, and accordingly it must vanish identically. Secondly for the O-term we have

$$\frac{\xi^2}{\tau}\left(\sum_{\nu < \xi} \frac{|\beta_\nu|}{\nu}\right)^4 = O\left(\xi^2\, T^{-\frac{1}{2}} (\log T)^4\right) = O(H).$$

Also in the first term we may replace $\zeta(1+i\gamma)$ by $\frac{1}{i\gamma} + O(1)$. Making these simplifications, the equation above becomes

$$K(\gamma) = \mathbf{R}\left\{\frac{\tau^{i\gamma}}{i\gamma} \sum_{\nu < \xi} \frac{\beta_{\nu_1} \beta_{\nu_2} \beta_{\nu_3} \beta_{\nu_4}}{\nu_1 \nu_2 \nu_3 \nu_4} \frac{\varkappa^{1+i\gamma}}{(\nu_2 \nu_3)^{i\gamma}}\right\} + \tag{4.24}$$

$$+ O\left(\left|\sum_{\nu < \xi} \frac{\beta_{\nu_1} \beta_{\nu_2} \beta_{\nu_3} \beta_{\nu_4}}{\nu_1 \nu_2 \nu_3 \nu_4} \frac{\varkappa^{1+i\gamma}}{(\nu_2 \nu_3)^{i\gamma}}\right|\right) + O(H).$$

We now proceed to estimate the second term on the right-hand side of (4.24). We write when ϱ is a positive integer

$$(4.25)\qquad \varphi_{i\gamma}(\varrho) = \varrho^{1+i\gamma}\sum_{d|\varrho}\frac{\mu(d)}{d^{1+i\gamma}} = \varrho^{1+i\gamma}\prod_{p|\varrho}(1-p^{-1-i\gamma}),^{1}$$

it is easily seen that if n is a positive integer

$$n^{1+i\gamma} = \sum_{\varrho|n}\varphi_{i\gamma}(\varrho),$$

thus

$$\varkappa^{1+i\gamma} = \sum_{\substack{\varrho|\nu_1\nu_3\\ \varrho|\nu_2\nu_4}}\varphi_{i\gamma}(\varrho).$$

Hence

$$(4.26)\qquad \sum_{\nu<\xi}\frac{\beta_{\nu_1}\beta_{\nu_2}\beta_{\nu_3}\beta_{\nu_4}}{\nu_1\nu_2\nu_3\nu_4}\frac{\varkappa^{1+i\gamma}}{(\nu_2\nu_3)^{i\gamma}} = \sum_{\varrho<\xi^2}\varphi_{i\gamma}(\varrho)\sum_{\substack{\varrho|\nu_1\nu_3\\ \varrho|\nu_2\nu_4\\ \nu<\xi}}\frac{\beta_{\nu_1}\beta_{\nu_2}\beta_{\nu_3}\beta_{\nu_4}}{\nu_1\nu_2\nu_3\nu_4}(\nu_2\nu_3)^{-i\gamma} =$$

$$= \sum_{\varrho<\xi^2}\varphi_{i\gamma}(\varrho)\left\{\sum_{\substack{\varrho|\nu_1\nu_3\\ \nu<\xi}}\frac{\beta_{\nu_1}\beta_{\nu_3}}{\nu_1\nu_3^{1+i\gamma}}\right\}^2.$$

In the following d always denotes a positive integer, only divisible by primes which divide ϱ. Then, writing $\nu_1 = d_1\nu$ and $\nu_3 = d_3\nu'$ where $(\nu,\varrho)=1$, $(\nu',\varrho)=1$,

$$\sum_{\substack{\varrho|\nu_1\nu_3\\ \nu<\xi}}\frac{\beta_{\nu_1}\beta_{\nu_3}}{\nu_1\nu_3^{1+i\gamma}} = \sum_{\substack{\varrho|d_1d_3\\ d<\xi}}\frac{1}{d_1d_3^{1+i\gamma}}\left\{\sum_{\substack{\nu<\frac{\xi}{d_1}\\ (\nu,\varrho)=1}}\frac{\beta_{d_1\nu}}{\nu}\right\}\cdot\left\{\sum_{\substack{\nu<\frac{\xi}{d_3}\\ (\nu,\varrho)=1}}\frac{\beta_{d_3\nu}}{\nu^{1+i\gamma}}\right\}.$$

Now for $(\nu,\varrho)=1$,

$$\beta_{d\nu} = \alpha_{d\nu}\frac{\log\frac{\xi}{d\nu}}{\log\xi} = \frac{\alpha_d}{\log\xi}\cdot\alpha_\nu\log\frac{\xi}{d\nu},$$

inserting this above, we get

$$(4.27)\qquad \sum_{\substack{\varrho|\nu_1\nu_3\\ \nu<\xi}}\frac{\beta_{\nu_1}\beta_{\nu_3}}{\nu_1\nu_3^{1+i\gamma}} = \frac{1}{(\log\xi)^2}\sum_{\substack{\varrho|d_1d_3\\ d<\xi}}\frac{\alpha_{d_1}\alpha_{d_3}}{d_1d_3^{1+i\gamma}}\left\{\sum_{\substack{\nu<\frac{\xi}{d_1}\\ (\nu,\varrho)=1}}\frac{\alpha_\nu}{\nu}\log\frac{\xi}{d_1\nu}\right\}\cdot\left\{\sum_{\substack{\nu<\frac{\xi}{d_3}\\ (\nu,\varrho)=1}}\frac{\alpha_\nu}{\nu^{1+i\gamma}}\log\frac{\xi}{d_3\nu}\right\}$$

---

[1] $\mu(d)$ is the number-theoretic function of Möbius. $\varphi_{i\gamma}(\varrho)$ is a simple generalization of the φ-function of Euler.

From Lemma 12 we get, taking $r=2,\ \gamma=0$,

$$\sum_{\substack{\nu<\frac{\xi}{d_1}\\(\nu,\varrho)=1}}\frac{\alpha_\nu}{\nu}\log\frac{\xi}{d_1\nu}=O\Big(\prod_{p|\varrho}(1+p^{-\frac{3}{4}})\sqrt{\log\xi}\Big),\tag{4.28}$$

and for $0\leqq\gamma\leqq H$, we get

$$\sum_{\substack{\nu<\frac{\xi}{d_3}\\(\nu,\varrho)=1}}\frac{\alpha_\nu}{\nu^{1+i\gamma}}\log\frac{\xi}{d_3\nu}=O\Big(\prod_{p|\varrho}(1+p^{-\frac{3}{4}})H^{\frac{1}{2}}\log\xi\Big).$$

Inserting these results in (4.27) we obtain

$$\sum_{\substack{\varrho|\nu_1\nu_3\\\nu<\xi}}\frac{\beta_{\nu_1}\beta_{\nu_3}}{\nu_1\nu_3^{1+i\gamma}}=O\Big(\frac{H^{\frac{1}{2}}}{\sqrt{\log\xi}}\prod_{p|\varrho}(1+p^{-\frac{3}{4}})^2\sum_{\substack{\varrho|d_1d_3\\d<\xi}}\frac{|\alpha_{d_1}||\alpha_{d_3}|}{d_1d_3}\Big).$$

But

$$\sum_{\substack{\varrho|d_1d_3\\d<\xi}}\frac{|\alpha_{d_1}|\cdot|\alpha_{d_3}|}{d_1d_3}<\sum_{\varrho|d_1d_3}\frac{\alpha'_{d_1}\alpha'_{d_3}}{d_1d_3}=\sum_{\varrho|d}\frac{1}{d}=\tag{4.29}$$

$$=\frac{1}{\varrho}\prod_{p|\varrho}\Big(1-\frac{1}{p}\Big)^{-1}=O\Big(\frac{1}{\varrho}\prod_{p|\varrho}(1+p^{-\frac{3}{4}})\Big),$$

the α' being defined by (3.3). Hence

$$\sum_{\substack{\varrho|\nu_1\nu_3\\\nu<\xi}}\frac{\beta_{\nu_1}\beta_{\nu_3}}{\nu_1\nu_3^{1+i\gamma}}=O\Big(\frac{1}{\varrho}\frac{H^{\frac{1}{2}}}{\sqrt{\log\xi}}\prod_{p|\varrho}(1+p^{-\frac{3}{4}})^3\Big).$$

Substituting this in (4.26), observing that

$$\varphi_{i\gamma}(\varrho)=O\Big(\varrho\prod_{p|\varrho}\Big(1+\frac{1}{p}\Big)\Big)=O\Big(\varrho\prod_{p|\varrho}(1+p^{-\frac{3}{4}})\Big),\tag{4.30}$$

it becomes

$$\sum_{\nu<\xi}\frac{\beta_{\nu_1}\beta_{\nu_2}\beta_{\nu_3}\beta_{\nu_4}}{\nu_1\nu_2\nu_3\nu_4}\frac{\varkappa^{1+i\gamma}}{(\nu_2\nu_3)^{i\gamma}}=O\Big(\frac{H}{\log\xi}\sum_{\varrho<\xi^2}\frac{1}{\varrho}\prod_{p|\varrho}(1+p^{-\frac{3}{4}})^7\Big).$$

Now

$$\sum_{\varrho<\xi^2}\frac{1}{\varrho}\prod_{p|\varrho}(1+p^{-\frac{3}{4}})^7=O\Big(\sum_{\varrho<\xi^2}\frac{1}{\varrho}\prod_{p|\varrho}\Big(1+\frac{1}{\sqrt{p}}\Big)\Big)=\tag{4.31}$$

$$=O\Big(\sum_{\varrho<\xi^2}\frac{1}{\varrho}\sum_{n|\varrho}\frac{1}{\sqrt{n}}\Big)=O\Big(\sum_{n<\xi^2}\frac{1}{n\sqrt{n}}\sum_{\varrho_1<\frac{\xi^2}{n}}\frac{1}{\varrho_1}\Big)=$$

$$=O\Big(\sum_{1}^{\infty}\frac{1}{n^{\frac{3}{2}}}\sum_{\varrho_1<\xi^2}\frac{1}{\varrho_1}\Big)=O(\log\xi).$$

Inserting this in the above equation, we get from (4.24)

$$K(\gamma) = \mathbf{R}\left\{\frac{\tau^{i\gamma}}{i\gamma}\sum_{\nu<\xi}\frac{\beta_{\nu_1}\beta_{\nu_2}\beta_{\nu_3}\beta_{\nu_4}}{\nu_1\nu_2\nu_3\nu_4}\frac{\varkappa^{1+i\gamma}}{(\nu_2\nu_3)^{i\gamma}}\right\} + O(H), \tag{4.32}$$

for $0<\gamma\leqq H$. It remains to consider the first term on the right-hand side. We first suppose that $0<\gamma\leqq\frac{1}{\log\xi}$. (4.26) gives

$$\frac{\tau^{i\gamma}}{i\gamma}\sum_{\nu<\xi}\frac{\beta_{\nu_1}\beta_{\nu_2}\beta_{\nu_3}\beta_{\nu_4}}{\nu_1\nu_2\nu_3\nu_4}\frac{\varkappa^{1+i\gamma}}{(\nu_2\nu_3)^{i\gamma}} = \sum_{\varrho<\xi^2}\frac{\tau^{i\gamma}\varphi_{i\gamma}(\varrho)}{i\gamma}\left\{\sum_{\substack{\varrho|\nu_1\nu_3\\ \nu<\xi}}\frac{\beta_{\nu_1}\beta_{\nu_3}}{\nu_1\nu_3^{1+i\gamma}}\right\}^2.$$

Now

$$\left|\mathbf{I}\left\{\frac{\tau^{i\gamma}\varphi_{i\gamma}(\varrho)}{\gamma}\left(\sum_{\substack{\varrho|\nu_1\nu_3\\ \nu<\xi}}\frac{\beta_{\nu_1}\beta_{\nu_3}}{\nu_1\nu_3^{1+i\gamma}}\right)^2\right\}\right| \leqq \left|\mathbf{I}\left\{\frac{\tau^{i\gamma}\varphi_{i\gamma}(\varrho)}{\gamma}\right\}\right|\cdot\left|\sum_{\substack{\varrho|\nu_1\nu_3\\ \nu<\xi}}\frac{\beta_{\nu_1}\beta_{\nu_3}}{\nu_1\nu_3^{1+i\gamma}}\right|^2$$

$$+ 2|\varphi_{i\gamma}(\varrho)|\left|\sum_{\substack{\varrho|\nu_1\nu_3\\ \nu<\xi}}\frac{\beta_{\nu_1}\beta_{\nu_3}}{\nu_1\nu_3^{1+i\gamma}}\right|\cdot\left|\mathbf{I}\left\{\frac{1}{\gamma}\sum_{\substack{\varrho|\nu_1\nu_3\\ \nu<\xi}}\frac{\beta_{\nu_1}\beta_{\nu_3}}{\nu_1\nu_3^{1+i\gamma}}\right\}\right|,$$

hence the above equation gives

$$\left|\mathbf{R}\left\{\frac{\tau^{i\gamma}}{i\gamma}\sum_{\nu<\xi}\frac{\beta_{\nu_1}\beta_{\nu_2}\beta_{\nu_3}\beta_{\nu_4}}{\nu_1\nu_2\nu_3\nu_4}\frac{\varkappa^{1+i\gamma}}{(\nu_2\nu_3)^{i\gamma}}\right\}\right| \leqq \tag{4.33}$$

$$\leqq \sum_{\varrho<\xi^2}\left|\mathbf{I}\left\{\frac{\tau^{i\gamma}\varphi_{i\gamma}(\varrho)}{\gamma}\right\}\right|\cdot\left|\sum_{\substack{\varrho|\nu_1\nu_3\\ \nu<\xi}}\frac{\beta_{\nu_1}\beta_{\nu_3}}{\nu_1\nu_3^{1+i\gamma}}\right|^2 +$$

$$+ 2\sum_{\varrho<\xi^2}|\varphi_{i\gamma}(\varrho)|\cdot\left|\sum_{\substack{\varrho|\nu_1\nu_3\\ \nu<\xi}}\frac{\beta_{\nu_1}\beta_{\nu_3}}{\nu_1\nu_3^{1+i\gamma}}\right|\cdot\left|\sum_{\substack{\varrho|\nu_1\nu_3\\ \nu<\xi}}\frac{\beta_{\nu_1}\beta_{\nu_3}}{\nu_1\nu_3}\frac{\sin(\gamma\log\nu_3)}{\gamma}\right|.$$

Considering first the first term on the right-hand side, we have for $0\leqq\gamma\leqq\frac{1}{\log\xi}$, taking $r=2$ in Lemma 12,

$$\sum_{\substack{\nu<\frac{\xi}{d_3}\\ (\nu,\varrho)=1}}\frac{a_\nu}{\nu^{1+i\gamma}}\log\frac{\xi}{d_3\nu} = O\left(\prod_{p|\varrho}(1+p^{-\frac{3}{4}})\sqrt{\log\xi}\right),$$

substituting this and (4.28) in (4.27), we get using (4.29)

$$\sum_{\substack{\varrho|\nu_1\nu_3\\ \nu<\xi}}\frac{\beta_{\nu_1}\beta_{\nu_3}}{\nu_1\nu_3^{1+i\gamma}} = O\left(\frac{1}{\log\xi}\prod_{p|\varrho}(1+p^{-\frac{3}{4}})^2\sum_{\substack{\varrho|d_1d_3\\ d<\xi}}\frac{|a_{d_1}||a_{d_3}|}{d_1d_3}\right) = \tag{4.34}$$

$$= O\left(\frac{1}{\varrho\log\xi}\prod_{p|\varrho}(1+p^{-\frac{3}{4}})^3\right).$$

Also for $\varrho < \xi^2$, we find from (4.25)

$$\left| \mathrm{I}\left\{ \frac{\tau^{i\gamma}\varphi_{i\gamma}(\varrho)}{\gamma} \right\} \right| = \varrho \left| \sum_{d|\varrho} \frac{\mu(d)}{d} \frac{\sin\left(\gamma \log \frac{\tau\varrho}{d}\right)}{\gamma} \right| <$$

$$< \varrho \log T \sum_{d|\varrho} \frac{1}{d} = O\left(\varrho \log \xi \prod_{p|\varrho} (1 + p^{-\frac{3}{4}})\right).$$

Hence

(4.35) $$\sum_{\varrho<\xi^2} \left| \mathrm{I}\left\{ \frac{\tau^{i\gamma}\varphi_{i\gamma}(\varrho)}{\gamma} \right\} \right| \cdot \left| \sum_{\substack{\varrho|\nu_1\nu_3 \\ \nu<\xi}} \frac{\beta_{\nu_1}\beta_{\nu_3}}{\nu_1 \nu_3^{1+i\gamma}} \right|^2 =$$

$$= O\left(\frac{1}{\log \xi} \sum_{\varrho<\xi^2} \frac{1}{\varrho} \prod_{p|\varrho} (1 + p^{-\frac{3}{4}})^7 \right) = O(1),$$

by (4.31). Next, we estimate the second term on the right-hand side of (4.33). It is

$$\sum_{\substack{\varrho|\nu_1\nu_3 \\ \nu<\xi}} \frac{\beta_{\nu_1}\beta_{\nu_3}}{\nu_1\nu_3} \frac{\sin(\gamma \log \nu_3)}{\gamma} = \sum_{\substack{\varrho|d_1 d_3 \\ d<\xi}} \frac{1}{d_1 d_3} \left\{ \sum_{\substack{\nu<\frac{\xi}{d_1} \\ (\nu,\varrho)=1}} \frac{\beta_{d_1\nu}}{\nu} \right\} \left\{ \sum_{\substack{\nu<\frac{\xi}{d_3} \\ (\nu,\varrho)=1}} \frac{\beta_{d_3\nu}}{\nu} \frac{\sin(\gamma \log d_3\nu)}{\gamma} \right\} =$$

$$= \frac{1}{(\log \xi)^2} \sum_{\substack{\varrho|d_1 d_3 \\ d<\xi}} \frac{\alpha_{d_1}\alpha_{d_3}}{d_1 d_3} \left\{ \sum_{\substack{\nu<\frac{\xi}{d_1} \\ (\nu,\varrho)=1}} \frac{\alpha_\nu}{\nu} \log \frac{\xi}{d_1\nu} \right\} \left\{ \sum_{\substack{\nu<\frac{\xi}{d_3} \\ (\nu,\varrho)=1}} \frac{\alpha_\nu}{\nu} \left(\log \frac{\xi}{d_3\nu}\right) \frac{\sin(\gamma \log d_3\nu)}{\gamma} \right\},$$

from (4.28) and Lemma 13 we then obtain

(4.36) $$\sum_{\substack{\varrho|\nu_1\nu_3 \\ \nu<\xi}} \frac{\beta_{\nu_1}\beta_{\nu_3}}{\nu_1\nu_3} \frac{\sin(\gamma \log \nu_3)}{\gamma} = O\left(\prod_{p|\varrho} (1 + p^{-\frac{3}{4}})^2 \sum_{\substack{\varrho|d_1 d_3 \\ d<\xi}} \frac{|\alpha_{d_1}||\alpha_{d_3}|}{d_1 d_3} \right) =$$

$$= O\left(\frac{1}{\varrho} \prod_{p|\varrho} (1 + p^{-\frac{3}{4}})^3 \right),$$

by (4.29). From this, (4.34) and (4.30), we get

$$\sum_{\varrho<\xi^2} |\varphi_{i\gamma}(\varrho)| \cdot \left| \sum_{\substack{\varrho|\nu_1\nu_3 \\ \nu<\xi}} \frac{\beta_{\nu_1}\beta_{\nu_3}}{\nu_1 \nu_3^{1+i\gamma}} \right| \cdot \left| \sum_{\substack{\varrho|\nu_1\nu_3 \\ \nu<\xi}} \frac{\beta_{\nu_1}\beta_{\nu_3}}{\nu_1\nu_3} \frac{\sin(\gamma \log \nu_3)}{\gamma} \right| =$$

$$= O\left(\frac{1}{\log \xi} \sum_{\varrho<\xi^2} \frac{1}{\varrho} \prod_{p|\varrho} (1 + p^{-\frac{3}{4}})^7 \right) - O(1),$$

by (4.31). This together with (4.35), (4.33), and (4.32), shows that

(4.37) $$K(\gamma) = O(1),$$

for $0 < \gamma \leqq \frac{1}{\log \xi}$. We now proceed to discuss $K(\gamma)$ when $\frac{1}{\log \xi} \leqq \gamma \leqq H \leqq \frac{1}{\sqrt{\log \xi}}$.

Lemma 12 gives putting $r=2$

$$\sum_{\substack{\nu<\frac{\xi}{d_3}\\(\varrho,\nu)=1}}\frac{\alpha_\nu}{\nu^{1+i\gamma}}\log\frac{\xi}{d_3\nu}=c_2\prod_{p|\varrho}(1-p^{-1-i\gamma})^{-\frac{1}{2}}\sqrt{\gamma}\log\frac{\xi}{d_3}+O\Bigl(\prod_{p|\varrho}(1+p^{-\frac{3}{4}})\sqrt{\log\xi}\Bigr).$$

Writing now

$$S_{\varrho,d_1}=\sum_{\substack{\nu<\frac{\xi}{d_1}\\(\nu,\varrho)=1}}\frac{\alpha_\nu}{\nu}\log\frac{\xi}{d_1\nu}=O\Bigl(\prod_{p|\varrho}(1+p^{-\frac{3}{4}})\sqrt{\log\xi}\Bigr),\tag{4.38}$$

we get, substituting this and the above equation in (4.27)

$$\sum_{\substack{\varrho|\nu_1\nu_3\\\nu<\xi}}\frac{\beta_{\nu_1}\beta_{\nu_3}}{\nu_1\nu_3^{1+i\gamma}}=c_2\frac{\sqrt{\gamma}}{(\log\xi)^2}\prod_{p|\varrho}(1-p^{-1-i\gamma})^{-\frac{1}{2}}\sum_{\substack{\varrho|d_1d_3\\d<\xi}}\frac{\alpha_{d_1}\alpha_{d_3}}{d_1d_3^{1+i\gamma}}S_{\varrho,d_1}\log\frac{\xi}{d_3}+$$

$$+O\Bigl(\frac{1}{\varrho\log\xi}\prod_{p|\varrho}(1+p^{-\frac{3}{4}})^3\Bigr),$$

the O-term being obtained in the same way as in (4.34). Hence

$$\Bigl\{\sum_{\substack{\varrho|\nu_1\nu_3\\\nu<\xi}}\frac{\beta_{\nu_1}\beta_{\nu_3}}{\nu_1\nu_3^{1+i\gamma}}\Bigr\}^2=\frac{c_2^2\gamma}{(\log\xi)^4}\prod_{p|\varrho}(1-p^{-1-i\gamma})^{-1}\Bigl\{\sum_{\substack{\varrho|d_1d_3\\d<\xi}}\frac{\alpha_{d_1}\alpha_{d_3}}{d_1d_3^{1+i\gamma}}S_{\varrho,d_1}\log\frac{\xi}{d_3}\Bigr\}^2+$$

$$+O\Bigl(\frac{\sqrt{\gamma}}{\varrho(\log\xi)^2}\prod_{p|\varrho}(1+p^{-\frac{3}{4}})^4\sum_{\substack{\varrho|d_1d_3\\d<\xi}}\frac{|\alpha_{d_1}|\cdot|\alpha_{d_3}|}{d_1d_3}|S_{\varrho,d_1}|\Bigr)+$$

$$+O\Bigl(\frac{1}{\varrho^2(\log\xi)^2}\prod_{p|\varrho}(1+p^{-\frac{3}{4}})^6\Bigr).$$

The second term on the right-hand side is from (4.38) and (4.29) found to be

$$O\Bigl(\frac{\sqrt{\gamma}}{\varrho(\log\xi)^{\frac{3}{2}}}\prod_{p|\varrho}(1+p^{-\frac{3}{4}})^5\sum_{\substack{\varrho|d_1d_3\\d<\xi}}\frac{|\alpha_{d_1}|\cdot|\alpha_{d_3}|}{d_1d_3}\Bigr)=O\Bigl(\frac{\sqrt{\gamma}}{\varrho^2(\log\xi)^{\frac{3}{2}}}\prod_{p|\varrho}(1+p^{-\frac{3}{4}})^6\Bigr).$$

Hence

$$\Bigl\{\sum_{\substack{\varrho|\nu_1\nu_3\\\nu<\xi}}\frac{\beta_{\nu_1}\beta_{\nu_3}}{\nu_1\nu_3^{1+i\gamma}}\Bigr\}^2=\frac{c_2^2\gamma}{(\log\xi)^4}\prod_{p|\varrho}(1-p^{-1-i\gamma})^{-1}\Bigl\{\sum_{\substack{\varrho|d_1d_3\\d<\xi}}\frac{\alpha_{d_1}\alpha_{d_3}}{d_1d_3^{1+i\gamma}}S_{\varrho,d_1}\log\frac{\xi}{d_3}\Bigr\}^2+$$

$$+O\Bigl(\frac{\sqrt{\gamma}}{\varrho^2(\log\xi)^{\frac{3}{2}}}\prod_{p|\varrho}(1+p^{-\frac{3}{4}})^6\Bigr).$$

Substituting this in (4.26) we get, remembering (4.25),

$$\frac{\tau^{i\gamma}}{i\,\gamma}\sum_{\nu<\xi}\frac{\beta_{\nu_1}\beta_{\nu_2}\beta_{\nu_3}\beta_{\nu_4}}{\nu_1\,\nu_2\,\nu_3\,\nu_4}\,\frac{\varkappa^{1+i\gamma}}{(\nu_2\,\nu_3)^{i\gamma}}=$$

$$=\frac{c_2^2\,\tau^{i\gamma}}{i\,(\log\xi)^4}\sum_{\varrho<\xi^2}\varrho^{1+i\gamma}\Big\{\sum_{\substack{\varrho|d_1\,d_3\\ d<\xi}}\frac{\alpha_{d_1}\,\alpha_{d_3}}{d_1\,d_3^{1+i\gamma}}\,S_{\varrho,\,d_1}\log\frac{\xi}{d_3}\Big\}^2+$$

$$+\,O\left(\frac{1}{\sqrt{\gamma}\,(\log\xi)^{\frac{3}{2}}}\sum_{\varrho<\xi^2}\frac{1}{\varrho}\prod_{p|\varrho}(1+p^{-\frac{3}{4}})^7\right),$$

or by (4.31),

$$\mathbf{R}\left\{\frac{\tau^{i\gamma}}{i\,\gamma}\sum_{\nu<\xi}\frac{\beta_{\nu_1}\beta_{\nu_2}\beta_{\nu_3}\beta_{\nu_4}}{\nu_1\,\nu_2\,\nu_3\,\nu_4}\,\frac{\varkappa^{1+i\gamma}}{(\nu_2\,\nu_3)^{i\gamma}}\right\}= \tag{4.39}$$

$$=\frac{1}{(\log\xi)^4}\sum_{\varrho<\xi^2}\mathbf{I}\left\{c_2^2\,\tau^{i\gamma}\,\varrho^{1+i\gamma}\left(\sum_{\substack{\varrho|d_1\,d_3\\ d<\xi}}\frac{\alpha_{d_1}\,\alpha_{d_3}}{d_1\,d_3^{1+i\gamma}}\,S_{\varrho,\,d_1}\log\frac{\xi}{d_3}\right)^2\right\}+O\left(\frac{1}{\sqrt{\gamma\log\xi}}\right).$$

(4.32) now gives, that for $\frac{1}{\log\xi}\leqq\gamma\leqq H$,

$$K(\gamma)= \tag{4.40}$$

$$=\frac{1}{(\log\xi)^4}\sum_{\varrho<\xi^2}\mathbf{I}\left\{c_2^2\,\tau^{i\gamma}\,\varrho^{1+i\gamma}\left(\sum_{\substack{\varrho|d_1\,d_3\\ d<\xi}}\frac{\alpha_{d_1}\,\alpha_{d_3}}{d_1\,d_3^{1+i\gamma}}\,S_{\varrho,\,d_1}\log\frac{\xi}{d_3}\right)^2\right\}+O\left(\frac{1}{\sqrt{\gamma\log\xi}}\right).$$

Since, when $0\leqq\gamma\leqq\frac{1}{\log\xi}$, from (4.38), (4.29), and (4.31)

$$\frac{1}{(\log\xi)^4}\sum_{\varrho<\xi^2}\varrho\left|\sum_{\substack{\varrho|d_1\,d_3\\ d<\xi}}\frac{\alpha_{d_1}\,\alpha_{d_3}}{d_1\,d_3^{1+i\gamma}}\,S_{\varrho,\,d_1}\log\frac{\xi}{d_3}\right|^2=$$

$$=O\left(\frac{1}{\log\xi}\sum_{\varrho<\xi^2}\varrho\prod_{p|\varrho}(1+p^{-\frac{3}{4}})^2\left(\sum_{\substack{\varrho|d_1\,d_3\\ d<\xi}}\frac{|\alpha_{d_1}|\,|\alpha_{d_3}|}{d_1\,d_3}\right)^2\right)=$$

$$=O\left(\frac{1}{\log\xi}\sum_{\varrho<\xi^2}\frac{1}{\varrho}\prod_{p|\varrho}(1+p^{-\frac{3}{4}})^7\right)=O(1),$$

we see from (4.37), that (4.40) also holds for $0<\gamma\leqq\frac{1}{\log\xi}$, hence it holds in the whole interval $0<\gamma\leqq H$. (4.40) gives

$$\int_0^H(H-\gamma)\,K(\gamma)\,d\gamma= \tag{4.41}$$

$$=\frac{1}{(\log\xi)^4}\sum_{\varrho<\xi^2}\int_0^H(H-\gamma)\,\mathbf{I}\left\{c_2^2\,\tau^{i\gamma}\,\varrho^{1+i\gamma}\left(\sum_{\substack{\varrho|d_1\,d_3\\ d<\xi}}\frac{\alpha_{d_1}\,\alpha_{d_3}}{d_1\,d_3^{1+i\gamma}}\,S_{\varrho,\,d_1}\log\frac{\xi}{d_3}\right)^2\right\}d\gamma+O\left(H\int_0^H\frac{d\gamma}{\sqrt{\gamma\log\xi}}\right)$$

Here we have

$$\left| \int_0^H (H-\gamma)\,\mathbf{I}\left\{ c_2^2 \tau^{i\gamma} \varrho^{1+i\gamma} \left(\sum_{\substack{\varrho | d_1 d_3 \\ d<\xi}} \frac{a_{d_1} a_{d_3}}{d_1 d_3^{1+i\gamma}} S_{\varrho, d_1} \log \frac{\xi}{d_3} \right)^2 \right\} d\gamma \right| \leqq$$

$$\leqq \left| c_2^2 \varrho \int_0^H (H-\gamma)\, (\tau\varrho)^{i\gamma} \left(\sum_{\substack{\varrho | d_1 d_3 \\ d<\xi}} \frac{a_{d_1} a_{d_3}}{d_1 d_3^{1+i\gamma}} S_{\varrho, d_1} \log \frac{\xi}{d_3} \right)^2 d\gamma \right| =$$

$$= \left| c_2^2 \varrho \sum_{\substack{\varrho | d_1 d_3 \\ d<\xi}} \sum_{\substack{\varrho | d_2 d_4 \\ d<\xi}} \frac{a_{d_1} a_{d_2} a_{d_3} a_{d_4}}{d_1 d_2 d_3 d_4} S_{\varrho, d_1} S_{\varrho, d_2} \log \frac{\xi}{d_3} \log \frac{\xi}{d_4} \int_0^H (H-\gamma) \left(\frac{\tau \varrho}{d_3 d_4} \right)^{i\gamma} d\gamma \right|.$$

But

$$\int_0^H (H-\gamma) \left(\frac{\tau\varrho}{d_3 d_4} \right)^{i\gamma} d\gamma = \int_0^H d\gamma \int_0^\gamma \left(\frac{\tau\varrho}{d_3 d_4} \right)^{iu} du = O\left(\int_0^H \frac{d\gamma}{\log \frac{\tau\varrho}{d_3 d_4}} \right) =$$

$$= O\left(\frac{H}{\log \frac{\tau\varrho}{d_3 d_4}} \right) = O\left(\frac{H}{\log \frac{\tau}{\xi^2}} \right) = O\left(\frac{H}{\log \xi} \right),$$

hence by (4.38) and (4.29),

$$\left| \int_0^H (H-\gamma)\,\mathbf{I}\left\{ c_2^2 \tau^{i\gamma} \varrho^{1+i\gamma} \left(\sum_{\substack{\varrho | d_1 d_3 \\ d<\xi}} \frac{a_{d_1} a_{d_3}}{d_1 d_3^{1+i\gamma}} S_{\varrho, d_1} \cdot \log \frac{\xi}{d_3} \right)^2 \right\} d\gamma \right| =$$

$$= O\left(\frac{\varrho H}{\log \xi} \sum_{\substack{\varrho | d_1 d_3 \\ d<\xi}} \sum_{\substack{\varrho | d_2 d_4 \\ d<\xi}} \frac{|a_{d_1}| \cdot |a_{d_2}| \cdot |a_{d_3}| \cdot |a_{d_4}|}{d_1 d_2 d_3 d_4} \cdot |S_{\varrho, d_1}| \cdot |S_{\varrho, d_2}| (\log \xi)^2 \right) =$$

$$= O\left(\varrho H (\log \xi)^2 \prod_{p|\varrho} (1+p^{-\frac{3}{4}})^2 \left\{ \sum_{\substack{\varrho | d_1 d_3 \\ d<\xi}} \frac{|a_{d_1}| \cdot |a_{d_3}|}{d_1 d_3} \right\}^2 \right) =$$

$$= O\left(\frac{1}{\varrho} H (\log \xi)^2 \prod_{p|\varrho} (1+p^{-\frac{3}{4}})^4 \right) = O\left(\frac{H (\log \xi)^2}{\varrho} \prod_{p|\varrho} (1+p^{-\frac{3}{4}})^7 \right).$$

Inserting this in (4.41), we get

$$\int_0^H (H-\gamma) K(\gamma)\, d\gamma = O\left(\frac{H}{(\log \xi)^2} \sum_{\varrho<\xi^2} \frac{1}{\varrho} \prod_{p|\varrho} (1+p^{-\frac{3}{4}})^7 \right) + O\left(\frac{H^{\frac{3}{2}}}{\sqrt{\log \xi}} \right) =$$

$$= O\left(\frac{H}{\log \xi} \right) + O\left(\frac{H^{\frac{3}{2}}}{\sqrt{\log \xi}} \right) = O\left(\frac{H^{\frac{3}{2}}}{\sqrt{\log \xi}} \right),$$

by (4.31). This combined with (4.23) proves Lemma 15.

5. Discussion of $\int_T^{T+U} |M|^2\, dt$.

In the following we write

$$(5.1)\qquad M = M(t, H) = \int_t^{t+H} \zeta\left(\frac{1}{2} + iu\right) \eta^2(u)\, du - H,$$

where T, U, ξ and H satisfy the same conditions as in the preceding paragraph. The object of this paragraph is to prove

Lemma 16.

$$\int_T^{T+U} |M|^2\, dt = O\left(U \frac{H^{\frac{3}{2}}}{\sqrt{\log \xi}}\right).$$

The proof of this is very similar to that of Lemma 15, so it seems not convenient to work out all details. We get from (5.1)

$$(5.2)\qquad \int_T^{T+U} |M|^2\, dt = \int_0^H \int_0^H dh\, dk \int_T^{T+U} \left(\zeta\left(\frac{1}{2} + i(t+h)\right) \eta_h^2 - 1\right)\left(\zeta\left(\frac{1}{2} - i(t+k)\right) \bar{\eta}_k^2\right.$$

Hence we have to investigate

$$(5.3)\qquad \int_T^{T+U} \left(\zeta\left(\frac{1}{2} + i(t+h)\right) \eta_h^2 - 1\right)\left(\zeta\left(\frac{1}{2} - i(t+k)\right) \bar{\eta}_k^2 - 1\right) dt =$$

$$= \int_T^{T+U} \zeta\left(\frac{1}{2} + i(t+h)\right) \zeta\left(\frac{1}{2} - i(t+k)\right) \eta_h^2\, \bar{\eta}_k^2\, dt - \int_T^{T+U} \zeta\left(\frac{1}{2} + i(t+h)\right) \eta_h^2\, dt -$$

$$- \int_T^{T+U} \zeta\left(\frac{1}{2} - i(t+k)\right) \bar{\eta}_k^2\, dt + U,$$

where $0 \leqq h \leqq H$, $0 \leqq k \leqq H$.

We first consider the second term on the right-hand side

$$\int_T^{T+U} \zeta\left(\frac{1}{2} + i(t+h)\right) \eta_h^2\, dt = \int_{T+h}^{T+U+h} \zeta\left(\frac{1}{2} + it\right) \eta^2(t)\, dt =$$

$$= \sum_{\nu < \xi} \frac{\beta_{\nu_1}\, \beta_{\nu_2}}{\sqrt{\nu_1\, \nu_2}} \int_{T+h}^{T+U+h} \zeta\left(\frac{1}{2} + it\right) (\nu_1\, \nu_2)^{-it}\, dt.$$

Lemma 4 gives, taking $x = 2T$, that for $\nu_1 \nu_2 \neq 1$,

$$\int_{T+h}^{T+U+h} \zeta\left(\frac{1}{2} + it\right)(\nu_1 \nu_2)^{-it}\,dt = \sum_{n<2T} \frac{1}{\sqrt{n}} \int_{T+h}^{T+U+h} (n \nu_1 \nu_2)^{-it}\,dt + O\left(\frac{U}{\sqrt{T}}\right) =$$

$$= O\left(\sum_{n<2T} \frac{1}{\sqrt{n}}\right) + O\left(\frac{U}{\sqrt{T}}\right) = O(\sqrt{T}).$$

while for $\nu_1 \nu_2 = 1$,

$$\int_{T+h}^{T+U+h} \zeta\left(\frac{1}{2} + it\right)(\nu_1 \nu_2)^{-it}\,dt = U + O(\sqrt{T}).$$

Inserting this in the equation above, it becomes

$$\int_{T}^{T+U} \zeta\left(\frac{1}{2} + i(t+h)\right)\eta_h^2\,dt = U + O\left(\sqrt{T} \sum_{\nu<\xi} \frac{|\beta_{\nu_1}|\,|\beta_{\nu_2}|}{\sqrt{\nu_1 \nu_2}}\right) = U + O(T^{\frac{1}{2}}\xi). \tag{5.4}$$

Similarly

$$\int_{T}^{T+U} \zeta\left(\frac{1}{2} - i(t+k)\right)\bar{\eta}_k^2\,dt = U + O(T^{\frac{1}{2}}\xi). \tag{5.5}$$

Turning now our attention to the first term on the right-hand side of (5.3), we have by Lemma 6,

$$\zeta\left(\frac{1}{2} + i(t+h)\right)\zeta\left(\frac{1}{2} - i(t+k)\right)\eta_h^2\,\bar{\eta}_k^2 = P + Q_1 + Q_2 + R + S_1 + S_2 + S_3 + S_4 + W, \tag{5.6}$$

where

$$P = \eta_h^2\,\bar{\eta}_k^2 \sum_{m,\,n<\tau} \frac{m^{-ih}\,n^{ik}}{\sqrt{mn}}\left(\frac{n}{m}\right)^{it}, \tag{5.7}$$

$$Q_1 = e^{ik - \frac{\pi}{4}i}\left(\frac{t}{2\pi e}\right)^{i(t+k)} \eta_h^2\,\bar{\eta}_k^2 \sum_{m,\,n<\tau} \frac{m^{-ih}\,n^{-ik}}{\sqrt{mn}}(mn)^{-it}, \tag{5.8}$$

and Q_2 is an expression of a similar type as Q_1,

$$R = \left(\frac{t}{2\pi}\right)^{i(k-h)} \eta_h^2\,\bar{\eta}_k^2 \sum_{m,\,n<\tau} \frac{m^{ih}\,n^{-ik}}{\sqrt{mn}}\left(\frac{m}{n}\right)^{it}, \tag{5.9}$$

$$S_1 = O\left(\xi^2\,T^{-\frac{3}{20}}\left|\sum_{m,\,n<\tau} m^{-\frac{1}{2} - i(t+h)}\right|\right), \tag{5.10}$$

and S_2, S_3, and S_4 are expressions of the same type as S_1, while

$$W = O(\xi^2\,T^{-\frac{3}{10}}). \tag{5.11}$$

Obviously

$$\int_T^{T+U} W\,dt = O(T^{\frac{1}{2}}\xi^2), \tag{5.12}$$

and, in virtue of the argument used to prove (4.6),

$$\int_T^{T+U} (S_1+S_2+S_3+S_4)\,dt = O(T^{\frac{1}{2}}\xi^2). \tag{5.13}$$

Next, we consider

$$\int_T^{T+U} Q_1\,dt = \tag{5.14}$$

$$= e^{ik-\frac{\pi}{4}i}\sum_{\nu<\xi}\frac{\beta_{\nu_1}\beta_{\nu_2}\beta_{\nu_3}\beta_{\nu_4}}{(\nu_1\nu_2\nu_3\nu_4)^{\frac{1}{2}}}(\nu_1\nu_3)^{i(k-h)}\sum_{m,n<\tau}\frac{m^{i(k-h)}}{\sqrt{mn}}\int_T^{T+U}\left(\frac{t\nu_2\nu_4}{2\pi e m n\nu_1\nu_3}\right)^{i(t+k)}dt.$$

Hence we have to discuss

$$e^{ik-\frac{\pi}{4}i}\sum_{m,n<\tau}\frac{m^{i(k-h)}}{\sqrt{mn}}\int_T^{T+U}\left(\frac{t\mu_2}{2\pi e m n\mu_1}\right)^{i(t+k)}dt,$$

where μ_1, μ_2 are positive coprime integers $<\xi^2$. Using the same methods as for the proof of (4.10) and (4.14), we obtain that

$$e^{ik-\frac{\pi}{4}i}\sum_{m,n<\tau}\frac{m^{i(k-h)}}{\sqrt{mn}}\int_T^{T+U}\left(\frac{t\mu_2}{2\pi e m n\mu_1}\right)^{i(t+k)}dt = O(T^{\frac{1}{2}}\xi^2), \tag{5.15}$$

if $\frac{\mu_2}{\mu_1}\geqq 1$, while if $\frac{\mu_2}{\mu_1}<1$,

$$e^{ik-\frac{\pi}{4}i}\sum_{m,n<\tau}\frac{m^{i(k-h)}}{\sqrt{mn}}\int_T^{T+U}\left(\frac{t\mu_2}{2\pi e m n\mu_1}\right)^{i(t+k)}dt= \tag{5.16}$$

$$= U\frac{\mu_2^{i(k-h)}}{\sqrt{\mu_1\mu_2}}\sum_{\frac{\tau}{\mu_1}<n<\frac{\tau}{\mu_2}} n^{-1-i(h-k)} + O(T^{\frac{1}{2}}\xi^2).$$

Substituting these results in (5.14), writing

$$\mu_1=\frac{\nu_1\nu_3}{\varkappa},\quad \mu_2=\frac{\nu_2\nu_4}{\varkappa},\quad \varkappa=(\nu_1\nu_3,\nu_2\nu_4),$$

it becomes

$$\int_T^{T+U} Q_1\,dt = \tag{5.17}$$

$$= U\sum_{\substack{\nu<\xi\\ \nu_2\nu_4<\nu_1\nu_3}}\frac{\beta_{\nu_1}\beta_{\nu_2}\beta_{\nu_3}\beta_{\nu_4}}{(\nu_1\nu_2\nu_3\nu_4)^{1+i(h-k)}}\varkappa^{1+i(h-k)}\sum_{\frac{\tau\varkappa}{\nu_1\nu_3}<n<\frac{\tau\varkappa}{\nu_2\nu_4}} n^{-1-i(h-k)} + O(T^{\frac{1}{2}}\xi^4).$$

Interchanging h and k, and taking the conjugate, we find

(5.18) $$\int_T^{T+U} Q_2\,dt =$$

$$= U \sum_{\substack{\nu<\xi \\ \nu_2\nu_4<\nu_1\nu_3}} \frac{\beta_{\nu_1}\beta_{\nu_2}\beta_{\nu_3}\beta_{\nu_4}}{(\nu_1\nu_2\nu_3\nu_4)^{1+i(h-k)}}\,\varkappa^{1+i(h-k)} \sum_{\frac{\tau\varkappa}{\nu_1\nu_3}<n<\frac{\tau\varkappa}{\nu_2\nu_4}} n^{-1-i(h-k)} + O(T^{\frac{1}{2}}\xi^4).$$

From Lemma 4 we see, that if $|t|<x<y$, $\sigma=1$,

$$\sum_{x<n<y} n^{-s} = \frac{x^{1-s}-y^{1-s}}{s-1} + O\left(\frac{1}{x}\right) = (xy)^{1-s}\frac{x^{s-1}-y^{s-1}}{1-s} + O\left(\frac{1}{x}\right) =$$

$$= (xy)^{1-s}\sum_{x<n<y} n^{s-2} + O\left(\frac{1}{x}\right),$$

this gives

$$\sum_{\frac{\tau\varkappa}{\nu_1\nu_3}<n<\frac{\tau\varkappa}{\nu_2\nu_4}} n^{-1-i(h-k)} = \left(\frac{\nu_1\nu_2\nu_3\nu_4}{\tau^2\varkappa^2}\right)^{i(h-k)} \sum_{\frac{\tau\varkappa}{\nu_1\nu_3}<n<\frac{\tau\varkappa}{\nu_2\nu_4}} n^{-1+i(h-k)} + O(T^{-\frac{1}{2}}\xi^2).$$

Substituting this in (5.18), it becomes

$$\int_T^{T+U} Q_2\,dt = U\tau^{-2i(h-k)} \sum_{\substack{\nu<\xi \\ \nu_2\nu_4<\nu_1\nu_3}} \frac{\beta_{\nu_1}\beta_{\nu_2}\beta_{\nu_3}\beta_{\nu_4}}{\nu_1\nu_2\nu_3\nu_4}\,\varkappa^{1-i(h-k)} \sum_{\frac{\tau\varkappa}{\nu_1\nu_3}<n<\frac{\tau\varkappa}{\nu_2\nu_4}} n^{-1+i(h-k)} +$$

(5.19) $$+ O(T^{\frac{1}{2}}\xi^4) + O\left(\frac{U}{\sqrt{T}}\,\xi^2\left(\sum_{\nu<\xi}\frac{1}{\sqrt{\nu}}\right)^4\right) =$$

$$= U\tau^{-2i(h-k)} \sum_{\substack{\nu<\xi \\ \nu_2\nu_4<\nu_1\nu_3}} \frac{\beta_{\nu_1}\beta_{\nu_2}\beta_{\nu_3}\beta_{\nu_4}}{\nu_1\nu_2\nu_3\nu_4}\,\varkappa^{1-i(h-k)} \sum_{\frac{\tau\varkappa}{\nu_1\nu_3}<n<\frac{\tau\varkappa}{\nu_2\nu_4}} n^{-1+i(h-k)} + O(T^{\frac{1}{2}}\xi^4),$$

this is the expression for $\int_T^{T+U} Q_2\,dt$ which we shall actually use. By (5.7),

(5.20) $$\int_T^{T+U} P\,dt = \sum_{\nu<\xi} \frac{\beta_{\nu_1}\beta_{\nu_2}\beta_{\nu_3}\beta_{\nu_4}}{(\nu_1\nu_2\nu_3\nu_4)^{\frac{1}{2}}}\frac{(\nu_1\nu_3)^{ik}}{(\nu_2\nu_4)^{ih}} \sum_{m,n<\tau} \frac{m^{-ih}n^{ik}}{\sqrt{mn}} \int_T^{T+U}\left(\frac{n\nu_1\nu_3}{m\nu_2\nu_4}\right)^{it} dt,$$

hence we have to estimate

$$\sum_{m,n<\tau} \frac{m^{-ih}n^{ik}}{\sqrt{mn}} \int_T^{T+U}\left(\frac{n\mu_1}{m\mu_2}\right)^{it} dt,$$

where μ_1, μ_2 are positive coprime integers $<\xi^2$. We find, writing $\mu = \max(\mu_1, \mu_2)$, corresponding to (4.18),

$$\sum_{m,n<\tau} \frac{m^{-ih}n^{ik}}{\sqrt{mn}} \int_T^{T+U}\left(\frac{n\mu_1}{m\mu_2}\right)^{it} dt = U\frac{\mu_1^{-ih}\mu_2^{ik}}{\sqrt{\mu_1\mu_2}} \sum_{n<\frac{\tau}{\mu}} n^{-1-i(h-k)} + O(T^{\frac{1}{2}}\xi^5).$$

Inserting this, (5.20) becomes

$$(5.21)\quad \int_T^{T+U} P\,dt = U \sum_{\substack{\nu<\xi \\ \nu_1\nu_3 \leqq \nu_2\nu_4}} \frac{\beta_{\nu_1}\beta_{\nu_2}\beta_{\nu_3}\beta_{\nu_4}}{(\nu_1\nu_2\nu_3\nu_4)^{1+i(h-k)}} \varkappa^{1+i(h-k)} \sum_{n<\frac{\tau\varkappa}{\nu_2\nu_4}} n^{-1-i(h-k)} +$$

$$+ U \sum_{\substack{\nu<\xi \\ \nu_2\nu_4<\nu_1\nu_3}} \frac{\beta_{\nu_1}\beta_{\nu_2}\beta_{\nu_3}\beta_{\nu_4}}{(\nu_1\nu_2\nu_3\nu_4)^{1+i(h-k)}} \varkappa^{1+i(h-k)} \sum_{n<\frac{\tau\varkappa}{\nu_1\nu_3}} n^{-1-i(h-k)} + O(T^{\frac{1}{2}}\xi^7).$$

For $\int_T^{T+U} R\,dt$ we get from (5.9)

$$\int_T^{T+U} R\,dt = \sum_{\nu<\xi} \frac{\beta_{\nu_1}\beta_{\nu_2}\beta_{\nu_3}\beta_{\nu_4}}{(\nu_1\nu_2\nu_3\nu_4)^{\frac{1}{2}}} \frac{(\nu_1\nu_3)^{ik}}{(\nu_2\nu_4)^{ih}} \sum_{m,n<\tau} \frac{m^{ih}n^{-ik}}{\sqrt{mn}} \int_T^{T+U} \left(\frac{t}{2\pi}\right)^{i(k-h)} \left(\frac{m\nu_1\nu_3}{n\nu_2\nu_4}\right)^{it} dt,$$

corresponding to (4.18), we obtain

$$\sum_{m,n<\tau} \frac{m^{ih}n^{-ik}}{\sqrt{mn}} \int_T^{T+U} \left(\frac{t}{2\pi}\right)^{i(k-h)} \left(\frac{m\mu_1}{n\mu_2}\right)^{it} dt = U\tau^{-2i(h-k)} \frac{\mu_1^{-ik}\mu_2^{ih}}{\sqrt{\mu_1\mu_2}} \sum_{n<\frac{\tau}{\mu}} n^{-1+i(h-k)} + O(T^{\frac{1}{2}}\xi^5$$

inserting this in the above equation we find

$$(5.22)\quad \int_T^{T+U} R\,dt = U\tau^{-2i(h-k)} \sum_{\substack{\nu<\xi \\ \nu_1\nu_3\leqq\nu_2\nu_4}} \frac{\beta_{\nu_1}\beta_{\nu_2}\beta_{\nu_3}\beta_{\nu_4}}{\nu_1\nu_2\nu_3\nu_4} \varkappa^{1-i(h-k)} \sum_{n<\frac{\tau\varkappa}{\nu_2\nu_4}} n^{-1+i(h-k)} +$$

$$+ U\tau^{-2i(h-k)} \sum_{\substack{\nu<\xi \\ \nu_2\nu_4<\nu_1\nu_3}} \frac{\beta_{\nu_1}\beta_{\nu_2}\beta_{\nu_3}\beta_{\nu_4}}{\nu_1\nu_2\nu_3\nu_4} \varkappa^{1-i(h-k)} \sum_{n<\frac{\tau\varkappa}{\nu_1\nu_3}} n^{-1+i(h-k)} + O(T^{\frac{1}{2}}\xi^7).$$

Now (5.12), (5.13), (5.17), (5.19), (5.21), and (5.22) together with (5.6) give

$$\int_T^{T+U} \zeta\left(\frac{1}{2}+i(t+h)\right)\zeta\left(\frac{1}{2}-i(t+k)\right)\eta_h^2\,\bar{\eta}_k^2\,dt =$$

$$= U\sum_{\nu<\xi} \frac{\beta_{\nu_1}\beta_{\nu_2}\beta_{\nu_3}\beta_{\nu_4}}{(\nu_1\nu_2\nu_3\nu_4)^{1+i(h-k)}} \varkappa^{1+i(h-k)} \sum_{n<\frac{\tau\varkappa}{\nu_2\nu_4}} n^{-1-i(h-k)} +$$

$$+ U\tau^{-2i(h-k)} \sum_{\nu<\xi} \frac{\beta_{\nu_1}\beta_{\nu_2}\beta_{\nu_3}\beta_{\nu_4}}{\nu_1\nu_2\nu_3\nu_4} \varkappa^{1-i(h-k)} \sum_{n<\frac{\tau\varkappa}{\nu_2\nu_4}} n^{-1+i(h-k)} + O(T^{\frac{1}{2}}\xi^7).$$

This combined with (5.3), (5.4), and (5.5) gives

$$(5.23)\quad \int_T^{T+U}\left(\zeta\left(\frac{1}{2}+i(t+h)\right)\eta_h^2-1\right)\left(\zeta\left(\frac{1}{2}-i(t+k)\right)\overline{\eta}_k^2-1\right)dt=$$

$$=U\sum_{\nu<\xi}\frac{\beta_{\nu_1}\beta_{\nu_2}\beta_{\nu_3}\beta_{\nu_4}}{(\nu_1\nu_2\nu_3\nu_4)^{1+i(h-k)}}\varkappa^{1+i(h-k)}\sum_{n<\frac{\tau\varkappa}{\nu_2\nu_4}}n^{-1-i(h-k)}-U+$$

$$+U\tau^{-2i(h-k)}\sum_{\nu<\xi}\frac{\beta_{\nu_1}\beta_{\nu_2}\beta_{\nu_3}\beta_{\nu_4}}{\nu_1\nu_2\nu_3\nu_4}\varkappa^{1-i(h-k)}\sum_{n<\frac{\tau\varkappa}{\nu_2\nu_4}}n^{-1+i(h-k)}+O(T^{\frac{1}{2}}\xi^7).$$

Now write

$$(5.24)\quad K_1(\gamma)=\mathbf{R}\left\{\sum_{\nu<\xi}\frac{\beta_{\nu_1}\beta_{\nu_2}\beta_{\nu_3}\beta_{\nu_4}}{(\nu_1\nu_2\nu_3\nu_4)^{1+i\gamma}}\varkappa^{1+i\gamma}\sum_{n<\frac{\tau\varkappa}{\nu_2\nu_4}}n^{-1-i\gamma}-1+\right.$$

$$\left.+\tau^{2i\gamma}\sum_{\nu<\xi}\frac{\beta_{\nu_1}\beta_{\nu_2}\beta_{\nu_3}\beta_{\nu_4}}{\nu_1\nu_2\nu_3\nu_4}\varkappa^{1+i\gamma}\sum_{n<\frac{\tau\varkappa}{\nu_2\nu_4}}n^{-1-i\gamma}\right\}.$$

Taking the real part of (5.2), we obtain from (5.23) and (5.24),

$$(5.25)\quad \int_T^{T+U}|M|^2\,dt=U\int_0^H\int_0^H K_1(h-k)\,dh\,dk+O(T^{\frac{1}{2}}\xi^7)=$$

$$=2U\int_0^H(H-\gamma)K_1(\gamma)\,d\gamma+O\left(U\frac{H^{\frac{3}{2}}}{\sqrt{\log\xi}}\right).$$

Lemma 4 gives for $0<\gamma\leq H$,

$$\sum_{n<\frac{\tau\varkappa}{\nu_2\nu_4}}n^{-1-i\gamma}=\sum_{n<\frac{\tau\varkappa}{\nu_1\nu_2\nu_3\nu_4}}n^{-1-i\gamma}-\frac{i}{\gamma}\left(\frac{\nu_1\nu_2\nu_3\nu_4}{\tau\varkappa}\right)^{i\gamma}+\frac{i}{\gamma}\left(\frac{\nu_2\nu_4}{\tau\varkappa}\right)^{i\gamma}+O\left(\frac{\xi^4}{\tau\varkappa}\right),$$

and

$$\sum_{n<\frac{\tau\varkappa}{\nu_2\nu_4}}n^{-1-i\gamma}=\zeta(1+i\gamma)+\frac{i}{\gamma}\left(\frac{\nu_2\nu_4}{\tau\varkappa}\right)^{i\gamma}+O\left(\frac{\xi^2}{\tau\varkappa}\right).$$

Substituting the first of these equations in the first term on the right-hand side of (5.24), and the second in the last term, we obtain

$$K_1(\gamma) = \mathbf{R}\left\{\sum_{\nu<\xi} \frac{\beta_{\nu_1}\beta_{\nu_2}\beta_{\nu_3}\beta_{\nu_4}}{(\nu_1\nu_2\nu_3\nu_4)^{1+i\gamma}} \varkappa^{1+i\gamma} \sum_{n<\frac{\tau\varkappa}{\nu_1\nu_2\nu_3\nu_4}} n^{-1-i\gamma} - 1\right\} +$$

$$+\mathbf{R}\left\{-\frac{i}{\gamma}\tau^{-i\gamma}\sum_{\nu<\xi}\frac{\beta_{\nu_1}\beta_{\nu_2}\beta_{\nu_3}\beta_{\nu_4}}{\nu_1\nu_2\nu_3\nu_4}\varkappa\right\}+$$

$$+\mathbf{R}\left\{\tau^{2i\gamma}\zeta(1+i\gamma)\sum_{\nu<\xi}\frac{\beta_{\nu_1}\beta_{\nu_2}\beta_{\nu_3}\beta_{\nu_4}}{\nu_1\nu_2\nu_3\nu_4}\varkappa^{1+i\gamma}\right\}+$$

$$+\mathbf{R}\left\{\frac{i\tau^{-i\gamma}}{\gamma}\sum_{\nu<\xi}\frac{\beta_{\nu_1}\beta_{\nu_2}\beta_{\nu_3}\beta_{\nu_4}}{\nu_1\nu_2\nu_3\nu_4}(\nu_1\nu_3)^{-i\gamma}\varkappa\right\}+$$

$$+\mathbf{R}\left\{\frac{i\tau^{i\gamma}}{\gamma}\sum_{\nu<\xi}\frac{\beta_{\nu_1}\beta_{\nu_2}\beta_{\nu_3}\beta_{\nu_4}}{\nu_1\nu_2\nu_3\nu_4}(\nu_2\nu_4)^{i\gamma}\varkappa\right\}+O\left(T^{-\frac{1}{2}}\xi^4\left(\sum_{\nu<\xi}\frac{1}{\nu}\right)^4\right),$$

considering here the fourth term on the right-hand side, interchanging $\nu_1, \nu_2, \nu_3, \nu_4$ into $\nu_4, \nu_3, \nu_2, \nu_1$, we see that it is equal to the fifth term with contrary sign, hence the sum of these two terms must vanish identically. Also

$$T^{-\frac{1}{2}}\xi^4\left(\sum_{\nu<\xi}\frac{1}{\nu}\right)^4 = O\left(T^{-\frac{1}{2}}\xi^4(\log\xi)^4\right) = O\left(\frac{1}{\log\xi}\right)$$

and

$$\zeta(1+i\gamma) = \frac{1}{i\gamma} + O(1).$$

Hence we get from the above equation

$$(5.26)\qquad K_1(\gamma) = \mathbf{R}\left\{\sum_{\nu<\xi}\frac{\beta_{\nu_1}\beta_{\nu_2}\beta_{\nu_3}\beta_{\nu_4}}{(\nu_1\nu_2\nu_3\nu_4)^{1+i\gamma}}\varkappa^{1+i\gamma}\sum_{n<\frac{\tau\varkappa}{\nu_1\nu_2\nu_3\nu_4}} n^{-1-i\gamma} - 1\right\}+$$

$$+\mathbf{R}\left\{\frac{\tau^{2i\gamma}}{i\gamma}\sum_{\nu<\xi}\frac{\beta_{\nu_1}\beta_{\nu_2}\beta_{\nu_3}\beta_{\nu_4}}{\nu_1\nu_2\nu_3\nu_4}\varkappa^{1+i\gamma}\right\} - \frac{\sin(\gamma\log\tau)}{\gamma}\sum_{\nu<\xi}\frac{\beta_{\nu_1}\beta_{\nu_2}\beta_{\nu_3}\beta_{\nu_4}}{\nu_1\nu_2\nu_3\nu_4}\varkappa +$$

$$+O\left(\left|\sum_{\nu<\xi}\frac{\beta_{\nu_1}\beta_{\nu_2}\beta_{\nu_3}\beta_{\nu_4}}{\nu_1\nu_2\nu_3\nu_4}\varkappa^{1+i\gamma}\right|\right)+O\left(\frac{1}{\log\xi}\right).$$

Now, $\varphi_{i\gamma}(\varrho)$ being the function defined by (4.25),

$$\varkappa^{1+i\gamma} = \sum_{\substack{\varrho|\nu_1\nu_3\\ \varrho|\nu_2\nu_4}}\varphi_{i\gamma}(\varrho).$$

Hence

$$(5.27)\qquad \sum_{\nu<\xi}\frac{\beta_{\nu_1}\beta_{\nu_2}\beta_{\nu_3}\beta_{\nu_4}}{\nu_1\nu_2\nu_3\nu_4}\varkappa^{1+i\gamma} = \sum_{\varrho<\xi^2}\varphi_{i\gamma}(\varrho)\left\{\sum_{\substack{\varrho|\nu_1\nu_3\\ \nu<\xi}}\frac{\beta_{\nu_1}\beta_{\nu_3}}{\nu_1\nu_3}\right\}^2.$$

Taking $\gamma = 0$ in (4.34), we get

$$(5.28)\qquad \sum_{\substack{\varrho \mid \nu_1 \nu_3 \\ \nu < \xi}} \frac{\beta_{\nu_1} \beta_{\nu_3}}{\nu_1 \nu_3} = O\left(\frac{1}{\varrho \log \xi} \prod_{p \mid \varrho} (1 + p^{-\frac{3}{4}})^8\right),$$

substituting this and (4.30) in the above equation, it becomes

$$(5.29) \sum_{\nu < \xi} \frac{\beta_{\nu_1} \beta_{\nu_2} \beta_{\nu_3} \beta_{\nu_4}}{\nu_1 \nu_2 \nu_3 \nu_4} \varkappa^{1 + i\gamma} = O\left(\frac{1}{(\log \xi)^2} \sum_{\varrho < \xi^2} \frac{1}{\varrho} \prod_{p \mid \varrho} (1 + p^{-\frac{3}{4}})^7\right) = O\left(\frac{1}{\log \xi}\right),$$

by (4.31). In particular we see that

$$\frac{\sin(\gamma \log \tau)}{\gamma} \sum_{\nu < \xi} \frac{\beta_{\nu_1} \beta_{\nu_2} \beta_{\nu_3} \beta_{\nu_4}}{\nu_1 \nu_2 \nu_3 \nu_4} \varkappa = O\left(\frac{|\sin(\gamma \log \tau)|}{\gamma \log \xi}\right) = O\left(\frac{1}{\sqrt{\gamma \log \xi}}\right).$$

Inserting (5.27) and the two last results in (5.26), we get

$$(5.30)\qquad K_1(\gamma) = \mathbf{R}\left\{ \sum_{\nu < \xi} \frac{\beta_{\nu_1} \beta_{\nu_2} \beta_{\nu_3} \beta_{\nu_4}}{(\nu_1 \nu_2 \nu_3 \nu_4)^{1 + i\gamma}} \varkappa^{1 + i\gamma} \sum_{n < \frac{\tau \varkappa}{\nu_1 \nu_2 \nu_3 \nu_4}} n^{-1 - i\gamma} - 1 \right\} +$$

$$+ \mathbf{R}\left\{ \frac{\tau^{2 i\gamma}}{i\gamma} \sum_{\varrho < \xi^2} \varphi_{i\gamma}(\varrho) \left(\sum_{\substack{\varrho \mid \nu_1 \nu_3 \\ \nu < \xi}} \frac{\beta_{\nu_1} \beta_{\nu_3}}{\nu_1 \nu_3} \right)^2 \right\} + O\left(\frac{1}{\sqrt{\gamma \log \xi}}\right).$$

We shall here transform the first term on the right-hand side further. It is

$$\sum_{\nu < \xi} \frac{\beta_{\nu_1} \beta_{\nu_2} \beta_{\nu_3} \beta_{\nu_4}}{(\nu_1 \nu_2 \nu_3 \nu_4)^{1 + i\gamma}} \varkappa^{1 + i\gamma} \sum_{n < \frac{\tau \varkappa}{\nu_1 \nu_2 \nu_3 \nu_4}} n^{-1 - i\gamma} = \sum_{\nu < \xi} \beta_{\nu_1} \beta_{\nu_2} \beta_{\nu_3} \beta_{\nu_4} \sum_{\substack{m < \tau \\ \frac{\nu_1 \nu_2 \nu_3 \nu_4}{\varkappa} / m}} m^{-1 - i\gamma};$$

in the last sum, we may replace the condition $\frac{\nu_1 \nu_2 \nu_3 \nu_4}{\varkappa} \Big/ m$ by the simultane conditions $\nu_1 \nu_3 / m$ and $\nu_2 \nu_4 / m$, hence inverting the order of the summations

$$(5.31)\qquad \sum_{\nu < \xi} \frac{\beta_{\nu_1} \beta_{\nu_2} \beta_{\nu_3} \beta_{\nu_4}}{(\nu_1 \nu_2 \nu_3 \nu_4)^{1 + i\gamma}} \varkappa^{1 + i\gamma} \sum_{n < \frac{\tau \varkappa}{\nu_1 \nu_2 \nu_3 \nu_4}} n^{-1 - i\gamma} = \sum_{m < \tau} m^{-1 - i\gamma} \sum_{\substack{\nu_1 \nu_3 \mid m \\ \nu_2 \nu_4 \mid m \\ \nu < \xi}} \beta_{\nu_1} \beta_{\nu_2} \beta_{\nu_3} \beta_{\nu_4} =$$

$$= \sum_{m < \tau} m^{-1 - i\gamma} \left\{ \sum_{\substack{\nu_1 \nu_3 \mid m \\ \nu < \xi}} \beta_{\nu_1} \beta_{\nu_3} \right\}^2 = \sum_{m < \tau} \lambda_m^2 \cdot m^{-1 - i\gamma},$$

where

$$\lambda_m = \sum_{\substack{\nu_1 \nu_3 \mid m \\ \nu < \xi}} \beta_{\nu_1} \beta_{\nu_3}$$

for $m < \xi$ is identical with the λ_m of Lemma 14, in particular we have $\lambda_1 = 1$. Inserting (5.31), (5.30) gives

$$K_1(\gamma) = \mathbf{R}\Bigl\{\sum_{2 \leqq m < \tau} \frac{\lambda_m^2}{m} m^{-i\gamma}\Bigr\} +$$

$$+ \mathbf{R}\Bigl\{\sum_{\varrho < \xi^2} \frac{\tau^{2i\gamma}\varphi_{i\gamma}(\varrho)}{i\gamma}\Bigl(\sum_{\substack{\varrho | \nu_1 \varrho_3 \\ \nu < \xi}} \frac{\beta_{\nu_1}\beta_{\nu_3}}{\nu_1 \nu_3}\Bigr)^2\Bigr\} + O\Bigl(\frac{1}{\sqrt{\gamma \log \xi}}\Bigr).$$

Hence

$$(5.32)\qquad \int_0^H (H-\gamma) K_1(\gamma)\, d\gamma = \sum_{2 \leqq m < \tau} \frac{\lambda_m^2}{m} \int_0^H (H-\gamma)\cos(\gamma \log m)\, d\gamma +$$

$$+ \sum_{\varrho < \xi^2} \Bigl\{\sum_{\substack{\varrho | \nu_1 \nu_3 \\ \nu < \xi}} \frac{\beta_{\nu_1}\beta_{\nu_3}}{\nu_1 \nu_3}\Bigr\}^2 \int_0^H (H-\gamma)\mathbf{R}\Bigl\{\frac{\tau^{2i\gamma}\varphi_{i\gamma}(\varrho)}{i\gamma}\Bigr\} d\gamma + O\Bigl(\frac{H^{\frac{3}{2}}}{\sqrt{\log \xi}}\Bigr).$$

Now from (4.25) we see that

$$(5.33)\qquad \mathbf{R}\Bigl\{\frac{\tau^{2i\gamma}\varphi_{i\gamma}(\varrho)}{i\gamma}\Bigr\} = \varrho \sum_{d | \varrho} \frac{\mu(d)}{d} \frac{\sin\Bigl(\gamma \log \frac{\tau^2 \varrho}{d}\Bigr)}{\gamma}.$$

For $x \geqq 0$,

$$\Bigl|\int_0^x \frac{\sin u}{u}\, du\Bigr| \leqq \int_0^\pi \frac{\sin u}{u}\, du < \pi,$$

hence, by integration by part

$$\int_0^H (H-\gamma)\frac{\sin \gamma x}{\gamma}\, d\gamma = \int_0^H d\gamma \int_0^\gamma \frac{\sin xu}{u}\, du = \int_0^H d\gamma \int_0^{x\gamma} \frac{\sin u}{u}\, du,$$

thus for all $x \geqq 0$,

$$\Bigl|\int_0^H (H-\gamma)\frac{\sin \gamma x}{\gamma}\, d\gamma\Bigr| < \pi H,$$

combining this with (5.33), we get

$$(5.34)\qquad \Bigl|\int_0^H (H-\gamma)\,\mathbf{R}\Bigl\{\frac{\tau^{2i\gamma}\varphi_{i\gamma}(\varrho)}{i\gamma}\Bigr\} d\gamma\Bigr| < \pi H \varrho \sum_{d|\varrho} \frac{|\mu(d)|}{d} =$$

$$= \pi H \varrho \prod_{p | \varrho}\Bigl(1 + \frac{1}{p}\Bigr) = O\Bigl(H\varrho \prod_{p|\varrho}(1 + p^{-\frac{3}{4}})\Bigr).$$

Also

$$\int_0^H (H-\gamma)\cos(\gamma \log m)\, d\gamma = \frac{1-\cos(H \log m)}{(\log m)^2} = 2\left(\frac{\sin\Bigl(\frac{H}{2}\log m\Bigr)}{\log m}\right)^2.$$

Inserting this, (5.28) and (5.34) in (5.32), we find

$$(5.35)\qquad \int_0^H (H-\gamma)K_1(\gamma)\,d\gamma = 2\sum_{2\leqq m<\tau}\frac{\lambda_m^2}{m}\left(\frac{\sin\left(\frac{H}{2}\log m\right)}{\log m}\right)^2 +$$

$$+\,O\left(\frac{H}{(\log\xi)^2}\sum_{\varrho<\xi^2}\frac{1}{\varrho}\prod_{p|\varrho}\left(1+p^{-\frac{3}{4}}\right)^7\right)+O\left(\frac{H^{\frac{3}{2}}}{\sqrt{\log\xi}}\right)=$$

$$=2\sum_{2\leqq m<\tau}\frac{\lambda_m^2}{m}\left(\frac{\sin\left(\frac{H}{2}\log m\right)}{\log m}\right)^2+O\left(\frac{H^{\frac{3}{2}}}{\sqrt{\log\xi}}\right),$$

by (4.31). Writing now $z=e^{\sqrt{\frac{\log\xi}{H}}}<\xi$, we have

$$(5.36)\qquad \sum_{2\leqq m<\tau}\frac{\lambda_m^2}{m}\left(\frac{\sin\left(\frac{H}{2}\log m\right)}{\log m}\right)^2<H^2\sum_{2\leqq m<z}\frac{\lambda_m^2}{m}+$$

$$+\frac{1}{(\log z)^2}\sum_{z\leqq m<\tau}\frac{\lambda_m^2}{m}<H^2\sum_{2\leqq m<z}\frac{\lambda_m^2}{m}+\frac{H}{\log\xi}\sum_{m<\tau}\frac{\lambda_m^2}{m},$$

taking $\gamma=0$ in (5.31), we get from this

$$\sum_{m<\tau}\frac{\lambda_m^2}{m}=\sum_{\nu<\xi}\frac{\beta_{\nu_1}\beta_{\nu_2}\beta_{\nu_3}\beta_{\nu_4}}{\nu_1\nu_2\nu_3\nu_4}\varkappa\sum_{n<\frac{\tau\varkappa}{\nu_1\nu_2\nu_3\nu_4}}\frac{1}{n}.$$

Now for $x>0$,

$$\sum_{n<x}\frac{1}{n}=\log x+c+O\left(\frac{1}{x}\right),^{1}$$

where c is the constant of EULER. Inserting this above, we find using (5.29),

$$(5.37)\qquad \sum_{m<\tau}\frac{\lambda_m^2}{m}=\sum_{\nu<\xi}\frac{\beta_{\nu_1}\beta_{\nu_2}\beta_{\nu_3}\beta_{\nu_4}}{\nu_1\nu_2\nu_3\nu_4}\varkappa\log\left(\frac{e^c\tau\varkappa}{\nu_1\nu_2\nu_3\nu_4}\right)+O\left(T^{-\frac{1}{2}}\xi^4\right)=$$

$$=(\log\tau+c)\sum_{\nu<\xi}\frac{\beta_{\nu_1}\beta_{\nu_2}\beta_{\nu_3}\beta_{\nu_4}}{\nu_1\nu_2\nu_3\nu_4}\varkappa+\sum_{\nu<\xi}\frac{\beta_{\nu_1}\beta_{\nu_2}\beta_{\nu_3}\beta_{\nu_4}}{\nu_1\nu_2\nu_3\nu_4}\varkappa\log\varkappa-$$

$$-4\sum_{\nu<\xi}\frac{\beta_{\nu_1}\beta_{\nu_2}\beta_{\nu_3}\beta_{\nu_4}}{\nu_1\nu_2\nu_3\nu_4}\varkappa\log\nu_4+O(1)=\sum_{\nu<\xi}\frac{\beta_{\nu_1}\beta_{\nu_2}\beta_{\nu_3}\beta_{\nu_4}}{\nu_1\nu_2\nu_3\nu_4}\varkappa\log\varkappa-$$

$$-4\sum_{\nu<\xi}\frac{\beta_{\nu_1}\beta_{\nu_2}\beta_{\nu_3}\beta_{\nu_4}}{\nu_1\nu_2\nu_3\nu_4}\varkappa\log\nu_4+O(1).$$

[1] This well-known formula may be considered as a limit case of Lemma 4.

Here we have

$$\sum_{\nu<\xi} \frac{\beta_{\nu_1}\beta_{\nu_2}\beta_{\nu_3}\beta_{\nu_4}}{\nu_1\nu_2\nu_3\nu_4}\varkappa\log\nu_4 = \sum_{\nu<\xi^2}\varphi(\varrho)\Big\{\sum_{\substack{\varrho|\nu_1\nu_3\\ \nu<\xi}}\frac{\beta_{\nu_1}\beta_{\nu_3}}{\nu_1\nu_3}\Big\}\cdot\Big\{\sum_{\substack{\varrho|\nu_1\nu_3\\ \nu<\xi}}\frac{\beta_{\nu_1}\beta_{\nu_3}}{\nu_1\nu_3}\log\nu_3\Big\},$$

where $\varphi(\varrho)=\varphi_0(\varrho)$. From (4.36) we get taking $\gamma=0$,

$$\sum_{\substack{\varrho|\nu_1\nu_3\\ \nu<\xi}}\frac{\beta_{\nu_1}\beta_{\nu_3}}{\nu_1\nu_3}\log\nu_3 = O\Big(\frac{1}{\varrho}\prod_{p|\varrho}(1+p^{-\frac{3}{4}})^3\Big),$$

inserting this and (5.28) above, we find

$$\sum_{\nu<\xi}\frac{\beta_{\nu_1}\beta_{\nu_2}\beta_{\nu_3}\beta_{\nu_4}}{\nu_1\nu_2\nu_3\nu_4}\varkappa\log\nu_4 = O\Big(\frac{1}{\log\xi}\sum_{\varrho<\xi^2}\frac{1}{\varrho}\prod_{p|\varrho}(1+p^{-\frac{3}{4}})^7\Big)=O(1), \tag{5.38}$$

by (4.31). Writing now

$$\varphi'(\varrho) = \varrho\sum_{d|\varrho}\frac{\mu(d)}{d}\log\frac{\varrho}{d} = \varphi(\varrho)\Big\{\log\varrho+\sum_{p|\varrho}\frac{\log p}{p-1}\Big\},^{1} \tag{5.39}$$

we see that

$$|\varphi'(\varrho)| \leqq \varphi(\varrho)\Big\{\log\varrho+\sum_{p|\varrho}\log p\Big\}\leqq 2\,\varphi(\varrho)\log\varrho = O(\varrho\log\varrho), \tag{5.40}$$

and that if n is a positive integer

$$n\log n = \sum_{\varrho|n}\varphi'(\varrho).$$

Hence

$$\varkappa\log\varkappa = \sum_{\substack{\varrho|\nu_1\nu_3\\ \varrho|\nu_2\nu_4}}\varphi'(\varrho).$$

This gives

$$\sum_{\nu<\xi}\frac{\beta_{\nu_1}\beta_{\nu_2}\beta_{\nu_3}\beta_{\nu_4}}{\nu_1\nu_2\nu_3\nu_4}\varkappa\log\varkappa = \sum_{\nu<\xi}\sum_{\substack{\varrho|\nu_1\nu_3\\ \varrho|\nu_2\nu_4}}\frac{\beta_{\nu_1}\beta_{\nu_2}\beta_{\nu_3}\beta_{\nu_4}}{\nu_1\nu_2\nu_3\nu_4}\varphi'(\varrho) =$$

$$=\sum_{\nu<\xi^2}\varphi'(\varrho)\Big\{\sum_{\substack{\varrho|\nu_1\nu_3\\ \nu<\xi}}\frac{\beta_{\nu_1}\beta_{\nu_3}}{\nu_1\nu_3}\Big\}^2 = O\Big(\frac{1}{\log\xi}\sum_{\varrho<\xi^2}\frac{1}{\varrho}\prod_{p|\varrho}(1+p^{-\frac{3}{4}})^7\Big)=O(1),$$

by (5.28), (5.40), and (4.31). Substituting this and (5.38), (5.37) becomes

$$\sum_{m<\tau}\frac{\lambda_m^2}{m} = O(1). \tag{5.41}$$

---

[1] $\varphi'(\varrho)$ is obtained by differentiating $\varphi_{i\gamma}(\varrho)$ with respect to γ and taking $\gamma=0$.

Lemma 14 gives, since $z<\xi$,

$$\sum_{2\leqq m<z}\frac{\lambda_m^2}{m}=O\left(\frac{1}{(\log\xi)^2}\sum_{p^r<z}\frac{(\log p)^2}{p^r}\right)+O\left(\frac{1}{(\log\xi)^4}\sum_{p_1^{r_1}p_2^{r_2}<z}\frac{(\log p_1)^2(\log p_2)^2}{p_1^{r_1}p_2^{r_2}}\right)=$$

$$=O\left(\frac{1}{(\log\xi)^2}\sum_{p^r<z}\frac{(\log p)^2}{p^r}\right)+O\left(\frac{1}{(\log\xi)^4}\left\{\sum_{p^r<z}\frac{(\log p)^2}{p^r}\right\}^2\right).$$

Now one easily sees that

$$\sum_{p^r<z}\frac{(\log p)^2}{p^r}=O\left(\log z\sum_{p<z}\frac{\log p}{p}\right)=O\left((\log z)^2\right)^1=O\left(\frac{\log\xi}{H}\right).$$

Hence from the above equation

$$\sum_{2\leqq m<z}\frac{\lambda_m^2}{m}=O\left(\frac{1}{H\log\xi}\right).$$

Inserting this and (5.41) in (5.36), and substituting the result in (5.35), we obtain

$$\int_0^H(H-\gamma)K_1(\gamma)\,d\gamma=O\left(\frac{H}{\log\xi}\right)+O\left(\frac{H^{\frac{3}{2}}}{\sqrt{\log\xi}}\right)=O\left(\frac{H^{\frac{3}{2}}}{\sqrt{\log\xi}}\right).$$

Together with (5.25) this proves Lemma 16.

6. Proof of Theorem A, Theorem B, and Theorem C.

We now proceed to prove

Theorem A.

Let $U\geqq T^a$, where $a>\frac{1}{2}$, then there is an $A=A(a)>0$, and a $T_0=T_0(a)$ such that

(6.1) $$N_0(T+U)-N_0(T)>AU\log T\quad (T>T_0).$$

An immediate consequence of this theorem is

Theorem B.

There is an $A>0$ and a T_0 such that

(6.2) $$N_0(T)>AT\log T\quad (T>T_0).$$

Proof of Theorem A: We first suppose that $U\leqq T^{\frac{3}{5}}$, and that ξ and H satisfy the same conditions as in the preceding paragraph. Then write

(6.3) $$J=J(t,H)=\int_t^{t+H}|X(u)\eta^2(u)|\,du.$$

[1] It is $\sum_{p<x}\frac{\log p}{p}=O(\log x)$, Mertens (1).

By (2.2)

$$|X(u)| > \left|\zeta\left(\frac{1}{2}+iu\right)\right| \quad (u > T_0),$$

hence for $t > T_0$,

(6.4) $$J > \int_t^{t+H} \left|\zeta\left(\frac{1}{2}+iu\right)\eta^2(u)\right| du > \left|\int_t^{t+H} \zeta\left(\frac{1}{2}+iu\right)\eta^2(u)\,du\right| = |H+M| \geqq H - |M|$$

Now let $T > T_0$, and let S denote the sub-set of the interval $(T, T+U)$ where $J = |I|$. Then

(6.5) $$\int_S |I|\,dt = \int_S J\,dt.$$

Now by Lemma 15,

$$\int_S |I|\,dt \leqq m^{\frac{1}{2}} \left\{\int_T^{T+U} I^2\,dt\right\}^{\frac{1}{2}} = O\left(m^{\frac{1}{2}} U^{\frac{1}{2}} \frac{H^{\frac{3}{4}}}{(\log \xi)^{\frac{1}{4}}}\right),$$

where $m = m(S)$ is the measure of S. On the other hand from (6.4) and Lemma 16,

$$\int_S J\,dt > mH - \int_S |M|\,dt \geqq mH - m^{\frac{1}{2}} \left\{\int_T^{T+U} |M|^2\,dt\right\}^{\frac{1}{2}} =$$

$$= mH - O\left(m^{\frac{1}{2}} U^{\frac{1}{2}} \frac{\cdot H^{\frac{3}{4}}}{(\log \xi)^{\frac{1}{4}}}\right).$$

Comparing these results with (6.5), we obtain

$$mH = O\left(m^{\frac{1}{2}} U^{\frac{1}{2}} \frac{H^{\frac{3}{4}}}{(\log \xi)^{\frac{1}{4}}}\right),$$

or

$$m = O\left(\frac{U}{\sqrt{H \log \xi}}\right),$$

replacing the O-relation by an inequality, we get

(6.6) $$m < A \frac{U}{\sqrt{H \log \xi}} \quad (T > T_0).$$

Now take

$$H = \frac{16\,A^2}{\log \xi},$$

where A is the *same* constant as in (6.6),[1] then

(6.7) $$m < \frac{U}{4}.$$

[1] We may obviously suppose A chosen so great, that $16\,A^2 > 1$. Then we have $\frac{1}{\log \xi} < H < \frac{1}{\sqrt{\log \xi}}$ for $T > T_0$.

Now divide the interval $(T, T+U)$ into $\left[\frac{U}{2H}\right]$[1] pairs of abutting intervals j_1, j_2, each, except possibly the last j_2, of length H, and each j_2 lying immediately to the right of the corresponding j_1. Then, since $X(t)\,|\,\eta(t)\,|^2$ only can change the sign if t is passing through a zero of $X(t)$, that is of $\zeta\left(\frac{1}{2}+it\right)$, either j_1 or j_2 contains a zero of $\zeta\left(\frac{1}{2}+it\right)$, unless j_1 consists entirely of points belonging to S. Suppose the latter occurs for ν j_1's, then from (6.7)

$$\nu H \leqq m < \frac{U}{4},$$

or

$$\nu < \frac{U}{4H}.$$

Hence there are in $(T, T+U)$ at least

$$\left[\frac{U}{2H}\right] - \nu > \frac{U}{3H} - \frac{U}{4H} = \frac{U}{12H} = \frac{U \log \xi}{12 \cdot 16 A^2} = A U \log T$$

zeros of $\zeta\left(\frac{1}{2}+it\right)$. This proves Theorem A when $U \leqq T^{\frac{3}{5}}$.

Next suppose that $T^{\frac{3}{5}} \leqq U \leqq T$. Then write

$$U_1 = (2\,T)^{\frac{11}{20}}$$

so that

$$(T+U)^{\frac{11}{20}} \leqq U_1 \leqq T^{\frac{3}{5}} \quad (T > T_0),$$

then for $r = 0, 1, 2, \ldots, \left[\frac{U}{U_1}\right] - 1$, $T > T_0$,

$$N_0(T+(r+1)\,U_1) - N_0(T+r\,U_1) > A\,U_1 \log(T+r\,U_1) > A\,U_1 \log T,$$

also

$$N_0(T+U) - N_0\left(T + \left[\frac{U}{U_1}\right] U_1\right) \geqq 0.$$

Adding these inequalities, we obtain

$$N_0(T+U) - N_0(T) > A\,U_1 \left[\frac{U}{U_1}\right] \log T > A\,U \log T \quad (T > T_0),$$

which proves the theorem when $T^{\frac{3}{5}} \leqq U \leqq T$.

[1] As usual $[x]$ denotes the greatest integer $\leqq x$.

If finally $U \geqq T$, we have

$$N_0(T+U) - N_0(T) \geqq N_0(T+U) - N_0\left(\frac{T+U}{2}\right) > A(T+U)\log(T+U) > > AU\log T.$$

Hence the theorem is completely proved.

It is also possible to get some information about the distribution of the zeros of $\zeta(s)$ on $\sigma = \frac{1}{2}$. In this direction we shall prove the following

Theorem C.

If $\Phi(t)$ is a function of t which is positive and increases to infinity with t, then for "almost all" $t > 0$, there is at least one zero of $\zeta\left(\frac{1}{2} + it\right)$ between t and $t + \frac{\Phi(t)}{\log t}$; that is: the measure of those t, $0 < t < T$, for which there is no zero in the interval $\left(t, t + \frac{\Phi(t)}{\log t}\right)$ is $o(T)$.

We may obviously suppose that $\Phi(t) \leqq \sqrt{\log t}$, then taking $H = \frac{\Phi(T)}{\log 2T}$ we get for $T^a \leqq U \leqq T^{\frac{3}{2}}$, from (6.6)

$$m = O\left(\frac{U}{\sqrt{\Phi(T)}}\sqrt{\frac{\log 2T}{\log \xi}}\right) = O\left(\frac{U}{\sqrt{\Phi(T)}}\right) = o(U).$$

Now if M_T is the measure of those t in $(0, T)$ for which there is no zero in the interval $\left(t, t + \frac{\Phi(t)}{\log t}\right)$, we must have

$$M_{T+U} - M_T \leqq m = o(U).$$

Hence we have for $r = 0, 1, 2, \ldots, \left[\frac{T}{U}\right]$,

$$M_{T+(r+1)U} - M_{T+rU} = o(U).$$

Adding these equations we obtain

$$M_{T+U\left[\frac{T}{U}\right]+U} - M_T = o\left(\left(\left[\frac{T}{U}\right]+1\right)U\right) = o(T).$$

Thus

$$M_{2T} - M_T \leqq M_{T+U\left[\frac{T}{U}\right]+U} - M_T = o(T).$$

Writing $\frac{T}{2}, \frac{T}{4}, \frac{T}{8}, \ldots$ in succession for T and adding, we easily obtain $M_T = o(T)$, which is the desired result.

7. Theorems on $N(\sigma, T)$.

We shall require a general formula, due to LITTLEWOOD,[1] concerning the zeros of an analytic function in a rectangle. Suppose that $\Phi(s)$ is meromorphic in and upon the boundary of a rectangle bounded by the lines $t = T_1$, $t = T_2$ $(T_1 < T_2)$, $\sigma = \alpha$, $\sigma = \beta$ $(\alpha < \beta)$, and regular and not zero on $\sigma = \beta$. The function $\log \Phi(s)$ then is regular in the neighbourhood of $\sigma = \beta$, and here, starting with any one value of the logarithm, we define $F(s) = \log \Phi(s)$ to be the value obtained from $\log \Phi(\beta + it)$ by continuous variation along $t =$ constant from $\beta + it$ to $\sigma + it$, provided that the path does not cross a zero or a pole; if it does, we put

$$F(s) = \frac{1}{2} \lim_{\varepsilon \to +0} \{F(\sigma + i(t+\varepsilon)) + F(\sigma + i(t - \varepsilon))\}.$$

Now let $\nu(\sigma')$ denote the excess of the number of zeros over the number of poies of $\Phi(s)$ in the part of the rectangle for which $\sigma > \sigma'$, zeros or poles on $t = T_1$ or $t = T_2$ counting one-half only. Then the formula of LITTLEWOOD is

$$\int F(s)\, ds = -2\pi i \int_{\alpha}^{\beta} \nu(\sigma)\, d\sigma, \tag{7.1}$$

the integral on the left being taken round the rectangle in the positive direction.

We now proceed to prove

Lemma 17.

Let $U \geqq T^a$, where $a > \frac{1}{2}$, then

$$\int_{\frac{1}{2}}^{1} \{N(\sigma, T+U) - N(\sigma, T)\}\, d\sigma = O(U).$$

We first assume that $U \leqq T^{\frac{3}{5}}$. Now write

$$\psi(s) = \sum_{\nu < \xi} \delta_\nu \cdot \nu^{1-}, \tag{7.2}$$

ξ being the number defined at the begin of § 4, and

$$\delta_\nu = \frac{\displaystyle\sum_{\varrho\nu < \xi} \frac{\mu(\varrho\nu)\,\mu(\varrho)}{\varphi(\varrho\nu)}}{\displaystyle\sum_{\varrho < \xi} \frac{\mu^2(\varrho)}{\varphi(\varrho)}} = \frac{\mu(\nu)}{\varphi(\nu)} \cdot \frac{\displaystyle\sum_{\substack{\varrho\nu < \xi \\ (\varrho, \nu) = 1}} \frac{\mu^2(\varrho)}{\varphi(\varrho)}}{\displaystyle\sum_{\varrho < \xi} \frac{\mu^2(\varrho)}{\varphi(\varrho)}} \tag{7.3}$$

---

[1] LITTLEWOOD (1). *Cambr. Tract* § 3.52.

We see that $|\delta_\nu| < \frac{1}{\varphi(\nu)}$ for all ν. Now let $\Phi(s) = \zeta(s)\psi(s)$, $T_1 = T$, $T_2 = T + U$, $\alpha = \frac{1}{2}$, $\beta \geqq 3$. For $\log \Phi(s)$ we take the value $\log \zeta(s) + \log \psi(s)$ which is obtained by continuous variation along $\sigma =$ constant from β to $\beta + it$ and then along $t =$ constant from $\beta + it$ to $\sigma + it$, starting with the real value of the logarithms at $s = \beta$. If the path from $\beta + it$ to $\sigma + it$ crosses a zero or a pole, we use the same convention as by $F(s)$ above. Since neither $\zeta(s)$ nor $\psi(s)$ have poles in the rectangle considered, we have

$$\nu(\sigma) \geqq N(\sigma, T+U) - N(\sigma, T),$$

the expression on the right being equal to zero for $\sigma > 1$. Hence by (7.1)

$$2\pi \int_{\frac{1}{2}}^{1} \{N(\sigma, T+U) - N(\sigma, T)\}\, d\sigma \leqq \int_{T}^{T+U} \log\left|\zeta\left(\frac{1}{2} + it\right)\psi\left(\frac{1}{2} + it\right)\right| dt +$$

$$+ \int_{\frac{1}{2}}^{\beta} \operatorname{am}\{\zeta(\sigma + i(T+U))\,\psi(\sigma + i(T+U))\}\, d\sigma - \int_{\frac{1}{2}}^{\beta} \operatorname{am}\{\zeta(\sigma + iT)\,\psi(\sigma + iT)\}\, d\sigma -$$

$$- \int_{T}^{T+U} \log|\zeta(\beta + it)\,\psi(\beta + it)|\, dt.$$

Now, making $\beta \to \infty$, we have obviously

$$\zeta(\beta + it)\,\psi(\beta + it) = 1 + O(2^{-\beta}),$$

thus the last integral in the above inequality tends to zero, and the two integrals in the middle tend to integrals from $\frac{1}{2}$ to ∞. Hence

$$(7.4) \qquad 2\pi \int_{\frac{1}{2}}^{1} \{N(\sigma, T+U) - N(\sigma, T)\}\, d\sigma \leqq \int_{T}^{T+U} \log\left|\zeta\left(\frac{1}{2} + it\right)\psi\left(\frac{1}{2} + it\right)\right| dt +$$

$$+ \int_{\frac{1}{2}}^{\infty} \operatorname{am}\{\zeta(\sigma + i(T+U))\,\psi(\sigma + i(T+U))\}\, d\sigma - \int_{\frac{1}{2}}^{\infty} \operatorname{am}\{\zeta(\sigma + iT)\,\psi(\sigma + iT)\}\, d\sigma.$$

We first consider the last integral. In the range $(3, \infty)$ we use that

$$\operatorname{am}\{\zeta(\sigma + iT)\,\psi(\sigma + iT)\} = O(2^{-\sigma}).$$

Thus this part of the integral is $O(1)$. In the range $\left(\frac{1}{2}, 3\right)$ we have

$$\operatorname{am} \zeta(\sigma + iT) = O(\log T).^{1}$$

[1] *Cambr. Tract,* formula (20) p. 5. The proof given there is substantially identical with the proof of $\operatorname{am} \psi(\sigma + iT) = O(\log T)$ which we give below.

It remains to examine $\operatorname{am}\psi(\sigma+iT)$. In the first place we see that for $\sigma \geqq 3$,

$$\mathbf{R}\{\psi(\sigma+iT)\} \geqq 1-\sum_{2}^{\infty}\frac{1}{n^2\varphi(n)} > 1-\sum_{2}^{\infty}\frac{1}{n^2} > 0.$$

Hence the variation of $\operatorname{am}\psi(\sigma+iT)$ from $\sigma=\infty$ to $\sigma=3$ is less than $\frac{\pi}{2}$.

Secondly if $\mathbf{R}\{\psi(s)\}$ vanishes q times between $3+iT$ and $\frac{1}{2}+iT$, this interval is divided into $(q+1)$ parts, throughout each of which $\mathbf{R}\{\psi(s)\} \geqq 0$ or $\mathbf{R}\{\psi(s)\} \leqq 0$. Hence in each part the variation of $\operatorname{am}\psi(s)$ does not exceed π, and consequently for $\frac{1}{2} \leqq \sigma \leqq 3$,

$$|\operatorname{am}\psi(\sigma+iT)| \leqq \left(q+\frac{3}{2}\right)\pi.$$

Now q is the number of zeros of $f(z)=\frac{1}{2}(\psi(z+iT)+\psi(z-iT))$ for $\mathbf{I}\{z\}=0$, $\frac{1}{2} \leqq \mathbf{R}\{z\} \leqq 3$, and so $q \leqq n$, where n is the number of zeros of $f(z)$ in $|z-3| \leqq \frac{5}{2}$. By JENSEN's theorem[1]

$$n\log\frac{6}{5} \leqq \frac{1}{2\pi}\int_{0}^{2\pi}\log|f(3+3e^{i\vartheta})|\,d\vartheta - \log|f(3)|.$$

Now for $\sigma \geqq 0$

$$|\psi(s)| \leqq \sum_{\nu<\xi}\frac{1}{\varphi(\nu)}\nu^{1-\sigma} < \sum_{\nu<\xi}\nu < \xi^2.$$

Hence

$$|f(3+3e^{i\vartheta})| < \xi^2,$$

inserting this above, we get

$$n = O(\log\xi) = O(\log T),$$

and accordingly

$$|\operatorname{am}\psi(\sigma+iT)| \leqq \left(n+\frac{3}{2}\right)\pi = O(\log T).$$

Combining this with the results obtained above, we get

$$\int_{\frac{1}{2}}^{\infty}\operatorname{am}\{\zeta(\sigma+iT)\psi(\sigma+iT)\}\,d\sigma = O(\log T),$$

and similarly for the second integral on the right-hand side of (7.4). (7.4) now becomes

[1] See TITCHMARSH, Theory of Functions (1932), § 3 61.

(7.5)
$$2\pi\int_{\frac{1}{2}}^{1}\{N(\sigma, T+U)-N(\sigma, T)\}\,d\sigma \leqq$$
$$\leqq \int_{T}^{T+U} \log\left|\zeta\left(\frac{1}{2}+it\right)\psi\left(\frac{1}{2}+it\right)\right| dt + O(\log T).$$

We still have to discuss the remaining integral on the right. It is

(7.6)
$$\int_{T}^{T+U} \log\left|\zeta\left(\frac{1}{2}+it\right)\psi\left(\frac{1}{2}+it\right)\right| dt \leqq$$
$$\leqq \frac{U}{2}\log\left\{\frac{1}{U}\int_{T}^{T+U}\left|\zeta\left(\frac{1}{2}+it\right)\right|^2\cdot\left|\psi\left(\frac{1}{2}+it\right)\right|^2 dt\right\}.[1]$$

Hence we have to discuss
$$\int_{T}^{T+U}\left|\zeta\left(\frac{1}{2}+it\right)\right|^2\cdot\left|\psi\left(\frac{1}{2}+it\right)\right|^2 dt.$$

From (2.2) we see that for $T > T_0$

(7.7)
$$\int_{T}^{T+U}\left|\zeta\left(\frac{1}{2}+it\right)\right|^2\cdot\left|\psi\left(\frac{1}{2}+it\right)\right|^2 dt < \int_{T}^{T+U} X^2(t)\left|\psi\left(\frac{1}{2}+it\right)\right|^2 dt =$$
$$= \sum_{\nu<\xi}\delta_{\nu_1}\,\delta_{\nu_2}\sqrt{\nu_1\nu_2}\int_{T}^{T+U} X^2(t)\left(\frac{\nu_2}{\nu_1}\right)^{it} dt.$$

We now consider the integral
$$\int_{T}^{T+U} X^2(t)\left(\frac{\mu_2}{\mu_1}\right)^{it} dt,$$

where μ_1, μ_2 are positive coprime integers $<\xi$. Lemma 7 gives, writing θ for θ_0, if $T \leqq t \leqq T+U$,
$$X^2(t) = \theta^2 + \bar{\theta}^2 + 2\theta\bar{\theta} + O\left(T^{-\frac{3}{20}}\left|\sum_{n<\tau} n^{-\frac{1}{2}-it}\right|\right) + O(T^{-\frac{3}{10}}).$$

Thus
$$\int_{T}^{T+U} X^2(t)\left(\frac{\mu_2}{\mu_1}\right)^{it} dt = \int_{T}^{T+U}\theta^2\left(\frac{\mu_2}{\mu_1}\right)^{it} dt + \int_{T}^{T+U}\bar{\theta}^2\left(\frac{\mu_2}{\mu_1}\right)^{it} dt +$$
$$+2\int_{T}^{T+U}\theta\bar{\theta}\left(\frac{\mu_2}{\mu_1}\right)^{it} dt + O\left(T^{-\frac{3}{20}}\int_{T}^{T+U}\left|\sum_{n<\tau} n^{-\frac{1}{2}-it}\right| dt\right) + O(U\,T^{-\frac{3}{10}}).$$

[1] To prove this inequality, replace the integrals by finite sums of which they are the limits, and use the fact that the geometric mean does not exceed the arithmetic mean.

The sum of the O-terms is seen to be

$$O(UT^{-\frac{3}{20}}\sqrt{\log T}) + O(UT^{-\frac{3}{10}}) = O(T^{\frac{1}{2}}),$$

in virtue of the argument used to prove (4.6). (4.10) gives, taking $h=k=0$, for $\frac{\mu_2}{\mu_1} \geqq 1$,

$$\int_T^{T+U} \theta^2 \left(\frac{\mu_2}{\mu_1}\right)^{it} dt = O(T^{\frac{1}{2}}\xi^2),$$

while (4.14) gives, for $\frac{\mu_2}{\mu_1} < 1$,

$$\int_T^{T+U} \theta^2 \left(\frac{\mu_2}{\mu_1}\right)^{it} dt = \sqrt{\frac{\pi}{2}}\frac{U}{\sqrt{\mu_1\mu_2}} \sum_{\frac{\tau}{\mu_1}<n<\frac{\tau}{\mu_2}} \frac{1}{n} + O(T^{\frac{1}{2}}\xi^2).$$

Using the conjugate formulas for

$$\int_T^{T+U} \bar{\theta}^2 \left(\frac{\mu_2}{\mu_1}\right)^{it} dt,$$

and combining the results, we get, writing $\mu = \max(\mu_1, \mu_2)$ and $\mu' = \min(\mu_1, \mu_2)$,

$$\int_T^{T+U} (\theta^2 + \bar{\theta}^2)\left(\frac{\mu_2}{\mu_1}\right)^{it} dt = \sqrt{\frac{\pi}{2}}\frac{U}{\sqrt{\mu_1\mu_2}} \sum_{\frac{\tau}{\mu}<n<\frac{\tau}{\mu'}} \frac{1}{n} + O(T^{\frac{1}{2}}\xi^2).$$

Also by (4.18)

$$\int_T^{T+U} \theta\bar{\theta}\left(\frac{\mu_2}{\mu_1}\right)^{it} dt = \sqrt{\frac{\pi}{2}}\frac{U}{\sqrt{\mu_1\mu_2}} \sum_{n<\frac{\tau}{\mu}} \frac{1}{n} + O(T^{\frac{1}{2}}\xi^5).$$

Hence

$$\int_T^{T+U} (\theta^2 + \bar{\theta}^2 + 2\theta\bar{\theta})\left(\frac{\mu_2}{\mu_1}\right)^{it} dt = \sqrt{\frac{\pi}{2}}\frac{U}{\sqrt{\mu_1\mu_2}}\left\{\sum_{n<\frac{\tau}{\mu_1}}\frac{1}{n} + \sum_{n<\frac{\tau}{\mu_2}}\frac{1}{n}\right\} +$$

$$+ O(T^{\frac{1}{2}}\xi^5) = \sqrt{\frac{\pi}{2}}\frac{U}{\sqrt{\mu_1\mu_2}}\left\{\log\frac{\tau^2}{\mu_1\mu_2} + 2c\right\} + O(T^{\frac{1}{2}}\xi^5),$$

where c is the constant of Euler, in virtue of the formula

$$\sum_{n<x}\frac{1}{n} = \log x + c + O\left(\frac{1}{x}\right).$$

Inserting this above, we obtain

$$\int_T^{T+U} X^2(t)\left(\frac{\mu_2}{\mu_1}\right)^{it} dt = \sqrt{\frac{\pi}{2}}\,\frac{U}{\sqrt{\mu_1\mu_2}}\left\{\log\frac{\tau^2}{\mu_1\mu_2}+2c\right\}+O(T^{\frac{1}{2}}\xi^5),$$

putting now

$$\mu_1=\frac{\nu_1}{(\nu_1,\nu_2)},\quad \mu_2=\frac{\nu_2}{(\nu_1,\nu_2)},$$

and substituting, (7.7) becomes

$$(7.8)\qquad \int_T^{T+U}\left|\zeta\left(\frac{1}{2}+it\right)\psi\left(\frac{1}{2}+it\right)\right|^2 dt < \sqrt{2\pi}\,U\sum_{\nu<\xi}\delta_{\nu_1}\delta_{\nu_2}(\nu_1,\nu_2)\log\left(\frac{e^c\tau(\nu_1,\nu_2)}{\sqrt{\nu_1\nu_2}}\right)$$

$$+\,O\left(T^{\frac{1}{2}}\xi^5\left(\sum_{\nu<\xi}\sqrt{\nu}\right)^2\right)=\sqrt{2\pi}\,U\sum_{\nu<\xi}\delta_{\nu_1}\delta_{\nu_2}(\nu_1,\nu_2)\log\left(\frac{e^c\tau(\nu_1,\nu_2)}{\sqrt{\nu_1\nu_2}}\right)+O(T^{\frac{1}{2}}\xi^{\prime}$$

We now proceed to estimate the series

$$(7.9)\qquad \sum_{\nu<\xi}\delta_{\nu_1}\delta_{\nu_2}(\nu_1,\nu_2)\log\frac{e^c\tau(\nu_1,\nu_2)}{\sqrt{\nu_1\nu_2}}=(\log\tau+c)\sum_{\nu<\xi}\delta_{\nu_1}\delta_{\nu_2}(\nu_1,\nu_2)-$$

$$-\sum_{\nu<\xi}\delta_{\nu_1}\delta_{\nu_2}(\nu_1,\nu_2)\log\nu_1+\sum_{\nu<\xi}\delta_{\nu_1}\delta_{\nu_2}(\nu_1,\nu_2)\log(\nu_1,\nu_2).$$

We first consider the first series on the right-hand side. By (7.3), keeping $\nu_1<\xi$ fixed, it is[1]

$$(7.10)\qquad \sum_{\nu_2<\xi}(\nu_1,\nu_2)\,\delta_{\nu_2}=\frac{1}{\sum\limits_{\varrho<\xi}\frac{\mu^2(\varrho)}{\varphi(\varrho)}}\sum_{\varrho\nu_2<\xi}\frac{\mu(\varrho\nu_2)\,\mu(\varrho)}{\varphi(\varrho\nu_2)}(\nu_1,\nu_2)=$$

$$=\frac{1}{\sum\limits_{\varrho<\xi}\frac{\mu^2(\varrho)}{\varphi(\varrho)}}\sum_{r|\nu_1}\varphi(r)\sum_{\substack{\varrho\nu_2<\xi\\ r|\nu_2}}\frac{\mu(\varrho\nu_2)\,\mu(\varrho)}{\varphi(\varrho\nu_2)}=$$

$$=\frac{1}{\sum\limits_{\varrho<\xi}\frac{\mu^2(\varrho)}{\varphi(\varrho)}}\cdot\sum_{r|\nu_1}\varphi(r)\sum_{\substack{n<\xi\\ \varrho r|n}}\frac{\mu(n)\,\mu(\varrho)}{\varphi(n)}=\frac{1}{\sum\limits_{\varrho<\xi}\frac{\mu^2(\varrho)}{\varphi(\varrho)}}\sum_{r|\nu_1}\varphi(r)\sum_{\substack{n<\xi\\ r|n}}\frac{\mu(n)}{\varphi(n)}\sum_{\varrho/\frac{n}{r}}\mu(\varrho)=$$

$$=\frac{1}{\sum\limits_{\varrho<\xi}\frac{\mu^2(\varrho)}{\varphi(\varrho)}}\sum_{r|\nu_1}\varphi(r)\frac{\mu(r)}{\varphi(r)}=\begin{cases}\dfrac{1}{\sum\limits_{\varrho<\xi}\frac{\mu^2(\varrho)}{\varphi(\varrho)}}, & \text{if } \nu_1=1,\\[2ex] 0, & \text{if } \nu_1\neq 1.\end{cases}$$

[1] In the following we make use of the equation

$$\sum_{\varrho|m}\mu(m)=\begin{cases}1, & \text{if } m=1,\\ 0, & \text{if } m\neq 1,\end{cases}$$

when m is a positive integer.

Hence

$$\sum_{\nu<\xi} \delta_{\nu_1} \delta_{\nu_2} (\nu_1, \nu_2) = \frac{\delta_1}{\sum\limits_{\varrho<\xi} \frac{\mu^2(\varrho)}{\varphi(\varrho)}} = \frac{1}{\sum\limits_{\varrho<\xi} \frac{\mu^2(\varrho)}{\varphi(\varrho)}}, \tag{7.11}$$

and

$$\sum_{\nu<\xi} \delta_{\nu_1} \delta_{\nu_2} (\nu_1, \nu_2) \log \nu_1 = \frac{\delta_1 \log 1}{\sum\limits_{\varrho<\xi} \frac{\mu^2(\varrho)}{\varphi(\varrho)}} = 0. \tag{7.12}$$

It remains to discuss the last series on the right-hand side of (7.9). It is

$$(\nu_1, \nu_2) \log (\nu_1, \nu_2) = \sum_{\substack{\varrho | \nu_1 \\ \varrho | \nu_2}} \varphi'(\varrho),$$

$\varphi'(\varrho)$ being the function defined by (5.39). Hence

$$\sum_{\nu<\xi} \delta_{\nu_1} \delta_{\nu_2} (\nu_1, \nu_2) \log (\nu_1, \nu_2) = \sum_{\varrho<\xi} \varphi'(\varrho) \sum_{\substack{\varrho | \nu_1 \\ \varrho | \nu_2 \\ \nu<\xi}} \delta_{\nu_1} \delta_{\nu_2} =$$

$$= \sum_{\varrho<\xi} \varphi'(\varrho) \Big\{ \sum_{\substack{\varrho | \nu \\ \nu<\xi}} \delta_\nu \Big\}^2 \leqq 2 \sum_{\varrho<\xi} \varphi(\varrho) \log \varrho \Big\{ \sum_{\substack{\varrho | \nu \\ \nu<\xi}} \delta_\nu \Big\}^2,$$

by (5.40). Now when ϱ' is fixed,

$$\sum_{\substack{\varrho' | \nu \\ \nu<\xi}} \delta_\nu = \frac{1}{\sum\limits_{\varrho<\xi} \frac{\mu^2(\varrho)}{\varphi(\varrho)}} \sum_{\substack{\nu\varrho<\xi \\ \varrho' | \nu}} \frac{\mu(\varrho\nu)\mu(\varrho)}{\varphi(\varrho\nu)} =$$

$$= \frac{1}{\sum\limits_{\varrho<\xi} \frac{\mu^2(\varrho)}{\varphi(\varrho)}} \sum_{\substack{n<\xi \\ \varrho' | n}} \frac{\mu(n)}{\varphi(n)} \sum_{\varrho | \frac{n}{\varrho'}} \mu(\varrho) = \frac{1}{\sum\limits_{\varrho<\xi} \frac{\mu^2(\varrho)}{\varphi(\varrho)}} \frac{\mu(\varrho')}{\varphi(\varrho')}.$$

Inserting this above, we obtain

$$\sum_{\nu<\xi} \delta_{\nu_1} \delta_{\nu_2} (\nu_1, \nu_2) \log (\nu_1, \nu_2) \leqq \tag{7.13}$$

$$\leqq \frac{2}{\Big\{\sum\limits_{\varrho<\xi} \frac{\mu^2(\varrho)}{\varphi(\varrho)}\Big\}^2} \sum_{\varrho<\xi} \frac{\varphi(\varrho)\log\varrho}{\varphi^2(\varrho)} \mu^2(\varrho) < \frac{2 \log \xi}{\sum\limits_{\varrho<\xi} \frac{\mu^2(\varrho)}{\varphi(\varrho)}}.$$

From (7.11), (7.12), and (7.13), we obtain

$$\sum_{\nu<\xi} \delta_{\nu_1} \delta_{\nu_2} (\nu_1, \nu_2) \log \frac{e^c \tau (\nu_1, \nu_2)}{\sqrt{\nu_1 \nu_2}} < \frac{\log \tau + 2 \log \xi + c}{\sum\limits_{\varrho<\xi} \frac{\mu^2(\varrho)}{\varphi(\varrho)}} = O\left(\frac{\log \xi}{\sum\limits_{\varrho<\xi} \frac{\mu^2(\varrho)}{\varphi(\varrho)}} \right). \tag{7.14}$$

But, since

$$\frac{1}{\varphi(\varrho)} = \frac{1}{\varrho}\prod_{p|\varrho}\frac{1}{1-\frac{1}{p}} = \frac{1}{\varrho}\prod_{p|\varrho}(1+p^{-1}+p^{-2}+\cdots),$$

it is easily seen that

$$\sum_{\varrho<\xi}\frac{\mu^2(\varrho)}{\varphi(\varrho)} \geqq \sum_{\varrho<\xi}\frac{1}{\varrho} > \log\xi.$$

Substituting this in (7.14), we obtain if we insert the result in (7.8)

$$\int_T^{T+U}\left|\zeta\left(\frac{1}{2}+it\right)\psi\left(\frac{1}{2}+it\right)\right|^2 dt = O(U) + O\left(T^{\frac{1}{2}}\xi^8\right) = O(U).$$

Combining this with (7.6) and (7.5), we finally get

$$2\pi\int_{\frac{1}{2}}^{1}\{N(\sigma, T+U) - N(\sigma, T)\}\,d\sigma = O(U),$$

this proves Lemma 17 if $U \leqq T^{\frac{3}{5}}$. If $U \geqq T^{\frac{3}{5}}$, we may divide the interval $(T, T+U)$ into smaller intervals for which the conditions are satisfied, using a method similar to that of the preceding paragraph, and so we see that this restriction on U may be removed.

Theorem D.

If $U \geqq T^a$, *where* $a > \frac{1}{2}$, *then*

$$N(\sigma, T+U) - N(\sigma, T) = O\left(\frac{U}{\sigma - \frac{1}{2}}\right),$$

uniformly for $\frac{1}{2} < \sigma \leqq 1$.

Let $\sigma_0 > \frac{1}{2}$ and $\sigma_1 = \frac{1}{2} + \frac{1}{2}\left(\sigma_0 - \frac{1}{2}\right)$, then by Lemma 17,

$$N(\sigma_0, T+U) - N(\sigma_0, T) \leqq \frac{1}{\sigma_0 - \sigma_1}\int_{\sigma_1}^{\sigma_0}\{N(\sigma, T+U) - N(\sigma, T)\}\,d\sigma \leqq$$

$$\leqq \frac{2}{\sigma_0 - \frac{1}{2}}\int_{\frac{1}{2}}^{1}\{N(\sigma, T+U) - N(\sigma, T)\}\,d\sigma = O\left(\frac{U}{\sigma_0 - \frac{1}{2}}\right),$$

which is the result required.

An immediate consequence of the above theorem is

Theorem E.

$$N(\sigma, T) = O\left(\frac{T}{\sigma - \frac{1}{2}}\right),$$

uniformly for $\frac{1}{2} < \sigma \leqq 1$.

Theorem F.

If $\Phi(t)$ *is positive and increases to infinity with* t, *then all but an infinitesimal proportion of the zeros of* $\zeta(s)$ *in the upper half-plane lie in the region*

$$\left|\sigma - \frac{1}{2}\right| < \Phi(t)\frac{1}{\log t}, \quad t > 0.$$

That is to say, the number of zeros outside the region and with imaginary part between 0 and T is $o(T \log T)$. It is clearly enough to prove that for large T the number of zeros in the region

$$\sigma > \frac{1}{2} + \Phi(t)\frac{1}{\log t}, \quad \sqrt{T} < t < T, \tag{7.15}$$

is $o(T \log T)$. The curved boundary of (7.15) lies to the right of $\sigma = \sigma_1$. where

$$\sigma_1 = \frac{1}{2} + \Phi(\sqrt{T})\frac{1}{\log T}.$$

But by Theorem E,

$$N(\sigma_1, T) = O\left(\frac{T}{\sigma_1 - \frac{1}{2}}\right) = O\left(\frac{1}{\Phi(\sqrt{T})} T \log T\right) = o(T \log T),$$

and the desired result follows.

Bibliography.

BOHR, H. and E. LANDAU (1): Sur les zéros de la fonction $\zeta(s)$ de Riemann, *Comptes rendus* 158 (1914), 106–110.

CARLSON, F. (1): Über die Nullstellen der Dirichletschen Reihen und der Riemannschen ζ-Funktion, *Arkiv för mat. astr. och fysik* 15 (1920), No. 20.

FEKETE, M. (1): The Zeros of Riemann's Zeta-Function on the Critical Line, *Journal London Math. Soc.* 1 (1926), 15–19.

HARDY, G. H. (1): Sur les zéros de la fonction $\zeta(s)$ de Riemann, *Comptes rendus* 158 (1914), 1012–1014.

HARDY, G. H. and J. E. LITTLEWOOD (1): Contributions to the Theory of the Riemann Zeta-Function and the Theory of the Distribution of Primes, *Acta math.* 41 (1918), 119–196.

— (2): The Zeros of Riemann's Zeta-Function on the Critical Line, *Math. Zeitschr.* 10 (1921), 283–317.

— (3): The Approximate Functional Equation in the Theory of the Zeta-Function, with Applications to the Divisor Problem of Dirichlet and Piltz, *Proc. London Math. Soc.* (2) 21 (1922), 39–74.

HOHEISEL, G. (1): Nullstellenanzahl und Mittelwerte der Zetafunktion, *Sitzungsberichte Akad. Berlin* (1930), 72–82.

— (2): Primzahlprobleme in der Analysis, *Sitzungsberichte Akad. Berlin* (1930), 580–588.

KUZMIN, R. (1): Sur les zéros de la fonction $\zeta(s)$ de Riemann, *C. r. Acad. sci. U. R. S. S.* 2, (1934), 398–400.

LANDAU, E. (1): Über die Nullstellen der Dirichletschen Reihen und der Riemannschen ζ-Funktion, *Arkiv för mat. astr. och fysik* 16 (1921), No. 7.

LITTLEWOOD, J. E. (1): On the Zeros of the Riemann Zeta-Function, *Proc. Camb. Phil. Soc.* 22 (1924), 295–318.

— (2): On the Riemann Zeta-Function, *Proc. London Math. Soc.* (2) 24 (1925), 175–201.

MANGOLDT, H. v. (1): Zur Verteilung der Nullstellen der Riemannschen Funktion $\xi(t)$, *Math. Annalen* 60 (1905), 1–19.

MERTENS, F. (1): Ein Beitrag zur analytischen Zahlentheorie, *Journal für Math.* 78 (1874), 46–63.

PÓLYA, G. (1): Über die algebraisch-funktionentheoretischen Untersuchungen von J. L W. V. Jensen, *Kgl. Danske Videnskabernes Selskab* 7 (1927), No. 17.

SELBERG, A. (1): On the Zeros of Riemann's Zeta-Function on the Critical Line, *Arch. for Math. og Naturv.* 45 (1942), 101–114.

SIEGEL, C. L. (1): Über Riemanns Nachlaß zur Analytischen Zahlentheorie, *Quell. u. Stud. z. Geschichte d. Math.* 2 (1932), 45–80.

TITCHMARSH, E. C. (1): On the Zeros of the Riemann Zeta-Function, *Proc. London Math. Soc.* (2) 30 (1929), 319–321.

VALLÉE POUSSIN, CH. DE LA (1), (2): Sur les zéros de $\zeta(s)$ de Riemann, *Comptes rendus* 163 (1916), 418–421, and 471–473.

10.

On the zeros of Riemann's zeta-function on the critical line

Archiv for Mathematik og Naturvidenskab B. 45 (1942), No. 9, 101–114

INTRODUCTION.

We denote by $N_0(T)$ the number of zeros of $\zeta(s)=\zeta(\sigma+it)$ for which $\sigma=\frac{1}{2}$, $0<t<T$. A theorem due to H a r d y and L i t t l e w o o d [1]), then says that there exist positive constants K and T_0 such that

$$N_0(2T) - N_0(T) > KT,$$

for $T>T_0$. In this paper we shall prove the slightly better *Theorem. There exist positive constants K and T_0 such that*

$$N_0(2T) - N_0(T) > KT \log\log\log T,$$

for $T>T_0$.

A_1, A_2, ... denote positive absolute constants, the constants implied by the 0's are also absolute.

§ 1.
Proof of the Theorem. [2])

Let

(1) $$Z(t)=-\frac{1}{2}\pi^{-\frac{1}{4}-\frac{it}{2}}e^{\frac{\pi}{4}t}\,\Gamma\!\left(\frac{1}{4}+\frac{it}{2}\right)\zeta\!\left(\frac{1}{2}+it\right),$$

---

[1]) G. H. H a r d y and J. E. L i t t l e w o o d, The Zeros of Riemanns Zeta-Function on the Critical Line, Math. Zeitschrift 10 (1921), 283-317.

[2]) This proof follows the same lines as the proof of Hardy and Littlewood's theorem given by E. C. T i t c h m a r s h, The Zeta-Function of Riemann, Cambridge Tracts No. 26 (1930) § 3.4.

then it is known[1]) that $Z(t)$ is real for real t. Further let

(2) $$\eta(s)=\sum_{p\leq\xi}(1-\tfrac{1}{2}p^{-s}-\tfrac{1}{8}p^{-2s})=\sum_{\nu}a_{\nu}\cdot\nu^{-s},$$

where p runs through the prime numbers, and ξ is *a* positive number to be fixed later. If we put

(3) $$\Phi(x)=2\sum_{1}^{\infty}e^{-n^2\pi x}-\frac{1}{\sqrt{x}},$$

it is known that the functions $Z(t)e^{-\frac{\pi}{4}t}$ and

$$-\sqrt{\frac{\pi}{2}}\,e^{\frac{1}{2}x}\,\Phi(e^{2x})$$

are Fourier transforms of each-other. We easily see that this is also the case with the functions $Z(t)e^{-\frac{1}{2}\delta t}\left(\frac{\nu_2}{\nu_1}\right)^{it}$ and

$$-\sqrt{\frac{\pi}{2}}\,e^{\frac{1}{2}x+\frac{i}{4}\left(\frac{\pi}{2}-\delta\right)}\sqrt{\frac{\nu_1}{\nu_2}}\,\Phi\left(e^{i\left(\frac{\pi}{2}-\delta\right)+2x}\left(\frac{\nu_1}{\nu_2}\right)^2\right),$$

where ν_1, ν_2 and δ are positive numbers. Now let

(4) $$Z_1(t)=Z(t)\,|\eta(\tfrac{1}{2}+it)|^2=\sum\frac{a_{\nu_1}a_{\nu_2}}{\sqrt{\nu_1\nu_2}}\left(\frac{\nu_1}{\nu_2}\right)^{it}Z(t),$$

we then find that the Fourier transform of

(5) $$\int_t^{t+H}Z_1(u)\,e^{-\frac{1}{2}\delta u}\,du$$

is

(6) $$-\sqrt{\frac{\pi}{2}}\,e^{\frac{1}{2}x+\frac{i}{4}\left(\frac{\pi}{2}-\delta\right)}\left(\frac{e^{iHx}-1}{x}\right)\sum\frac{a_{\nu_1}a_{\nu_2}}{\nu_2}\,\Phi\left(e^{i\left(\frac{\pi}{2}-\delta\right)+2x}\left(\frac{\nu_1}{\nu_2}\right)^2\right).$$

In the following we put $\delta=\frac{2}{T}$. Further let $\xi=\sqrt{\log\log T}$ and $\frac{1}{\log\xi}<H<1$, then we write

(7) $$I=\int_t^{t+H}Z_1(u)\,e^{-\frac{u}{T}}\,du\,,\quad J=\int_t^{t+H}|Z_1(u)|\,e^{-\frac{u}{T}}\,du\ (T<t<2T).$$

---

[1]) Titchmarsh, Loc. cit. § 3.31. (Titchmarsh writes $\phi(\pi x)$ where we write $\phi(x)$).

We now prove

$$\text{(8)} \qquad \int_T^{2T} I^2\,dt < A_1 \frac{HT^{\frac{1}{2}}}{\log \xi} \quad (T > T_0).$$

It is

$$\int_T^{2T} I^2\,dt < \int_{-\infty}^{\infty} \left| \int_t^{t+H} Z_1(u)\, e^{-\frac{1}{2}\delta u}\, du \right|^2 dt;$$

since (5) and (6) are the Fourier transforms of each-other Parsevals theorem gives:

$$\text{(9)} \quad \int_T^{2T} I^2\,dt < 2\pi \int_{-\infty}^{\infty} e^x \left| \sum \frac{a_{\nu_2} a_{\nu_1}}{\nu_2} \Phi\left(e^{i\left(\frac{\pi}{2}-\delta\right)+2x}\left(\frac{\nu_1}{\nu_2}\right)^2\right)\right|^2 \frac{\sin^2 \frac{1}{2} Hx}{x^2}\,dx$$

$$= 2\pi \sum \frac{a_{\nu_1} a_{\nu_2} a_{\nu_3} a_{\nu_4}}{\nu_2 \nu_4} \int_{-\infty}^{\infty} \Phi\left(e^{i\left(\frac{\pi}{2}-\delta\right)+2x}\left(\frac{\nu_1}{\nu_2}\right)^2\right) \Phi\left(e^{i\left(\frac{\pi}{2}-\delta\right)+2x}\left(\frac{\nu_3}{\nu_4}\right)^2\right) e^x \frac{\sin^2 \frac{1}{2} Hx}{x^2}\,dx$$

$$= 4\pi \sum \frac{a_{\nu_1} a_{\nu_2} a_{\nu_3} a_{\nu_4}}{\sqrt{\nu_1 \nu_2 \nu_3 \nu_4}} \int_0^{\infty} \Phi\left(e^{i\left(\frac{\pi}{2}-\delta\right)} \frac{\nu_1 \nu_4}{\nu_2 \nu_3} y\right) \Phi\left(e^{-i\left(\frac{\pi}{2}-\delta\right)} \frac{\nu_2 \nu_3}{\nu_1 \nu_4} y\right) \frac{\sin^2\left(\frac{1}{4} H \log \frac{\nu_2 \nu_4}{\nu_1 \nu_3} y\right)}{\left(\log \frac{\nu_2 \nu_4}{\nu_1 \nu_3} y\right)^2} \frac{dy}{\sqrt{y}}$$

$$= 8\pi \sum \frac{a_{\nu_1} a_{\nu_2} a_{\nu_3} a_{\nu_4}}{\sqrt{\nu_1 \nu_2 \nu_3 \nu_4}} \int_1^{\infty} \Phi\left(e^{i\left(\frac{\pi}{2}-\delta\right)} \frac{\nu_1 \nu_4}{\nu_2 \nu_3} y\right) \Phi\left(e^{-i\left(\frac{\pi}{2}-\delta\right)} \frac{\nu_2 \nu_3}{\nu_1 \nu_4} y\right) \frac{\sin^2\left(\frac{1}{4} H \log \frac{\nu_2 \nu_4}{\nu_1 \nu_3} y\right)}{\left(\log \frac{\nu_2 \nu_4}{\nu_1 \nu_3} y\right)^2} \frac{dy}{\sqrt{y}}$$

the last form being obtained by using the relation [1]):

$$\text{(10)} \qquad \Phi\left(\frac{1}{z}\right) = z^{-\frac{1}{2}}\, \Phi(z).$$

Now we consider the integral

$$\text{(11)} \quad \int_1^{\infty} \Phi\left(ie^{-i\delta} \frac{\nu_1 \nu_4}{\nu_2 \nu_3} y\right) \Phi\left(-ie^{i\delta} \frac{\nu_2 \nu_3}{\nu_1 \nu_4} y\right) \frac{\sin^2\left(\frac{1}{4} H \log \frac{\nu_2 \nu_4}{\nu_1 \nu_3} y\right)}{\left(\log \frac{\nu_2 \nu_4}{\nu_1 \nu_3} y\right)^2} \frac{dy}{\sqrt{y}},$$

where the ν's satisfy the inequality:

$$1 \leqq \nu \leqq \prod_{p \leqq \xi} p^2 < e^{A_2 \xi} < \log T \; (T > T_0).$$

---

[1]) This is equivalent to (3) § 3.11 of Titchmarsh. Loc. cit.

It is

$$\Phi\left(ie^{-i\delta}\frac{\nu_1\nu_4}{\nu_2\nu_3}y\right)\Phi\left(-ie^{i\delta}\frac{\nu_2\nu_3}{\nu_1\nu_4}y\right)=P+Q_1+Q_2+R,$$

where

$$P=4\sum_{m,n\geqq 1}e^{-\left(n^2\pi ie^{-i\delta}\frac{\nu_1\nu_4}{\nu_2\nu_3}-m^2\pi ie^{i\delta}\frac{\nu_2\nu_3}{\nu_1\nu_4}\right)y},$$

and

$$Q_1=-2e^{-i\left(\frac{\pi}{4}-\frac{\delta}{2}\right)}\sqrt{\frac{\nu_1\nu_4}{\nu_2\nu_3}}\;y^{-\frac{1}{2}}\sum_{n=1}^{\infty}e^{-n^2\pi ie^{-i\delta}\frac{\nu_1\nu_4}{\nu_2\nu_3}y}.$$

Q_2 is an expression of a similar type, while

$$R=\frac{1}{y}.$$

Now

$$\text{(12)}\quad\int_1^{\infty}R\,\frac{\sin^2\left(\frac{1}{4}H\log\frac{\nu_2\nu_4}{\nu_1\nu_3}y\right)}{\left(\log\frac{\nu_2\nu_4}{\nu_1\nu_3}y\right)^2}\frac{dy}{\sqrt{y}}<\int_0^{\infty}\frac{\sin^2\left(\frac{1}{4}H\log\frac{\nu_2\nu_4}{\nu_1\nu_3}y\right)}{\left(\log\frac{\nu_2\nu_4}{\nu_1\nu_3}y\right)^2}\frac{dy}{y}$$

$$=\int_{-\infty}^{\infty}\frac{\sin^2\frac{1}{4}Hu}{u^2}\,du=O(H)=O(1).$$

For Q_1 we get

$$\int_1^{\infty}Q_1\frac{\sin^2\left(\frac{1}{4}H\log\frac{\nu_2\nu_4}{\nu_1\nu_3}y\right)}{\left(\log\frac{\nu_2\nu_4}{\nu_1\nu_3}y\right)^2}\frac{dy}{\sqrt{y}}=$$

$$=O\left(\sqrt{\frac{\nu_1\nu_4}{\nu_2\nu_3}}\sum_{n=1}^{\infty}\int_1^{\infty}e^{-n^2\pi e^{i\left(\frac{\pi}{2}-\delta\right)}\frac{\nu_1\nu_4}{\nu_2\nu_3}y}\frac{\sin^2\left(\frac{1}{4}H\log\frac{\nu_2\nu_4}{\nu_1\nu_3}y\right)}{\left(\log\frac{\nu_2\nu_4}{\nu_1\nu_3}y\right)^2}\frac{dy}{y}\right).$$

Turning here in each integral the line of integration through $-\left(\frac{\pi}{2}-\delta\right)$, putting $y=1+e^{-\left(\frac{\pi}{2}-\delta\right)i}r$, and observing that

$$\frac{\sin^2\left(\frac{1}{4}H\log\frac{\nu_2\nu_4}{\nu_1\nu_3}y\right)}{\left(\log\frac{\nu_2\nu_4}{\nu_1\nu_3}y\right)^2}$$

is regular and $O(H^2)$ in the lower half-plane, we get

$$(13)\quad \int_1^\infty Q_1 \frac{\sin^2\left(\frac{1}{4} H \log \frac{\nu_2\nu_4}{\nu_1\nu_3} y\right)}{\left(\log \frac{\nu_2\nu_4}{\nu_1\nu_3} y\right)^2} \frac{dy}{\sqrt{y}} = O\left(\sqrt{\frac{\nu_1\nu_4}{\nu_2\nu_3}} H^2 \sum_1^\infty \int_0^\infty e^{-n^2\pi\frac{\nu_1\nu_4}{\nu_2\nu_3} r}\, dr\right)$$

$$= O\left(H^2 \sqrt{\nu_2\nu_3} \sum_1^\infty \frac{1}{n^2}\right) = O(\log T).$$

Similarly

$$(13')\quad \int_1^\infty Q_2 \frac{\sin^2\left(\frac{1}{4} H \log \frac{\nu_2\nu_4}{\nu_1\nu_3} y\right)}{\left(\log \frac{\nu_2\nu_4}{\nu_1\nu_3} y\right)^2} \frac{dy}{\sqrt{y}} = O(\log T).$$

We now write

$$P = 4 \sum_{m,n \geqq 1} e^{-\left(n^2 \frac{\nu_1\nu_4}{\nu_2\nu_3} + m^2 \frac{\nu_2\nu_3}{\nu_1\nu_4}\right) \pi y \sin\delta + i\left(m^2 \frac{\nu_2\nu_3}{\nu_1\nu_4} - n^2 \frac{\nu_1\nu_4}{\nu_2\nu_3}\right) \pi y \cos\delta} = 2P_1 + 4P_2,$$

where

$$P_1 = 2 \sum_{\frac{n}{\nu_2\nu_3} = \frac{m}{\nu_1\nu_4} > 0} e^{-\left(n^2 \frac{\nu_1\nu_4}{\nu_2\nu_3} + m^2 \frac{\nu_2\nu_3}{\nu_1\nu_4}\right) \pi y \sin\delta} = 2 \sum_{\mu=1}^\infty e^{-2 \frac{\nu_1\nu_2\nu_3\nu_4}{(\nu_1\nu_4,\, \nu_2\nu_3)^2} \mu^2 \pi y \sin\delta}.$$

(a, b) here and in the following denotes the greatest common divisor of a and b, and

$$P_2 = \sum_{\frac{n}{\nu_2\nu_3} \neq \frac{m}{\nu_1\nu_4} > 0} e^{-\left(n^2 \frac{\nu_1\nu_4}{\nu_2\nu_3} + m^2 \frac{\nu_2\nu_3}{\nu_1\nu_4}\right) \pi y \sin\delta + i\left(m^2 \frac{\nu_2\nu_3}{\nu_1\nu_4} - n^2 \frac{\nu_1\nu_4}{\nu_2\nu_3}\right) \pi y \cos\delta}.$$

Hence

$$\int_1^\infty P_2 \frac{\sin^2\left(\frac{1}{4} H \log \frac{\nu_2\nu_4}{\nu_1\nu_3} y\right)}{\left(\log \frac{\nu_2\nu_4}{\nu_1\nu_3} y\right)^2} \frac{dy}{\sqrt{y}} =$$

$$= \sum_{\frac{n}{\nu_2\nu_3} \neq \frac{m}{\nu_1\nu_4}} \int_1^\infty e^{-\left(n^2 \frac{\nu_1\nu_4}{\nu_2\nu_3} + m^2 \frac{\nu_2\nu_3}{\nu_1\nu_4}\right) \pi y \sin\delta + i\left(m^2 \frac{\nu_2\nu_3}{\nu_1\nu_4} - n^2 \frac{\nu_1\nu_4}{\nu_2\nu_3}\right) \pi y \cos\delta}$$

$$\frac{\sin^2\left(\frac{1}{4} H \log \frac{\nu_2\nu_4}{\nu_1\nu_3} y\right)}{\left(\log \frac{\nu_2\nu_4}{\nu_1\nu_3} y\right)^2} \frac{dy}{\sqrt{y}}.$$

Here we may put $y = 1 \pm ir$, according to the sign of $\left(m^2 \frac{\nu_2\nu_3}{\nu_1\nu_4} - n^2 \frac{\nu_1\nu_4}{\nu_2\nu_3}\right)$, thus we see that it is less than

$$O\left(H^2 \sum_{\frac{n}{\nu_2\nu_3} \neq \frac{m}{\nu_1\nu_4}} e^{-\left(n^2\frac{\nu_1\nu_4}{\nu_2\nu_3} + m^2\frac{\nu_2\nu_3}{\nu_1\nu_4}\right)\pi\sin\delta} \int_0^\infty e^{-\left|m^2\frac{\nu_2\nu_3}{\nu_1\nu_4} - n^2\frac{\nu_1\nu_4}{\nu_2\nu_3}\right|\pi r\cos\delta} dr\right)$$

$$= O\left(\nu_1\nu_2\nu_3\nu_4 \sum_{\nu_1\nu_4 n \neq \nu_2\nu_3 m} \frac{e^{-((\nu_1\nu_4 n)^2 + (\nu_2\nu_3 m)^2)\frac{\pi\sin\delta}{\nu_1\nu_2\nu_3\nu_4}}}{|(m\nu_2\nu_3)^2 - (n\nu_1\nu_4)^2|}\right)$$

$$= O\left(\nu_1\nu_2\nu_3\nu_4 \sum_{n \neq m} \frac{e^{-(n^2+m^2)\frac{\pi\sin\delta}{\nu_1\nu_2\nu_3\nu_4}}}{|m^2 - n^2|}\right)$$

$$= O\left(\nu_1\nu_2\nu_3\nu_4 \sum_{m=2}^\infty \frac{e^{-m^2\frac{\pi\sin\delta}{\nu_1\nu_2\nu_3\nu_4}}}{m} \sum_{n=1}^{m-1} \frac{1}{m-n}\right)$$

$$= O\left(\nu_1\nu_2\nu_3\nu_4 \sum_2^\infty \frac{\log m}{m} e^{-m^2\frac{\pi\sin\delta}{\nu_1\nu_2\nu_3\nu_4}}\right) = O\left(\nu_1\nu_2\nu_3\nu_4 \sum_2^{\frac{\nu_1\nu_2\nu_3\nu_4}{\delta}} \frac{\log m}{m}\right)$$

$$+ O\left(\nu_1\nu_2\nu_3\nu_4 \sum_{\frac{\nu_1\nu_2\nu_3\nu_4}{\delta}}^\infty e^{-m^2\frac{\pi\sin\delta}{\nu_1\nu_2\nu_3\nu_4}}\right) = O\left(\nu_1\nu_2\nu_3\nu_4 \log^2\frac{\nu_1\nu_2\nu_3\nu_4}{\delta}\right) = O(\log^6 T),$$

hence

$$\int_1^\infty P_2 \frac{\sin^2\left(\frac{1}{4} H \log\frac{\nu_2\nu_4}{\nu_1\nu_3} y\right)}{\left(\log\frac{\nu_2\nu_4}{\nu_1\nu_3} y\right)^2} \frac{dy}{\sqrt{y}} = O(\log^6 T). \tag{14}$$

Finally we have to discuss what part P_1 contributes to the integral (11), it is

$$2\sum_{\mu=1}^\infty e^{-\mu^2\pi x} = \Phi(x) + \frac{1}{\sqrt{x}} = \begin{cases} \frac{1}{\sqrt{x}} + O(1), & \text{for } x \leq 1, \\ \frac{1}{\sqrt{x}} + O\left(\frac{1}{\sqrt{x}}\right) & \text{for } x \geq 1, \end{cases}$$

this is an immediate consequenze of (10). This gives:

$$\int_1^\infty P_1 \frac{\sin^2\left(\frac14 H\log\frac{\nu_2\nu_4}{\nu_1\nu_3}y\right)}{\left(\log\frac{\nu_2\nu_4}{\nu_1\nu_3}y\right)^2}\frac{dy}{\sqrt{y}} = \frac{(\nu_1\nu_4,\ \nu_2\nu_3)}{\sqrt{2\nu_1\nu_2\nu_3\nu_4\sin\delta}}\int_1^\infty \frac{\sin^2\left(\frac14 H\log\frac{\nu_2\nu_4}{\nu_1\nu_3}y\right)}{\left(\log\frac{\nu_2\nu_4}{\nu_1\nu_3}y\right)^2}\frac{dy}{y}$$

$$+O\left(\int_1^{\frac{(\nu_1\nu_4,\ \nu_2\nu_3)^2}{2\nu_1\nu_2\nu_3\nu_4\sin\delta}} \frac{\sin^2\left(\frac14 H\log\frac{\nu_2\nu_4}{\nu_1\nu_3}y\right)}{\left(\log\frac{\nu_2\nu_4}{\nu_1\nu_3}y\right)^2}\frac{dy}{\sqrt{y}}\right)$$

$$+O\left(\frac{(\nu_1\nu_4,\ \nu_2\nu_3)}{\sqrt{\nu_1\nu_2\nu_3\nu_4\sin\delta}}\int_{\frac{(\nu_1\nu_4,\ \nu_2\nu_3)^2}{2\nu_1\nu_2\nu_3\nu_4\sin\delta}}^\infty \frac{\sin^2\left(\frac14 H\log\frac{\nu_2\nu_4}{\nu_1\nu_3}y\right)}{\left(\log\frac{\nu_2\nu_4}{\nu_1\nu_3}y\right)^2}\frac{dy}{y}\right).$$

Here

$$\frac{(\nu_1\nu_4,\ \nu_2\nu_3)}{\sqrt{2\nu_1\nu_2\nu_3\nu_4\sin\delta}}\int_1^\infty \frac{\sin^2\left(\frac14 H\log\frac{\nu_2\nu_4}{\nu_1\nu_3}y\right)}{\left(\log\frac{\nu_2\nu_4}{\nu_1\nu_3}y\right)^2}\frac{dy}{y} = \frac{(\nu_1\nu_4,\nu_2\nu_3)\frac14 H}{\sqrt{2\nu_1\nu_2\nu_3\nu_4\sin\delta}}\int_{\frac14 H\log\frac{\nu_2\nu_4}{\nu_1\nu_3}}^\infty \frac{\sin^2 u}{u^2}du =$$

$$= \frac{(\nu_1\nu_4,\nu_2\nu_3)\frac14 H}{\sqrt{2\nu_1\nu_2\nu_3\nu_4\sin\delta}}\left\{\int_0^\infty \frac{\sin^2 u}{u^2}du + \int_0^{\frac14 H\log\frac{\nu_1\nu_3}{\nu_2\nu_4}} \frac{\sin^2 u}{u^2}du\right\} =$$

$$= \tfrac{1}{16}\sqrt{2}\,\pi H\frac{(\nu_1\nu_4,\ \nu_2\nu_3)}{\sqrt{\nu_1\nu_2\nu_3\nu_4\sin\delta}} + \tfrac18\sqrt{2}\,H\frac{(\nu_1\nu_4,\ \nu_2\nu_3)}{\sqrt{\nu_1\nu_2\nu_3\nu_4\sin\delta}}\int_0^{\frac14 H\log\frac{\nu_1\nu_3}{\nu_2\nu_4}}\frac{\sin^2 u}{u^2}du,$$

and

$$\int_1^{\frac{(\nu_1\nu_4,\ \nu_2\nu_3)^2}{2\nu_1\nu_2\nu_3\nu_4\sin\delta}} \frac{\sin^2\left(\frac14 H\log\frac{\nu_2\nu_4}{\nu_1\nu_3}y\right)}{\left(\log\frac{\nu_2\nu_4}{\nu_1\nu_3}y\right)^2}\frac{dy}{\sqrt{y}} \le \int_1^{\frac{(\nu_1\nu_4,\ \nu_2\nu_3)}{\sqrt{2\nu_1\nu_2\nu_3\nu_4\sin\delta}}}\frac{dy}{\sqrt{y}} + \int_{\frac{(\nu_1\nu_4,\ \nu_2\nu_3)}{\sqrt{2\nu_1\nu_2\nu_3\nu_4\sin\delta}}}^{\frac{(\nu_1\nu_4,\ \nu_2\nu_3)^2}{2\nu_1\nu_2\nu_3\nu_4\sin\delta}} \frac{1}{\left(\log\frac{\nu_2\nu_4}{\nu_1\nu_3}y\right)^2}\frac{dy}{\sqrt{y}} =$$

$$= O\left(\frac{(\nu_1\nu_4,\ \nu_2\nu_3)^{\frac12}}{(\nu_1\nu_2\nu_3\nu_4\sin\delta)^{\frac14}}\right) + O\left(\frac{(\nu_1\nu_4,\ \nu_2\nu_3)}{\sqrt{\nu_1\nu_2\nu_3\nu_4\sin\delta}}\cdot\frac{1}{\log^2\left(\frac{\nu_2\nu_4}{\nu_1\nu_3}\frac{1}{\sin\delta}\right)}\right) =$$

$$= O\left(\frac{(\nu_1\nu_4,\ \nu_2\nu_3)}{\sqrt{\nu_1\nu_2\nu_3\nu_4\sin\delta}}\frac{1}{\log T}\right),$$

and

$$\frac{(\nu_1\nu_4, \nu_2\nu_3)}{\sqrt{\nu_1\nu_2\nu_3\nu_4 \sin\delta}} \int\limits_{\frac{(\nu_1\nu_4, \nu_2\nu_3)^2}{2\nu_1\nu_2\nu_3\nu_4 \sin\delta}}^{\infty} \frac{\sin^2\left(\frac{1}{4} H \log \frac{\nu_2\nu_4}{\nu_1\nu_3} y\right)}{\left(\log \frac{\nu_2\nu_4}{\nu_1\nu_3} y\right)^2} \frac{dy}{y} =$$

$$= \tfrac{1}{4} H \frac{(\nu_1\nu_4, \nu_2\nu_3)}{\sqrt{\nu_1\nu_2\nu_3\nu_4 \sin\delta}} \int\limits_{\frac{1}{2} H \log \frac{(\nu_1\nu_4, \nu_2\nu_3)}{\nu_1\nu_3 \sqrt{2 \sin\delta}}}^{\infty} \frac{\sin^2 u}{u^2} du =$$

$$= O\left(\frac{(\nu_1\nu_4, \nu_2\nu_3)}{\sqrt{\nu_1\nu_4, \nu_2\nu_3 \sin\delta}} \frac{1}{\log\left(\frac{(\nu_1\nu_4, \nu_2\nu_3)^2}{\sin\delta}\right)}\right) = O\left(\frac{(\nu_1\nu_4, \nu_2\nu_3)}{\sqrt{\nu_1\nu_2\nu_3\nu_4 \sin\delta}} \frac{1}{\log T}\right).$$

Hence

$$(15) \quad \int\limits_1^{\infty} P_1 \frac{\sin^2\left(\frac{1}{4} H \log \frac{\nu_2\nu_4}{\nu_1\nu_3} y\right)}{\left(\log \frac{\nu_2\nu_4}{\nu_1\nu_3} y\right)^2} \frac{dy}{\sqrt{y}} = \frac{\frac{1}{8}\sqrt{2} H (\nu_1\nu_4, \nu_2\nu_3)}{\sqrt{\nu_1\nu_2\nu_3\nu_4 \sin\delta}}$$

$$\left\{\frac{\pi}{2} + \int\limits_0^{\frac{1}{4} H \log \frac{\nu_1\nu_3}{\nu_2\nu_4}} \frac{\sin^2 u}{u^2} du + O\left(\frac{1}{H \log T}\right)\right\}$$

We now get for the integral (11), from (12), (13), (13′), (14) and (15):

$$\frac{\frac{1}{4}\sqrt{2} H (\nu_1\nu_4, \nu_2\nu_3)}{\sqrt{\nu_1\nu_2\nu_3\nu_4 \sin\delta}} \left\{\frac{\pi}{2} + \int\limits_0^{\frac{1}{4} H \log \frac{\nu_1\nu_3}{\nu_2\nu_4}} \frac{\sin^2 u}{u^2} du + O\left(\frac{1}{H \log T}\right)\right\}.$$

If this is inserted in (9), we find:

$$(16) \quad \int\limits_T^{2T} I^2 dt < \sqrt{2}\pi^2 \frac{H}{\sqrt{\sin\delta}} \sum \frac{a_{\nu_1} a_{\nu_2} a_{\nu_3} a_{\nu_4}}{\nu_1\nu_2\nu_3\nu_4} (\nu_1\nu_4, \nu_2\nu_3) +$$

$$+ 2\sqrt{2}\pi \frac{H}{\sqrt{\sin\delta}} \sum \frac{a_{\nu_1} a_{\nu_2} a_{\nu_4} a_{\nu_3}}{\nu_1\nu_2\nu_3\nu_4} (\nu_1\nu_4, \nu_2\nu_3) \int\limits_0^{\frac{1}{4} H \log \frac{\nu_1\nu_3}{\nu_2\nu_4}} \frac{\sin^2 u}{u^2} du +$$

$$+ O\left(\frac{\sqrt{T}}{\log T} \sum \frac{|a_{\nu_1} a_{\nu_2} a_{\nu_3} a_{\nu_4}|}{\nu_1\nu_2\nu_3\nu_4} (\nu_1\nu_4, \nu_2\nu_3)\right).$$

It is easily seen that the second series on the righthand side vanishes identically, since it changes the sign when $\nu_1\nu_2\nu_3\nu_4$ is changed into $\nu_4\nu_3\nu_2\nu_1$.

It remains to discuss the two sums

$$\sum_1 = \sum \frac{a_{\nu_1}a_{\nu_2}a_{\nu_3}a_{\nu_4}}{\nu_1\nu_2\nu_3\nu_4}(\nu_1\nu_4,\ \nu_2\nu_3),$$

and

$$\sum_2 = \sum \frac{|a_{\nu_1}|\,|a_{\nu_2}|\,|a_{\nu_3}|\,|a_{\nu_4}|}{\nu_1\nu_2\nu_3\nu_4}(\nu_1\nu_4,\ \nu_2\nu_3).$$

We first consider $\sum_1$. Remembering (2) we now put

$$\left(\sum a_\nu\cdot\nu^{-s}\right)^2 = \prod_{p\leqq\xi}\left(1-p^{-s}+\frac{1}{8}p^{-3s}+\frac{1}{64}p^{-4s}\right)=\sum\frac{b_\nu}{\nu^s},$$

where $b_\nu = \sum\limits_{\nu_1\nu_2=\nu} a_{\nu_1}a_{\nu_2}$. Then we have:

$$\sum_1 = \sum\frac{b_\nu\, b_\mu}{\nu\ \mu}(\nu,\mu) = \sum_\nu\frac{b_\nu}{\nu}\sum_\mu\frac{b_\mu}{\mu}(\nu,\mu). \tag{17}$$

Now if $(\mu_1,\mu_2)=1$,

$$\frac{b_{\mu_1}}{\mu_1}(\nu,\mu_1)\cdot\frac{b_{\mu_2}}{\mu_2}(\nu,\mu_2) = \frac{b_{\mu_1\mu_2}}{\mu_1\mu_2}(\nu,\mu_1\mu_2),$$

thus we easily get

$$\sum_\mu\frac{b_\mu}{\mu}(\nu,\mu) = \prod_{p\leqq\xi}\left(1-\frac{(\nu,p)}{p}+\frac{(\nu,p^3)}{8p^3}+\frac{(\nu,p^4)}{64p^4}\right)=$$

$$=\prod_{p\leqq\xi}\left(1-\frac{1}{p}+\frac{1}{8p^3}+\frac{1}{64p^4}\right)\cdot\prod_{p\mid\nu}\left(\frac{\frac{(\nu,p^3)}{8p^3}+\frac{(\nu,p^4)}{64p^4}}{1-\frac{1}{p}+\frac{1}{8p^3}+\frac{1}{64p^4}}\right).$$

Inserting in (17), we have

$$\sum_1 = \prod_{p\leqq\xi}\left(1-\frac{1}{p}+\frac{1}{8p^3}+\frac{1}{64p^3}\right)\sum_\nu\frac{b_\nu}{\nu}\prod_{p\mid\nu}\left(\frac{\frac{(\nu,p^3)}{8p^3}+\frac{(\nu,p^4)}{64p^4}}{1-\frac{1}{p}+\frac{1}{8p^3}+\frac{1}{64p^4}}\right)+$$

$$=\prod_{p\leqq\xi}\left(1-\frac{1}{p}+O\left(\frac{1}{p^3}\right)\right)\sum_\nu\varrho_\nu.$$

Now if $(\nu_1, \nu_2) = 1$ we see that $\varrho_{\nu_1}\varrho_{\nu_2} = \varrho_{\nu_1\nu_2}$, hence

$$\sum_\nu \varrho_\nu = \prod_{p\leq\xi}(1+\varrho_p+\varrho_{p^3}+\varrho_{p^4}) =$$

$$= \prod_{p\leq\xi}\left(1+\frac{-\frac{1}{p}\left(\frac{1}{8p^2}+\frac{1}{64p^3}\right)+\frac{1}{8p^3}\left(\frac{1}{8}+\frac{1}{64p}\right)+\frac{1}{64p^4}\cdot\frac{9}{64}}{1-\frac{1}{p}+\frac{1}{8p^3}+\frac{1}{64p^4}}\right) =$$

$$= \prod_{p\leq\xi}\left(1+O\left(\frac{1}{p^3}\right)\right).$$

The formula above then gives

$$\text{(18)}\quad \sum\nolimits_1 = \prod_{p\leq\xi}\left(1-\frac{1}{p}+O\left(\frac{1}{p^3}\right)\right)\left(1+O\left(\frac{1}{p^3}\right)\right) = \prod_{p\leq\xi}\left(1-\frac{1}{p}+O\left(\frac{1}{p^3}\right)\right) =$$

$$= e^{-\sum\limits_{p\leq\xi}\frac{1}{p}+O\left(\sum\frac{1}{p^2}\right)} = e^{-\log\log\xi+O(1)} = O\left(\frac{1}{\log\xi}\right),$$

and similarly we find

$$\text{(18')}\quad \sum\nolimits_2 = O(\log^3\xi).$$

(16) now gives

$$\int_T^{2T} I^2\,dt = O\left(\frac{H}{\sqrt{\sin\delta}\log\xi}\right)+O\left(\frac{\sqrt{T}\log^3\xi}{\log T}\right) = O\left(\frac{H\sqrt{T}}{\log\xi}\right),$$

whence (8) follows.

We next prove that

$$\text{(19)}\quad J > A_3 T^{-\frac{1}{4}}(H-\psi),$$

where

$$\text{(20)}\quad \int_T^{2T}|\psi|^2\,dt < A_4\frac{T}{\log^2\xi}\quad (T>T_0).$$

We have, if $s=\frac{1}{2}+it$, $T\leqq t\leqq 2T+H$, $T>T_0$,

$$\text{(21)}\quad T^{\frac{1}{4}}|Z_1(t)|e^{-\frac{t}{T}} > A_5 T^{\frac{1}{4}} e^{\frac{\pi}{4}t}\left|\Gamma\left(\frac{1}{4}+\frac{it}{2}\right)\right||\zeta(s)\,\eta^2(s)|.$$

$$> A_6\left|\zeta(s)\prod_{p\leq\xi}(1-p^{-s})\right| > A_6 R\left\{\zeta(s)\prod_{p\leq\xi}(1-p^{-s})\right\}.$$

Now if $\nu \leqq \sqrt{\log T}$ [1]),

$$\zeta(s) = \sum_{n \leqq \frac{T\sqrt{\log T}}{\nu}} n^{-s} - \frac{\left(\frac{T\sqrt{\log T}}{\nu}\right)^{1-s}}{1-s} + O\left(\frac{\sqrt{\nu}}{T^{\frac{1}{2}}(\log T)^{\frac{1}{4}}}\right),$$

hence

$$(22) \qquad \zeta(s)\prod_{p \leqq \xi}(1-p^{-s}) = \zeta(s)\sum_{\substack{\nu / \Pi p \\ p \leqq \xi}} \frac{\mu(\nu)}{\nu^s} = \sum_{m \leqq T\sqrt{\log T}} \frac{c_m}{m^s} -$$

$$\prod_{p \leqq \xi}\left(1-\frac{1}{p}\right)\frac{(T\sqrt{\log T})^{1-s}}{1-s} + O\left(\frac{1}{\sqrt{T}}\right) = \sum_{m \leqq T\sqrt{\log T}} \frac{c_m}{m^s} + O(T^{-\frac{1}{4}}),$$

where

$$c_m = \sum_{\substack{d/m \\ d/\Pi p \\ p \leqq \xi}} \mu(d) = \begin{cases} 0 \text{ if } m \text{ is divisible by a prime } \leqq \xi, \\ 1 \text{ if } m \text{ is not divisible by a prime } \leqq \xi. \end{cases}$$

Inserting (22) in (21) and integrating, we find

$$(23) \qquad T^{\frac{1}{4}}J > A_6 R\left\{\int_t^{t+H} \zeta(s)\prod_{p \leqq \xi}(1-p^{-s})\,dt\right\} = A_6 H +$$

$$A_6 R\left[i \sum_{\xi < m \leqq T\sqrt{\log T}} \frac{c_m}{m^s \log m}\right]_{s=\frac{1}{2}+it}^{s=\frac{1}{2}+i(t+H)} + O(T^{-\frac{1}{4}}) \geqq$$

$$A_6 H - A_6|g(t)| - A_6|g(t+H)| - O(T^{-\frac{1}{4}}) = A_8(H-\psi),$$

where

$$g(t) = \sum_{\xi < m \leqq T\sqrt{\log T}} \frac{c_m}{m^s \log m}.$$

We now consider

$$(24) \qquad \int_T^{2T} |g(t)|^2\,dt = T \sum_{\xi < m \leqq T\sqrt{\log T}} \frac{|c_m|^2}{m \log^2 m} + O\left(\sum_{\substack{m \neq n \\ 1 < m,\, n \leqq T\sqrt{\log T}}} \frac{1}{\sqrt{mn}\log m \log n \left|\log\frac{m}{n}\right|}\right)$$

$$\leqq T \sum_{m > \xi} \frac{c_m}{m \log^2 m} + O\left(\sum_{\substack{m \neq n \\ 1 < m,\, n \leqq T\sqrt{\log T}}} \frac{1}{\sqrt{mn}\log m \log n \left|\log\frac{m}{n}\right|}\right).$$

[1]) Titchmarsh, Loc. cit. Theorem 19. § 2. 12.

But

$$(25)\qquad \sum_{\substack{m \neq n \\ 1<m\leq T\sqrt{\log T} \\ 1<n\leq T\sqrt{\log T}}} \frac{1}{\sqrt{mn}\log m \log n \left|\log \frac{m}{n}\right|} = O\left(\frac{T}{\sqrt{\log T}}\right),^{1)}$$

and

$$\sum_{m\geq \xi} \frac{c_m}{m\log^2 m} = \sum_{k=0}^{\infty} \sum_{\xi^{2k}}^{\xi^{2k+1}} \frac{c_m}{m\log^2 m} < \frac{1}{\log^2 \xi} \sum_{k=0}^{\infty} 4^{-k} \sum_{1}^{\xi^{2k+1}} \frac{c_m}{m}.$$

Now for $x \geq \xi$ we have

$$\sum_{1}^{x} \frac{c_m}{m} < e \sum_{1}^{\infty} \frac{c_m}{m^{1+\frac{1}{\log x}}} = e\zeta\left(1+\frac{1}{\log x}\right) \prod_{p\leq \xi}\left(1-\frac{1}{p^{1+\frac{1}{\log x}}}\right) =$$

$$= O\left(\log x \cdot e^{-\sum\limits_{p\leq\xi} p^{-1-\frac{1}{\log x}}}\right) = O\left(\log x \cdot e^{-\sum\limits_{p\leq\xi}\frac{1}{p} + O\left(\frac{1}{\log x}\sum\limits_{p\leq\xi}\frac{\log p}{p}\right)}\right) =$$

$$= O\left(\log x \cdot e^{-\log\log\xi + O(1) + O\left(\frac{\log\xi}{\log x}\right)}\right) = O\left(\frac{\log x}{\log \xi}\right),$$

hence

$$(26)\qquad \sum_{m>\xi} \frac{c_m}{m\log^2 m} = O\left(\frac{1}{\log^2\xi}\sum_{k=0}^{\infty} 2^{1-k}\right) = O\left(\frac{1}{\log^2\xi}\right).$$

Inserting (25) and (26) in (24), we get

$$\int_{T}^{2T} |g(t)|^2 dt = O\left(\frac{T}{\log^2\xi}\right) + O\left(\frac{T}{\sqrt{\log T}}\right) = O\left(\frac{T}{\log^2\xi}\right),$$

obviously also

$$\int_{T}^{2T} |g(t+H)|^2 dt = O\left(\frac{T}{\log^2\xi}\right).$$

(20) now follows immediately, since

$$\psi = |g(t)| + |g(t+H)| + O(T^{-\frac{1}{4}}).$$

Now let S be the sub-set of the interval $(T, 2T)$ where $|I| = J$. Then if $m = m(S)$ is the measure of S

1) Hardy and Littlewood. Loc. cit. Lemma 6.

$$\int_S |I|\,dt \leqq m^{\frac{1}{2}} \left\{ \int_T^{2T} I^2 dt \right\}^{\frac{1}{2}} < A_7 \frac{H^{\frac{1}{2}} T^{\frac{1}{4}} m^{\frac{1}{2}}}{\sqrt{\log \xi}},$$

by (8); on the other hand, by (19) and (20),

$$\int_S J\,dt > A_3 T^{\frac{1}{4}} \int_S (H-\psi)\,dt > A_3 H T^{-\frac{1}{4}} m - A_3 T^{-\frac{1}{4}} \int_S |\psi|\,dt \geqq$$

$$\geqq A_3 H T^{-\frac{1}{4}} m - A_3 T^{-\frac{1}{4}} m^{\frac{1}{2}} \left\{ \int_T^{2T} |\psi|^2 dt \right\}^{\frac{1}{2}} > A_3 H T^{-\frac{1}{4}} m - A_8 \frac{T^{\frac{1}{4}} m^{\frac{1}{2}}}{\log \xi}.$$

Hence

$$m^{\frac{1}{2}} < A_9 \frac{T^{\frac{1}{2}}}{\sqrt{H \log \xi}} + A_{10} \frac{T^{\frac{1}{2}}}{H \log \xi},$$

or

$$m(S) < A_{11} \left(\frac{1}{H \log \xi} + \frac{1}{H^2 \log^2 \xi} \right) T < \frac{A_{12}}{H \log \xi} T,$$

since $H > \frac{1}{\log \xi}$. Now divide the interval $(T, 2T)$ into $\left[\frac{T}{2H}\right]$ pairs of abutting intervals j_1, j_2, each, except the last j_2 of length H, and each j_2 lying immediately to the right of the corresponding j_1. Then either j_1 or j_2 contains a zero of $Z_1(t)$, unless j_1 consists entirely of points of S. Suppose the latter occurs for $\nu\, j_1$'s. Then

$$\nu H \leqq m(S) < \frac{A_{12}}{H \log \xi} T.$$

Hence there are, in $(T, 2T)$, at least

$$\left[\frac{T}{2H}\right] - \nu > \frac{T}{H}\left(\frac{1}{3} - \frac{A_{12}}{H \log \xi}\right)$$

zeros, now choose H so great that

$$\frac{A_{12}}{H \log \xi} = \frac{1}{6}, \quad H = \frac{A_{13}}{\log \xi} = \frac{A_{14}}{\log \log \log T}.$$

Thus we see that the number of zeros are, at least

$$\frac{T}{6H} > A_{15} T \log \log \log T,$$

since the real zeros of $Z_1(t)$ obviously also are the zeros of $\zeta(\frac{1}{2} + it)$, this proves the theorem stated in the introduction.

> Kann eine Masterkurve erstellt werden, so lässt sich das dynamisch-mechanische Verhalten für Temperatur- und Frequenzbereiche angeben, die apparativ nicht zugänglich sind.

3.11.4 Das Kinkenmodell

Im vorigen Abschnitt wurde der Snoek-Effekt in α-Eisen zur Erklärung von Retardations- bzw. Relaxationsvorgängen auf molekularer Ebene eingeführt. Dies ist zwar sehr anschaulich, hat aber mit Polymeren auf den ersten Blick nicht sehr viel zu tun.

Polymere bestehen aus langen Kettenmolekülen, die einer Dehnung in Verbindung mit Abstandsänderungen der Atome oder einer Biegung in Verbindung mit Valenzwinkeländerungen großen Widerstand entgegensetzen. Wären keine weiteren Bewegungsmöglichkeiten vorhanden, so müssten sich Polymere ähnlich wie Metalle verhalten.

Es gibt jedoch bei Polymeren zusätzlich die Möglichkeit einer Rotation um die C-C-Bindungen, bei der nur relativ geringe Potenzialschwellen zu überwinden sind. In der Regel zeichnet sich eine C-C-Bindung durch ein dreizähliges Rotationspotenzial aus (siehe Abb. 3.45). Der quantitative Verlauf (Höhe der Potenzialschwelle, Winkellage der Minima) wird je nach Polymer verschieden sein, dagegen sollte die Dreizähligkeit des Potenzials bei allen Kohlenwasserstoffketten prinzipiell erhalten bleiben, da diese auf der sp^3-Hybridisierung der C-Atome beruht.

Ebenfalls prinzipieller Natur sind die Beiträge der Austauschwechselwirkungen durch benachbarte Bindungen oder Gruppen, die zwar in der Stärke von Polymer zu Polymer unterschiedlich sein können, aber immer einen Einfluss auf das Gesamtpotenzial haben werden. Das Gesamtpotenzial der C-C-Bindung beeinflusst die räumliche Anordnung im thermodynamischen Gleichgewicht. Für die einfache C-C-Bindung ergeben sich durch das Gesamtpotenzial drei energetisch annähernd gleichwertige Zustände: die trans-Lage und zwei um 120° gedrehte gauche-Lagen. Da die Lagen der C-C-Bindungen bei einer endlichen Temperatur eine mittlere kinetische Energie besitzen, können thermisch aktivierte Übergänge (Platzwechsel) von einer Lage in die andere auftreten. Der thermodynamische Gleichgewichtszustand ist dann, analog zum einfachen Platzwechselmodell, durch eine im zeitlichen Mittel konstante Anzahl von trans- und gauche-Lagen gekennzeichnet.

Damit kann die räumliche Anordnung von C-C-Gliedern einer Polymerkette durch ein einfaches Platzwechselmodell beschrieben werden. Die zwei Zustände sind die trans- und die gauche-Lagen, die über eine Energiebarriere getrennt sind.

Von W. Pechhold (siehe Pechhold (1970, 1979)) wurde eine Modellvorstellung entwickelt, die darauf beruht, dass das Gesamtpotenzial einer C-C-Bindung durch

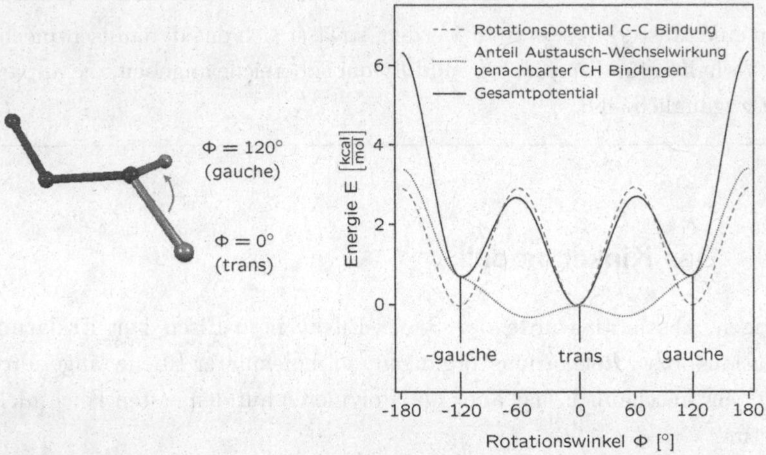

Abb. 3.45 Rotationspotenzial einer C-C-Bindung am Beispiel von Butan

ein äußeres Feld geändert wird. Damit ändert sich auch der Gleichgewichtszustand zwischen trans- und gauche-Lagen. Durch Platzwechselvorgänge von trans- zu gauche-Lagen wird sich die Anordnung der C-C-Glieder in der Polymerkette mit der Zeit dem neuen Gleichgewichtszustand annähern.

Eine zusätzliche makroskopische Deformation wird durch ein äußeres Feld dadurch verursacht, dass rotationsisomere CH_2-Sequenzen, die als Kinken bezeichnet werden, durch Platzwechselvorgänge ihre Lage und somit die Ausdehnung der gesamten Kette ändern. Eine Kinke entsteht in einer planaren Kette, wenn diese

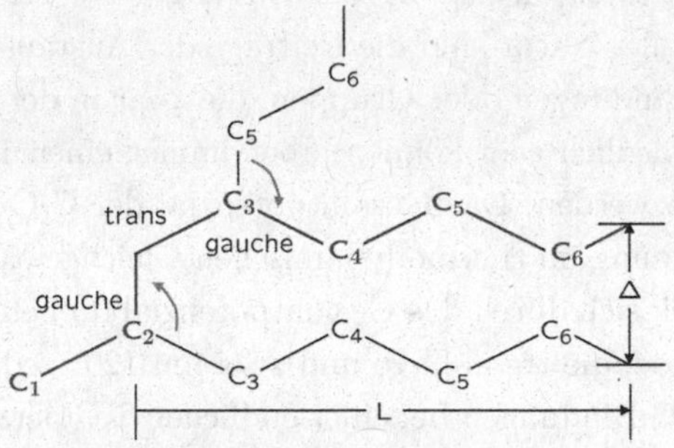

Abb. 3.46 Kettengerüst einer Kinke

an einer Stelle zwei gauche-Lagen (120°-Lagen im Rotationspotenzial) mit einer dazwischen liegenden C-C-Bindung in trans-Stellung besitzt (siehe Abb. 3.46).

In einem isotropen Festkörper besteht eine Gleichverteilung der Kinken auf mehrere energetisch gleichwertige Lagen. Wirkt eine äußere Spannung, so wird eine bestimmte Kinklage energetisch bevorzugt. Die Kinken führen Platzwechsel in diese Lage aus, deren Häufigkeit wiederum von der Temperatur T und der

Barrierenhöhe U_0 abhängt. Der Austausch bzw. Platzwechsel erfolgt durch eine kurbelwellenartige Rotation von CH_2-Sequenzen.

Beim Kinkplatzwechselmodell ist ein Austausch von zwei gauche-Positionen und damit eine zweimalige Überwindung der Potenzialbarriere im Rotationspotenzial um die C-C-Bindung erforderlich. Beim Polyethylen (PE) beträgt die trans-gauche-Potenzialschwelle 11,5 kJ/mol, der untere Grenzwert für einen Kinkplatzwechsel also 23 kJ/mol. Als experimentellen Wert für den Tieftemperaturrelaxationsprozess in PE findet man ca. 26 kJ/mol. Zu ähnlich guten Übereinstimmungen zwischen theoretischen und experimentellen Werten gelangt man auch bei einer Reihe weiterer Polymere.

3.11.5 Viskosität im Platzwechselmodell

Die Beschreibung der Temperaturabhängigkeit der Viskosität von niedermolekularen Flüssigkeiten kann ebenfalls auf der Basis einfacher Platzwechselvorgänge durchgeführt werden. Unter Zuhilfenahme geeigneter Modellvorstellungen kann diese Vorstellung auf polymere Schmelzen übertragen werden.

Aus der Differenz der Sprunghäufigkeiten $\Gamma^{1\to 2}_{2\to 1}$ der zwei Zustände des einfachen Platzwechselmodells (siehe Gl. 3.102) kann der aus einem Platzwechsel resultierende Abgleitvorgang und daraus die makroskopische Schergeschwindigkeit $\dot{\gamma}$ in einer Flüssigkeit berechnet werden.

Dazu betrachtet man zwei übereinander liegende Flüssigkeitsschichten mit einer Leerstelle (siehe Abb. 3.47). Wirkt in der oberen Schicht eine Schubspannung τ, so werden mehr Platzwechsel in Richtung des Feldes als entgegengesetzt zum Feld stattfinden. Dies hat einen Transport von Molekülen in Richtung des äußeren Feldes zur Folge und wird makroskopisch als Abgleit- bzw. Fließvorgang sichtbar.

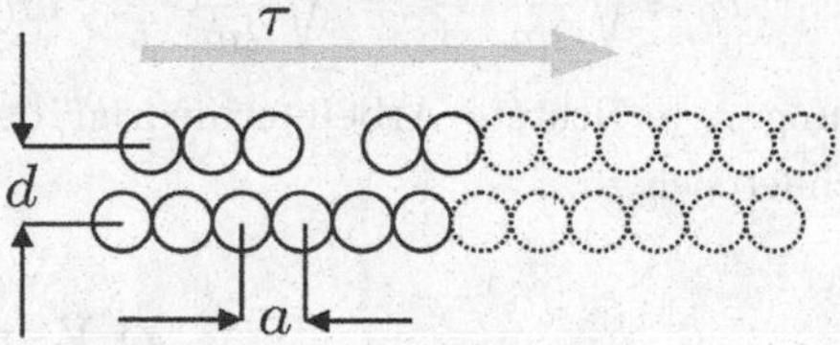

Abb. 3.47 Flüssigkeitsschichten mit Leerstelle

Die makroskopische Scherung γ kann analog zur Versetzungstheorie der Metalle bestimmt werden. Wenn N Versetzungen (bzw. Leerstellen) pro Volumeneinheit mit der Versetzungsstärke b eine Fläche A ihrer Gleitebene überstreichen, so resultiert eine makroskopische Abgleitung γ. Die Größe b wird als Burgers-Vektor bezeichnet. Dieser charakterisiert den Betrag der Abgleitung bei der Wanderung einer Versetzung durch einen Kristall.

$$\begin{aligned}\gamma(t) &= N(t)\cdot A\cdot b = N\cdot V\\ &\Downarrow\\ \dot\gamma(t) &= \dot N(t)\cdot V\end{aligned} \tag{3.115}$$

Im Fall der Flüssigkeit entspricht b dem Abstand zweier Gleichgewichtslagen (siehe Abb. 3.47) und V näherungsweise dem Eigenvolumen der Moleküle. Die zeitliche Änderung $\dot N(t)$ der Anzahl der Versetzungen (bzw. Leerstellen) kann aus der Differenz der Sprunghäufigkeiten $\Gamma_{2\to1}^{1\to2}$ berechnet werden.

$$\dot N(t) = \left(\Gamma^{1\to2} - \Gamma^{2\to1}\right)\cdot N(t)$$

Mit Gl. 3.102 und Gl. 3.115 ergibt sich:

$$\dot\gamma(t) = p_v\cdot\frac{2\Delta U}{kT}\cdot\nu_0\cdot e^{-\dfrac{U_0}{kT}}\cdot N(t)\cdot V \tag{3.116}$$

Der Faktor p_v berücksichtigt die Tatsache, dass ein Platzwechsel eines Moleküls nur dann erfolgen kann, wenn die benachbarte Position eine Leerstelle enthält. p_v gibt somit die Wahrscheinlichkeit an, in einer benachbarten Position eine Leerstelle zu finden. D.h., nur wenn $p_v > 0$ ist, kann ein Platzwechselvorgang stattfinden. Ist $p_v = 1$, so sind alle benachbarten Zustände frei, und der Platzwechsel kann ungehindert durch thermisch aktivierte Sprünge ablaufen.

Die Oszillationsfrequenz ν_0 eines Moleküls der Masse m in einer Potenzialmulde kann durch einen periodischen Ansatz für die potenzielle Energie $U(x)$ abgeschätzt werden.

$$\nu_0 \approx \sqrt{\frac{U_0}{2m}}\cdot\frac{1}{x} \stackrel{x=b}{=} \sqrt{\frac{U_0}{2m}}\cdot\frac{1}{b}$$

Die durch die Spannung τ verrichtete Arbeit erniedrigt das Potenzial um den Betrag ΔU und berechnet sich zu:

$$\Delta U = \int_0^{\frac{b}{2}} F\,dx = \tau\cdot A\int_0^{\frac{b}{2}} 1\,dx \stackrel{V=A\cdot b}{=} \frac{V\cdot\tau}{2}$$

Da nur bis zum Erreichen des Potenzialmaximums bei $\frac{b}{2}$ Arbeit verrichtet werden muss, wird auch nur bis $\frac{b}{2}$ integriert.

Normiert man auf ein Einheitsvolumen $N\cdot V = 1$ und setzt die Beziehungen für ν_0 und ΔU in Gl. 3.116 ein, so ergibt sich die Viskosität zu:

$$\eta = \frac{\tau}{\dot\gamma} = \frac{1}{p_v}\cdot\sqrt{\frac{2m}{U_0}}\cdot\frac{kT}{V^{\frac{2}{3}}}\cdot e^{\dfrac{U_0}{kT}} \tag{3.117}$$

p_v kann nun in der so genannten Näherung *des freien Volumens* pauschal durch den Ausdruck $\exp(-\frac{V^\star}{V_f})$ beschrieben werden. Dabei entspricht $V^\star$ dem Mindestvolumen, das für einen Platzwechsel zur Verfügung stehen muss, und V_f dem mittleren freien Volumen pro Molekül. Das Konzept *des freien Volumens* wird in Abschnitt 3.12.2 bei der kinetischen Interpretation des Glasprozesses von Polymeren ausführlich behandelt.

Gl. 3.117 lässt sich damit folgendermaßen darstellen:

$$\eta = \eta_0 \cdot e^{\frac{V^\star}{V_f}} \cdot e^{\frac{U_0}{kT}} \tag{3.118}$$

Da $V^\star$ näherungsweise mit dem Eigenvolumen V_m eines Moleküls gleichgesetzt werden darf, erhält man aus Gl. 3.118 nach Übergang zu molaren Größen:

$$\eta = \eta_0 \cdot e^{\left(\frac{V_m}{V - V_m} + \frac{Q}{RT}\right)} \tag{3.119}$$

Dabei wurde das freie Volumen V_f pro Mol gleich der Differenz aus Gesamtvolumen V und Eigenvolumen V_m der Moleküle gesetzt. Q entspricht der auf ein Mol bezogenen Aktivierungsenergie für einen Platzwechsel und R der molaren Gaskonstante ($R = N_A \cdot k = 8.31451\,\mathrm{J/(mol \cdot K)}$).

Der interessanteste Aspekt bei der Modellierung der Viskosität von Flüssigkeiten oder polymeren Schmelzen durch ein Platzwechselmodell liegt in der Einführung des freien Volumens.

Ein Platzwechsel ist damit nicht nur von der Temperatur T und von der Barrierenhöhe U_0 abhängig, sondern zusätzlich muss ein gewisses freies Volumen V_f zur Verfügung stehen, um einen Platzwechsel zu ermöglichen.

Anschaulich bedeutet dies, dass bei einem Platzwechsel in einen anderen Zustand dieser nicht schon durch ein Molekül oder Atom belegt sein darf.

Die Einführung des freien Volumens ist die grundlegende Idee, die bei der Interpretation des Glasprozesses von Polymeren zu der Vorstellung eines Relaxationsvorgangs in einen Nichtgleichgewichtszustand führt (siehe Kapitel 3.12.2).

Eine nette Anekdote, die sich mit dem Fließvorgang von Gläsern beschäftigt, ist die immer wieder gern gestellte Frage, warum alte Kirchenfenster unten dicker sind als oben.

Zu Schulzeiten wurde mir diese Frage von Physiklehrern mit dem Fließverhalten von Glas beantwortet. Danach fließen Glasschichten unter dem Einfluss der Schwerkraft und verdicken so im Laufe der Zeit den unteren Teil der Scheibe. Die Viskosität von Glas wäre allerdings so hoch, dass der Effekt der Verdickung erst nach Jahrzehnten bzw. Jahrhunderten sichtbar sei. Besonders gut wäre die

Verdickung deshalb bei Kirchenfenstern nachzuweisen, da diese meist einige Jahrhunderte in der gleichen Position verbleiben und so den Idealfall eines Langzeitexperiments darstellten.

Ich fand diese Argumentation damals sehr einleuchtend und beeindruckend. Erstens bekommt man einen Eindruck davon, was man unter einem Langzeitexperiment zu verstehen hat, und zweitens fand ich es verblüffend, dass so etwas Hartes wie Glas das Verhalten einer Flüssigkeit aufweisen soll.

Leider ist die Realität nicht immer so, wie sich dies der Physiker oder Rheologe vorstellt. 1997 schätzte Zanotto die charakteristische Zeitskala für Fließvorgänge von Fensterglas (SiO_2) auf der Basis der Theorie des freien Volumens zuerst auf 10^{32} Jahre (siehe Zan (1997)) und später in einer revidierten Fassung auf $2 \cdot 10^{23}$ Jahre (siehe Zan (1998)) ab. D.h., ein makroskopischer Einfluss des Fließverhaltens von Fensterglas wäre gemäß diesen Abschätzungen erst nach einer Wartezeit von ca. 10^{23} Jahren zu erwarten. Im Vergleich dazu wird das Alter des Universums auf 10^{10} Jahre geschätzt.

Das bedeutet: Selbst nach einer Wartezeit von einigen Jahrhunderten sind die durch Fließvorgänge verursachten Veränderungen verschwindend gering und können damit nicht für die unten verdickten Kirchenfenster verantwortlich gemacht werden.

Aus der Arbeit von Zanotto kann zwar eine Fließgrenze für Glas abgeschätzt werden, aber es bleiben doch zwei Fragen unbeantwortet. Warum sind Kirchenfenster unten dicker als oben, und ist es wirklich sicher, dass Fensterglas Fließverhalten zeigt?

Die zweite Frage, ob Fensterglas fließt oder nicht, spielt für uns Menschen wegen der enorm langen Wartezeiten wohl nach keine Rolle und ist daher eher von akademischem Interesse.

Die erste Frage, warum Fensterglas unten dicker als oben ist, kann mit den historischen Produktionstechniken von Glas erklärt werden. Zu Beginn der Glasherstellung war es einfach nicht möglich, Scheiben einheitlicher Dicke zu produzieren, und aus Stabilitätsgründen wurden die Fenster dann mit dem dickeren Teil nach unten eingesetzt.

3.12 Der Glasprozess

Ein Polymer besteht aus langen, flexiblen Kettenmolekülen, die in der Schmelze als ungeordnete Knäuel vorliegen. Kühlt man Flüssigkeiten ab, so wird bei einer bestimmten Temperatur Kristallisation auftreten. Wasser ist beispielsweise bei Temperaturen oberhalb von 0 °C flüssig, und unter 0 °C kristallisiert es zu Eis. Die Kristallisation von Polymeren ist problematisch, da das Wachstum eines Kristalls Hand in Hand mit der Entwirrung von ineinander verknäulten Polymerketten gehen muss. Aus diesem Grund haben Polymere eine starke Neigung zur Glasbildung, d.h. zur Erstarrung unter Beibehaltung der ungeordneten Flüssigkeitsstruktur. Selbst das einfache und flexible Polyethylen $(CH_2)_n$ wird beim Abkühlen aus der Schmelze nur teilkristallin. Etwa ein Drittel des Volumens bleibt amorph (griechisch für gestaltlos), d.h. ungeordnet.

Der Glasprozess ist von großer Bedeutung für die Eigenschaften der Polymere. Oberhalb einer kritischen Temperatur, die im Folgenden als Glastemperatur T_G bezeichnet wird, sind die Polymerketten noch beweglich. Sie können, wie beim viskosen Fließen beschrieben, durch Platzwechselvorgänge bewegt werden. Unterhalb von T_G ist diese Beweglichkeit nicht mehr vorhanden.

Polymere, deren Glastemperatur oberhalb der Raumtemperatur liegt, werden als Thermoplaste bezeichnet, während Polymere, deren Glastemperatur deutlich unterhalb der Raumtemperatur liegt, als Elastomere bezeichnet werden.

Der Glasübergang ist ein Effekt, der sich außer beim mechanischen Modul noch bei vielen anderen Größen bemerkbar macht (wie z.B. spezifischem Volumen, Enthalpie, Entropie, spezifischer Wärme, Brechungsindex etc.).

Zur molekularen Beschreibung existieren im Wesentlichen zwei Theorien, die sich schon im Ansatz prinzipiell unterscheiden. Zum einen wird versucht, den Glasübergang als thermodynamisch definierten Phasenübergang zu beschreiben, zum anderen werden kinetische Theorien diskutiert, die den Glasübergang durch einen Relaxationsprozess in einen Nichtgleichgewichtszustand interpretieren.

Bei der thermodynamischen Betrachtung wird der amorphe, glasartig erstarrte Zustand als Gleichgewichtszustand beschrieben und stellt damit einen weiteren Aggregationszustand des Festkörpers dar (analog zum festen, flüssigen und gasartigen Zustand), während er bei der kinetischen Betrachtung als Relaxationsvorgang aufgefasst wird, dessen charakteristische Zeitkonstanten allerdings so hoch sind, dass sie innerhalb der Messzeit nicht mehr beobachtet werden können.

Bevor beide Theorien weiter diskutiert werden, sollen einige typische experimentelle Befunde zum Glasprozess betrachtet werden.

Die Glastemperatur T_G wurde ursprünglich durch die Messung des thermischen Ausdehnungskoeffizienten α in Abhängigkeit von der Temperatur T bestimmt.

$$\alpha = \frac{1}{V_0}\left(\frac{\delta V}{\delta T}\right)_p \tag{3.120}$$

Dazu wird das zu untersuchende Polymer mit einer bestimmten Rate abgekühlt und die temperaturabhängige Volumenänderung δV der Probe bei konstantem Druck p bestimmt (siehe linkes Diagramm in Abb. 3.48). Bei amorphen Polymeren beobachtet man bei einer bestimmten Temperatur eine Änderung der Steigung der Volumen-Temperatur-Kurve. Dementsprechend ändert sich die Ableitung des spezifischen Volumens, die dem thermischen Ausdehnungskoeffizienten α entspricht, stufenartig. Die Temperatur, bei der diese Änderung auftritt, wird als Glastemperatur T_G bezeichnet. Sie stellt allerdings keine reine Materialeigenschaft dar, da sie stark von der Heiz- bzw. Kühlrate abhängt. Erhöht man die Heiz- bzw. Kühlrate, so verschiebt sich die Glastemperatur T_G zu höheren Temperaturen.

Eine weitere Messung, die heute als schnelle und preiswerte Methode zur Bestimmung der Glastemperatur etabliert ist, bedient sich der Bestimmung des Wärmeflusses von bzw. zu einer Probe relativ zu einem inerten Referenzmaterial. Diese Differenzmethode wird als **D**ifferential **S**canning **C**alorimetry (DSC) bezeichnet. Die Messgröße ist die Temperaturdifferenz δT zwischen Probe und Referenzmaterial als Funktion der Ofentemperatur $T(t)$. Da die Temperaturdifferenz δT proportional zum Wärmestrom Q von bzw. zu der Probe ist, kann dieser durch eine Kalibrierung des jeweiligen Geräts direkt bestimmt werden.

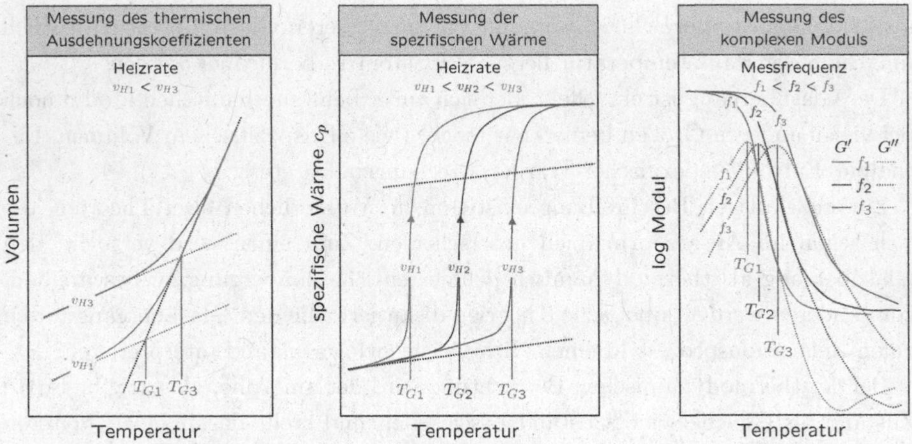

Abb. 3.48 Experimentelle Befunde zum Glasprozess

Die spezifische Wärme c_p berechnet sich aus der Änderung des Wärmestroms über der Temperatur.

$$c_p = \left(\frac{\delta Q}{\delta T}\right)_p = T\left(\frac{\delta S}{\delta T}\right)_p \tag{3.121}$$

Im mittleren Diagramm von Abb. 3.48 sind idealisierte Messungen der spezifischen Wärmekapazität c_p bei unterschiedlichen Heiz- und Kühlraten dargestellt. Beim Übergang in den glasartig erstarrten Zustand beobachtet man bei einer bestimmten Temperatur, der Glastemperatur T_G, eine stufenförmige Änderung der Wärmekapazität. Diese ist allerdings wiederum stark von der Heiz- bzw. Kühlrate abhängig. Mit steigender Heiz- bzw. Kühlrate verschiebt sich die gemessene Glastemperatur T_G zu höheren Temperaturen.

Eine dritte Methode, die standardmäßig zur Bestimmung der Glastemperatur verwendet wird, ist die temperatur- bzw. frequenzabhängige Messung der komplexen Module oder Komplianzen. Das rechte Diagramm in Abb. 3.48 zeigt eine temperaturabhängige Messung des Speicher- und des Verlustmoduls bei drei verschiedenen Messfrequenzen. Bei sehr tiefen Temperaturen ist das Polymer glasartig erstarrt, der Speichermodul liegt im Bereich von einigen hundert MPa bis einigen GPa. Erhöht man die Temperatur, so nimmt der Speichermodul ab einer bestimmten kritischen Grenztemperatur drastisch ab, während der Verlustmodul ein Maximum durchläuft. Die Temperatur, bei der der Verlustmodul sein Maximum erreicht, wird oft als Glastemperatur T_G bezeichnet. Auch beim dynamisch-mechanischen Experiment verschiebt sich die Lage der Glastemperatur T_G mit steigender Messfrequenz zu höheren Temperaturen.

Dieser Zusammenhang ist in Abb. 3.49 nochmals am Beispiel von temperaturabhängigen Modulmessungen an einem L-SBR (einem in Lösung polymerisierten statistischen Copolymer aus Butadien und Styrol) bei verschiedenen Messfrequenzen dargestellt. Im linken Diagramm ist die Temperaturabhängigkeit der Speicher- und der Verlustmodule für drei Messfrequenzen dargestellt (0.01 Hz, 1 Hz und 100 Hz). Der Verlustfaktor des Imaginärteils besitzt zwei lokale Maxima, deren Temperaturlagen sich mit steigender Frequenz zu höheren Temperaturen verschieben. Damit ist davon auszugehen, das im Polymer zwei Relaxationsprozesse ablaufen.

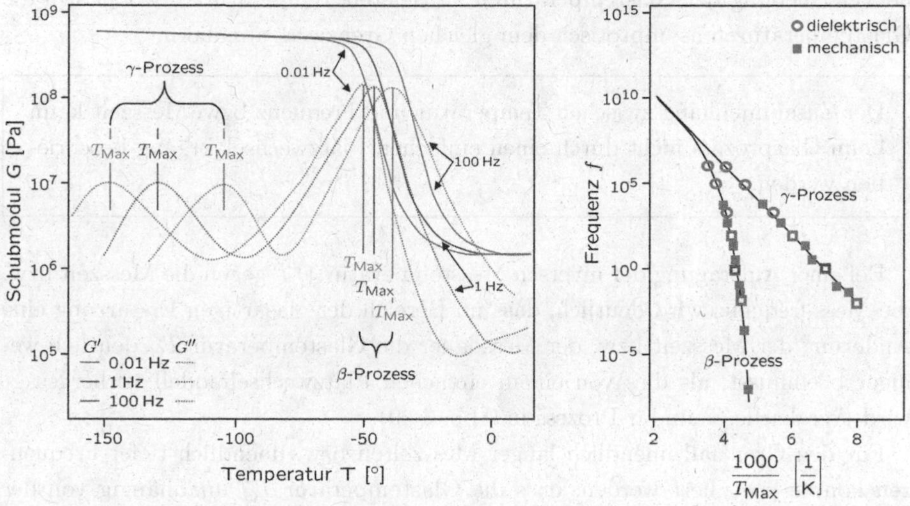

Abb. 3.49 Einfluss der Messfrequenz auf den Glasprozess

Trägt man die Temperaturlagen der Maxima in Abhängigkeit von der Messfrequenz auf, so erhält man das Aktivierungsdiagramm (siehe rechtes Diagramm in Abb. 3.49). Der bei tieferen Temperaturen auftretende Relaxationsprozess wird im Folgenden als γ-Prozess bezeichnet und der bei höheren Temperaturen als β-Prozess.

Beim γ-Prozess findet man eine lineare Beziehung zwischen dem Logarithmus der Frequenz und der inversen Temperatur. Damit kann man davon ausgehen, dass dieser Prozess durch ein Platzwechselmodell beschrieben und seine Aktivierungsenergie bzw. Barrierenhöhe U_0 aus der Steigung der Geraden ermittelt werden kann. Im Rahmen der Messgenauigkeit entspricht die aus dem Messbeispiel extrahierte Aktivierungsenergie dem für einen Kinkplatzwechsel vorhergesagten Wert (siehe Abschnitt 3.11.4). Der γ-Relaxationsprozess kann damit molekular durch die kurbelwellenartige Relaxation von einzelnen Kinken im glasartig erstarrten Zustand interpretiert werden.

Der β-Prozess weist keinen linearen Zusammenhang zwischen inverser Temperatur und Messfrequenz auf. Es scheint eher so zu sein, dass bei einer bestimmten Temperatur die zugehörige Messfrequenz asymptotisch gegen null konvergiert. Dies bedeutet, dass bei einer Messung bei sehr kleiner Frequenz – dies würde im Grenzfall unendlich kleiner Frequenzen einer quasistatischen Messung entsprechen – die gemessene Glastemperatur T_G nicht tiefer als dieser Grenzwert liegen kann.

Bei allen experimentellen Methoden zur Bestimmung der Glastemperatur T_G findet man einen Zusammenhang zwischen der Glastemperatur und der Frequenz bzw. zwischen der Glastemperatur und der Messzeit. Eine Verringerung der Messfrequenz bzw. der Heiz- bzw. Kühlraten bewirkt sowohl bei der Messung der Wärmekapazität c_p als auch bei Bestimmung des Ausdehnungskoeffizienten α eine Verschiebung der Glastemperaturen zu tieferen Temperaturen, wobei sich die Glastemperaturen asymptotisch dem gleichen Grenzwert annähern.

Der Zusammenhang zwischen Temperatur und Frequenz bzw. Messzeit kann beim Glasprozess nicht durch einen einfachen Platzwechselvorgang beschrieben werden.

Bei einer Auftragung der inversen Messtemperatur $1/T$ gegen die Messzeit bzw. die Mess-frequenz wird deutlich, dass im Bereich der glasartigen Erstarrung eine Änderung der Messzeit bzw. der Messdauer die Glastemperatur T_G deutlich weniger beeinflusst, als dies von einem einfachen Platzwechselmodell vorhergesagt wird (vergleiche β- und γ-Prozess in Abb. 3.49).

Für den Grenzfall unendlich langer Messzeiten bzw. unendlich tiefer Frequenzen könnte postuliert werden, dass die Glastemperatur T_G unabhängig von der Messzeit wird. Trifft diese Vermutung zu, so kann der Glasübergang durch einen Phasenübergang beschrieben und thermodynamisch abgeleitet werden. Trifft die Vermutung nicht zu, so ist der Glasübergang ein kinetisches Phänomen und damit als Relaxationsvorgang in einen Nichtgleichgewichtszustand interpretierbar.

Bisher gibt es noch keine eindeutigen Befunde, die klar erkennen lassen, welche Modellvorstellung die Realität besser abbildet; deshalb werden im Folgenden die gängigsten Theorien zur Beschreibung des Glasprozesses vorgestellt.

3.12.1 Thermodynamische Beschreibung

Alle thermodynamischen Theorien des Glasübergangs gehen davon aus, dass der Glasübergang einen echten Phasenübergang überdeckt. Grundlage dieser Überlegungen ist das so genannte *Kauzmann-Paradoxon*.

Zur thermodynamischen Beschreibung dieses Effekts wird der Begriff der Entropie benötigt. Dieser wird später noch ausführlich diskutiert, aber bis dahin genügt es, sich unter der Entropie den Grad der Unordnung eines Systems vorzustellen.

Misst man also die Entropie, d.h. die Unordnung einer unterkühlten Flüssigkeit (durch sehr schnelles Abkühlen bleibt eine Flüssigkeit auch noch unter ihrem Gefrierpunkt flüssig), und extrapoliert zu tieferen Temperaturen, so schneidet die extrapolierte Kurve bei einer kritischen Temperatur T_K die Entropiekurve der kristallinen Phase. Damit müsste die Entropie der unterkühlten Flüssigkeit ab einer bestimmten Temperatur $T < T_K$ geringer sein als die Entropie des Kristalls.

Anders ausgedrückt: Die Ordnung der Flüssigkeit wäre höher als die des Kristalls. Dies stellt natürlich einen Widerspruch dar, denn wie kann eine Flüssigkeit, die per Definition nur eine Nah- und keine Fernordnung hat, einen höheren Ordnungsgrad haben als ein Kristall, der sich gerade durch seine regelmäßige Fernordnungsstruktur von der Flüssigkeit unterscheidet.

Aus diesem Grund postulieren die thermodynamischen Theorien einen verdeckten Phasenübergang bei oder oberhalb der kritischen Temperatur T_K, die ca. 50 K unterhalb von experimentell gemessenen Glastemperaturen vermutet wird.

Der entscheidende Gedanke bei den thermodynamischen Theorien ist die Vorstellung von kooperativen Bereichen, in denen die Moleküle kooperativ, also gemeinsam reagieren. Die Größe dieser Bereiche nimmt mit abnehmender Temperatur zu, bis sie bei der kritischen Temperatur T_K unendlich groß werden (Näheres dazu im nächsten Abschnitt).

Der Glasprozess als Phasenumwandlung 2.Ordnung

Die Interpretation des Glasprozesses durch einen Phasenübergang 2. Ordnung basiert auf einer Arbeit von Gibbs, Adams und DiMarzio (siehe Gibbs (1963, 1976); Adams (1965)) und stützt sich auf die Annahme, dass eine unterkühlte Flüssigkeit aus kooperativ wechselwirkenden Bereichen besteht. Die Anzahl der Moleküle in einem Bereich nimmt nach Gibbs mit fallender Temperatur zu, während die Anzahl der Bereiche abnimmt. Da die Moleküle in Bereichen kooperativ agieren, müssen mehr elementare Platzwechselvorgänge ablaufen, wenn mehr Zustände geändert werden. Damit nimmt die Relaxationszeit eines Bereichs zu, wenn sich die Anzahl der Elemente in den Bereichen erhöht.

Die Relaxationszeiten nehmen daher mit abnehmender Temperatur zu, und man findet den experimentell bestimmten Zusammenhang zwischen Temperatur und Relaxationszeit.

In Abb. 3.50 sind die wichtigsten Charakteristika von Phasenübergängen erster und zweiter Ordnung zusammengefasst. Eine wichtige Größe bei der Diskussion von Phasenumwandlungen ist die freie Enthalpie G bzw. die Änderung ΔG der freien Enthalpie während einer Umwandlung. Sie ist ein Maß für die Triebkraft bzw. Freiwilligkeit einer Reaktion. Freiwillig bedeutet in diesem Fall natürlich exotherm, d.h., bei einer Reaktion wird Energie in Form von Wärme freigesetzt. So erfolgt eine Reaktion immer dann freiwillig, wenn die freie Enthalpie des Systems während der Reaktion abnimmt.

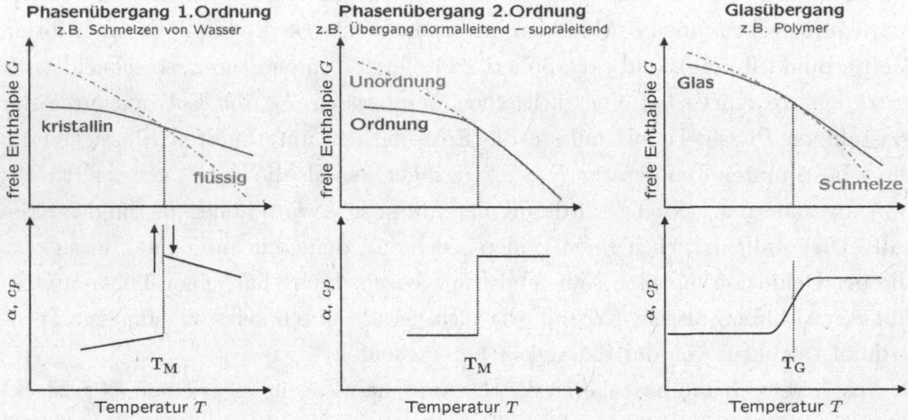

Abb. 3.50 Charakteristika von Phasenübergängen

> Eine Phasenumwandlung erfolgt spontan und freiwillig, wenn die Differenz der freien Enthalpien vor und nach der Reaktion negativ ist, andernfalls muss Energie aufgewendet werden.
>
> $$\Delta G \begin{cases} < 0 & \text{Reaktion läuft freiwillig und spontan ab} \\ > 0 & \text{Reaktion läuft nur ab, wenn Energie investiert wird} \end{cases}$$

Betrachtet man die freie Enthalpie der Aggregatszustände fest und flüssig (beispielsweise Eis und Wasser) (siehe linkes oberes Diagramm in Abb. 3.50), so ist die Differenz der freien Enthalpien von kristalliner Phase und flüssiger Phase nur für bestimmte Temperaturen $T < T_M$ negativ, und nur in diesem Temperaturbereich läuft die Phasenumwandlung flüssig–fest freiwillig ab.

Die Änderung ΔG der freien Enthalpie kann thermodynamisch aus der Änderung ΔH der Enthalpie (bei isobaren Reaktionen entspricht die Enthalpie der Reaktionswärme) und der Änderung ΔS der Entropie eines Systems berechnet werden.

$$\Delta G = \Delta H - T \cdot \Delta S \tag{3.122}$$

Nach dieser Gleichung können vier Kombinationen von ΔH und ΔS die freie Enthalpie eines Systems beeinflussen.

- $\Delta H < 0$ und $\Delta S > 0$
  Bei der Reaktion wird Energie frei ($\Delta H < 0$), und parallel dazu steigt die Unordnung des Systems ($\Delta S > 0$). Da die Zunahme der Unordnung eines Systems immer freiwillig geschieht (nur das Aufräumen, also das Erstellen von Ordnung, kostet Energie), läuft der gesamte Prozess bei jeder Temperatur freiwillig und spontan ab. Das System wird sich im thermodynamischen Gleichgewicht immer in einem Zustand mit minimaler freier Enthalpie befinden und daher bei allen Temperaturen nur eine Phase aufweisen.
- $\Delta H < 0$ und $\Delta S < 0$
  Bei der Reaktion wird Energie frei ($\Delta H < 0$), und parallel dazu steigt die Ordnung des Systems ($\Delta S < 0$). Das heißt, solange die frei werdende Energie ΔH ausreicht, um die zur Schaffung von Ordnung notwendige Arbeit $T\Delta S$ zu verrichten, läuft der Prozess freiwillig ab, und reicht sie nicht, so kann die Reaktion nicht ablaufen.
  Damit wird bei einer bestimmten Temperatur T_M ein Phasenübergang auftreten. Bei höheren Temperaturen ($T > T_M$) ist die Enthalpieänderung ΔH kleiner als die zur Schaffung von Ordnung notwendige Energie $T\Delta S$. Daher bleibt Wasser bei Temperaturen über 0 °C flüssig. Bei tieferen Temperaturen ($T < T_M$) genügt die freiwerdende Energie ΔH, um die zur Schaffung von Ordnung notwendige Arbeit zu verrichten. Deshalb gefriert Wasser bei 0 °C und liegt bei tieferen Temperaturen nur als Eis vor.
- $\Delta H > 0$ und $\Delta S > 0$
  Zum Ablauf der Reaktion wird Energie benötigt ($\Delta H > 0$), und parallel dazu steigt die Unordnung des Systems ($\Delta S > 0$). Solange der durch die zunehmende Unordnung verursachte Energiegewinn $T\Delta S$ ausreicht, um die Enthalpiedifferenz ΔH auszugleichen, läuft der Prozess oder Phasenübergang freiwillig ab, und reicht er nicht, so kann die Reaktion nicht ablaufen. Ein Beispiel ist das Schmelzen von Eis bei einer bestimmten Temperatur. Die Erhöhung der Unordnung durch das Aufbrechen der kristallinen Struktur kompensiert ab dieser Temperatur die dazu notwendige Energie.
- $\Delta H > 0$ und $\Delta S < 0$
  Prozesse oder Reaktionen, für deren Ablauf Energie benötigt wird ($\Delta H > 0$) und deren Ordnungsgrad gleichzeitig steigt ($\Delta S < 0$), sind thermisch nicht realisierbar. Ein Beispiel für einen solchen Prozess stellt die Photosynthese dar.

Nach Ehrenfest unterteilt man Phasenübergänge in zwei Klassen. Bei einem Phasenübergang erster Ordnung ändert sich die Enthalpie H bei infinitesimaler Änderung der Temperatur um einen endlichen Betrag. Die Änderung der Enthalpie und somit die Wärmekapazität ist daher bei der Übergangstemperatur unendlich groß.

Physikalisch kann man diesen Befund erklären, wenn man sich vor Augen führt, dass die Wärmezufuhr und nicht eine Temperaturerhöhung die treibende Kraft für den Phasenübergang darstellt. Die Temperatur von siedendem Wasser bleibt gleich, obwohl ständig Energie zugeführt wird. Ebenso wird beim Schmelzen von Eis zwar ständig Wärme zugeführt, aber solange noch Eiskristalle vorhanden sind, beträgt die Temperatur des Gemisches aus Wasser und Eis genau 0 °C.

Die zum Aufschmelzen einer Kristallstruktur nötige Wärme, deren Grund die bei der Phasenübergangstemperatur unendlich hohe Wärmekapazität ist (siehe linkes Diagramm in Abb. 3.50), nennt man latente Wärme. Sie stellt ein charakteristisches Merkmal für Phasenübergänge 1. Ordnung dar. Ein typischer Vertreter eines Phasenübergangs 1. Ordnung ist der Schmelzvorgang von Eis zu Wasser.

Ein Phasenübergang 2. Ordnung ist im Ehrenfestschen Sinne durch den stetigen Verlauf der Enthalpie H am Übergangspunkt zweier Phasen definiert. Die Wärmekapazität zeigt am Übergang zwar eine Unstetigkeit, wird aber nicht unendlich groß. Damit besitzen Phasenübergänge 2. Ordnung keine latente Wärme. Ein Beispiel für einen Phasenübergang zweiter Ordnung ist die Umwandlung der normalleitenden in die supraleitende Phase von Metallen bei tiefen Temperaturen.

Phasenübergänge, die nicht erster Ordnung sind, bei denen jedoch eine unendlich große Wärmekapazität erreicht wird, bezeichnet man als λ-Übergänge. Die Wärmekapazität der betreffenden Systeme steigt bereits lange vor dem eigentlichen Phasenübergang an. Die Gestalt der Kurve erinnert dabei an den griechischen Buchstaben λ. Beispiele für λ-Übergänge sind Legierungen, das Auftreten von Ferromagnetismus und der Übergang von flüssigem zu suprafluidem Helium.

Nach Gibbs und Adams kann die glasartige Erstarrung von Polymeren durch einen Phasenübergang 2. Ordnung beschrieben werden. Die temperaturabhängigen Eigenschaften der freien Enthalpie, des Ausdehnungskoeffizienten und der Wärmekapazität (vergleiche dazu die mittleren und rechten Diagramme in Abb. 3.50) werden durch die Kinetik der kooperativen Bereiche erklärt.

Die Übergangstemperatur von der Schmelze in den glasartigen Zustand liegt nach Gibbs und Marzio etwa 50 °C unterhalb der experimentell gemessenen Glastemperatur und entspricht der von Kauzmann postulierten kritischen Temperatur T_K.

Die Beschreibung des Glasprozesses durch eine thermodynamische Gleichgewichtsumwandlung setzt voraus, dass sich die Phasen oberhalb wie unterhalb des

Umwandlungspunkts auch tatsächlich im thermodynamischen Gleichgewicht befinden. Bis jetzt konnte die Existenz eines Gleichgewichtsglases bei Polymeren jedoch noch nicht nachgewiesen werden. Auch die Umwandlungs- bzw. Kauzmann-Temperatur ist bisher nicht verifiziert worden.

Die Modenkopplungstheorie

Die Modenkopplungstheorie, die von Leutheuser und Götze (siehe Leutheuser (1984); Bendel (1981); Götze (1987)) aus der Dynamik von Flüssigkeiten entwickelt wurde, nimmt einen völlig anderen Weg zur Beschreibung des Glasübergangs. Ausgangspunkt ist eine Korrelationsfunktion von Zeit, Ort und Dichte – oder genauer gesagt, deren räumliche Fourier-Transformierte. Für diese Funktion wird eine Bewegungsgleichung aufgestellt, die einen Eigenfrequenz- und einen Dämpfungsterm beinhaltet. Zentral ist eine zusätzliche Gedächtnisfunktion, die die Vorgeschichte der Probe berücksichtigt.

Die Komplexität der Flüssigkeitsdynamik steckt dabei in der Gedächtnisfunktion. Sie gibt dem Modell ihren Namen, denn durch sie werden einzelne Schwingungsmoden (bzw. Relaxationsvorgänge) gekoppelt. Auf die Formalismen der Modenkopplungstheorie soll hier nicht weiter eingegangen werden, es sei auf die Originalarbeiten und den Artikel von Fischer (1991) verwiesen.

Aus dem nichtlinearen Ansatz der Modenkopplungstheorie ergibt sich eine kritische Grenztemperatur T_C. Unterhalb dieser Temperatur teilen sich alle im Polymer möglichen Moden in langsame Moden, die einfrieren (β-Prozess) und schnelle Moden, die nicht beeinflusst werden (γ-Prozess).

Die Theorie der Modenkopplung beschreibt damit einen dynamischen Phasenübergang 1. Ordnung, wobei die kritische Temperatur T_C deutlich höher als die experimentell gemessene Glastemperatur T_G liegt.

Bisher ist der Nachweis dieses Phasenübergangs nicht gelungen. Die Modenkopplungstheorie war Anfang der 90er Jahre sehr verbreitet. In den letzten Jahren wurden einige Aspekte sehr kritisch beleuchtet. Speziell bei hochmolekularen Glasbildnern (dies sind Elastomere und Thermoplaste) wurden dabei deutliche Diskrepanzen zwischen experimentellen Ergebnissen und theoretischen Vorhersagen gefunden.

3.12.2 Kinetische Theorien

Da der Glasübergang eindeutig kinetischen Charakter aufweist, der sich sowohl in der Abhängigkeit der Glastemperatur von der Abkühl- bzw. der Aufheizgeschwindigkeit als auch von der Beanspruchungszeit oder -frequenz äußert, ist es nicht abwegig, ihn thermodynamisch als Nichtgleichgewichtszustand zu beschreiben. Zusätzlich zu den bekannten thermodynamischen Zustandsvariablen wird damit die Einführung eines weiteren Ordnungsparameters notwendig. Dieser Ordnungsparameter stellt nach Fox und Flory (siehe Fox (1950)) das so genannte freie Volumen dar. Alternativ kann er als die Wahrscheinlichkeit dafür aufgefasst werden, dass ein Kettensegment durch die Bewegung einer Versetzung seine Position ändern kann (siehe Pechhold (1970)).

Im Folgenden wird zuerst die Theorie des freien Volumens diskutiert, da diese den wohl bekanntesten Vertreter der kinetischen Modelle darstellt.

Die Theorie des freien Volumens

Alle Ansätze zur kinetischen Beschreibung des Glasprozesses (siehe Boyer (1962, 1963a,b); Kovacs (1958, 1966); Fox (1950); Thurnbull (1962); Doolittle (1962)) gehen davon aus, dass mit Annäherung an die Glastemperatur die molekulare Beweglichkeit von Kettensegmenten so stark abnimmt, dass ein Nichtgleichgewichtszustand eingefroren wird.

Analog zur Definition der Viskosität in Abschnitt 3.11.5 kann die molekulare Beweglichkeit von Kettensegmenten einer Polymerkette durch Platzwechselvorgänge in einem Zweimuldenpotenzial beschrieben werden. Platzwechsel können dann nur ablaufen, wenn ein genügend großes freies Volumen vorhanden ist.

Bei der Theorie des freien Volumens geht man nun davon aus, dass sich das freie Volumen mit der Temperatur ändert. Bei hohen Temperaturen ist es so groß, dass alle Platzwechselvorgänge ungehindert ablaufen können; das Polymer hat damit die Eigenschaften einer viskosen Schmelze.

Reduziert man die Temperatur, so nimmt das freie Volumen proportional zur Temperatur ab. Dadurch werden Platzwechselvorgänge erschwert, und demzufolge reduziert sich die Beweglichkeit von Kettensegmenten. Ab einer bestimmten Temperatur ist das freie Volumen so gering, dass im Zeitfenster der Messung keine Platzwechselvorgänge mehr beobachtet werden können. Das Polymer ist glasartig erstarrt.

Das freie Volumen kann aus der Differenz zwischen dem Gesamtvolumen V und dem Eigenvolumen V_m der Moleküle berechnet werden (siehe Gl. 3.119). Führt man mit V_G das freie Volumen bei der Glastemperatur T_G ein, so kann mit Gl. 3.123 eine allgemeine Beziehung für die Temperaturabhängigkeit des freien Volumens angegeben werden.

$$V_f(T) = V_G + V_m \cdot \Delta\alpha\,(T - T_G) \tag{3.123}$$

Dabei ist $\Delta\alpha$ die Differenz der Ausdehnungskoeffizienten von Schmelze und glasartig erstarrtem Bereich.

$$\Delta\alpha = \alpha_{\text{Schmelze}} - \alpha_{\text{Glas}}$$

Bei T_G nimmt das Leerstellenvolumen $V_f(T)$ den Wert V_G an. Dieser ist so klein, dass kooperative Platzwechselvorgänge größerer Kettensegmente innerhalb der

Messzeit nicht mehr ablaufen können, die Probe ist glasartig erstarrt. Die prinzipielle Temperaturabhängigkeit des freien Volumens ist in Abb. 3.51 skizziert.

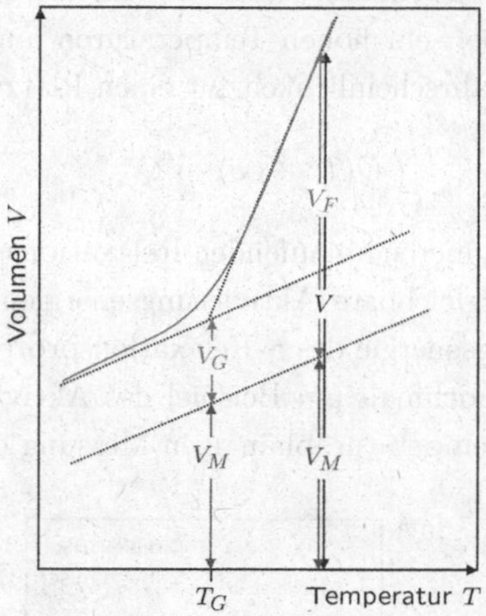

Abb. 3.51 Definition des temperaturabhängigen freien Volumens V_F

Die Wahrscheinlichkeit, dass bei einer Temperatur T genügend freies Volumen für einen Platzwechselvorgang zur Verfügung steht, kann durch den Faktor

$$p_v(T) = e^{-\frac{V^\star}{V_f(T)}}$$

ausgedrückt werden; dabei ist $V^\star$ das Mindestvolumen, das für einen einzelnen Platzwechselvorgang zur Verfügung stehen muss. Die Relaxationszeit $\check{\tau}$ eines thermisch aktivierten Platzwechselprozesses erhöht sich durch die Berücksichtigung des freien Volumens um den Faktor $p_v(T)$.

$$\begin{aligned} \check{\tau}(T) &= \check{\tau}_0 \cdot e^{\left(\frac{Q^\star}{RT}\right)} \cdot p_v(T) = \check{\tau}_0 \cdot e^{\left(\frac{Q^\star}{RT}\right)} \cdot e^{\left(\frac{V^\star}{V_f(T)}\right)} \\ &= \check{\tau}_0 \cdot e^{\left(\frac{Q(T)}{RT}\right)} \end{aligned} \tag{3.124}$$

Die Einführung des freien Volumens führt damit zu einer formal temperaturabhängigen Aktivierungsenergie.

$$Q(T) = Q^\star + RT\frac{V^\star}{V_f(T)} \tag{3.125}$$

$Q^\star$ ist dabei die zur Überwindung des intramolekularen Potenzials erforderliche Energie.

Da das freie Volumen $V_f(T)$ mit steigender Temperatur zunimmt, wächst auch die Wahrscheinlichkeit p_v dafür, dass ein Platzwechselvorgang eines Kettensegments erfolgen kann. Dies bedeutet, dass die Aktivierungsenergie $Q(T)$ gemäß Gl. 3.125 abnimmt, bis bei sehr hohen Temperaturen nur noch die Höhe der Potenzialschwelle $Q^\star$ die Wahrscheinlichkeit für einen Platzwechsel beeinflusst.

$$Q(T \to \infty) \to Q^\star$$

Bei den meisten in Polymeren ablaufenden Relaxationsprozessen findet man bei hohen Temperaturen vergleichbare Aktivierungsenergien. In der Regel stimmen diese mit der Aktivierungsenergie des γ-Relaxationsprozesses überein.

In Abb. 3.52 ist dies nochmals am Beispiel des Aktivierungsverhaltens der in Abb. 3.49 vorgestellten temperaturabhängigen Messung dargestellt.

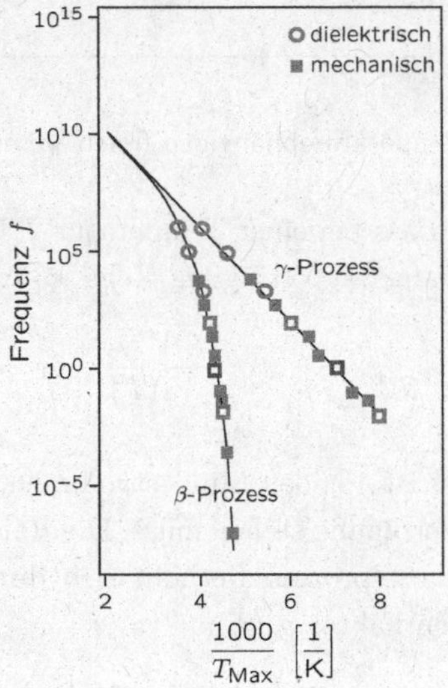

Abb. 3.52 Aktivierungsverhalten eines S-SBR

Man sieht, dass sich bei hohen Temperaturen ($\frac{1}{T} \to 0$) die Aktivierungskurven des β- und des γ-Prozesses einander nähern. Dies legt die Vermutung nahe, dass beiden Prozessen der gleiche Bewegungsmechanismus zugrunde liegt. Beim γ-Prozess ist dies die lokale kurbelwellenartige Rotation einer Kinke.

Da die Relaxationszeiten des Glas- oder β-Prozesses bei höheren Temperaturen deutlich größer sind als die des γ-Prozesses, kann man sich vorstellen, dass dem Glasprozess eine Vielzahl kooperativer, d.h. gemeinsam ablaufender Kinkplatzwechselvorgänge zugrunde liegen.

Bei tieferen Temperaturen ist die gemeinsame, kollektive Umlagerung erschwert, da nicht mehr genügend freies Volumen vorhanden ist. Die Relaxationszeit des gesamten Prozesses wird dadurch deutlich erhöht, und es ergibt sich der für den

Glasübergang typische Zusammenhang zwischen inverser Temperatur und Messfrequenz (siehe β-Prozess in Abb. 3.52).

Wichtig ist, dass lokale Umlagerungen von Kinken auch bei tieferen Temperaturen weiterhin möglich sind und durch das freie Volumen nicht beeinflusst werden. Dies wird am linearen Zusammenhang von inverser Temperatur und logarithmischer Frequenz des γ-Prozesses deutlich (siehe γ-Prozess in Abb. 3.52). Nur die kooperative Umlagerung von vielen Kinken wird bei tiefen Temperaturen extrem verlangsamt.

Anschaulich kann dieser Zusammenhang an einem einfachen Beispiel dargestellt werden.

Auf einer Fläche befinden sich 16 Felder, die durch nummerierte Quadrate beliebig belegt werden können. Der kooperative Umlagerungsschritt besteht nun darin, alle vorhandenen Quadrate so zu verschieben, dass sie in der richtigen numerischen Reihenfolge liegen. Das Verschieben eines Quadrats um eine Position entspricht dabei einer lokalen Umlagerung.

Der gesamte kooperative Prozess ist abgelaufen, wenn alle Quadrate sich in ihren Endpositionen befinden. Dauert der Einzelschritt eine gewisse Zeit t_e und wird festgelegt, dass die Quadrate nur nacheinander verschoben werden dürfen, so ist der gesamte kooperative Prozess nach der Zeit $N \cdot t_e$ abgelaufen, wobei N die Anzahl der einzelnen Verschiebungen angibt, die zum Erreichen des Endzustands nötig waren.

In Abb. 3.53 ist das Beispiel für 4 Quadrate dargestellt. Die linke Abbildung zeigt die Startposition, die mittlere Abbildung die Endposition sowie die dazu nötigen Verschiebungen.

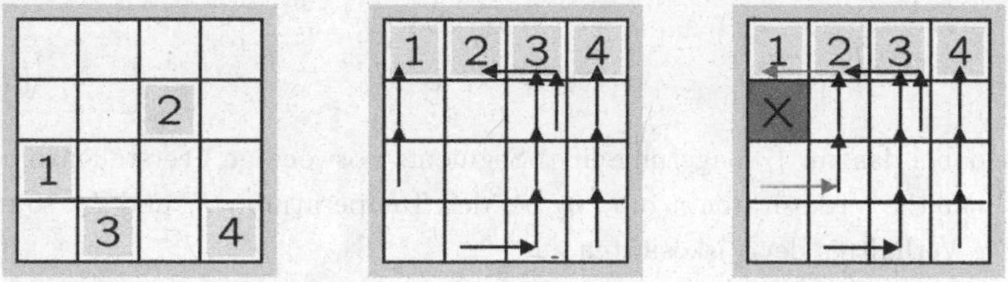

Abb. 3.53 Einfluss des freien Volumens auf kooperative Prozesse

Im rechten Diagramm von Abb. 3.53 wurde der Einfluss des reduzierten freien Volumens dadurch berücksichtigt, dass eine bestimmte Position auf dem Feld nicht mehr belegt werden kann. Dadurch ist das Verschieben der einzelnen Quadrate zwar nach wie für möglich, man braucht aber eine größere Anzahl von einzelnen Verschiebungen für den kooperativen Prozess (im rechten Diagramm wurden durch das blockierte Volumen zwei weitere Schritte notwendig).

Eine Abnahme des freien Volumens mit sinkender Temperatur beeinflusst daher nur die Anzahl der Verschiebungen bzw. Platzwechsel, die zum Ablauf eines kooperativen Prozesses notwendig sind, aber nicht den Ablauf eines Einzelschritts. Damit wird auch nur die Kinetik kooperativer Prozesse durch das freie Volumen geändert. Lokale Prozesse können weiterhin durch ein einfaches Platzwechselmodell beschrieben werden.

Bei der Theorie des freien Volumens geht man davon aus, dass Kettensegmente nur dann kooperativ agieren können, wenn ein genügend großes freies Volumen vorhanden ist. Setzt man voraus, dass das freie Volumen mit sinkender Temperatur abnimmt, so werden kooperative Relaxationsprozesse bei tieferen Temperaturen deutlich langsamer ablaufen, da die Anzahl der benötigten Platzwechselvorgänge ansteigt.

Ist die Relaxationszeit der kooperativen Relaxationsprozesse deutlich größer als der Beobachtungszeitraum, so ist das Polymer für den Beobachter glasartig erstarrt.

Ein Ansatz zur quantitativen Beschreibung des Glasprozesses auf der Basis der Arbeiten von Doolittle (siehe Doolittle (1962)) wurde 1955 von Williams, Landel und Ferry (siehe WLF (1955)) durchgeführt und wird nach den Autorennamen als WLF-Beziehung bezeichnet.

Die WLF-Beziehung

Ausgangspunkt der Herleitung der WLF-Beziehung ist die Darstellung der Viskosität gemäß der Theorie des freien Volumens nach Doolittle (siehe Gl. 3.118).

$$\eta = \eta_0 \cdot e^{\dfrac{U_0}{kT}} \cdot e^{\dfrac{V^\star}{V_f}} \tag{3.126}$$

$V^\star$ ist dabei das zur Umlagerung eines Segments notwendige Leerstellenvolumen. Misst man die Viskositäten η_1 und η_2 bei den Temperaturen T_1 und T_2, so ergibt sich das Verhältnis der Viskositäten zu

$$\frac{\eta_1}{\eta_2} = e^{\left(\dfrac{V^\star}{V_{f_1}} - \dfrac{V^\star}{V_{f_2}}\right)} \tag{3.127}$$

Dabei wird vorausgesetzt, dass die Temperaturen T_1 und T_2 so hoch sind, dass der Einfluss der Temperatur auf den elementaren Platzwechselvorgang vernachlässigt werden kann ($U_0/(kT_1) - U_0/(kT_2) \approx 0$).

Der Zusammenhang der freien Volumina bei den Temperaturen T_1 und T_2 ergibt sich aus Gl. 3.123.

$$V_{f_2} = V_{f_1} + \Delta\alpha V_m \, (T_2 - T_1) \tag{3.128}$$

Durch Logarithmieren von Gl. 3.126, Umformen und Einsetzen von Gl. 3.128 erhält man

$$\ln \frac{\eta_1}{\eta_2} = \left(\frac{V^\star}{V_{f_1}}\right) \cdot \frac{T_2 - T_1}{\left(\frac{V_{f_1}}{V_m \Delta\alpha}\right) + (T_2 - T_1)} \tag{3.129}$$

Ersetzt man T_1 durch die Glastemperatur T_G des untersuchten Polymers, so ergibt sich für eine beliebige Temperatur $T = T_2$ die Beziehung

$$\ln \frac{\eta_G}{\eta_T} = \frac{\left(\frac{V^\star}{V_G}\right) \cdot (T - T_G)}{\left(\frac{V_G}{V_m \Delta\alpha}\right) + (T - T_G)} \tag{3.130}$$

Williams, Landel und Ferry benutzten dazu die aus dilatometrischen Messungen des Volumenausdehnungskoeffizienten α bestimmte Glastemperatur T_G , heute wird üblicherweise die aus DSC-Messungen bei niedrigen Heizraten ($< 2\,\mathrm{K/min}$) bestimmte Glastemperatur verwendet.

Auf der Basis von temperaturabhängigen Viskositätsmessungen wurde von Williams, Landel und Ferry das für einen Platzwechsel notwendige Volumen $V^\star$ zu

$$V^\star \approx 40 \cdot V_G$$

und das freie Volumen V_G bei der Glastemperatur T_G zu

$$V_G \approx 52 \cdot V_m \Delta\alpha$$

abgeschätzt. Das für den kooperativen Umlagerungsschritt des Glasprozesses notwendige freie Volumen $V^\star$ entspricht damit dem ca. 40-fachen Wert des freien Volumens V_G bei T_G.

Bei näherungsweiser Gleichsetzung des Aktivierungsvolumens $V^\star$ mit dem Eigenvolumen der Kettensegmente V_m kann aus den Näherungen die sprunghafte Änderung des thermischen Ausdehnungskoeffizienten $\Delta\alpha$ bei T_G abgeleitet werden.

$$\left.\begin{aligned} V^\star \approx V_m &\approx 40 \cdot V_G \\ V_G &\approx 52 \cdot V_m \Delta\alpha \end{aligned}\right\} \Rightarrow \Delta\alpha = \alpha_{\text{Schmelze}} - \alpha_{\text{Glas}} \approx 4,8 \cdot 10^{-4}\ [1/K]$$

Setzt man die Näherungen in Gl. 3.130 ein, so erhält man beim Übergang zu dekadischen Logarithmen ($\log x = \ln x \cdot \log e$) die bekannte WLF-Beziehung.

$$\log a(T) = \log \frac{\eta(T)}{\eta(T_G)} = -\frac{17,44 \cdot (T - T_G)}{51,6 + (T - T_G)} \tag{3.131}$$

Nach Einsetzen der Näherungen ergibt sich statt 17,44 ein Wert von 17,37 und statt 52 ein Wert von 51,6. Der Grund für diese Anpassung ist mir unbekannt, stellt aber wahrscheinlich eine Anpassung an die damals zur Verfügung stehenden experimentellen Daten dar.

Nach den Autoren stellt Gl. 3.131 eine für Polymere allgemeingültige Beziehung dar. Voraussetzung ist allerdings, dass alle Polymeren bei T_G ein identisches anteiliges freies Volumen

$$f_G = \frac{V_G}{V_m} \approx \frac{V_G}{V^\star} \approx \frac{1}{40}$$

besitzen und keine Unterschiede in der Differenz der thermischen Ausdehnungskoeffizienten

$$\Delta\alpha \approx 4,8 \cdot 10^{-4} \left[\frac{1}{K}\right]$$

aufweisen. Genauere Untersuchungen von Ferry (siehe Ferry (1980)) zeigten jedoch, dass bei vielen Polymeren Abweichungen zu dem in Gl. 3.131 prognostizierten Verhalten auftreten. Daraufhin wurde eine verallgemeinerte Form der WLF-Gleichung entwickelt:

$$\log a(T) = \log \frac{\eta(T)}{\eta(T_G)} = -\frac{c_1 \cdot (T - T_G)}{c_2 + (T - T_G)} \tag{3.132}$$

c_1 und c_2 werden als WLF-Parameter bezeichnet:

$$c_1 = \frac{V^\star}{V_G} \quad \text{und} \quad c_2 = \frac{V_G}{V_m \Delta\alpha} \tag{3.133}$$

Diese haben bei Bezug auf die Glastemperatur T_G durchaus eine molekulare Bedeutung, da sie durch das für einen kooperativen Platzwechsel benötigte freie Volumen $V^\star$, durch das bei der Glastemperatur vorhandene Leerstellenvolumen V_G und durch die Differenz der Volumenausdehnungskoeffizienten von Glas und Schmelze $\Delta\alpha$ definiert sind.

Die allgemeinste Version der WLF-Gleichung, die heutzutage vorwiegend zur analytischen Charakterisierung der Kinetik des Glasprozesses eingesetzt wird, verzichtet auf die experimentell schwierige und nicht eindeutige Bestimmung der Glastemperatur T_G und bezieht sich stattdessen auf eine frei zu wählende Bezugstemperatur T_S

$$\log a(T) = \log \frac{\eta(T)}{\eta(T_S)} = -\frac{\tilde{c}_1\,(T - T_S)}{\tilde{c}_2 + (T - T_S)} \tag{3.134}$$

Die Parameter $\tilde{c}_1$ und $\tilde{c}_2$ haben damit allerdings nur noch empirischen Charakter, da sie in keiner direkten Beziehung zum Glasprozess stehen.

Anwendung findet die allgemeine Form der WLF-Gleichung vor allem bei der Erstellung von Masterkurven (siehe Abschnitt 3.11.3). Misst man die frequenzabhängigen Module oder Komplianzen eines Polymers bei verschiedenen Temperaturen T_i und konstruiert durch das Verschieben der einzelnen Messkurven entlang der Frequenzachse eine Masterkurve, so kann durch die WLF-Beziehung eine analytische Beziehung zwischen den Verschiebefaktoren ($\log \Delta f_i = \log a_{T_i}$) und der Messtemperatur T_i hergestellt werden. Werden die WLF-Parameter für eine bestimmte Referenztemperatur T_S ermittelt, so kann das frequenzabhängige Verhalten für jede beliebige Temperatur berechnet werden.

Die Vogel-Fulcher-Tammann-Beziehung

Eine äquivalente Formulierung der WLF-Gleichung (siehe Gl. 3.132) ergibt sich, wenn man die Parameter c_1, c_2 und $\log a_T$ durch die Ausdrücke

$$c_1 = \frac{\Delta Q}{R\,(T - T_G)} \qquad c_2 = (T_G - T_{VF}) \qquad \log a_T = \log \frac{f}{\nu_0} \tag{3.135}$$

ersetzt. Einfaches Umformen führt zur Vogel-Fulcher-Tammann-Beziehung, mit der, analog zur WLF-Gleichung, ein direkter Zusammenhang zwischen der Messfrequenz f und der Messtemperatur hergestellt werden kann.

$$f = \nu_0 \cdot e^{-\dfrac{\Delta Q}{R \cdot (T - T_{VF})}} \tag{3.136}$$

Für den Grenzfall hoher Temperaturen $T \gg T_{VF}$ geht die Vogel-Fulcher-Gleichung in eine Arrhenius-Beziehung über. Der Glasprozess kann damit bei hohen Temperaturen durch ein einfaches Platzwechselmodell mit der Barrierenhöhe ΔQ und der Oszillationsfrequenz ν_0 eines Kettensegments in der Potenzialmulde beschrieben werden (siehe Abschnitt 3.11.5).

Mit Annäherung an die Vogel-Fulcher-Temperatur $T \to T_{VF}$ nimmt das freie Volumen ab und erreicht bei der Vogel-Fulcher-Temperatur den Wert null. Damit kann die Vogel-Fulcher-Temperatur T_{VF} als Glastemperatur T_G bei unendlich langsamer d.h. quasistatischer Messung betrachtet werden.

Die Verwendung der Vogel-Fulcher-Gleichung zur Charakterisierung des analytischen Zusammenhangs zwischen Temperatur und Frequenz bzw. Messdauer bietet den Vorteil, dass die verwendeten Parameter eine sehr anschauliche und einfache Beschreibung der Kinetik des Glasprozesses ermöglichen. Mit Ausnahme der Vogel-Fulcher-Temperatur T_{VF} können die Parameter auf molekularer Basis interpretiert werden. Für die meisten Polymere kann die Nullpunktsschwingung bzw. Oszillationsfrequenz ν_0 konstant gewählt werden, so dass nur noch die zwei Parameter ΔQ und T_{VF} zur analytischen Beschreibung des Aktivierungsverhaltens ermittelt werden müssen.

In Abb. 3.54 wurde das Aktivierungsverhalten bei einer Reihe von typischen Elastomeren bestimmt.

Dazu wurden frequenzabhängige Messungen des komplexen Schubmoduls bei verschiedenen Temperaturen durchgeführt und Masterkurven erstellt. Die Referenztemperatur wurde so gewählt, dass das Maximum des Verlustmoduls bei dieser Temperatur bei einer Frequenz von 1 Hz liegt. Die durchgezogenen Linien in Abb. 3.54 entsprechen einer Anpassung der Vogel-Fulcher-Tammann-Gleichung Gl. 3.136 an die Messdaten. Durch eine Minimalisierung der Summe der Fehlerquadrate wurde für jede Probe die Aktivierungsenergie ΔQ und die Vogel-Fulcher-Temperatur T_{VF} ermittelt. Die Ergebnisse der Minimalisierung sind in Tabelle 3.2 für alle untersuchten Proben zusammengefasst. Dic Frequenz der Nullpunktsschwingung wurde für alle untersuchten Proben zu $2 \cdot 10^{13}$ Hz gewählt.

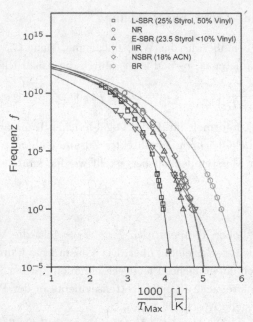

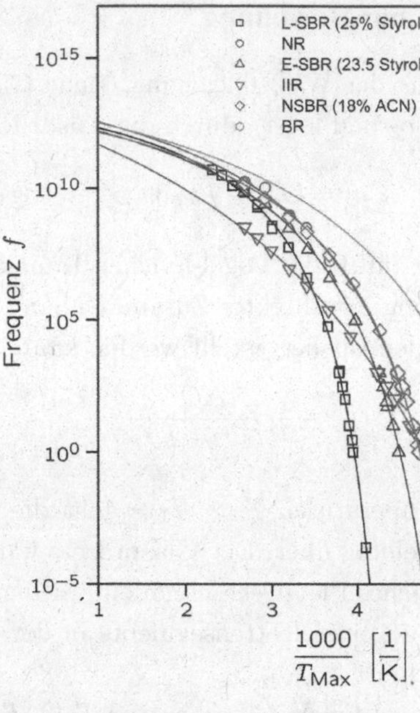

Abb. 3.54 Aktivierungsdiagramm einiger Elastomere

Die Werte der Aktivierungsenergien ΔQ konnten auf der Basis der Messdaten mit einer Genauigkeit von $\pm 2\,\text{kJ/mol}$ bestimmt werden, die der Vogel-Fulcher-Temperaturen T_{VF} mit einer Genauigkeit von $\pm 4\,\text{K}$.

Man sieht, dass mit Ausnahme des Butylkautschuks (IIR) alle untersuchten Polymere eine im Rahmen der Fehlergenauigkeit identische Aktivierungsenergie von $11\,(\pm 2)\,\text{kJ/mol}$ besitzen. Der Grund für die höhere Aktivierungsenergie des Buytlkautschuks wird später noch genauer diskutiert. Hier sei nur angemerkt, dass bei Butyl die Rotation einer C-C-Bindung aufgrund der sterischen Behinderung durch die zwei CH_3-Seitengruppen erschwert ist. Dies führt zu einem deutlichen Anstieg der Barrierenhöhe ΔQ für einen einfachen Platzwechsel.

Bei vergleichbarem intramolekularem Potenzial ΔQ stellt die Vogel-Fulcher-Temperatur T_{VF} ein direktes Maß für die Beweglichkeit von Kettensegmenten dar.

Vergleicht man zwei Polymere mit unterschiedlicher Vogel-Fulcher-Temperatur T_{VF} bei einer Temperatur $T > T_{VF}$, so ist das freie Volumen bei gleicher Aktivierungsenergie ΔQ umso größer, je größer der Abstand von der Vogel-Fulcher-Temperatur T_{VF} ist. Damit besitzt das Polymer mit der tieferen Vogel-Fulcher-Temperatur T_{VF} das im Vergleich größere freie Volumen und damit die höhere Beweglichkeit von Kettensegmenten.

Polymer	ΔQ [kJ/mol]	T_{VF} [řC]
L-SBR (25% Styrol, 50% Vinyl)	10	-60
NR (>98% cis1,4 Polyisopren)	12	-110
E-SBR (23.5% Styrol, 12% Vinyl)	11	-96
IIR (Doppelbindungsgehalt 0.9%)	22	-153
NSBR (18% Acrylnitril)	10	-104
BR (>98% cis1,4)	11	-135

Tab. 3.2 Analyse nach Vogel-Fulcher-Tammann

Auf der Basis der Theorie des freien Volumens kann ein analytischer Zusammenhang zwischen Temperatur und Messfrequenz bzw. Messzeit abgeleitet werden. Dazu wird eine Temperaturabhängigkeit des freien Volumens postuliert.

Die von Williams, Landel und Ferry abgeleitete WLF-Beziehung stellt eine für Polymere allgemeingültige Beziehung zwischen Temperatur und Frequenz her. Voraussetzung ist allerdings, dass Polymere bei T_G ein identisches anteiliges freies Volumen besitzen ($f_G = V_g/V^\star \approx 1/40$) und die Differenz der thermischen Ausdehnungskoeffizienten von Glas und Schmelze einen Wert von $\Delta\alpha = 4.8 \cdot 10^{-4}\,\mathrm{K}^{-1}$ annimmt.

Treffen die Voraussetzungen nicht zu, so kann eine verallgemeinerte Form der WLF-Gleichung verwendet werden. Deren Parameter c_1 und c_2 haben dann allerdings nur noch empirische Bedeutung.

Die Vogel-Fulcher-Tammann-Gleichung kann durch Umformen aus der WLF-Beziehung abgeleitet werden. Ihre Parameter lassen sich anschaulich im Rahmen eines kooperativen Platzwechselmodells interpretieren. Bei gleicher Aktivierungsenergie ΔQ bzw. Barrierenhöhe ist die Vogel-Fulcher-Temperatur T_{VF} ein Maß für die Beweglichkeit der Kettensegmente eines Polymers.

Das Versetzungskonzept im Mäandermodell

Die Grundlage der bisher diskutierten kinetischen Ansätze beruht auf der Annahme eines freien Volumens. Es wurde von Doolittle (1962) zur Beschreibung der temperaturabhängigen Viskosität von Flüssigkeiten entwickelt und von Fox und Flory (siehe Fox (1950)) auf hochmolekulare Polymerschmelzen erweitert. Dabei wird vorausgesetzt, dass Polymere als statistisch geknäulte, einander durchdringende und miteinander verhakte Molekülketten vorliegen. Nahordnungen können sich in diesen Strukturen nur in kleinsten Bereichen (in der Größenordnung von 5 nm) ausbilden.

Von Pechhold (1970, 1979, 1987) wurde das Mäandermodell der Polymerschmelze bzw. des amorphen Festkörpers entwickelt. Pechholds Argument gegen das Knäuelmodell resultiert aus der Überlegung, dass eine optimale Raumerfüllung eines Knäuels ohne starke Kettendeformation schwierig, wenn nicht unmöglich zu realisieren ist. Auch die Kristallisation von Polymeren ist bei Annahme einer geknäulten Struktur nicht ohne Weiteres vorstellbar, da bei der Kristallisation ein Übergang von der ungeordneten in eine geordnete Struktur erfolgt. Bei einer Knäuelstruktur würde dies eine koordinierte Bewegung bzw. Umlagerung von Polymerketten in sehr kurzen Zeiträumen erfordern.

Das Mäandermodell geht von einem Bündel aus Molekülketten in ihrer energetisch günstigsten Anordnung bzw. Konformation aus. Diese Annahme entspricht prinzipiell der Definition einer geordneten Struktur beim idealen Festkörper. Beim realen Festkörper wird die regelmäßige und energetisch günstigste Gitterstruktur durch Fehlstellen bzw. Versetzungen gestört. Die Energie zur Bildung einer Versetzung ist in Kristallen unterhalb der Schmelztemperatur jedoch so hoch, dass sie thermisch nicht angeregt werden können.

Bei Polymeren erfordert die Bildung einer Versetzung im Gegensatz zu Metallen relativ geringe Energien (siehe Abschnitt 3.11.4). So können Versetzungen bei Polymeren durch die Bildung von Kinken thermisch angeregt werden.

Dies erlaubt eine nahezu gestreckte Anordnung der Polymerketten und führt zur Ausbildung einer Bündelstruktur. Da durch Molekülbündel keine makroskopisch isotrope Raumerfüllung erreicht werden kann, wurden von Pechhold zusätzliche Knickflächen in Bündel eingeführt. Durch die dadurch generierte mäanderförmige Faltung von Molekülbündeln lassen sich kubische, den Raum isotrop ausfüllende Strukturen aufbauen.

Ein Kritikpunkt aller Superstrukturmodelle ist die, im Vergleich zum regellosen statistisch geknäulten Zustand, erhöhte Ordnung. Dies widerspricht dem 2. Hauptsatz der Thermodynamik, wonach die Entropie eines Systems ohne äußere Einwirkung nur zunehmen kann (wobei der Ordnungszustand abnimmt).

Superstrukturen sind somit thermodynamisch instabile Gebilde, die bei der geringsten äußeren Einwirkung in den entropisch günstigeren ungeordneten geknäulten Zustand übergehen würden.

Um diesen Kritikpunkt an Superstrukturmodellen zu entkräften, wurde die sogenannte Cluster-Entropie-Hypothese (CEH) entwickelt, die besagt, dass ein Zustand minimaler freier Enthalpie durch ein Cluster bzw. durch eine Superstruktur immer dann realisiert wird, wenn die durch die erhöhte Ordnung verursachte Entropieverminderung durch energetische oder entropische Änderungen in den Elementen des Superstrukturelements ausgeglichen wird. D.h., bilden m Strukturelemente (z.B. Segmente, Versetzungen, Schichten, etc..), von denen jedes f Zustände annehmen kann (Schwingungs-, Konformationszustände u.a.) ein Superstrukturelement, so erhöht sich die Entropie nicht, wenn $f > m$ ist.

Akzeptiert man diese Hypothese, so kann das Verhalten von Polymeren durch die Eigenschaften der Superstrukturelemente beschrieben werden.

Im Fall des Mäandermodells wird die ideale amorphe Struktur durch die Bildung von Bündeln, die aus gefalteten Einzelketten bestehen, und deren Faltung zu mäanderförmigen Superstrukturelementen beschrieben.

Bei endlichen Temperaturen wird die geordnete Struktur durch Fehlstellen bzw. Versetzungen gestört. Bei Polymerketten stellt eine Kinke die einfachste denkbare Versetzung dar. In der Schmelze sind, bedingt durch die niedrige Aktivierungsenergie, so viele Kinken vorhanden, dass der regelmäßige Aufbau der Superstruktur im zeitlichen Mittel nicht mehr zu erkennen ist. Erst bei tieferen Temperaturen nimmt die Anzahl der Versetzungen ab, dadurch verlangsamen sich kollektive Umlagerungsprozesse von Kettensegmenten. Sind die Relaxationszeiten dieser Prozesse sehr viel größer als der Beobachtungszeitraum, so ist das Polymer glasartig erstarrt.

Im Prinzip stellt das Bild der kollektiven Bewegung von Kinken eine molekulare Deutung des freien Volumens dar. Je größer die Anzahl der Fehlstellen, umso größer ist das freie Volumen. In der Schmelze ist die Anzahl der Fehlstellen bzw. Versetzungen und damit das freie Volumen so hoch, dass die kooperative, d.h. gemeinsame Bewegung von Versetzungen eine kollektive Umlagerung von Kettensegmenten erlaubt. Bei sehr tiefen Temperaturen ist die Anzahl der Versetzungen und damit das freie Volumen so gering, dass nur noch lokale Platzwechsel ablaufen können, und die kooperative Bewegung von Kettensegmenten ist in normalen Zeiträumen nicht mehr beobachtbar.

Die Beschreibung des Glasprozesses durch die kooperative Bewegung von thermisch aktivierten Versetzungen bzw. Fehlstellen bietet den Vorteil, dass die aus der Festkörperphysik bekannten Modelle zur Beschreibung der Kinetik des Glasprozesses verwendet werden können.

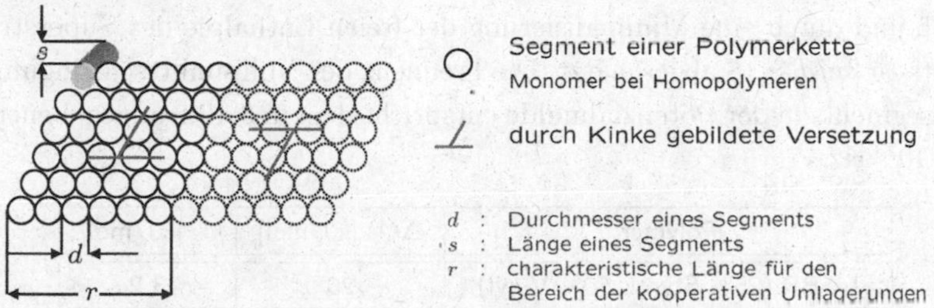

Abb. 3.55 Versetzungskonzept des Mäandermodells

Der Zusammenhang zwischen Temperatur und Messfrequenz kann für den Glasprozess wie folgt ausgedrückt werden.

$$f(T) = \frac{\nu_0}{\pi} \cdot e^{\left(-\frac{Q_\gamma}{RT}\right)} \cdot \left[1 - \left(1 - e^{\left(-\frac{\varepsilon_s}{RT}\right)}\right)^{\frac{3r}{d}}\right]^{3\left(\frac{3r}{d}\right)^2 \frac{d}{s}} \tag{3.137}$$

Dieser Gleichung liegen zwei Mechanismen zugrunde:

- Die Umlagerung eines Kettensegments wird im Rahmen eines einfachen Platzwechselvorgangs beschrieben. Q_γ stellt die Barrierenhöhe, d.h. den Betrag des intra- und des intermolekularen Wechselwirkungspotenzials dar. ν_0 ist die lokale Schwingungsfrequenz eines Segments in der Potenzialmulde. Der erste Term in Gl. 3.137 gibt damit die Wahrscheinlichkeit für einen thermisch aktivierten Platzwechsel eines Segments an.
- Da eine Segmentumlagerung nur durch einen Versetzungsschritt realisiert werden kann, gibt der zweite Term in Gl. 3.137 die Wahrscheinlichkeit an, mindestens eine Versetzung in einer Segmentzeile des Superstrukturelements zu finden. Nur wenn mindestens eine Versetzung in einer Segmentzeile vorhanden ist, kann diese Schicht durch mehrere aufeinanderfolgende Platzwechsel abgleiten und damit eine kollektive Umlagerung hervorrufen. Die Wahrscheinlichkeit hängt von der freien Enthalpie einer Versetzung ε_s im Superstrukturelement und von der Topologie der Superstruktur ab. Diese wird durch die Parameter $\frac{3r}{d}$ und $\frac{d}{s}$ festgelegt. Ihre Bedeutung ist in Abb. 3.55 skizziert.

Tabelle 3.3 zeigt das Ergebnis der Beschreibung des Aktivierungsverhaltens der in Abb. 3.54 im Abschnitt 3.12.2 vorgestellten Elastomere mit Gl. 3.137. Die Parameter $\frac{3r}{d}$ und $\frac{d}{s}$ sind für alle untersuchten Elastomere identisch. Sie wurden von Pechhold im Rahmen der Mäandertheorie auf der Basis der Molekülstruktur zu $\frac{d}{s} \approx 1,5$ und durch eine Minimalisierung der freien Enthalpie des Superstrukturelements zu $3r/d \approx 18$ abgeschätzt. Die Frequenz der Nullpunktsschwingung eines Kettensegments in der Potenzialmulde entspricht dem in 3.12.2 angegebenen Wert $\nu = 2 \cdot 10^{13}$ Hz.

Polymer	ΔQ_γ [kJ/mol]	ε_s [kJ/mol]
L-SBR (25% Styrol, 50% Vinyl)	20	3,2
NR (>98% cis1,4 Polyisopren)	21	2,7
E-SBR (23.5% Styrol, 12% Vinyl)	23	2,8
IIR (Doppelbindungsgehalt 0.9%)	35	2,5
NSBR (18% Acrylnitril)	22	2,7
BR (>98% cis1,4)	22	2,2

Tab. 3.3 Analyse nach dem Versetzungskonzept des Mäandermodells

Die Aktivierungsenergien Q_γ der untersuchten Proben sind mit Ausnahme derjenigen des Butylkautschuks (IIR) im Rahmen der Messgenauigkeit von $\pm 2\,\mathrm{kJ/mol}$ identisch und entsprechen in etwa dem in Abschnitt 3.11.4 angegebenen unteren Grenzwert für eine Kinkumlagerung ($23\,\mathrm{kJ/mol}$). Damit kann der Parameter Q_γ auf molekularer Ebene durch die zweimalige Überwindung der Potenzialbarriere einer C-C-Bindung charakterisiert werden. Für die untersuchten Polymere stellt der Kinkplatzwechsel somit den elementaren Deformationsmechanismus des Glasprozesses dar. Die höhere Aktivierungsenergie des Butylkautschuks ($35\,\mathrm{kJ/mol}$) kann wiederum durch die sterische Behinderung der Rotation einer C-C-Bindung erklärt werden.

Bei einem Vergleich der freien Enthalpie ε_s der Versetzungen (oder genauer der freien Enthalpien für ein Mol Versetzungen in einer Versetzungswand) der untersuchten Elastomere findet man für Polybutadien (BR) die geringsten Werte. Vergleicht man alle Polymere bei gleicher Temperatur, so besitzt BR folglich die größte Anzahl an Versetzungen und damit die höchste Wahrscheinlichkeit für den Ablauf von kooperativen Kinkplatzwechselvorgängen.

Diese können deshalb schon bei vergleichsweise tiefen Temperaturen ablaufen. Folglich ist die Glastemperatur von BR deutlich tiefer als die der restlichen Elastomeren. Die Größenordnung der freien Enthalpie ε_s stellt damit ein frequenz- und temperaturunabhängiges Maß für den Glasprozess statt. Bei vergleichbaren Barrierenhöhen Q_γ findet man für alle Frequenzen respektive Messzeiten die tiefsten Glastemperaturen T_G bei den Polymeren mit den geringsten Werten von ε_s.

> Im Mäandermodell von W. Pechhold wird die ideal amorphe Struktur durch die Bildung von Bündeln, die aus gefalteten Einzelketten bestehen, und deren Faltung zu mäanderförmigen Superstrukturelementen beschrieben.

Die im Vergleich zum regellosen statistisch geknäulten Zustand erhöhte Ordnung der Superstrukturelemente wird durch die Annahme der Gültigkeit der Cluster-Entropie-Hypothese legitimiert.

Der geordnete Aufbau der amorphen Struktur wird durch die Bildung von Fehlstellen bzw. Versetzungen gestört. In der Schmelze sind so viele Kinken bzw. Versetzungen vorhanden, dass der regelmäßige Aufbau der Superstruktur im zeitlichen Mittel nicht mehr zu erkennen ist. Bei tieferen Temperaturen nimmt die Anzahl der Versetzungen ab, dadurch verlangsamen sich kollektive Umlagerungsprozesse von Kettensegmenten. Sind deren Relaxationszeiten sehr viel größer als der Beobachtungszeitraum, so ist das Polymer glasartig erstarrt.

Auf der Basis des Versetzungskonzepts wurde von Pechhold ein analytischer Zusammenhang zwischen Temperatur und Frequenz hergeleitet. Dieser besteht aus einem Anteil, der den einfachen Platzwechselvorgang eines Kettensegments beschreibt, und einem Anteil, der die Wahrscheinlichkeit für eine kollektive Umlagerung von Kettensegmenten angibt.

3.12.3 Inkrementenmethode zur Bestimmung der Glastemperatur

Da die Lage der Glastemperatur T_G in vielen Fällen das Einsatzgebiet von Polymeren bestimmt, wurde schon mit Beginn der industriellen Synthese von Polymeren versucht, eine Beziehung zwischen den Monomerbausteinen einer Polymerkette und der Glastemperatur herzustellen, um so eine gezielte und anwendungsbezogene Entwicklung zu ermöglichen.

Die einfachste Methode basiert auf der Berechnung von T_G aus Inkrementen, die strukturellen Untereinheiten zugeordnet werden. Durch eine geeignete Wahl der Untereinheiten, die aus Monomerbausteinen oder ganzen Kettensegmenten bestehen können, kann die Glastemperatur eines Polymers aus einer additiven Überlagerung der Einzelbeiträge abgeleitet werden. Allgemein kann dieser Ansatz folgendermaßen formuliert werden:

$$T_G = \frac{\sum\limits_{i=1}^{N} p_i \cdot T_{G_i}}{\sum\limits_{i=1}^{N} p_i} \tag{3.138}$$

Dabei bezeichnet T_{G_i} die Glastemperatur der i-ten Untereinheit und p_i den dieser Untereinheit zugeordneten Gewichtsfaktor.

Die Glastemperaturen T_{G_i} der Untereinheiten i können mittels Regressionsanalyse aus den Glastemperaturen einer größeren Anzahl von Polymeren bekannter Struktur ermittelt werden. D.h., kennt man die Glastemperaturen einer Anzahl Polymeren, die aus mehreren Bausteinen zusammengesetzt sind, so kann durch den Vergleich der Glastemperaturen jedem dieser Bausteine bzw. jeder strukturellen Untereinheit eine Glastemperatur T_{G_i} zugeordnet werden. Das verbleibende Problem liegt dann in der Bestimmung der Gewichtsfaktoren p_i der einzelnen Untereinheiten.

Hayes (siehe Hayes (1961)) nahm an, dass der Ausdruck $\sum_i p_i \cdot T_{G_i}$ mit der Kohäsionsenergie, d.h. der Bindungsenergie, identisch ist, und leitete aus dieser Annahme eine Vorschrift zur Abschätzung der Gewichtsfaktoren p_i ab. Van Krevelen und Hoftyzer (siehe van Krevelen (1990)) entwickelten eine modifizierte Form der Inkrementenschreibweise und legten damit den Grundstein für eine praktikable Ermittlung von Glastemperaturen. Danach kann die Glastemperatur T_G eines Polymers durch das Verhältnis der molaren Glasübergangsfunktion Y_G und der Molmasse M beschrieben werden.

$$T_G = \frac{Y_G}{M} = \frac{\sum_{i=1}^{N} Y_{G_i}}{M} \tag{3.139}$$

In dieser Gleichung wird vorausgesetzt, dass die molaren Übergangsfunktionen Y_{G_i} von unterschiedlichen Gruppen innerhalb einer Struktureinheit voneinander unabhängig sind und daher das Additivitätsprinzip angewandt werden darf. D.h., kombiniert man zwei Monomere, so spüren diese nichts von ihren Nachbarn und werden in ihren Bewegungsmöglichkeiten nicht beeinflusst. Da diese Voraussetzung insbesondere bei Polymeren mit polaren Gruppen aufgrund ihrer Dipol-Dipol-Wechselwirkungen nicht erfüllt ist, wurden von van Krevelen Korrekturterme zur Berücksichtigung dieser Wechselwirkungen eingeführt.

$$Y_G = \sum_{i=1}^{N} Y_{G_i} + \sum_{i=1}^{N} Y_G\left(I_{X_i}\right) \tag{3.140}$$

I_{X_i} stellt die Wechselwirkungsfaktoren dar, die beispielsweise in linearen aliphatischen Kondensationspolymeren (wie Polyester, Polycarbonat oder Polyamid) der Konzentration der polaren Gruppen entsprechen.

Am Beispiel von Polyethylenterephthalat (PET) wird die Vorgehensweise bei der Bestimmung der Glastemperatur aus den Glasübergangsfunktionen Y_G demonstriert. Die Beiträge Y_{G_i} der einzelnen Gruppen (siehe Abb. 3.56) und des Wechselwirkungsparameters $Y_G(I_X)$ wurden der Literatur entnommen (siehe van Krevelen (1990)).

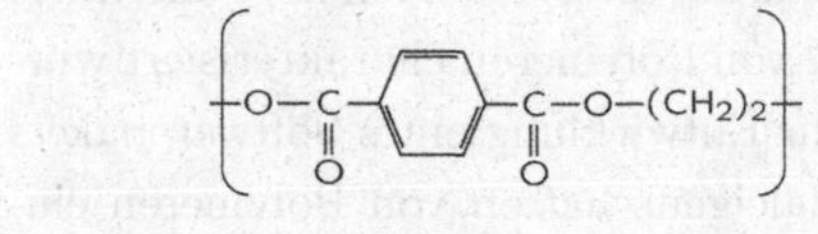

Gruppe	Anzahl	Y_{Gi}
$—CH_2—$	2	5400
—COOH—	2	16000
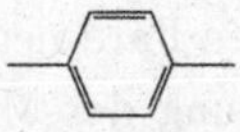	1	32000
$Y_G(I_X)$	2	12000
Y_G		**65400**

Abb. 3.56 Gruppenbeiträge Y_G am Beispiel von Polyethylenterephthalat

Mit dem Molekulargewicht ($M = 192$) des PET berechnet sich die Glastemperatur zu

$$T_G = \frac{65400}{192} = 340{,}6\,\mathrm{K}$$

Die experimentellen Werte liegen zwischen 342 K und 350 K. Für eine große Anzahl von Polymeren findet man ähnlich gute Übereinstimmungen, so dass diese Methode in der industriellen Praxis bei der Abschätzung von Glastemperaturen unbekannter Polymere eine gewisse Bedeutung erlangt hat. Da die Glasübergangsfunktionen und Wechselwirkungsparameter rein empirisch bestimmte Werte darstellen und keinerlei Information über die Kinetik des Glasprozesses beinhalten, sollte die Bedeutung dieser Methode jedoch nicht überschätzt werden.

Eine alternative Methode zur Berechnung der Glastemperatur von Polymeren wurde von Askadskii und Matveev entwickelt Askadskii (1981, 1996). Sie basiert auf festkörperphysikalischen Theorien und benötigt, wie der Ansatz von van Krevelen, empirische Parameter, die durch die Charakterisierung von Modellsystemen bestimmt werden müssen. Dieser semiempirische Ansatz wurde von den Autoren in den letzten 25 Jahren kontinuierlich weiterentwickelt und kann heute zur Berechnung der verschiedensten physikalischen Eigenschaften von Polymeren (z.B. Glastemperatur, Schmelzpunkt, Brechungsindex, dielektrische Konstanten, Dichte usw.) eingesetzt werden.

Bei der Beschreibung der Glastemperatur gehen die Autoren davon aus, dass jedem Strukturelement eines Polymers ein charakteristisches freies Volumen, das so genannte Van-der-Waals-Volumen ΔV_i zugeordnet werden kann. Die Glastemperatur des Polymers berechnet sich dann zu:

$$T_G = \frac{\sum\limits_i \Delta V_i}{\sum\limits_i a_i \Delta V_i + \sum\limits_j b_j} \tag{3.141}$$

Die Größen a_i und b_i werden von Askadskii als atomare Konstanten und intermolekulare Wechselwirkungsparameter bezeichnet, stellen aber empirische Parameter dar, die durch Kalibriermessungen an bekannten Systemen bestimmt werden müssen.

Auf den ersten Blick unterscheidet sich das Modell von Askadskii nicht wesentlich von den Vorstellungen von van Krevelen und Hayes. Der Vorteil liegt allerdings darin, dass von den Autoren eine große Anzahl von Polymeren charakterisiert wurden und die daraus extrahierten Parameter zur Entwicklung eines Softwarepakets führten, welches zur Bestimmung der Materialeigenschaften von Polymeren eingesetzt werden kann. Dieses Softwarepaket soll laut Herstellerangabe in der Lage sein, auf der Basis der Strukturformel eines Polymers eine große Klasse von Polymereigenschaften zu berechnen. Meine Erfahrung mit der Software beschränkt sich auf die Berechnung von Glastemperaturen, und hier kann für unpolare Polymere ein durchaus positives Fazit gezogen werden.

Dies ist in Abb. 3.57 am Beispiel von temperaturabhängigen Messungen des Moduls bei konstanter Frequenz (1 Hz) an Polybutadienen mit unterschiedlichen Mikrostrukturen demonstriert. Im Wesentlichen wurde dabei der Anteil an 1,2-Isomeren (auch als Vinyl bezeichnet) variiert. Experimentell findet man einen an-

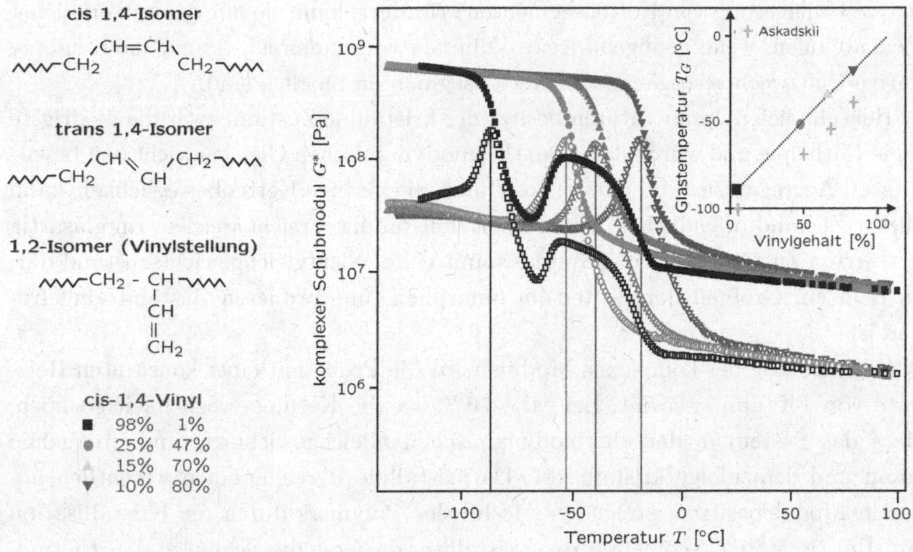

Abb. 3.57 Glastemperatur von Polybutadienen mit unterschiedlicher Mikrostruktur

nähernd linearen Zusammenhang zwischen dem Gehalt an Vinylgruppen und der Glastemperatur (siehe Inlay in Abb. 3.57). Die mit der Software von Askadskii berechneten Glastemperaturen geben diesen linearen Zusammenhang gut wieder (siehe die Symbole + im Inlay in Abb. 3.57). Die Absolutwerte der Glastemperaturen stimmen zwar nicht überein, aber dies war auch nicht zu erwarten, da die Temperaturlage des Glasübergangs, wie schon mehrfach erwähnt, stark von der Messmethode und den Messbedingungen abhängt. Eine absolute Vorhersage der Glastemperatur wäre möglich, wenn die dem Askadskii-Modell zugrunde liegenden Parameter mit der gleichen Methode bestimmt würden, die auch bei der experimentellen Bestimmung der Glastemperaturen (siehe Abb. 3.57) verwendet wurden.

Vergleicht man die Modulkurven des hoch-cis-1,4-BR (CB25) mit den Modulen der restlichen BR-Typen (siehe Abb. 3.57), so findet man in einem Temperaturbereich von ca. −70 °C bis ca. −10 °C abweichendes Verhalten. Ausgehend von tiefen Temperaturen nehmen sowohl Speicher- als auch Verlustmodule bei einer Temperatur von ca. −70 °C stark zu. Bei weiterer Erwärmung der Probe beobachtet man ab ca. −30 °C einen Abfall des Speicher- und des Verlustmoduls auf das Niveau der BR-Typen mit niedrigerem cis-1,4-Gehalt.

Der hohe cis-1,4-Gehalt von ca. 98 % und die damit verbundene hohe Stereoregularität der Polymerketten ermöglicht eine teilweise Kristallisation der amorphen Phase beim Unterschreiten einer kritischen Temperatur.

Beim vorliegenden Experiment wurde die Probe zu Beginn relativ schnell auf ca. −150 °C abgekühlt. Da die Kristallisation von amorphen Bereichen eine kooperative Umlagerung von Kettensegmenten erfordert, kann sie nur dann in endlicher Zeit ablaufen, wenn genügend freies Volumen vorhanden ist, da nur dann kooperative Platzwechselvorgänge von Kettensegmenten möglich sind.

Bei sehr tiefen Temperaturen besitzt der kristalline Zustand zwar die niedrigste freie Enthalpie und würde damit im thermodynamischen Gleichgewicht den bevorzugten Aggregatszustand darstellen. Durch die geringe Kettenbeweglichkeit kann dieser Zustand in endlichen Zeiten nicht vollständig erreicht werden. Im glasartig erstarrten Zustand stellt das System somit einen Nichtgleichgewichtszustand dar, in dem ein Großteil der Ketten im amorphen, ungeordneten Zustand eingefroren ist.

Zur Messung des komplexen Moduls wird die Probe mit einer konstanten Heizrate von 1 K/min erwärmt. Bei ca. −70 °C ist die Kettenbeweglichkeit so hoch, dass das System in den thermodynamischen Gleichgewichtszustand übergehen kann und demzufolge kristallisiert. Da kristalline Bereiche einen wesentlich höheren Modul besitzen, steigt der Modul des Polymers durch die Kristallisation an. Bei ca. −30 °C schmelzen die Kristallite, da jetzt die Schmelze den thermodynamisch günstigsten Zustand darstellt. Als Folge sinken die Speicher- und Verlustmodule und nähern sich bei einer weiteren Erwärmung den Modulwerten der amorphen Schmelze an.

Eine Vielzahl von empirischen Methoden zur Bestimmung der Glastemperatur basieren auf der Berechnung von T_G aus Inkrementen, die strukturellen Untereinheiten (die aus Monomerbausteinen oder ganze Kettensegmenten bestehen können) zugeordnet werden.

Durch eine geeignete Wahl der Untereinheiten gelingt es in vielen Fällen, Glastemperaturen aus einer additiven Überlagerung der Einzelbeiträge abzuleiten.

Hayes (siehe Hayes (1961)) nahm an, dass die Gewichtung der Einzelbeiträge der Strukturelemente durch ihre Kohäsionsenergie bestimmt wird. Van Krevelen (siehe van Krevelen (1990)) und Hoftyzer führten molare Glasübergangsfunktionen ein und legten damit den Grundstein für eine praktikable Ermittlung von Glastemperaturen.

Askadskii (siehe Askadskii (1981, 1996)) berechnete für jeden Monomerbaustein ein freies Volumen auf der Basis einer Minimalisierung der semiempirisch definierten intra- und intermolekularen Wechselwirkungen.

Das Verfahren von Askadskii ist die Basis eines Softwarepakets, welches im folgenden Abschnitt für alle Beispielsysteme zur Berechnung der Glastemperatur verwendet wird, um so den Anwendungsbereich des Verfahrens zu demonstrieren.

3.12.4 Glasübergang bei Copolymeren

Aufgrund der technologischen Bedeutung von Copolymeren wurden große Anstrengungen unternommen, die Temperaturlage des Glasprozesses aus dem Verhältnis der zugrunde liegenden Homopolymere abzuleiten. Kelley und Bueche (siehe Kellay (1961)) entwickelten auf der Basis der Theorie des freien Volumens eine einfache Vorstellung zur Berechnung der Glastemperatur von Copolymeren. Aus der Additivität der freien Volumina zweier Homopolymere folgt für das totale anteilige freie Volumen des Copolymers:

$$f = \frac{1}{40} + \Delta\alpha_1 f_1 \left(T - T_{G_1}\right) + \Delta\alpha_2 f_2 \left(T - T_{G_2}\right) \tag{3.142}$$

f_1 und f_2 sind die Volumenbrüche der Homopolymeren 1 und 2, und $\Delta\alpha$ bezeichnet die Differenz der Ausdehnungskoeffizienten von Schmelze und glasartig erstarrtem Zustand (siehe Abschnitt 3.12.2). Bei der Glastemperatur des Gesamtsystems gilt:

$$f = \frac{1}{40} \qquad \text{und} \qquad T = T_G$$

Damit kann Gl. 3.142 umgeformt werden, und für die Glastemperatur des Copolymers ergibt sich:

$$T_G = \frac{\Delta\alpha_1 f_1 T_{G_1} + \Delta\alpha_2 f_2 T_{G_2}}{\Delta\alpha_1 f_1 + \Delta\alpha_2 f_2} \tag{3.143}$$

Mit $\Delta\alpha_2/\Delta\alpha_1 = c$ kann eine allgemeine Beziehung angegeben werden:

$$T_G = \frac{f_1 T_{G_1} + c f_2 T_{G_2}}{f_1 + c f_2} \tag{3.144}$$

Dieser Zusammenhang wurde von Gordon und Taylor (siehe Gordon (1952)) auch auf phänomenologischem Weg gefunden.

$$T_G = \sum_i \Phi_i T_{G_i} \tag{3.145}$$

Mit $c \approx 1$ kann Gl. 3.144 in die Beziehung von Gordon und Taylor überführt werden. Φ_i entspricht dann dem Volumenbruch f_i des i-ten Homopolymers.

Eine weitere experimentell ermittelte Näherungsformel wurde von Fox und Flory (siehe Fox (1948)) angegeben.

$$T_G - \frac{1}{\sum_i \frac{\Phi_i}{T_{G_i}}} \tag{3.146}$$

Φ_i gibt die Gewichtsfraktionen der Einzelkomponenten des Copolymers an.

Die Beziehungen von Gordon-Taylor und Fox-Flory können auch zur Bestimmung der Glastemperatur von Mischungen aus Homopolymeren oder Copolymeren eingesetzt werden. Dies gilt allerdings nur dann, wenn die Einzelkomponenten kompatibel sind, d.h., wenn die Mischung nur einen Glasübergang ausbildet.

Abb. 3.58 vermittelt einen Eindruck von der Genauigkeit, mit der die experimentell bestimmten Glastemperaturen von statistischen Styrol-Butadien-Copolymeren (SBR) (linkes Diagramm) und Acrylnitril-Butadien-Copolymeren (NBR) (rechtes Diagramm) durch die Beziehungen 3.145 und 3.146 wiedergegeben werden. Zusätzlich sind die mit dem Programm von Askadskii berechneten Glastem-

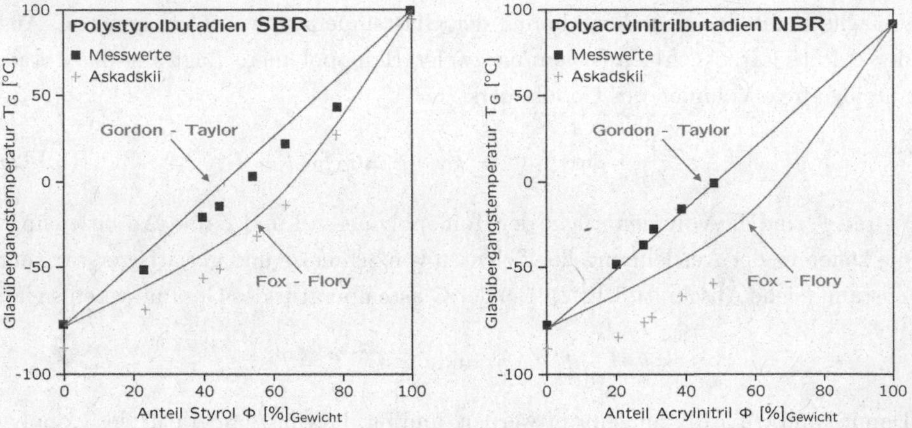

Abb. 3.58 Glastemperaturen von Copolymeren

peraturen eingezeichnet.

Die experimentell ermittelten Werte der Glastemperaturen werden von allen diskutierten Beziehungen nur qualitativ wiedergegeben. Eine quantitative Vorhersage der Glastemperaturen ist nur im Fall des NBR möglich. Hier stimmen die mit der Gordon-Taylor-Beziehung berechneten Glastemperaturen in guter Näherung mit den experimentell bestimmten Werten überein. Die mit dem Programm von Askadskii berechneten Glastemperaturen liegen deutlich tiefer als die experimentell bestimmten Daten. Dies kann, wie in Abschnitt 3.12.3 beschrieben, durch die Kinetik des Glasprozesses erklärt werden. Beim polaren NBR weichen die berechneten Werte umso stärker von den experimentell ermittelten ab, je größer der Anteil der polaren Gruppen ist. Da der Algorithmus von Askadskii die Dipol-Dipol-Wechselwirkungen von Kettensegmenten nicht berücksichtigt, wird die dadurch reduzierte Kettenbeweglichkeit nicht erfasst und demzufolge die Glastemperatur falsch prognostiziert.

Erhebliche Abweichungen von der Theorie des freien Volumens treten auf, wenn die Glastemperaturen der Komponenten des Copolymers stark unterschiedlich sind und eine Komponente des Copolymers die Fähigkeit zur Kristallisation besitzt. So entstehen beispielsweise bei der Hydrierung der Butadienkomponente eine Acrylnitril-Butadien-Copolymers kristallisationsfähige Ethylensequenzen, die eine deutliche Verschiebung des Glasübergangs zu höheren Temperaturen bewirken (siehe Abb. 3.59).

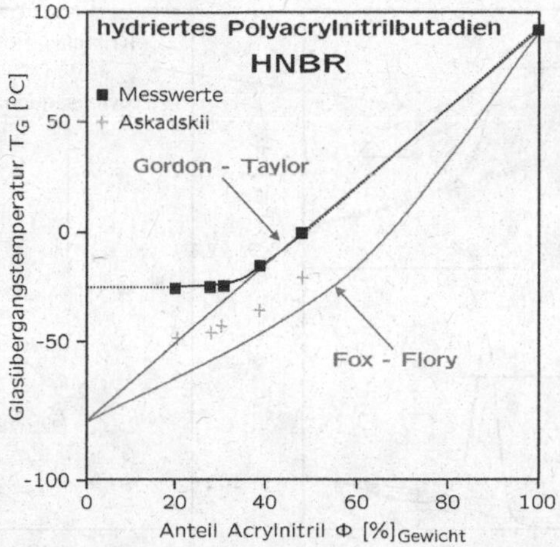

Abb. 3.59 Glastemperatur von HNBR in Abhängigkeit von der Acrylnitrilmenge

Kristallisiert ein Anteil der Ethylensequenzen, so kann er nicht mehr am Glasübergang der amorphen Phase teilnehmen. Damit erhöht sich der Anteil von Acrylnitril in der amorphen Phase. Da die Acyrilnitrilkomponente eine höhere Glasübergangstemperatur als die Ethylenkomponente besitzt, verschiebt sich die Glastemperatur der amorphen Phase bei Erhöhung des relativen Gewichtsanteils von Acyrilnitril zu höheren Temperaturen.

Praktisch bedeutet dies, dass die Glastemperatur eines HNBR (hydrierten Copolymers aus Butadien und Acrylnitril) für größere Mengen an Acrylnitril (ACN) mit der Menge an Acrylnitril ansteigt. Dieser Zusammenhang wird von der Gordon-Taylor-Beziehung sehr gut wiedergegeben. Ist die Menge an ACN kleiner als ca. 30 Gewichtsprozent, so bewirkt die Kristallisation der Ethylensequenzen eine nahezu konstante, von der ACN-Menge unabhängige, Glastemperatur (siehe Abb. 3.59).

Die bekanntesten Beispiele für Polymere mit zur Kristallisation fähigen Sequenzen sind Copolymere mit Ethylensequenzen in der Hauptkette. Neben dem schon diskutierten HNBR sind dies z.B. EPDM, ein Copolymer aus Ethylen und Propylen, und EVM ein Copolymer aus Ethylen und Vinylactetat.

In Abb. 3.60 sind der Einfluss der Menge an Vinylacetat in EVM auf die mechanischen Eigenschaften (siehe Abb. 3.60a) und die daraus bestimmten Glastemperaturen (siehe Abb. 3.60b) grafisch dargestellt. Betrachtet man die temperaturabhängigen Modulkurven, so erkennt man, dass bei Vinylacetatgehalten von weniger als 50 Gewichtsprozent die Kristallisation der Ethylensequenzen zu einem Anstieg des Moduls bei Temperaturen zwischen −10 °C und 100 °C führt. Sehr ausgeprägt ist dieses Verhalten bei den beiden EVM Copolymeren mit 9 bzw. 18 Gewichtsprozent Vinylacetat. Verwendet man die Temperatur, bei der ein Maximum des Verlustfaktors $\tan\delta$ auftritt, als Glastemperatur, so stellt man fest, dass

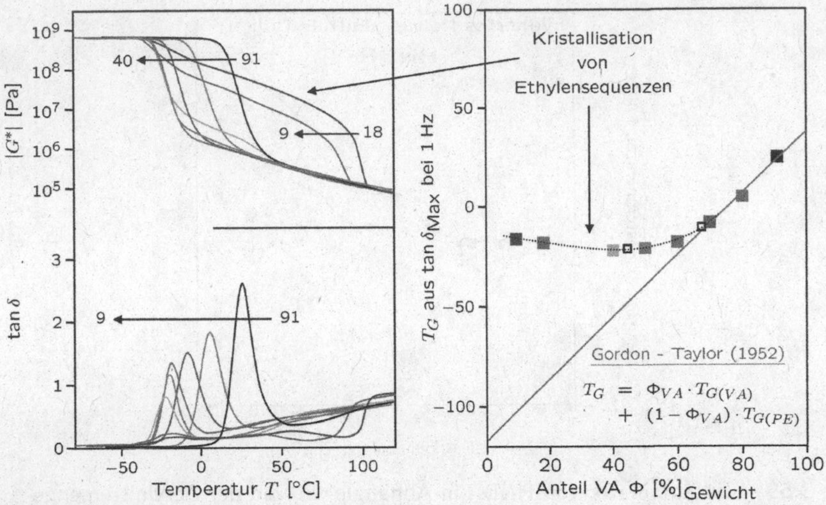

Abb. 3.60 Glastemperatur von EVM in Abhängigkeit vom Anteil an Vinylacetat

diese bei höheren Anteilen von Vinylacetat proportional zu diesem ist und mit Erhöhung der Vinylacetatmenge ansteigt. Sinkt der Anteil des Vinylacetats in der Kette unter 50 Gewichtsprozent, so bleibt die Temperaturlage des Maximums des Verlustfaktors nahezu konstant. Dies kann wiederum durch die Kristallisation von Ethylensequenzen und den dadurch reduzierten Ethylengehalt in der amorphen Phase erklärt werden.

Bisher gibt es keinen Ansatz, der den Einfluss der Kristallisation von Ethylensequenzen auf die Glastemperatur quantitativ beschreiben kann. Die Glastemperatur von Copolymeren mit kristallisierenden Sequenzen kann daher weder mit den empirischen Beziehungen von Gordon-Taylor oder Fox-Flory noch durch die semiempirische Abschätzung von Askadskii richtig bestimmt werden.

Setzt man die Additivität der freien Volumina der Monomerkomponenten in Copolymeren voraus, so kann aus der Theorie des freien Volumens eine analytische Beziehung zur Berechnung der Glastemperatur von Copolymeren abgeleitet werden.

Von Gordon und Taylor (siehe Gordon (1952)) sowie von Fox und Flory (siehe Fox (1950)) wurden empirische Beziehungen zur Berechnung der Glastemperatur von Copolymeren abgeleitet, die abhängig von der Zusammensetzung der Copolymeren eine analytische Berechnung der Glastemperatur ermöglichen.

Alle abgeleiteten Beziehungen (inkl. der Methode von Askadskii) sind nur anwendbar, wenn alle Komponenten des Copolymers amorph sind. Ist nur eine Komponente kristallisationsfähig, so kann die Glastemperatur des Gesamtsystems nicht mehr auf der Basis des freien Volumens berechnet werden.

3.12.5 Molekulargewichtsabhängigkeit der Glastemperatur

Die Abhängigkeit der Glastemperatur von der Molmasse wurde von Flory und Fox (siehe Fox (1950)) 1950 aus der Theorie des freien Volumens abgeleitet.

Da jedes freie Kettenende ein größeres freies Volumen als ein entsprechendes Segment in der Kettenmitte besitzt, wird ein Polymer mit einer größeren Anzahl von freien Kettenenden das größere freie Volumen und damit die tiefere Glastemperatur besitzen. Daraus folgt unmittelbar, dass sich die Glastemperatur mit abnehmendem Molekulargewicht zu tieferen Temperaturen verschiebt.

Bezeichnet man V_e als das überschüssige freie Volumen pro Kettenende (bezogen auf das freie Volumen eines Segments in der Kettenmitte) und mit N_L die Anzahl der Ketten pro Mol Polymer, so ergibt sich das durch freie Kettenenden zusätzlich erzeugte freie Volumen zu $2V_e \cdot N_L$. Dabei wird vorausgesetzt, dass nur lineare Ketten gleicher Länge mit je zwei Kettenenden im Polymer enthalten sind. Das freie Volumen pro cm^3 berechnet sich dann zu $2 \cdot V_e \cdot N_L \cdot \rho/M$, wobei ρ die Dichte und M das Molekulargewicht des Polymers bezeichnet.

Unter der Annahme, dass das freie Volumen bei der Glastemperatur konstant und unabhängig vom Molekulargewicht ist, gilt:

$$2 \cdot v_e \cdot N_L \cdot \frac{\rho}{M} = \alpha_f \left(T_{G\infty} - T_G\right) \tag{3.147}$$

$T_{G\infty}$ gibt die Glastemperatur bei unendlich hohem Molekulargewicht an, d.h. die Glastemperatur, die das Polymer besitzen würde, wenn keine freien Kettenenden vorhanden wären. T_G entspricht der Glastemperatur des Polymers unter Berücksichtigung des durch die freien Kettenenden erhöhten freien Volumens. α_f ist der Ausdehnungskoeffizient des freien Volumens. Näherungsweise kann α_f der Differenz $\Delta\alpha$ der Ausdehnungskoeffizienten von Schmelze und Glas gleichgesetzt werden.

$$\begin{aligned} T_G &= T_{G\infty} - 2\frac{\rho N_L v_e}{\Delta\alpha M} \\ &\Downarrow \; k = 2\rho N_L v_e \frac{1}{\Delta\alpha} \\ T_G &= T_{G\infty} - \frac{k}{M} \end{aligned} \tag{3.148}$$

Als Faustregel gilt, dass der Einfluss der Kettenenden auf die Glastemperatur T_G vernachlässigt werden kann, wenn das Molekulargewicht größer als 100 kg/mol ist (siehe Forrest (2001); McKenna (1989)). Wird die Konstante k experimentell durch die Messung der Glastemperatur T_G in Abhängigkeit vom Molekulargewicht bestimmt, so kann daraus mit Gl. 3.148 das überschüssige freie Volumen eines freien Kettenendes bestimmt werden. Für Polystyrol bestimmten Beevers und White (siehe Beevers (1960)) v_e zu $0.04\,\mathrm{nm}^3$.

Von Kanig und Überreiter (siehe Kanig (1963)) wurde eine analoge Beziehung zur Charakterisierung des Einflusses des Molekulargewichts auf die Glastemperatur abgeleitet:

$$\frac{1}{T_G} = \frac{1}{T_{G\infty}} + \frac{k'}{M} \tag{3.149}$$

Eine deutlich bessere Beschreibung der experimentellen Werte wurde allerdings erst durch die von R. Beck (siehe Beck (1978)) modifizierte Fox-Flory-Gleichung (siehe Gl. 3.148) erreicht.

$$T_G = T_{G\infty} - \frac{c}{M^a} \tag{3.150}$$

c und a stellen dabei empirisch zu ermittelnde Konstanten dar.

> Die Abhängigkeit der Glastemperatur vom Molekulargewicht kann durch das – im Vergleich zu einem Segment in der Kettenmitte größere – freie Volumen eines Kettenendes erklärt werden. Daraus folgt unmittelbar, dass sich die Glastemperatur mit abnehmendem Molekulargewicht zu tieferen Temperaturen verschiebt.
>
> Ist das Molekulargewicht größer als ca. 100 kg/mol, so kann der Einfluss der freien Kettenenden auf die Glastemperatur bei praktisch allen Polymeren vernachlässigt werden.

3.12.6 Einfluss der Kettensteifigkeit auf T_G

Ein wichtiger molekularer Parameter, der die Temperaturlage des Glasübergangs beeinflusst, ist die Kettensteifigkeit. Wie Schmieder und Wolf (siehe Schmieder (1953)) zeigten, steht die Kettenbeweglichkeit in engem Zusammenhang mit dem Kettenquerschnitt.

Abb. 3.61 zeigt temperaturabhängige Schubmodulmessungen an Polymeren mit unterschiedlichen Kettenquerschnitten und Tabelle 3.4 die mittels DSC-Messungen bestimmten Glasübergangstemperaturen einiger aromatischer Vinylpolymere.

Aus Abb. 3.61 und Tabelle 3.4 kann man folgern, dass voluminöse Substituenten die Hauptkette versteifen. Je voluminöser der Substituent, umso geringer wird die Wahrscheinlichkeit, dass einem Kettensegment das notwendige Leerstellenvolumen zur Verfügung steht, um einen thermisch aktivierten Platzwechselvorgang durchzuführen. Damit wird der durch kooperative Platzwechselvorgänge verursachte Glasübergangsprozess verlangsamt bzw. als Folge des Temperatur-Frequenz-Äquivalenzprinzips zu höheren Temperaturen verschoben.

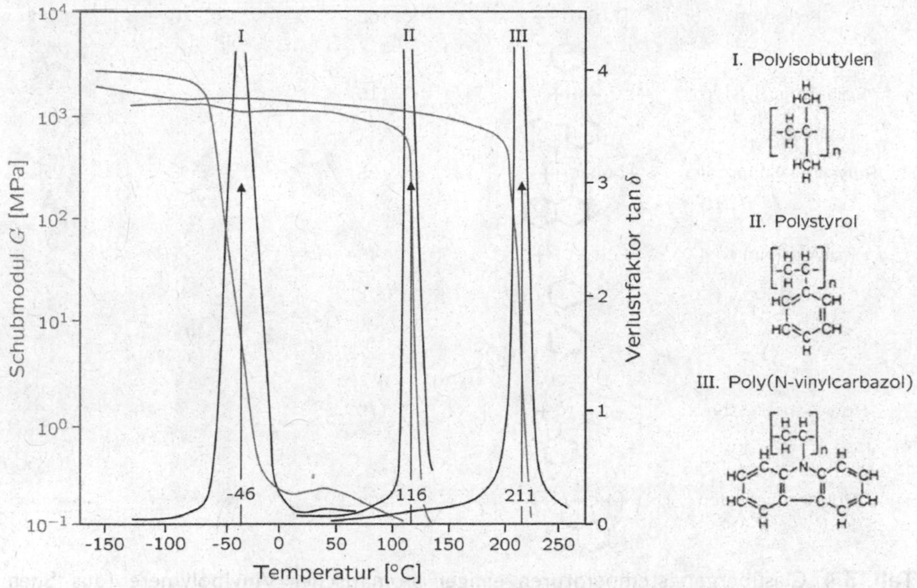

Abb. 3.61 Temperaturabhängigkeit des Schubmoduls und des Verlustfaktors von verschiedenen Polymeren (aus Schmieder (1953))

Voluminöse Seitengruppen beeinflussen allerdings nicht nur das freie Volumen, sondern es wird auch die für die Rotation um eine C-C-Bindung notwendige Aktivierungsenergie durch die sterische Behinderung erhöht.

Eine analytische Differenzierung zwischen intramolekularer Wechselwirkung (d.h. die direkte Beeinflussung des Rotationspotenzials durch nächste Nachbarn und Seitengruppen) und intermolekularer Wechselwirkung (d.h. die Beeinflussung kooperativer Platzwechselvorgänge durch entfernte Kettensegmente oder benachbarte Ketten) kann durch die Bestimmung des Aktivierungsverhaltens vorgenommen werden (siehe Abschnitt 3.12.2).

Das komplexe Zusammenspiel zwischen freiem Volumen und Kettenbeweglichkeit wird durch den Vergleich der Glastemperaturen von mono- und disubstituierten Polymeren besonders deutlich (siehe Tabelle 3.5).

Die Glastemperaturen der disubstituierten Polymere sind deutlich tiefer als die Glastemperaturen der monosubstituierten Polymere. Würde man das Ergebnis nur auf der Basis des freien Volumens deuten, so stünde es im Widerspruch zur Theorie, da sich durch die Einführung des zweiten voluminösen Substituenten das freie Volumen erhöhen müsste, um die Absenkung der Glastemperatur zu erklären.

Bei dem Vergleich ist allerdings zu berücksichtigen, dass durch die Disubstitution die freie Drehbarkeit der C-C-Bindungen stark eingeschränkt wird. Zusätzlich

Polymer	Monomereinheit	T_G [°C]	Kettensteifigkeit	freies Volumen
Polystyrol	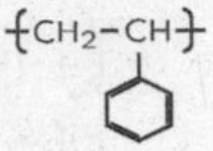	100		
Poly-0-methylstyrol	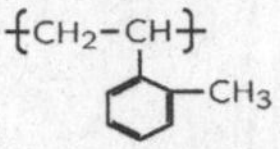	115		
Poly-α-vinylnaphtalen	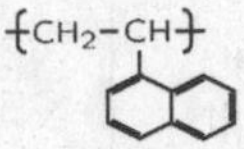	135		
Polyvinylbiphenyl	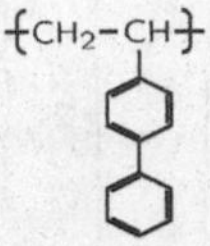	145		
Poly-α-methylstyrol	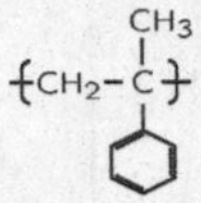	175		
Polyacenaphtalen	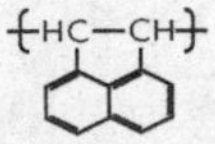	264		

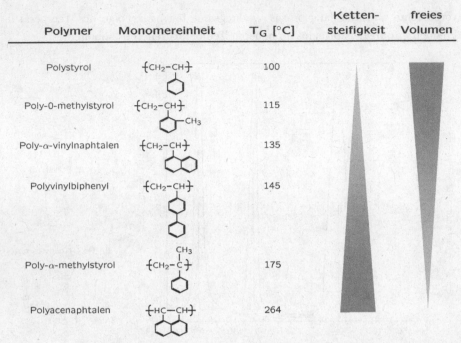

Tab. 3.4 Glasübergangstemperaturen einiger aromatischer Vinylpolymere (aus Shen (1970))

entstehen durch die Disubstitution näherungsweise zylindersymmetrische Kettenmoleküle mit aufgelockerter Packungsdichte, die das freie Volumen erhöhen.

Erhöht sich der Kettenquerschnitt eines Polymers, so führt dies allgemein zu einer Erhöhung der Steifigkeit der Hauptkette und damit zu einer Abnahme des freien Volumens. Daher erhöht sich die Glastemperatur mit steigendem Kettenquerschnitt.

Dieser Zusammenhang ist allerdings nur gültig, wenn sowohl die räumliche Anordnung der Ketten als auch die für eine Rotation der C-C-Bindung notwendige Aktivierungsenergie unabhängig von der Steifigkeit der Kette sind.

3.12.7 Einfluss von Seitenketten auf T_G

Einen wesentlichen Einfluss auf die Lage der Glastemperatur T_G üben Seitenketten und ihre Beweglichkeit aus. Während Seitenketten, die die Steifigkeit der Hauptkette erhöhen, zu einer Erhöhung der Glastemperatur des Polymers führen, bewirken flexible Seitengruppen eine Erniedrigung der Glastemperatur T_G (siehe Tabelle 3.6).

Polymer	Monomereinheit	T_G [°C]
Polyvinylchlorid	$-[CH_2-CH(Cl)(CH_3)]-$	87
Polyvinylidenchlorid	$-[CH_2-CH(Cl)(Cl)]-$	-17
Polypropylen	$-[CH_2-CH(CH_3)(H)]-$	-10
Polyisobutylen	$-[CH_2-CH(CH_3)(CH_3)]-$	-65

Tab. 3.5 Glasübergangstemperaturen mono- und disubstituierter Polymere

In den Beispielen von Tabelle 3.6 und Abb. 3.62 verschiebt sich die Glastemperatur des Polymers mit zunehmender Länge der Seitenketten zu tieferen Temperaturen. Die flexiblen Seitenketten wirken als intermolekulares *Verdünnungsmittel* und erhöhen somit das freie Volumen.

Führt eine weitere Verlängerung der Seitenketten zu deren Kristallisation, so tritt ein entgegengesetzter Trend ein, und die Glastemperatur steigt wieder an.

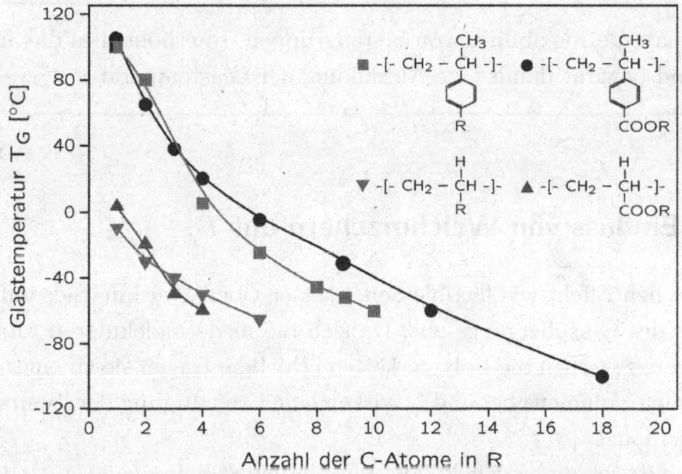

Abb. 3.62 Glasübergangstemperatur in Abhängigkeit von der Länge der Seitenkette (aus Shen (1970))

Wie Heijboer (siehe Heijboer (1969)) zeigte, ist für den Abfall der Glastemperatur mit steigender Kettenlänge nicht die zunehmende Länge, sondern die steigende Flexibilität der Seitenkette maßgebend. Eine Versteifung der Seitenkette bei gleicher Länge durch eine Methylverzweigung in einer Entfernung von drei Atomen

Polymer \ Bu	$-C(CH_3)_3$	$-CH(CH_3)CH_2CH_3$	$[CH_2]_3CH_3$
$-[-CH_2-CH(Bu)-]-$	59	36	-36
$-[-CH_2-CH(COOBu)-]-$	43	-22	-56
$-[-CH_2-C(CH_3)(COOBu)-]-$		53	21
$-[-CH_2-CH(C_6H_{10}\text{-}Bu)-]-$	118		6

Tab. 3.6 Glasübergangstemperaturen von einigen Polymeren mit Butyl-Seitengruppen (aus Shen (1970))

von der Hauptkette erhöht T_G um 20 °C und in einer Entfernung von vier Atomen um 10 °C. Eine kettenversteifende Cyclohexylgruppe führt im Vergleich zur n-Butyl-Gruppe sogar zu einer T_G -Erhöhung um 60 °C.

> Erhöht man die Flexibilität von Seitengruppen, so erhöht dies das freie Volumen und bewirkt damit eine Absenkung der Glastemperatur T_G.

3.12.8 Einfluss von Weichmachern auf T_G

Einen ähnlichen Effekt wie flexible Seitenketten üben Weichmacher auf die Temperaturlage des Glasübergangs aus. Da sich die niedermolekularen Moleküle des Weichmachers zwischen die Polymerketten schieben, tragen sie zu einer Vergrößerung des freien Volumens bei und bewirken eine Erniedrigung der Temperaturlage des Glasübergangs.

In Abb. 3.63 ist dieser Effekt am Beispiel eines Polyvinylacetats dargestellt, das mit unterschiedlichen Mengen an Benzylbenzoat (Bb) weichgemacht wurde. Die aus der Temperaturlage des Maximums des Verlustfaktors $\tan\delta$ bestimmte Glastemperatur des reinen Polyvinylacetats liegt bei ca. 102 °C. Durch das Einmischen von 10 wt% (Gewichtsprozent) Benzylbenzoat wird die Glastemperatur des Gesamtsystems um ca. 12 °C abgesenkt. Da nur ein Maximum des Verlustfaktors $\tan\delta$ beobachtet wird, ist davon auszugehen, dass eine Mischbarkeit der beiden

Komponenten auf molekularer Ebene vorliegt und der Weichmacher somit als *Verdünnungsmittel* wirkt. Damit erhöht sich das freie Volumen des Gesamtsystems, und dies führt zu der in Abb. 3.63 beobachteten Absenkung der Glastemperatur.

Bei höheren Gewichtsanteilen des Weichmachers (>50 wt%) beobachtet man die Ausbildung von zwei lokalen Maxima des Verlustfaktors $\tan\delta$. Dies kann durch die Ausbildung von zwei Phasen interpretiert werden, die unterschiedliche Weichmacheranteile besitzen.

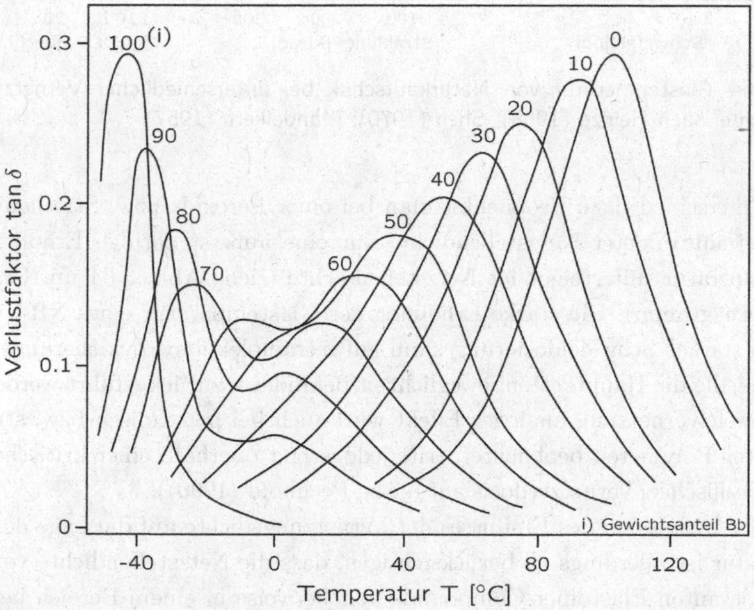

Abb. 3.63 Temperaturabhängigkeit des Verlustfaktors von Polyvinylacetat, weichgemacht mit Benzylbenzoat (Bb), nach Würstlin (1951)

> Eine Verschiebung der Glastemperatur zu tieferen Temperaturen durch die Zumischung eines niedermolekularen Weichmachers tritt immer dann auf, wenn die Glastemperatur des Weichmachers unterhalb der Glastemperatur des entsprechenden Polymers liegt und zumindest in den relevanten Konzentrationsbereichen eine Verträglichkeit zwischen beiden Komponenten vorliegt.

3.12.9 Einfluss der Vernetzung auf T_G

Nach Abb. 3.64 steigt die Glastemperatur eines schwefelvernetzten Naturkautschuks mit dem Vernetzungsgrad stark an.

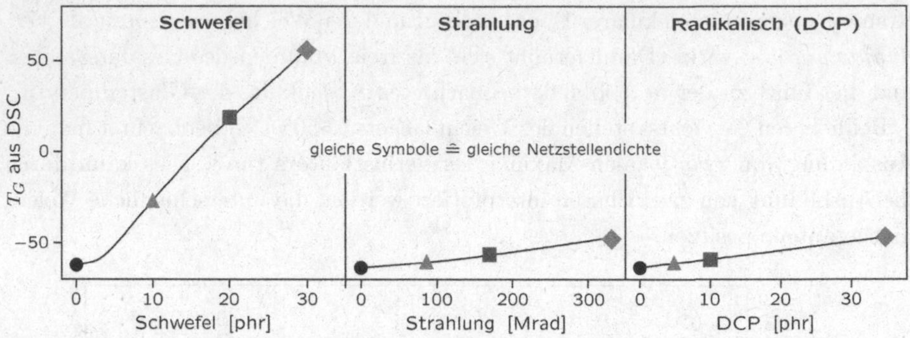

Abb. 3.64 Glastemperatur von Naturkautschuk bei unterschiedlicher Vernetzungsart und -dichte, nach Heinze (1968); Shen (1970); Mandelkern (1957)

Im Unterschied dazu beobachtet man bei einer Peroxid- bzw. Strahlenvernetzung bei äquivalenter Netzstellendichte nur eine äußerst geringe Erhöhung der Glastemperatur mit steigender Netzstellendichte (siehe Abb. 3.64 mittleres und rechtes Diagramm). Die starke Erhöhung der Glastemperatur eines NR-Vulkanisats bei starker Schwefeldosierung kann auf intramolekulare Zyklisierungen über S-Atome, die die Hauptkettenbeweglichkeit behindern, zurückgeführt werden. Ein zur Schwefelvernetzung analoger Effekt wird auch bei peroxidisch bzw. strahlenvernetzten Polymeren beobachtet, tritt jedoch erst oberhalb einer kritischen, polymerspezifischen Vernetzerdosis auf (siehe Pechhold (1990)).

Bei der Diskussion des Einflusses der Vernetzungsdichte auf die Lage der Glastemperatur ist allerdings zu berücksichtigen, dass die Netzstellendichte von technisch relevanten Elastomer-Compounds üblicherweise in einem Bereich liegt, der die Glastemperatur nur unwesentlich beeinflusst. So liegt die Dosierung bei einer Schwefelvernetzung im Bereich von 0.5 phr (per hundred rubber) bis 3 phr. Dies erhöht die Glastemperatur im Vergleich zum unvernetzten System nur um einige Grad Celsius.

Bei technisch relevanten Elastomersystemen kann der Einfluss der Vernetzung auf die Lage der Glastemperatur vernachlässigt werden.

Die Glastemperatur steigt mit zunehmendem Vernetzungsgrad an. Ursache ist die durch die Vernetzung reduzierte Kettenbeweglichkeit.

Bei der Schwefelvernetzung ist dieser Effekt deutlich stärker ausgeprägt als bei der Vernetzung mit Radikalen oder γ-Strahlen.

Im Bereich technisch relevanter Vernetzungsgrade kann der Einfluss der Vernetzung auf die Glastemperatur vernachlässigt werden.

3.12.10 Einfluss von Füllstoffen auf T_G

Durch die Zugabe von Füllstoffen werden die Temperatur- und die Frequenzlage des Glasprozesses eines Polymers im Bereich von technologisch relevanten Füllgraden in der Regel nicht oder nur geringfügig beeinflusst. Dabei spielt es keine Rolle, ob die Füllstoffpartikel über Haupt- oder Nebenvalenzbindungen in der Polymermatrix verankert sind.

Füllt man Elastomere mit aktiven Rußen, so bildet sich an der Füllstoffoberfläche der sogenannte *bound rubber*. Damit wird eine Polymerschicht bezeichnet, die das Füllstoffpartikel umgibt und in ihrer Beweglichkeit eingeschränkt und somit immobilisiert ist. Nach älteren Abschätzungen von Krauss und Gruver soll die Glastemperatur der immobilisierten Hülle um ca. 10 °C über der des füllstofffreien Polymers liegen.

Experimentell beobachtet man diese Verschiebung der Glastemperatur auch bei höheren Füllgraden nicht. Neuere Theorien gehen davon aus, dass zwar eine immobilisierte Polymerschicht an der Füllstoffoberfläche existiert, die Immobilisierung aber nicht durch eine glasartige Erstarrung, sondern durch eine geänderte Kinetik der Segmentbeweglichkeit der Polymerketten an der Füllstoffoberfläche verursacht wird.

In den Abbildungen 3.65 und 3.66 sind temperaturabhängige Messungen des Verlustfaktors $\tan\delta$ für ruß- bzw. silikagefüllte HNBR (hydriertes Acrylnitril-Butadien-Copolymer mit 34 wt% ACN) Compounds in Abhängigkeit vom Füllgrad dargestellt.

Bei den silikagefüllten Systemen sind sowohl der reine Füllstoff (siehe mittleres Diagramm in 3.66) als auch der Einsatz von Füllstoffaktivatoren (siehe linkes und rechtes Diagramm in Abb. 3.66) abgebildet.

Beim Einsatz von monofunktionalen Füllstoffaktivatoren (hier n-Octyltriethoxysilan) wird durch die Hydrophobierung der Füllstoffoberfläche die physikalische Wechselwirkung von Füllstoffaggregaten reduziert.

Der Einsatz von bi- bzw. multifunktionalen Füllstoffaktivatoren (hier Vinyltriethoxysilan) führt zu einer zusätzlichen chemischen Anbindung des Aktivators an die Polymermatrix. Damit wird eine mechanisch stabile Bindung zwischen Füllstoff und Polymer erzeugt.

Korreliert man die Temperatur, bei der das Maximum $\tan\delta_{MAX}$ des Verlustfaktors liegt, mit der Glastemperatur T_G, so zeigt sich, dass die Lage der Glastemperatur, wie erwartet, nur wenig von der Art und Menge des Füllstoffs beeinflusst wird.

Der Einfluss des Füllstoffs hat somit zwar keinen Einfluss auf die Temperaturlage des Glasprozesses, allerdings wird sowohl der Verlauf der $\tan\delta$-Kurve im Bereich der Glastemperatur als auch der maximale Wert des Verlustfaktors stark vom Füllstoff beeinflusst.

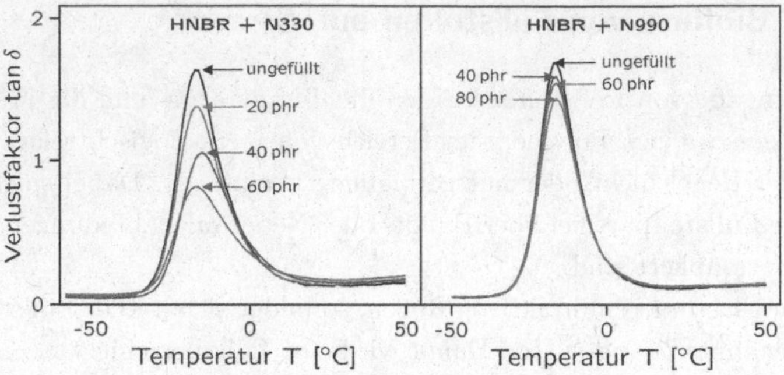

Abb. 3.65 Einfluss der Füllstoffmenge auf den Glasprozess für aktive (N330) und inaktive (N990) Ruße

Betrachtet man die rußgefüllten Compounds (siehe Abb. 3.65), so nimmt das Maximum des Verlustfaktors $\tan\delta_{MAX}$ mit steigender Füllstoffmenge ab. Qualitativ kann diese Abnahme durch zwei Effekte erklärt werden. Zum einen können an der Füllstoffoberfläche immobilisierte Polymerketten nicht mehr zur Energiedissipation beitragen, zum anderen werden Anteile des Polymers durch den Füllstoff von äußerer Deformation abgeschirmt und liefern damit ebenfalls keinen Beitrag zur Energiedissipation. Der abgeschirmte Anteil des Polymers wird als *occluded rubber* bezeichnet.

Die Stärke der Abnahme von $\tan\delta_{MAX}$ hängt damit sowohl von der Füllstoffoberfläche als auch von der Struktur des verwendeten Füllstoffs ab. Bei Rußen ist die Abnahme des maximalen Verlustfaktors $\tan\delta_{MAX}$ umso stärker, je aktiver der Ruß ist (d.h. hohe Struktur bzw. hohe spezifische Oberfläche führen zu einer starken Abnahme von $\tan\delta_{MAX}$) (siehe Abb. 3.65).

Auch bei völlig inaktiven Füllstoffen (siehe N990) findet man eine Abnahme des maximalen Verlustwinkels mit steigendem Füllgrad. Da sich ein inaktiver Füllstoff gerade dadurch auszeichnet, dass er weder mit sich noch mit der Polymermatrix wechselwirkt, tragen nur die Relaxationsprozesse des Polymers zur Energiedissipation bei. Eine Erhöhung des Füllgrads reduziert den Polymeranteil und führt damit zu einer Verringerung der im gesamten Compound dissipierten Energie bzw. zu einer Abnahme des Verlustfaktors.

Auch bei den silikagefüllten Systemen (siehe mittleres Diagramm in Abb. 3.66) nimmt der Verlustfaktor $\tan\delta$ mit steigendem Füllgrad ab. Dies kann auf die starken Füllstoff-Füllstoff-Wechselwirkungen der Hydroxylgruppen auf der Füllstoffoberfläche zurückgeführt werden, die zu einer verstärkten Bildung von Füllstoffclustern führen. Da bei der Bildung von Clustern immer ein, vom Typ des Füllstoffs abhängiger, Anteil der Polymermatrix von äußeren Einflüssen abgeschirmt wird, verringert sich dadurch der Anteil der Polymermatrix, der an energiedissipativen Relaxationsprozessen teilnehmen kann.

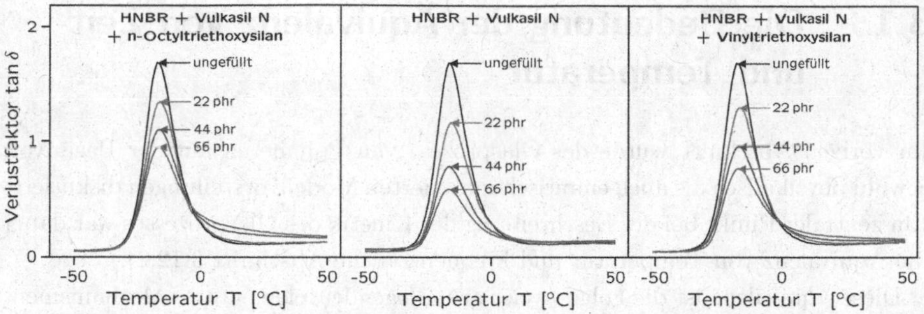

Abb. 3.66 Einfluss der Füllstoffmenge auf den Glasprozess für silikagefüllte HNBR-Compounds

Reduziert man die Wechselwirkung der Füllstoffaggregate bei silikagefüllten Systemen durch die Hydrophobierung der Füllstoffoberfläche mit monofunktionalen Füllstoffaktivatoren, so beobachtet man eine Erhöhung der maximalen Verlustfaktoren $\tan\delta_{MAX}$ (vergleiche linkes und mittleres Diagramm in Abb. 3.66).

Die durch die Hydrophobierung verringerte Neigung zur Clusterbildung der Silikapartikel erhöht den Anteil der deformierbaren Polymermatrix im Compound. Dies führt zu einer Erhöhung der dissipierten Energie und damit zu einer Zunahme des maximalen Verlustfaktors $\tan\delta_{MAX}$.

Bei der zusätzlichen chemischen Anbindung der Polymermatrix an die Füllstoffoberfläche durch einen bi- bzw. multifunktionalen Füllstoffkoppler werden die maximalen Verlustfaktoren $\tan\delta_{MAX}$ im Vergleich zu den Vulkanisaten mit nur hydrophobierter Oberfläche (Vulkasil N + n-Octyltriethoxysilan) leicht reduziert (vergleiche linkes und rechtes Diagramm in Abb. 3.66). Bei vergleichbaren Füllgraden sind die Werte aber noch deutlich größer als die der nur mit Silika gefüllten Systeme.

Durch die chemische Anbindung wird ein Teil der Polymermatrix elastisch an der Füllstoffoberfläche gebunden. Dies reduziert die bei der Deformation dissipierte Energie und führt damit zu der Absenkung der maximalen Verlustfaktoren.

Durch die Zugabe von Füllstoffen werden die Temperatur- und die Frequenzlage des Glasprozesses eines Polymers im Bereich von technologisch relevanten Füllgraden in der Regel nicht oder nur geringfügig beeinflusst.

Die mechanischen und dynamisch-mechanischen Eigenschaften im Bereich des Glasübergangs werden allerdings signifikant von der Art und der Menge des Füllstoffs beeinflusst.

3.13 Die Bedeutung der Äquivalenz von Zeit und Temperatur

Im vorigen Abschnitt wurde der Glasprozess von Polymeren auf der Basis von sowohl physikalisch als auch empirisch motivierten Modellvorstellungen diskutiert. Ein zentraler Punkt bei der Beschreibung der Kinetik des Glasprozesses war dabei die Äquivalenz von Temperatur und Frequenz (siehe Abschnitt 3.12.2).

Diese Äquivalenz ist die Folge zweier grundlegender, elementarer Mechanismen, die bei der Beschreibung des Glasprozesses im Rahmen einer kinetischen Modellvorstellung abgeleitet wurden. Dies ist zum einen die Vorstellung, dass CH_2-Sequenzen einer Polymerkette durch thermisch aktivierte Platzwechselvorgänge ihre Lage und somit die Ausdehnung der gesamten Kette ändern können (siehe Abschnitt 3.11.4), und zum anderen die Annahme eines temperaturabhängigen freien Volumens, das die Wahrscheinlichkeit angibt, mit der ein Platzwechselvorgang ablaufen kann (siehe Abschnitt 3.12.2).

Die Konsequenz dieser Modellvorstellungen ist, dass bei der Bestimmung der viskoelastischen Eigenschaften eines Polymers temperaturabhängige Messungen des komplexen Moduls bei konstanter Frequenz und frequenzabhängige Messungen des komplexen Moduls bei konstanter Temperatur zu gleichen Aussagen führen, da beide Messungen die gleichen elementaren auf molekularer Ebene ablaufenden Relaxationsprozesse abbilden.

Die große Bedeutung des Prinzips der Äquivalenz von Zeit und Temperatur liegt in seiner praktischen Anwendung bei der Vorhersage von dynamischen Materialeigenschaften in Temperatur- und Frequenzbereichen, die apparativ nicht zugänglich sind.

Zur praktischen Umsetzung wird dazu vorwiegend die so genannte Masterkurventechnik verwendet. Bei dieser Technik werden frequenzabhängige Messungen bei verschiedenen Temperaturen durchgeführt und diese dann durch das Verschieben auf der Zeit- bzw. Frequenzachse zu einer einzigen *Masterkurve* kombiniert, deren Frequenzbereich dann deutlich erweitert ist (siehe Abschnitt 3.11.3).

Heutzutage können mit dynamisch-mechanischen Spektrometern bis zu 5 Dekaden in der Frequenz erfasst werden (ca. 10^{-2} Hz bis 10^3 Hz). Durch die Anwendung der Masterkurventechnik kann dieser Frequenzbereich auf bis zu 12 Dekaden erweitert werden. Eine Erweiterung zu tiefen Frequenzen kann durch zusätzliche zeitabhängige Modulmessungen erreicht werden. Dies wird bei der Behandlung des viskosen Fließens und der Gummielastizität näher erläutert (siehe Abschnitt 3.14).

Durch die Erweiterung des messtechnisch zugänglichen Frequenzbereichs lassen sich dynamische Beanspruchungen, die in technischen Bauteilen bei sehr hohen bzw. sehr tiefen Frequenzen ablaufen, im Experiment abbilden. Der Vorteil dieser Vorgehensweise liegt darin, dass die teilweise aufwändige und/oder langwierige

Neu- oder Weiterentwicklungen von Bauteilen durch die Charakterisierung ihrer Eigenschaften an Laborproben effizienter und kostengünstiger durchgeführt werden kann. Eine leistungsfähige und richtig parametrisierte Labormethode kann somit ein wichtiges Tool für eine schnelle und effiziente Optimierung sein.

Allerdings ist es essentiell, neben der Temperatur und der Frequenz auch die Art der realen Beanspruchung möglichst exakt nachzustellen, denn diese bestimmt die dynamisch-mechanische Größe, die zur Vorhersage der technischen Eigenschaften eingesetzt werden kann.

3.13.1 Einfluss der Beanspruchungsbedingungen

In technisch relevanten Systemen ist die unter mechanischer Beanspruchung dissipierte Energie ein wichtiges funktionelles Kriterium. In Abhängigkeit von den aufgeprägten Beanspruchungsbedingungen ergeben sich allerdings unterschiedliche Beziehungen zwischen der dissipierten Energie und den dynamisch-mechanischen Materialgrößen.

Anschaulich kann dies bei einer rein periodischen Beanspruchung an drei einfachen Beispielen demonstriert werden.

Energiedissipation bei konstanter Deformationsamplitude

In Abb. 3.67 ist das Hystereseverhalten von zwei viskoelastischen Materialien mit unterschiedlichen komplexen Modulen bei sinusförmiger periodischer Beanspruchung mit konstanter Deformationsamplitude skizziert.

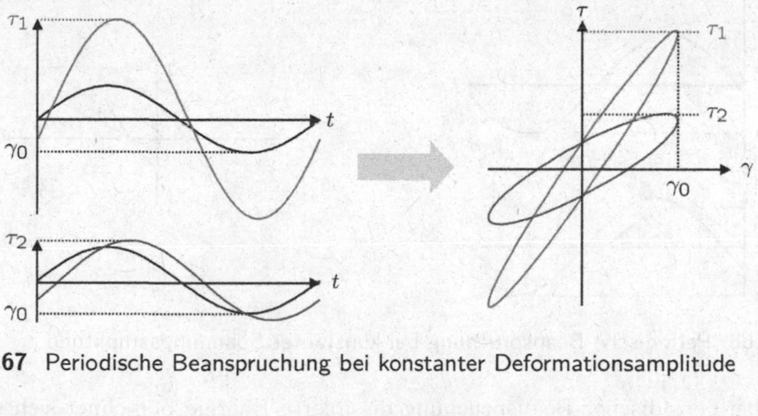

Abb. 3.67 Periodische Beanspruchung bei konstanter Deformationsamplitude

Aufgrund der unterschiedlichen Module resultieren unterschiedliche Spannungsamplituden ($\tau_1 \neq \tau_1$). Die bei periodischer Beanspruchung pro Zyklus dissipierte

Energie W_{Diss} berechnet sich nach Gl. 3.36 bei gleicher Deformationsamplitude ($\gamma_0 = \gamma_1 = \gamma_2$) für beide Systeme zu

$$W_{Diss(1)} = \pi \cdot \gamma_0 \cdot \tau_1 \cdot \sin \delta_1 \qquad W_{Diss(2)} = \pi \cdot \gamma_0 \cdot \tau_2 \cdot \sin \delta_2$$

Mit $\tau \cdot \sin \delta = G'' \cdot \gamma$ (siehe Gl. 3.39) ergeben sich die Beziehungen

$$W_{Diss(1)} = \pi \cdot G_1'' \cdot \gamma_0^2 \qquad W_{Diss(2)} = \pi \cdot G_2'' \cdot \gamma_0^2$$

Damit ist das Verhältnis der bei konstanter Deformationsamplitude dissipierten Energien proportional zum Verhältnis der Verlustmodule.

$$\frac{W_{Diss(1)}}{W_{Diss(2)}} = \frac{G_1''}{G_2''}. \tag{3.151}$$

D.h., bei konstanter Deformationsamplitude($\gamma = \gamma_1 = \gamma_2$) dissipiert das Medium mit dem höchsten Verlustmodul die meiste Energie.

Energiedissipation bei konstanter Spannungsamplitude

Abb. 3.68 zeigt das Hystereseverhalten zweier viskoelastischer Materialien mit unterschiedlichen komplexen Modulen bei einer sinusförmigen periodischen Belastung mit konstanter Spannungsamplitude.

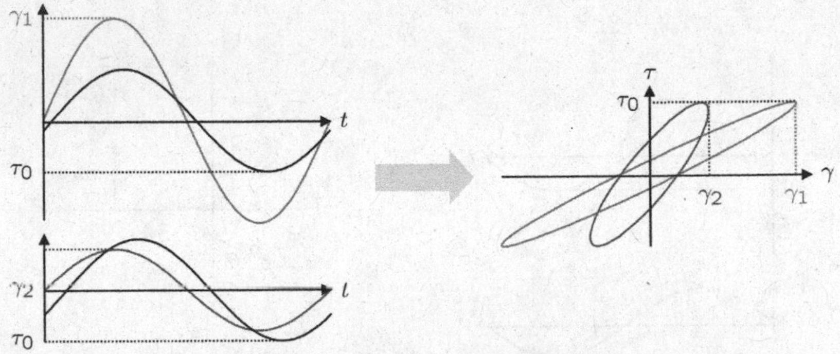

Abb. 3.68 Periodische Beanspruchung bei konstanter Spannungsamplitude

Die bei periodischer Beanspruchung dissipierte Energie berechnet sich mit $\gamma \cdot \sin \delta = J'' \cdot \tau$ (siehe Definition der komplexen Komplianz in Abschnitt 3.42) bei gleicher Spannungsamplitude ($\tau_0 = \tau_1 = \tau_2$) zu

$$W_{Diss(1)} = \pi \cdot J_1'' \cdot \tau_0^2 \qquad W_{Diss(2)} = \pi \cdot J_2'' \cdot \tau_0^2$$

Damit ist das Verhältnis der bei konstanter Spannungsamplitude dissipierten Energien proportional zum Verhältnis der Verlustkomplianzen.

$$\frac{W_{Diss(1)}}{W_{Diss(2)}} = \frac{J_1''}{J_2''}. \tag{3.152}$$

D.h., bei konstanter Spannungsamplitude ($\tau = \tau_1 = \tau_2$) dissipiert das Medium mit der höchsten Verlustkomplianz die meiste Energie.

Energiedissipation bei konstanter Energie

In Abb. 3.69 ist das Hystereseverhalten zweier viskoelastischer Körper mit unterschiedlichen komplexen Modulen bei einer sinusförmigen periodischen Belastung unter energiekonstanten Bedingungen dargestellt.

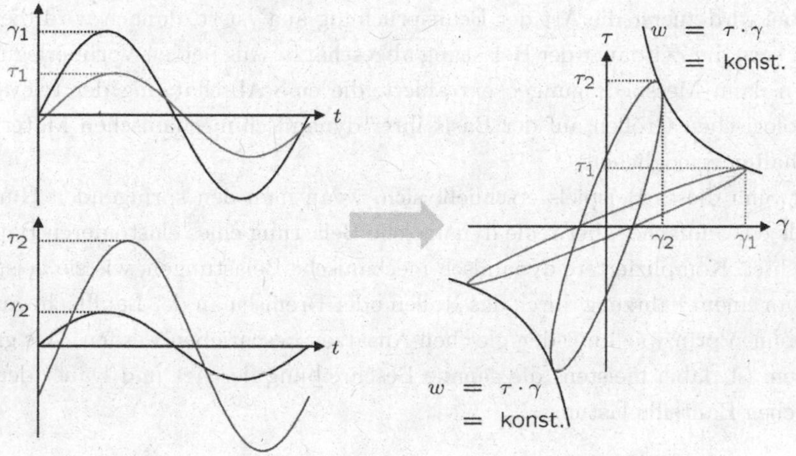

Abb. 3.69 Periodische Beanspruchung bei konstanter Energie

Bei gleichem Volumen ($V = V_1 = V_2$) beider Körper gilt:

$$W_1 = \gamma_1 \cdot \tau_1 \cdot V = W = \gamma_2 \cdot \tau_2 \cdot V = W_2 \tag{3.153}$$

Das Verhältnis der dissipierten Energien berechnet sich damit zu

$$\frac{W_{Diss(1)}}{W_{Diss(1)}} = \frac{\pi \cdot \gamma_1 \cdot \tau_1 \cdot \sin \delta_1}{\pi \cdot \gamma_2 \cdot \tau_2 \cdot \sin \delta_2} = \frac{\sin \delta_1}{\sin \delta_2} \tag{3.154}$$

Bei kleinen Phasenwinkeln ($\delta < \frac{\pi}{5}$) entspricht das Verhältnis der dissipierten Energien näherungsweise dem Verhältnis der Verlustfaktoren.

$$\frac{W_{Diss(1)}}{W_{Diss(2)}} = \frac{\pi \cdot \gamma_1 \cdot \tau_1 \cdot \sin\delta_1}{\pi \cdot \gamma_2 \cdot \tau_2 \cdot \sin\delta_2} = \frac{\sin\delta_1}{\sin\delta_2} \overset{(\text{für } \delta<\frac{\pi}{5})}{\approx} \frac{\tan\delta_1}{\tan\delta_2} \tag{3.155}$$

D.h., bei konstanter zugeführter Energiedichte ($w = \frac{W}{V} = \gamma_1 \cdot \tau_1 = \gamma_2 \cdot \tau_2$) dissipiert das Medium mit dem höchsten Verlustfaktor die meiste Energie.

3.13.2 Anwendungsbeispiele

Im Folgenden wird an einem auf den ersten Blick einfachen Beispiel die Vorgehensweise bei der Vorhersage von technischen Bauteileigenschaften auf der Basis ihrer dynamisch-mechanischen Materialeigenschaften illustriert.

Der Zweck des Beispiels ist, den Zusammenhang zwischen der Sprunghöhe eines Gummiballs und den dynamisch-mechanischen Eigenschaften der verwendeten Materialien abzuleiten.

Dabei wird zuerst die Art der Beanspruchung analysiert, danach wird die Frequenz bzw. die Zeitdauer der Belastung abgeschätzt. Aus beiden Vorüberlegungen werden dann Messbedingungen extrahiert, die eine Abschätzung der relevanten technologischen Größen auf der Basis ihrer dynamisch-mechanischen Materialeigenschaften ermöglichen.

Der Sinn dieses Beispiels erschließt sich, wenn man den springenden Gummiball als eine einfache, aber reale dynamische Belastung eines elastomeren Bauteils betrachtet. Kompliziertere dynamisch-mechanische Belastungen, wie sie beispielsweise an einem Fahrzeug durch das Rollen oder Bremsen an der Lauffläche auftreten, können prinzipiell mit den gleichen Ansätzen beschrieben werden. Das größte Problem ist dabei meistens die genaue Beschreibung der Art und Dauer der tatsächlichen Bauteilbelastung.

Wie hoch springt ein Gummiball?

Zur Bestimmung der Rückprallhöhe h' wird ein Gummiball aus einer Höhe h_0 fallen gelassen (siehe Abb. 3.70).

Zu Beginn besitzt er eine gewisse, zur Höhe h_0 proportionale, potenzielle Energie $W_{Pot}(h_0) = m{\cdot}g{\cdot}h_0$ (darin ist m die Masse des Balls und g die Erdbeschleunigung), die beim Fall in kinetische Energie W_{Kin} transformiert. Beim Kontakt mit dem Boden wird der Ball deformiert, d.h., seine kinetische Energie wird vollständig in Deformationsenergie W_{Defo} umgewandelt.

$$W_{Pot}(h_0) = m \cdot g \cdot h_0 = W_{Kin} = W_{Defo} \tag{3.156}$$

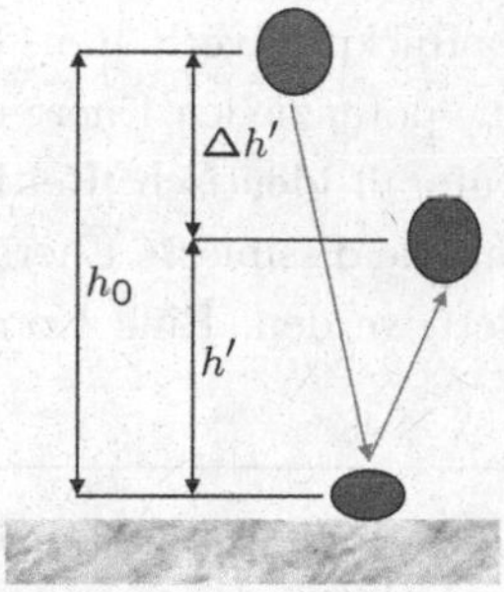

Abb. 3.70 Sprungverhalten eines Gummiballs

Nur ein Teil der Deformationsenergie W_{Defo} wird elastisch gespeichert, und der Rest wird während des Deformationsvorgangs dissipiert.

$$W_{Defo} = W_{El} + W_{Diss}$$

Die dissipierte Energie W_{Diss} führt zu einer Erwärmung des Balls und steht damit nicht mehr für den Rückprallvorgang zur Verfügung.

Nach dem Rückprall erreicht der Ball die Höhe h'. Die potenzielle Energie $W_{Pot}(h')$ beim Erreichen dieser Höhe entspricht der während der Deformation elastisch gespeicherten Energie W_{El}.

$$W_{Pot}(h') = W_{El} = W_{Pot}(h_0) - W_{Diss}$$

Die Differenz der potenziellen Energie vor und nach dem Aufprall wird damit durch die während des Deformationsvorgangs dissipierte Energie W_{Diss} festgelegt. D.h., die Höhe h', die ein Ball nach dem Rückprall erreicht, wird nur durch die während des Kontakts mit dem Untergrund dissipierte Energie beeinflusst. Je geringer die dissipierte Energie, umso größer die Rückprallhöhe.

$$W_{Pot}(h_0) - W_{Pot}(h') = W_{Pot}(\Delta h') = m \cdot g \cdot \Delta h' = W_{Diss} \tag{3.157}$$

Die Differenz $\Delta h'$ zwischen Start- und Rückprallhöhe des Balls ist damit direkt proportional zu der während des Deformationsvorgangs dissipierten Energie.

Vergleicht man die Differenzen $\Delta h'_1$ und $\Delta h'_2$ zweier Bälle gleicher Masse m, so ergibt sich mit Gl. 3.156 und Gl. 3.157:

$$\frac{\Delta h'_1}{\Delta h'_2} = \frac{\Delta h'_1 \cdot m \cdot g}{\Delta h'_2 \cdot m \cdot g} = \frac{W_{Pot}(\Delta h'_1)}{W_{Pot}(\Delta h'_2)} = \frac{W_{Diss(1)}}{W_{Diss(2)}} \tag{3.158}$$

D.h., das Verhältnis der Differenzen aus Ausgangs- und Rückprallhöhe entspricht dem Verhältnis der dissipierten Energien.

Führt man den Vergleich des Rückprallverhaltens beider Bälle bei gleicher Ausgangshöhe h_0 durch, so sind die potenziellen Energien und damit die kinetischen Energien beider Bälle beim Aufprall identisch. Bei konstanter zugeführter Energie (siehe Abschnitt3.13.1) kann die dissipierte Energie näherungsweise durch den Verlustfaktor $\tan\delta$ approximiert werden. Eine Kombination von Gl. 3.155 und Gl. 3.158 führt zu:

$$\frac{\Delta h_1'}{\Delta h_2'} = \frac{W_{Diss(1)}}{W_{Diss(2)}} = \frac{\tan\delta_1}{\tan\delta_2} \tag{3.159}$$

Das Rückprallvermögen eines Gummiballs kann aus den dynamisch-mechanischen Eigenschaften des Elastomers abgeleitet werden. Je geringer der Verlustfaktor $\tan\delta$ eines Elastomers ist, umso höher wird der daraus hergestellte Ball springen.

Zu berücksichtigen ist dabei, dass Gl. 3.159 nur im linearen Deformationsbereich gilt. D.h., während der gesamten Deformation des Balls muss eine lineare Beziehung zwischen Spannung und Deformation existieren. Dies gilt in guter Näherung nur für kleine Deformationen. Da die Ausgangshöhe h_0 die Größenordnung der Energie festlegt, die beim Aufprall zu einer Deformation des Balls führt, gilt Gl. 3.159 nur für Rückprallexperimente bei nicht zu großen Anfangshöhen h_0.

Zur Vorhersage des Sprungvermögens eines Balls ist außer der relevanten Materialeigenschaft (hier dem Verlustfaktor $\tan\delta$) noch die Frequenz bzw. die Zeitdauer der Belastung und die Temperatur zu bestimmen, bei der das Experiment durchgeführt wird.

Der Vergleich des Sprungvermögens von Gummibällen wird meist bei Raumtemperatur demonstriert. Somit sollten die dynamisch-mechanischen Eigenschaften bei einer Temperatur von ca. 20 °C bestimmt werden.

Geht man davon aus, dass ein Ball nur während des Kontakts mit dem Untergrund Energie dissipiert, so bestimmt die Zeitdauer des Kontakts den relevanten Zeit- bzw. Frequenzbereich der dynamisch-mechanischen Charakterisierung.

Die Kontaktzeit T_K des Balls mit dem Untergrund kann aus einfachen mechanischen Überlegungen abgeschätzt werden. Beim Kontakt des Balls mit der Oberfläche erfährt der Ball eine negative Beschleunigung $a(t)$, er wird abgebremst. Die dabei auf den Ball mit der Masse m wirkende Kraft $F(t)$ ist, nach Newton, durch Gl. 3.160 festgelegt.

$$F(t) = m \cdot a(t) \tag{3.160}$$

Die auf den Ball wirkende Kraft $F(t)$ bzw. Spannung $\sigma(t)$ führt zu einer Deformation $\varepsilon(t)$ des Balls. Unter Annahme eines linearen Deformationsverhaltens $(\sigma(t) = E(t) \cdot \varepsilon(t))$ gilt:

$$F(t) = \sigma(t) \cdot A(t) = E(t) \cdot \varepsilon(t) \cdot A(t) = m \cdot a(t) \qquad (3.161)$$

Die Beschleunigung $a(t)$ entspricht der zeitlichen Änderung der Geschwindigkeit und diese ihrerseits der zeitlichen Änderung des bei der Deformation zurückgelegten Weges $x(t)$ (siehe Abb. 3.71).

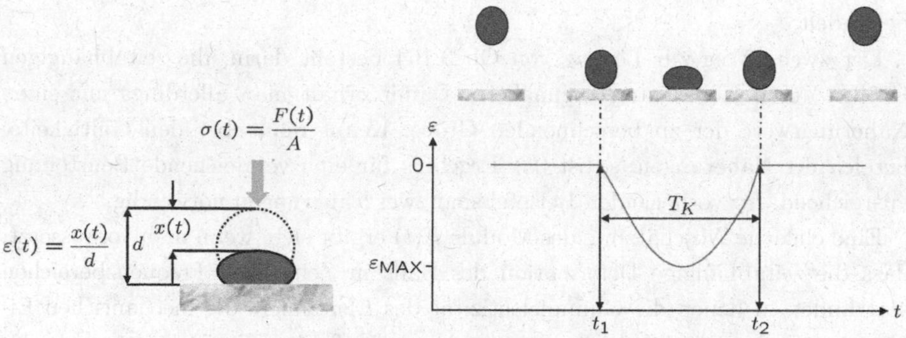

Abb. 3.71 Deformation eines Gummiballs während des Kontakts mit dem Untergrund

$$a(t) = \frac{dv(t)}{dt} = \frac{d^2x(t)}{d^2t} = \ddot{x}(t) \qquad (3.162)$$

Die Deformation $\varepsilon(t)$ des Balls ergibt sich näherungsweise aus dem Verhältnis der Durchmesser von deformiertem und nicht deformiertem Ball (siehe Abb. 3.71).

$$\varepsilon(t) \approx \frac{x(t)}{d} \Rightarrow \ddot{\varepsilon}(t) \approx \frac{\ddot{x}(t)}{d} \qquad (3.163)$$

Die Kombination der Gleichungen 3.161, 3.162 und 3.163 führt zu einer allgemeinen Beschreibung des zeitabhängigen Deformationsverhaltens des Balls.

$$\frac{E(t) \cdot A(t)}{m \cdot d} \cdot \varepsilon(t) \approx \ddot{\varepsilon}(t) \qquad (3.164)$$

Dies ist eine Differenzialgleichung zweiter Ordnung, die nur dann analytisch zu lösen ist, wenn sowohl die zeitabhängige Änderung der Kontaktfläche $A(t)$ zwischen Ball unter Untergrund als auch die zeitabhängige Änderung des Elastizitätsmoduls $E(t)$ bekannt sind.

Da sich die Kontaktfläche zwischen Ball und Untergrund während der Deformation ändert und die Größenordnung dieser Änderung vom Modul des verwendeten Elastomers abhängt (ein härterer Ball wird beim Aufprall weniger deformiert, deshalb ist die zeitliche Änderung der Kontaktfläche geringer) und sich dieser ebenfalls zeitabhängig ändert, ist eine einfache analytische Lösung von Gl. 3.164 nicht möglich.

Um dennoch eine quantitative Beschreibung des zeitabhängigen Deformationsverhaltens zu erhalten, werden üblicherweise zwei Wege verfolgt.

Zum einen kann Gl. 3.164 durch numerische Verfahren gelöst werden. Dazu werden komplexe Materialfunktionen benötigt, die eine quantitative Beschreibung des zeitabhängigen Moduls erlauben. Die zeitliche Änderung der Kontaktfläche kann dann durch die Methode der *finiten Elemente* berechnet werden, wobei die dynamisch-mechanischen Eigenschaften von Elastomeren im Allgemeinen durch einfache, empirische Relaxationsfunktionen (Prony-Reihen) angegeben werden. Die Methode der *finiten Elemente* wurde von R. Weiss (siehe Weiss (2008)) ausführlich behandelt.

Der zweite Weg zur Lösung von Gl. 3.164 besteht darin, die zeitabhängigen Größen durch Konstanten anzunähern. Damit erhält man allerdings nur einen Näherungswert der zu berechnenden Größe. Kennt man aber den Gültigkeitsbereich der Näherungen, so ist das Ergebnis für eine vergleichende Beurteilung ausreichend. Im vorliegenden Beispiel sind zwei Näherungen notwendig.

Eine einfache Abschätzung des Moduls $E(t)$ ergibt sich, wenn man voraussetzt, dass die zeitabhängige Deformation des Balls in Zeit- bzw. Frequenzbereichen stattfindet, in denen die Gummielastizität des Elastomers die mechanischen Eigenschaften dominiert (näheres dazu in Abschnitt 3.14). Dies ist immer dann der Fall, wenn die Glastemperatur des verwendeten Elastomers deutlich unter der Temperatur liegt, bei der das Experiment durchgeführt wird.

Im Bereich der Gummielastizität sind Speicher- und Verlustmodul nahezu unabhängig von der Frequenz bzw. der Zeit. Der Speichermodul ist in diesem Bereich deutlich größer als der Verlustmodul, womit auch die in Gl. 3.155 vorausgesetzte Bedingung der kleinen Phasenwinkel (dann gilt $\sin\delta \approx \tan\delta$) erfüllt ist.

Bei ungefüllten, vernetzten Elastomeren liegt der Elastizitätsmodul abhängig von Mikrostruktur und Vernetzungsdichte in einem Bereich zwischen 1 MPa und 10 MPa. Unter den gegebenen Voraussetzungen kann der zeitabhängige Modul $E(t)$ durch die folgende Beziehung angenähert werden:

$$E(t) \approx E_0 \approx 1 \ldots 10\,\mathrm{MPa} \tag{3.165}$$

Eine einfache Näherung für die zeitabhängige Kontaktfläche $A(t)$ ergibt sich, wenn man den Ball gedanklich durch einen Zylinder ersetzt, dessen Höhe dem Durchmesser d des Balls entspricht und dessen Stirnfläche so gewählt wird, dass Zylinder und Kugel gleiches Volumen besitzen.

Durch diese Näherung ergibt sich zum einen eine Kontaktfläche, deren Abhängigkeit von der Deformation vernachlässigt werden kann,

$$A(t) \approx A_0 \tag{3.166}$$

zum anderen kann die Masse der Kugel in Abhängigkeit von der Dichte des Elastomers sowie von der Höhe und der Fläche des Zylinders angegeben werden.

$$m = \rho \cdot V \approx \rho \cdot A_0 \cdot d \tag{3.167}$$

Das Einsetzen der Näherungen 3.165, 3.166 und 3.167 in Gl. 3.164 führt zu einer vereinfachten Beschreibung des zeitabhängigen Deformationsverhaltens.

$$\varepsilon(t) \cdot \frac{E_0}{\rho \cdot d^2} = \ddot{\varepsilon}(t) \tag{3.168}$$

Die zeitabhängige Deformation kann jetzt durch einen einfachen periodischen Ansatz bestimmt werden. Mit

$$\varepsilon(t) = \varepsilon_0 \cdot \sin(\omega t) \text{ und } \ddot{\varepsilon}(t) = -\varepsilon_0 \cdot \omega^2 \cdot \sin(\omega t) \tag{3.169}$$

kann nach Einsetzen in Gl. 3.168 die Frequenz der periodischen Deformation berechnet werden.

$$\omega = \sqrt{\frac{E_0}{\rho \cdot d^2}} \tag{3.170}$$

Da der Ball beim Kontakt mit dem Untergrund nur einmalig komprimiert und entlastet wird, kann der gesamte Deformationsvorgang durch eine halbe Periode einer Sinusschwingung charakterisiert werden. Die Zeitdauer des Kontakts T_K berechnet sich damit zu:

$$T_K = \frac{1}{2} \cdot \frac{2\pi}{\omega} = \pi \sqrt{\frac{\rho \cdot d^2}{E_0}} \tag{3.171}$$

Die Kontaktzeit T_K hängt nur vom Durchmesser des Balls d, von seiner Dichte ρ und von seinem Elastizitätsmodul E_0 ab. Die Anfangshöhe h_0 hat keinen Einfluss auf die Kontaktzeit (solange lineares Deformationsverhalten vorausgesetzt werden kann).

Bei einem Demonstrationsexperiment werden z.B. vier Bälle aus unterschiedlichen Kautschuken verwendet, deren Dichte näherungsweise 1000 kg/m^3 und deren Durchmesser ca. 4 cm beträgt.

Damit kann die Kontaktzeit mit Gl. 3.171 abgeschätzt werden. Für einen Modulbereich von 1–10 MPa liegt sie in einem Bereich von

$$2\,\text{ms} \leq T_k \leq 5\,\text{ms} \tag{3.172}$$

Zur Vorhersage des Rückprallvermögens eines Balls muss damit der Verlustfaktor $\tan\delta$ bei Frequenzen bestimmt werden, die den Zeitbereich von Gl. 3.172 abbilden. Mit $f \approx \frac{1}{T_k}$ ergeben sich die Messbedingungen des dynamisch-mechanischen Experiments zur Vorhersage des Rückprallvermögens.

Das Rückprallvermögen eines Gummiballs (mit $d \approx 4$ cm) kann mit dem Verlustfaktor $\tan\delta$ vorhergesagt werden, wenn dieser in einem Frequenzbereich von 200 Hz bis 500 Hz gemessen wird. Je geringer der Verlustfaktor $\tan\delta$ des Elastomers ist, umso höher springt der daraus gefertigte Ball.

Beim hier beschriebenen Experiment wird das Rückprallvermögen an vier Bällen aus unterschiedlichen Elastomeren (BR, NR, SBR und Butyl) demonstriert. Lässt man alle Bälle aus der gleichen Höhe fallen, so findet man die höchste Rückprallhöhe bei dem Ball aus BR, gefolgt von den Bällen aus NR und SBR. Der aus Butyl gefertigte Ball erreicht die mit Abstand geringste Rückprallhöhe.

Üblicherweise werden in der Industrie Standardmessungen zur Charakterisierung der dynamisch-mechanischen Eigenschaften eingesetzt. Eine Standardmessung, die in nahezu jedem Elastomerlabor durchgeführt wird, ist die Bestimmung der Temperaturabhängigkeit des komplexen Moduls bzw. des Verlustfaktors $\tan\delta$ bei konstanter Frequenz. Die Messungen werden im Allgemeinen bei einer Frequenz zwischen 1 Hz und 10 Hz und bei Heiz- bzw. Kühlraten von 1 K/min bis 5 K/min durchgeführt. Bei diesen Bedingungen kann eine Messung in einem Temperaturbereich von normalerweise −100 °C bis +60 °C in vernünftigen Zeiten durchgeführt werden. Die Frequenzen sind hoch genug, um eine Änderung der Temperatur während der Messung zu vernachlässigen, und tief genug, um die Anregung von apparativ bedingten Resonanzen zu vermeiden.

Zur Beurteilung von technisch relevanten Eigenschaften werden dann relevante Materialgrößen bei der entsprechenden Temperatur verwendet.

Würde man bei der Beurteilung von elastomeren Materialien die Frequenzabhängigkeiten der Materialeigenschaften vernachlässigen (dies ist oft dann der Fall, wenn die Materialeigenschaften von Metallen auf Elastomere übertragen werden), so würde man zur Vorhersage des Sprungvermögens der Gummibälle die im linken Diagramm von Abb. 3.72 dargestellten temperaturabhängigen Messungen verwenden. Diese wurden bei einer konstanten Frequenz von 1 Hz und einer Heiz- bzw. Kühlrate von 1 K/min durchgeführt.

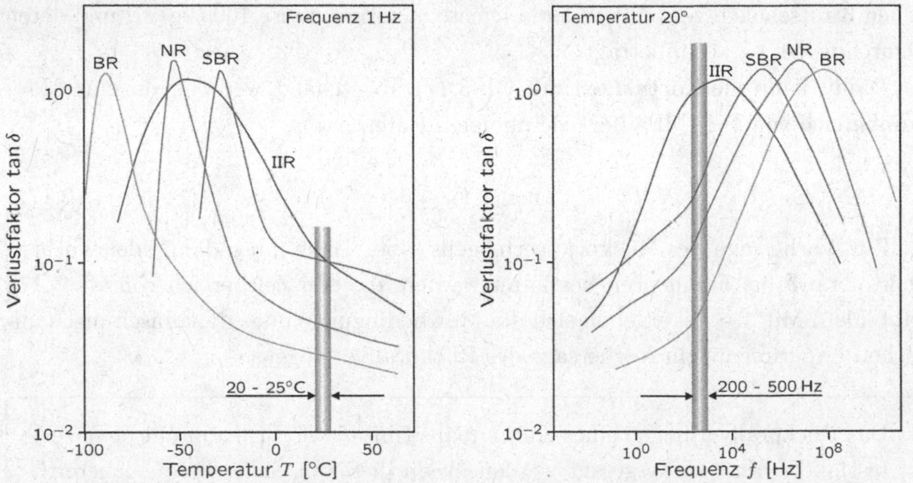

Abb. 3.72 Temperatur- und frequenzabhängige Messungen an BR, NR, SBR und IIR

Beim Vergleich der Sprunghöhen der Bälle mit den bei ca. 20 °C gemessenen Verlustfaktoren tan δ würde man eine gute Übereinstimmung zwischen Experiment und realem Versuch finden, solange man auf die Messung des Butyl-Balls verzichtet.

Die Vorhersage des Sprungvermögens des Butyl-Balls mit temperaturabhängigen Messungen scheitert völlig, da die Messung ein Sprungvermögen postuliert, das dem des SBR-Balls vergleichbar sein sollte, während der mit dem Butyl-Ball durchgeführte Versuch zeigt, dass dessen Rückprallhöhe sehr viel kleiner ist als die aller anderen Bälle.

Der Grund für diese Diskrepanz ist bekannt und liegt in den Unterschieden zwischen der Messfrequenz und der Frequenz bzw. der Zeitdauer des Kontakts mit dem Untergrund.

Berücksichtigt man die Frequenz bzw. die Zeitdauer des Kontakts durch die Korrelation der Sprunghöhe mit dem Verlustfaktor tan δ bei Frequenzen zwischen 200 Hz und 500 Hz, so kann auch die Rückprallhöhe des Butyl-Balls verlässlich prognostiziert werden (siehe rechtes Diagramm in Abb. 3.72).

Dazu muss allerdings die standardisierte Messmethode, die in diesem Fall die realen Bedingungen nur unzureichend abbildet, durch eine an das Problem angepasste Messmethode ersetzt werden. In diesem Beispiel müssen dazu frequenzabhängige Messungen bei verschiedenen Temperaturen durchgeführt werden und diese bei der richtigen Temperatur (hier ca. 20 °C) zu einer Masterkurve kombiniert werden (siehe rechtes Diagramm in Abb. 3.72). Erst dadurch kann der Verlustfaktor tan δ bei Frequenzen charakterisiert werden, die denen beim realen Experiment entsprechen.

Bei der Vorhersage von Bauteileigenschaften auf der Basis von dynamisch-mechanischen Messungen sollte man sich nicht blind auf bekannte, standardisierte Methoden und Korrelationen verlassen. Zuerst sollte eine sorgfältige Analyse der realen Beanspruchung erfolgen. Nur wenn die Parameter der standardisierten Methoden die realen Beanspruchungen abbilden, können diese auch sinnvoll eingesetzt werden, andernfalls muss eine geeignete Alternative oder Modifizierung gefunden werden, die den realen Bedingungen Rechnung trägt.

Eine interessante Frage, die sich beim Vergleich der temperatur- und frequenzabhängigen Messungen der vier Polymere BR, NR, SBR und IIR stellt, ist die nach dem abweichenden Verhalten des Butyls (IIR).

Betrachtet man den quantitativen Zusammenhang zwischen Glastemperatur (in diesem Fall ist die Glastemperatur als die Temperatur definiert, bei der der Verlustfaktor tan δ sein Maximum erreicht) und Messfrequenz, so wird klar, wodurch das abweichende Verhalten des IIR verursacht wird (siehe Abb. 3.73).

Ein Vergleich der drei Elastomere BR, NR und SBR zeigt, dass sich die gemessenen Glastemperaturen bei sehr niedrigen Messfrequenzen am stärksten unterscheiden. Die tiefste Glastemperatur findet man für BR, die höchste für SBR. Mit Erhöhung der Messfrequenz steigen die Glastemperaturen aller Polymere an. Der

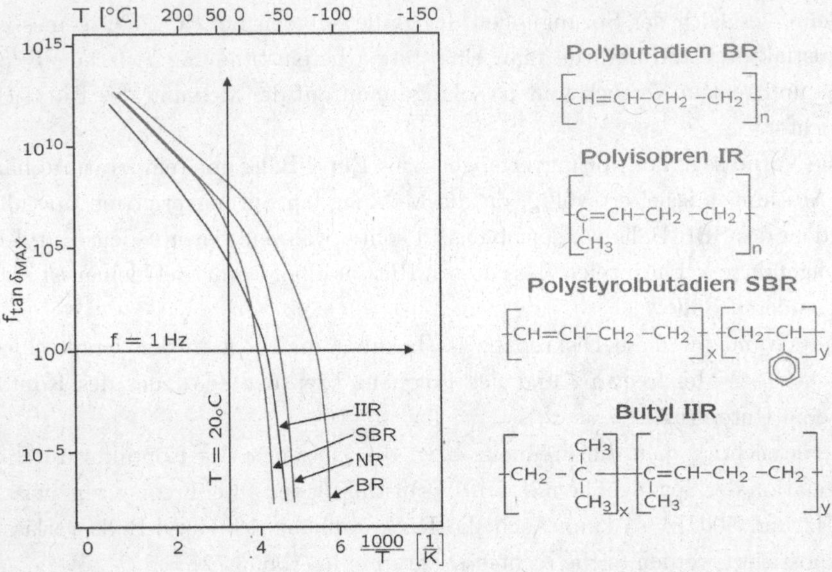

Abb. 3.73 Zusammenhang zwischen Temperatur und Frequenz bei BR, NR, SBR und IIR

Unterschied der Glastemperaturen der drei Polymere verringert sich zwar mit steigender Messfrequenz, ihre Reihenfolge bleibt aber erhalten. Das bedeutet, dass die tiefste Glastemperatur, unabhängig von der Messfrequenz, immer beim BR und die höchste Glastemperatur immer beim SBR gemessen wird.

Das Butyl (IIR) zeigt einen – im Vergleich mit BR, NR und SBR – anderen Zusammenhang zwischen Frequenz und Temperatur. Bei sehr tiefen Frequenzen liegt die Glastemperatur des IIR zwischen den Glastemperaturen von SBR und NR. Mit steigenden Frequenzen steigt die Glastemperatur deutlich langsamer an als die der anderen Polymere. Bei ca. 100 Hz sind die Glastemperaturen von SBR und BR vergleichbar. Bei höheren Messfrequenzen besitzt das Butyl eine höhere Glastemperatur als das SBR. Dieser Unterschied nimmt mit steigender Messfrequenz noch zu. Misst man die Glastemperaturen bei tiefen Frequenzen (siehe linkes Diagramm in Abb. 3.72), so ergibt sich eine Reihenfolge, die sich bei Erhöhung der Messfrequenz (hier sei an den Frequenzbereich der springenden Bälle erinnert) ändert. Damit ist eine Vorhersage des Sprungvermögens auf der Basis von niederfrequenten Messungen nicht mehr möglich.

Analytisch kann dieser Effekt durch eine Auswertung im Rahmen der WLF- bzw. der Vogel-Fulcher-Tammann-Beziehung beschrieben werden (siehe Abschnitt 3.12.2). Dabei zeigt sich, dass die drei Polymere BR, NR und SBR vergleichbare Aktivierungsenergien ΔQ (siehe Tabelle 3.2) aufweisen, während die Aktivierungsenergie von Butyl deutlich höher ist.

Die höhere Aktivierungsenergie des Butyls kann auf die erschwerte Rotation von C-C-Bindungen zurückgeführt werden, die von der sterischen Behinderung durch die CH_3-Seitengruppen verursacht wird. Durch diese sterische Behinderung steigt die Energie an, die zu einer Konformationsänderung der Polymerkette nötig ist. Daher ist die Beweglichkeit von Butylketten deutlich geringer als die von BR, SBR und NR.

Die durch die zwei CH_3-Seitengruppen reduzierte Kettenbeweglichkeit erklärt das abweichende kinetische Verhalten von Butyl damit auf molekularer Basis.

Dieses Beispiel demonstriert, dass die technologischen Eigenschaften von elastomeren Bauteilen durch die Charakterisierung ihrer dynamisch-mechanischen Materialgrößen nicht nur vorhergesagt werden können, sondern dass die Verwendung geeigneter molekularer Modelle unter Umständen sogar eine Verknüpfung zwischen technologischen Eigenschaften und molekularen Strukturparametern ermöglicht.

3.14 Gummielastizität und viskoses Fließen von Polymerschmelzen

Bisher wurde ausschließlich die Kinetik von Polymerketten auf der Basis von molekularen Relaxationsvorgängen diskutiert. Als Ergebnis wurde das Äquivalenzprinzip von Temperatur und Zeit bzw. Frequenz abgeleitet.

Mit diesem Zusammenhang zwischen Temperatur und Frequenz konnte quantitativ erklärt werden, warum die Glastemperatur T_G eines Polymers von der Frequenz bzw. der Heizrate abhängt und warum der Modul eines Polymers sich bei Erhöhung der Temperatur bzw. Erniedrigung der Messfrequenz deutlich ändert. Eine quantitative Beschreibung der dynamisch-mechanischen Eigenschaften ist auf der Basis dieser rein kinetisch motivierten Modellvorstellung nicht möglich.

D.h., fragt man sich, warum der Schubmodul eines unvernetzten, ungefüllten Polymers im Bereich der glasartigen Erstarrung gerade Werte im Bereich von einigen GPa annimmt oder warum der Speichermodul von hochmolekularen Polymerschmelzen in einem bestimmten Temperatur- bzw. Frequenzbereich einen konstanten Wert im Bereich von einigen hundert kPa besitzt, so lassen sich diese Fragen naturgemäß nicht durch die Beschreibung der Kinetik von Relaxationsvorgängen beantworten.

Zur quantitativen Beantwortung dieser Fragen werden Modelle benötigt, die das Relaxationsverhalten von Polymerketten auf molekularer Basis beschreiben und einen Zusammenhang zwischen den molekularen Größen und den makroskopischen zeit- und frequenzabhängigen Eigenschaften herstellen.

In diesem umfangreichen Abschnitt wird zunächst eine kurze phänomenologische Deutung der Gummielastizität und des viskosen Fließen vorgestellt. Dies hat vor allem den Zweck, die beobachteten Phänomene nochmals im Überblick darzustellen.

Der Zusammenhang zwischen molekularen Größen und makroskopischen Eigenschaften wird anschließend bei der Vorstellung der bekanntesten molekularen Modelle abgeleitet.

Dazu werden zu Beginn die Modellvorstellungen von Rouse (siehe Ferry (1980); Bueche (1952); Rouse (1953)) und Zimm (siehe Zimm (1956)) diskutiert, die das Relaxationsverhalten von Polymeren bzw. die Eigenschaften von verdünnten Lösungen bzw. niedermolekularen Polymerschmelzen durch die quantitative Charakterisierung der Dynamik einzelner isolierter Polymerketten beschreiben. Die Interaktion von Polymerketten, die zu Verschlaufungen bzw. Verhakungen (engl. Entanglements) führen, wird bei diesen Modellen vernachlässigt.

Der Einfluss von Entanglements auf das Relaxationsverhalten wird bei der Beschreibung des Gummiplateaus und des Fließverhaltens von unvernetzten, hochmolekularen Polymerschmelzen im Rahmen des Modells von Doi und Edwards (siehe Doi (1986, 1996)) ersichtlich.

Ein alternatives Modell zur Beschreibung der Dynamik von Polymerschmelzen wurde von Pechhold vorgeschlagen (siehe Pechhold (1970, 1979, 1987, 1990)). Basis ist die Annahme von aus Kettensegmenten aufgebauten Superstrukturelementen, deren Relaxationsverhalten zur Beschreibung der makroskopischen Eigenschaften in verschiedenen Zeit- bzw. Frequenzbereichen verwendet wird. Eine Einführung in dieses Modell findet sich am Ende des Abschnitts.

3.14.1 Phänomenologische Deutung

Abb. 3.74 stellt ein typisches Beispiel einer frequenzabhängigen Messung des komplexen Schubmoduls einer hochmolekularen Polymerschmelze dar. Gemessen wurde an einem Naturkautschuk. Die frequenzabhängigen Daten wurden durch die Erstellung einer Masterkurve bei einer Referenztemperatur von 20 °C erzeugt. Bei hohen Frequenzen ($> 10^8$ Hz in Abb. 3.74) ist das Polymer glasartig erstarrt, d.h., es können keine kooperativen Umlagerungsprozesse von Kettensegmenten ablaufen.

Der Speichermodul von hochmolekularen Polymerschmelzen liegt im Bereich der glasartigen Erstarrung in der Größenordnung von einigen GPa, und der Verlustmodul ist vernachlässigbar gering.

Bei Erniedrigung der Messfrequenz (10^4 Hz $< f <$ 10^8 Hz in Abb. 3.74) beobachtet man eine starke Abnahme des Speichermoduls und ein Maximum des Verlustmoduls. Dieser Bereich wird als Glasübergangsbereich definiert. Phänomenologisch können die Bereiche der glasartigen Erstarrung und des Glasübergangs durch ein bzw. mehrere Maxwell-Elemente beschrieben werden (siehe Abschnitt 3.10).

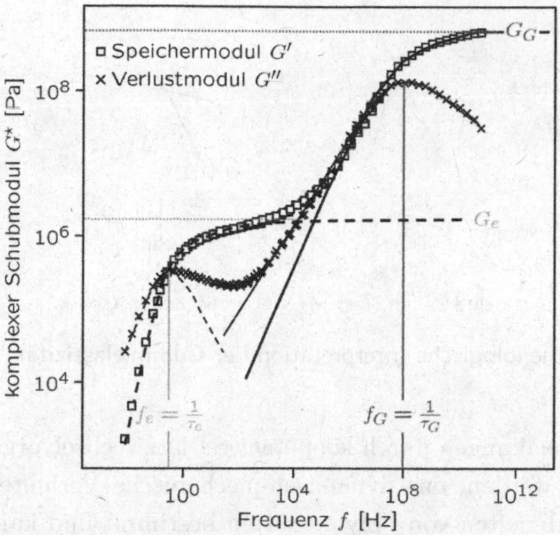

Abb. 3.74 Frequenzabhängigkeit des komplexen Schubmoduls

Die durchgezogenen Linien in Abb. 3.74 geben die empirische Anpassung des Glasübergangsbereichs und des Bereichs der glasartigen Erstarrung durch eine Summe von Maxwell-Elementen wieder (die dickere Linie beschreibt den Speichermodul und die dünnere den Verlustmodul). Der Speichermodul G_G der glasartig erstarrten Polymerschmelze kann durch die Summe der Relaxationsstärken (bzw. Federkonstanten) aller Maxwell-Elemente beschrieben werden. Die Relaxationszeit $\check{\tau}_G$, bei der ein Maximum des Verlustmoduls beobachtet wird, wird als mittlere Relaxationszeit des Glasprozesses bezeichnet.

Bei tieferen Frequenzen ($f < 10^4$ Hz in Abb. 3.74) zeigt sich ein deutlicher Unterschied zwischen den gemessenen und den empirischen, durch Maxwell-Elemente berechneten Modulkurven.

In einem Frequenzbereich von (10^1 Hz $< f < 10^4$ Hz in Abb. 3.74) findet man ein ausgeprägtes Plateau des Speichermoduls, das nicht durch das Maxwell-Modell der glasartigen Erstarrung beschrieben werden kann. Eine vollständige phänomenologische Beschreibung des gesamten viskoelastischen Verhaltens gelingt nur, wenn mindestens ein weiteres Maxwell-Element eingeführt wird (siehe die gestrichelte Linie in Abb. 3.74).

Dieses zusätzliche Feder-Dämpfer-Element kann empirisch durch die Verhakungen von Polymerketten erklärt werden. Wirkt ein äußeres mechanisches Feld auf verhakte Polymerketten, so können diese nicht instantan gelöst werden; sie setzen dem Feld einen Widerstand entgegen. Bei kurzen Zeiten wirken verhakte Ketten deshalb wie eine elastische Feder.

Die Federkonstante dieser Feder, die empirisch mit dem Plateauwert des Speichermoduls G_e korreliert werden kann, ist dann proportional zur Verhakungsdichte der Polymerketten. Wirkt das äußere mechanische Feld über eine lange Zeit,

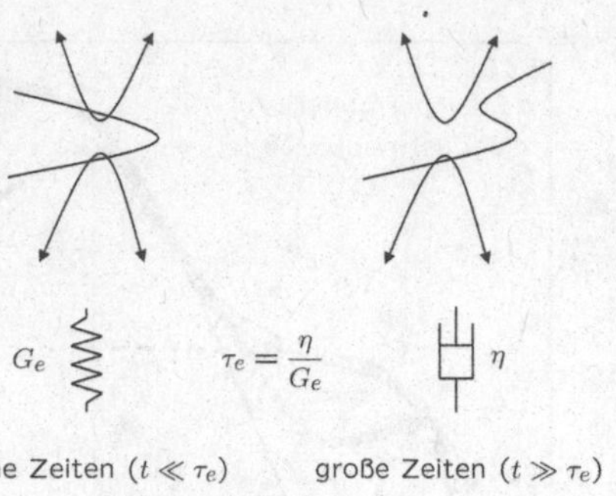

Abb. 3.75 Phänomenologische Interpretation der Gummielastizität

so können die Verhakungen durch kooperative Platzwechselvorgänge von Kettensegmenten gelöst werden; das dynamisch-mechanische Verhalten wird dann nur noch durch das Abgleiten von Polymerketten bestimmt und kann durch rein viskoses Verhalten beschrieben werden. Die Viskosität des zusätzlichen Dämpfungselements entspricht dann der Viskosität der Polymerschmelze.

In Abb. 3.75 ist die empirische Beschreibung von Entanglements durch ein Maxwell-Element für kurze und für lange Zeiträume skizziert. Aus der Skizze wird die Bedeutung der Relaxationszeit τ_e ersichtlich. Ist die Dauer der Belastung deutlich größer als die Relaxationszeit τ_e, so wird das mechanisch-dynamische Verhalten nur noch durch das rein viskose Verhalten beschrieben, und alle Entanglements sind gelöst. Für Zeiten, die deutlich kleiner als die Relaxationszeit sind, stellen die Entanglements mechanisch stabile Verbindungen zwischen Polymerketten dar. Daraus resultiert ein rein elastisches Verhalten, das phänomenologisch durch eine Feder charakterisiert werden kann. Die Relaxationszeit τ_e kann damit empirisch als die Zeit aufgefasst werden, die zum Lösen eines Entanglements benötigt wird.

Im Bereich des Glasübergangs kann das dynamisch-mechanische Verhalten von Polymerschmelzen phänomenologisch durch eine Serie von Maxwell-Elementen beschrieben werden. Der Speichermodul G_G der glasartig erstarrten Polymerschmelze entspricht der Summe der Federkonstanten aller Maxwell-Elemente. Die Relaxationszeit $\check{\tau}_G$, bei der ein Maximum des Verlustmoduls beobachtet wird, bezeichnet man als mittlere Relaxationszeit des Glasprozesses.

Die durch Verhakungen und Verschlaufungen von Polymerketten verursachten elastischen Anteile können durch ein zusätzliches Maxwell-Element charakterisiert werden. Die Feder des Maxwell-Elements, die den Plateauwert G_e des Speichermoduls beschreibt, stellt ein empirisches Maß für die Verhakungsdichte der Polymerketten dar. Das Dämpfungselement des zusätzlichen Maxwell-Elements charakterisiert das viskose Verhalten der Polymerschmelze.

Die Relaxationszeit $\tau_e = \eta / G_e$ gibt die Zeit an, die zum Lösen eines Entanglements benötigt wird. Ist die Dauer einer Belastung deutlich kleiner als die Relaxationszeit ($t \ll \tau_e$), so stellen die Entanglements mechanisch stabile Verbindungen zwischen Polymerketten dar, die rein elastisches Verhalten zeigen. Ist die Dauer einer Belastung deutlich größer als die Relaxationszeit ($t \gg \tau_e$), so sind alle Entanglements gelöst; die dynamisch-mechanischen Eigenschaften werden durch das Abgleiten von Polymerketten bestimmt und entsprechen somit einem ideal viskosen Medium.

3.14.2 Das Rouse-Modell

P. E. Rouse (siehe Rouse (1953)) entwickelte 1953 ein semiempirisches Modell zur Beschreibung der Dynamik vondavon aus Polymerketten. Dazu nahm er an, dass die Beweglichkeit von Polymerketten in einem Lösungsmittel durch zwei Effekte charakterisiert werden kann. Zum einen verursachen statistische Stöße der Polymerkette mit Lösungsmittelmolekülen eine zufällige Bewegung von Kettensegmenten (analog der Brownschen Bewegung). Andererseits wird die Bewegung der gesamten Polymerkette im Lösungsmittel durch Reibung eingeschränkt.

Auf der Basis dieser Annahmen konnte Rouse sowohl die Diffusion einer Polymerkette in einem Lösungsmittel als auch deren viskoelastische Eigenschaften ableiten.

Wichtig ist, dass im Modellansatz von Rouse Verhakungen bzw. Verschlaufungen von Ketten nicht berücksichtigt werden. Dies ist in guter Näherung nur für hochverdünnte Lösungen erfüllt.

Ersetzt man das Lösungsmittel gedanklich durch die Polymerschmelze, so beschreibt das Rouse-Modell die Diffusion einer Kette in einem viskosen Medium aus gleichartigen Polymerketten. Wiederum wird vorausgesetzt, dass keine Verhakungen und Verschlaufungen zwischen Polymerketten auftreten. Gültig ist diese Annahme demzufolge nur für Polymere mit geringer Kettenlänge bzw. geringem Molekulargewicht.

Einführung von statistischen Untereinheiten bzw. Submolekülen

Zur Beschreibung der Eigenschaften einer verknäulten Polymerkette wird diese in einem ersten Schritt in N_S Untereinheiten bzw. Submoleküle mit der mittleren Länge $\overline{a}$, die auch als Persistenzlänge oder Kuhnsche Segmentlänge bezeichnet wird, geteilt. Eine mathematisch exakte Definition der Persistenzlänge findet sich in Strobl (1996). Ein Submolekül beinhaltet dann mehrere Monomere der Polymerkette. Die Anzahl der Monomeren pro Submolekül muss mindestens so hoch sein, dass die Konformation (Anordnung) der Kette durch eine Gauß-Statistik der Submoleküle beschrieben werden kann.

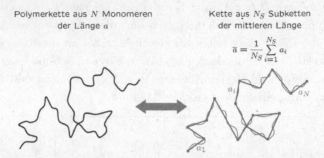

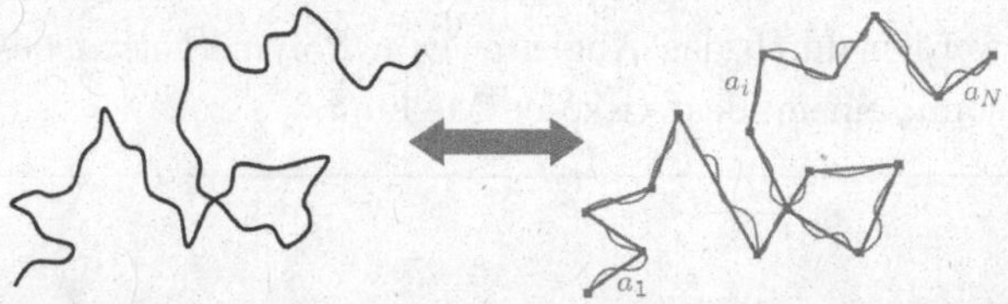

Abb. 3.76 Darstellung einer Polymerkette durch eine aus Submolekülen gebildete Gaußsche Kette

Erinnert man sich nochmals an die Rotationspotenziale einer C-C-Bindung (siehe Abschn. 3.11.4), so wird die Idee der Segmentierung klar. Die Position zweier benachbarter C-Atome ist, bedingt durch das dreizählige Rotationspotenzial, durch einen Bindungswinkel vorgegeben. Betrachtet man jetzt ein aus mehreren C-C-Bindungen gebildetes Submolekül, so kann durch eine genügend große Anzahl von C-C-Bindungen im Submolekül eine freie Drehbarkeit der Submoleküle gegen ihre Nachbarn erreicht werden. Sind alle Drehwinkel zwischen zwei Submolekülen einer Kette gleich wahrscheinlich, so spricht man von einer Valenzwinkelkette mit freier Drehbarkeit oder auch von einer idealen Gaußschen Kette.

> Fasst man mehrere Segmente (Monomere) einer Polymerkette zu Submolekülen zusammen, so sind diese bei genügend großer Anzahl von Segmenten gegenüber ihren Nachbarn frei drehbar.
>
> Die Eigenschaften einer realen Kette mit eingeschränkter Drehbarkeit der Kettensegmente können damit aus den Eigenschaften einer idealen Gaußschen Kette mit freier Drehbarkeit der Kettensegmente abgeleitet werden. Dazu müssen lediglich die Segmentlänge a der idealen Kette durch die mittlere Länge $\bar{a} = \sum_{i=1}^{N_S} a_i$ der Submoleküle und die Anzahl N der Segmente durch die Anzahl N_S der Submoleküle ersetzt werden.

Der Vorteil der Substitution einer realen Kette durch eine ideale Gaußsche Kette liegt in der relativ einfachen Beschreibung der räumlichen Konformation einer Gaußschen Kette.

So können wichtige Eigenschaften, wie beispielsweise der mittlere End-to-End-Abstand oder der Gyrationsradius, aus einer rein statistischen Betrachtung abgeleitet werden. Für den mittleren End-to-End-Abstand $\overline{R_m}$ einer idealen Kette (Herleitung siehe Abschnitt 4.2.1) ergibt sich die einfache Beziehung 3.173, wobei N die Anzahl der Kettenglieder und a ihre Länge angibt.

$$\overline{R}_m = a \cdot \sqrt{N} \qquad (3.173)$$

Da die Definition des mittleren End-to-End-Abstands $\overline{R}_m$ nur für lineare Ketten eindeutig ist (verzweigte oder ringförmige Ketten besitzen entweder viele oder keine Enden), kann die Größe bzw. mittlere Ausdehnung einer Kette allgemeiner durch den mittleren quadratischen Abstand aller Kettensegmente vom Masseschwerpunkt angegeben werden (siehe Gl. 3.174). $\overline{R}_G$ wird dann als Gyrationsradius bezeichnet.

$$\overline{R}_G = \frac{a}{6}\sqrt{N} = \frac{\overline{R}_m}{6} \qquad (3.174)$$

Aus den Gl. 3.173 und 3.174 kann schon eine grundlegende Eigenschaft von Polymerketten abgeleitet werden. Ketten knäulen sich, und zwar umso stärker, je länger die Kette ist. So hat eine Kette mit 100 Kettengliedern (jedes Kettenglied habe eine Länge von 1) einen mittleren End-to-End-Abstand von $R_m = 10$, während der End-to-End-Abstand einer 100-mal längeren Kette (N=10000) nur 10-mal so groß ist ($R_m = 100$).

Wie sich bei der thermodynamischen Betrachtung einer idealen Gaußschen Kette noch zeigen wird (siehe Abschnitt 4.2.1), benötigt man eine äußere Kraft, um eine Polymerkette zu dehnen bzw. zu komprimieren. Dabei findet man für die ideale Kette eine lineare Beziehung zwischen Spannung und Deformation mit der Federkonstanten f, für die gilt:

$$f = \frac{3kT}{Na^2} \qquad (3.175)$$

D.h., lange Ketten lassen sich einfacher dehnen als kurze ($f \propto N^{-1}$), und je länger ein Kettensegment a ist, desto leichter kann die Kette gedehnt werden ($f \propto a^{-2}$). Zur Beschreibung von realen Polymerketten ersetzt man, wie weiter oben gezeigt, die Anzahl N der Monomeren durch die Anzahl N_S der Submoleküle und die Monomerlänge a durch die mittlere Länge $\overline{a}$ der Submoleküle. Eine flexiblere Polymerkette zeichnet sich dadurch aus, dass weniger Monomere zur Bildung eines Submoleküls benötigt werden. Damit haben flexiblere Ketten eine kürzere mittlere Länge der Submoleküle. Zur Dehnung einer flexibleren Kette muss damit gemäß Gl. 3.196 eine größere Kraft aufgewendet werden.

Nicht trivial ist die aus Gl. 3.175 ableitbare Aussage, dass die Steifigkeit einer Kette mit steigender Temperatur zunimmt ($f \propto T$). Wie noch gezeigt wird, ist dies eine Folge der Entropieelastizität (Weiteres dazu in Abschnitt 4.2.1).

Das Feder-Masse-Modell

Die Einführung des mittleren End-to-End-Abstands und der Federkonstante einer idealen Kette führt zwanglos zum nächsten Schritt bei der Ableitung des

Rouse-Modells. Dabei werden die Segmente von Polymerketten durch Massekugeln ersetzt, die durch elastische Federn mit der Länge $\overline{a}$ und der Federkonstante f verbunden sind. In Abb. 3.77 ist dieses Verfahren skizziert. Das i-te Segment der Kette besitzt die Masse m_i und ist durch Federn der Stärke f mit seinen Nachbarn mit den Massen m_{i-1} und m_{i+1} verbunden.

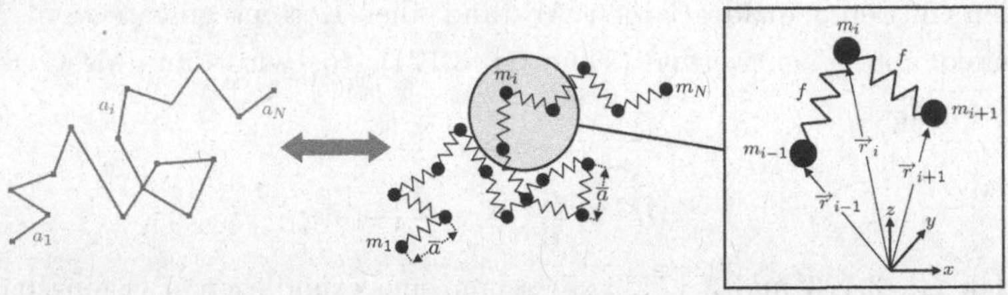

Abb. 3.77 Kugel-Feder-Modell einer Polymerkette nach Rouse

Die Interaktion der Submoleküle erfolgt nur durch die an den Massepunkten angreifenden elastischen Federn der direkten Nachbarn. Die Interaktion mit weiter entfernten Nachbarn wird vernachlässigt.

Dem Einfluss der Umgebung (Lösungsmittel bzw. andere Ketten) auf einen Massepunkt m_i wird durch zwei Mechanismen Rechnung getragen: zum einen durch eine Zufallskraft F_i, die die statistischen Stöße des Massepunkts m_i mit Umgebungspartikeln beschreibt, und zum anderen durch die Reibung, die die bewegte Masse m_i im Medium erfährt.

Die Position $\overrightarrow{r_i}(t)$ des i-ten Massepunkts m_i der Rouse-Kette im Medium der Polymermatrix zur Zeit t kann durch folgende Bewegungsgleichung analytisch dargestellt werden:

$$m_i \ddot{\overrightarrow{r_i}}(t) + \zeta_0 \dot{\overrightarrow{r_i}}(t) + f\left\{2\overrightarrow{r_i}(t) - \overrightarrow{r_{i-1}}(t) - \overrightarrow{r_{i+1}}(t)\right\} = \overrightarrow{F_i}(t) \tag{3.176}$$

Der Term $m_i \ddot{\overrightarrow{r_i}}(t)$ beschreibt die auf den Massepunkt m_i wirkende Trägheitskraft, wobei $\dot{\overrightarrow{r_i}}(t)$ eine Kurzform für die zeitliche Ableitung $\frac{d}{dt}\overrightarrow{r_i}(t)$ darstellt. Konsequenterweise bezeichnet man mit zwei Punkten, wie bei $\ddot{\overrightarrow{r_i}}(t)$, die zweite Ableitung, hier: $\frac{d}{dt}\left(\frac{d}{dt}\overrightarrow{r_i}(t)\right)$. Bei der Behandlung von Flüssigkeiten und Schmelzen geht man üblicherweise davon aus, dass der Trägheitsterm sehr viel kleiner als der Reibungsterm ist und somit vernachlässigt werden kann.

$$m_i \ddot{\overrightarrow{r_i}}(t) \ll \zeta_0 \dot{\overrightarrow{r_i}}(t) \tag{3.177}$$

Anschaulich bedeutet dies, dass schnelle Bewegungen von Kettensegmenten durch die Reibung mit dem Medium nahezu instantan abgedämpft werden.

Die gesamten Reibungsverluste eines Submoleküls bei seiner Bewegung im viskosen Medium der Polymermatrix werden pauschal durch den Reibungskoeffizienten ζ_0 erfasst.

Die durch Zufallsstöße des i-ten Kettensegments mit dem Lösungsmittel wirkende Kraft $F_i(t)$ führt zu einer Änderung der Konformation der Subketten. Da der Idealzustand einer Kette der Zustand maximaler Unordnung ist, führt jede Änderung der idealen Kettenkonformation zu einer Erhöhung der Ordnung und damit zu einer Abnahme der Entropie.

Im Kugel-Feder-Modell führt die Änderung der Konformation zu einer Änderung der Position der Massepunkte und damit zu einer Dehnung der Federn. Die Federn im Rouse-Modell repräsentieren den thermodynamischen Grundsatz, wonach ein System nie freiwillig einen Zustand höherer Ordnung annimmt. Um die Ordnung in einem System zu erhöhen, muss Arbeit verrichtet werden. Im Kugel-Feder-Modell wird diese Arbeit durch die Dehnung der Federn verrichtet. Der Term $f\,\{2\vec{r}_i(t) - \vec{r}_{i-1}(t) - \vec{r}_{i+1}(t)\}$ in Gl. 3.176 beschreibt damit die Kraft, die zur Erhöhung der Ordnung bzw. zur Dehnung der Federn aufgewendet werden muss.

Die Bewegungsgleichung des i-ten Massepunkts kann mit Gl. 3.176 und Gl. 3.177 in vereinfachter Form angegeben werden:

$$\zeta_0 \dot{\vec{r}_i}(t) + \frac{3kT}{a^2}\,\{2\vec{r}_i(t) - \vec{r}_{i-1}(t) - \vec{r}_{i+1}(t)\} = \vec{F}_i(t) \tag{3.178}$$

Durch Zufallsstöße der Submoleküle mit der Umgebung (Lösungsmittel bzw. Submoleküle anderer Ketten) wirkt eine Kraft auf das i-te Submolekül der Kette, die dadurch aus dem Idealzustand der maximalen Unordnung ausgelenkt wird. Die Rückstellkraft der Federn wirkt dem entgegen, wobei die Bewegung des Submoleküls durch Reibung gedämpft wird. Gl. 3.178 beschreibt damit die Brownsche Bewegung eines Submoleküls der Kette.

Eigenmoden einer idealen Kette

Die Bewegung einer aus N_S Submolekülen gebildeten Kette ist durch ein System von N_S gekoppelten Differenzialgleichungen vollständig beschrieben.

Zur analytischen Lösung dieses Systems von gekoppelten Differenzialgleichungen wird ein Verfahren eingesetzt, das als Eigenschwingungsanalyse bezeichnet wird und auf der Idee beruht, die Bewegung einer Kette durch die Summe ihrer Eigenmoden zu beschreiben.

Der Begriff der Eigenmoden wird anschaulich, wenn man die Rouse-Kette gedanklich durch einen elastischen Stab ersetzt und dessen Schwingungsverhalten betrachtet. Geht man davon aus, dass die Enden des elastischen Stabs frei beweglich sind, so müssen diese bei einer Schwingung maximale Auslenkung besitzen (siehe Abb. 3.78).

Bei der Grundschwingung oder ersten Mode des elastischen Stabs sind beide Enden maximal ausgelenkt, und nur die Kettenmitte ruht (siehe Abb. 3.78 links). Die Grundschwingung stellt die Schwingung mit der tiefsten Frequenz dar. Eine

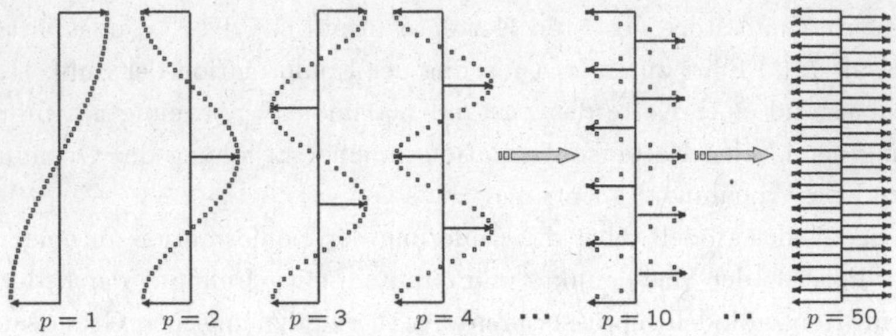

Abb. 3.78 Eigenschwingungsmoden eines Stabs (Beispiel für $N = 50$)

Schwingung mit niedrigerer Frequenz würde die Voraussetzung der frei beweglichen Enden nicht erfüllen. Höhere Schwingungsfrequenzen können durch Vervielfachungen der Grundschwingung erreicht werden. In Abb. 3.78 sind weitere Moden oder Oberschwingungen des elastischen Stabs skizziert, und Gl. 3.179 zeigt die mathematische Beschreibung der p-ten Oberschwingung.

$$x_p(t) = \frac{1}{N} \sum_{i=1}^{N} \cos\left(\frac{p\pi i}{N}\right) r_i(t) \tag{3.179}$$

Relaxationszeiten einer idealen Kette

Bei einer Polymerkette werden Schwingungsmoden zufällig durch statistische Stöße mit dem Medium angeregt und durch die Reibung sofort gedämpft. Die Bewegungsgleichung kann für jede Mode einzeln gelöst werden, wobei man ausnutzt, dass das zeitliche Mittel der Zufallskraft gegen null konvergiert.

$$\zeta_0 \dot{x}_p(t) + \frac{3kT}{\overline{a}^2} x_p(t) = 0 \tag{3.180}$$

Das führt für jede Mode zu einer charakteristischen Relaxationszeit. Nach längerer und äußerst anspruchsvoller Rechnung (siehe dazu Rouse (1953)) ergibt sich der folgende Ausdruck für die Relaxationszeit $\hat{\tau}_p$ der p-ten Mode .

$$\hat{\tau}_p = \frac{a^2 \zeta_0}{24kT \left\{\sin \frac{p\pi}{2(N+1)}\right\}^2} \overset{\text{für } N \gg 1}{\approx} \frac{\zeta_0 N^2 a^2}{6\pi^2 kT p^2} \tag{3.181}$$

Die Abkling- bzw. Relaxationszeit $\hat{\tau}_p$ der p-ten Mode ist damit p^2-mal kürzer als die der Grundschwingung. Sie steigt linear mit dem Reibungskoeffizienten ζ_0, quadratisch mit der Ketten- und Segmentlänge (N bzw. a) und ist indirekt proportional zur Temperatur T.

Charakteristisch für das Rouse-Modell ist ein Spektrum von Relaxationszeiten (siehe Abb. 3.79) mit einer kürzesten ($p = N$)

$$\hat{\tau}_0 = \hat{\tau}_{(p=N)} \approx \frac{\zeta_0 a^2}{6\pi^2 kT} \tag{3.182}$$

und einer längsten ($p = 1$) Relaxationszeit, die auch als Rouse-Zeit bezeichnet wird:

$$\hat{\tau}_R = \hat{\tau}_{(p=1)} \approx \hat{\tau}_0 \cdot N^2 \tag{3.183}$$

Die Relaxationszeit der p-ten Mode ergibt sich zu

$$\hat{\tau}_p \approx \hat{\tau}_0 \left(\frac{N}{p}\right)^2 \tag{3.184}$$

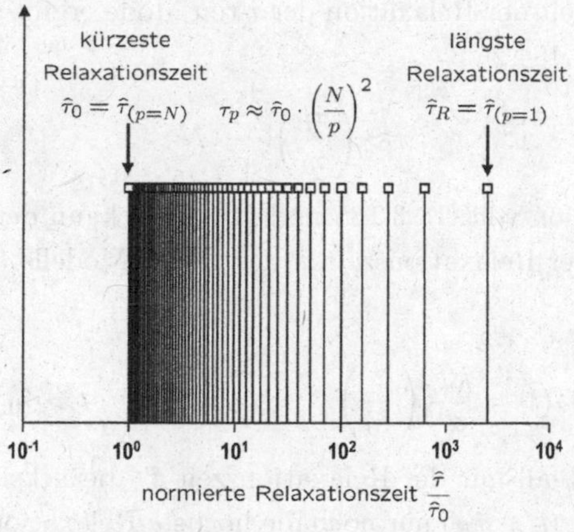

Abb. 3.79 Relaxationszeiten einer idealen Gaußschen Kette (Beispiel für $N = 50$)

dynamisch-mechanische Eigenschaften einer idealen Kette

Bueche und Zimm interpretierten das von Rouse abgeleitete Spektrum von Relaxationszeiten als mögliche Bewegungsformen einer idealen Kette. Bei der Grundschwingung ($p = 1$) bewegen sich die Kettenenden in entgegengesetzte Richtungen, während das Zentrum der Kette unbewegt bleibt. Somit wird jeweils die Hälfte aller Segmente bzw. Submoleküle kollektiv in eine Richtung bewegt; die Relaxation dieser Mode stellt somit eine kooperative Bewegung von vielen Kettensegmenten dar.

Bei der Anregung von Moden mit einem höheren Index p werden weniger Segmente bzw. Submoleküle kooperativ bewegt. Die Relaxation dieser Moden läuft damit schneller ab.

Bei der höchsten Normalmode ($p = N$) wird nur ein Segment bzw. Submolekül gegen das benachbarte Segment bzw. Submolekül ausgelenkt. Im Rouse-Modell ist ein Segment bzw. Submolekül somit die kürzeste Einheit, die relaxieren kann.

Betrachtet man ein einfaches Relaxationsexperiment einer idealen Gaußschen Kette (die Kette wird zum Zeitpunkt $t = t_0$ schlagartig um einen bestimmten Betrag gedehnt) und nimmt näherungsweise an, dass zum Zeitpunkt $t = \hat{\tau}_i$ alle Moden mit einem Index $p > i$ relaxiert sind und die Relaxation aller Moden mit einem Index $p < i$ noch nicht stattgefunden hat, so tragen nur die nicht relaxierten Moden zur mechanischen Spannung bei.

Der Modul $G(t)$ berechnet sich dann aus dem Produkt der thermischen Energie und des Volumenanteils der noch nicht relaxierten Segmente bzw. Submoleküle. Das Volumen eines Segments bzw. Submoleküls kann dabei mit $V_S = a^3$ angenähert werden.

$$G(t) \approx G(\hat{\tau}_i) = kT \cdot \frac{i}{a^3 N} \tag{3.185}$$

Die Zeitabhängigkeit der Relaxation der i-ten Mode ergibt sich durch einfaches Umformen von Gl. 3.184 zu

$$i \approx \left(\frac{\hat{\tau}_i}{\hat{\tau}_0}\right)^{-\frac{1}{2}} \cdot N \tag{3.186}$$

Durch die Kombination von Gl. 3.185 und Gl. 3.186 kann der zeitabhängige Modul im Zeitbereich der Relaxationszeiten des Rouse-Modells ($t > \hat{\tau}_0$) abgeschätzt werden.

$$G(t) = \frac{kT}{a^3}\left(\frac{t}{\hat{\tau}_0}\right)^{-\frac{1}{2}} \cdot e^{-\frac{t}{\hat{\tau}_R}} \quad \text{für} \quad t > \hat{\tau}_0 \tag{3.187}$$

Der exponentielle Abfall mit der Relaxationszeit $\hat{\tau}_R$ berücksichtigt die Tatsache, dass nach langer Zeit ($t \gg \hat{\tau}_R$) nur noch die höchste Relaxationszeit zur Änderung des zeitabhängigen Verhaltens beiträgt.

Bei sehr kleinen Zeiten ($t \ll \hat{\tau}_0$) konnte noch keine Mode relaxieren ($i = N$), d.h., alle Moden tragen zur mechanischen Spannung bei. Der Grenzwert des Moduls berechnet sich mit Gl. 3.185 zu

$$\lim_{t \to 0} G(t) = G_\infty \approx \frac{kT}{a^3} \quad \text{für} \quad t \ll \hat{\tau}_0 \tag{3.188}$$

Üblicherweise werden Module durch molare Größen beschrieben. Ersetzt man das Volumen eines Segments bzw. eines Submoleküls durch sein Molekulargewicht ($\rho \cdot a^3 \cdot N_A = M_S$), so führt einfaches Einsetzen zu einer molaren Formulierung von Gl. 3.188:

$$G_\infty = \frac{kT}{a^3} = \frac{\rho RT}{M_S} \tag{3.189}$$

Die Avogadro-Zahl N_A gibt dabei an, wie viele Moleküle sich in einem Mol befinden ($N_A = 6.02214199 \cdot 10^{23}\,\text{mol}^{-1}$).

Für den frequenzabhängigen Modul $G^\star(\omega)$ führt eine analoge Abschätzung im Zeitbereich der Relaxationszeiten zu den Beziehungen

$$G'(\omega) \cong G''(\omega) \approx \frac{\rho RT}{M_S} \cdot \omega^{\frac{1}{2}} \quad \text{für} \quad \frac{1}{\hat{\tau}_R} \ll \omega \ll \frac{1}{\hat{\tau}_0} \tag{3.190}$$

Die in den Gleichungen 3.187 und 3.190 enthaltenen Beziehungen stellen zwar nur Näherungen dar, demonstrieren aber die prinzipiellen frequenz- und zeitabhängigen dynamisch-mechanischen Eigenschaften einer idealen Gaußschen Kette im Rouse-Modell. Der frequenz- bzw. zeitabhängige Modul einer idealen Gaußschen Kette lässt sich in drei Zeit- bzw. Frequenzbereichen näherungsweise abschätzen.

Bei sehr kurzen Zeiten ($t < \hat{\tau}_0$) bzw. sehr hohen Frequenzen ($\omega > \frac{1}{\hat{\tau}_0}$) kann kein Segment bzw. Submolekül der Kette relaxieren, der Modul ist konstant und damit unabhängig von Frequenz und Zeit.

$$G(t) = G^\star(\omega) = G_\infty = \frac{\rho RT}{M_S} \quad \text{für} \quad t < \hat{\tau}_0 \text{ bzw. } \omega > \tfrac{1}{\hat{\tau}_0} \tag{3.191}$$

Im Zeit- bzw. Frequenzbereich der Relaxation der Eigenmoden der Kette kann der Modul durch ein Potenzgesetz angenähert werden.

$$G(t) \propto t^{-\frac{1}{2}} \quad \text{für} \quad \hat{\tau}_0 < t < \hat{\tau}_R \tag{3.192}$$

$$G'(\omega) \propto G''(\omega) \propto \omega^{\frac{1}{2}} \quad \text{für} \quad \frac{1}{\hat{\tau}_R} < \omega < \frac{1}{\hat{\tau}_0} \tag{3.193}$$

Bei sehr großen Zeiten ($t > \hat{\tau}_R$) bzw. sehr tiefen Frequenzen ($\omega < \frac{1}{\hat{\tau}_R}$) wird der zeit- bzw. der frequenzabhängige Modul nur noch durch die Relaxation der Mode mit der höchsten Relaxationszeit $\hat{\tau}_R$ bestimmt. Für den zeitabhängigen Modul findet man einen exponentiellen Abfall mit der Zeit.

$$G(t) \propto e^{-\dfrac{t}{\hat{\tau}_R}} \quad \text{für} \quad t > \hat{\tau}_R \tag{3.194}$$

Das frequenzabhängige Verhalten ist bei sehr kleinen Frequenzen durch eine quadratische Proportionalität zwischen Frequenz und Speichermodul und durch einen linearen Zusammenhang zwischen Verlustmodul und Frequenz charakterisiert.

$$\left.\begin{array}{l} G' \propto \omega^2 \\ G'' \propto \omega \end{array}\right\} \text{für } \omega < \frac{1}{\hat{\tau}_R} \tag{3.195}$$

Die exakte Lösung des zeit- bzw. des frequenzabhängigen Moduls einer idealen Gaußschen Kette wurde von Rouse aus der Bewegungsgleichung (siehe Gl. 3.180) abgeleitet und führt zu den beiden folgenden Beziehungen:

$$G(t) = \sum_{p=1}^{N} G_p(t) \quad \text{bzw.} \quad G^\star(\omega) = \sum_{p=1}^{N} G_p^\star(\omega) \tag{3.196}$$

mit

$$G_p(t) = \frac{\rho \cdot R \cdot T}{M} e^{-\dfrac{t}{\hat{\tau}_p}} \quad \text{bzw.} \quad G_p^\star(\omega) = \frac{\rho \cdot R \cdot T}{M} \frac{\imath\omega\hat{\tau}_p}{1 + \imath\omega\hat{\tau}_p} \tag{3.197}$$

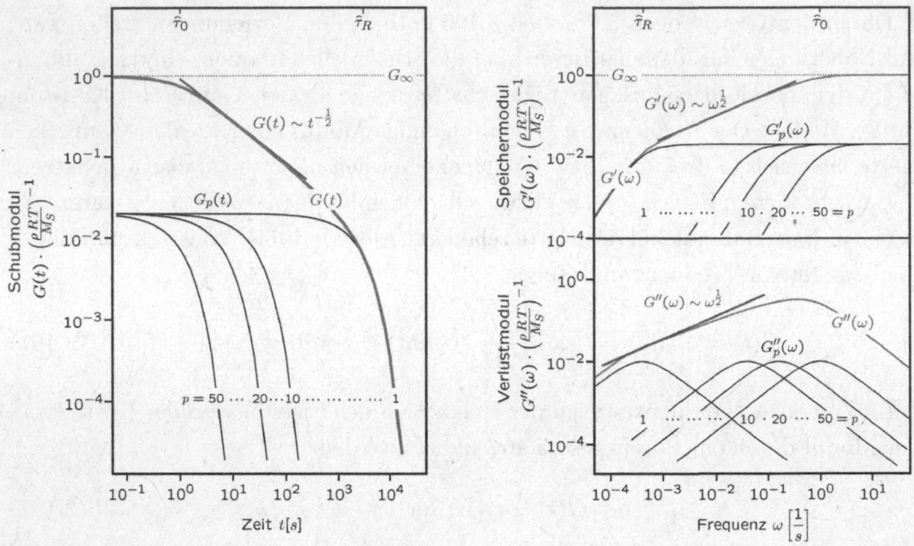

Abb. 3.80 Zeit- und frequenzabhängiger Modul einer idealen Gaußschen Kette (Beispiel für $N = 50$ und $\hat{\tau}_0 = 1\,\text{s}$)

ρ bezeichnet dabei die Dichte des Polymers, $M = M_S \cdot N$ gibt das Molekulargewicht der Kette aus N Segmenten bzw. N_S Submolekülen an.

In Abb. 3.80 sind die frequenz- und zeitabhängigen Module exemplarisch für eine ideale Gaußsche Kette mit $N = 50$ Segmenten sowohl für die in Gl. 3.196 und Gl. 3.197 angegebenen exakten Lösungen als auch für die hergeleiteten Näherungen dargestellt. Zusätzlich sind die zeit- und frequenzabhängigen Module einiger ausgewählter Rouse-Moden eingezeichnet.

Aus dem Vergleich der Module der exakten Rechnung mit denen des angenäherten Verlaufs wird ersichtlich, dass die einfachen Abschätzungen (siehe Gl. 3.192 und Gl. 3.193) den Verlauf des Moduls im Zeit- bzw. Frequenzbereich der Relaxationszeiten $\hat{\tau}_R < t < \hat{\tau}_0$ gut wiedergeben.

Aus dem frequenzabhängigen Verlauf von Speicher- und Verlustmodul (siehe Gl. 3.196) kann relativ einfach die Grenzviskosität einer Rouse-Kette ($\eta_{(t\to\infty)}$ bzw. $\eta_{(\omega\to 0)}$) abgeleitet werden. Ausgehend von der Definition der Viskosität (siehe Gl. 3.65) im Bereich des viskosen Fließens, d.h. im Grenzfall beliebig kleiner Frequenzen,

$$\eta = \eta^\star(\omega \to 0) = \lim_{\omega\to 0} \frac{G^\star(\omega)}{\mathrm{i}\omega}$$

erhält man durch Einsetzen von Gl. 3.196 bzw. Gl. 3.197 mit $\frac{\rho RT}{M_S} = \frac{kT}{a^3 N}$:

$$\eta = \eta^\star(\omega \to 0) = \lim_{\omega\to 0} \frac{\dfrac{kT}{a^3 \cdot N} \displaystyle\sum_{p=1}^{N} \frac{\mathrm{i}\omega\hat{\tau}_p}{1 + \mathrm{i}\omega\hat{\tau}_p}}{\mathrm{i}\omega} = \frac{kT}{a^3 \cdot N} \cdot \sum_{p=1}^{N} \hat{\tau}_p$$

und unter Verwendung von Gl. 3.181 (dabei konvergiert die Reihe $\sum_{p=1}^{N} \frac{1}{p^2}$ für große N gegen $\frac{\pi^2}{6}$)

$$\eta = \eta^\star(\omega \to 0) = \frac{kT}{a^3 \cdot N} \cdot \sum_{p=1}^{N} \hat{\tau}_p = \frac{kT}{a^3 \cdot N} \cdot \sum_{p=1}^{N} \frac{\zeta_0 N^2 a^2}{6\pi^2 kT p^2} = \frac{\zeta_0 N}{a 6\pi^2} \sum_{p=1}^{N} \frac{1}{p^2}$$

$$\Downarrow$$

$$\eta = \frac{\zeta_0}{36 \cdot a} \cdot N \tag{3.198}$$

eine Beziehung zwischen dem Molekulargewicht M bzw. der Kettenlänge N und der Grenzviskosität η im Bereich des viskosen Fließens.

Das Rouse-Modell sagt einen linearen Zusammenhang zwischen der Grenzviskosität und dem Molekulargewicht M bzw. der Länge der Kette voraus ($M = N \cdot M_S$, wobei M_S wiederum das Molekulargewicht eines Submoleküls bezeichnet).

$$\eta \propto N \propto M_S \cdot N = M$$

Flexiblere Ketten benötigen weniger Monomere zur Bildung eines Submoleküls. Dies verringert die Länge a eines Submoleküls und führt im Rouse-Modell zu einer Erhöhung der Viskosität.

$$\eta \propto \frac{1}{a}$$

Der Reibungskoeffizient η_0, der die gesamten Reibungsverluste eines Submoleküls bei seiner Bewegung im viskosen Medium der Polymermatrix pauschal erfasst, ist proportional zur Viskosität:

$$\eta \propto \zeta_0$$

Da sowohl die Kettenlänge N als auch die Länge a eines Submoleküls nicht von der Temperatur abhängen, wird die Temperaturabhängigkeit der Viskosität im Rouse-Modell einzig durch die Temperaturabhängigkeit des Reibungskoeffizienten $\zeta_0(T)$ beschrieben.

$$\eta(T) = \frac{N}{36 \cdot a} \cdot \zeta_0(T)$$

Gültigkeitsbereich des Rouse-Modells

Im Folgenden wird an einem Beispiel demonstriert, ob bzw. unter welchen Voraussetzungen das Rouse-Modell zur quantitativen Charakterisierung der dynamisch-mechanischen Eigenschaften eines realen Polymers eingesetzt werden kann.

In Abb. 3.81 sind Masterkurven zweier Nitril-Butadien-Kautschuke (NBR) mit gleicher Mikrostruktur (Gewichtsanteil ACN ca. 34 %), aber unterschiedlichen Molekulargewichten dargestellt. Die Masterkurven wurden aus frequenzabhängigen Messungen in einem Frequenzbereich von 10^{-2} Hz bis 10^{3} Hz bei unterschiedlichen Temperaturen (−60 °C bis 140 °C) durch die Anwendung des Frequenz-Temperatur-Äquivalenzprinzips erstellt.

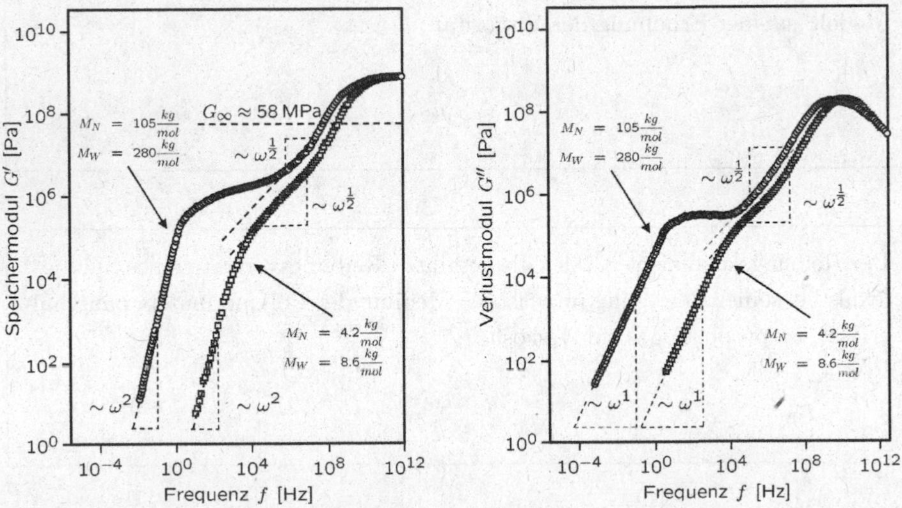

Abb. 3.81 Masterkurven zweier NBR-Kautschuke (Gewichtsanteil ACN 34 %) mit unterschiedlichen Molekulargewichten bei einer Referenztemperatur von $T_{Ref} = 100\,°C$

Abb. 3.81 zeigt nochmals deutlich den Sinn und Zweck der Masterkurventechnik. Der apparativ begrenzte Frequenzbereich von 5 Frequenzdekaden kann durch die Masterung mehrerer frequenzabhängiger Einzelmessungen auf nahezu 15 Dekaden erweitert werden. Erst durch den großen Frequenzbereich wird es möglich, die viskoelastischen Eigenschaften der beiden Polymere vom Bereich des viskosen Fließens bis in den Bereich der glasartigen Erstarrung experimentell zu erfassen.

Bereich der glasartigen Erstarrung

Bei sehr hohen Frequenzen haben die Segmente einer Gaußschen Kette keine Zeit zur Relaxation, sie sind quasi starr. Das Rouse-Modell postuliert deshalb bei hohen Frequenzen einen konstanten Speichermodul (siehe Gl. 3.191) und einen Verlustmodul, der mit steigender Frequenz beliebig klein wird.

$$G'(\omega \to \infty) = G_\infty = \frac{\rho RT}{M_S}$$
$$G''(\omega \to \infty) = 0$$

Der Modul im Bereich der glasartigen Erstarrung G_∞ wird nach Rouse nur vom Molekulargewicht eines Kettensegments bzw. eines Submoleküls M_S und von der Temperatur T beeinflusst.

Die Masterkurven beider NBR-Kautschuke bestätigen qualitativ die Vorhersage des Rouse-Modells bei hohen Frequenzen. Unabhängig vom Molekulargewicht findet man für Frequenzen $f > 10^{10}$ Hz bei beiden Kautschuken einen konstanten Speichermodul von ca. 1 GPa und einen Verlustmodul, der mit steigender Frequenz stark abnimmt und deutlich kleiner als der Speichermodul ist (man beachte die doppelt logarithmische Skalierung in Abb. 3.81).

Das Rouse-Modell ermöglicht nicht nur einen qualitativen Vergleich der theoretischen Modulwerte mit den experimentellen Daten, sondern auch eine quantitative Abschätzung des Moduls bei hohen Frequenzen. In Gleichung 3.191 ist der Modul einer ideal Gaußschen Kette für den Grenzfall hoher Frequenz dargestellt. Da eine reale Kette durch die Einführung von Submolekülen in eine ideale Gaußsche Kette überführt werden kann, berechnet sich der hochfrequente Grenzwert des Moduls eines realen Polymers im Rouse-Modell zu

$$G_\infty = \frac{\rho RT}{M_S} = \frac{\rho RT}{z \cdot M_{Mon}}, \tag{3.199}$$

wobei M_S das Molekulargewicht eines Submoleküls darstellt, dass aus z Monomeren des Molekulargewichts M_{Mon} gebildet wird. Ein oberer Grenzwert für den Hochfrequenzmodul G_∞ ergibt sich, wenn man annimmt, dass nur ein Monomer ein Submolekül bildet ($z = 1$).

Das mittlere Molekulargewicht eines Monomers berechnet sich für Copolymere aus Acrylnitril und Butadien (NBR) bei einem Anteil von 34 Gewichtsprozent Acrylnitril zu 53.7 g/mol. Mit einer Dichte ρ von ca. 1000 kg/m^3 findet man für die im Beispiel untersuchten NBR-Copolymere bei einer Temperatur von 100 °C einen oberen Grenzwert des Moduls von ca. 58 MPa.

D.h., selbst unter der nicht sehr realistischen Annahme, dass ein Submolekül aus nur einem Monomer besteht, liegt die Vorhersage des Rouse-Modells um eine bis zwei Größenordnungen unter den experimentell bestimmten Werten von ca. 1 GPa (siehe Abb. 3.81).

Damit ist das Rouse-Modell nicht in der Lage, den Modul bei hohen Frequenzen quantitativ zu beschreiben. Der Grund dafür liegt in der Annahme, dass das dynamisch-mechanische Verhalten eines Polymers vollständig durch das Relaxationsverhalten einer idealen Gaußschen Kette beschreibbar ist. Vernachlässigt werden sowohl intramolekulare Relaxationsvorgänge als auch energieelastische Effekte, die durch deformationsbedingte Änderungen von Bindungslängen in und zwischen Monomeren auftreten (dies wird schon in der Originalarbeit von Rouse (1953) diskutiert).

Der Einfluss energieelastischer Deformationsvorgänge kann anschaulich am Beispiel des Snoek-Effekts (siehe Abschnitt 3.11) erklärt werden. Beim Snoek-Effekt beeinflusst ein äußeres periodisches mechanisches Feld die Platzwechselvorgänge von C-Atomen im Fe-Gitter und verursacht dadurch eine frequenz- bzw. zeitabhängige Änderung des Moduls. Bei hohen Frequenzen ändert sich das äußere Feld so schnell, dass während der Zeit, die ein C-Atome im Mittel für einen Platzwechsel benötigt, das angelegte Feld mehrmals seine Richtung ändert. Auf das C-Atom wirkt dann der Mittelwert des Feldes, der bei einer sinusförmigen Anregung den Wert null annimmt. Das C-Atom sieht damit im zeitlichen Mittel kein Feld. Der Modulwert bei sehr hohen Frequenzen ist damit unabhängig von den Platzwechselvorgängen der C-Atome.

Der Modul bei hohen Frequenzen repräsentiert somit ausschließlich die elastischen Eigenschaften des Fe-Gitters. Wirkt eine Spannung, so führt die Vergrößerung der Bindungsabstände zwischen Fe-Atomen zu einer makroskopischen Deformation des Fe-Kristalls. Ersetzt man die chemische Bindung zwischen zwei Fe-Atomen gedanklich durch eine ideale Feder, so wird klar, dass der Deformationsvorgang eines Kristalls bei sehr hohen Frequenzen rein energetischer Natur ist (im Gegensatz zum rein entropischen Deformationsverhalten einer idealen Gaußschen Kette). Bei der Deformation einer idealen Feder wird die gesamte Energie elastisch gespeichert und keine Energie dissipiert. Ein idealer Kristall ist demzufolge durch einen konstanten frequenz- und zeitunabhängigen Speichermodul charakterisierbar. Da keine Energie dissipiert wird, berechnet sich der Verlustmodul zu null.

Bedingt durch die räumliche Symmetrie des Kristalls kann sein Modul im Rahmen festkörperphysikalischer Betrachtungen noch exakt aus den molekularen Eigenschaften abgeleitet werden.

Amorphe Systeme wie Polymere zeichnen sich nun gerade durch das Fehlen jeglicher räumlicher Symmetrie aus. Zur Berechnung des energieelastischen Deformationsverhaltens eines amorphen Körpers müsste die räumliche Anordnung jedes einzelnen Atoms bzw. Moleküls und dessen Wechselwirkungen mit benachbarten

Atomen bzw. Molekülen berücksichtigt werden. Die sehr große Anzahl von Atomen bzw. Molekülen in einer Polymerkette überfordert selbst leistungsstärkste Rechner und macht eine Berechnung des Moduls auf der Basis molekularer Eigenschaften praktisch unmöglich.

Bei realen Kristallen wird das Deformationsverhalten durch Versetzungen (Kristallbaufehler) dominiert und kann im Rahmen der Versetzungstheorie analytisch beschrieben werden.

Die Versetzungstheorie wurde von W. Pechhold vom realen Festkörper auf amorphe Systeme übertragen und erfolgreich zur quantitativen Beschreibung des Moduls im Bereich der glasartigen Erstarrung verwendet (eine kurze Beschreibung dieses Modellansatzes findet sich im Abschnitt 3.14.5).

Der Vergleich mit experimentellen Daten zeigt, dass der Modul im Bereich der glasartigen Erstarrung im Rouse-Modell nur qualitativ wiedergeben wird. Die mit der Rouse-Theorie berechneten Modulwerte sind dabei mindestens um einen Faktor 20 kleiner als experimentell bestimmte Werte.

Die Ursache dieser Diskrepanz beruht auf der vereinfachten Beschreibung einer Polymerkette durch eine ideale Gaußsche Kette. Dabei werden sowohl die Dynamik der einzelnen Monomere als auch die energieelastische Wechselwirkung zwischen Monomeren vernachlässigt.

Glasübergangsbereich

Betrachtet man die komplexen Module der beiden NBR-Kautschuke, so findet man für das niedermolekulare NBR (siehe die □-Symbole in Abb. 3.81) in einem Frequenzbereich von ca. 10^4 Hz bis ca. 10^8 Hz, die vom Rouse-Modell postulierte Frequenzabhängigkeit.

$$G'(\omega) \propto G''(\omega) \propto \omega^{\frac{1}{2}}$$

Für das höhermolekulare NBR (siehe ∘-Symbole in Abb. 3.81) lässt sich die vom Rouse-Modell vorhergesagte Frequenzabhängigkeit nur in einem Frequenzbereich von ca. 10^6 Hz bis ca. 10^8 Hz erahnen.

Die Abweichungen bei höheren Frequenzen ($f > 10^8$ Hz) wurden qualitativ durch intermolekulare Relaxationsvorgänge und durch energieelastische Deformationsvorgänge erklärt (siehe vorigen Abschnitt).

Bei tieferen Frequenzen ($f < 10^6$ Hz in Abb. 3.81) wird der frequenzabhängige Verlauf stark vom Molekulargewicht, d.h. von der Kettenlänge der Polymere beeinflusst. Während sowohl der Speicher- als auch der Verlustmodul des niedermolekularen NBR mit abnehmender Frequenz stetig abnehmen und bei Frequenzen unter 10^3 Hz rein viskoses Verhalten zeigen (mehr dazu im nächsten Abschnitt), findet man beim höhermolekularen NBR bei tieferen Frequenzen ein Plateau des Speichermoduls und ein Maximum des Verlustmoduls. Erst bei Frequenzen unter 10^{-1} Hz zeigen Speicher- und Verlustmodul des hochmolekularen NBR den für das viskose Fließen charakteristischen Verlauf.

Das bei nahezu allen industriell eingesetzten Elastomeren experimentell beobachtete Plateau des Speichermoduls kann phänomenologisch durch die zusätzliche Relaxation von Verhakungen und Verschlaufungen (Entanglements) von Polymerketten erklärt werden (siehe Abschnitt 3.14.1).

Mit zunehmender Kettenlänge, d.h. mit steigendem Molekulargewicht, steigt die Wahrscheinlichkeit für die Bildung von Verschlaufungen oder Verhakungen. Die daraus resultierenden zusätzlichen elastischen Anteile führen zur Ausbildung eines Plateauwerts des Speichermoduls im Frequenzbereich zwischen glasartiger Erstarrung und viskosem Fließen.

Da der Einfluss von Entanglements im Rouse-Modell vernachlässigt wird, gilt das Modell somit nur für Polymere mit geringem Molekulargewicht. Nur bei niedrigen Molekulargewichten bildet eine Kette keine Verschlaufungen mit sich oder benachbarten Ketten aus.

Eine quantitative Beschreibung des Plateaumoduls von Polymeren muss damit zusätzlich zur Relaxation der Ketten den Einfluss von Verhakungen und Verschlaufungen auf das zeit- bzw. frequenzabhängige dynamisch-mechanische Verhalten beinhalten (Weiteres hierzu in Abschnitt 3.14.4).

Das Rouse-Modell beschreibt die dynamisch-mechanischen Eigenschaften im Bereich des Glasprozesses richtig, solange die Ketten eines Polymers zu kurz sind (bzw. das Molekulargewicht zu niedrig ist), um Verhakungen und Verschlaufungen (Entanglements) auszubilden.

Bei nahezu allen technisch eingesetzten Elastomeren findet man bei einer dynamisch-mechanischen Messung eines Polymers einen Plateaubereich des Speichermoduls im Frequenzbereich zwischen glasartiger Erstarrung und viskosem Fließen, der durch das Rouse-Modell nicht erklärt werden kann.

Bereich der viskosen Fließens

Da Relaxationsvorgänge immer elastische Anteile besitzen, kann erst dann von rein viskosem Verhalten gesprochen werden, wenn alle Relaxationsvorgänge der Ketten im Polymer abgeklungen sind. Im Rouse-Modell ist dies dann erreicht, wenn die Zeit, die nach einer Belastung verstrichen ist, deutlich länger als die Rouse-Zeit $\hat{\tau}_R$ ist.

Betrachtet man die Frequenzabhängigkeit von Speicher- und Verlustmodul in doppelt logarithmischer Skalierung, so gelten für den Bereich des viskosen Fließens ($\omega < \hat{\tau}_R^{-1}$) die Beziehungen

$$\begin{aligned} \log G' \propto \log \omega^2 \;\Rightarrow\; \log G' \propto 2 \cdot \log \omega \\ \log G'' \propto \log \omega^1 \;\Rightarrow\; \log G'' \propto 1 \cdot \log \omega \end{aligned}$$

Plottet man den Logarithmus von Speicher- und Verlustmodul über dem Logarithmus der Frequenz, so ergibt sich im Bereich des viskosen Fließens für den Speichermodul eine Gerade mit der Steigung 2 und für den Verlustmodul eine Gerade mit der Steigung 1.

Vergleicht man diese Vorhersage mit den experimentellen Befunden (siehe Beispiel in Abb. 3.81), so findet man für das niedermolekulare NBR eine gute Übereinstimmung bei Frequenzen $f < 10^3$ Hz. Beim höhermolekularen NBR wird die Übereinstimmung mit der von Rouse berechneten Frequenzabhängigkeit erst bei deutlich tieferen Frequenzen erreicht ($f < 10^{-1}$ Hz).

Das höhermolekulare NBR zeigt damit erst bei tieferen Frequenzen rein viskoses Verhalten. Dies ist verständlich, wenn man berücksichtigt, dass längere Ketten länger brauchen, um vollständig zu relaxieren. Damit hat das Molekulargewicht bzw. die Länge eines Polymers entscheidenden Einfluss auf das Fließverhalten.

Eine experimentelle Überprüfung des von Rouse abgeleiteten linearen Zusammenhangs zwischen der Grenzviskosität $\eta_{(\omega \to 0)}$ und dem Molekulargewicht M (siehe Gl. 3.198) ist nur sehr schwierig durchzuführen, da das Rouse-Modell voraussetzt, dass alle Ketten eines Polymers gleiche Länge N bzw. gleiches Molekulargewicht haben.

Bei technisch hergestellten Elastomeren führen die Polymerisationsbedingungen immer zu einer Verteilung der Molekulargewichte bzw. der Kettenlängen (siehe dazu Menzel (2008)). Damit ist die Rouse-Theorie im strengen Sinn für technisch relevante Elastomere nicht mehr anwendbar. Bis heute existiert keine geschlossene Theorie zur modelltheoretischen Beschreibung des Relaxationsverhaltens von Polymeren mit einer Verteilung der Kettenlängen. Allerdings wird der Einfluss der Molekulargewichtsverteilung auf die rheologischen Eigenschaften aktuell von mehreren Forschungsgruppen bearbeitet. Ein Abriss des aktuellen Forschungsstands findet sich in Abschnitt 3.14.6.

Der einfachste Ansatz zur Berücksichtigung der Molekulargewichtsverteilung ist eine Mittelwertbetrachtung. Dabei geht man davon aus, dass die dynamisch-mechanischen Eigenschaften eines aus Ketten unterschiedlicher Längen aufgebauten Polymers denen eines Polymers mit einer mittleren Kettenlänge entspricht. Der Zusammenhang zwischen Molekulargewicht und Grenzviskosität des Polymers kann dann analog zur idealen Kette des Rouse-Modells mit Gl. 3.198 bestimmt werden, wobei das Molekulargewicht M der idealen Rouse-Kette durch das Zahlen-

bzw. das Gewichtsmittel (M_N bzw. M_W) der Molekulargewichtsverteilung ersetzt wird. Diese rein empirisch begründete Beschreibung wurde auch bei den im Bei-

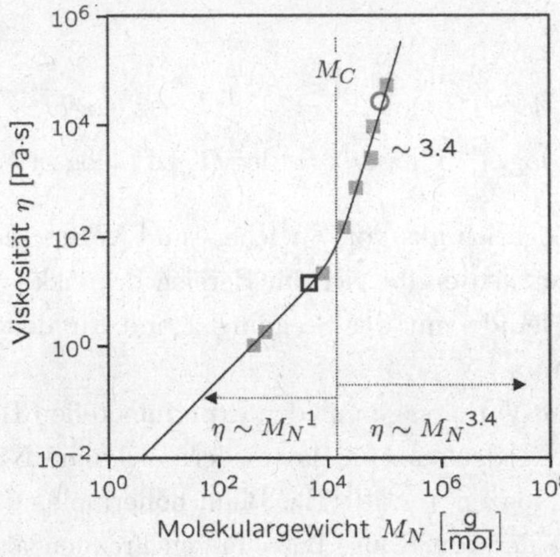

Abb. 3.82 Zusammenhang zwischen Viskosität und Molekulargewicht bei NBR-Kautschuken (Gewichtsanteil ACN 34 %) bei einer Referenztemperatur von $T_{Ref} = 100\,°C$

spiel untersuchten NBR-Kautschuken durchgeführt (siehe Abb. 3.82). Zusätzlich zu den zwei NBR-Kautschuken sind noch einige weitere NBR-Kautschuke mit unterschiedlichen Molekulargewichten eingezeichnet. Die Grenzviskosität η wurde für alle Kautschuke aus dem frequenzabhängigen Verlauf bei tiefen Frequenzen extrapoliert, und die Molekulargewichtsverteilung wurde durch GPC-Messungen bestimmt.

Aus Abb. 3.82 wird ersichtlich, dass nur bei kleinen Molekulargewichten bzw. kurzen Ketten ein linearer Zusammenhang zwischen Molekulargewicht und Grenzviskosität vorliegt. Mit steigendem Molekulargewicht, d.h. mit steigender Kettenlänge, ändert sich dieser Zusammenhang systematisch.

In den letzten Jahrzehnten wurde der Zusammenhang zwischen Viskosität und Molekulargewicht an einer großen Anzahl von Polymeren untersucht (siehe Colby (1987); Ferry (1980); Fox (1948, 1950); Pearson (1994)). Betrachtet wurden sowohl Polymere mit einer relativ breiten Molekulargewichtsverteilung als auch Modellsysteme mit monomodaler Kettenverteilung.

Allen Systemen gemeinsam ist die Existenz eines kritischen Molekulargewichts M_C bzw. einer kritischen Kettenlänge N_C. Nur bei Polymeren, deren Molekulargewicht deutlich kleiner als dieser kritische Wert ist ($M < M_C$), konnte der von Rouse abgeleitete lineare Zusammenhang zwischen Molekulargewicht und Viskosität bestätigt werden.

Bei höheren Molekulargewichten ($M > M_C$) wurde ein potenzieller Zusammenhang zwischen Viskosität und Molekulargewicht beobachtet (siehe Abb. 3.82). Interessanterweise ist der Exponent dieser Beziehung für Polymere mit linearer

Kettenstruktur konstant und unabhängig von der Struktur und der Zusammensetzung der Monomeren, während das kritische Molekulargewicht M_C eine polymerspezifische Größe darstellt.

Der Zusammenhang zwischen Molekulargewicht und Viskosität über ein Potenzgesetz wurde erst durch die Reptationstheorie quantitativ beschreibbar. Danach wird das viskose Fließen von Ketten durch die bei größeren Kettenlängen gebildeten Verhakungen und Verschlaufungen behindert und führt zu einer signifikanten Viskositätserhöhung. Das kritische Molekulargewicht M_C charakterisiert dabei die minimale Kettenlänge, die zur Bildung von Verhakungen und Verschlaufungen notwendig ist (Weiteres hierzu in Abschnitt 3.14.4).

Das Rouse-Modell beschreibt das Fließverhalten von Polymeren richtig, solange die Ketten eines Polymers zu kurz sind (bzw. das Molekulargewicht zu niedrig ist), um Verhakungen und Verschlaufungen (Entanglements) auszubilden. In diesem Bereich steigt die Viskosität linear mit dem Molekulargewicht an (siehe Gl. 3.198).

$$\eta \propto M \quad \text{für} \quad M < M_C$$

Ab einem kritischen Molekulargewicht M_C führen Verhakungen und Verschlaufungen von Ketten zu einer Erhöhung der Viskosität. Experimentell findet man eine durch ein Potenzgesetz beschreibbare Beziehung zwischen Viskosität und Molekulargewicht bzw. Kettenlänge.

$$\eta \propto M^{\alpha} \quad \text{für} \quad M > M_C$$

Bei Polymeren mit linearer Kettenstruktur ist der Exponent konstant ($\alpha = 3.4$) und unabhängig von der Struktur und der Zusammensetzung der Monomeren, während das kritische Molekulargewicht M_C eine polymerspezifische Größe darstellt.

3.14.3 Das Zimm-Modell

Das Rouse-Modell beschreibt die Dynamik von niedermolekularen Polymerschmelzen erfolgreich, zeigt aber systematische Abweichungen bei der Charakterisierung von verdünnten Polymerlösungen.

Dies wurde von Zimm auf die hydrodynamische Wechselwirkung von Polymer und Lösungsmittel zurückgeführt. Bewegt sich eine Polymerkette durch ein Lösungsmittel, so wird ein Teil des Lösungsmittels mitbewegt. Die bewegte Kette übt damit eine Kraft auf benachbarte Teilchen aus. Mit zunehmendem Abstand von der bewegten Kette nimmt diese Kraft ab ($f \propto \frac{1}{r}$). Die langreichweitige Wechselwirkung zwischen bewegten Teilchen und umgebendem Lösungsmittel wird als hydrodynamische Wechselwirkung bezeichnet.

Beschreibt man Polymerketten im Kugel-Feder-Modell, so wirken bei der Bewegung eines Massepunkts durch die hydrodynamische Wechselwirkung zusätzliche Kräfte auf benachbarte Massepunkte. Im Rouse-Modell wird vorausgesetzt, dass der Einfluss der Hydrodynamik gegenüber der entropischen Wechselwirkung (dies sind die Federn im Kugel-Feder-Modell) vernachlässigt werden kann.

In verdünnten Polymerlösungen ist diese Vereinfachung nicht mehr zulässig, da starke Wechselwirkung zwischen Polymer und Lösungsmittel bestehen. Zimm (siehe Zimm (1956)) berücksichtigte die hydrodynamische Wechselwirkung zwischen Polymer und Lösungsmittel bei der Ableitung der Relaxationszeiten der idealen Kette. Die Relaxationszeit der p-ten Schwingungsmode einer idealen Kette mit N_S Submolekülen berechnet sich danach zu

$$\hat{\tau}_p \approx \hat{\tau}_0 \cdot \left(\frac{N}{p}\right)^{3\nu} . \tag{3.200}$$

Der Parameter ν charakterisiert die hydrodynamische Wechselwirkung des Polymers mit dem Lösungsmittel. Für ein Θ-Lösungsmittel findet man $\nu = \frac{1}{2}$, in guten Lösungsmitteln $\nu \cong 0.588$. Bei $\nu = \frac{2}{3}$ entsprechen die Relaxationszeiten denen des Rouse-Modells (siehe Gl. 3.184). $\nu = \frac{2}{3}$ beschreibt damit das Verhalten einer unverdünnten Polymerschmelze.

Die Relaxationszeit $\hat{\tau}_0$ entspricht der Relaxationszeit der höchsten Mode und ist identisch mit der kürzesten Relaxationszeit des Rouse-Modells (siehe Gl. 3.182). Die höchste Relaxationszeit ($p = 1$), die den Übergang von der glasartigen Erstarrung in den Bereich des viskosen Fließens charakterisiert, wird als Zimm-Zeit $\hat{\tau}_Z$ bezeichnet und ist immer kleiner als die Rouse-Zeit $\hat{\tau}_R$.

$$\hat{\tau}_Z \approx N^{3\nu} < \hat{\tau}_R \approx N^2 \tag{3.201}$$

Die zeit- und frequenzabgängigen Module können analog zum Rouse-Modell abgeleitet werden.

$$G(t) = \sum_{p=1}^{N} G_p(t) \quad \text{bzw.} \quad G^\star(\omega) = \sum_{p=1}^{N} G_p^\star(\omega) \tag{3.202}$$

mit

$$G_p(t) = \frac{\rho \cdot R \cdot T}{M} \cdot \phi\, e^{-\frac{t}{\hat{\tau}_p}} \quad \text{bzw.} \quad G_p^\star(\omega) = \frac{\rho \cdot R \cdot T}{M} \cdot \phi\, \frac{\imath\omega\hat{\tau}_p}{1 + \imath\omega\hat{\tau}_p} \tag{3.203}$$

Die letzte Gleichung entspricht formal dem frequenzabhängigen Verhalten des Rouse-Modells (siehe Gl. 3.197), wobei ϕ den Volumenbruch des Polymers in der

Lösung bezeichnet. Die von Zimm berechneten zeit- bzw. frequenzabhängigen Module unterscheiden sich damit nur durch die Relaxationszeiten der Eigenmoden vom Rouse-Modell.

Im Glasübergangsbereich folgt aus dem Spektrum der Relaxationszeiten des Zimm-Modells (siehe Gl. 3.200) nach längerer, nicht trivialer Rechnung ein analytischer Zusammenhang zwischen Schubmodul und Zeit bzw. Schubmodul und Frequenz, wobei der Exponent $\frac{1}{3\nu}$ die hydrodynamische Wechselwirkung zwischen Polymer und Lösungsmittel charakterisiert.

$$G(t) \propto t^{-\frac{1}{3\nu}} \quad \text{für} \quad \hat{\tau}_0 < t < \hat{\tau}_Z \tag{3.204}$$

$$G'(\omega) \approx G''(\omega) \propto \omega^{\frac{1}{3\nu}} \quad \text{für} \quad \frac{1}{\hat{\tau}_Z} < \omega < \frac{1}{\hat{\tau}_0} \tag{3.205}$$

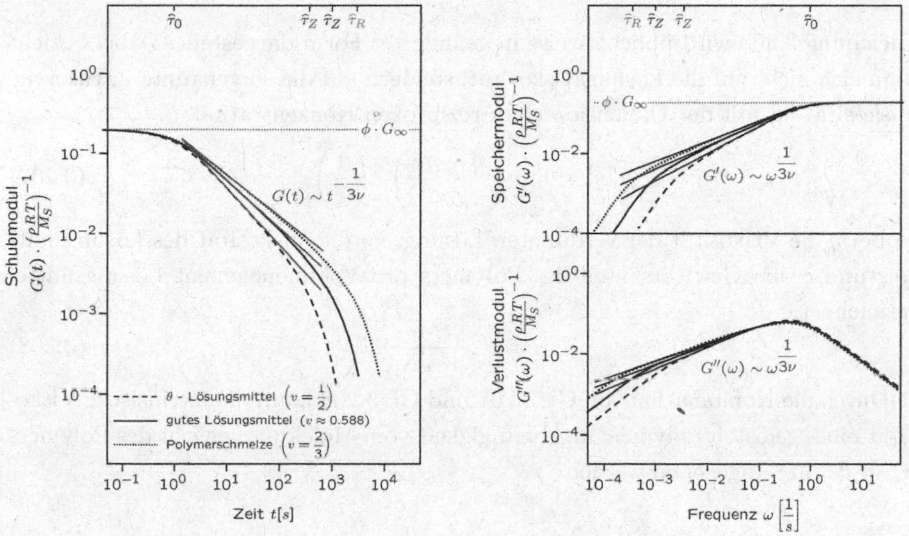

Abb. 3.83 Zeit- und frequenzabhängiger Modul einer idealen Gaußschen Kette in Lösung (Beispiel für $N = 50$, $\phi = 0.2$ und $\hat{\tau}_0 = 1\,\text{s}$)

In Abb. 3.83 ist der aus dem Zimm-Modell abgeleitete zeit- und frequenzabhängige Schubmodul (siehe Gl. 3.203) exemplarisch für eine ideale Kette mit 50 Segmenten und für verschiedene Lösungsmittel dargestellt. Die Linien geben die Zeit- bzw. Frequenzabhängigkeit des Schubmoduls im Glasübergangsbereich wieder. Bei der für die Polymerschmelze berechneten Kurve (punktierte Linie in Abb. 3.83) wird der Fall betrachtet, dass das Polymer in seinen Monomeren gelöst ist. Für das Beispiel wurde der Volumenanteil des Polymers zu 20 % gewählt.

Im Bereich des viskosen Fließens der Polymerlösung ($t \gg \hat{\tau}_Z$ bzw. $\omega \ll \tau_Z^{-1}$) kann durch die Grenzwertbetrachtung der Lösungsviskosität ($\eta = \eta(\omega \to 0)$) eine Beziehung zwischen der Viskosität η_S des Lösungsmittels, dem Volumenbruch ϕ des Polymers und der Kettenlänge N des Polymers abgeschätzt werden.

$$\eta \approx \eta_S \left(1 + \phi \cdot N^{3\nu-1}\right) \qquad (3.206)$$

Die mit dem Rouse-Modell berechnete Viskosität (siehe Gl. 3.198) kann als Spezialfall von Gl. 3.206 aufgefasst werden. In einer Polymerlösung ist der Reibungskoeffizient ζ_0 eines Submoleküls im Lösungsmittel nach Stokes proportional zum Produkt aus seiner Länge (bzw. seinem Radius) a und der Viskosität η_S des Lösungsmittels.

$$\zeta_0 \approx \eta_S \cdot a$$

Einfaches Einsetzen dieser Beziehung in Gl. 3.206 führt bei einem unverdünnten Polymer ($\phi = 1$ und $\nu = \frac{2}{3}$) für genügend lange Polymerketten ($N^{3\nu-1} \gg 1$) zu der von Rouse abgeleiteten Viskosität der Polymerschmelze.

$$\eta \approx \frac{\zeta_0}{a} \cdot N$$

Gleichung 3.206 wird üblicherweise in geänderter Form dargestellt. Dabei bezieht man sich nicht auf die Lösungsviskosität, sondern auf die so genannte intrinsische Viskosität $[\eta]$ mit der Dimension einer reziproken Konzentration

$$[\eta] = \lim_{c \to 0} \left(\frac{\eta - \eta_S}{\eta_S}\right) \cdot \left(\frac{1}{c}\right) \qquad (3.207)$$

wobei η die Viskosität der verdünnten Lösung, η_S die Viskosität des Lösungsmittels und c den Gewichtsanteil des Polymers pro Volumenelement Lösungsmittel bezeichnet.

$$c = \phi \cdot \frac{M_0}{a^3 \cdot N_A} \qquad (3.208)$$

Durch die Kombination von Gl. 3.207 und Gl. 3.208 kann die intrinsische Viskosität eines gelösten Polymers in Abhängigkeit vom Molekulargewicht des Polymers $M = N \cdot M_0$ angegeben werden.

$$[\eta] \approx \frac{a^3 \cdot N_A}{M_0} \cdot N^{3\nu-1} = \frac{a^3 \cdot N_A}{M_0^{3\nu}} \cdot M^{3\nu-1}. \qquad (3.209)$$

Das Zimm-Modell beschreibt die Dynamik von Polymeren in verdünnter Lösung unter Berücksichtigung der hydrodynamischen Wechselwirkung zwischen Polymer und Lösungsmittel.

Die durch den Parameter ν charakterisierte hydrodynamische Wechselwirkung hat direkten Einfluss auf die Relaxationszeiten der Eigenmoden der Polymerkette ($\nu = \frac{1}{2}$ für ein Θ-Lösungsmittel, $nu \approx 0.588$ für ein gutes Lösungsmittel und $nu = \frac{2}{3}$ für eine Polymerschmelze).

$$\hat{\tau}_p \approx \hat{\tau}_0 \cdot \left(\frac{N}{p}\right)^{3\nu}$$

Die Relaxationszeit $\hat{\tau}_0$ ($p = N$) definiert den am schnellsten ablaufenden Relaxationsprozess einer Polymerkette. Im Zimm- und im Rouse-Modell ist $\hat{\tau}_0$ identisch. Die höchste Relaxationszeit ($p = 1$), die den Übergang vom Bereich der glasartigen Erstarrung in den Bereich des viskosen Fließens charakterisiert, wird als Zimm-Zeit $\hat{\tau}_Z$ bezeichnet und ist immer kleiner als die Rouse-Zeit $\hat{\tau}_R$, d.h., Relaxationsprozesse laufen in verdünnten Lösungen stets schneller ab als in der Polymerschmelze.

$$\hat{\tau}_Z = \tau_0 \cdot \left(\frac{N}{p}\right)^{3\nu}$$

Der Logarithmus des Schubmoduls steigt (bzw. fällt) im Bereich des Glasübergangs linear mit dem Logarithmus der Frequenz (bzw. mit dem Logarithmus der Zeit). Die Steigung kann zur experimentellen Bestimmung der, durch den Parameter ν definierten, hydrodynamischen Wechselwirkung verwendet werden.

$$\log G(t) \propto -\frac{1}{3\nu} \cdot \log t \quad \text{für} \quad \hat{\tau}_0 < t < \hat{\tau}_Z$$
$$\log G'(\omega) \approx \log G''(\omega) \propto \frac{1}{3\nu} \cdot \log \omega \quad \text{für} \quad \frac{1}{\hat{\tau}_Z} < \omega < \frac{1}{\hat{\tau}_0}$$

Im Bereich des viskosen Fließens ($\omega \lll \hat{\tau}_Z^{-1}$) kann mit dem Zimm-Modell ein funktionaler Zusammenhang zwischen der intrinsischen Viskosität $[\eta]$ und dem Molekulargewicht eines gelösten Polymers abgeleitet werden,

$$[\eta] = \lim_{c \to 0} \left(\frac{\eta - \eta_S}{\eta_S}\right) \cdot \left(\frac{1}{c}\right) \propto M^{3\nu - 1}$$

wobei c den Gewichtsanteil des Polymers pro Volumenelement Lösungsmittel, η die Viskosität der verdünnten Lösung und η_S die Viskosität des Lösungsmittels bezeichnet.

3.14.4 Das Reptationsmodell

Bei der Diskussion des Rouse- und des Zimm-Modells in den vorigen beiden Abschnitten wurde deutlich, dass beide Modelle das dynamisch-mechanische Verhalten von Polymeren nur in bestimmten Bereichen richtig beschreiben.

Im Bereich der glasartigen Erstarrung sind beide Modelle per Definition nur eingeschränkt zu verwenden, da sie eine kürzeste Relaxationszeit voraussetzen und energetische Wechselwirkungen vernachlässigen. Dies führt dazu, dass die mit beiden Modellen berechneten Module im Bereich der glasartigen Erstarrung um einen Faktor 10 bis 50 kleiner sind als die experimentell bestimmten Werte.

Des Weiteren gelten beide Modelle nur für Polymere mit geringem Molekulargewicht. Mit steigendem Molekulargewicht werden systematische Unterschiede zwischen Modell und Experiment sichtbar. Abb. 3.84 illustriert dies am Beispiel frequenzabhängiger Modulmessungen an Polystyrolproben mit variablem Molekulargewicht (siehe Abb. 3.84a) und am Zusammenhang zwischen Molekulargewicht und Viskosität bei einer großen Anzahl an Polymeren (siehe Abb. 3.84b).

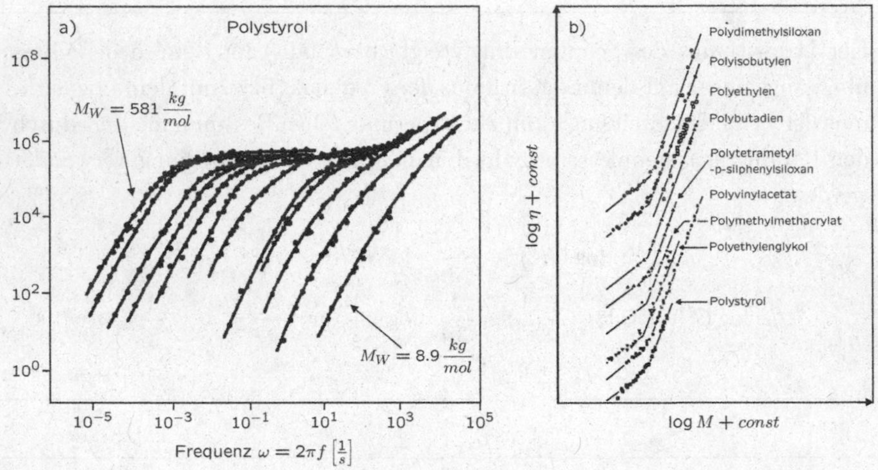

Abb. 3.84 Frequenzabhängigkeit des Speichermoduls in Abhängigkeit vom Molekulargewicht (a) und Zusammenhang zwischen Viskosität und Molekulargewicht bei verschiedenen Polymeren (b), nach Ferry (1980) und Fox (1968)

Betrachtet man die Frequenzabhängigkeit des Speichermoduls, so findet man nur bei niedrigen Molekulargewichten den von Rouse und Zimm abgeleiteten Übergang vom Bereich der glasartigen Erstarrung in den Bereich des viskosen Fließens (siehe Abb. 3.84a). Ab einem kritischen Molekulargewicht bildet sich ein Plateau des Speichermoduls zwischen Glasübergang und viskosem Fließen aus. Der Modulwert dieses Plateaus ist dabei unabhängig vom Molekulargewicht.

Betrachtet man die Grenzviskositäten

$$\eta = \lim_{\omega \to 0} \eta^\star(\omega)$$

bei den verschiedenen Molekulargewichten (siehe Abb. 3.84b), so stimmt der von Rouse postulierte lineare Zusammenhang zwischen Viskosität und Molekulargewicht wiederum nur bei niedrigen Molekulargewichten mit dem Experiment überein. An einer großen Anzahl von Polymeren konnte experimentell nachgewiesen werden, dass der Zusammenhang zwischen Molekulargewicht M und Viskosität

η ab einem bestimmten kritischen Molekulargewicht M_C durch ein Potenzgesetz beschrieben werden kann (siehe Gl. 3.210).

$$\begin{aligned}\eta &= k \cdot M^1 \quad \text{für: } M < M_C\\ \eta &= k \cdot M^{3.4} \quad \text{für: } M > M_C\\ &\Downarrow\\ \eta &= k \cdot M^1 \left[1 + \left(\frac{M}{M_C}\right)^{2.4}\right] \end{aligned} \tag{3.210}$$

Der Exponent ist für Polymere mit linearer Kettenstruktur konstant (≈ 3.4) und unabhängig von der Struktur und der Zusammensetzung der Monomere, während das kritische Molekulargewicht M_C eine polymerspezifische Größe darstellt.

Entanglements

Schon um 1940 interpretierte Treloar (siehe Treloar (1975)) das mechanische Verhalten von hochmolekularen Polymerschmelzen durch den Einfluss von Entanglements. Danach führen Verhakungen und Verschlaufungen von Polymerketten zur Ausbildung eines temporären Netzwerks. Da das Lösen einer Verhakung eine große Anzahl von Konformationsänderungen voraussetzt, ist das gebildete Netzwerk bei einer kurzzeitigen bzw. hochfrequenten Belastung mechanisch stabil. Das Plateau des Speichermoduls reflektiert somit die elastischen Eigenschaften des Netzwerks. Nach längerer mechanischer Belastung können Verhakungen durch die Änderung der Kettenkonformation gelöst werden. Das viskose Fließen von hochmolekularen Polymerschmelzen ist damit nicht mehr allein von der Kettenlänge abhängig, sondern wird entscheidend von der Dynamik der Entanglements beeinflusst.

DeGennes, Doi und Edwards (siehe deGennes (1971); Doi (1996, 1986)) erweiterten den Ansatz der Entanglements und konnten damit die Dynamik einer hochmolekularen Kette analytisch beschreiben. In ihrem Modell wird ein schlangenartiges Kriechen der Kette entlang ihrer Kontur als dominierende Kettenbewegung postuliert.

Das Röhrenmodell

DeGennes vereinfachte das Problem der durch Verhakungen und Verschlaufungen begrenzten Beweglichkeit einer Kette, indem er annahm, dass die möglichen Konformationen einer Kette durch die Verschlaufungen und Verhakungen mit anderen Ketten auf das Volumen einer Röhre begrenzt sind, wobei der Durchmesser der Röhre durch den Abstand zweier Entanglements gegeben ist (siehe Abb. 3.85).

Die Kette kann sich durch Diffusion nur entlang ihrer Konturlinie in der Röhre bewegen, und senkrecht dazu wird die Bewegung durch die Wände der Röhre bzw. durch die Verhakungen und Verschlaufungen begrenzt. Die schlangen- oder wurmförmige Bewegung der Kette in der Röhre wurde von deGennes als Reptation bezeichnet.

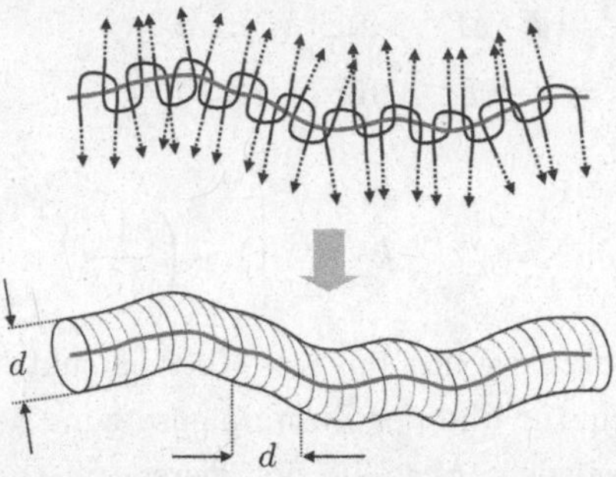

Abb. 3.85 Reptation einer Kette im Röhrenmodell

Die Dimension der Röhre kann aus der Anzahl der Entanglements abgeschätzt werden. Befinden sich im Mittel N_e Kettensegmente zwischen 2 Entanglements, so entspricht der Röhrendurchmesser d_{Rep} dem End-to-End-Abstand einer Kette mit N_e-Segmenten.

Für eine ideale Kette mit N_e Segmenten gilt (siehe Gl. 3.173):

$$d_{Rep} \approx a \cdot \sqrt{N_e}, \tag{3.211}$$

wobei a die Länge eines Kettensegments bzw. Submoleküls bezeichnet.

Für Bewegungen innerhalb der Röhre merkt eine Kette nichts von der Behinderung durch Entanglements. Da der Durchmesser der Röhre durch den mittleren Abstand zwischen zwei Entanglements definiert ist, können sich die N_e Segmente zwischen zwei Entanglements frei bewegen. Die Bewegung dieser Kettensegmente kann analog zum Rouse-Modell durch die Eigenmoden der Kettensegmente beschrieben werden.

Die Bewegungsmöglichkeiten der N_e Kettensegmente in der Röhre sind damit durch ein Spektrum von Relaxationszeiten $\hat{\tau}_p$ charakterisiert.

$$\hat{\tau}_p \approx \frac{\zeta_0 N_e^2 a^2}{6\pi^2 kTp^2} \approx \hat{\tau}_0 \cdot \left(\frac{N_e}{p}\right)^2 \tag{3.212}$$

Die kürzeste Relaxationszeit ($p = N_e$) entspricht der kürzesten Relaxationszeit gemäß dem Rouse-Modell und begrenzt die Bewegung der N_e Kettensegmente zu kurzen Zeiten bzw. hohen Frequenzen.

Bei Beanspruchungen bei kleineren Zeiten ($t < \hat{\tau}_0$) bzw. höheren Frequenzen ($\omega < \hat{\tau}_0^{-1}$) findet auch innerhalb der Röhre keine Relaxation mehr statt, das Polymer ist glasartig erstarrt.

Die höchste Relaxationszeit $\hat{\tau}_e$ entspricht der Grundmode ($p = 1$) der N_e Kettensegmente zwischen zwei Verhakungen.

$$\hat{\tau}_e = \hat{\tau}_0 \cdot N_e^2 = \hat{\tau}_R \cdot \left(\frac{N_e}{N}\right)^2 \tag{3.213}$$

Sie ist kleiner als die höchste Relaxationszeit $\hat{\tau}_R$ des Rouse-Modells (siehe Gl. 3.183). Dies ist verständlich, da die kürzeste Kettenlänge, die frei relaxieren kann, durch Verhakungen und Verschlaufungen auf N_e Segmente begrenzt ist, während die Rouse-Zeit $\hat{\tau}_R$ die unbehinderte Relaxation der gesamten Kette aus N Segmenten beschreibt.

Die Relaxationszeit $\hat{\tau}_e$ gibt damit die Zeit bzw. die Länge ($\hat{\tau}_e \propto N_e^2 \propto d_{Rep}$) an, bis zu der eine Kette nichts von der Behinderung durch Verhakungen und Verschlaufungen merkt. Die Bewegung von Kettensegmenten ist für Zeiten $t \leq \hat{\tau}_e$ auf ein Segment der Röhre beschränkt. Erst bei größeren Zeiten $t > \hat{\tau}_e$ merkt die Kette, dass ihre Bewegung durch die Verhakung mit Nachbarketten eingeschränkt ist.

Bei Beanspruchungen im Zeitbereich $\hat{\tau}_0 \leq t \leq \hat{\tau}_e$ bzw. im Frequenzbereich $\hat{\tau}_e^{-1} \leq \omega \leq \hat{\tau}_0^{-1}$ tragen damit nur die innerhalb der Röhre ablaufenden Relaxationen von Kettensegmenten zum zeit- bzw. frequenzabhängige Modul bei. Analog zur Ableitung des Rouse-Modells ergibt sich:

$$G(t) = \sum_{p=1}^{N_e} G_p(t) \quad \text{bzw.} \quad G^\star(\omega) = \sum_{p=1}^{N_e} G_p^\star(\omega) \tag{3.214}$$

mit

$$G_p(t) = \frac{\rho \cdot R \cdot T}{M_e} e^{-\frac{t}{\hat{\tau}_p}} \quad \text{bzw.} \quad G_p^\star(\omega) = \frac{\rho \cdot R \cdot T}{M_e} \frac{\imath\omega\hat{\tau}_p}{1 + \imath\omega\hat{\tau}_p} \tag{3.215}$$

Bei höheren Zeiten ($t > \hat{\tau}_e$) ist die Bewegung der Kette eingeschränkt. Bedingt durch die Verhakungen und Verschlaufungen mit Nachbarketten kann sie nur noch entlang ihrer Konturlinie diffundieren. Senkrecht zur Konturlinie ist nur noch eine, durch die Wände der Röhre begrenzte, Fluktuation möglich.

Geht man davon aus, dass ein viskoses Fließen von Ketten erst möglich wird, wenn sämtliche Entanglements gelöst sind, so wird der Zustand des viskosen Fließens im Röhrenmodell erreicht, wenn die Kette vollständig aus der Röhre, die ja alle Verhakungen und Verschlaufungen repräsentiert, diffundiert ist.

Bei einer diffusiven Bewegung ist das Quadrat der zurückgelegten Wegstrecke immer proportional zur Zeit. Die Zeit $\hat{\tau}_{Rep}$, die eine Kette benötigt, um aus der Röhre zu diffundieren, ist damit etwa proportional zum Quadrat ihrer Konturlänge L.

$$\hat{\tau}_{Rep} \approx \frac{L^2}{D} \tag{3.216}$$

Nach Einstein ist der Diffusionskoeffizient D definiert durch die Beziehung.

$$D = \frac{kT}{N\zeta_0} \tag{3.217}$$

Damit ergibt sich ein Zusammenhang zwischen der Diffusions bzw. Reptationszeit $\hat{\tau}_{Rep}$ und der Konturlänge L der Kette in Abhängigkeit von der Temperatur T, den

Reibungsverlusten ζ_0 eines Submoleküls im viskosen Medium der Polymermatrix und der Anzahl N der Submoleküle der Kette.

$$\hat{\tau}_{Rep} \approx L^2 \cdot \frac{N\zeta_0}{kT} \tag{3.218}$$

Zur quantitativen Bestimmung der Zeit $\hat{\tau}_{Rep}$, die den Übergang vom viskoelastischen in das rein viskose Verhalten charakterisiert, muss jetzt nur noch die Konturlänge der Kette und damit die Länge der Röhre berechnet werden.

Entlang der Kontur der Kette befinden sich N/N_e Entanglements, die die freie Beweglichkeit der Kette einschränken. Der mittlere End-to-End-Abstand zweier Entanglements entspricht dem Radius der Röhre und wurde in Gl. 3.211 hergeleitet. Die Konturlänge berechnet sich damit aus dem Produkt aus der Anzahl an Entanglements und dem Röhrendurchmesser (siehe Gl. 3.219).

$$\begin{aligned} L &= \frac{N}{N_e} \cdot d_{Rep} \\ &\Downarrow \quad \text{mit } d_{Rep} \approx a \cdot \sqrt{N_e} \\ L &= \frac{1}{\sqrt{N_e}} \cdot a \cdot N \end{aligned} \tag{3.219}$$

Der Ansatz, der zur Konturlänge bzw. zur Länge der Röhre führt, wurde schon bei der Beschreibung einer realen Polymerkette im Rouse-Modell verwendet. Dabei wurde die beschränkte Drehbarkeit benachbarter Monomere dadurch berücksichtigt, dass mehrere Monomere zu einem Submolekül zusammengefasst wurden. Die aus den Submolekülen der mittleren Länge $\overline{a}$ aufgebaute Kette mit N_S Submolekülen konnte dann als Valenzwinkelkette mit freier Drehbarkeit d.h. als ideale Gaußsche Kette behandelt werden.

Der bei der Berechnung der Konturlänge verwendete Ansatz ist identisch. Die Bewegung der Kette ist durch die Verhakungen und Verschlaufungen mit Nachbarketten behindert. Diese Behinderung wird nun durch die Definition eines neuen Submoleküls berücksichtigt. Fasst man alle N_S Segmente zwischen zwei Entanglements zu einem neuen Submolekül zusammen, so sind diese bezüglich ihrer benachbarten Submoleküle frei beweglich. Die neu segmentierte Kette mit N/N_e Submolekülen kann daher als Gaußsche Kette behandelt werden. Deren Konturlänge ergibt sich aus dem Produkt von Anzahl und Länge der Submoleküle, wobei die Länge eines Submoleküls dem End-to-End-Abstand der N_S Segmente und damit dem Durchmesser d_{Rep} der Röhre entspricht.

Durch die Segmentierung der Kette in N/N_e neue Submoleküle der Länge d_{Rep} wird die Idee des Reptationsmodells sehr anschaulich. Innerhalb eines Submoleküls sind die N_e Segmente frei beweglich. Die Dynamik dieser Kettensegmente kann durch die Rouse-Theorie und damit durch das Spektrum der Relaxationszeiten ihrer Eigenmoden analytisch beschrieben werden. Die Behinderung der Kettenbeweglichkeit durch Verhakungen und Verschlaufungen mit anderen Ketten wird durch die diffusive Bewegung der N/N_e Submoleküle entlang der Kontur der neu segmentierten Kette modelliert.

Eine Konsequenz dieser Segmentierung ist die in Gl. 3.219 hergeleitete Beziehung für die Konturlänge. Durch die Unterteilung der Kette in N/N_e neue Submoleküle der Länge $d_{Rep} = a \cdot \sqrt{N_e}$ ist die Konturlänge der Kette, d.h., die Länge der Röhre um den Faktor $\sqrt{N_e}$ kürzer als die Länge der Kette ($l_{\text{Kette}} = a \cdot N$).

Das Einsetzen von Gl. 3.219 in Gl. 3.218 ergibt die Zeit, nach der die Kette vollständig aus der Röhre diffundiert ist:

$$\hat{\tau}_{Rep} \propto \frac{\zeta_0\, a^2}{k\,T\,N_e} \cdot N^3 \propto \hat{\tau}_0 \cdot \frac{N^3}{N_e} \propto \hat{\tau}_e \cdot \left(\frac{N}{N_e}\right)^3 \propto \hat{\tau}_R \cdot \frac{N}{N_e} \tag{3.220}$$

Nach langen Zeiten $t > \hat{\tau}_{Rep}$ bzw. bei tiefen Frequenzen $\omega < \hat{\tau}_{Rep}^{-1}$ sind sämtliche Verhakungen und Verschlaufungen gelöst und die Polymerkette verhält sich wie eine ideal viskose Flüssigkeit.

Bei Beanspruchungen im Zeitbereich $\hat{\tau}_e \le t \le \hat{\tau}_{Rep}$ ist der Modul proportional zum Anteil der Kette bzw. zum Anteil seiner Kontur, der sich noch in der Röhre befindet. Die exakte Berechnung des Moduls ist mathematisch anspruchsvoll und wird als *First-passage-time*-Problem bezeichnet.

Doi und Edwards lösten dieses Problem 1978 und erhielten die in Gl. 3.221, Gl. 3.222 und Gl. 3.223 dargestellten Ausdrücke für den zeit- bzw. den frequenzabhängigen Modul.

$$G(t) = \sum_{q=1,3,5,\ldots}^{\infty} G_q(t) \quad \text{bzw.} \quad G^\star(\omega) = \sum_{q=1,3,5,\ldots}^{\infty} G_q^\star(\omega) \tag{3.221}$$

mit

$$G_q(t) = G_e \cdot \frac{8}{\pi^2\, q^2}\, e^{-q^2 \frac{t}{\hat{\tau}_{Rep}}} \tag{3.222}$$

bzw.

$$G_q^\star(\omega) = G_e \cdot \frac{8}{\pi^2\, q^2} \cdot \frac{\mathrm{i}\omega\hat{\tau}_{Rep}}{q^2 + \mathrm{i}\omega\hat{\tau}_{Rep}} \tag{3.223}$$

Der Plateaumodul G_e ist indirekt proportional zum mittleren Gewicht $M_e = M_S \cdot N_e$ eines Netzbogens zwischen zwei Entanglements und damit ein Maß für die physikalische Netzstellendichte.

$$G_e = \frac{\rho\, R T}{M_e} = \frac{\rho\, R T}{M_S} \cdot \frac{1}{N_e} \propto \frac{1}{N_e} \tag{3.224}$$

Zu beachten ist, dass der Plateaumodul G_e nur von der mittleren Anzahl an Polymersegmenten zwischen zwei Entanglements N_e und nicht von der Kettenlänge N bzw. vom Molekulargewicht M abhängt .

N_e stellt eine polymerspezifische Größe dar. So wird eine flexiblere Polymerkette mehr Verhakungen und Verschlaufungen mit ihren Nachbarketten ausbilden; dies verringert die Anzahl der Segmente N_e zwischen zwei Entanglements und führt zu einer Erhöhung des Moduls. Eine flexiblere Kette hat somit einen höheren Plateaumodul G_e als ein Polymer mit steiferer Kettenstruktur.

Von Doi und Edwards wurde ein mathematisch exakter Ausdruck für die Reptationszeit $\hat{\tau}_{Rep}$ hergeleitet (siehe Gl. 3.225).

$$\hat{\tau}_{Rep} = 6\,\hat{\tau}_0 \cdot \frac{N^3}{N_e} = 6\,\hat{\tau}_e \cdot \left(\frac{N}{N_e}\right)^3 = 6\,\hat{\tau}_R \cdot \frac{N}{N_e} \tag{3.225}$$

Die Gleichungen für den zeit- und den frequenzabhängigen Modul (siehe Gl. 3.221 und Gl. 3.222) lassen sich analog zum Rouse-Modell durch eine Summe von Relaxationsvorgängen mit unterschiedlichen Relaxationszeiten $\hat{\tau}_q$ interpretieren. Im Unterschied zum Rouse-Modell, in dem jede Mode bzw. jede Eigenschwingung einen identischen Beitrag

$$G_p(t) = G_p^\star(\omega) = \frac{\rho \cdot R \cdot T}{M_e}$$

zum gesamten zeit- bzw. frequenzabhängigen Modul liefert (siehe Gl. 3.215), nimmt der Beitrag der q-ten Mode bei der Reptation mit steigender Modenzahl q ab (siehe Gl. 3.222).

$$G_q(t) = G_q^\star(\omega) = \frac{\rho \cdot R \cdot T}{M_e} \cdot \frac{8}{\pi^2\, q^2}$$

In Abb. 3.86 ist das gesamte Spektrum der Relaxationszeiten am Beispiel einer Kette aus $N = 50$ Segmenten grafisch dargestellt, wobei angenommen wurde, dass im Mittel nach 10 Segmenten ein Entanglement auftritt. Die quadratischen Symbole geben die Relaxationszeiten der Rouse-Moden wieder, wobei die Relaxationszeit $\hat{\tau}_0$ der höchsten Mode auf 1 s festgelegt wurde. Die höchste Relaxationszeit des Rouse-Anteils entspricht der Grundschwingung des Segments zwischen zwei Entanglements und berechnet sich mit Gl. 3.213 zu

$$\hat{\tau}_e = \hat{\tau}_0 \cdot N_e^2 = 1 \cdot 10^2\,\text{s} = 100\,\text{s}$$

Im Zeitbereich zwischen 1 s und 100 s relaxieren nur die Kettensegmente zwischen zwei Entanglements. In diesem Zeitbereich wird die Bewegung der Kettensegmente nicht durch Entanglements behindert.

Nach der Reptationszeit

$$\hat{\tau}_{Rep} = 6\,\hat{\tau}_0 \cdot \frac{N^3}{N_e} = 6 \cdot \frac{50^3}{10}\,\text{s} = 75000\,\text{s}$$

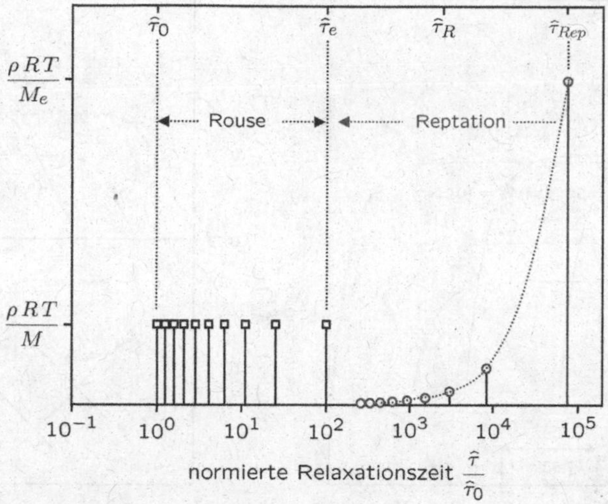

Abb. 3.86 Relaxationszeiten einer idealen Gaußschen Kette aus $N = 50$ Segmenten mit $\frac{N}{N_e} = 5$ Entanglements

sind sämtliche Entanglements gelöst bzw. ist die Kette aus der Röhre diffundiert. Bei größeren Zeiten entspricht das mechanisch-dynamische Verhalten dem einer ideal viskosen Flüssigkeit. Damit ist $\hat{\tau}_{Rep}$ die höchste im Spektrum vorkommende Relaxationszeit. Die kreisförmigen Symbole in Abb. 3.86 stellen die Beiträge des Reptationsvorgangs zum Relaxationsverhalten der Kette dar. Diese sind theoretisch nicht zu kleinen Zeiten begrenzt, tragen aber bei höheren Moden nur noch wenig zum gesamten Relaxationsverhalten bei. Beschränkt man sich bei der Beschreibung der Reptation auf den Anteil der Grundmode ($q = 1$) mit der Relaxationszeit $\hat{\tau}_{Rep}$, so werden damit schon ca. 98 % des gesamten Reptationseffekts berücksichtigt.

Der zeit- bzw. frequenzabhängige Modul berechnet sich aus der Summe aller Relaxationsvorgänge. In Abb. 3.87 ist der zeit- bzw. frequenzabhängige Modul für die Modellkette aus 50 Segmenten mit 5 Entanglements pro Kette grafisch dargestellt. Die dünneren Linien entsprechen den Beiträgen der Rouse- (siehe Gl. 3.215) und Reptationsmoden (siehe Gl. 3.222). Die Summe aus beiden Beiträgen (stärkere Linien) charakterisiert das vollständige dynamisch-mechanische Verhalten der Modellkette.

Im Bereich des viskosen Fließens führt die Grenzwertbetrachtung der Viskosität

$$\eta = \lim_{w \to 0} \eta^\star(\omega) = lim_{w \to 0} \frac{G^\star(\omega)}{\mathrm{i}\,\omega}$$

zu einer Beziehung zwischen der makroskopisch definierten Viskosität und den mikroskopischen Parametern der Kette (siehe Gl. 3.226 mit $\sum_{p=1,3,5,\ldots}^{\infty} \frac{1}{p^2} = \frac{\pi^4}{96}$).

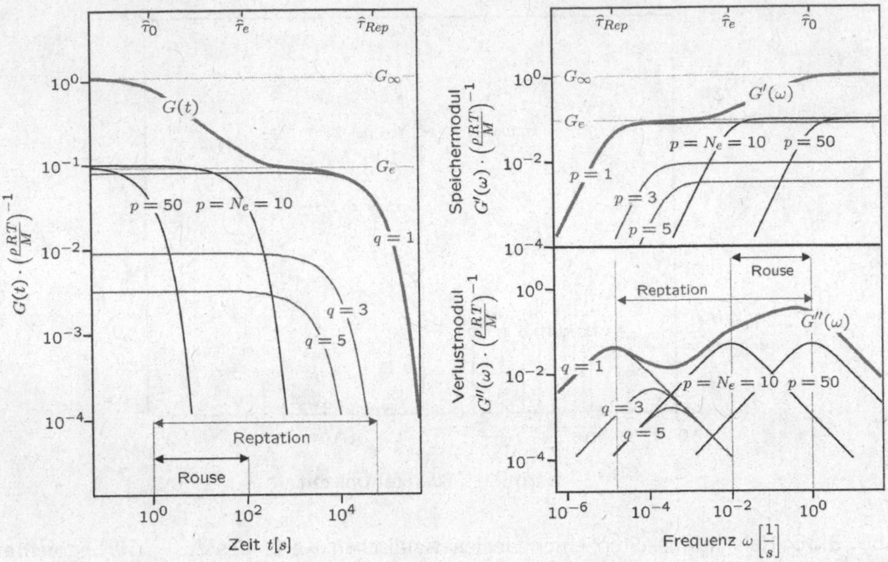

Abb. 3.87 Zeit- und frequenzabhängiger Modul einer idealen Gaußschen Kette aus $N = 50$ Segmenten mit $N/N_e = 5$ Entanglements

$$\eta = \lim_{w\to 0} \frac{8}{\pi^2} \frac{\rho RT}{M_e} \sum_{p=1,3,5,\ldots}^{\infty} \frac{1}{p^2} \frac{\mathrm{i}\,\hat{\tau}_{Rep}}{1 + \frac{\mathrm{i}\,\omega\hat{\tau}_{Rep}}{p^2}}$$

$$\approx \frac{8}{\pi^2} \frac{\rho RT}{M_e} \cdot \tau_{Rep} \sum_{p=1,3,5,\ldots}^{\infty} \frac{1}{p^4} = \frac{\pi^2}{12} \cdot \frac{\zeta_0 a^2}{\nu_0 N_e^2} \cdot N^3 \qquad (3.226)$$

Damit ist die Grenzviskosität einer idealen Gaußschen Kette proportional zur dritten Potenz der Kettenlänge bzw. zur dritten Potenz des Molekulargewichts.

$$\eta \propto N^3 \propto M^3 \qquad (3.227)$$

Diese Beziehung gibt den experimentell gefundenen Zusammenhang (siehe Abb. 3.84 bzw. Gl. 3.210) zwischen Molekulargewicht und Viskosität ($\eta \propto M^{3.4}$) wesentlich besser wieder als das Rouse-Modell, wobei auch hier die theoretisch berechneten Viskositäten noch deutlich kleiner als die experimentell bestimmten Werte sind.

Angesichts der doch relativ rudimentären Annahmen des einfachen Reptationsmodells (die durch Verhakungen und Verschlaufungen begrenzte Beweglichkeit einer Kette wird durch die räumliche Begrenzung auf eine Röhre beschrieben) verwundert dies nicht; es ist eher erstaunlich, dass die einfache Modellvorstellung der Reptation (komplex ist nur die mathematische Ableitung) die experimentellen Befunde so gut wiedergibt.

Auf die Diskussion der Erweiterungen des einfachen Röhrenmodells, wie *Tube Length Fluctuation* und *Constraint Release*, wird an dieser Stelle verzichtet. Weiterführende Literatur findet sich in Doi (1986) und Rubinstein (2003).

Das Reptationsmodell beschreibt den Einfluss von Verhakungen und Verschlaufungen auf die Dynamik einer Polymerkette.

Dabei wird vorausgesetzt, dass alle Ketten im Polymer gleiche Längen, d.h. gleiche Molekulargewichte haben und die Beweglichkeit einer Kette durch die Verhakungen und Verschlaufungen (engl. Entanglements) mit ihren Nachbarketten eingeschränkt ist.

Die eingeschränkte Beweglichkeit einer verhakten Kette wird durch die Begrenzung ihrer möglichen Konformationen auf das Volumen einer Röhre modelliert. Der Durchmesser der Röhre entspricht dem mittleren Abstand zweier Entanglements.

Kettensegmente zwischen zwei Entanglements sind frei beweglich. Ihre Dynamik kann mit dem Rouse-Modell beschrieben werden.

Die Bewegung größerer Kettensegmente ist durch die Verhakung mit Nachbarketten behindert. Die gesamte Kette kann sich daher nur entlang ihrer Kontur bewegen. Die Konturlänge der Kette definiert die Länge der Röhre. Die schlangen- oder wurmförmige Bewegung der Kette in der Röhre wurde von DeGennes als Reptation bezeichnet.

3.14.5 Das Mäandermodell

Die von Pechhold entwickelte Mäandertheorie beschreibt die Eigenschaften von Polymerschmelzen und Netzwerken durch ein Strukturmodell der Schmelze. Grundlage des Modells sind ein Nahordnungskonzept und die schon in Abschnitt 3.12.2 erwähnte Cluster-Entropie-Hypothese.

Das Nahordnungskonzept fordert die Parallelität von benachbarten Ketten über längere Distanzen. Durch die enge Rückfaltung von Kettensegmenten bilden sich Bündel aus mehreren Einzelketten (siehe Abb. 3.88). Der Durchmesser des Kettenbündels ist dabei sowohl von der Mikrostruktur der Kette als auch von ihrer Länge abhängig.

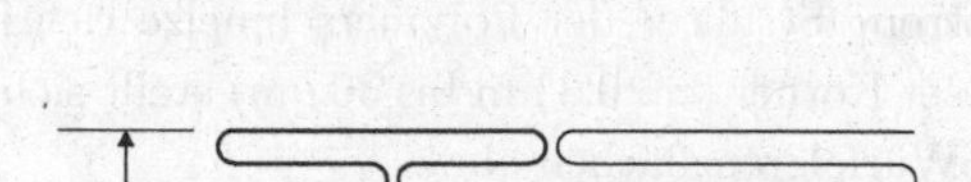

Abb. 3.88 Bündel mit eng rückgefalteten Einzelketten

Eine vollständige Raumerfüllung der Bündel aus Einzelketten ist nur möglich, wenn eine Faltung des gesamten Bündels eingeführt wird. Dies führt unmittelbar zum eigentlichen Problem der Theorie. Die Faltung eines Bündels bedingt die geordnete Faltung einer ganzen Anzahl von Einzelketten und erhöht damit die Ordnung des Systems. Dies steht im Widerspruch zum 2. Hauptsatz der Thermodynamik. Die Cluster-Entropie-Hypothese löst diesen Widerspruch, indem sie die Bildung von Superstrukturen erlaubt, wenn die dadurch reduzierte Entropie durch entropische oder energetische Zustandsänderungen der in der Struktur enthaltenen Elemente kompensiert werden kann.

Akzeptiert man diese Hypothese, so führt die Forderung nach Raumerfüllung zur Bildung von Strukturen aus mehrfach gefalteten Bündeln, den sogenannten Mäanderwürfeln.

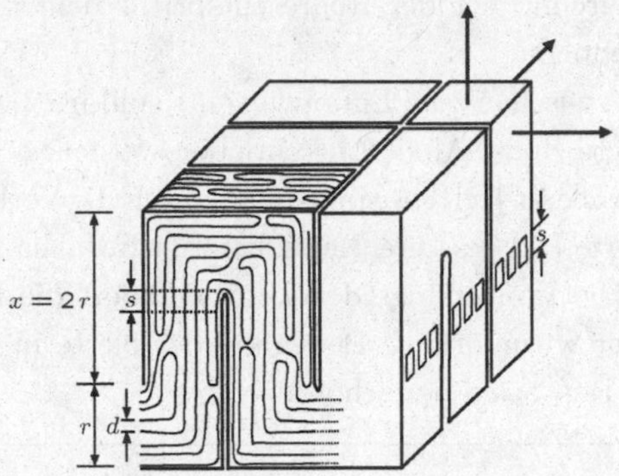

Abb. 3.89 Aufbau eines Mäanderwürfels

Aus geometrischen Gründen kann die Kantenlänge dieser Würfel nur ungerade Vielfache der Bündeldicke r annehmen ($3\,r$, $5\,r$, $7\,r$, ...). Abbildung 3.89 zeigt den einfachsten Mäanderwürfel mit einer Kantenlänge von $3\,r$, der durch die neunfache Faltung eines Bündels entsteht. Thermodynamische Betrachtungen (siehe Eckert (1997)) zeigen, dass der einfachste Mäanderwürfel zugleich der wahrscheinlichste ist. Alle folgenden Betrachtungen beschränken sich deshalb auf den Mäanderwürfel mit neunfacher Bündelfaltung ($x + r = 3\,r$).

Da die Bündel in einem Mäanderwürfel eine räumliche Orientierung besitzen, muss eine Aggregation von Mäanderwürfeln zu Körnern gefordert werden, um die makroskopisch anisotrope Struktur der Polymerschmelze richtig zu beschreiben. Der Durchmesser dieser Körner (ca. $0.3\,\mu$m bis $30\,\mu$m) stellt sich abhängig von der freien Enthalpie der Würfelgrenzflächen ein.

Bereich der glasartigen Erstarrung

Bei endlichen Temperaturen werden geordnete Strukturen durch Fehlstellen bzw. Versetzungen gestört. Für Metalle leiteten Nabarro (1967) und Hull (1968) einen

Zusammenhang zwischen der Struktur und der Energie einer Versetzung mit dem makroskopischen Schubmodul ab.

Dieser Zusammenhang wurde von Pechhold auf Polymere übertragen. Der Modul im Bereich der glasartigen Erstarrung kann damit analog zur Versetzungstheorie der Metalle berechnet werden.

$$G_G \approx \varepsilon_S \cdot \frac{10}{3} \cdot \frac{4\,\pi\,(1-\nu)}{b^2\,d} \quad \text{bzw.} \quad J_G \approx 0.3 \cdot \frac{b^2\,d}{4\,\pi(1-v)\,\varepsilon_S} \tag{3.228}$$

Dabei bezeichnet b den Burgers-Vektor, der die Art der Versetzung kennzeichnet, d den Durchmesser des Monomers und ν die Querkontraktionszahl. ε_S ist die freie Energie einer Versetzung bzw. einer Versetzung, die Teil einer Versetzungswand ist (siehe Hull (1968)). Sie ist eine polymerspezifische Größe und kann aus dem Aktivierungsdiagramm abgeleitet werden (siehe dazu Abschnitt 3.12.2). In Tabelle 3.3 sind die Versetzungsenergien einiger Elastomere zusammengestellt. Typischerweise findet man bei Elastomeren Werte zwischen 2 kJ/mol und 4 kJ/mol ich.

Aus Gl. 3.228 folgt ein direkter Zusammenhang zwischen dem Modul im Bereich der glasartigen Erstarrung und dem Durchmesser der Monomeren. Geht man davon aus, dass der Burgers-Vektor in der Größenordnung des Moleküldurchmessers liegt, so ist der Modul im glasartig erstarrten Bereich indirekt proportional zur dritten Potenz des Moleküldurchmessers.

$$G_G \propto \frac{1}{d^3} \quad \text{bzw.} \quad J_G \propto d^3$$

D.h., je geringer der Moleküldurchmesser eines Polymers, umso höher sein Modul im Bereich der glasartigen Erstarrung.

Nähert man den Moleküldurchmesser d mit ca. 0.2 nm bis 0.5 nm an (siehe Rubinstein (2003)und Pechhold (1979)), den Burgers-Vektor mit einem halben bis zu einem Moleküldurchmesser und die Querkontraktionszahl ν mit Werten zwischen 0.2 und 0.4, so erhält man für den Modul im Bereich der glasartigen Erstarrung Werte von ca. 0.6 GPa bis 28 GPa. Im Gegensatz zum Rouse- bzw. Reptationsmodell wird der Bereich der glasartigen Erstarrung vom Mäandermodell damit auch quantitativ richtig wiedergegeben.

Gummielastizität und Plateaumodul

Das Mäandermodell beschreibt den Glasprozess mit der kooperativen Bewegung von Versetzungen in einer quasi-hexagonalen Packung der Ketten im Bündel. Dabei wird die Bündelstruktur durch Versetzungen so gestört, dass sie keine Fernordnung besitzt.

Die Bewegung von Versetzungen kann zu einer Verschiebung von ganzen Molekülschichten führen und so eine makroskopische Deformation hervorrufen. Durch die Faltung der Bündel sind zwei elementare Deformationsmechanismen im Mäanderwürfel identifizierbar: die Würfelquerschnitts- und die Intrabündelscherung. Dabei werden Kettensegmente sowohl senkrecht (siehe Abb. 3.90) als auch parallel (siehe Abb. 3.91) zur Richtung der Kette bewegt. Die maximale Abgleitung, die ohne Zerstörung der Bündelstruktur erreicht werden kann, entspricht sowohl für die Bündelquerschnitts- als auch für die Intrabündelscherung einem Moleküldurchmesser d. Damit ergibt sich für beide Schermechanismen ein maximaler Scherwinkel von $\gamma_{Max} = 1/\sqrt{3}$.

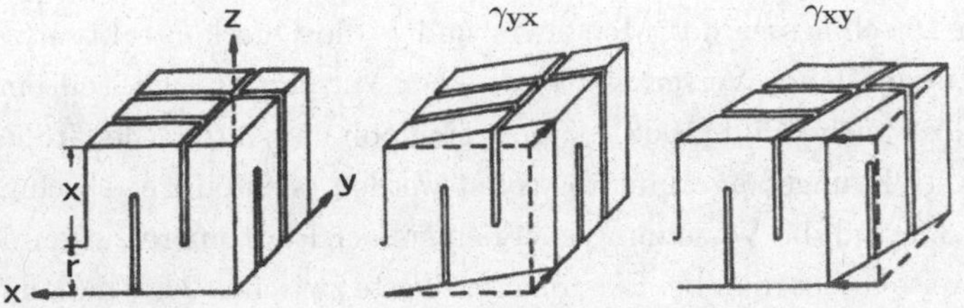

Abb. 3.90 Würfelquerschnittsscherung bei neunfacher Bündelfaltung ($x = 2\,r$)

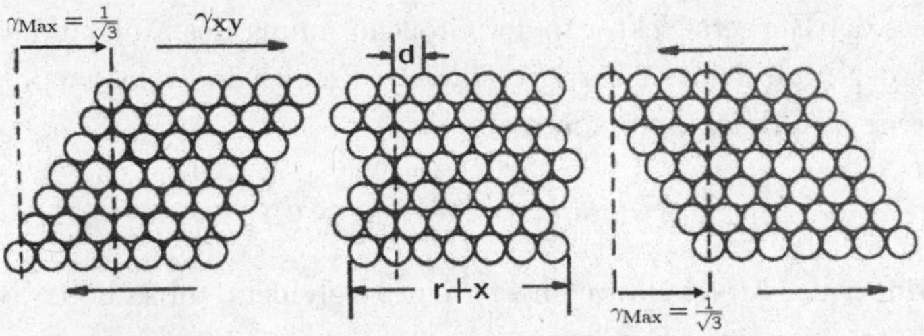

Abb. 3.91 Intrabündelscherung bei neunfacher Bündelfaltung ($x = 2\,r$)

Aus Würfelquerschnitts- und Intrabündelscherung lässt sich durch die Minimalisierung der freien Enthalpie die mittlere Relaxationsstärke J^0_{eN} des Glasprozesses berechnen.

$$J^0_{eN} = \frac{d\,(r+x)^2}{9\,k\,T} \tag{3.229}$$

r bezeichnet den Durchmesser eines Bündels (siehe Abb. 3.88), d den Durchmesser eines Kettensegments bzw. Monomers und x die Art der Superfaltung.

Im wahrscheinlichsten Fall der 9-fachen Bündelfaltung entspricht die Kantenlänge des Mäanderwürfels drei Bündeldurchmessern. Der Plateaumodul G^0_{eN} bzw. die Plateaukomplianz J^0_{eN} ist nur noch von der Temperatur sowie vom Monomer- und vom Bündeldurchmesser abhängig (siehe Gl. 3.229).

$$J^0_{eN} = \frac{d\,r^2}{k\,T} \quad \text{bzw.} \quad G^0_{eN} = \frac{k\,T}{d\,r^2} \tag{3.230}$$

Bei Raumtemperatur findet man für Moleküldurchmesser d von 0.2 nm bis 0.5 nm und für Bündel, die ca. 6 bis 10 Moleküle beinhalten ($r \approx 6\,d \cdots 10\,d$), den Plateaumodul G^0_{eN} in einem Bereich von 0.3 MPa bis 14 MPa. Vorausgesetzt ist natürlich, dass die Glastemperatur des Polymers deutlich unter Raumtemperatur liegt. Für eine sehr große Anzahl von Polymeren konnte der theoretisch abgeleitete Zusammenhang zwischen dem makroskopisch definierten Plateaumodul und den molekularen Größen Molekül- und Bündeldurchmesser experimentell bestätigt werden (siehe Pechhold (1979)).

Grundlage der Würfelquerschnitts- bzw. Intrabündelscherung sind kooperative Konformationsänderungen mehrerer Kettensegmente. Dabei wird die Konformationsänderung eines einzelnen Kettensegments durch ein einfaches Platzwechselmodell (siehe Abschnitt 3.11.1) beschrieben. Kooperative Platzwechsel mehrerer Kettensegmente laufen umso schneller ab, je mehr Versetzungen vorhanden sind (in Analogie zum freien Volumen bei der Ableitung der WLF-Beziehung).

Können kooperative Platzwechselvorgänge im Beobachtungszeitraum vollständig ablaufen, so wird das mechanische Verhalten durch den Plateaumodul G^0_{eN} bzw. durch die Plateaukomplianz J^0_{eN} charakterisiert (siehe Gl. 3.230). Ist die Zeit, die zum Ablauf einer kooperativen Umlagerung benötigt wird, sehr viel größer als der Beobachtungszeitraum, so erscheint das Polymer glasartig erstarrt, und das mechanische Verhalten wird durch den Modul G_G bzw. durch die Komplianz J_G bestimmt (siehe Gl. 3.228).

Quantitativ kann das frequenzabhängige dynamisch-mechanische Verhalten durch ein Relaxationsmodell beschrieben werden. Im Mäandermodell wird dazu der Ansatz von Cole-Cole verwendet (siehe Abschnitt 3.10.6).

$$J^*(\omega, T) = J_G + \frac{J^0_{eN}}{1 + [\mathrm{i}\omega\hat{\tau}_{eN}(T)]^a} \tag{3.231}$$

$\hat{\tau}_{eN}(T)$ ist die für Würfelquerschnitts- und Intrabündelscherung charakteristische Relaxationszeit. Der funktionale Zusammenhang zwischen Temperatur und Relaxationszeit wird durch das Versetzungskonzept hergestellt (siehe Abschnitt 3.137).

$$\hat{\tau}_{eN}(T) = \frac{\pi}{\nu_0} \cdot e^{\left(\frac{Q_\gamma}{RT}\right)} \cdot \left[1 - \left(1 - e^{\left(-\frac{\varepsilon_s}{RT}\right)}\right)^{\frac{3r}{d}}\right]^{-3\left(\frac{3r}{d}\right)^2 \frac{d}{s}} \tag{3.232}$$

Bei konstanter Temperatur wird die Relaxationszeit $\hat{\tau}_{eN}(T)$ von den Abmessungen des Monomers (bzw. vom Verhältnis d/s aus Durchmesser und Länge), von der Würfelstruktur (Anzahl $3r/d$ der Bündel pro Kantenlänge des Würfels), von der für eine Konformationsänderung nötigen Energie Q_γ (Barrierenhöhe im Platzwechselmodell) und von der freien Enthalpie ε_s einer Versetzung bestimmt.

Mit steigender Temperatur nehmen sowohl die Wahrscheinlichkeit für einen Platzwechsel bzw. für eine Konformationsänderung als auch die Wahrscheinlichkeit für die Existenz einer Versetzung zu. Damit können kooperative Konformationsänderungen wie Würfelquerschnitts- und Intrabündelscherung schneller ablaufen.

Bis auf den Parameter a, der die Breite des Glasprozesses charakterisiert (siehe Gl. 3.231) sind alle im Mäandermodell verwendeten Größen molekular definiert. Experimentell findet man beim Glasprozess für den Parameter a, der auch als Breitenparameter bezeichnet wird, Werte zwischen 0.7 und 0.9. Für Werte kleiner als 1 ist der Glasübergang nicht mehr durch eine einzige Relaxationszeit, sondern durch ein Spektrum von Relaxationszeiten charakterisiert (siehe Abbildung 3.34).

Da die Relaxationszeit $\hat{\tau}^0_{eN}$ durch die Beziehung 3.232 mit molekularen Größen verknüpft ist, kann ein Spektrum von Relaxationszeiten durch eine Verteilung der molekularen Größen im Polymer erklärt werden. Ursache kann beispielsweise die Fluktuation der Würfelquerschnittsfläche $3r/d$ oder eine inhomogene Verteilung der Aktivierungsenergien Q_γ im Polymer sein.

Scherbandprozess, Fließrelaxation und viskoses Fließen

Die maximale reversible Deformation der Würfelquerschnitts- und Intrabündelscherung ist auf $\gamma_{Max} \approx 1/\sqrt{3}$ beschränkt. Um größere Deformationen zu erreichen ist es nötig, Bündel gegeneinander zu verschieben und damit die Mäanderwürfel aufzuziehen. Dies geschieht kooperativ in Würfelzeilen und -schichten (siehe Abb. 3.92).

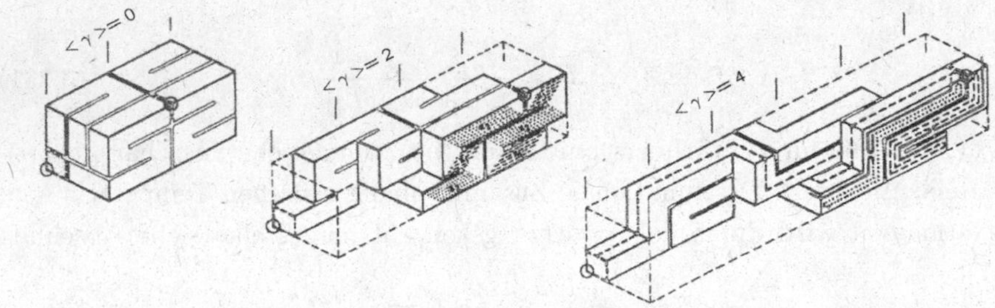

Abb. 3.92 Aufziehen von Scherbändern (in den Würfel ein- und austretende Bündel sind kreisförmig markiert)

Durch die wirkenden Spannungen werden die Mäanderwürfel zunächst so orientiert, dass sie ein gemeinsames Scherband bilden, in dem dann die Bündel in Scherrichtung abgleiten können. Nach aufwändiger Rechnung (siehe Eckert (1997)) findet man für den Schubmodul des Scherbandprozesses die Beziehung

$$\Delta J_B = \frac{1}{\phi \xi} \cdot \frac{\beta}{5} \cdot s \cdot x \cdot \left(1 + \frac{r}{x}\right)^2 \frac{d \cdot \gamma_M^2}{kT}. \tag{3.233}$$

Beim Scherbandprozess werden ganze Würfel aufgezogen. Die entropisch bedingte Rückstellkraft kann teilweise durch die Reorientierung der Ketten im Bündel relaxieren. Die Parameter ϕ und ξ geben den Anteil der Ketten an, die ihre bei der Scherung aufgeprägte Orientierung beibehalten. Der Parameter β bestimmt den Anteil der Polymerketten, die sich unter Dehnung zu Scherbändern arrangieren, und ist eine polymerspezifische Größe. r und d bezeichnen wiederum Bündel- und Moleküldurchmesser, s die Länge eines Kettensegments und $x + r$ die Art der Superfaltung. Die maximal mögliche Deformation γ_M eines Scherbands wird 9, wenn man zulässt, dass bei der Scherung auch Bündelteile, die Würfelschichten verbinden, deformiert werden.

Für den Fall, dass alle Ketten ihre Orientierung im Bündel beibehalten ($\phi\,\xi = 1$) und die Bündel im Würfel 9-fach gefaltet sind ($r + x = 3r$), vereinfacht sich Gleichung 3.233 zu

$$J_B \approx 73 \cdot \beta \cdot \frac{r \cdot s \cdot d}{kT} \quad \text{bzw.} \quad G_B \approx \frac{kT}{73 \cdot \beta \cdot r \cdot s \cdot d} \tag{3.234}$$

Nähert man die Länge eines Segments mit dem halben bis zweifachen Moleküldurchmesser und den Bündeldurchmesser analog zur Abschätzung des Plateaumoduls mit sechs bis zehn Moleküldurchmessern an, so findet man für die Relaxationsstärke bzw. für den Plateauwert des Scherbandprozesses Werte zwischen 0.02 MPa und 0.4 MPa. Dabei wurde vorausgesetzt, dass sich alle Ketten in Scherbändern befinden (also $\beta = 1$ ist).

Das frequenzabhängige Verhalten wird analog zum Glasprozess durch eine Cole-Cole-Funktion beschrieben.

$$J_B^*(\omega, T) = \frac{J_B^0}{1 + [\mathrm{i}\omega\hat{\tau}_B(T)]^{a_B}} \tag{3.235}$$

Da der Scherbandprozess deutlich mehr Konformationsänderungen einzelner Kettensegmente voraussetzt als der Glasprozess, muss die Relaxationszeit des Scherbandprozesses deutlich höher als die des Glasprozesses sein ($\hat{\tau}_B \gg \hat{\tau}_{eN}^0$).

Geht man davon aus, dass alle im Polymer ablaufenden Prozesse durch die diffusive Bewegung von Versetzungen verursacht werden, so ist die Relaxationszeit $\hat{\tau}$ proportional zum Quadrat der Anzahl n der benötigten Versetzungsschritte.

$$\hat{\tau} \propto n^2$$

Aus dem Verhältnis der Relaxationszeiten von Scherband- und Glasprozess kann damit das Verhältnis der bei der Relaxation ablaufenden elementaren Versetzungsschritte berechnet werden.

$$\frac{n_B}{n_{eN}^0} = \left(\frac{\hat{\tau}_B}{\hat{\tau}_{eN}^0}\right)^2 \tag{3.236}$$

Im frequenz- bzw. zeitabhängigen Spektrum der Komplianz erscheint zusammen mit dem Einsetzen des viskosen Fließens, das durch den Anstieg des Imaginärteils mit abnehmender Frequenz ($J'' = 1/(\omega\eta)$) gekennzeichnet ist, ein weiterer Relaxationsprozess, der sogenannte Fließrelaxationsprozess.

Dieser wird darauf zurückgeführt, dass ganze Scherbänder gegen andere Würfelschichten abgleiten können, indem ihre Verbindung durch die Diffusion von Kettensegmenten gelöst wird. Die sehr komplexe Ableitung der Relaxationsstärken und -zeiten findet sich in Eckert (1997). Wichtig am Ergebnis ist, dass für Polymere mit Ketten gleicher Länge (d.h. $M_W = M_N$) der Zusammenhang zwischen der Relaxationsstärke bzw. -zeit und dem Molekulargewicht der Ketten M durch ein Potenzgesetz verknüpft ist.

$$J_F \propto \left(\frac{M}{M_0}\right)^{0.5} \quad \text{und} \quad \hat{\tau}_F \propto \left(\frac{M}{M_0}\right)^{3.8} \quad \text{für} \quad M > M_C \tag{3.237}$$

Dabei bezeichnet M_C das kritische Molekulargewicht, wie schon mehrfach erwähnt, bzw. die Kettenlänge, ab der eine Polymerkette sich über mehrere Mäanderwürfel erstreckt und diese damit verbindet. Nach Pechhold (1979) steigt das kritische Molekulargewicht linear mit dem Bündeldurchmesser r, dem mittlerem Molekulargewicht M_0 eines Monomers und dem Kehrwert der Monomerlänge l_0.

$$M_C \approx 4 \cdot \frac{3\,r}{l_0} \cdot M_0 \tag{3.238}$$

Bei Polymeren, deren Ketten zu kurz sind, um mehrere Mäanderwürfel zu verbinden ($M < M_C$), bilden sich keine Verbindungen zwischen Scherbändern und angrenzenden Würfelschichten. Damit können beide ungehindert aneinander abgleiten. Polymere mit kurzen Ketten zeigen somit nur viskoses Verhalten und keine Fließrelaxation. Auch die Ausbildung von Scherbändern wird mit abnehmender Kettenlänge immer unwahrscheinlicher, da auch hier Verbindungen über mehrere Würfel hergestellt werden müssen. Die Viskosität von niedermolekularen Polymeren entspricht damit dem Verhältnis von Relaxationszeit $\hat{\tau}_{eN}$ und Relaxationsstärke J^0_{eN} des Glasprozesses (siehe Pechhold (1979)).

$$\eta = \frac{\hat{\tau}_{eN}}{J^0_{eN}} \propto \left(\frac{M}{M_0}\right)^1 \tag{3.239}$$

Ist das Molekulargewicht eines Polymers deutlich größer als das kritische Molekulargewicht, so dominiert die Fließrelaxation das dynamisch-mechanische Verhalten bei tiefen Frequenzen bzw. hohen Temperaturen. Die Viskosität entspricht dem Verhältnis von Relaxationszeit $\hat{\tau}_F$ und Relaxationsstärke J_F des Fließrelaxationsprozesses.

$$\eta = \frac{\hat{\tau}_F}{J^0_F} \propto \left(\frac{M}{M_0}\right)^{3.5} \tag{3.240}$$

Der vom Mäandermodell vorhergesagte Exponent von 3.5 liegt im Bereich des experimentell ermittelten Werts 3.4. Dabei liegt die Genauigkeit der experimentellen Bestimmung des Exponenten je nach Messmethode im Bereich von 5 % bis 10 %.

Das Mäandermodell beschreibt das dynamisch-mechanische Verhalten von amorphen Polymerschmelzen damit vollständig durch die Summe der Relaxationsprozesse (siehe Gl. 3.241). Der Bereich der glasartigen Erstarrung und des viskosen Fließens werden durch die Terme J_G bzw. $1/(\mathrm{i}\omega\eta)$ berücksichtigt.

$$J^*(\omega,T) = J_G + \frac{J^0_{eN}}{1+(\mathrm{i}\omega\hat{\tau}_{eN})^{a_{eN}}} + \frac{J_B}{1+(\mathrm{i}\omega\hat{\tau}_B)^{a_B}} + \frac{J_F}{1+(\mathrm{i}\omega\hat{\tau}_F)^{a_F}} + \frac{1}{\mathrm{i}\omega\eta} \quad (3.241)$$

Dabei sind die Relaxationsstärken und -zeiten aller Prozesse durch molekulare Größen bestimmt.

Vergleich mit dem Experiment

In Abb. 3.93 sind die schon bei der Diskussion des Rouse- bzw. des Reptationsmodells verwendeten Masterkurven der zwei NBR-Kautschuke in Komplianzdarstellung abgebildet. Die Symbole kennzeichnen die Messwerte von Speicher- und Verlustkomplianz, die Linien zeigen die Anpassung von Gl. 3.241 an die Messdaten.

Die durch die Anpassung bestimmten Parameter von Glas- und Scherbandprozess sind in Tabelle 3.7 zusammengestellt. Auf die Auswertung der Fließrelaxation

	$M_N = 4.2$ kg/mol	$M_N = 105$ kg/mol
$J_G\,[GPa^{-1}]$	1.3 (±0.2)	1.2 (±0.2)
$J^0_{eN}\,[MPa^{-1}]$	0.4 (±0.02)	0.51 (±0.02)
$\hat{\tau}^0_{eN}\,[\mu s]$	0.14 (±0.2)	0.87 (±0.3)
$J_B\,[MPa^{-1}]$	1.0 (±0.5)	1.0 (±0.5)
$\hat{\tau}_B\,[\mu s]$	4.9 (±2)	2500 (±1000)

Tab. 3.7 Relaxationsstärken und -zeiten des nieder- und des hochmolekularen NBR-Kautschuks

wurde verzichtet, da der Frequenzbereich der Masterkurve nicht zur vollständigen Abbildung der Fließrelaxation ausreicht und die Parameter dieses Prozesses daher nicht mit ausreichender Genauigkeit aus den Messdaten extrahiert werden konnten.

Eine Bestimmung der molekularen Größen (Moleküldurchmesser, Bündeldurchmesser, Anzahl der Superfalten, ...) wird möglich, wenn man zusätzlich die Temperaturabhängigkeit der Relaxationszeiten betrachtet, die im Mäandermodell durch das Versetzungskonzept beschrieben wird. Dazu werden die bei der Kon-

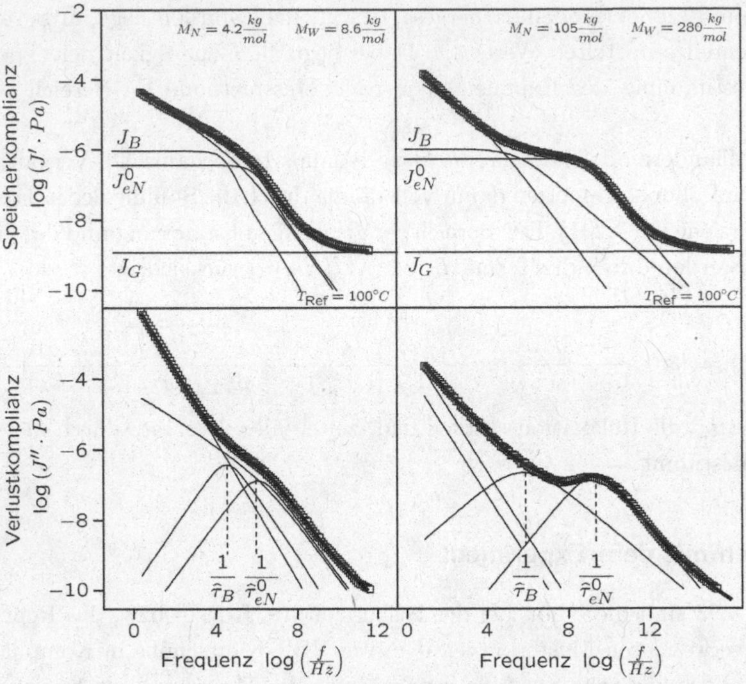

Abb. 3.93 Masterkurven zweier NBR-Kautschuke und Beschreibung durch das Mäandermodell

struktion der Masterkurven bestimmten Verschiebungsfaktoren so normiert, dass sie für jede Temperatur der Frequenzlage des Maximums der Verlustkomplianz wiedergeben und damit der Relaxationszeit $\hat{\tau}^0_{eN}$ des Glasprozesses entsprechen.

In Abb. 3.94 ist der Zusammenhang zwischen der Relaxationszeit des Glasprozesses und der Temperatur für die zwei NBR-Kautschuke grafisch dargestellt. Die durchgezogenen Linien geben die Anpassung der aus dem Versetzungskonzept abgeleiteten Gl. 3.232 an die experimentell bestimmten Verschiebungsfaktoren wieder.

Die Aktivierungsenergie Q_γ liegt für beide NBR-Kautschuke in der Größenordnung des Kinkplatzwechselvorgangs einer C-C-Kette (ca. 23 kJ/mol, siehe Abschnitt 3.11.4). Dabei nimmt die Aktivierungsenergie mit steigendem Molekulargewicht leicht zu. Dies ist ein Indiz dafür, dass die Aktivierungsenergie Q_γ nicht nur durch die Barrierenhöhe des Kinkplatzwechselvorgangs, sondern auch durch die Wechselwirkung mit umgebenden Polymerketten beeinflusst wird.

Die Zunahme der Versetzungsenergie ε_S mit steigendem Molekulargewicht kann durch die geringere Anzahl von freien Kettenenden (diese wirken als zusätzliche Defektstellen) erklärt werden.

Mit sinkendem Molekulargewicht nimmt die Anzahl r/d der Moleküldurchmesser pro Bündelquerschnitt ab. Beim höhermolekularen NBR ist der Bündelquer-

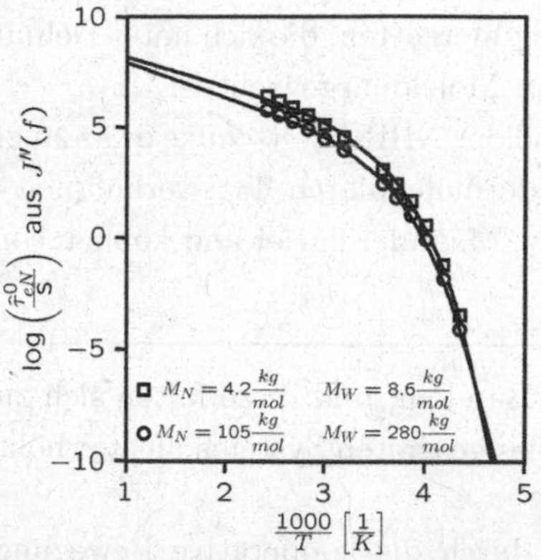

	$M_N = 4.2\,\frac{kg}{mol}$	$M_N = 105\,\frac{kg}{mol}$
$Q_\gamma\ \left[\frac{kJ}{mol}\right]$	25(±0.5)	30(±0.5)
$\varepsilon_s\ \left[\frac{kJ}{mol}\right]$	2.74(±0.02)	2.86(±0.02)
$\left(\frac{3r}{d}\right)$	15.5(±0.5)	18(±0.5)
$\left(\frac{d}{s}\right)$	1.5(±0.05)	1.5(±0.05)
$f_0 \cdot 10^{10}[Hz]$	1(±0.3)	1(±0.3)

Abb. 3.94 Aktivierungsdiagramm zweier NBR-Kautschuke und Analyse nach dem Versetzungskonzept

schnitt durch ca. 6, beim niedermolekularen durch ca. 5 Moleküldurchmesser charakterisiert, wie sich aus $3r/d = 18$ bzw. $3r/d = 15.5$ berechnen lässt.

Ist die Anzahl der Moleküldurchmesser pro Bündelquerschnitt bekannt, so kann der Moleküldurchmesser aus der Plateaukomplianz berechnet werden. Durch Umformen von Gl. 3.230 ergibt sich der Moleküldurchmesser zu

$$d = \sqrt[3]{\frac{9\,k\,T \cdot J_{eN}^0}{(3r/d)^2}}$$

Mit den Werten der Plateaukomplianz (siehe Tabelle 3.7) findet man für beide NBR-Kautschuke einen Moleküldurchmesser von ca. 0.42 (±0.02) nm.

Die Art der Versetzung wird durch den Burgers-Vektor charakterisiert. Sind Versetzungsenergie und Moleküldurchmesser bekannt, so kann der Burgers-Vektor bzw. sein Betrag aus der Komplianz im Bereich der glasartigen Erstarrung berechnet werden (siehe Gl. 3.228). Für beide NBR-Kautschuke findet man $b/d \approx 0.5$. Damit kann der elementare Versetzungsschritt bei NBR durch das Abgleiten einer Molekülschicht um einen halben Moleküldurchmesser charakterisiert werden.

Mit Gl. 3.236 kann aus dem Verhältnis der Relaxationszeiten von Scherband- und Glasprozess das Verhältnis der Anzahlen an Versetzungsschritten berechnet werden. Mit den Werten aus Tabelle 3.7 ergibt sich für das hochmolekulare NBR ein Verhältnis von ca. 54 und für das niedermolekulare eines von ca. 6. Da eine Versetzung beim NBR durch einen halben Moleküldurchmesser charakterisiert ist, sind am Scherbandprozess des hochmolekularen NBR ca. 27-mal so viele Versetzungsschritte beteiligt wie am Glasprozess, während dies beim niedermolekularen nur dreimal so viele sind. Die Ausbildung von Scherbändern, der eine große Anzahl von kooperativen Versetzungsschritten zugrunde liegt, ist damit beim niedermolekularen NBR deutlich weniger ausgeprägt als beim höhermolekularen Typ. Da die Relaxationsstärken des Scherbandprozesses beider NBR-Kautschuke vergleichbar sind, kann man folgern, dass der Anteil von Polymerketten, die sich unter Dehnung zu Scherbändern arrangieren, unabhängig vom Molekulargewicht ist.

Damit arrangieren sich die Polymerketten beider NBR-Kautschuke zwar zu gleichen Anteilen in Scherbänder, aber beim niedermolekularen Typ verknüpfen die kürzeren Ketten deutlich weniger Bündel bzw. Mäanderwürfel und können somit schneller relaxieren.

Im Mäandermodell ordnen sich Ketten zu Bündeln, und diese falten sich zu Mäanderwürfeln. Dabei wird die Ordnung des gesamten Systems nicht erhöht (Cluster-Entropie-Hypothese).

Makroskopische Deformationen werden durch die kooperative Bewegung von Versetzungen in der Bündel- und Würfelstruktur erklärt.

Der Modul im Bereich der glasartigen Erstarrung ist konstant und proportional zur Energie einer Versetzung und indirekt proportional zur dritten Potenz des Moleküldurchmessers.

Das dynamisch-mechanische Verhalten vom Bereich der glasartigen Erstarrung bis in den Bereich des viskosen Fließens wird durch drei Relaxationsprozesse (Glasprozess, Scherband- und Fließprozess) beschrieben.

3.14.6 Einfluss der Kettenarchitektur

Bei allen bisher diskutierten Modellen (Rouse, Reptation, Mäander) wurde vorausgesetzt, dass alle Ketten eines Polymers gleiche Länge bzw. identisches Molekulargewicht besitzen. Die meisten technisch hergestellten Elastomere erfüllen diese Voraussetzung nicht. Bei der Polymerisation kann sich eine mehr oder weniger stark ausgeprägte Verteilung der Kettenlängen bzw. Molekulargewichte ausbilden, und es kann auch eine Verzweigung der Kettenstruktur auftreten.

Im Folgenden werden einige der Ideen und Ansätze vorgestellt, die eine Verknüpfung der Kettenarchitektur, d.h. von Molekulargewichtsverteilung und Grad bzw. Struktur der Langkettenverzweigung, mit den dynamisch-mechanischen Eigenschaften ermöglichen. Ziel dieser Ansätze ist die Charakterisierung der Molekulargewichtsverteilung bzw. der Verzweigungsstruktur eines unbekannten Polymers auf der Basis dynamisch-mechanischer Messungen. Darüber hinaus wird die Möglichkeit der Optimierung der dynamisch-mechanischen Eigenschaften durch die gezielte Variation der Kettenarchitektur geschaffen.

Molekulargewichtsverteilung

Nur bei Polymeren mit Ketten gleicher Länge führt die Betrachtung des dynamisch-mechanischen Verhaltens bei beliebig großen Zeiten ($t \to \infty$) und analog bei beliebig kleinen Frequenzen ($\omega \to 0$) zu dem bekannten, durch ein Potenzgesetz darstellbaren Zusammenhang zwischen der Viskosität

$$\eta_0 = \lim_{t\to\infty} \eta(t) = \lim_{\omega\to 0} \eta^\star(\omega)$$

und dem Molekulargewicht M bzw. der Kettenlänge.

$$\eta_0 \propto M^\alpha \text{ mit } \begin{cases} \alpha = 1 \text{ für } M < M_C \\ \alpha = 3.4 \text{ für } M > M_C \end{cases} \tag{3.242}$$

Bei der einfachsten Beschreibung der dynamisch-mechanischen Eigenschaften von Polymeren mit einer Verteilung von Kettenlängen bzw. Molekulargewichten geht man davon aus, dass die Dynamik jeder Polymerkette durch einen einzigen Relaxationsvorgang charakterisiert werden kann, wobei dessen Relaxationszeit proportional zur Masse bzw. Länge der Kette ist.

$$\hat{\tau} \propto M^\alpha \tag{3.243}$$

Betrachtet man hierzu nochmals das einfache Reptationsmodell, so ist die Reptation einer Kette aus der zugehörigen Röhre zwar durch ein ganzes Spektrum von Relaxationsprozessen charakterisiert (siehe dazu Gl. 3.221 und Gl. 3.222 und auch Abb. 3.86), aber eine Vereinfachung auf nur einen Relaxationsprozess führt nur zu einer Ungenauigkeit von etwas über 10 %, so dass die in Gl. 3.243 angegebene Beziehung im Rahmen einer Näherung durchaus zur Beschreibung der Relaxationszeit einer einzelnen Kette verwendet werden kann.

Nähert man die Reptation einer Kette durch einen einzigen Relaxationsprozess an, so führt eine Verteilung von Kettenlängen zu einem Spektrum von Relaxationsprozessen, wobei jede enthaltene Relaxationszeit mit Gl. 3.243 genau einer Kettenlänge bzw. einem Molekulargewicht zugeordnet werden kann.

Der Plateaumodul bzw. die gesamte Relaxationsstärke des Polymers entspricht dann der Summe bzw. dem Integral der einzelnen Relaxationsstärken $H(\check{\tau})$,

$$G_e = \int_0^\infty H(\check{\tau}) d\check{\tau} \tag{3.244}$$

wobei vorausgesetzt wird, dass alle Ketten durch die Ausbildung von Verhakungen und Verschlaufungen zum Plateaumodul beitragen. Dies gilt allerdings nur dann, wenn die kürzeste Kette im Polymer immer noch deutlich länger als die mittlere Anzahl N_e von Kettensegmenten zwischen zwei Entanglements ist.

Die im Weiteren abgeleiteten Beziehungen zwischen der Molekulargewichtsverteilung und den korrespondierenden dynamisch-mechanischen Materialgrößen gelten damit nur unter der Voraussetzung, dass der Großteil der Ketten im Polymer länger als die kritische Entanglement-Länge N_e ist. Für großtechnisch eingesetzte Elastomere ist diese Näherung so gut wie immer erfüllt. Problematisch wird die Betrachtung bei Thermoplasten, deren mittleres Molekulargewicht durchaus in der Größenordnung der kritischen Länge liegen kann.

Nutzt man den Zusammenhang $\check{\tau} = k \cdot m^\alpha$ zwischen der Relaxationszeit und dem Molekulargewicht, so kann das Relaxationszeitspektrum als Funktion des Molekulargewichts angegeben werden: $(H(\check{\tau}) \rightarrow H(m))$. Mit der Substitution $h(m) = k \cdot m^\alpha \cdot H(m)$ erhält man nach Umformen und logarithmischer Skalierung von Gl. 3.244 die Beziehung

$$\frac{\alpha}{G_e} \cdot \int_{-\infty}^{\infty} h(m) d \ln m = 1 \tag{3.245}$$

Ausgenutzt wird dabei die Beziehung

$$\frac{d\check{\tau}}{dm} = \alpha \cdot m^{\alpha-1} = \alpha \cdot \frac{\check{\tau}}{m} \quad \text{aus der folgt:} \quad \frac{d\check{\tau}}{\check{\tau}} = d \ln \check{\tau} = \alpha \cdot \frac{dm}{m} = \alpha \cdot d \ln m$$

Der Zusammenhang zwischen der Relaxationsstärke $h(m)$ von Ketten gleicher Masse m und ihrem Gewichtsanteil $w(m)$ wird klar, wenn man die Definition der Molekulargewichtsverteilung betrachtet.

$$\int_{-\infty}^{\infty} w(m) d \ln m = 1 \tag{3.246}$$

Dabei ist $w(m)$ der Gewichtsanteil der Ketten mit dem Molekulargewicht m und mit der Relaxationszeit $\check{\tau} \propto m^\alpha$.

Setzt man voraus, dass die Reptation einer Kette unabhängig von der Länge aller anderen Ketten abläuft, so kann jede Relaxationszeit $\check{\tau}$ einer Kettenlänge bzw. einem Molekulargewicht m zugeordnet werden. Die Relaxationsstärke $h(m)$ aller Ketten der Masse m ist dann ein direktes Maß für deren Gewichtsanteil im Polymer. Ein Vergleich der Gleichungen 3.245 und 3.246 führt zur einfachstmöglichen Beziehung zwischen der Relaxationsstärke $h(m)$ der Ketten mit der Masse m und ihrem Gewichtsanteil $w(m)$.

$$w(m) = \frac{\alpha}{G_e} h(m) \tag{3.247}$$

Diese Gleichung ermöglicht eine einfache Methode zur Bestimmung der Molekulargewichtsverteilung eines Polymers auf der Basis dynamisch-mechanischer Daten. Dazu muss einzig das Spektrum der Relaxationszeiten bestimmt werden. Dieses Spektrum wird normalerweise mit numerischen Methoden aus frequenzabhängigen Messungen des komplexen Moduls berechnet (siehe dazu die Abschnitte 3.10.5 und 3.10.6).

Voraussetzung ist allerdings, dass die Reptation einer Kette unabhängig von der Länge der benachbarten Ketten abläuft. Dass diese Annahme die Realität nur ungenügend beschreibt, kann man sich an einem einfachen Gedankenexperiment plausibel machen. Man stelle sich dazu eine sehr lange Kette vor, die von vielen kürzeren Ketten umgeben und mit ihnen verhakt und verschlauft ist. Eine Kette löst Verschlaufungen, indem sie entlang ihrer Kontur diffundiert. Die Relaxationsstärke ist dabei proportional zur Anzahl der Verschlaufungen.

Sind alle Ketten gleich lang, so können die umgebenden Ketten durch eine Röhre ersetzt werden, und die Relaxation wird durch das einfache Reptationsmodell beschrieben. Sind die umgebenden Ketten, die ja auch entlang ihrer Konturlänge diffundieren können, deutlich kürzer, so können sie Entanglements naturgemäß schneller lösen.

Während also die lange Kette noch in der (durch Verhakungen mit kurzen Ketten gebildeten) Röhre diffundiert, werden diese schon durch die Diffusion der kurzen Ketten gelöst. Dies verringert die effektive Anzahl von Verhakungen der langen Kette und reduziert damit die Relaxationsstärke.

Erstmals wurde dieser Effekt im sogenannten Double-Reptation-Modell (siehe Cloizeaux (1988)) beschrieben.

Der analytische Zusammenhang zwischen dem Relaxationszeitspektrum $h(m)$ und der Molekulargewichtsverteilung $w(m)$ lässt sich in allgemeiner Form durch eine Mischungsregel beschreiben, wobei β den sogenannten Mischungsparameter darstellt.

$$w(m) = \frac{1}{\beta}\left(\frac{\alpha}{G_e}\right)^{\frac{1}{\beta}} h(m) \left[\int_{\ln m}^{\infty} h(m')\, d\ln m'\right]^{\frac{1}{\beta}-1} \tag{3.248}$$

bzw.

$$h(m) = \beta\,\frac{G_e}{\alpha}\, w(m) \left[\int_{\ln m}^{\infty} w(m')\, d\ln m'\right]^{\beta-1} \tag{3.249}$$

Wählt man $\beta = 1$, so gibt es keine Beeinflussung zwischen Ketten unterschiedlicher Länge. Gl. 3.248 kann für diesen Fall auf die lineare Beziehung zwischen Gewichtsanteil $w(m)$ und Relaxationsstärke $h(m)$ (siehe Gl. 3.247) reduziert werden. Nimmt β Werte größer als 1 an, so beschreibt dies die Beeinflussung der Reptation einer Kette durch benachbarte Ketten unterschiedlicher Längen. Für das Double-Reptation-Modell ergibt sich ein Mischungsparameter von $\beta = 2$.

Die Gleichungen 3.248 und 3.249 gelten allerdings nur, wenn ein kontinuierliches Relaxationszeitspektrum $H(m)$ bzw. $h(m)$ vorliegt. Bei einer diskreten Verteilung der Relaxationszeiten (jede Messung liefert diskrete Signale, damit bestehen experimentell bestimmte Relaxationszeitspektren in der Regel aus diskreten Werten) erhält man nach längerer, aufwändiger Rechnung

$$w_i = \left(\frac{1}{G_e}\right)^{\frac{1}{\beta}} \left[\left(\sum_{k=i}^{N} H_k\right)^{\frac{1}{\beta}} - \left(\sum_{k=i+1}^{N} H_k\right)^{\frac{1}{\beta}}\right] \tag{3.250}$$

$$H_i = G_e \left[\left(\sum_{k=i}^{N} w_k\right)^{\beta} - \left(\sum_{k=i+1}^{N} w_k\right)^{\beta}\right] \tag{3.251}$$

H_k bezeichnet die nach aufsteigenden Relaxationszeiten $\check{\tau}_k$ sortierten Relaxationsstärken, w_k die entsprechenden Gewichtsanteile im Polymer.

Mit der diskreten Form der Mischungsregel kann der Zusammenhang zwischen Relaxationszeitspektrum und Molekulargewichtsverteilung an dem einfachen Beispiel einer bimodalen Molekulargewichtsverteilung sehr anschaulich dargestellt werden. Das exemplarisch betrachtete System bestehe dazu nur aus Ketten mit zwei unterschiedlichen Längen bzw. Massen $m_1 < m_2$. Das Relaxationszeitspektrum setzt sich dann aus zwei Prozessen mit den Stärken H_1 und H_2 und den Relaxationszeiten $\check{\tau}_1 < \check{\tau}_2$ zusammen.

Das Einsetzen in Gl. 3.251 führt unter Verwendung der Normierung $w_1 + w_2 = 1$ zu den Beziehungen

$$H_1 = \left(1 - w_2^{\beta}\right) \cdot G_e \quad \text{und} \quad H_2 = w_2^{\beta} \cdot G_e. \tag{3.252}$$

w_2 bezeichnet dabei den Gewichtsanteil der höhermolekularen bzw. längeren Ketten.

Vergleicht man nun den einfachsten Fall, bei dem die Relaxation einer Kette unabhängig von der Umgebung ist ($\beta = 1$), mit dem Double-Reptation-Modell, bei dem die Beeinflussung der Relaxation einer Kette durch die Umgebung durch einen Mischungsparameter von $\beta = 2$ abgebildet wird, so berechnen sich die Relaxationsstärken bei gleichen Gewichtsanteilen $w = w_1 = w_2 = \frac{1}{2}$ für

$$\beta = 1 \quad \text{zu} \quad H_1 = \tfrac{1}{2} \cdot G_e \quad \text{und} \quad H_2 = \tfrac{1}{2} \cdot G_e$$

und für

$$\beta = 2 \quad \text{zu} \quad H_1 = \tfrac{3}{4} \cdot G_e \quad \text{und} \quad H_2 = \tfrac{1}{4} \cdot G_e$$

Bei gleichen Gewichtsanteilen (also $w_1 = w_2 = \frac{1}{2}$) führt die Berücksichtigung der Wechselwirkung mit umgebenden Ketten zu höheren Relaxationsstärken ($H_{1(\alpha=2)} > H_{1(\alpha=1)}$) bei kleineren Relaxationszeiten $\check{\tau}_1$ und zu kleineren Relaxationsstärken ($H_{2(\alpha=2)} < H_{2(\alpha=1)}$) bei höheren Relaxationszeiten $\check{\tau}_2$.

In Abb. 3.95 sind die Zusammenhänge zwischen dem Gewichtsanteil (linkes Diagramm), der Verteilung der Relaxationsstärken (mittleres Diagramm) und dem resultierenden frequenzabhängigen Verlauf von Speicher- und Verlustmodul (rechtes Diagramm) für das Beispiel der bimodalen Molekulargewichtsverteilung grafisch dargestellt.

Die Berücksichtigung des Einflusses der Umgebung auf die Relaxation einer Kette führt damit zu einer schwächeren Relaxation der langen Ketten und zu einer stärkeren Relaxation der kürzeren Ketten. Beim frequenzabhängigen Modulverlauf (siehe rechtes Diagramm in Abb. 3.95) bewirkt ein größerer Mischungsparameter β bzw. das dadurch geänderte Relaxationszeitspektrum ein früheres Abfallen von Real- und Imaginärteil bei kleinen Frequenz und damit eine geringere Grenzviskosität.

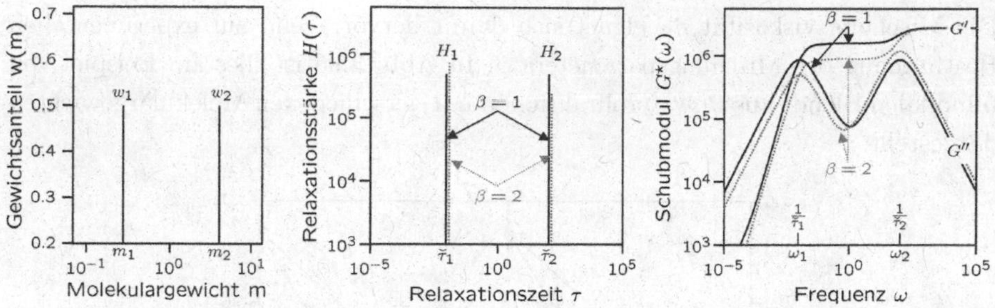

Abb. 3.95 Relaxationszeitspektren und frequenzabhängiger Modul bei bimodaler Molekulargewichtsverteilung und variablem Mischungsparameter β

Die Grenzviskosität

$$\eta_0 = \lim_{\omega \to 0} \eta^\star(\omega) = \lim_{\omega \to 0} \frac{G^\star(\omega)}{\mathrm{i}\omega} \tag{3.253}$$

eines Blends aus N Komponenten berechnet sich mit der Definition des komplexen Moduls

$$G^\star(\omega) = \int_0^\infty H(\check{\tau}) \frac{\mathrm{i}\omega\check{\tau}}{1 + \mathrm{i}\omega\check{\tau}} d\check{\tau} \tag{3.254}$$

und der verallgemeinerten Mischungsregel (siehe Gl. 3.251) zu

$$\eta_B = \sum_{i=1}^{N} \eta_i \left[\left(\sum_{k=i}^{N} w_k \right)^\beta - \left(\sum_{k=i+1}^{N} w_k \right)^\beta \right] \tag{3.255}$$

Bei einer bimodalen Verteilung ($N = 2$) der Kettenlängen bzw. Molekulargewichte ergibt sich damit für die Mischungsviskosität von

$$\eta_B = \eta_1 + w_2^\beta \cdot (\eta_2 - \eta_1) \tag{3.256}$$

Diese Gleichung zeigt anschaulich die Konsequenz der Beeinflussung der Relaxation von Ketten durch umgebende Ketten unterschiedlicher Längen. Nur für den Fall, dass sich Ketten unterschiedlicher Längen nicht in ihrer Relaxation beeinflussen ($\beta = 1$), entspricht die Viskosität der bimodalen Mischung dem gewichteten Mittelwert der Einzelviskositäten.

$$\overline{\eta} = \sum_{i=1}^{2} w_i \eta_i = w_1\,\eta_1 + w_2\,\eta_2 \overset{w_2 = 1 - w_1}{=} \eta_1 + w_2 \cdot (\eta_2 - \eta_1)$$

Für alle anderen Fälle ($\beta > 1$) führt die Beeinflussung der Relaxation durch umgebende Ketten unterschiedlicher Längen bzw. unterschiedlicher Molekulargewichte zu einer Mischungsviskosität, die kleiner als der gewichtete Mittelwert ist.

$$\eta_B = \eta_1 + w_2^\beta \cdot (\eta_2 - \eta_1) < \overline{\eta} \quad \text{für} \quad \beta < 1$$

Die Mischungsviskosität η_B eignet sich damit hervorragend zur experimentellen Bestimmung des Mischungsparameters β. In Abb. 3.96 ist dies am Beispiel von bimodalen Blends aus Polystyrolfraktionen mit verschiedenen Molekulargewichten dargestellt.

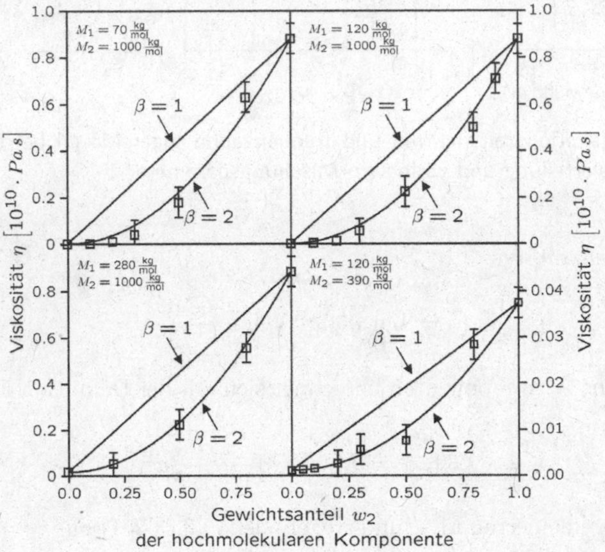

Abb. 3.96 Mischungsviskosität von bimodalen Polystyrol-Blends (Daten aus Eckert (1997)) und Beschreibung durch die Mischungsregel mit $\beta = 1$ und $\beta = 2$

Aufgetragen sind zum einen die experimentell bestimmten Mischungsviskositäten in Abhängigkeit vom Gewichtsanteil der hochmolekularen Komponente und zum anderen die mit Gl. 3.256 berechneten Werte für die beiden Mischungsparameter $\beta = 1$ und $\beta = 2$.

Für Polystyrol bestätigen die experimentellen Ergebnisse die These, wonach die Dynamik einer Polymerkette durch umgebende Ketten unterschiedlicher Längen beeinflusst wird. Quantitativ können die Ergebnisse der Messungen durch die verallgemeinerte Mischungsregel beschrieben werden, wobei ein Mischungsparameter von $\beta = 2$ die experimentell bestimmten Werte am besten wiedergibt.

Dass der Wert des Mischungsparameters nicht nur für Polystyrol dem Wert gemäß dem Double-Reptation-Modell entspricht ($\beta = 2$), sieht man in Abb. 3.97. Dargestellt ist der Vergleich der Molekulargewichtsverteilung von NBR-Kautschuken mit unterschiedlichen Mooney-Viskositäten $ML_{1+4/100}$, die mittels GPC und dynamisch-mechanischer Analyse unter Verwendung der verallgemeinerten Mischungsregel mit $\beta = 2$ bestimmt bzw. berechnet wurden.

Die gute Übereinstimmung zwischen beiden Messmethoden bestätigt den Ansatz der verallgemeinerten Mischungsregel und den vom Double-Reptation-Modell vorgeschlagenen Wert des Mischungsparameters.

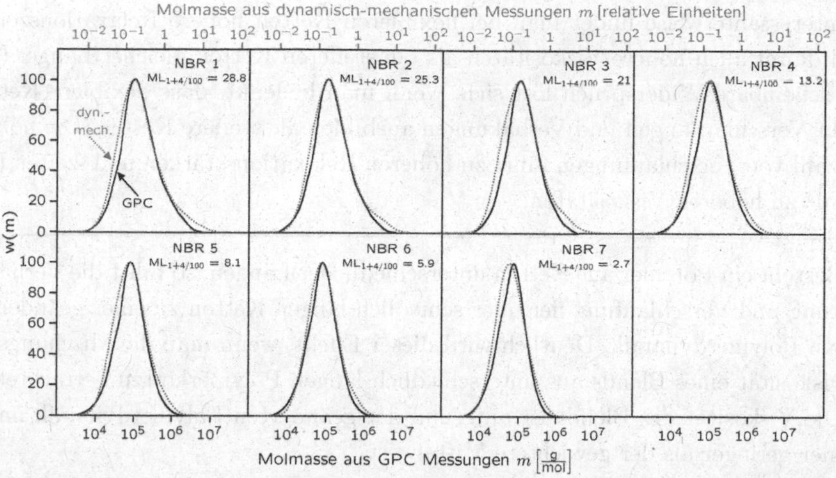

Abb. 3.97 Bestimmung der Molekulargewichtsverteilung von NBR-Kautschuken unterschiedlicher (Mooney-)Viskositäten mittels GPC und dynamisch-mechanischer Analyse unter Verwendung der verallgemeinerten Mischungsregel mit $\beta = 2$

Die aus dynamisch-mechanischen Messungen berechneten Molekulargewichte sind in Abb. 3.97 aus gutem Grund nur in relativen Einheiten angegeben. Die Bestimmung der Absolutwerte würde die quantitative Kenntnis der Beziehung zwischen Relaxationszeit und Molekulargewicht voraussetzen.

$$\check{\tau} = k \cdot m^{\alpha}$$

Da die Konstante k eine polymerspezifische Größe ist, müsste sie für jedes Polymer explizit aus einer Messreihe an Eich- bzw. Kalibriersubstanzen mit bekanntem Molekulargewicht im Vorfeld der eigentlichen Messung bestimmt werden.

Damit ist eine Bestimmung von Absolutwerten des Molekulargewichts bzw. seiner Verteilung aus dynamisch-mechanischen Messungen zwar prinzipiell möglich, setzt aber eine aufwändige Kalibrierung voraus. Für einen Vergleich ist eine relative Bestimmung der Molekulargewichtsverteilung, d.h. eine beliebige Wahl der Konstanten k, meistens völlig ausreichend. Soll also beispielsweise eine Serie von NBR-Kautschuken hinsichtlich ihrer Molekulargewichtsverteilung charakterisiert werden (siehe Abb. 3.97), so kann die Reihung der Molekulargewichte und die Beurteilung der Breite der Molekulargewichtsverteilung auf der Basis eines relativen Vergleichs erfolgen.

Kritisch ist der relative Vergleich zu bewerten, wenn unterschiedliche Polymere betrachtet werden. Vergleicht man beispielsweise zwei Polymere mit identischer Kettenlänge, aber unterschiedlichen Kettensteifigkeiten, so führen die unterschiedlichen Proportionalitätskonstanten bei gleichen Molekulargewichten zu unterschiedlichen Relaxationszeiten und damit zu unterschiedlichen dynamisch-mechanischen Eigenschaften.

Interessanterweise findet man bei flexibleren Ketten höhere Relaxationszeiten und damit auch höhere Viskositäten als bei steiferen Ketten gleicher Länge. Dieser scheinbare Widerspruch löst sich, wenn man bedenkt, dass flexiblere Ketten mehr Verschlaufungen und Verhakungen ausbilden als steifere Ketten. Die höhere Anzahl von Verschlaufungen führt zu höheren Relaxationsstärken und -zeiten und damit zu höheren Viskositäten.

Besteht ein Polymer aus Ketten unterschiedlicher Längen, so führt die Verhakung und Verschlaufung der unterschiedlich langen Ketten zu einer geänderten Polymerdynamik. Deutlich wird dieser Effekt, wenn man die Mischungsviskosität eines Blends aus unterschiedlich langen Polymerketten betrachtet. Die Viskosität des Blends ist aufgrund der geänderten Polymerdynamik immer geringer als der gewichtete Mittelwert.

$$\eta_B < \overline{\eta} = \sum_{i=1}^{2} w_i \eta_i$$

Analytisch kann dieser Effekt durch eine verallgemeinerte Mischungsregel beschrieben werden,

$$h(m) = \beta \, \frac{G_e}{\alpha} \, w(m) \left[\int_{\ln m}^{\infty} w(m') \, d\ln m' \right]^{\beta - 1}$$

wobei der Einfluss der Molekulargewichtsverteilung $w(m)$ auf die Relaxationsstärke $h(m)$ einer Kette der Masse m durch den Mischungsparameter β beschrieben wird. Sowohl theoretische Überlegungen (siehe Double-Reptation-Modell) als auch experimentelle Ergebnisse (Viskosität von bimodalen Polystyrol-Blends) führen dabei zu einem Mischungsparameter von $\beta = 2$.

Durch die verallgemeinerte Mischungsregel kann ein quantitativer Zusammenhang zwischen der Molekulargewichtsverteilung und den dynamisch-mechanischen Eigenschaften hergestellt werden.

Langkettenverzweigung

Da gerade der Begriff der Verzweigung oft missverständlich oder mehrdeutig verwendet wird, ist es sinnvoll, zuerst die physikalische Definition der Verzweigung vorzustellen und erst danach den Zusammenhang zwischen Verzweigung und mechanischen bzw. dynamisch-mechanischen Eigenschaften zu diskutieren.

Eine verzweigte Kette lässt sich durch zwei Eigenschaften charakterisieren: die Struktur der Verzweigung und die mittlere Länge der Arme. Ein Arm bezeichnet das Kettensegment von einem Verzweigungspunkt bis zum nächsten Kettenende. Unterschiede in der Struktur der Verzweigung führen beispielsweise zu stern-, kamm-, h-förmigen oder auch zu rein statistischen Gebilden.

Dabei ist offensichtlich, dass sowohl die Struktur der Verzweigung als auch die mittlere Armlänge großen Einfluss auf die Dynamik der Kette und damit auf die dynamisch-mechanischen Eigenschaften haben müssen.

Sind die Arme einer verzweigten Struktur im Mittel länger als die kritische Entanglement-Länge, so werden durch die Verzweigung zusätzliche Entanglements gebildet. Von Langkettenverzweigung spricht man, wenn die Arme einer verzweigten Kette im Mittel deutlich länger als die Entanglement-Länge sind. Der Fließvorgang einer langkettenverzweigten Kette erfordert dann nicht nur die vollständige Relaxation der Hauptkette, sondern auch die der Arme. Damit kann das einfache Reptationsmodell, welches die Dynamik einer linearen Kette durch die Diffusion entlang ihrer Konturlänge beschreibt, nicht zur Charakterisierung einer langkettenverzweigten Struktur eingesetzt werden. Als unmittelbare Konsequenz kann der Zusammenhang zwischen der Kettenlänge bzw. dem Molekulargewicht und der Relaxationszeit nicht mehr durch ein einfaches Potenzgesetz beschrieben werden. Damit sind alle Modellvorstellungen und Aussagen, die auf der Basis dieses Zusammenhangs abgeleitet wurden, nicht auf langkettenverzweigte Ketten übertragbar.

Auch für den Fall der Kurzkettenverzweigung (die durchschnittliche Armlänge ist deutlich kleiner als die Entanglement-Länge) ergeben sich signifikante Auswirkungen auf die Dynamik der Kette und damit auf die makroskopischen Eigenschaften. Die bei der Verzweigung gebildeten kurzen, nicht verschlauften, Kettensegmente erhöhen die Anzahl der freien Kettenenden im Polymer und vergrößern damit das freie Volumen. Damit können kooperative Segmentumlagerungen schneller ablaufen. Im Prinzip entspricht die Wirkung der Kurzkettenverzweigung derjenigen einer Beimischung niedermolekularer Komponenten. Im Extremfall können die kurzen Seitenarme der verzweigten Kette als ideales Lösungsmittel betrachtet werden. Die Dynamik des Gesamtsystems ist dann auf der Basis des Zimm-Modells (siehe Abschnitt 3.14.3) berechenbar.

Der Zusammenhang zwischen Art und Stärke der Kurzkettenverzweigung und den dynamisch-mechanischen Eigenschaften kann somit durch die Erweiterung bestehender Modelle quantitativ beschrieben werden. Für langkettenverzweigte Strukturen ist dies bisher nicht möglich. Erste Erweiterungen (siehe Rubinstein (2003) und McLeish (1998)) des einfachen Reptationsmodells zeigen, dass die Langkettenverzweigung zu einem geänderten Relaxationsverhalten führt, wobei speziell das Verhalten bei hohen Relaxationszeiten massiv beeinflusst wird. Bis heute existiert aber keine Theorie, die einen quantitativen Zusammenhang zwischen Struktur und Anteil an Langkettenverzweigungen und den dynamisch-mechanischen Eigenschaften herstellt. De facto ist es bis heute nicht einmal möglich, aus den dynamisch-mechanischen Eigenschaften bzw. aus dem daraus berechneten Relaxationszeitspektrum auf die Existenz von verzweigten Strukturen zu schließen.

Da also keine vollständige physikalische Modellvorstellung existiert, bleibt einzig die Verwendung von mehr oder weniger etablierten empirischen Methoden zur experimentellen Charakterisierung der Langkettenverzweigung. Drei dieser empirischen Methoden sollen im Folgenden vorgestellt und diskutiert werden. Dabei wurde die Auswahl auf der Basis einer möglichst sinnvollen physikalischen Messmethodik durchgeführt.

Bei der ersten empirischen Methode zur Charakterisierung von langkettenverzweigten Strukturen nimmt man (fälschlicherweise) an, dass sich die Dynamik einer verzweigten Kette nicht von der einer linearen Kette unterscheidet.

Bestimmt man die Molekulargewichtsverteilung eines verzweigten Polymers auf der Basis dieser Annahme via GPC oder dynamisch-mechanischer Analyse, so führt dies natürlich zu einem falschen Messergebnis. Da bei der GPC-Messung der Gyrationsradius einer Kette als Maß für das Molekulargewicht bestimmt wird und dieser bei einer verzweigten Kette immer kleiner als bei einer entsprechenden linearen Kette mit gleichem Molekulargewicht ist, wird das Molekulargewicht einer verzweigten Kette durch die GPC-Methode somit systematisch zu klein bestimmt.

Im Gegensatz dazu führt die, aus dynamisch-mechanischen Messungen bestimmte, Molekulargewichtsverteilung eines verzweigten Polymers immer zu Werten, die deutlich größer sind als die des entsprechenden linearen Polymers. Hierzu erinnere man sich an die Vorgehensweise bei der Berechnung der Molekulargewichtsverteilung aus dynamisch-mechanischen Daten. Grundlage war das für lineare Ketten abgeleitete Potenzgesetz, welches die Relaxationszeit mit der Kettenlänge verknüpft. Da durch eine Langkettenverzweigung mehr Entanglements entstehen, wird mehr Zeit benötigt, um diese zu lösen. Eine verzweigte Struktur relaxiert deshalb langsamer als eine lineare. Verwendet man das einfache Potenzgesetz zur Berechnung des Molekulargewichts einer verzweigten Struktur, so werden diese, durch die höhere Relaxationszeit, immer größer als das tatsächliche Gewicht sein.

Nimmt man also an, dass sich die Dynamik einer verzweigten Kette nicht von der einer linearen Kette unterscheidet, so wird das Molekulargewicht eines verzweigten Polymers sowohl durch GPC- als auch durch dynamisch-mechanische Messungen systematisch falsch bestimmt. Da sich die Fehler beider Methoden gegensätzlich auswirken, können sie zur qualitativen Charakterisierung der Langkettenverzweigung verwendet werden.

Dies ist in Abb. 3.98 am Beispiel zweier EPM- bzw. EPDM-Kautschuke grafisch dargestellt. In Abb. 3.98a wurde die Molekulargewichtsverteilung eines linearen Copolymers aus Ethylen mit einem Gewichtsanteil (oft durch wt% abgekürzt) von 48 wt% und Propylen mittels GPC und dynamisch-mechanischer Analyse bestimmt. Der Vergleich der Ergebnisse beider Methoden führt, wie nicht anders zu erwarten, zu vergleichbaren Molekulargewichtsverteilungen.

Die aus dynamisch-mechanischen Messungen bestimmte Molekulargewichtsverteilung eines mit VNB (Vinylnorbornen) verzweigten EPDM (48 wt% Ethylen) unterscheidet sich bis zu Molekulargewichten von ca. 10^5 g/mol nicht von der mittels GPC bestimmten Molekulargewichtsverteilung (siehe Abb. 3.98b). Erst bei höheren Molekulargewichten sind die aus dynamisch-mechanischen Messungen bestimmten Werte deutlich größer als die entsprechenden Werte der GPC-Messung. Nur bei der aus dynamisch-mechanischen Messungen bestimmten Molekulargewichtsverteilung findet man ein lokales Maximum des Phasenwinkels (im Beispiel in Abb. 3.98b bei ca. 10^6 g/mol und $3 \cdot 10^6$ g/mol).

Da das Molekulargewicht von verzweigten Ketten bei der dynamisch-mechanischen Analyse immer zu groß und bei der GPC-Messung immer zu klein bestimmt wird, kann der Unterschied bei höheren Molekulargewichten als Indiz für einen Anteil an langkettenverzweigten Ketten im Polymer dienen.

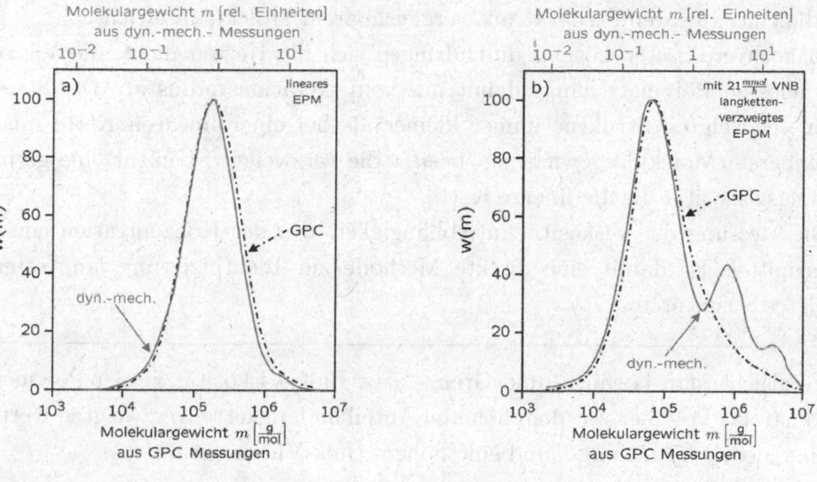

Abb. 3.98 Mittels GPC und dynamisch-mechanischer Analyse bestimmte Molekulargewichtsverteilungen eines linearen EPM-Kautschuks (a) und eines mit VNB verzweigten EPDM-Kautschuks (b)

Der Vergleich von GPC- und dynamisch-mechanischen Messungen liefert somit zwar keine quantitative Information über Art und Menge einer langkettenverzweigten Struktur, kann aber dennoch als Mittel zur qualitativen Beurteilung der Kettenarchitektur eingesetzt werden.

> Bestimmt man die Molekulargewichtsverteilung einer langkettenverzweigten Struktur durch GPC- und dynamisch-mechanische Messungen, so zeigen beide Ergebnisse systematische Unterschiede.
>
> Bei dem Polymer mit einem langkettenverzweigten Anteil wird das Molekulargewicht des langkettenverzweigten Anteils bei der GPC-Messung prinzipiell bei zu kleinen Werten gemessen, während bei der dynamisch-mechanischen Messung prinzipiell zu große Werten bestimmt werden.

Der Grund für die systematischen Unterschiede beider Methoden führt zu einem weiteren Charakteristikum langkettenverzweigter Strukturen. Bei der GPC-Messung wird die Diffusion einer Polymerkette in verdünnter Lösung bestimmt, während die dynamisch-mechanischen Messungen am Bulk durchführt werden.

Durch eine Verzweigung erhöht sich die Anzahl der Verschlaufungen mit benachbarten Ketten und damit die Zeit, die benötigt wird, um diese Verschlaufungen zu lösen. Die Grenzviskosität eines verzweigten Polymers ist damit deutlich höher als die einer linearen Struktur mit vergleichbarem Molekulargewicht.

In hochverdünnter Lösung durchdringen sich die Ketten nicht, die Viskosität des gelösten Polymers hängt damit nur vom Gyrationsradius ab. Da dieser bei einer verzweigten Struktur immer kleiner als bei einer linearen Kette mit vergleichbarem Molekulargewicht ist, besitzt die verzweigte Struktur eine geringere Lösungsviskosität als die lineare Kette.

Die Messung der Viskosität in Abhängigkeit von der Konzentration eines Lösungsmittels ist damit eine direkte Methode zur Identifizierung langkettenverzweigter Strukturen.

> Vergleicht man Lösungs- und Grenz- bzw. Bulk-Viskosität zweier Polymere, so hat das Polymer mit dem höheren Anteil an langkettenverzweigten Ketten eine niedrigere Lösungs- und eine höhere Bulk-Viskosität.

Die dritte und letzte hier vorgestellte, Methode zur Identifizierung von langkettenverzweigten Strukturen nutzt eine modifizierte Darstellung dynamisch-mechanischer Daten. Normalerweise werden Speicher- und Verlustmodule in Abhängigkeit von der Frequenz dargestellt. Aus dieser Darstellung lassen sich dann Informationen über den Glasübergang, das Plateau der Gummielastizität und den Bereich des viskosen Fließens extrahieren. Beim sogenannten Van-Gurp-Palmen-Plot (van Gurp (1998)) wird nun gerade die Frequenzabhängigkeit der komplexen Größen eliminiert, indem der Phasenwinkel als Funktion des Moduls bzw. seines Betrags dargestellt wird. Der Sinn dieser doch etwas merkwürdigen Auftragung wird klar, wenn man sie am Beispiel zweier Maxwell-Elemente (siehe Abschnitt 3.10.1) diskutiert.

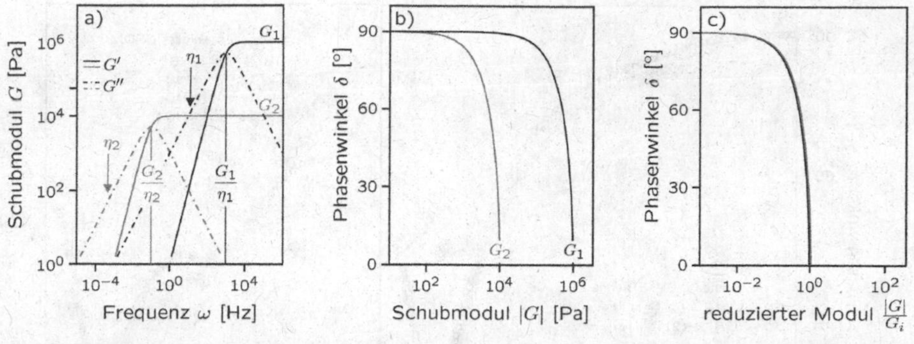

Abb. 3.99 Frequenzabhängige Darstellung (a), Van-Gurp-Palmen-Plot (b) und reduzierter Van-Gurp-Palmen-Plot (c) zweier Maxwell-Elemente

In Abb. 3.99a sind die Speicher- und Verlustmodule der zwei Maxwell-Elemente in Abhängigkeit von der Frequenz dargestellt. Trägt man den Phasenwinkel ($\delta = \arctan \frac{G''}{G'}$) gegen den Betrag des Moduls ($|G| = \sqrt{G'^2 + G''^2}$) auf (siehe Abb. 3.99b), so findet man für den Bereich kleiner Module ($|G| \rightarrow 0$) vergleichbare Phasenwinkel. Teilt man den Betrag des Moduls noch durch die Relaxationsstärke, im vorliegenden Beispiel ist dies die Relaxationsstärke des jeweiligen Maxwell-Elements G_1 bzw. G_2, so findet man für beide Elemente identische Kurven (siehe Abb. 3.99c). Man bezeichnet diese Darstellung als reduzierten Van-Gurp-Palmen-Plot.

Durch die spezielle Art der Auftragung im Van-Gurp-Palmen-Plot wird somit der Einfluss der Viskosität eliminiert. Dies gilt sowohl für die normale als auch für die reduzierte Darstellung. Da die Viskosität bei linearen Polymeren durch ein Potenzgesetz mit dem Molekulargewicht verknüpft ist, kann der Van-Gurp-Palmen-Plot als eine vom Molekulargewicht unabhängige Darstellung der dynamisch-mechanischen Eigenschaften angesehen werden.

Trinkle und Friedrich (siehe Trinkle (1998), Trinkle (2002)) zeigten durch Messungen an linearen Polymeren mit einer nicht zu schmalen Molekulargewichtsverteilung ($\frac{M_W}{M_N} \geq 2$), dass weder das Molekulargewicht noch dessen Verteilung zu Unterschieden in der Van-Gurp-Palmen-Darstellung führen. In Abb. 3.100a ist dies am Beispiel von Blends aus linearen EPM-Copolymeren mit unterschiedlichen Molekulargewichten illustriert.

Wie man sieht, sind die Van-Gurp-Palmen-Plots der Blends nahezu identisch, obwohl das Molekulargewicht und dessen Verteilung durch die Variation des Verschnittverhältnisses deutlich variiert wurde.

Gänzlich anders verhalten sich die langkettenverzweigten Systeme. Je höher der Anteil der langkettenverzweigten Ketten ist, umso stärker prägt sich ein zweites lokales Minimum des Phasenwinkels bei Modulwerten aus, die deutlich kleiner als die des Plateaumoduls sind. Dieser empirische Befund ist in Abb. 3.100b am Beispiel von unterschiedlich stark langkettenverzweigten EPDM-Kautschuken de-

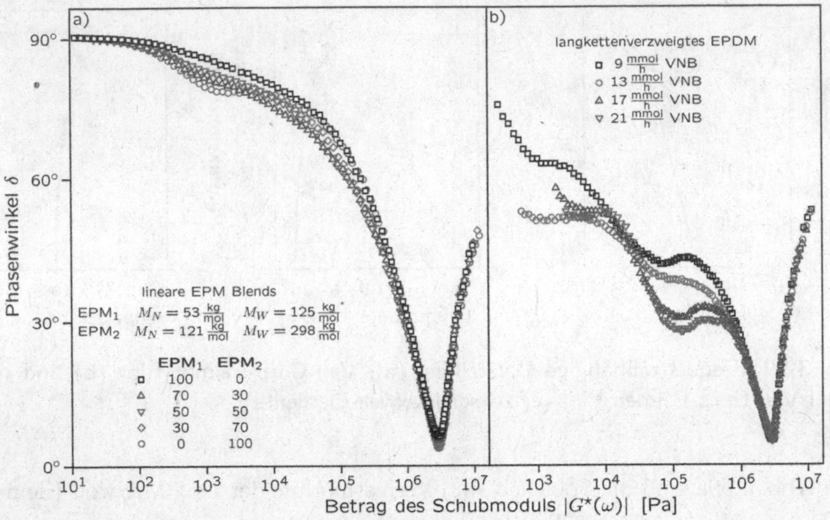

Abb. 3.100 Van-Gurp-Palmen-Plot für lineares EPM und verzweigtes EPDM

monstriert, wobei der Grad der Verzweigung durch die Dosierung des Termonomers VNB eingestellt wurde.

Das lokale Minimum des Phasenwinkels kann sogar als Maß für den Anteil der verzweigten Struktur verwendet werden. Je kleiner der Wert des Phasenwinkels, umso höher der Anteil der verzweigten Struktur.

Der Van-Gurp-Palmen-Plot stellt ein einfaches, empirisches Werkzeug zur Beurteilung der Kettenstruktur dar. Dazu plottet man den Phasenwinkel ($\delta = \arctan \frac{G''}{G'}$) in Abhängigkeit vom Betrag des Moduls ($|G| = \sqrt{G'^2 + G''^2}$). Findet man ein lokales Minimum des Phasenwinkels bei Modulwerten, die unterhalb der Werte des Plateaumoduls liegen, so kann dies entweder durch das Verschneiden von Polymeren mit sehr unterschiedlichen Molekulargewichten bei gleichzeitig sehr schmaler Molekulargewichtsverteilung oder durch einen Anteil von langkettenverzweigten Ketten verursacht werden.

Bei Polymeren mit einer relativ breiten Molekulargewichtsverteilung ($\frac{M_W}{M_N} \geq 2$) ist die Ausbildung eines lokalen Minimums des Phasenwinkels ein Charakteristikum für die Existenz einer langkettenverzweigten Struktur im Polymer, wobei kleinere Werte des minimalen Phasenwinkels einen höheren langkettenverzweigten Anteil anzeigen.

Da die Molekulargewichtsverteilung bei großtechnisch hergestellten Elastomeren meistens relativ breit ist, kann die Existenz eines lokalen Minimums des Phasenwinkels als guter Indikator für die Existenz von langkettenverzweigten Anteilen im Polymer verwendet werden.

3.15 Gummielastizität vernetzter Systeme

3.15.1 Vernetzung

Unter Vernetzung versteht man die Bildung eines makroskopischen, dreidimensionalen Netzwerks durch die mechanisch stabile Verbindung von Kettensegmenten.

Die Verbindung der Kettensegmente kann durch eine chemische Reaktion (z.B. mit Schwefel oder Peroxiden) ionisch oder radikalisch realisiert werden. Man spricht dann von einer chemischen Vernetzung (siehe dazu Soddemann (2014)). Bei der Strahlenvernetzung verwendet man hochenergetische Strahlung (wie β- oder γ-Strahlung) zur Verbindung von Kettensegmenten.

3.15.2 Einfluss der Vernetzung auf die dyn.-mech. Eigenschaften

In Abb. 3.101 ist der Einfluss der Vernetzung auf die dynamisch-mechanischen Eigenschaften am Beispiel des frequenzabhängigen komplexen Schubmoduls eines unvernetzten (a) und eines mit Schwefel vernetzten (b) L-SBR-Kautschuks bei einer Temperatur von 23 °C exemplarisch dargestellt. Bei hohen Frequenzen ($> 10^4$ Hz) ist das dynamisch-mechanische Verhalten beider Systeme vergleichbar und damit unabhängig von der Vernetzung. Dies entspricht dem in Abschnitt 3.12.9 diskutierten Einfluss der Vernetzermenge auf die Glasübergangstemperatur. Dabei war eine Erhöhung der Glastemperatur erst bei sehr hohen Schwefeldosierungen festzustellen.

Unterschiede in den dynamisch-mechanischen Eigenschaften werden im betrachteten Beispiel erst bei kleineren Frequenzen (< 1 Hz) deutlich. Das unvernetzte System (siehe Abb. 3.101a) zeigt viskoses Verhalten, d.h., sowohl Speicher- als auch Verlustmodul sind proportional zur Frequenz (für ideal viskoses Verhalten gilt $G' \propto \omega^2$ bzw. $G'' \propto \omega^2$) und nehmen mit dieser ab.

Im vernetzten System (Abb. 3.101b) findet man einen auch bei tiefen Frequenzen konstanten Wert des Speichermoduls, der abhängig von der Vernetzungsdichte deutlich über dem Wert des Plateaumoduls des unvernetzten Polymers liegt (man vergleiche dazu Abb. 3.101a und b).

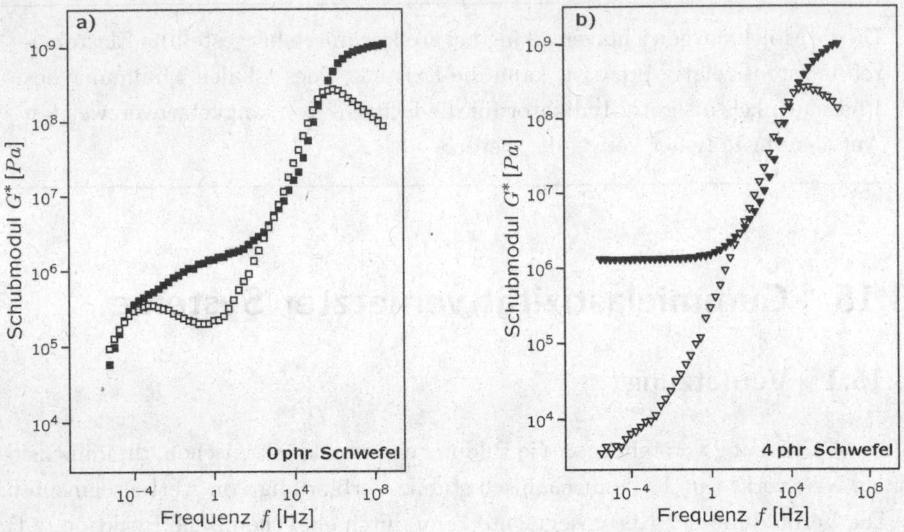

Abb. 3.101 Vergleich der Masterkurven von vernetztem (b) und unvernetztem (a) L-SBR

Das im Grenzfall statischer Belastung ($\omega \to 0$) ideal elastische Verhalten bedeutet nun aber nicht, dass generell keine Fließvorgänge mehr im Polymer ablaufen können. Dies wird deutlich, wenn man die Vernetzung am Beispiel eines Modellsystems diskutiert. Dazu ist in Abb. 3.102 die Viskosität eines Systems aus N Polymerketten in Abhängigkeit von der Anzahl der Netzstellen schematisch dargestellt. Jeder Punkt in den 6 Kästchen im oberen Teil der Abbildung stelle dazu eine Polymerkette dar. Verbundene Punkte stehen für durch Vernetzung verbundene Ketten. Das unvernetzte Polymer besitzt eine Viskosität η_0, die nur von der Länge der Ketten abhängt (siehe dazu Abschnitt 3.14.4). Durch eine Netzstelle werden zwei Ketten verbunden. Damit erhöht sich die Länge der resultierenden Kette. Im allgemeinen Fall bildet sich eine verzweigte Struktur immer dann, wenn keine Kettenenden, sondern Segmente in der Kette verbunden werden. Sowohl die Verlängerung der Kette als auch deren Verzweigung führen zu einer Erhöhung der Viskosität.

Ab einer gewissen Anzahl von Netzstellen erstreckt sich eine vernetzte Struktur über das gesamte Volumen des Polymers. Es sind aber durchaus noch Ketten im Polymer, die nicht an das Netzwerk angebunden sind und sich diffusiv bewegen können.

Die Vernetzungsdichte p_c, bei der das System von einer Anzahl verzweigter Substrukturen in ein makroskopisches Netzwerk übergeht, bezeichnet man als Gelpunkt oder auch als Perkolationsschwelle. Eine sehr gute Einführung in die Theorie der Perkolation findet sich in Stauffer (1995). Unterhalb des Gelpunkts bzw. der Perkolationsschwelle ($p < p_c$) ist das System durch eine hohe, aber endliche Visko-

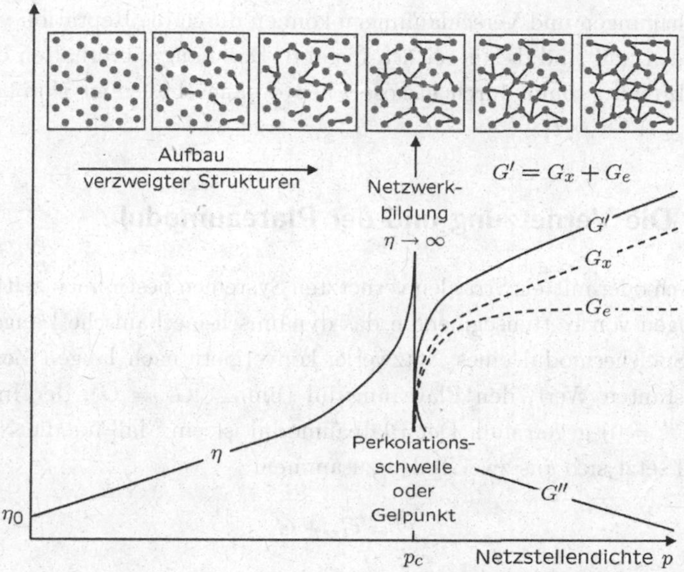

Abb. 3.102 Einfluss der Vernetzung auf Viskosität und Modul

sität charakterisiert, bei Annäherung an die Perkolationsschwelle ($p \to p_c$) strebt die Viskosität gegen unendlich. Von einem vernetzten Elastomer oder Vulkanisat spricht man immer dann, wenn die Konzentration der Netzstellen größer oder gleich dem Wert am Gelpunkt bzw. an der Perkolationsschwelle ist ($p \geq p_c$).

Die Summe der im Netzwerk gebundenen Ketten wird auch als Gelanteil bezeichnet, den Anteil der nicht gebundenen Ketten bezeichnet man als Solanteil. Die freie Beweglichkeit der Ketten im Solanteil führt zu einer Energiedissipation bei mechanischer Deformation. Liegt die Netzstellendichte in der Nähe der Perkolationsschwelle, so kann die Anzahl der nicht im Netzwerk gebundenen Ketten die der gebundenen deutlich überschreiten.

Der bei einer periodischen Deformation gemessene Phasenwinkel des vernetzten Polymers kann als Indikator für den Solanteil eines Vulkanisats dienen. Je höher der Phasenwinkel, umso höher der Anteil der noch frei beweglichen Ketten.

Eine vollständige Charakterisierung der mechanischen Eigenschaften eines Netzwerks ist durch den komplexen Modul gegeben. Der Imaginärteil G'' des Schubmoduls korreliert dabei mit der von frei beweglichen Ketten und Kettenenden dissipierten Energie, während der Realteil G' ein Maß für die Elastizität bzw. Stärke des Netzwerks darstellt und damit proportional zur Netzstellendichte ist.

Ein kurzer Rückblick auf das Röhrenmodell macht den Zusammenhang zwischen Netzstellendichte und Speichermodul plausibel. Bei einer Polymerschmelze führte die Verschlaufung und Verhakung von Ketten zur Ausbildung eines Plateaumoduls, dessen Wert proportional zur Anzahl der Verhakungen und Verschlaufungen ist.

Die Verhakungen und Verschlaufungen können durch die Reptation von Ketten gelöst werden und sind damit zeitlich instabil. Das Langzeitverhalten einer Polymerschmelze wird somit durch viskose Fließvorgänge bestimmt ($\lim_{t\to\infty} G' = 0$ und $\lim_{t\to\infty} G'' = \eta/t$).

3.15.3 Die Vernetzung und der Plateaumodul

Bei chemisch oder mittels Strahlen vernetzten Systemen bestimmen zeitlich stabile Verbindungen von Kettensegmenten das dynamisch-mechanische Langzeitverhalten. Der Speichermodul eines Netzwerks konvergiert nach langen Zeiten gegen einen konstanten Wert, den Plateaumodul ($\lim_{t\to\infty} G' = G$), der Imaginärteil ($\lim_{t\to\infty} G'' = 0$) gegen null. Der Plateaumodul ist ein Maß für die Netzstellendichte und setzt sich aus zwei Teilen zusammen:

$$G = G_x + G_e \tag{3.257}$$

G_x charakterisiert die Dichte der chemisch oder durch Strahlung erzeugten zeitlich stabilen Verbindungen zwischen Kettensegmenten in einem makroskopischen Netzwerk (im Folgenden auch als chemische Netzstellendichte p_x bezeichnet). Abb. 3.102 zeigt die schematische Abhängigkeit des Modulwerts G_x von der Netzstellendichte. Da ein makroskopisches Netzwerk erst bei bzw. oberhalb der Perkolationsschwelle gebildet wird, ist auch der Modul G_x erst ab dieser Schwelle messbar.

Im Bereich des Perkolationsübergangs ($p \geq p_c$) steigt G_x stark an. Bei höheren Netzstellendichten findet man eine lineare Beziehung zwischen dem Modul G_x und der Netzstellendichte p_x. Dies entspricht einer Erweiterung der bisher diskutierten Modelle der Polymerschmelze, die einen linearen Zusammenhang zwischen Plateaumodul und Verhakungsdichte bzw. dem zur Verhakungsdichte proportionalen Kehrwert des mittleren Netzbogengewichts (siehe dazu Gleichung 3.224) prognostizieren, auf zeitlich und mechanisch stabile makroskopische Netzwerke.

G_e ist proportional zu dem Anteil an Verhakungen und Verschlaufungen, der durch die Vernetzung fixiert wurde. Da die Reptation von Polymerketten durch die, bei der Vernetzung gebildeten, mechanisch stabilen Verbindungen zwischen Kettensegmenten verhindert wird, können Verhakungen und Verschlaufungen auch nach langen Zeiten nicht mehr gelöst werden. Die durch Vernetzung fixierten Verhakungen und Verschlaufungen erhöhen damit die Anzahl der zeitlich stabilen Netzstellen. Dies führt zu einem um G_e erhöhten Plateaumodul.

Auch der Modul G_e nimmt erst oberhalb der Perkolationsschwelle messbare Werte an (erst ab dieser Schwelle werden Verhakungen und Verschlaufungen durch das makroskopische Netzwerk fixiert). Mit wachsender Netzstellendichte steigt G_e an und konvergiert für höhere Netzstellendichten gegen einen Grenzwert. Dieser ist erreicht, sobald alle Verhakungen und Verschlaufungen fixiert sind.

Im technisch relevanten Bereich höherer Netzstellendichten (alle Verhakungen und Verschlaufungen sind fixiert) kann Gl. 3.257 analog zur Ableitung des Röhrenmodells als Funktion des durchschnittlichen Netzbogengewichts zwischen zwei Netzstellen dargestellt werden.

$$G = G_x + G_e = \rho R T \left(\frac{1}{M_x} + \frac{1}{M_e} \right) \tag{3.258}$$

M_x bezeichnet das mittlere Molekulargewicht zwischen zwei benachbarten chemischen Netzstellen, M_e das mittlere Molekulargewicht zwischen zwei benachbarten, bei der Vernetzung fixierten Verhakungen bzw. Verschlaufungen. Gl. 3.258 wird etwas anschaulicher, wenn man von der Netzbogenlänge M zur Netzstellendichte p übergeht. Die Netzstellendichte gibt an, mit welcher Wahrscheinlichkeit ein Monomer Teil einer Netzstelle ist. Bei bekanntem Molekulargewicht m_M der Monomere ergibt sich die Netzstellendichte p zu

$$p = \frac{2}{f} \cdot \frac{m_M}{M}. \tag{3.259}$$

Zu dieser Beziehung gelangt man, wenn man sich überlegt, wie viele Monomere einer Netzstelle zuzurechnen sind.

Dabei gibt die Funktionalität f die Anzahl der Kettensegmente an, die einer Netzstelle entspringen. Verbindet eine Netzstelle zwei Ketten, so entspringen ihr vier Kettensegmente, die Funktionalität ist also 4. Bei Copolymeren berechnet sich das durchschnittliche Molekulargewicht m_M aus dem Mittelwert der Molekulargewichte der einzelnen Monomere (siehe Gl. 3.260), wobei c_i den Zahlenanteil und g_i den Gewichtsanteil des i-ten Monomers im Copolymer angibt.

$$m_M = \sum_{i=1}^{N} c_i \cdot m_i = \left(\sum_{i=1}^{N} \frac{g_i}{m_i} \right)^{-1} \tag{3.260}$$

Aus der Kombination der Gleichungen Gl. 3.258 und 3.259 ergibt sich die Beziehung zwischen Plateaumodul und Netzstellendichte.

$$G = G_x + G_e = \rho R T \frac{f}{2} \frac{1}{m_M} (p_x + p_e) \tag{3.261}$$

Diese Gleichung (der Realteil des Moduls wird oftmals mit G bezeichnet, obwohl eigentlich G' gemeint ist) kann zur experimentellen Bestimmung der Netzstellendichte von vernetzten Kautschuken verwendet werden. Dazu muss der komplexe Modul im gummielastischen Bereich durch frequenz- oder zeitabhängige Messungen bestimmt werden. Dabei sollte beachtet werden, dass Messungen bei zu kurzen Zeiten bzw. zu hohen Frequenzen und/oder bei zu tiefen Temperaturen zu falschen Ergebnissen führen können. Der Speichermodul ist dann nicht nur durch die mechanischen Eigenschaften der Kettensegmente zwischen den Netzstellen bestimmt, sondern auch die Relaxation von kürzeren Kettensegmenten (siehe Rouse-Modell,

Abschnitt 3.14.2) trägt zum Modul bei. Sind die kürzeren Kettensegmente noch nicht vollständig relaxiert, so erhöht dies den gemessenen Modul und täuscht eine zu hohe Netzstellendichte vor.

Eine weitere Einschränkung ergibt sich aus der zur Ableitung von Gl. 3.261 notwendigen Annahme, dass alle gebildeten Netzstellen mechanisch aktiv sind und zum Modul beitragen. Dies ist allerdings nur dann gewährleistet, wenn keine freien Kettenenden vorliegen und alle Ketten Teil des Netzwerks sind. Nur in diesem Fall ergibt sich ein proportionaler Zusammenhang zwischen Modul und Netzstellendichte. Ansonsten führt die Relaxation von freien Kettenenden und von nicht im Netzwerk gebundenen Ketten zu kleineren Modulwerten und damit zu einer reduzierten Netzstellendichte. (Der Einfluss der freien Kettenenden auf die Netzstellendichte wird im nachfolgenden Beispiel demonstriert.)

Bei vernetzten Kautschuken konvergiert der komplexe Schubmodul nach langen Zeiten bzw. bei kleinen Frequenzen gegen einen konstanten Wert, der proportional zur Netzstellendichte ist und sich aus zwei Anteilen zusammensetzt:

$$\lim_{t\to\infty} G(t) = \lim_{\omega\to 0} G^\star(\omega) = G_x + G_e$$

G_x charakterisiert die Dichte p_x der durch chemische Reaktionen oder hochenergetische Strahlung erzeugten mechanisch stabilen Verbindungen zwischen Kettensegmenten in einem makroskopischen Netzwerk. G_e ist proportional zu dem Anteil p_e an Verhakungen und Verschlaufungen, der durch die Vernetzung fixiert wurde.

Für ein ideales Netzwerk (es existieren keine freien Kettenenden, und alle Ketten sind Teil des Netzwerks) ergibt sich eine direkte Proportionalität zwischen Modul und Netzstellendichte.

$$G = G_x + G_e = \rho\, R\, T\, \frac{f}{2}\, \frac{1}{m_M}\, (p_x + p_e)$$

f bezeichnet die Funktionalität der Netzstellen, die angibt, wie viele Kettensegmente durch eine Netzstelle verbunden werden, und m_M das Molekulargewicht eines Monomers (bzw. das mittlere Molekulargewicht der Monomere bei einem Copolymer).

Bei realen Netzwerken führt die Relaxation von freien Kettenenden und von nicht im Netzwerk gebundenen Ketten zur Dissipation von Energie und damit zu einer Reduktion des Speichermoduls und zu einem endlichen Verlustmodul (bei einem idealem Netzwerk wird keine Energie dissipiert, d.h., es ist $G'' = 0$).

3.15.4 Beispiel

Der Zusammenhang zwischen Plateaumodul und Vernetzungsdichte wird im Folgenden an der peroxidischen Vernetzung von HNBR (34 wt% ACN) demonstriert.

Dabei wurden sowohl die Menge an Peroxid (zu 100 phr Kautschuk wurden 2, 4, 6, 8, 10 bzw. 12 phr Di(tert-butylperoxyisopropyl)benzol gemischt) als auch die Viskosität und damit auch das Molekulargewicht des Kautschuks variiert (Therban A 3407 mit einer Mooney-Viskosität ML1+4/100 °C von 70 und Therban AT A 3401 mit einer Mooney-Viskosität ML1+4/100 °C von ca. 6).

Die Vulkametermessung (MDR)

Zur experimentellen Charakterisierung der Vernetzung wird oft das in der elastomerverarbeitenden Industrie sehr verbreitete Moving-Die-Rheometer (MDR) eingesetzt. Der prinzipielle Aufbau eines MDR ist in Abb. 3.103 skizziert.

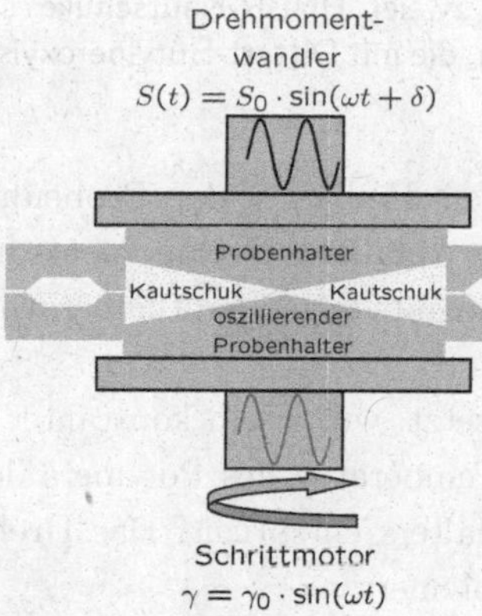

Abb. 3.103 Schematischer Aufbau eines MDR

Zur Charakterisierung der Vernetzung wird das zu untersuchende Compound bei konstanter Frequenz (üblicherweise 1.6 Hz) sowie konstanter Temperatur und Amplitude (üblicherweise 7 %) oszillierend deformiert. Gemessen wird dann das komplexe Drehmoment $S^\star(\omega, T)$ über der Zeit.

Bei bekannter Geometrie des Probenhalters bzw. der zu untersuchenden Probe ist der komplexe Schubmodul proportional zum gemessenen komplexen Drehmoment.

$$G^\star(\omega, T) = g \cdot S^\star(\omega, T)$$

In Abb. 3.104 ist der zeitabhängige Speichermodul der beiden peroxidisch vernetzten HNBR-Kautschuke bei einer Variation der Vernetzermenge dargestellt.

Bei allen Systemen beobachtet man nach dem Start der Messung einen Abfall des Drehmoments, dem anschließend ein starker Anstieg folgt. Nach langer Zeit konvergiert das Drehmoment aller Vulkanisate gegen einen konstanten Endwert.

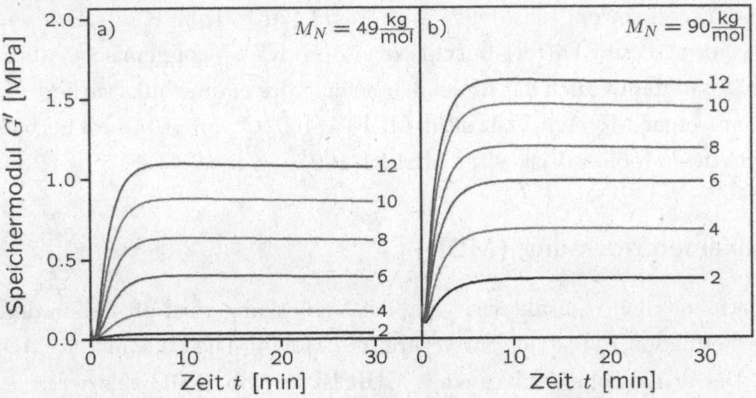

Abb. 3.104 Vulkameterkurven zweier HNBR-Kautschuke (34 wt% ACN) mit unterschiedlichen Molekulargewichten, die mit Di(tert-Butylperoxyisopropyl-)benzol bei 180 °C vernetzt wurden

Da die Compounds nach dem Einbau in den Probenhalter nicht sofort dessen Temperatur annehmen, ist der Abfall des Drehmoments nach Beginn der Messung eine direkte Folge der durch die mit steigender Temperatur verursachten Abnahme der Viskosität.

Falls keine Vernetzung einsetzt, würde ein konstanter Wert des Drehmoments erreicht werden, sobald die Temperatur des Polymers der Messtemperatur bzw. der Temperatur des Probenhalters entspricht. Das Drehmoment wäre dann ein Maß für die Viskosität des Polymers.

Bei beginnender Vernetzung führt die Bildung verzweigter Strukturen zu einer Viskositätserhöhung, bis sich am Gelpunkt ein elastisches makroskopisches Netzwerk bildet. Beide Effekte führen zu einem Anstieg des Drehmoments. Das Ende der Vernetzungsreaktion ist durch ein konstantes Drehmoment gekennzeichnet, das ein direktes Maß für die Netzstellendichte darstellt.

In der Gummiindustrie wird aus historischen Gründen die Differenz zwischen Minimum und Maximum bzw. Endwert des Drehmoments zur Charakterisierung der Netzstellendichte verwendet. Dies ist nur richtig, wenn das Minimum des Drehmoments dem aus Verhakungen und Verschlaufungen resultierenden Plateaumodul der Polymerschmelze entspricht. Dann, und nur dann, gibt die Differenz zwischen Minimal- und Endwert des Drehmoments die Differenz zwischen der gesamten Netzstellendichte und der durch Verhakungen und Verschlaufungen gebildeten physikalischen Netzstellendichte p_e wieder und ist somit direkt proportional zur chemischen Netzstellendichte p_x.

Allerdings ist die Ausbildung des Minimums des Drehmoments zumeist die Folge zweier gegenläufiger Effekte, die nichts mit Verhakungen und Verschlaufungen zu tun haben. Zum einen sinkt die Viskosität der Polymerschmelze durch die Zunahme der Probentemperatur, zum anderen verursacht die beginnende Vernetzung die Bildung vernetzter Strukturen mit höherer Viskosität. Der Minimalwert des Drehmoments gibt somit die temperaturabhängige Viskosität einer undefiniert verzweigten Struktur wieder.

Zur Bestimmung der gesamten Netzstellendichte $p_x + p_e$ sollte deshalb ausschließlich der Plateauwert des Drehmoments bzw. der daraus berechnete Modul verwendet werden.

Charakterisierung der Effizienz der Vernetzung

In Abb. 3.105 sind die aus den Plateauwerten des Drehmoments (siehe hierzu Abb. 3.104) berechneten Netzstellendichten in Abhängigkeit von der Menge an eingemischtem Vernetzer dargestellt.

Dazu wurde vorausgesetzt, dass die Anzahl N_C der bei der Vulkanisation gebildeten chemischen Netzstellen proportional zur Anzahl N_V der Vernetzermoleküle ist,

$$N_V = \alpha \cdot N_C \tag{3.262}$$

wobei α die Effizienz der Vernetzung bezeichnet und angibt, welcher Anteil der beim thermischen Zerfall der Peroxide entstehenden Radikale zur Bildung einer mechanisch wirksamen Netzstelle führt. Bei einer Dosierung von M_V phr Vernetzer pro 100 phr Kautschuk mit einem mittleren Molekulargewicht der Monomere von m_M ergibt sich die molare Dosierung des Vernetzers zu

$$N_V = \frac{M_V}{100} \cdot \frac{m_M}{M_{\text{O-O}}} \tag{3.263}$$

Für das im Beispiel verwendete HNBR mit 34 % ACN berechnet sich das mittlere Molekulargewicht zu 53.7g/mol.

Da die Bildung von Radikalen bei Peroxiden durch den Zerfall einer oder mehrerer Sauerstoffbindungen verursacht wird, bezieht man sich bei der molaren Dosierung von Peroxiden auf die molare Masse pro aktiver Sauerstoffbindung.

Die Bindungsenergie einer einfachen Sauerstoffbindung O–O beträgt ca. 142 kJ/mol. Im Vergleich dazu beträgt die Bindungsenergie einer Kohlenstoffbindung C–C ca. 346 kJ/mol und die einer Bindung C–O zwischen Kohlenstoff und Sauerstoff ca. 358 kJ/mol.

Für das im Beispiel verwendete Perkadox 14-40 (die Zahl 40 gibt die Wirkstoffkonzentration in Prozent an) mit einem Molekulargewicht von 338.5 g/mol und zwei aktiven Sauerstoffbindungen berechnet sich die molare Masse pro Sauerstoffbindung zu $m_{\text{O-O}} = 169.25$ g/mol.

Aus der Kombination der Gleichungen 3.261, 3.262 und 3.263 folgt eine Beziehung zwischen dem gemessenen Modul, der Menge M_V des eingemischten Vernetzers, der Effizienz α der Vernetzung und der Anzahl p_e an fixierten Verhakungen und Verschlaufungen.

$$G = \rho\, R\, T\, \frac{f}{2}\, \frac{1}{m_M} \left(\alpha \cdot \frac{M_V}{100} \cdot \frac{m_M}{m_{\text{O-O}}} + p_e \right) \tag{3.264}$$

Geht man davon aus, dass bei der peroxidischen Vernetzung die Verbindung von Kettenenden vernachlässigt werden darf, so kann eine Funktionalität von $f = 4$ vorausgesetzt werden. Ist die Reaktion von Radikalen mit Kettenenden nicht von der mit Segmenten in der Kette zu unterscheiden, so ist eine Endgruppenvernetzung ($f = 2$ bzw. $f = 3$) aufgrund der geringen Anzahl von Endgruppen sehr viel unwahrscheinlicher als die Vernetzung zweier Segmente in der Kette ($f = 4$). Nach Einsetzen in Gl. 3.264 und Umformen erhält man eine vereinfachte lineare Beziehung zwischen dem Modul und der Peroxidmenge (siehe Gl. 3.265).

$$\frac{G}{\rho\, R\, T} = \frac{2}{100} \cdot \frac{M_V}{m_{\text{O-O}}} \cdot \alpha + 2 \cdot \frac{p_e}{m_M} \tag{3.265}$$

Abb. 3.105 zeigt die praktische Anwendung von Gl. 3.265. Aufgetragen ist der durch $\rho\, R\, T$ dividierte Plateaumodul in Abhängigkeit von der durch das 50-Fache der Masse $m_{\text{O-O}}$ dividierte Vernetzermenge.

Die Geraden in Abb. 3.105 sind das Ergebnis einer linearen Regression. Die Steigung der Regressionsgeraden entspricht der Effizienz der Vernetzung, und aus dem Achsenabschnitt kann die Dichte der fixierten Verhakungen und Verschlaufungen berechnet werden. Das Ergebnis ist für die beiden untersuchten Kautschuke in der Tabelle in Abb. 3.105 zusammengefasst.

Für beide Kautschuke ist die Effizienz der Vernetzung im Rahmen der Mess- und Auswertegenauigkeit vergleichbar und liegt in einem Bereich von ca. 0.6 bis 0.7. Demgemäß erzeugen von 10 gebildeten Radikalen 6 bis 7 eine mechanisch wirksame Netzstelle.

Die berechnete Anzahl p_e von Verhakungen und Verschlaufungen pro Monomer der Hauptkette unterscheidet sich für die beiden HNBR-Kautschuke deutlich. Im Fall des niedermolekularen HNBR werden sogar negative Werte gefunden.

Dieses Ergebnis widerspricht der idealen Netzwerktheorie, die fordert, dass die Anzahl der Verhakungen und Verschlaufungen ab einem kritischen Molekulargewicht nicht mehr von diesem abhängig ist. Da die Molekulargewichte der beiden Polymere deutlich über dem kritischen Molekulargewicht liegen, sind die Unterschiede in der Verschlaufungsdichte ein Indiz dafür, dass bei realen Netzwerken ein Einfluss des Molekulargewichts auf die Anzahl der bei der Vernetzung fixierten Verhakungen und Verschlaufungen vorliegt.

Dies macht Sinn, wenn man sich daran erinnert, dass die Formel zur Berechnung der Netzstellendichte nur für ein ideales Netzwerk gültig ist. Dazu dürfen

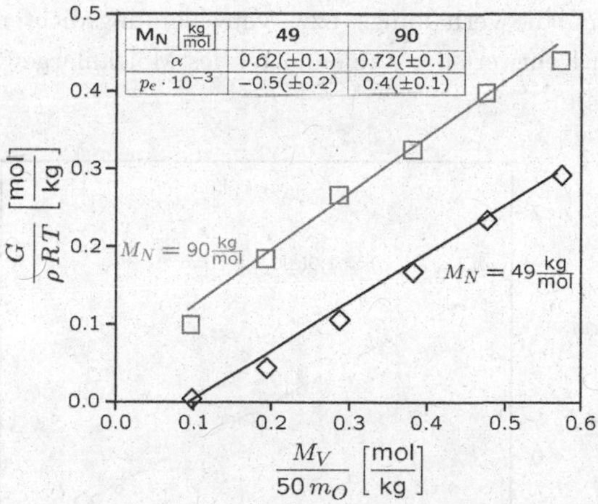

Abb. 3.105 Bestimmung der Vernetzungseffizienz und der Verhakungswahrscheinlichkeit

keine freien Kettenenden vorliegen, und alle Ketten müssen in das Netzwerk eingebunden sein. Bei realen Systemen ist beides nicht der Fall. Dies führt dazu, dass nicht alle Verhakungen und Verschlaufungen durch die Vernetzung fixiert werden können. Man stelle sich dazu eine Verhakung oder Verschlaufung vor, die sich zwischen einer Netzstelle und einem freien Kettenende befindet. Wird auf diese Kette eine Spannung ausgeübt, so kann die Verhakung durch die Reptation des Kettenendes gelöst werden. Die Verhakung ist somit nicht fixiert und trägt daher nicht zur Netzstellendichte bei.

Der Einfluss von freien Kettenenden

Der Einfluss von freien Kettenenden und von nicht im Netzwerk gebundenen Ketten wird deutlich, wenn man die Verhakungs- und Verschlaufungsdichte in Abhängigkeit von der Anzahl an freien Kettenenden darstellt. Die Anzahl N_F der freien Kettenenden kann aus dem Zahlenmittel des Molekulargewichts berechnet werden.

Da die Anzahl der Ketten in einem Polymer ($\sum c_i$) explizit in der Definition des Zahlenmittels des Molekulargewichts enthalten ist,

$$M_N = \frac{\sum c_i \cdot M_i}{\sum c_i}$$

folgt eine direkte Proportionalität zwischen der Anzahl N_F der Kettenenden und dem Kehrwert des Zahlenmittels. Für lineare Ketten gilt $N_F = 2 \sum c_i$, d.h. jede Kette hat zwei Enden.

$$N_F = 2 \sum c_i = \frac{2 \cdot \sum c_i \cdot M_i}{M_N} \propto \frac{1}{M_N}$$

In Abb. 3.106 sind die Verhakungs- bzw. Verschlaufungsdichten der beiden Kautschuke über dem Kehrwert der Zahlenmittel des Molekulargewichts aufgetragen (ungefüllte Symbole).

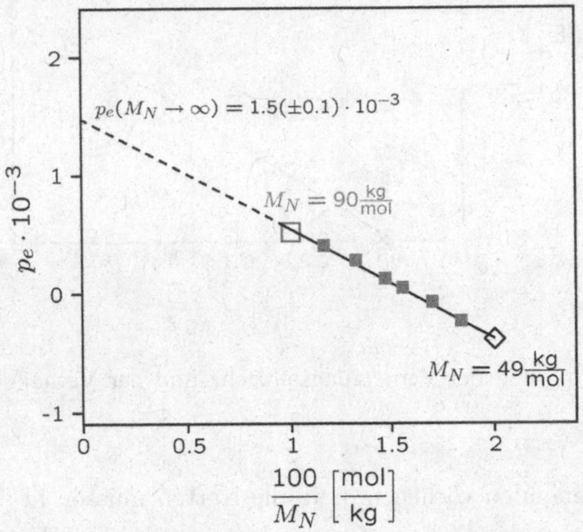

Abb. 3.106 Abhängigkeit der Verhakungs- und Verschlaufungsdichte von der Anzahl an Kettenenden

Zusätzlich sind die Ergebnisse einiger weiterer HNBR-Kautschuke dargestellt, die metathetisch aus dem HNBR mit $M_N = 90\,\text{kg/mol}$ hergestellt wurden (kleinere gefüllte Symbole).

Bei HNBR findet man eine lineare Beziehung zwischen der Anzahl der durch die Vernetzung fixierten Verhakungen und Verschlaufungen und der Anzahl der freien Kettenenden. Quantitativ kann der Einfluss der freien Kettenenden auf die Netzstellendichte durch eine Modifikation von Gl. 3.261 beschrieben werden.

$$G = G_x + G_e = \rho RT \frac{f}{2} \frac{1}{m_M} \left(p_x + p_{e\infty} - \frac{\kappa}{M_N} \right) \tag{3.266}$$

Dabei bezeichnet $p_{e\infty}$ die Dichte der durch Vernetzung fixierten Verhakungen- bzw. Verschlaufungen bei einem idealen Netzwerk ohne freie Kettenenden. Dies kann durch ein Polymer mit unendlich hohem Molekulargewicht oder durch eine Vernetzung der Kettenenden realisiert werden. Für das hier untersuchte HNBR mit 34 wt% ACN findet man etwa 1,5 Verhakungen bzw. Verschlaufungen pro 1000 Monomere. Der Parameter κ ist eine polymerspezifische Konstante, die angibt, wie stark die Fixierung der Verhakungen und Verschlaufungen bei der Vernetzung durch freie Kettenenden beeinflusst wird. Für das Beispiel findet man einen Wert von $\kappa \approx 97\,(\pm 10)\,\text{g/mol}$. In Abschnitt 4.2.4 findet sich ein Vergleich mit dem von Flory abgeleiteten Einfluss der freien Kettenenden auf den Plateaumodul eines idealen Netzwerks.

Das Vulkanisationsverhalten eines ungefüllten Kautschuks kann einfach durch eine MDR-Messung bestimmt werden. Dabei ist der Endwert des Drehmoments proportional zur Netzstellendichte.

Variiert man die Menge des Peroxids, so können aus den Vulkameterkurven sowohl die Effizienz des Vernetzers als auch die Dichte der bei der Vernetzung fixierten Verhakungen und Verschlaufungen berechnet werden.

3.16 Füllstoffe

Der charakteristische Einfluss von Füllstoffen auf die dynamisch-mechanischen Eigenschaften kann durch die Variation der Scher- oder Deformationsamplitude bei konstanter Frequenz und Temperatur verdeutlicht werden. Eine detaillierte Beschreibung der Messungen findet sich in Abschnitt 3.9.3. Ebendort wird als Beispiel eine amplitudenabhängige Messung an einem mit hochaktivem Ruß (N121) gefüllten L-SBR-Compound vorgestellt (siehe Abb. 3.21).

Das amplitudenabhängige Verhalten von gefüllten, vernetzten Elastomeren wird besonders augenfällig, wenn man sich das identische Experiment an einem ungefüllten, vernetzten Kautschuk mit linearem Materialverhalten vorstellt. Dies kann durch den Oberwellenanteil nachgeprüft werden (siehe Exkurs auf Seite 62). Lineares Materialverhalten bedeutet, dass eine Verdopplung der Amplitude eine Verdopplung der Spannung nach sich zieht. Der Modul als Verhältnis beider Größen ist somit konstant und nicht von der Amplitude abhängig.

Dies ändert sich durch die Beimischung eines aktiven Füllstoffs drastisch. Bei dem in Abschnitt 3.21 beschriebenen Beispiel findet man nur für sehr kleine Amplituden einen konstanten Wert von Speicher- und Verlustmodul. Eine Erhöhung der Amplitude führt zu einer deutlichen Absenkung des Speichermoduls. Im Grenzfall sehr hoher Amplituden wird ein konstanter Wert des Speichermoduls auf einem deutlich niedrigeren Werteniveau erreicht. Der Verlustmodul nimmt mit steigender Amplitude zu, durchläuft ein Maximum und nimmt bei weiterer Erhöhung der Deformationsamplitude stetig ab.

D.h., obwohl lineares Materialverhalten vorliegt, findet man eine Abhängigkeit des komplexen Moduls von der Amplitude. Dieses scheinbar widersprüchliche Verhalten wurde von A. R. Payne grundlegend untersucht (siehe Payne (1962, 1963, 1964)) und wird nach ihm als Payne-Effekt bezeichnet.

Vor der eigentlichen Diskussion des Payne-Effekts werden die typischen Größenordnungen von Füllstoffen und Polymeren skizziert. Dies soll eine bildhafte Vorstellung von den möglichen Wechselwirkungen zwischen Füllstoffpartikeln sowie zwischen Polymerketten und der Füllstoffoberfläche ermöglichen.

3.16.1 Charakteristische Größen von Polymeren und Füllstoffen

Die Größenordnung von Polymeren kann auf zwei Ebenen diskutiert werden. Diese sind zum einen die Größe eines Monomers als Grundbaustein der Polymerkette und zum anderen die des Knäuls bzw. des Gyrationsradius der gesamten Kette. In Abb. 3.107 sind diese Größenordnungen am Beispiel einer Polyisoprenkette skizziert.

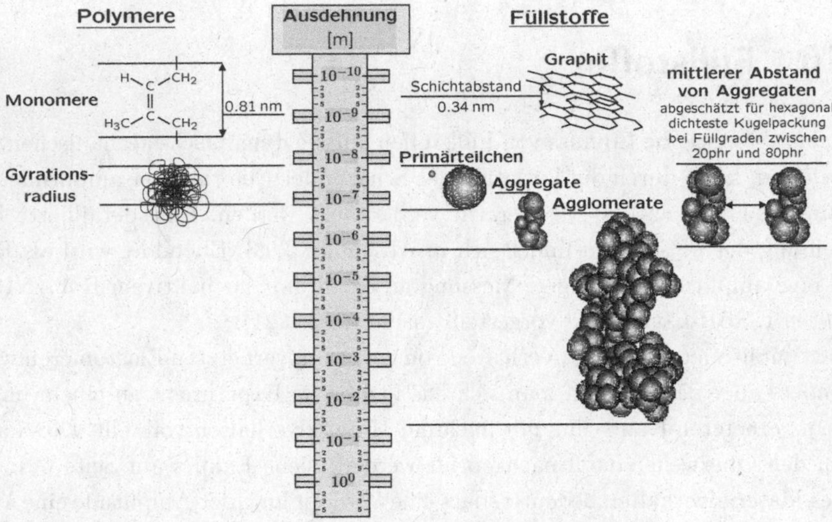

Abb. 3.107 Größenordnungen von Füllstoffen und Polymeren

Die Länge eines Monomers liegt bei einem Isopren (NR) bei ca. 0.8 nm. Der Gyrationsradius (Definition in Abschnitt 3.14.2) liegt für typische Molekulargewichte des Naturkautschuks zwischen ca. 100 kg/mol und 1000 kg/mol bei 10 nm bis 100 nm.

Auch die Größenordnung von Füllstoffen ist auf mehreren Ebenen darstellbar. Kleinstes Strukturelement aller Füllstoffe ist das Primärteilchen. Im Fall von Ruß ist dieses Primärteilchen aus Graphitschichten aufgebaut, deren Abstand ca. 0.34 nm beträgt. Beim Herstellungsprozess von Rußen (siehe hierzu Fröhlich (2008)) verbinden sich diese Primärteilchen zu mechanisch stabilen Aggregaten. Abb. 3.108 zeigt die TEM-(**T**ransmissions<u>e</u>lektronen<u>m</u>ikroskopie-)Aufnahme zweier Rußaggregate. In der Vergrößerung wird zum einen die Schichtstruktur deutlich, zum anderen sieht man die Verbindung der Primärpartikel, die zur Ausbildung von mechanisch stabilen Aggregaten führt. Die Größe der Primärteilchen bzw. Aggregate korreliert mit der Aktivität der Füllstoffe. Die Primärteilchendurchmesser von besonders aktiven Rußen können im Bereich von einigen Nano-

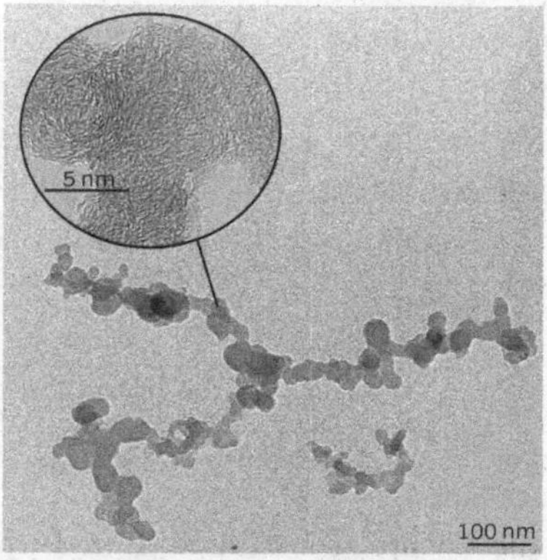

Abb. 3.108 Aufbau und Struktur eines Rußaggregats (TEM-Aufnahme)

metern liegen, während die Teilchendurchmesser von inaktiven Rußen bis in den Mikrometerbereich reichen können.

So hat der aktive Ruß N121 einen Partikeldurchmesser von ca. 19 nm, während der inaktive Ruß N990 einen Partikeldurchmesser von ca. 0.285 μm aufweist. Die Durchmesser der Primärpartikel von aktiven Silika liegen in der gleichen Größenordnung wie die der Ruße. So hat das hochaktive Silika „Vulkasil S“ einen Primärteilchendurchmesser von ca. 14 nm.

Die bei Ruß gebildeten Aggregate sind um ca. einen Faktor 10 größer als die Primärteilchen (siehe Abb. 3.107). Nach heutigem Kenntnisstand ist die Bildung von mechanisch stabilen Aggregaten eine spezielle Eigenschaft von Rußen.

Bei Füllstoffen auf der Basis von Silika gibt es diese mechanisch stabile Sekundärstruktur nicht, d.h., Silika kann durch mechanische Energie bis auf Primärteilchengröße abgebaut werden (siehe Göritz (2006)).

Bei höheren Füllgraden bilden sich durch die Verbindung von Aggregaten bei Rußen und von Primärpartikeln bei Silika mechanisch instabile Agglomerate. Diese können durch mechanischen Energieeintrag zerstört werden, sich aber durch Reagglomeration mit der Zeit neu bilden.

Die Größe von Agglomeraten wird sowohl von der Vorgeschichte als auch vom Füllgrad beeinflusst. Ab einem bestimmten Füllgrad gibt es ein durchgehendes „Füllstoffnetzwerk“, das Agglomerat hat makroskopische Dimensionen. Dieser kritische Füllgrad, der auch als Perkolationsschwelle bezeichnet wird, kann bei Rußen durch einfache Leitfähigkeitsmessungen bestimmt werden. Da Elastomere zumeist nichtleitend sind, Ruß aber ein recht guter elektrischer Leiter ist, ändert sich der ohmsche Widerstand beim Überschreiten der Perkolationsschwelle sprungartig um mehrere Größenordnungen.

Ein Vergleich der Größenordnungen von Füller und Polymer lässt sich sehr anschaulich am mittleren Abstand zweier Aggregate diskutieren. Dieser kann einfach abgeschätzt werden, wenn die Form eines Aggregats durch eine Kugel und die statistische räumliche Anordnung der Aggregate durch eine einfache kubische Struktur angenähert werden. Die Mittelpunkte der Aggregate entsprechen dann den Kanten der kubischen Struktur. Der mittlere Abstand Δ zweier Aggregate ergibt sich aus einfachen geometrischen Überlegungen als Funktion des Aggregatdurchmessers d und des Volumenanteils des Füllers Φ bzw. des Füllgrads m_Φ (in phr).

$$\Delta = d \cdot \left(\sqrt[3]{\frac{\pi}{6 \cdot \Phi}} - 1 \right) \doteq d \cdot \left(\sqrt[3]{\frac{\pi}{6} \cdot \frac{m_\phi + m_p \cdot \frac{\rho_\phi}{\rho_P}}{m_\phi}} - 1 \right) \tag{3.267}$$

Dabei bezeichnet ρ_Φ die Dichte des Füllstoffs und ρ_P die des Polymers. Für typische Füllgrade zwischen 20 und 80 phr ergibt sich bei einer Aggregatgröße von 0.1 μm bis 1 μm ein mittlerer Abstand zweier Aggregate von ca. 20 nm bis ca. 2 μm. Der mittlere Abstand zweier Aggregate hat damit die gleiche Größenordnung wie der Gyrationsradius einer Polymerkette. Dies lässt schon erahnen, dass eine Wechselwirkung zwischen Polymer und Füllstoff zu einer Verknüpfung mehrerer Füllstoffaggregate führen kann und damit einen Einfluss auf die mechanischen Eigenschaften haben kann.

Im Folgenden werden die Vor- und Nachteile der unterschiedlichen Modelle zur Erklärung des Payne-Effekts vorgestellt und diskutiert. Abschließend wird der Einfluss von Frequenz und Temperatur auf die amplitudenabhängigen Eigenschaften von vernetzten und unvernetzten gefüllten Elastomeren demonstriert, und es wird gezeigt, wie diese Messungen zur Charakterisierung von gefüllten Systemen eingesetzt werden können.

3.16.2 Die hydrodynamische Verstärkung

Die grundlegendste Arbeit zur Verstärkung wurde 1906 von A. Einstein veröffentlicht (siehe Einstein (1906)). Darin berechnete Einstein die durch die Zugabe von starren, kugelförmigen Füllstoffen geänderte Viskosität einer Flüssigkeit. Als Ergebnis erhielt er die Beziehung $\eta_\Phi = \eta \cdot (1 + \Phi)$, wobei η_Φ die Viskosität des Gesamtsystems, η die Viskosität der Flüssigkeit und Φ den Volumenanteil des Füllers bezeichnet.

Interessant an dieser Beziehung ist nicht nur, dass sie falsch ist, sondern auch, wie dies von Einstein in einer weiteren Veröffentlichung (siehe Einstein (1911)) kommentiert wurde:

Vor einigen Wochen teilte mir Hr. Bacelin, der auf Veranlassung von Hrn. Perrin eine Experimentaluntersuchung über die Viskosität von Suspensionen ausführte, brieflich mit, dass der Viskositätskoeffizient von Suspensionen nach seinen Resultaten erheblich größer sei, als der in meiner Arbeit entwickelten Formel entspricht. Ich ersuchte deshalb Hr. Hopf, meine Rechnungen nachzuprüfen, und er fand in der Tat einen Rechenfehler, der das Resultat erheblich fälscht. Diesen Fehler will ich im folgenden berichtigen.

Die Korrektur der Herleitung führt dann zu der bekannten Gleichung der hydrodynamischen Verstärkung:

$$\eta_\Phi = \eta \cdot (1 + 2.5 \cdot \Phi) \tag{3.268}$$

Diese Beziehung gilt unter den folgenden drei Voraussetzungen:

- Der Füllstoffpartikel sind kugelförmig.
- Die Viskosität des Füllstoffs ist sehr viel größer als die des Mediums.
- Es gibt keine Interaktion zwischen den Füllstoffen und keine Interaktion zwischen Füllstoff und Medium.

G. I. Taylor (siehe Taylor (1932)) erweiterte die hydrodynamische Verstärkung, indem er einen Ausdruck herleitete, der die endliche Viskosität von kugelförmigen Füllstoffen (im Folgenden als η' bezeichnet) berücksichtigt und zu einer reduzierten Viskosität des Gesamtsystems führt.

$$\eta_\Phi = \eta \left[1 + 2.5 \cdot \Phi \left(\frac{\eta' + \frac{1}{2.5}\eta}{\eta' + \eta} \right) \right] \tag{3.269}$$

Die Gleichungen 3.268 und 3.269 gelten im Prinzip nur für fließfähige, d.h. ideal viskose Medien, lassen sich aber einfach auf ideal elastische, bzw. ideal viskoelastische Körper erweitern, indem man beide Seiten der Gleichungen mit der Frequenz multipliziert und die Beziehung $\eta \cdot \omega = G$ nutzt.

$$G_\Phi = G \cdot (1 + 2.5 \cdot \Phi) \tag{3.270}$$

Liegt keine Interaktion (d.h. keine physikalische und/oder chemische Wechselwirkung) zwischen viskoelastischem Medium und Füllstoff vor und ist eine Wechselwirkung zwischen den Füllstoffen auszuschließen, so ist die Erhöhung des Moduls eines gefüllten Systems proportional zum 2.5-fachen Volumenanteil des Füllstoffs.

Dabei wird vorausgesetzt, dass die Füllstoffpartikel kugelförmig und starr sind (der Modul der Füllstoffpartikel G_F sei sehr viel größer als der Modul des Mediums ($G_F \gg G$)).

Für kugelförmige Füllstoffe mit einem endlichen Modul G_F (der aber immer noch deutlich höher als der Modul des Mediums sein sollte ($G_F > G$)) kann Gl. 3.269 analog umgeformt werden.

$$G_\Phi = G\left[1 + 2.5\cdot\Phi\left(\frac{G_F + \frac{1}{2.5}G}{G_F + G}\right)\right] \tag{3.271}$$

Ist der Modul eines Füllstoffpartikels beispielsweise 10-mal so hoch wie der Modul des Mediums ($G_F = 10 \cdot G$), so führt dies zu einer um ca. 5.5 % reduzierten hydrodynamischen Verstärkung.

Guth und Gold untersuchten den Einfluss der Form der Füllstoffpartikel als auch die Wirkung der Interaktion von Füllstoffpartikeln (siehe Guth (1938, 1945)) auf die Verstärkung und beschrieben dies durch folgende Gleichung:

$$G_\Phi = G\cdot\left(1 + \alpha_1\cdot\Phi + \alpha_2\cdot\Phi^2 + \alpha_3\cdot\Phi^3 + \ldots\right) \tag{3.272}$$

Bei kugelförmigen Füllstoffen beschreiben die Größen α_i die Interaktionen zwischen Füllstoffpartikeln; dabei gibt α_1 die Interaktion zwischen Füllstoffpaaren, α_3 die Interaktion zwischen Füllstofftriplets etc. an, wobei die Werte der α_i stark von der Form der Partikel abhängig sind.

Unklar wird die Arbeit von Guth und Gold bei der Beschreibung des verstärkenden Verhaltens von Rußen. Die Autoren leiten aus theoretischen Erwägungen, die nicht so recht nachvollziehbar bzw. nicht nachzulesen sind, eine allgemeine Formel für das Verstärkungsverhalten von Rußen ab.

$$G_\Phi = G\cdot\left(2.5\cdot\Phi + 14.1\cdot\Phi^2\right) \tag{3.273}$$

Der Faktor 14.1 erscheint in den Arbeiten von Guth und Gold zum ersten Mal und verbreitete sich danach mit hoher Geschwindigkeit durch die gesamte füllstoffrelevante Literatur. Außer einem zaghaften Verweis auf Berechnungen von Lorentz und Smoluchowski und einem Verweis auf eigene Literatur, in der aber nichts zum Thema steht, gibt es keinerlei Begründung für Gl. 3.273.

3.16.3 Das Füllstoffnetzwerk

Alle Modelle, die ein Füllstoffnetzwerk postulieren oder dieses zur Beschreibung der Verstärkung verwenden, setzen voraus, dass die Wechselwirkung zwischen Füllstoffpartikeln oder Aggregaten zur Bildung von mechanisch instabilen Agglomeraten führt. Diese können durch eine äußere Kraft zerstört werden und sich nach Entfernen der Kraft wieder bilden.

Occluded Rubber

Eines der ersten Modelle, welche den amplitudenabhängigen Modul auf die Eigenschaften mechanisch instabiler Agglomerate zurückführten, ist das von Medalia entwickelte Konzept des „Occluded Rubber" (siehe Medalia (1970, 1972, 1978)).

Die simple Annahme hinter diesem Konzept ist die Vorstellung, dass Polymerketten, die sich innerhalb eines Agglomerats befinden, von der äußeren Spannung abgeschirmt werden und damit den effektiven Füllgrad erhöhen. Mit steigender Spannung werden Agglomerate zerstört, und die eingeschlossenen, abgeschirmten Polymerketten werden freigesetzt. Damit sinkt der effektive Füllgrad.

Zur analytischen Beschreibung dieses Effekts leitete Medalia einen empirischen Ausdruck ab, der die Struktur DBP (siehe dazu Fröhlich (2008)) und die Dichte ρ des Rußes mit dem effektiven Füllgrad Φ' korreliert.

$$\Phi' = \Phi \cdot \left(1 + \frac{DBP \cdot \rho}{100}\right) \tag{3.274}$$

Kombiniert man das Konzept des „Occluded Rubber" mit dem der hydrodynamischen Verstärkung, so erhält man einen modifizierten Ausdruck zur Beschreibung der Verstärkung.

$$G_\Phi = G \cdot (1 + 2.5 \cdot \Phi') = G \cdot \left(1 + 2.5 \cdot \Phi \left(1 + \frac{DBP \cdot \rho}{100}\right)\right) \tag{3.275}$$

Mit dieser Gleichung konnte Medalia zwar einige grundlegende Effekte von gefüllten, vernetzten Elastomeren erklären, allerdings nur auf rein empirischer Basis. Die Interaktion zwischen Füllstoffpartikeln bzw. Aggregaten wird ausschließlich durch den empirischen Strukturfaktor (gemessen als DBP-Zahl) berücksichtigt, und der Einfluss des Polymers wird vernachlässigt.

Ein prinzipielles Problem des „Occluded Rubber" ist die Erklärung der amplitudenabhängigen energiedissipativen Effekte in gefüllten Vulkanisaten. Durch die Abschirmung der Polymerketten, die sich innerhalb von Agglomeraten befinden, können diese keine Energie dissipieren. Damit sollte die Energiedissipation in gefüllten Systemen geringer als in ungefüllten sein. Mit zunehmender Amplitude werden immer mehr Agglomerate aufgebrochen, die abgeschirmten Polymerketten werden durch die dann anliegende Spannung deformiert. Damit sollte die Energiedissipation mit zunehmender Dehnungsamplitude ansteigen und im Grenzfall großer Amplituden auf demselben Niveau wie beim ungefüllten Vulkanisat liegen.

Die Realität widerspricht dieser Modellvorstellung. Betrachtet man den Verlustfaktor eines gefüllten Vulkanisats als relatives Maß für die dissipierte Energie, so liegt dieser bei kleinen Amplituden meistens deutlich höher als der eines vergleichbaren ungefüllten Vulkanisats. Mit steigender Dehnungsamplitude nimmt der Verlustfaktor zwar zu, bildet aber bei einer bestimmten Amplitude einen Maximalwert aus, um dann bei einer weiteren Zunahme stetig abzunehmen.

Unter „Occluded Rubber“ versteht man den Anteil an Polymerketten, der sich innerhalb eines Agglomerats befindet sowie von der äußeren Spannung abgeschirmt wird und damit den effektiven Füllgrad erhöht.

Mit steigender Spannung werden Agglomerate zerstört, die eingeschlossenen, abgeschirmten Polymerketten werden freigesetzt, und damit sinkt der effektive Füllgrad.

Das „Occluded-Rubber“-Konzept gibt zwar eine einfache Erklärung der Verstärkung, kann aber mehrere experimentelle Befunde nicht beschreiben.

Das dynamische Netzwerkmodell

Bei der Ableitung des dynamischen Netzwerkmodells (siehe Kraus (1984)) wird angenommen, dass der Anteil R_b des pro Deformationszyklus zerstörten Füllstoffnetzwerks sowohl von der Anzahl $N(\hat{\gamma})$ an Füllstoff-Füllstoff-Kontakten als auch von der Deformationsamplitude $\hat{\gamma}$ bzw. von einer Funktion $f_b(\hat{\gamma})$ der Deformationsamplitude abhängt.

$$R_b(\hat{\gamma}) = k_b \cdot N(\hat{\gamma}) \cdot f_b(\hat{\gamma})$$

Dabei bezeichnet k_b eine Proportionalitätskonstante. Der Anteil des pro Deformationszyklus neu gebildeten Füllstoffnetzwerks ist dann proportional zur Anzahl der abgebauten Füllstoff-Füllstoff-Kontakte,

$$R_M = k_M \cdot (N_0 - N) \cdot f_M(\hat{\gamma})$$

wobei N_0 die Gesamtanzahl der Füllstoff-Füllstoff-Kontakte, k_M eine Konstante und $f_M(\hat{\gamma})$ eine von der Deformation abhängige Funktion darstellt.

Im Gleichgewicht entsprechen sich die beiden Konstanten R_b und R_M.

$$R_b = R_M$$

Damit berechnet sich die Anzahl $N(\hat{\gamma})$ der bei einer bestimmten Amplitude $\hat{\gamma}$ stabilen Füllstoff-Füllstoff-Kontakte zu

$$N(\hat{\gamma}) = N_0 \cdot \frac{1}{1 + \dfrac{k_b \cdot f_b(\hat{\gamma})}{k_M \cdot f_M(\hat{\gamma})}}$$

Kraus wählte für die Funktionen f_b und f_m folgende Beziehungen: $f_b = \hat{\gamma}^m$ und $f_M = \hat{\gamma}^{-m}$. Ein Grund für diese Wahl ist in der Originalliteratur nicht angegeben. Betrachtet man die von Kraus abgeleiteten Formeln für den amplitudenabhängigen Speicher- und Verlustmodul, so ist eine Analogie zu den Funktionen von Cole-Cole (siehe Abschnitt 3.10.6) nicht zu übersehen. Unter der Annahme, dass der Speichermodul proportional zu der Anzahl der intakten Füller-Füller-Kontakte ist,

$$G'(\hat{\gamma}) \propto N(\hat{\gamma})$$

folgt aus den Gleichgewichtsbedingungen eine analytische Beziehung für den amplitudenabhängigen Speichermodul.

$$G'(\hat{\gamma}) = G'_\infty + \frac{G'_0 - G'_\infty}{1 + \left(\frac{\hat{\gamma}}{\hat{\gamma}_C}\right)^{2m}} \tag{3.276}$$

G'_0 bezeichnet den Modul im Grenzfall sehr kleiner Amplituden ($\hat{\gamma} \to 0$) und G'_∞ den Grenzwert des Moduls bei sehr großen Amplituden ($\hat{\gamma} \to \infty$). Die Größe $\hat{\gamma}_C$ ist eine charakteristische Deformationsamplitude, die von den Gleichgewichtskonstanten k_b und k_M abhängt.

$$\hat{\gamma}_C = \left(\frac{k_M}{k_b}\right)^{\frac{1}{2m}}$$

Zur Ableitung des Verlustmoduls setzt man voraus, dass energiedissipative Effekte ausschließlich durch den Bruch und die Neubildung von Füllstoff-Füllstoff-Kontakten verursacht werden. An dieser Stelle wird sehr deutlich, dass Kraus ein reines Füllstoffmodell beschreibt. Der viskoelastische Charakter der Polymere und eventuelle Wechselwirkungen zwischen Polymerketten und der Füllstoffoberfläche werden vernachlässigt. Der Verlustmodul ist ein direktes Maß der pro Zyklus abgebauten Füllstoffkontakte.

$$G''(\hat{\gamma}) = G''_\infty + C_1 \dot{k}_N \cdot N \cdot f_b$$

G''_∞ kennzeichnet den Verlustmodul im Grenzfall hoher Amplituden ($\hat{\gamma} \to \infty$) und C_1 eine nicht näher definierte Konstante.

Mit $f_b = \hat{\gamma}^m$ und einer nicht näher beschriebenen Ableitung (in der Originalarbeit wird dies mit *various substitutions and rearrangements* beschrieben) folgt der Ausdruck für den amplitudenabhängigen Verlustmodul

$$G''(\hat{\gamma}) = 2 \cdot G''_\infty + \frac{(G'_0 - G''_\infty) \cdot \left(\frac{\hat{\gamma}}{\hat{\gamma}_C}\right)^m}{1 + \left(\frac{\hat{\gamma}}{\hat{\gamma}_C}\right)^{2m}} \tag{3.277}$$

Da die zur Ableitung von Speicher- und Verlustmodul getroffenen Annahmen physikalisch nicht sehr gut begründet sind, wurde das Modell von Kraus in den letzten Jahren mehrfach modifiziert. Erwähnenswert ist die Arbeit von Ulmer (siehe Ulmer (1996)), die in einer umfangreichen experimentellen Studie zeigt, dass der Modellansatz von Kraus ohne empirische Modifikationen nicht zur quantitativen Beschreibung des amplitudenabhängigen Moduls von gefüllten Elastomeren verwendet werden kann.

Das dynamische Netzwerkmodell ermöglicht eine quantitative Beschreibung des amplitudenabhängigen Moduls von gefüllten Elastomeren.

Das dynamische Netzwerkmodell basiert auf der Annahme, dass der Modul direkt proportional zur Anzahl der Füllstoff-Füllstoff-Kontakte ist. Alle anderen Einflüsse werden vernachlässigt.

Die Füllstoff-Füllstoff-Kontakte sind dabei instabil und können sowohl aufgebrochen als auch neu gebildet werden. Das Gleichgewicht zwischen Aufbrechen und Neubildung hängt von der einwirkenden Deformationsamplitude ab.

Das Cluster-Cluster-Aggregationsmodell

Das Cluster-Cluster-Aggregationsmodell (CCA-Modell) (siehe Heinrich (1997); Klüppel (2003)) stellt eine Erweiterung des dynamischen Netzwerkmodells dar. Analog zu den Agglomeraten des dynamischen Netzwerkmodells werden Cluster eingeführt, die aus mechanisch instabil verbundenen Füllstoffaggregaten aufgebaut sind.

Wirkt ein äußeres mechanisches Feld, so kann das Cluster brechen, es bilden sich mehrere kleinere Subcluster. Die Clustergröße hängt von der Deformationsamplitude ab. Je größer die Amplitude, umso kleiner die Cluster. Das CCA-Modell ist ein dynamisches Modell, d.h., jeder Deformationsamplitude entspricht ein dynamisches Gleichgewicht, welches durch eine mittlere Clustergröße charakterisiert ist. Dynamisch bedeutet hier, dass pro Zeitintervall bzw. pro Zyklus eine gewisse Anzahl Cluster durch die Aggregation kleinerer bzw. durch den Bruch größerer Cluster gebildet werden, während eine identische Anzahl durch das Aufbrechen von Clustern mittlerer Größe abgebaut wird.

Der neue Ansatz im CCA-Modell ist die Vorstellung, dass die Cluster auf gewissen Längenskalen fraktale, d.h. selbstähnliche Strukturen besitzen (für eine Einführung in die Theorie der Fraktale siehe Stauffer (1995)). So finden Heinrich und Klüppel zwischen dem Modul G'_0 bei kleinen Amplituden und dem Volumenfüllgrad Φ einen Zusammenhang, den sie durch ein Potenzgesetz beschreiben.

$$G'_0 \propto \Phi^{\alpha} \tag{3.278}$$

Der Exponent α wird als Funktion der massenfraktalen Dimension der Cluster und der fraktalen Dimension des Rückgrats der Cluster definiert und zu $\alpha = 3.5$ hergeleitet, wobei die gesamte Herleitung nicht nachvollziehbar ist. Auch die zitierten Referenzen tragen nicht zum Verständnis bei.

Zusammenfassung

In Abb. 3.109 sind nochmals alle Effekte zusammengestellt, die zur Interpretation der Amplitudenabhängigkeit des komplexen Moduls auf der Basis von Füllstoff-Füllstoff-Wechselwirkungen benötigt werden.

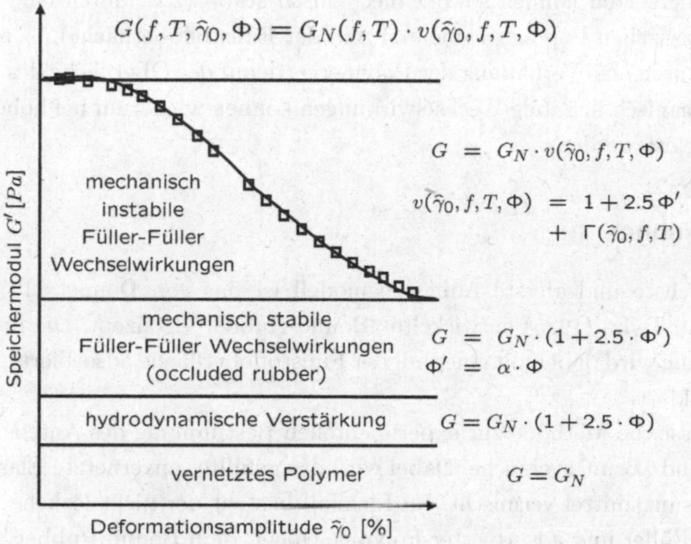

Abb. 3.109 Amplitudenabhängigkeit des Schubmoduls und Interpretation im Rahmen des Füllstoffnetzwerkmodells

Der Modul G_N des ungefüllten, vernetzten Vulkanisats ist amplitudenunabhängig und wird nur von der Anzahl an chemischen und physikalischen Netzstellen beeinflusst (siehe dazu Abschnitt 3.15).

Die hydrodynamische Verstärkung führt zu einer Erhöhung des Moduls. Diese ist zum Volumenanteil des Füllstoffs proportional.

Alle weiteren Effekte, die zu einer Erhöhung des Moduls führen, wie Occluded Rubber, mechanisch stabile und mechanisch instabile Füllstoff-Füllstoff-Kontakte sind nur qualitativ verstanden und lassen sich experimentell durch einen von Frequenz, Temperatur, Amplitude und Volumenanteil des Füllers abhängigen Term $\Gamma(\hat{\gamma}_0, f, T, \Phi)$, der im Folgenden als Verstärkung bezeichnet wird, beschreiben.

$$G(f,T,\hat{\gamma}_0,\Phi) = G_N(f,T)\cdot v(\hat{\gamma}_0,f,T,\Phi) \tag{3.279}$$

mit

$$v(\hat{\gamma}_0,f,T,\Phi) = 1+2.5\,\Phi+\Gamma(\hat{\gamma}_0,f,T,\Phi) \tag{3.280}$$

In Abschnitt 3.16.8 finden sich einige Messbeispiele, die den Einfluss von Frequenz und Temperatur auf diesen Verstärkungsterm demonstrieren.

3.16.4 Adhäsionsmodelle

Alle Adhäsionsmodelle beruhen auf der Annahme, dass Polymerketten mit der Füllstoffoberfläche wechselwirken und diese Wechselwirkung die Ursache der Verstärkung ist. Die Wechselwirkungen zwischen Füllstoffoberfläche und Segmenten der Polymerketten können sowohl mechanisch stabil (z.B. durch eine chemische Bindung zwischen Polymersegmenten und der Füllstoffoberfläche) als auch instabil (z.B. durch eine Verhakung der Polymerkette auf der Oberfläche des Füllstoffs) sein. Mechanisch instabile Wechselwirkungen können wiederum bei höheren Spannungen gelöst werden.

Bound Rubber

Das einfachste und älteste Adhäsionsmodell ist das von Donnet (1976), Kraus (1965) und Twiss (1925) entwickelte „Bound-Rubber"-Konzept. Die mechanische Verstärkung wird dabei mit einer auf der Füllstoffoberfläche adsorbierten Polymerschicht erklärt.

Die klassische Methode zur experimentellen Bestimmung des Anteils an Bound Rubber sind Lösungsversuche. Dabei wird das gefüllte, unvernetzte Elastomer mit einem Lösungsmittel vermischt. Im Idealfall besteht der nicht lösliche Anteil nur noch aus Füller und adsorbierter Polymerschicht, dem Bound Rubber. Allerdings ist bei der Versuchsdurchführung sehr darauf zu achten, dass die Dauer nicht zu kurz gewählt wird (Tage bis Wochen sind hier eher Regel als Ausnahme). Bei zu kurzer Versuchszeit werden nicht alle frei beweglichen Ketten gelöst, und die Menge an Bound Rubber wird dann zu hoch bestimmt. Auch die Temperatur kann entscheidenden Einfluss auf die Menge des gelösten Polymers haben. Insgesamt ist die Bestimmung des Bound Rubber durch Lösungsversuche zwar eine etablierte, aber nicht sehr genaue Messmethode und sollte daher nur zu einer qualitativen Beurteilung eingesetzt werden.

Oftmals wird der Bound Rubber auch als auf der Füllstoffoberfläche glasartig erstarrte Polymerschicht interpretiert. Dies würde eine deutlich erhöhte Glastemperatur dieser Schicht implizieren. Da eine Erhöhung des Füllgrads die Füllstoffoberfläche vergrößert, sollte eine erhöhte Menge an Bound Rubber entweder zu einer mit dem Füllgrad steigenden Glastemperatur oder zu der Bildung eines Systems mit zwei Glastemperaturen führen.

Bisher konnte keine der beiden Annahmen experimentell verifiziert werden. Alle bisher durchgeführten Experimente (DSC, Neutronenstreuung, DMA) deuten darauf hin, dass die Glastemperatur eines Elastomers nur geringfügig durch den Füllstoff beeinflusst wird (siehe hierzu auch Abschnitt 3.12.10).

Damit kann der Anteil an Bound Rubber also bestenfalls durch eine auf der Füllstoffoberfläche adsorbierte Polymerschicht mit geänderter Kettenbeweglichkeit erklärt werden.

3.16.5 Das dynamische Adhäsionsmodell

Eine qualitative Erklärung der mechanischen Verstärkung auf der Basis von auf der Füllstoffoberfläche adsorbierten Kettensegmenten wurde von Funt (siehe Funt (1987)) im Rahmen eines dynamisches Adhäsionsmodells vorgeschlagen.

Dabei wird vorausgesetzt, dass die auf der Füllstoffoberfläche adsorbierten Kettensegmente noch eine gewisse Beweglichkeit besitzen. Eine an der Kette anliegende Spannung kann damit durch die Verschiebung eines adsorbierten Kettensegments auf der Füllstoffoberfläche reduziert werden. Der mit steigender Deformationsamplitude abnehmende Schubmodul eines gefüllten Elastomers kann dann als direkte Folge der durch das Abgleiten der Kettensegmente auf der Füllstoffoberfläche verursachten Spannungsreduktion erklärt werden.

Göritz (2006) quantifizierte das dynamische Adhäsionsmodell, indem er zwei Arten von Füllstoff-Polymer-Kontakten einführte: zum einen mechanisch stabile Kontakte, die den Modul bei hohen Deformationsamplituden charakterisieren, und zum anderen einen Anteil von mechanischen instabilen Füllstoff-Polymer-Kontakten, die mit steigender Deformationsamplitude gelöst werden.

Prinzipiell gelten bei der Ableitung des amplitudenabhängigen Speicher- und Verlustmoduls die gleichen Annahmen wie beim dynamischen Netzwerkmodell, wobei die Füllstoff-Füllstoff-Kontakte im Netzwerkmodell durch Füllstoff-Polymer-Kontakte im dynamischen Adhäsionsmodell zu ersetzen sind. Als Ergebnis erhält man die in Gl. 3.281 und Gl. 3.282 dargestellten Beziehungen, wobei der amplitudenunabhängige Beitrag $G_S^\star$ den Anteil der mechanisch stabilen Füllstoff-Polymer-Kontakte und $G_i^\star$ den der mechanisch instabilen Füllstoff-Polymer-Kontakte charakterisiert. c ist eine experimentell zu bestimmende Konstante.

$$G'(\hat{\gamma}) = G'_S + G'_i \cdot \frac{1}{1 + c\hat{\gamma}} \tag{3.281}$$

$$G''(\hat{\gamma}) = G''_S + G''_i \cdot \frac{c\hat{\gamma}}{1 + (c\hat{\gamma})^2} \tag{3.282}$$

Vergleicht man die von Göritz abgeleiteten Beziehungen zur quantitativen Beschreibung des amplitudenabhängigen Schubmoduls mit den Formeln des dynamischen Netzwerkmodells (vergleiche Gl. 3.281 und Gl. 3.282 mit Gl. 3.276 und Gl. 3.277), so fällt die große Ähnlichkeit beider Ausdrücke auf. Im Prinzip unterscheiden sich beide Modelle nur in der Interpretation der Parameter.

Damit ist es nicht möglich, auf der Basis dynamisch-mechanischer Messungen zu entscheiden, welches der beiden Modelle – das auf Füllstoff-Füllstoff-Wechselwirkungen basierende dynamische Netzwerkmodell oder das auf Füllstoff-Polymer-Wechselwirkungen basierende dynamische Adhäsionsmodell – als Erklärung der mechanischen Verstärkung anzusehen ist.

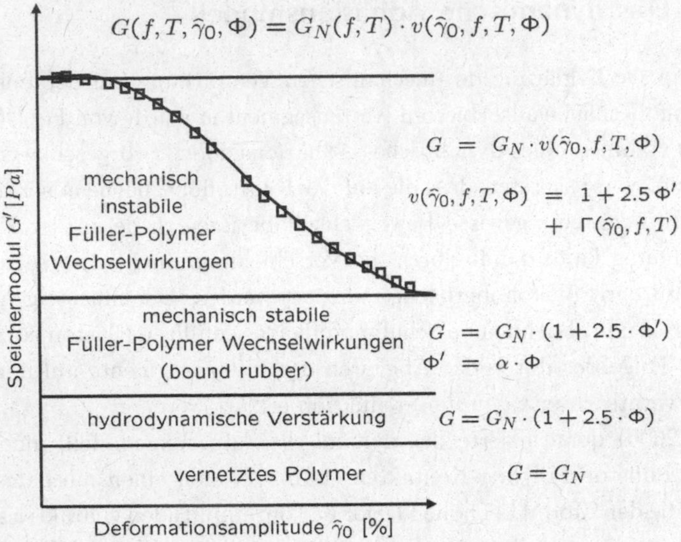

Abb. 3.110 Amplitudenabhängigkeit des Schubmoduls und Interpretation im Rahmen des Adhäsionsmodells

Das dynamische Adhäsionsmodell ermöglicht, wie auch das dynamische Netzwerkmodell, eine quantitative Beschreibung des amplitudenabhängigen Moduls von gefüllten Elastomeren. Dabei sind die abgeleiteten Funktionen beider Modelle zur quantitativen Beschreibung des amplitudenabhängigen Moduls nahezu identisch. Eine hinreichend gute Beschreibung von experimentell bestimmten Daten ist damit auch beim Adhäsionsmodell nur möglich, wenn empirisch modifizierte Ausdrücke verwendet werden.

Das dynamische Adhäsionsmodell basiert auf der Annahme, dass der Modul direkt proportional zur Anzahl der Füllstoff-Polymer-Kontakte ist. Alle anderen Einflüsse werden vernachlässigt.

Dabei existieren sowohl mechanisch stabile als auch mechanisch instabile Füllstoff-Polymer-Kontakte. Der mit der Amplitude abnehmende Modul ist eine Folge der Adsorption und Desorption von instabil auf der Füllstoffoberfläche gebundenen Polymerketten bzw. Kettensegmenten. Der Gleichgewichtszustand von Adsorption und Desorption hängt von der wirkenden Deformationsamplitude ab.

3.16.6 Zusammenfassung

Abb. 3.110 zeigt die aus Füllstoff-Polymer-Wechselwirkungen abgeleitete Erklärung der Amplitudenabhängigkeit des Moduls.

Ganz analog zu dem auf Füllstoff-Füllstoff-Kontakten basierten Netzwerkmodell sind auch im Adhäsionsmodell alle über die hydrodynamische Verstärkung hinaus gehenden Verstärkungseffekte wie Bound Rubber, mechanisch stabile und mechanisch instabile Füllstoff-Polymer-Kontakte nur qualitativ verstanden und können deshalb analog zum Netzwerkmodell durch einen von Frequenz, Temperatur, Amplitude und Volumenanteil des Füllers abhängigen Term $\Gamma(\hat{\gamma}_0, f, T, \Phi)$, der im Folgenden als Verstärkung bezeichnet wird, beschrieben werden.

3.16.7 Das Konzept der immobilisierten Schicht

Der Grund für die Einführung eines weiteren Konzepts zur Interpretation der Interaktion von Füllstoff und Polymer ist exemplarisch in Abb. 3.111 darstellt. Die Abbildung zeigt das Ergebnis eines amplitudenabhängigen Experiments, das weder mit einem reinen Füllstoff-Füllstoff-Modell noch mit einem reinen Füllstoff-Polymer-Modell verstanden werden kann.

Dabei zeigt die mit a) bezeichnete Kurve den bekannten amplitudenabhängigen Verlauf des Speichermoduls bei sinusförmiger Anregung mit steigender Scheramplitude $\hat{\gamma}_{\mathrm{HF}}$.

Die mit (b) bezeichnete Kurve zeigt die Amplitudenabhängigkeit des Speichermoduls bei multimodaler Anregung. Unter multimodaler Anregung ist hier die Superposition von zwei sinusförmigen Signalen zu verstehen.

$$\text{b)} \quad \gamma(t) = \hat{\gamma}_{LF} \cdot \sin(\omega_{\mathrm{LF}}\, t) + \hat{\gamma}_{\mathrm{HF}} \cdot \sin(\omega_{\mathrm{HF}}\, t)$$

Dabei bezeichnet $\hat{\gamma}_{\mathrm{LF}}$ die Amplitude des Anteils mit der kleineren Frequenz ($\omega_{\mathrm{LF}} < \omega_{\mathrm{HF}}$) und $\hat{\gamma}_{\mathrm{HF}}$ die Amplitude des höherfrequenten Signals.

Im dargestellten Beispiel wurde die Amplitude des niederfrequenten Signals konstant zu $\hat{\gamma}_{\mathrm{LF}} = \text{const.} = 15\,\%$ gewählt, während die Scheramplitude des höherfrequenten Signals $\hat{\gamma}_{\mathrm{HF}}$ schrittweise erhöht wurde.

Sowohl das auf Füllstoff-Füllstoff-Wechselwirkungen basierende Netzwerkmodell als auch das auf Füllstoff-Polymer-Wechselwirkungen basierende Adhäsionsmodell erklären die Abnahme des Speichermoduls mit steigender Scheramplitude durch ein dynamisches Gleichgewicht von Füllstoff-Füllstoff- bzw. Füllstoff-Polymer-Kontakten. Mit Erhöhung der Amplitude wird dieses Gleichgewicht in Richtung der gelösten Kontakte verschoben. Bei hohen Amplituden ist der Gleichgewichtszustand fast ausschließlich durch gelöste Kontakte charakterisiert.

Bei einer höheren Amplitude der niederfrequenten Grundschwingung dürfte eine Überlagerung mit einer weiteren Sinusschwingung somit zu keiner wesentlichen Änderung der Anzahl an Füllstoff-Füllstoff- bzw. Füllstoff-Polymer-Kontakten führen. Der Modul des überlagerten Signals sollte nahezu unabhängig von der Amplitude sein (siehe dazu die Gerade in Abb. 3.111).

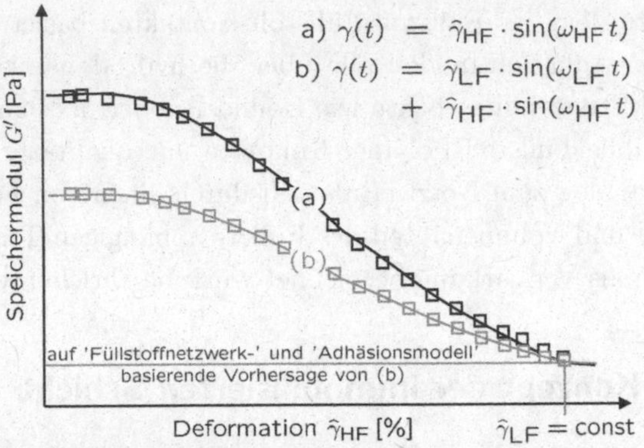

Abb. 3.111 Amplitudenabhängigkeit des Schubmoduls bei sinusförmiger (a) und multimodaler (b) Anregung

Das experimentelle Ergebnis (siehe Kurve (b) in Abb. 3.111) steht im Widerspruch zu dieser Vorhersage. Obwohl die Amplitude des niederfrequenten Signals so hoch gewählt wurde, dass eigentlich keine Füllstoff-Füllstoff- oder Füllstoff-Polymer-Kontakte mehr vorhanden sein sollten, zeigt der Speichermodul des höherfrequenten Signals eine deutliche Abhängigkeit von der Amplitude.

Die Amplitudenabhängigkeit des Speichermoduls ist damit nicht mehr als alleinige Folge des dynamischen Gleichgewichts von Füllstoff-Füllstoff- bzw. Füllstoff-Polymer-Kontakten interpretierbar.

Eine Erklärung des amplitudenabhängigen Verhaltens bei multimodaler Anregung bietet das Konzept der immobilisierten Schicht (siehe Berriot (2002); Sternstein (2000); Wrana (2003, 2008)). Dabei geht man davon aus, dass ein Füllstoffcluster sowohl aus Füllstoff-Füllstoff- als auch aus Füllstoff-Polymer-Kontakten aufgebaut ist. Bei Deformation kann das Füllstoffcluster entweder durch den Bruch von Füllstoff-Füllstoff-Kontakten oder durch die Desorption von Polymerketten in mehrere kleinere Cluster aufgebrochen werden. Zusätzlich ist auch eine Deformation des Clusters möglich, wobei nur die immobilisierte Polymerschicht zwischen zwei Füllstoffpartikeln bzw. Füllstoffaggregaten gedehnt wird. Abb. 3.112 gibt einen schematischen Überblick über die Struktur eines Füllstoffclusters und über die möglichen Wechselwirkungen im Füllstoffcluster.

In der Modellvorstellung der immobilisierten Polymerschicht wird die Frequenz- und/oder Temperaturabhängigkeit des amplitudenabhängigen Verhaltens durch die Deformation der Cluster erklärt.

Dabei geht man davon aus, dass der Modul der immobilisierten Schicht deutlich höher als der Modul der Polymermatrix ist. Der Modul der Polymerschicht zwischen zwei Füllstoffoberflächen ist dann vom Abstand der Oberflächen abhängig (siehe Abb. 3.112).

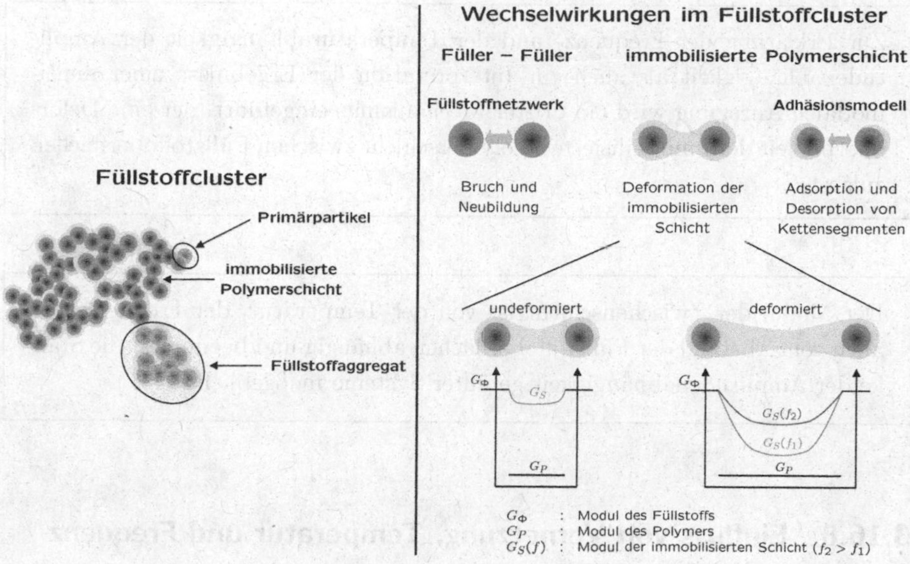

Abb. 3.112 Das Konzept der immobilisierten Schicht

Wird das System gedehnt, so steigt der Abstand zwischen den Füllstoffoberflächen. Dies bewirkt eine Verringerung des Moduls in der Zwischenschicht und führt zu einer Erweichung des Gesamtsystems. Eine Erhöhung der Frequenz bzw. die Überlagerung einer weiteren Schwingung mit höherer Frequenz führt dann konsequenterweise zu einer Erhöhung des Moduls der Zwischenschicht und zu einer Verhärtung des Gesamtsystems.

Das scheinbar widersprüchliche Ergebnis der multimodalen Messung kann somit durch die Frequenzabhängigkeit der gedehnten immobilisierten Zwischenschicht erklärt werden.

Zusammenfassung

Das Konzept der immobilisierten Schicht ist eine Erweiterung und Kombination von Netzwerk- und Adhäsionsmodell, wobei sowohl Füllstoff-Füllstoff- als auch Polymer-Füllstoff-Wechselwirkungen diskutiert werden. Der heutige Entwicklungsstand des Modells erlaubt keine bzw. nur eine qualitative Unterscheidung zwischen beiden Wechselwirkungen.

Zur Erklärung der Frequenz- und der Temperaturabhängigkeit der Amplitudenabhängigkeit als auch zur Interpretation der Ergebnisse einer multimodalen Anregung wird ein dritter Mechanismus eingeführt, der eine Deformierbarkeit der immobilisierten Polymerschicht zwischen Füllstoffoberflächen zulässt.

Der Modul der Zwischenschicht ist von der Temperatur, der Frequenz und auch vom Abstand der Füllstoffoberflächen abhängig und beeinflusst die Stärke der Amplitudenabhängigkeit gefüllter Systeme maßgeblich.

3.16.8 Einfluss von Vernetzung, Temperatur und Frequenz

In den folgenden drei Beispielen wird der Einfluss von Vernetzung, Frequenz und Temperatur auf die Amplitudenabhängigkeit des Moduls an mit aktivem Ruß gefüllten HNBR-Compounds diskutiert. Die vorgestellten Mess- und Analysemethoden können natürlich auch auf andere Polymere und Füllstoffe übertragen werden.

Vernetzung

Die Diagramme in Abb. 3.113 zeigen den Einfluss der Vernetzung auf den amplitudenabhängigen Modul.

Im linken Diagramm sind die Ergebnisse der Messungen an den unvernetzten Mischungen dargestellt. Der Vergleich der Speichermodule der ungefüllten mit denen der gefüllten, unvernetzten Mischung zeigt den typischen amplitudenabhängigen Einfluss des Füllstoffs. Bei kleinen Amplituden sind alle Füllstoff-Füllstoff- und/oder Füllstoff-Polymer-Wechselwirkungen stabil, und der im Vergleich zum ungefüllten System erhöhte, konstante Speichermodul reflektiert die verstärkenden Eigenschaften des eingemischten aktiven Rußes. Mit steigender Amplitude wird das dynamische Gleichgewicht von Füllstoff-Füllstoff- bzw. Füllstoff-Polymer-Kontakten in Richtung gelöste Kontakte verschoben, und der zur Anzahl der Kontakte proportionale Speichermodul sinkt. Bei sehr hohen Amplituden ist der Einfluss des Füllstoffs nur noch durch die hydrodynamische Verstärkung bestimmt.

Der Verlustmodul der gefüllten, unvernetzten Mischung ist bei kleinen Amplituden für das gewählte Beispiel sogar etwas kleiner als der Verlustmodul der ungefüllten Referenz. Geht man davon aus, dass bei kleinen Amplituden nur das Polymer Energie dissipiert (Füllstoff-Füllstoff- bzw. Füllstoff-Polymer-Kontakte sind bei kleinen Amplituden stabil und dissipieren daher keine Energie), so kann

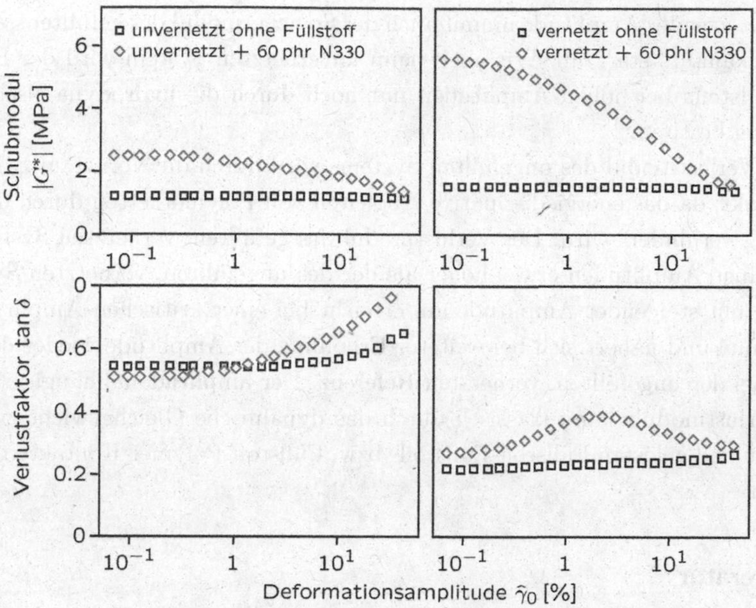

Abb. 3.113 Einfluss der Vernetzung auf den amplitudenabhängigen Modul ($T = 60\,°C$, $f = 10\,Hz$)

der geringere Verlustmodul des gefüllten Systems mit der geringeren Menge an Polymer in der Mischung korreliert werden.

Bei größeren Amplituden wird durch das Aufbrechen und die Neubildung von Füllstoff-Füllstoff- bzw. Füllstoff-Polymer-Kontakten zusätzlich Energie dissipiert; dadurch steigt der Verlustmodul der gefüllten Mischung mit steigender Amplitude stärker an als der Verlustmodul der ungefüllten Mischung.

Nach der Vernetzung der Polymermatrix steigt die Verstärkung (zur Definition siehe Gl. 3.279 und 3.280) bei kleinen Amplituden stark an (siehe rechtes Diagramm in Abb. 3.113). Damit wird sichtbar, dass nicht nur der Füllstoff und das Polymer, sondern auch die Struktur und die Stärke des polymeren Netzwerks Einfluss auf die verstärkenden Eigenschaften des Füllstoffs haben. Innerhalb des Füllstoffnetzwerk- und des Adhäsionsmodells ist eine Interpretation des Einflusses des polymeren Netzwerks nicht möglich, da beide Modelle die Verstärkung nur auf der Basis eines Gleichgewichtszustands zwischen stabilen und instabilen Füllstoff-Füllstoff- bzw. Füllstoff-Polymer-Kontakten diskutieren.

Im Konzept der immobilisierten Schicht kann die, durch die Vernetzung der Polymermatrix, erhöhte Verstärkung mit der räumlichen Fixierung der Polymerketten in der immobilisierten Schicht erklärt werden. Eine auf die vernetzte Schicht wirkende Spannung kann nicht mehr durch das Abgleiten von Ketten relaxieren; dies erhöht den Modul der Zwischenschicht und führt damit zu einer höheren Verstärkung des vernetzten gefüllten Systems.

Mit steigender Amplitude nimmt auch der Speichermodul des gefüllten, vernetzten Vulkanisats stark ab. Wie auch beim unvernetzten System wird der Einfluss des Füllstoffs bei hohen Amplituden nur noch durch die hydrodynamische Verstärkung bestimmt.

Der Verlustmodul des ungefüllten Systems wird durch die Vernetzung deutlich abgesenkt, da das energiedissipative Abgleiten von Polymerketten durch die Vernetzung verhindert wird. Der Verlustmodul des gefüllten, vernetzten Systems ist bei kleinen Amplituden etwas höher als der des ungefüllten, vernetzten Systems, wächst mit steigender Amplitude an, erreicht bei einer kritischen Amplitude ein Maximum und nähert sich bei weiterer Erhöhung der Amplitude wieder dem Bereich bei der ungefüllten, vernetzten Referenz. Der amplitudenabhängige Verlauf des Verlustmoduls kann klassisch durch das dynamische Gleichgewicht zwischen stabilen und gelösten Füllstoff-Füllstoff- bzw. Füllstoff-Polymer-Kontakten erklärt werden.

Temperatur

Im linken Teil von Abb. 3.114 ist das Ergebnis der amplitudenabhängigen Messungen eines rußgefüllten, vernetzten L-SBR-Kautschuks bei verschiedenen Temperaturen dargestellt. Dabei scheint der Einfluss der Amplitude mit steigender Temperatur abzunehmen. So verringert sich der bei kleinen Amplituden ($\hat{\gamma}_0 < 0.1\,\%$) gemessene Modul von ca. 55 MPa bei 20 °C auf ca. 15 MPa bei 100 °C, während der bei größeren Amplituden ($\hat{\gamma}_0 \approx 15\,\%$) bestimmte Modul bei gleicher Temperaturerhöhung nur eine vergleichsweise geringe Abnahme von ca. 8 MPa auf ca. 6 MPa zeigt.

Die einfachste, physikalisch motivierte Beschreibung der Temperaturabhängigkeit des Speichermoduls ist die auf einem einfachen Platzwechselmodell beruhende Arrhenius-Beziehung (siehe Gl. 3.283). Die zwei Zustände des Platzwechselmodells stehen dann für eine stabile bzw. eine gelöste Bindung zwischen Polymer und Füllstoff.

$$\Gamma(T, \hat{\gamma}_0) = \Gamma_\infty(\hat{\gamma}_0) \cdot e^{\frac{E}{RT}} \tag{3.283}$$

Der Parameter E charakterisiert die zur Lösung bzw. Bildung einer Bindung benötigte Energie, während $\Gamma_\infty(\hat{\gamma}_0)$ die Verstärkung im Grenzfall hoher Temperaturen bezeichnet. Das rechte Diagramm in Abb. 3.114 zeigt die typische Arrhenius-Darstellung für den Verstärkungsterm $\Gamma(T, \hat{\gamma}_0)$ bei zwei Amplituden ($\hat{\gamma}_0 = 0.1\,\%$ und $\hat{\gamma}_0 = 15\,\%$). Sowohl bei kleinen als auch bei großen Amplituden findet man eine lineare Beziehung zwischen dem Logarithmus des Verstärkungsterms und der inversen Temperatur.

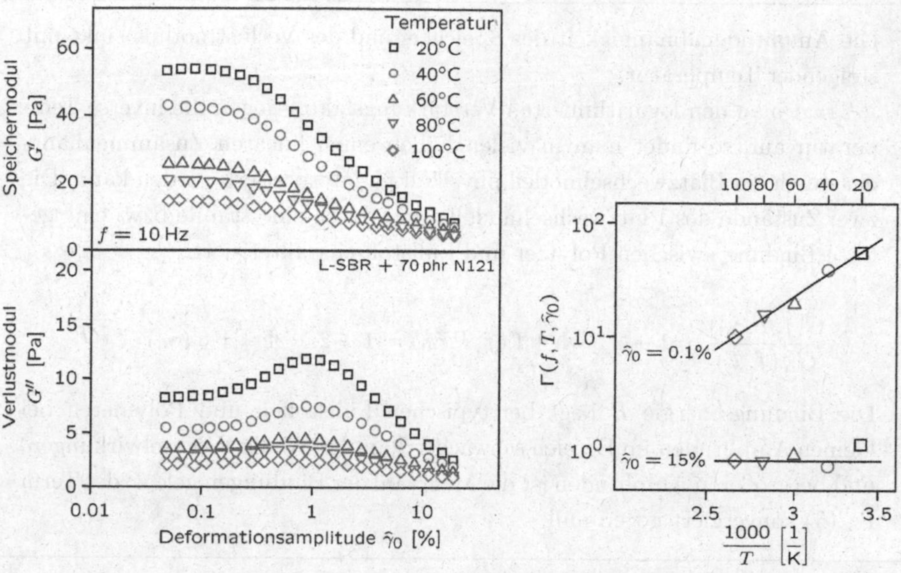

Abb. 3.114 Einfluss der Temperatur auf den amplitudenabhängigen Modul ($f = 10$ Hz)

Die aus der Steigung bestimmte Aktivierungsenergie $E = 12\,(\pm 2)$ kJ/mol liegt bei den kleinen Amplituden in derselben Größenordnung wie bei typischen Van-der-Waals-Bindungen. Ähnliche Werte wurden auch von Schröder (2000) gefunden, der die Adsorptionsenergie von Polymerketten auf Rußoberflächen mittels inverser Gaschromatographie experimentell bestimmte.

Mit Erhöhung der Amplitude konvergiert der von der Temperatur unabhängige Verstärkungsterm $\Gamma_\infty(\hat{\gamma}_0)$ gegen null. Experimentell findet man schon bei einer Deformationsamplitude von ca. 15 % einen konstanten Wert für den Verstärkungsterm $\Gamma(T, \hat{\gamma}_0)$. Die daraus berechnete Aktivierungsenergie unterscheidet sich im Rahmen der Messgenauigkeit nicht mehr vom Nullwert. Nimmt man an, dass bei dieser Amplitude das Gleichgewicht zwischen der Adsorption und der Desorption von Kettensegmenten auf der Füllstoffoberfläche schon fast zur Gänze in Richtung Desorption verschoben ist (d.h. $\Gamma_\infty(\hat{\gamma}_0) \to 0$), so gibt es kaum mehr adsorbierte Ketten, deren Bindungsenergie bestimmt werden könnte.

Die Amplitudenabhängigkeit des Speicher- und des Verlustmoduls sinkt mit steigender Temperatur.

Trägt man den logarithmierten Verstärkungsfaktor gegen die inverse Temperatur auf, so findet man in vielen Fällen einen linearen Zusammenhang, der durch ein Platzwechselmodell physikalisch interpretiert werden kann. Die zwei Zustände des Platzwechselmodells sind durch eine stabile bzw. eine gelöste Bindung zwischen Polymer und Füllstoff charakterisiert.

$$\frac{G(f,T,\hat{\gamma}_0)}{G_N(f,T)} = 1 + 2.5 \cdot \Phi + \Gamma(f,T,\hat{\gamma}_0) = 1 + 2.5 \cdot \Phi + \Gamma_\infty(\hat{\gamma}_0) \cdot e^{\frac{E}{RT}}$$

Die Bindungsenergie E liegt bei typischen Füllstoffen und Polymeren bei kleinen Amplituden im Bereich schwacher Van-der-Waals-Wechselwirkungen, und bei größeren Amplituden ist die Mehrzahl der Bindungen gelöst, der Term $\Gamma_\infty(\hat{\gamma})$ konvergiert gegen null.

Frequenz

Abb. 3.115 zeigt den Einfluss der Frequenz auf die Amplitudenabhängigkeit des komplexen Moduls für das im vorigen Beispiel verwendete System.

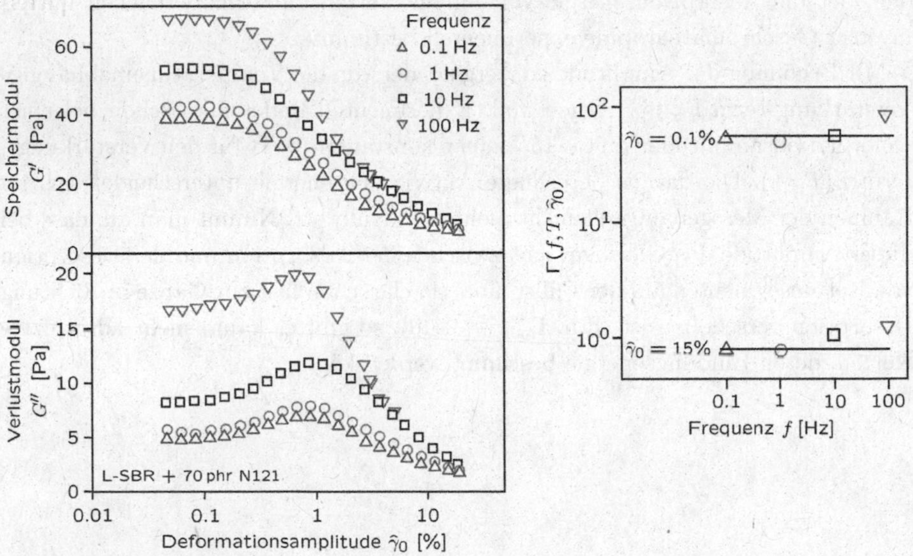

Abb. 3.115 Einfluss der Frequenz auf den amplitudenabhängigen Modul ($T = 20\,°C$)

Dabei wurden Speicher- und Verlustmodul bei einer konstanter Temperatur von 20 °C bei vier verschiedenen Frequenzen in Abhängigkeit von der Amplitude bestimmt. Das Ergebnis ist im linken Teil von Abb. 3.115 dargestellt.

Mit steigender Frequenz steigt der Modul bei kleinen Amplituden deutlich an. Der Unterschied zur Amplitudenabhängigkeit als Funktion der Temperatur wird deutlich, wenn man den Verstärkungsfaktor $\Gamma(f, T, \hat{\gamma}_0)$ (zur Definition siehe Gl. 3.279 und Gl. 3.280) als Funktion der Messfrequenz plottet (siehe rechter Teil in Abb. 3.115).

Sowohl bei kleinen als auch bei größeren Amplituden ist der Verstärkungsfaktor unabhängig von der Frequenz.

$$\Gamma(f, T, \hat{\gamma}_0) = \Gamma(T, \hat{\gamma}_0)$$

Der Einfluss der Frequenz auf die Amplitudenabhängigkeit von Speicher- und Verlustmodul wird damit ausschließlich durch die Frequenzabhängigkeit der Polymermatrix verursacht.

Die Amplitudenabhängigkeit des Speicher- und des Verlustmoduls steigt mit der Frequenz. Der aus dem Verhältnis der Module von gefülltem und ungefülltem Elastomer berechnete Verstärkungsfaktor ist frequenzunabhängig.

$$\frac{G(f, T, \hat{\gamma}_0)}{G_N(f, T)} = 1 + 2.5 \cdot \Phi + \Gamma(f, T, \hat{\gamma}_0) = 1 + 2.5 \cdot \Phi + \Gamma(T, \hat{\gamma}_0)$$

Die Frequenzabhängigkeit von gefüllten Systemen wird ausschließlich durch die Frequenzabhängigkeit der Polymermatrix verursacht.

3.17 Viskosität und Verarbeitbarkeit

Ein dem amplitudenabhängigen Verhalten von gefüllten Elastomeren ähnliches Verhalten findet man bei der Charakterisierung des Einflusses der Scherrate $\dot{\gamma}$ auf die Viskosität von gefüllten und ungefüllten Elastomeren.

Statt des im vorigen Abschnitt vorgeführten oszillatorischen Experiments bei konstanter Frequenz und steigender Amplitude wird eine kontinuierliche Deformation bei ansteigender Deformationsgeschwindigkeit bzw. Scherrate betrachtet.

Die Kenntnis der in Abb. 3.116 skizzierten Abhängigkeit der Viskosität von der Scherrate ist unerlässlich, wenn die Verarbeitbarkeit von Elastomeren oder deren Mischungen beurteilt werden soll. In der Abbildung sind die Scherratenbereiche verschiedener Verarbeitungsaggregate dargestellt. Soll beispielsweise die Extrudierbarkeit einer Elastomermischung beurteilt werden, so muss die Viskosität bei den während des Extrusionsvorgangs auftretenden typischen Scherraten

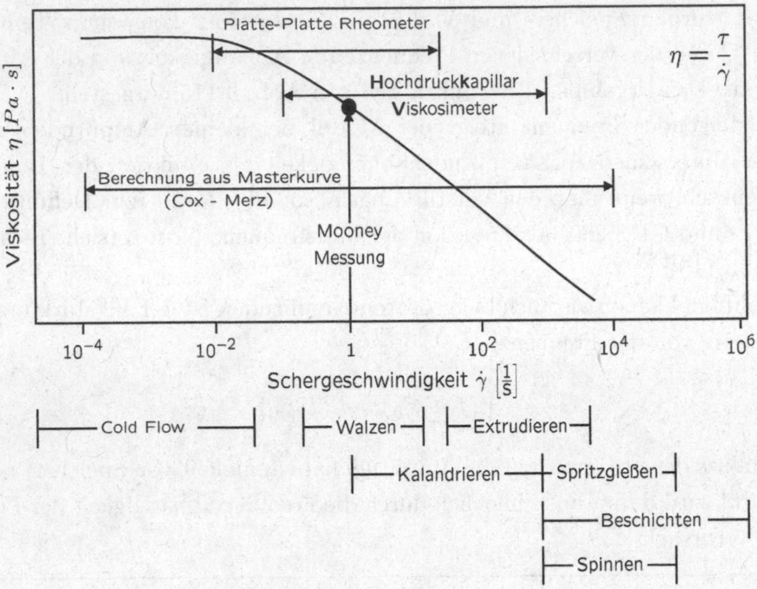

Abb. 3.116 Einfluss der Scherrate auf die Viskosität und das Verarbeitungsverhalten

von $20\,s^{-1}$ bis $5000\,s^{-1}$ bestimmt werden. Eine geringere Viskosität in diesem Bereich deutet dann auf eine bessere Verarbeitbarkeit hin. Aus dem Diagramm wird ebenfalls ersichtlich, warum bestimmte Messmethoden nicht zur Vorhersage der Verarbeitbarkeit geeignet sind. So kann die üblicherweise bei einer Scherrate von ca. $1\,s^{-1}$ bestimmte Mooney-Viskosität zwar Auskunft über das Walzverhalten geben, aber nicht zur Vorhersage des Spritzgießverhaltens verwendet werden, da die beim Spritzguss auftretenden Scherraten deutlich höher als die bei der Mooney-Messung sind.

In Abb. 3.116 sind die apparativ zugänglichen Bereiche der Scherraten für zwei typische Messmethoden zur Bestimmung der scherratenabhängigen Viskosität dargestellt. Beim Platte-Platte-Rheometer befindet sich die Probe zwischen zwei Platten, wobei eine der Platte mit konstanter Geschwindigkeit gedreht wird. Als Scherrate wird entweder die maximale oder die mittlere Scherrate angegeben. Bei der zweiten dargestellten Methode wird ein Hochdruckkapillarviskosimeter verwendet. Dabei wird eine Polymerschmelze unter konstantem Druck durch eine Düse gepresst. Aus angelegtem Druck und dem resultierenden Volumenstrom können Scherrate und Viskosität berechnet werden (siehe hierzu Geisler (2008)). Eine dritte Methode, die auf der aus dynamisch-mechanischen Messungen konstruierten Masterkurve beruht, wird in Abschnitt 3.17.2 vorgestellt.

3.17.1 Nicht-newtonsche Flüssigkeiten

Allgemein werden alle Medien, die keine lineare Beziehung zwischen Spannung und Scherrate besitzen, als nicht-newtonsche Flüssigkeiten bezeichnet. Abb. 3.116 gibt ein Beispiel für typisch strukturviskoses Verhalten.

Neben den verschiedenen nichtlinearen Beziehungen zwischen Spannung und Scherrate (siehe Abb. 3.117) kann die Viskosität auch eine Zeitabhängigkeit aufweisen (siehe Abb. 3.119).

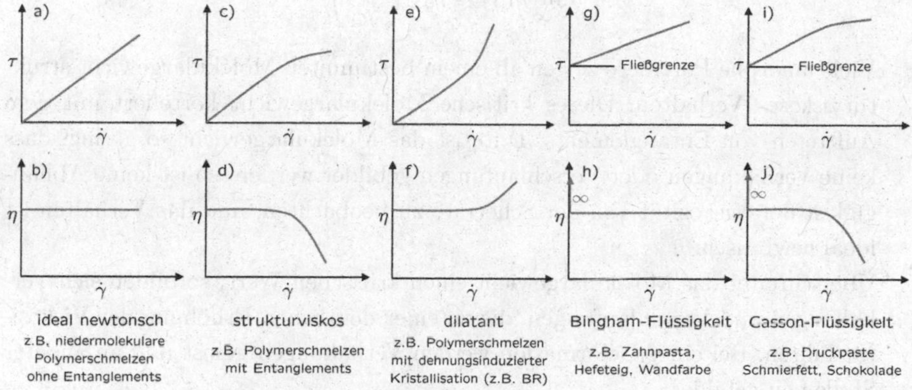

Abb. 3.117 Einfluss der Scherrate $\dot{\gamma}$ auf die Viskosität η

Bei den in Abb. 3.117 skizzierten zeitunabhängigen Beziehungen zwischen Viskosität und Scherrate unterscheidet man fünf verschiedene Arten:

- Ideal newtonsches Verhalten
  Die Spannung τ ist proportional zur Scherrate η (siehe Abb. 3.117a). Die Viskosität η ist eine von der Scherrate $\dot{\gamma}$ unabhängige Konstante (siehe Abb. 3.117b).
  $$\tau = \eta \cdot \dot{\gamma}$$
- Strukturviskoses Verhalten (engl. shear thinning)
  Bei kleinen Scherraten $\dot{\gamma} \to 0$ steigt die Spannung τ proportional zur Scherrate $\dot{\gamma}$ (siehe Abb. 3.117c). Bei höheren Scherraten steigt die Spannung zwar noch an, allerdings deutlich geringer als bei kleineren Scherraten. Die Viskosität ist nur bei kleinen Scherraten spannungsunabhängig, und bei höheren Scherraten nimmt die Viskosität mit steigender Scherrate ab (siehe Abb. 3.117d). Eine mögliche mathematische Modellierung dieses Zusammenhangs wird im Folgenden dargestellt.
  $$\eta(\dot{\gamma}) = \eta_0 \cdot \frac{1}{1 + \left(\frac{\dot{\gamma}}{\dot{\gamma}_C}\right)^a}$$

Dabei bezeichnet η_0 die Viskosität (auch als Nullviskosität bezeichnet) für den Grenzfall sehr kleiner Scherraten ($\dot{\gamma} \to 0$) und $\dot{\gamma}_C$ die sogenannte kritische Schergeschwindigkeit, bei der die Viskosität auf die Hälfte der Nullviskosität η_0 abgesunken ist, sowie a einen empirisch definierten Parameter, der nur Werte größer als 1 annehmen kann ($a > 1$). Für hohe Scherraten ($\dot{\gamma} \gg \dot{\gamma}_C$) kann die Beziehung zwischen Viskosität und Scherrate durch ein Potenzgesetz approximiert werden, das auch als Ostwald-de-Waele-Beziehung bezeichnet wird.

$$\lim_{\dot{\gamma} \to \infty} \eta(\dot{\gamma}) = \eta_0 \cdot \left(\frac{\dot{\gamma}}{\dot{\gamma}_C} \right)^{-a}$$

Viele amorphe Polymere zeigen ab einem bestimmten Molekulargewicht strukturviskoses Verhalten. Dieses kritische Molekulargewicht korreliert mit dem Auftreten von Entanglements. D.h., ist das Molekulargewicht so gering, dass keine Verhakungen oder Verschlaufungen gebildet werden, so ist keine Abhängigkeit der Viskosität von der Scherrate zu beobachten, und das Verhalten ist ideal newtonsch.
Überschreitet das Molekulargewicht einen kritischen Wert, so bilden sich Verhakungen und Verschlaufungen, die zu einer deutlichen Erhöhung der Viskosität führen. Bei einer Deformation werden Verhakungen gelöst und an anderer Stelle neu gebildet.
Bei kleinen Scherraten ist die Polymerschmelze durch ein dynamisches Gleichgewicht der Anzahl an Verhakungen charakterisiert. Die Gesamtanzahl an Verhakungen ist dabei konstant und scherratenunabhängig. Mit steigender Scherrate werden mehr Verhakungen gelöst als neu gebildet, damit reduziert sich die Anzahl an Verhakungen in der Polymerschmelze, was eine Abnahme der Viskosität zur Folge hat. Der Vorgang lässt sich analytisch wiederum durch ein einfaches Platzwechselmodell beschreiben (siehe Abschnitt 3.11.1).

- Dilatantes Verhalten (engl.: shear thickening)
  Bei kleinen Scherraten ($\dot{\gamma} \to 0$) steigt die Spannung τ proportional zur Scherrate $\dot{\gamma}$ (siehe Abb. 3.117e). Bei höheren Scherraten steigt die Spannung deutlich stärker an als bei kleineren Scherraten. Die Viskosität ist nur bei kleinen Scherraten spannungsunabhängig, bei höheren Scherraten nimmt die Viskosität mit steigender Scherrate zu (siehe Abb. 3.117f). D.h., die Polymerschmelze verfestigt sich mit steigender Scherrate. Die mathematische Beschreibung des dilatanten Verhaltens kann analog zur analytischen Darstellung der Strukturviskosität abgeleitet werden, wobei Bedeutung und Wertebereich der Parameter für beide Fälle identisch sind.

$$\eta(\dot{\gamma}) = \eta_0 \cdot \left[1 + \left(\frac{\dot{\gamma}}{\dot{\gamma}_C} \right)^a \right]$$

Typische Vertreter für Materialien mit dilatantem Verhalten sind Polymere mit der Fähigkeit zur dehnungsinduzierten Kristallisation. Das bekannteste

Beispiel eines dehnungskristallisierenden Elastomers ist Naturkautschuk, der bei Raumtemperatur schon bei Dehnungen ab 100 % einen messbaren Anteil an mechanisch verstärkenden Kristalliten bildet. Auch Polybutadien ist bei Zimmertemperatur zur Dehnungskristallisation fähig, allerdings bei wesentlich höheren Dehnungen.

Ob ein Polymer dilatantes oder strukturviskoses Verhalten aufweist, wird stark von der Temperatur beeinflusst. In Abb. 3.118 ist dies am Beispiel der Fließkurve eines hoch cis-1,4-Polybudatiens illustriert.

Bei 23 °C ist das Fließverhalten dilatant (bei höheren Scherraten steigt die Spannung überproportional an), da das Polybutadien bei diesen Temperaturen die Fähigkeit zur Dehnungskristallisation besitzt. Mit Erhöhung der Temperatur wird das dilatante Verhalten zu höheren Scherraten verschoben. So zeigt die bei 40 °C gemessene Fließkurve mit ansteigender Scherrate zuerst strukturviskoses Verhalten und bei weiterer Erhöhung der Scherrate einen Übergang in eine dilatante Fließcharakteristik.

Bei einer weiteren Temperaturerhöhung (siehe Fließkurve bei 80 °C) ist keine Dehnungskristallisation mehr möglich, das Fließverhalten zeigt rein strukturviskoses Verhalten. Bei noch höheren Temperaturen beobachtet man ein instabiles Verhalten, das als Schmelzebruch bezeichnet wird. Ab einer bestimmten Spannung erhöht sich die Scherrate durch den Bruch von Ketten sprunghaft, was direkten Einfluss auf die Verarbeitungseigenschaften hat.

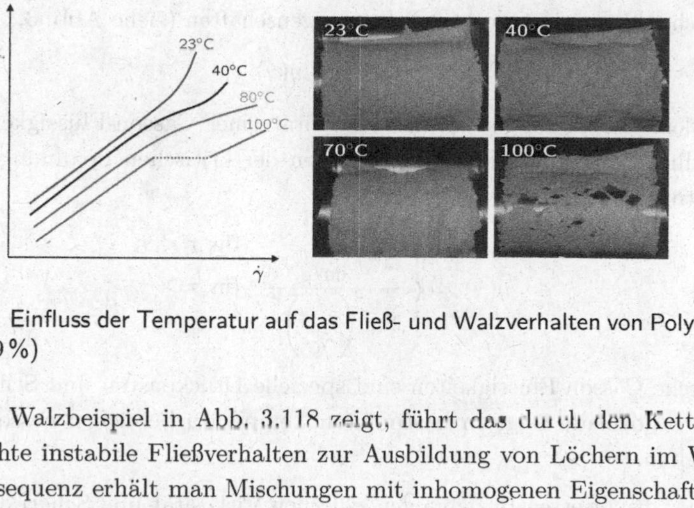

Abb. 3.118 Einfluss der Temperatur auf das Fließ- und Walzverhalten von Polybutadien (cis-1.4 > 99 %)

Wie das Walzbeispiel in Abb. 3.118 zeigt, führt das durch den Kettenbruch verursachte instabile Fließverhalten zur Ausbildung von Löchern im Walzfell. Als Konsequenz erhält man Mischungen mit inhomogenen Eigenschaften.

Das beste Walzverhalten findet man bei einer Temperatur von etwa 23 °C. Die durch die Dehnungskristallisation verursachte mechanische Verstärkung führt zur Ausbildung eines glatten, an der Walze anliegenden Fells. Bei Erhöhung der Temperatur wird die Dehnungskristallisation unterdrückt, und die reduzierte Festigkeit des Elastomers führt zu einem nicht mehr anliegenden Walzfell. Die

Folge sind Probleme beim Einmischen von Zuschlagstoffen und bei der Homogenisierung von Mischungen.

- Bingham-Flüssigkeiten
  Eine Substanz wird als Bingham-Flüssigkeit bezeichnet, wenn sie eine Fließgrenze besitzt. Bei kleinen Spannungen τ ist die Substanz nicht fließfähig, und erst ab einer bestimmten kritischen Spannung τ_C erfolgt ein sprunghafter Übergang zu ideal newtonschem Fließen (siehe Abb. 3.117g).

  $$\tau = \tau_C + \eta \cdot \dot{\gamma}$$

  Die Viskosität einer Bingham-Flüssigkeit ist bei kleinen Spannungen unendlich hoch und nimmt erst mit Überschreiten der kritischen Spannung τ_C einen endlichen, konstanten Wert an (siehe Abb. 3.117h).

  $$\eta(\dot{\gamma}) = \begin{cases} \infty & \text{für } \tau < \tau_C \\ \eta & \text{für } \tau \geq \tau_C \end{cases}$$

  Typische Vertreter von Bingham-Flüssigkeiten sind Wandfarbe und Zahnpasta. Beide fließen erst ab einer Spannung und sind fest, wenn diese Spannung unterschritten wird. Deshalb fließt Zahnpasta nicht von der Bürste und tropft Wandfarbe nicht von der Decke. Falls es doch tropft, war es eine billige Variante mit ideal newtonschem Verhalten.
- Casson-Flüssigkeiten
  Auch Casson-Flüssigkeiten besitzen eine Fließgrenze, zeigen aber oberhalb der kritischen Spannung strukturviskose Eigenschaften (siehe Abb. 3.117i).

  $$\tau = \tau_C + \eta(\dot{\gamma}) \cdot \dot{\gamma}$$

  Bei kleinen Spannungen ist die Viskosität einer Casson-Flüssigkeit ebenfalls unendlich hoch, und beim Überschreiten der kritischen Spannung nimmt sie strukturviskoses Verhalten an.

  $$\eta(\dot{\gamma}) = \begin{cases} \infty & \text{für } \tau < \tau_C \\ \dfrac{\eta_0}{1 + \left(\dfrac{\dot{\gamma}}{\dot{\gamma}_C}\right)^a} & \text{für } \tau \geq \tau_C \end{cases}$$

  Typische Casson-Flüssigkeiten sind spezielle Druckpasten und Schmiermittel. Auch Schokolade zeigt in bestimmten Temperaturbereichen casson-typisches Verhalten.

Alle bisher diskutierten Beziehungen zwischen Viskosität und Scherrate haben eines gemeinsam: Sie sind zeitunabhängig. Vermindert man beispielsweise die Spannung einer Bingham-Flüssigkeit unter die kritische Spannung, so tritt eine instantane Verfestigung ein, die das Fließen unterbindet.

Das bei bestimmten Materialien auftretende zeitabhängige Fließverhalten lässt sich in zwei Fälle unterteilen:

- Thixotropes Verhalten
  Eine Flüssigkeit zeigt thixotropes Verhalten, wenn ihre Viskosität bei konstanter Scherrate mit der Zeit abnimmt (siehe Abb. 3.119a und b). Prominentester Vertreter einer thixotropen Flüssigkeit ist Ketchup, das zumeist erst nach kräftigem Schütteln fließt.
- Rheopexes Verhalten
  Eine Flüssigkeit zeigt rheopexes Verhalten, wenn ihre Viskosität bei konstanter Scherrate mit der Zeit ansteigt (siehe Abb. 3.119c und d). Flüssigkeiten mit rheopexem Verhalten sind sehr selten, als typische Beispiele gelten Polyethylenglykol-Gele und Bentonitsole. Bentonit ist ein Gestein, das eine Mischung aus verschiedenen Tonmineralien ist und als wichtigsten Bestandteil Montmorillonit (60–80 %) enthält, was seine starke Wasseraufnahme- und Quellfähigkeit erklärt.

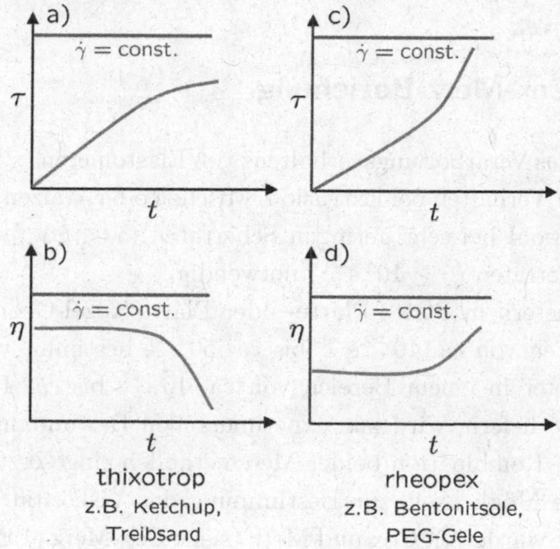

Abb. 3.119 Zeitabhängige Änderung der Viskosität η bei konstanter Scherrate $\dot{\gamma}$

Bei der Diskussion des Fließverhaltens unterscheidet man allgemein zeitabhängiges und zeitunabhängiges Verhalten. Im Fall von zeitunabhängigem Fließverhalten kann der Zusammenhang zwischen Viskosität und Scherrate in fünf Fälle unterschieden werden.

Bei ideal newtonschem Verhalten ist die Spannung immer proportional zur Scherrate, die Viskosität ist konstant und scherratenunabhängig.

Bei strukturviskosem Verhalten ist die Viskosität nur bei kleinen Scherraten konstant, oberhalb einer kritischen Scherrate sinkt die Viskosität. Eine strukturviskose Flüssigkeit wird mit steigender Scherrate dünnflüssiger.

Bei dilatantem Verhalten ist die Viskosität nur bei kleinen Scherraten konstant, oberhalb einer kritischen Scherrate steigt die Viskosität. Eine dilatante Flüssigkeit wird mit steigender Scherrate dickflüssiger.

Eine Bingham-Flüssigkeit besitzt eine Fließgrenze. Unterhalb einer kritischen Spannung ist eine Bingham-Flüssigkeit nicht fließfähig, oberhalb dieser Spannung zeigt sie ideal newtonsches Verhalten.

Eine Casson-Flüssigkeit besitzt ebenfalls eine Fließgrenze. Unterhalb einer kritischen Spannung ist eine Casson-Flüssigkeit nicht fließfähig, oberhalb dieser Spannung zeigt sie strukturviskoses Verhalten.

Zeigt eine Substanz eine zeitabhängige Änderung der Viskosität bei konstanter Scherrate, so ist ihr Verhalten entweder thixotrop oder rheopex. Bei thixotropem Verhalten sinkt die Viskosität mit der Zeit, während sie bei rheopexer Fließcharakteristik mit der Zeit ansteigt.

3.17.2 Die Cox-Merz-Beziehung

Zur Beurteilung des Verarbeitungsverhaltens von Elastomeren (z.B. Fließverhalten bei Lagerung oder Verhalten bei Extrusion, Mischen oder Walzen) ist die Kenntnis der Viskosität sowohl bei sehr geringen Scherraten ($\dot{\gamma} < 10^{-2}\,\mathrm{s}^{-1}$) als auch bei relativ hohen Scherraten ($\dot{\gamma} \geq 10^{4}\,\mathrm{s}^{-1}$) notwendig.

Da mit Rheometern in Platte-Platte- oder Platte-Kegel-Geometrie die Viskosität bei Scherraten von ca. $10^{-2}\,\mathrm{s}^{-1}$ bis ca. $50\,\mathrm{s}^{-1}$ bestimmt werden kann und Kapillarviskosimeter in einem Bereich von ca. $10\,\mathrm{s}^{-1}$ bis ca. $10^{4}\,\mathrm{s}^{-1}$ vernünftige Messergebnisse liefern, wird zur experimentellen Bestimmung der Viskosität üblicherweise eine Kombination beider Messmethoden eingesetzt.

Eine einfachere Möglichkeit zur Bestimmung der Viskosität in einem großen Scherratenbereich wurde von Cox und Merz (siehe Cox-Merz (1958)) auf der Basis einer empirischen Beziehung zwischen scherratenabhängigen und oszillatorischen, frequenzabhängigen Viskositätsmessungen abgeleitet.

Dazu postulierten sie, dass die bei konstanter Scherrate $\dot{\gamma}$ gemessene Viskosität $\eta(\dot{\gamma})$ dem bei konstanter Kreisfrequenz ω gemessenen Betrag $|\eta^{\star}(\omega)|$ der Viskosität entspricht (siehe Gl. 3.284), wenn Scherrate und Kreisfrequenz identisch sind.

$$\eta(\dot{\gamma}) = |\eta^{\star}(\omega)| \text{ für } \dot{\gamma} = \omega \tag{3.284}$$

Diese Beziehung ist rein empirischer Natur und hat keinen physikalischen Hintergrund.

Deutlich wird dies, wenn man sich den Zusammenhang zwischen Scherrate und Frequenz beim periodischen Experiment verdeutlicht. Bei einer periodischen Deformation

$$\gamma(t) = \hat{\gamma}_0 \cdot \sin(\omega\, t)$$

berechnet sich die zeitliche Änderung der Deformation, d.h. die Scherrate zu

$$\frac{d\gamma(t)}{dt} = \dot{\gamma}(t) = \hat{\gamma}_0 \cdot \omega \cdot \cos(\omega\, t).$$

Damit ändert sich die Scherrate beim oszillatorischen Experiment periodisch in einem Bereich von

$$0 \leq \dot{\gamma}(t) \leq \dot{\gamma}_{\mathrm{Max}} = \hat{\gamma}_0 \cdot \omega$$

während sie beim kontinuierlichen Experiment konstant bleibt. Somit ist es nicht möglich, frequenz- und scherratenabhängige Messungen bei identischen Bedingungen d.h. bei vergleichbaren Scherraten durchzuführen.

Näherungsweise kann der bei maximaler oder effektiver Schergeschwindigkeit gemessene Betrag der Schergeschwindigkeit mit der Viskosität aus scherratenabhängigen Messungen korreliert werden.

$$\dot{\gamma}_{\mathrm{Eff}} = \frac{1}{\sqrt{2}} \cdot \dot{\gamma}_{\mathrm{Max}} = \frac{1}{\sqrt{2}} \cdot \hat{\gamma}_0 \cdot \omega$$

Diese Korrelation wird beispielsweise beim RPA (Rubber Process Analyzer der Fa. Alpha Technology) verwendet, um scherratenabhängige Daten aus oszillatorischen Messungen zu berechnen.

Der Grund für die doch sehr mutige Konstruktion der empirischen Beziehung zwischen Scherrate und Frequenz ist die Suche nach einer einfachen experimentellen Methode zur Bestimmung der Viskosität als Funktion der Scherrate.

Geht man davon aus, dass die bei einer oszillatorischen Messung gemessene Viskosität in eine scherratenabhängige Viskosität umgerechnet werden kann, so würde man durch die Masterkurventechnik Zugang zu einem deutlich größeren Bereich von Scherraten erhalten.

Zur Bestimmung der Viskosität bei einer Scherrate von $10^5\,\mathrm{s}^{-1}$ und einer Temperatur von 140 °C würde dann beispielsweise eine frequenzabhängige Messung bei Zimmertemperatur und eine weitere bei 140 °C ausreichen. Durch die Anwendung des Prinzips der Äquivalenz von Temperatur und Frequenz würde die bei Zimmertemperatur durchgeführte Messung die Messung bei 140 °C zu hohen Frequenzen fortsetzen und nach Anwendung der Cox-Merz-Beziehung den Bereich der Scherrate zu höheren Werten erweitern.

Abb. 3.120 zeigt einen Vergleich von oszillatorischen und scherratenabhängigen Messungen bei 140 °C am Beispiel eines HNBR (hydrierten Copolymers aus Acrylnitril (34 wt%) und Butadien mit einer Mooney-Viskosität (ML1+4/100 °C) von 4). Die ungefüllten Vierecke zeigen die in einem Platte-Platte-Rheometer gemessenen scherratenabhängigen Viskositäten in dem apparativ zugänglichen

Scherratenbereich von $10^{-2}\,\mathrm{s}^{-1}$ bis $2\,\mathrm{s}^{-1}$. Natürlich hat auch die Probe Einfluss auf den Bereich der Scherrate. Je höher die Viskosität der Probe, umso schneller wird das maximale Drehmoment des Rheometers erreicht und umso niedriger ist dann die maximale Scherrate. Die ungefüllten kreis- und rautenförmigen Symbole sind das Ergebnis der mit der Cox-Merz-Beziehung ($\omega = \dot{\gamma}$) aus oszillatorischen Messungen (Variation der Frequenz bei konstanter Scheramplitude) berechneten Viskositäten, und die gefüllten Symbole zeigen die aus oszillatorischen Messungen bestimmten Viskositäten als Funktion der maximalen Scherrate ($\dot{\gamma}_{\mathrm{Max}} = \omega \cdot \gamma_0$).

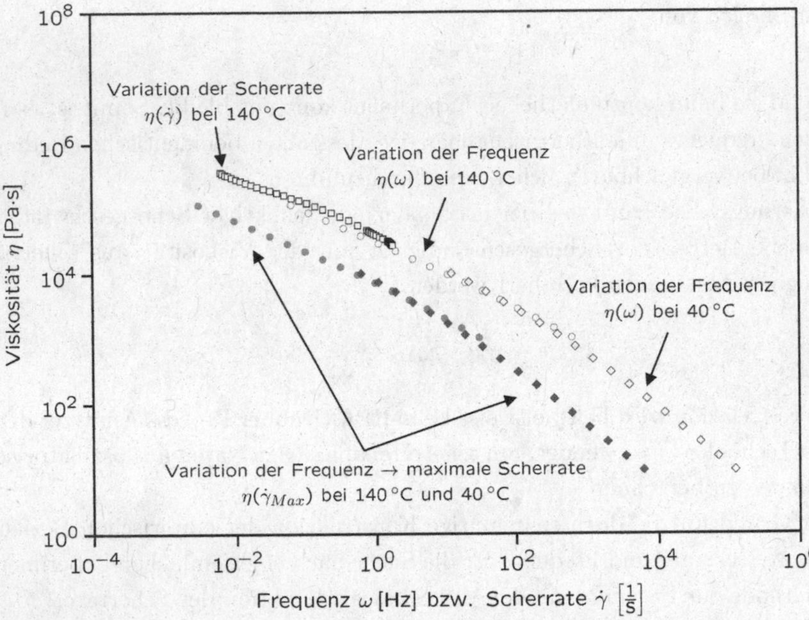

Abb. 3.120 Die empirische Beziehung von Cox und Merz

Das Ergebnis des Vergleichs ist erstaunlich. Man findet eine relativ gute Übereinstimmung zwischen den mittels Cox-Merz-Beziehung aus oszillatorischen Messungen berechneten Werten und den gemessenen scherratenabhängigen Viskositäten. Dagegen zeigen die bei maximaler Scherrate berechneten Viskositäten keinerlei Übereinstimmung mit den scherratenabhängigen Messungen.

Da keine physikalische Korrelation zwischen frequenz- und scherratenabhängigen Messungen existiert, ist das Ergebnis zwar erstaunlich, aber dennoch empirisch und damit nur auf das betrachtete Beispiel anwendbar.

Da eine Verallgemeinerung der Ergebnisse nicht physikalisch begründet werden kann, sollte vor der Verwendung der Cox-Merz-Beziehung zur Bestimmung der scherratenabhängigen Viskosität aus oszillatorischen Messungen die Gültigkeit der Beziehung zumindest an einigen Messungen überprüft werden.

Die Cox-Merz-Beziehung ist ein Versuch, eine Beziehung zwischen Scherrate und Frequenz herzustellen. Damit könnten frequenzabhängige Messungen zur Berechnung der scherratenabhängigen Viskosität verwendet werden.

Da die experimentelle Bestimmung der scherratenabhängigen Viskosität über einen großen Scherratenbereich nur durch die Kombination mehrerer Messmethoden (wie z.B. Platte-Platte-Rheometer und Hochdruckkapillarviskosimeter) möglich ist, würde der Zugang über frequenzabhängige Messungen eine deutliche Vereinfachung darstellen.

Die Cox-Merz-Beziehung besagt, dass die bei einer Frequenz ω gemessene Viskosität identisch mit der bei einer Scherrate $\dot{\gamma}$ gemessenen Viskosität ist, wenn Scherrate und Frequenz identisch sind (d.h. bei $\omega = \dot{\gamma}$). Diese Beziehung ist rein empirischer Natur und hat keinerlei physikalische Motivation. Vor der Anwendung der Cox-Merz-Beziehung sollten wenigstens einige frequenz- und scherratenabhängige Messungen der Viskosität durchgeführt werden. Aus dem Vergleich der Messergebnisse kann dann die Gültigkeit der Cox-Merz-Regel überprüft werden.

4 Nichtlineare Deformationsmechanik

Übersicht

4.1 Grundbegriffe

Das Deformationsverhalten von Polymeren im nichtlinearen Bereich ist äußerst komplexer Natur und bisher bei Weitem nicht vollständig verstanden. Bereits am einfachen uniaxialen Spannungs-Dehnungs-Versuch bei einigen ausgewählten Thermoplasten zeigt sich die große Variationsbreite des Verhaltens im nichtlinearen Bereich. In Abb. 4.1 sind dazu charakteristische Spannungs-Dehnungs-Kurven einiger ausgewählter Thermoplaste und Elastomere vergleichend gegenübergestellt.

Das nichtlineare Deformationsverhalten kann grob in die Klassen sprödes, duktiles und gummielastisches Verhalten eingeteilt werden:

- Sprödes Deformationsverhalten zeichnet sich durch eine geringe Deformierbarkeit bei hohen Modulwerten aus. Ein typischer Vertreter ist Styrolacrylnitril (SAN). Seine Bruchdehnung liegt im Bereich einiger Prozent, die Bruchspannung zwischen 60 MPa und 80 MPa.
- Duktile Materialien lassen sich plastisch und damit irreversibel deformieren, bevor sie brechen. Typische Vertreter dieses Verhaltens sind ABS (mit Polybutadien gepfropftes SAN), Polycarbonat (PC) und Polyamid (PA). Bei duktilem Deformationsverhalten beobachtet man ein sogenanntes *Yield-Maximum* in der Spannung, an das sich eine Fließzone anschließt. Sehr deutlich sieht man dies am Beispiel des Polypropylens (PP) (siehe Abb. 4.1). Bei einer Deformation von ca. 10 % beobachtet man das Yield-Maximum der Spannung bei ca. 25 MPa. Bei weiterer Erhöhung der Deformation nimmt die Spannung leicht ab und behält dann bis zu einer Deformation von ca. 450 % einen nahezu kon-

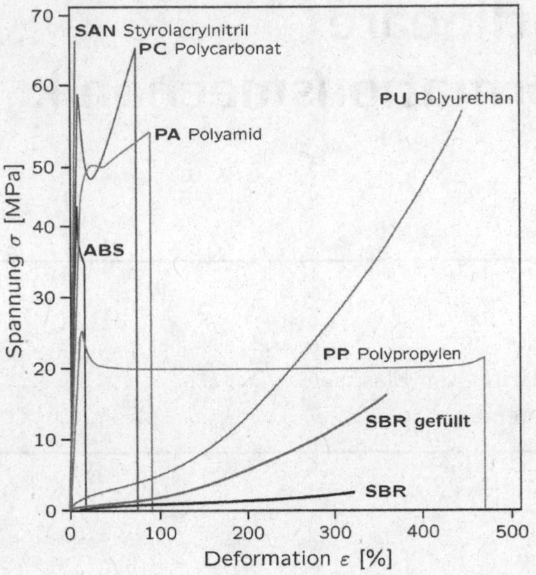

Abb. 4.1 Spannungs-Dehnungs-Kurven verschiedener Polymere

stanten Wert von etwa 20 MPa. Eine weitere Erhöhung der Deformation führt zum Bruch.

Das Auftreten der Yield-Spannung ist in der Regel mit einer inhomogenen Verstreckung verknüpft, die sich in einer ausgeprägten Schulter-Hals-Bildung der Zugprobe manifestiert.

Reversibel ist das Deformationsverhalten duktiler Materialien nur deutlich unterhalb der Yield-Spannung. Bei stärkeren Deformationen ist das Verhalten durch irreversible Fließvorgänge gekennzeichnet.

- Gummielastisches Verhalten zeichnet sich durch eine hohe reversible Deformierbarkeit bei niedrigem Modul aus. Im Bereich hoher Deformation tritt das Phänomen der Selbstverfestigung (progressiver Spannungsanstieg mit zunehmender Dehnung) auf, dessen Ausmaß die Festigkeitseigenschaften von Elastomeren zu großen Anteilen bestimmt.

Die Diskussion des nichtlinearen Deformationsverhaltens wird im Folgenden nur für den Fall des gummielastischen Verhaltens weitergeführt, da nur für diesen Fall eine vollständige physikalische Beschreibung existiert. Ursache dafür ist das nahezu vollständig reversible Deformationsverhalten von elastomeren Netzwerken, das die Grundlage einer thermodynamischen Beschreibung darstellt.

Sowohl bei sprödem als auch bei duktilem Verhalten ist die Voraussetzung des reversiblen Deformationsverhaltens nicht gegeben. Eine thermodynamische Beschreibung ist damit nicht möglich. Da bei Thermoplasten weniger die Festigkeit, sondern mehr die Zähigkeit bzw. die Schlagzähigkeit von technologischem Interesse ist, behilft man sich in der Praxis mit der Messung der Schlagzähigkeit bzw. Kerbschlagzähigkeit zur Charakterisierung des spröden bzw. duktilen Verhaltens. Der Nachteil dieser Methoden besteht darin, dass die damit erfasste Zähigkeit keine Materialkonstante ist, sondern unter anderem von der Probengeometrie abhängt.

4.2 Gummielastizität von Elastomeren

Da dem gummielastischen Verhalten in erster Näherung reversible Platzwechselvorgänge zugrunde liegen, kann die Thermodynamik zur Beschreibung des nichtlinearen Deformationsverhaltens verwendet werden.

4.2.1 Thermodynamik der Gummielastizität

Die Grundlage zur thermodynamischen Beschreibung des nichtlinearen Deformationsverhaltens ist der erste Hauptsatz der Thermodynamik.

$$dU = \partial Q + \partial A \tag{4.1}$$

Die Änderung dU der inneren Energie eines geschlossenen Systems ist gleich der Summe der zugeführten Wärme $\partial Q = TdS$ und der am System verrichteten Arbeit $\partial A = -pdV$. Das negative Vorzeichen beruht auf der Tatsache, dass man Arbeit verrichtet bzw. zuführt, wenn man das Volumen verkleinert. Der Begriff geschlossen bedeutet, dass das System keine Energie mit seiner Umgebung austauscht. Das d wird in Gl. 4.1 benutzt, um herauszuheben, dass es sich um ein vollständiges Differenzial, das heißt um die Änderung einer Zustandsgröße handelt. Eine Zustandsgröße ist eine makroskopische physikalische Größe in einer Zustandsgleichung, die nur vom momentanen Zustand des betrachteten physikalischen Systems abhängt und daher vom Weg, auf dem dieser Zustand erreicht wurde, unabhängig ist. Sie beschreibt eine Eigenschaft des Systems in diesem Zustand. Beispiele sind die Energie, Entropie, Volumen, Masse, Temperatur, Druck, Dichte, Polarisation oder Magnetisierung des betrachteten Systems. Das ∂ einer Größe stellt eine allgemeine Änderung dar, die auch wegabhängig sein kann.

$$dU = TdS - pdV \tag{4.2}$$

Dabei ist die Entropie S (Einheit J/K) eine thermodynamische Größe, die den Ordnungszustand eines Systems charakterisiert.

Der zweite Hauptsatz der Thermodynamik besagt, dass die Ordnung eines geschlossenen Systems nicht zunehmen, d.h. dessen Entropie nicht abnehmen kann (siehe Gl. 4.3), und legt damit die Richtung fest, in die ein Prozess selbsttätig ablaufen kann.

$$dS \geq 0 \tag{4.3}$$

Zur Beschreibung von Gleichgewichtszuständen werden in der Thermodynamik Zustandsfunktionen eingeführt. Diese beschreiben den momentanen Zustand eines Systems in Abhängigkeit von weiteren Zustandsgrößen.

Werden in einem System beispielsweise der Druck p und die Temperatur T konstant gehalten, so spricht man von einem isothermen und isobaren System ($p, T = \text{const}$) und verwendet die freie Enthalpie G, die auch als freie Gibbssche Energie bezeichnet wird, als Zustandsfunktion zur Beschreibung des Gleichgewichtszustands. Ein ausführliches Beispiel für die Anwendung der freien Enthalpie wird bei der Beschreibung des Glasprozesses als Phasenumwandlung 2. Ordnung gegeben (siehe Abschnitt 3.12.1).

Betrachtet man ein System von Makromolekülen bei konstantem Volumen ($dV = 0$) und konstanter Temperatur ($dT = 0$), so kann die freie Energie als die relevante Zustandsfunktion betrachtet werden.

$$F = U - TS \tag{4.4}$$

Wird an dem System mechanische Arbeit verrichtet, so ändert sich die freie Energie. Übertragen auf eine Dehnungsexperiment bedeutet dies, dass die Arbeit $\partial A = f dl$ verrichtet werden muss, um eine Probe mit einer Kraft f um dl zu dehnen. Die Änderung der freien Energie berechnet sich bei konstanter Temperatur (d.h. $dT = 0$ und damit auch $SdT = 0$) zu:

$$dF = dU - TdS = \partial A = f dl \tag{4.5}$$

Damit ergibt sich die Kraft f, die man zur Deformation der Probe um dl benötigt, zu

$$f = \left(\frac{\delta F}{\delta l}\right)_{T,V} = \left(\frac{\delta U}{\delta l}\right)_{T,V} - T\left(\frac{\delta S}{\delta l}\right)_{T,V} \tag{4.6}$$

$\delta F/\delta l$ bezeichnet eine partielle Ableitung, d.h., die Kraft f wird nach l abgeleitet, und die beiden Größen T und V bleiben konstant.

Die Kraft besteht somit aus zwei Bestandteilen, einem energetischen und einem entropischen:

$$f_E = \left(\frac{\delta U}{\delta l}\right)_{T,V} \quad \text{und} \quad f_S = -T\left(\frac{\delta S}{\delta l}\right)_{T,V} \tag{4.7}$$

Der energetische Anteil f_E charakterisiert die Änderung der inneren Energie bei einer Deformation. In typischen Festkörpern dominiert dieser Anteil, da die innere Energie stark ansteigt, wenn Atome oder Moleküle aus ihren Gleichgewichtslagen in den Kristallstrukturen ausgelenkt werden.

In typischen Elastomeren dominiert der entropische Term f_S das Deformationsverhalten. Dies wird plausibel, wenn man den Ordnungszustand einer geknäulten nicht deformierten Polymerkette mit dem einer vollständig gedehnten vergleicht. Der geknäulte Zustand kann durch viele Kettenkonfigurationen, d.h. durch viele Anordnungen von Kettensegmenten, dargestellt werden und besitzt somit einen niedrigen Ordnungsgrad, d.h. eine hohe Entropie. Der vollständig gedehnte Zustand ist nur durch eine einzige Konfiguration der Kettensegmente darstellbar und besitzt damit die größtmögliche Ordnung und somit die geringste Entropie. Damit ist die Entropie von der Deformation abhängig und nimmt mit steigender Deformation stetig ab.

Ein weiteres Charakteristikum von Materialien mit vorwiegend entropieelastischem Verhalten ist der Einfluss der Temperatur auf das Deformationsverhalten. Aus Gl. 4.7 ist ersichtlich, dass der entropische Term direkt proportional zur Temperatur ist, während der energieelastische Term nicht von der Temperatur abhängt. Ein schönes Beispiel für dieses Verhalten stellt ein unter konstantem Gewicht gedehnter Gummifaden dar. Die durch das Gewicht wirkende Kraft F verursacht eine Dehnung des Gummifadens um dl. Bei erhöhter Temperatur kann die Deformation dl nur konstant gehalten werden, wenn die Kraft um den mit zunehmender Temperatur steigenden entropieelastischen Anteil erhöht wird. Ist dies nicht der Fall, so reduziert sich die ursprüngliche Deformation – der Gummi zieht sich zusammen.

Eine einfache Methode zur Charakterisierung von entropie- und energieelastischem Deformationsverhalten wurde von Flory (1979) entwickelt. Dabei wird die von der Temperatur abhängige Kraft $f(T)$ bestimmt, die zu einer konstanten Dehnung dl einer Probe notwendig ist. Abb. 4.2 zeigt eine schematische Darstellung der Kraft f als Funktion der Temperatur.

Der Zusammenhang der in der Abbildung dargestellten Größen mit Gl. 4.6 wird deutlich, wenn man die Definition der freien Enthalpie und die daraus ableitbaren Zusammenhänge etwas detaillierter betrachtet. Aus Gl. 4.4 ergibt sich die Änderung der freien Energie dF zu

$$dF = -SdT - pdV + fdl \tag{4.8}$$

Die freie Energie ist eine Zustandsfunktion. Sie hängt nur von der Temperatur T, dem Volumen V und der Länge l der Probe ab und kann als vollständiges Differenzial angegeben werden:

$$dF = \left(\frac{\delta F}{\delta T}\right)_{V,l} dT + \left(\frac{\delta F}{\delta V}\right)_{T,l} dV + \left(\frac{\delta F}{\delta l}\right)_{T,V} dl \tag{4.9}$$

Ein Vergleich der Gleichungen 4.8 und 4.9 führt zu den Beziehungen

$$\left(\frac{\delta F}{\delta T}\right)_{l,V} = -S \quad \text{und} \quad \left(\frac{\delta F}{\delta l}\right)_{T,V} = f \tag{4.10}$$

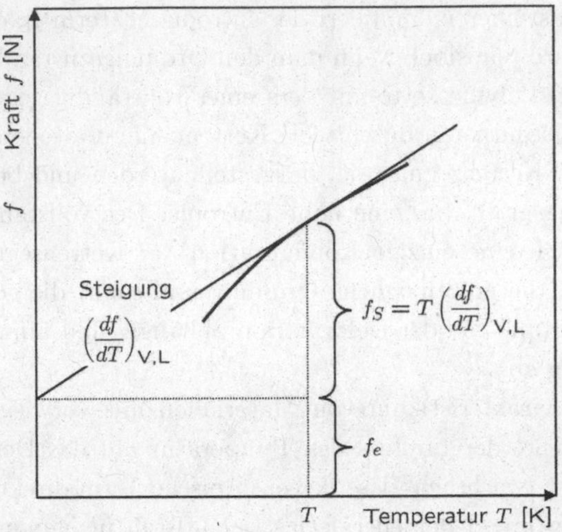

Abb. 4.2 Temperaturabhängigkeit von entropie- und energieelastischem Deformationsverhalten, nach Flory (1979)

Da eine Zustandsgröße den momentanen Zustand eines Systems angibt und unabhängig von dem Weg ist, auf dem dieser Zustand erreicht wurde, gilt:

$$\frac{\delta\left(\frac{\delta F}{\delta T}\right)}{\delta l} = \frac{\delta\left(\frac{\delta F}{\delta l}\right)}{\delta T} \tag{4.11}$$

Die Kombination der Gleichungen 4.10 und 4.11 führt zu der Beziehung

$$-\left(\frac{\delta S}{\delta l}\right)_{T,V} = \left(\frac{\delta f}{\delta T}\right)_{V,l} \tag{4.12}$$

Der entropieelastische Anteil f_S lässt sich damit sowohl aus der Änderung dS der Entropie bei der Änderung dl der Probenlänge als auch durch die experimentell einfacher zu realisierende Messung der Änderung df der Kraft bei der Temperaturänderung dT bestimmen.

$$f_S = -T\left(\frac{\delta S}{\delta l}\right)_{T,V} = T\left(\frac{\delta f}{\delta T}\right)_{l,V} \tag{4.13}$$

In Abb. 4.3 sind die experimentell ermittelten energieelastischen Beiträge f_E für verschiedene Elastomere zusammengestellt. Ein Vergleich der Beiträge zeigt, dass für nahezu alle Polymere die entropische Komponente der Kraft die energetische um ein Vielfaches überwiegt.

Damit kann das Deformationsverhalten von Elastomeren nach Flory (1979) in guter Näherung durch rein entropieelastisches Verhalten beschrieben werden.

Polymer	Ref.	$\frac{f_e}{f}$	$\Delta\frac{f_e}{f}$	Methode
Naturkautschuk	Allen et al.	0.2	±0.02	const. V
	Allen et al.	0.12	±0.25	const. V
	Rose u. Kriegbaum	0.11		const. p
	Ciferri	0.18	±0.3	const. p
	Shen	0.15	±0.02	const. p
	Boyce u. Treloar	0.13		Torsion
Butyl	Allen et al.	0.08		const. V
	Ciferri	-0.03	±0.02	const. V
Silikonkautschuk	Price	0.25	±0.01	const. V
Polyethylen	Ciferri	-0.42	±0.05	const. p
cis-1.4-Polybutadien	Mark	0.08		
SBR 15% Styrol		-0.13		
SBR 24% Styrol		-0.12		
NBR 50% ACN		0.03		

Abb. 4.3 Energieelastischer Beitrag f_E/f bei verschiedenen Elastomeren, nach Treloar (1975)

Aus diesem Grund wird bei allen folgenden Betrachtungen rein entropieelastisches Verhalten vorausgesetzt. Die Kraft, die man zur Deformation eines Systems von Makromolekülen benötigt, ist dann die direkte Folge der durch Deformation geänderten Entropie.

$$f = -T\left(\frac{\delta S}{\delta l}\right)_{T,V} \tag{4.14}$$

Das Zug-Dehnungs-Verhalten eines Elastomers kann damit in zwei Schritten aus thermodynamischen Größen abgeleitet werden. Zuerst wird die Entropie als Funktion der Deformation abgeleitet, dann wird die Kraft f bzw. die Spannung σ aus der Ableitung der Entropie S bezüglich der Deformation d berechnet.

In den folgenden Abschnitten wird diese Vorgehensweise bei der Berechnung des Zug-Dehnungs-Verhaltens einer idealen Gaußschen Kette, einer Valenzwinkelkette mit freier Drehbarkeit sowie eines Systems von vernetzten Ketten demonstriert.

Setzt man voraus, dass gummielastisches Verhalten durch reversible Platzwechselvorgänge verursacht wird, so ist das Deformationsverhalten durch eine thermodynamische Betrachtung quantitativ beschreibbar.

Das Deformationsverhalten kann in guter Näherung durch rein entropieelastisches Verhalten beschrieben werden. Dieses zeichnet sich dadurch aus, dass die Bindungslängen zwischen Kettensegmenten bei Dehnung nicht geändert werden. Die einzigen Folgen der Deformation sind die mit steigender Dehnung abnehmende Anzahl an möglichen Kettenkonfigurationen (bei maximaler Dehnung gibt es noch genau eine mögliche Anordnung der Segmente) und die daraus resultierende höhere Ordnung.

Da eine Erhöhung der Ordnung bzw. Verringerung der Entropie in einem geschlossenem System niemals freiwillig abläuft (gemäß dem 2. Hauptsatz der Thermodynamik), muss mechanische Arbeit am System geleistet werden.

Bei rein entropieelastischem Verhalten ist die Kraft, die man zur Deformation eines Systems von Makromolekülen benötigt, direkt proportional zu der durch die Deformation verursachten Änderung der Entropie.

$$f = \left(\frac{\delta S}{\delta l}\right)_{T,V}$$

4.2.2 Die ideale Gaußsche Kette

Zur Berechnung des nichtlinearen Deformationsverhaltens ideal gummielastischer, d.h. rein entropieelastischer Materialien wird im ersten Schritt eine ideale Kette betrachtet. Bei einer idealen Kette sind ihre Segmente gegenüber ihren Nachbarn frei drehbar (Näheres zu Definition und Realisierung findet sich in Abschnitt 3.14.2).

Zur Beschreibung der Entropie wird die Definition von Boltzmann verwendet.

$$S(r) = k_B \cdot \ln w(r) \tag{4.15}$$

Dabei ist k_B die Boltzmann-Konstante und w die Wahrscheinlichkeit, mit der ein thermodynamischer Zustand realisiert werden kann. Betrachtet man eine Kette aus N_S Segmenten – mit der Segmentlänge a –, so gibt $w(r)$ die Wahrscheinlichkeit an, dass diese Kette einen End-to-End-Abstand r besitzt.

Die Wahrscheinlichkeit, dass sich das Ende einer Kette bei $\vec{r}$ befindet (siehe Abb. 4.4), lässt sich bei einer genügend großen Anzahl von Kettenkonfigurationen durch eine Gauß-Verteilung für jede Raumrichtung beschreiben.

$$\begin{aligned} w(r_x) &= \left(\frac{b}{\sqrt{\pi}}\right) \cdot e^{-b^2 r_x^2} \\ w(r_y) &= \left(\frac{b}{\sqrt{\pi}}\right) \cdot e^{-b^2 r_y^2} \\ w(r_z) &= \left(\frac{b}{\sqrt{\pi}}\right) \cdot e^{-b^2 r_z^2} \\ \text{mit} \quad b^2 &= \frac{3}{2 N_S a^2} \end{aligned} \tag{4.16}$$

Ist keine Raumrichtung ausgezeichnet, so erhält man

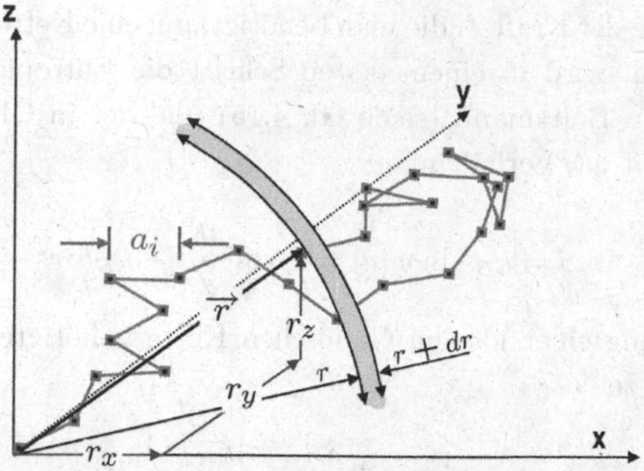

Abb. 4.4 Länge bzw. End-to-End-Abstand einer idealen Gaußschen Kette mit N Segmenten der Länge a_i

$$w(\vec{r}) = w(r_x) \cdot w(r_y) \cdot w(r_z) = \left(\frac{b}{\sqrt{\pi}}\right)^3 \cdot e^{-b^2(r_x^2 + r_y^2 + r_z^2)} = \left(\frac{b}{\sqrt{\pi}}\right)^3 \cdot e^{-b^2 \vec{r}^2} \tag{4.17}$$

Um die Wahrscheinlichkeit zu berechnen, mit der ein End-to-End-Abstand der Länge $r = |\vec{r}|$ auftritt, muss über alle Raumrichtungen gemittelt werden, d.h., es wird die Wahrscheinlichkeit betrachtet, mit der ein Kettenende in einer Kugelschale des Volumens $4\pi r^2 \cdot dr$ zu finden ist.

$$w(r)dr = \left(\frac{b}{\sqrt{\pi}}\right)^3 \cdot e^{-b^2 r^2} \cdot 4\pi r^2 \, dr \tag{4.18}$$

Das mittlere Kettenlängenquadrat r_M^2 folgt mit

$$\int_0^\infty x^n \, e^{-ax} = \frac{1 \cdot 3 \cdots (2k-1)\sqrt{\pi}}{2^{k+1} \, a^{k+\frac{1}{2}}} \quad \text{bei geradzahligem} \quad n = 2k$$

aus Gl. 4.18 zu

$$r_{\mathrm{M}}^2 = \int_0^\infty r^2 \, w(r) \, dr = \frac{4b^3}{\sqrt{\pi}} \int_0^\infty r^4 \, e^{-b^2 r^2} dr = \frac{3}{2} \frac{1}{b^2} = N_S a^2 \tag{4.19}$$

Die Kettenlänge mit der höchsten Wahrscheinlichkeit r_{W} berechnet sich aus dem Maximum von Gl. 4.18 mit

$$\frac{dw}{dr} = \frac{d}{dr} \left(\frac{b}{\sqrt{\pi}}\right)^3 \cdot e^{-b^2 r^2} \cdot 4\pi r^2 = r^2 - br^3 = 0$$

zu

$$r_{\mathrm{W}} = \frac{1}{b} = a \cdot \sqrt{\frac{2}{3} N_S} \tag{4.20}$$

Zur Berechnung der Kraft f, die man benötigt, um eine Kette aus N_S Segmenten um dr zu dehnen, wird in einem ersten Schritt die Entropie S abgeleitet. Mit der Definition von Boltzmann (siehe Gl. 4.15) und der in Gl. 4.17 angegebenen Wahrscheinlichkeit $w(r)$ erhält man

$$S = k_B \cdot \ln w(r) = k_B \ln \frac{4b^3}{\sqrt{\pi}} - k_B b^2 r^2 \qquad (4.21)$$

Die zur Dehnung einer idealen Gaußschen Kette benötigte Kraft f berechnet sich mit Gl. 4.14 zu

$$f = -T \frac{\delta S}{\delta r} = \frac{3k_B T}{N_S a^2} r \qquad (4.22)$$

> Eine ideale Gaußsche Kette besitzt damit eine von der Dehnung unabhängige Federkonstante
>
> $$D = \frac{f}{r} = \frac{3\,k_B\,T}{N_S\,a^2}$$

Diese kann in Analogie zum idealen Festkörper betrachtet werden, wobei der prinzipielle Unterschied zwischen dem idealen Festkörper und der idealen Gaußschen Kette darin besteht, dass der ideale Festkörper rein energieelastisch deformiert wird, während die Deformation einer idealen Gaußsche Kette rein entropische Ursachen hat.

> Eine ideale Gaußsche Kette besitzt die folgenden Eigenschaften:
>
> - Mit steigender Temperatur nimmt ihre Steifigkeit bzw. Federkonstante zu ($D \propto T$).
> - Je weniger Segmente sie besitzt, umso steifer ist sie $\left(D \propto \frac{1}{N_S}\right)$.
> - Eine kürzere Segmentlänge (d.h., weniger Monomere b ilden ein statistisches Segment) führt zu einer höheren Steifigkeit $\left(D \propto \frac{1}{a^2}\right)$.

4.2.3 Statistik der Valenzwinkelkette mit freier Drehbarkeit

Eine reale Polymerkette unterscheidet sich von einer idealen Gaußschen Kette vor allem dadurch, dass die Kohlenstoffatome in der Kette bei konstantem Bindungswinkel β und konstanter Bindungslänge l nur auf Kegelflächen angeordnet sein können (siehe Abb. 4.5). Wenn alle Positionen auf dem Kegelmantel gleich wahrscheinlich sind, spricht man von einer Valenzwinkelkette mit freier Drehbarkeit.

Bei einer genügend großen Anzahl N_C von Kohlenstoffbindungen der Länge l kann die mittlere Länge der Kette hergeleitet werden. Die vollständige Herleitung findet sich in Colby (1987) auf den Seiten 55f. Der Winkel α bezeichnet dabei das Supplement des Bindungswinkels ($\alpha = 180° - \beta$).

$$r_M^2 = l^2 \cdot \frac{1+\cos\alpha}{1-\cos\alpha} \cdot N_C \qquad (4.23)$$

Die maximale Länge der Kette mit N_C Kohlenstoffbindungen im gestreckten Zustand ergibt sich aus geometrischen Überlegungen (siehe Abb. 4.5).

$$R_{\text{Max}} = l \cdot \cos\frac{\alpha}{2} \cdot N_C \qquad (4.24)$$

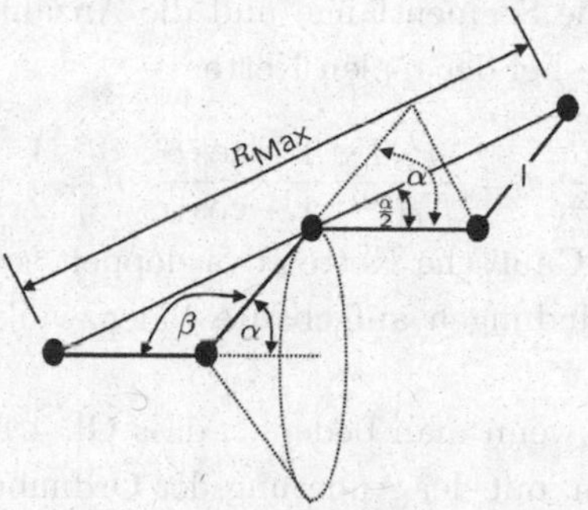

Abb. 4.5 Valenzwinkelkette mit freier Drehbarkeit (Bindungslänge l, Bindungswinkel β, Supplement des Bindungswinkels $\alpha = 180° - \beta$, maximale Kettenlänge R_{Max})

Vergleicht man die mittlere und die maximale Länge der Valenzwinkelkette mit freier Drehbarkeit mit den entsprechenden Größen der idealen Gaußschen Kette, dann lässt sich eine zur realen Kette äquivalente ideale Kette konstruieren. Dabei bezeichnet N die Anzahl der Kettensegmente der idealen Kette und N_C die Anzahl der Bindungen der Valenzwinkelkette. a ist die Segmentlänge der idealen Kette und l die Bindungslänge der Valenzwinkelkette. Bei einer Kette aus Kohlenstoffatomen wäre dies die Länge der C-C-Einfachbindung.

		ideale Kette		Valenzwinkelkette
r_M^2	$=$	$a^2 N$	$=$	$l^2 \cdot \frac{1+\cos\alpha}{1-\cos\alpha} \cdot N_C$
R_{Max}	$=$	$a N$	$=$	$l \cos\frac{\alpha}{2} \cdot N_C$

Bestimmt man die Segmentlänge a und die Anzahl N der Segmente der idealen Kette aus obiger Gleichung in Abhängigkeit von Bindungslänge l, Bindungswinkel β und Bindungsanzahl N_C, so können alle für die ideale Kette abgeleiteten Größen auf die Valenzwinkelkette mit freier Drehbarkeit übertragen werden.

$$N_S = \left(\cos\frac{\alpha}{2}\right)^2 \frac{1-\cos\alpha}{1+\cos\alpha}\cdot N_C \quad \text{und} \quad a = \frac{1+\cos\alpha}{1-\cos\alpha}\cdot\frac{1}{\cos\frac{\alpha}{2}}\cdot l \tag{4.25}$$

Für Polymere, die aus einfachen C-C-Bindungen aufgebaut sind, ergibt sich

$$N_S \approx 3\cdot N_C \text{ und } a \approx 2.45\cdot l \tag{4.26}$$

für einen Bindungswinkel von $\beta = 109.5°$. Ein Segment oder Submolekül der idealen Kette ist dann ca. 2.45-mal so lang wie eine einfache Kohlenstoffbindung ($l = 0.154\,\text{nm}$) und besteht aus ca. drei C-C-Bindungen.

Zur Berechnung der Kraft, die zur Dehnung einer einfachen Kohlenstoffkette nötig ist, ersetzt man die Segmentlänge und die Anzahl der Kettensegmente in Gl. 4.22 durch die Werte bei der realen Kette.

$$f = \frac{3k_BT}{N_S a^2}\cdot r = \frac{3k_BT}{N_C\,l^2}\cdot\frac{1-\cos\alpha}{1+\cos\alpha}\cdot r \approx \frac{1}{2}\cdot\frac{3k_BT}{N_C\,l^2}\cdot r \tag{4.27}$$

Damit ist eine ideale Gaußsche Kette etwa doppelt so steif wie eine vergleichbare, aus C-C-Einfachbindungen aufgebaute Valenzwinkelkette mit freier Drehbarkeit.

Dies ist einleuchtend, wenn man bedenkt, dass Gl. 4.14 die Kraft mit der Änderung der Entropie, d.h. mit der Änderung der Ordnung, in Beziehung setzt. Je mehr Ordnung man in eine Struktur bringt, desto geringer wird ihre Entropie. Die Valenzwinkelkette mit freier Drehbarkeit ist gegenüber der idealen Gaußschen Kette geordneter, da sie einen konstanten Bindungswinkel als zusätzlichen Ordnungsparameter aufweist. Sie besitzt damit die geringere Entropie. Dies führt zu einer entsprechend geringeren Entropieänderung bei Deformation und somit zu einer reduzierten Kraft.

Die Valenzwinkelkette mit freier Drehbarkeit der Kettenglieder ist durch eine konstante Bindungs- bzw. Segmentlänge l und einen konstanten Bindungswinkel β definiert.

Die Festlegung des Bindungswinkels ($\beta = \text{const.}$) reduziert die Anzahl der möglichen Konfigurationen einer Kette und erhöht damit deren Ordnung. Die Valenzwinkelkette mit konstantem Bindungswinkel besitzt damit eine geringere Entropie als die ideale Gaußsche Kette. Als Folge der geringeren Entropieänderung bei Deformation findet man eine Abnahme der Kettensteifigkeit.

Die Reduktion der möglichen Konfigurationen einer Kette führt zu einer Erhöhung der Ordnung und damit zu einer Abnahme der Kettensteifigkeit.

4.2.4 Das affine Gaußsche Netzwerk

Durch die Vulkanisation werden Kettensegmente irreversibel zu einem dreidimensionalen Netzwerk verknüpft. Zur Ableitung quantitativer Zusammenhänge zwischen der Netzwerkstruktur und den Deformationseigenschaften werden im einfachsten Fall die folgenden Näherungen angesetzt.

- Alle Ketten enden in Vernetzungspunkten, und jeder Vernetzungspunkt ist vierfunktional, d.h., jeder Vernetzungspunkt verbindet vier Kettensegmente.
- Zyklisierungen und Verhakungen von Kettensegmenten werden vernachlässigt.
- Eine Kette ist volumenlos und hat keinerlei Wechselwirkungen mit anderen Ketten.
- Bei einer Deformation des Netzwerks ändern sich die Kettenlängen im gleichen Verhältnis wie die makroskopischen Dimensionen. Dies bezeichnet man auch als affine Deformation.
- Das Netzwerk ist inkompressibel, d.h., das Volumen bleibt bei Deformation konstant.
- Die Ketten sind im Volumen isotrop verteilt.

Ein Netzwerk, das alle genannten Näherungen erfüllt, wird auch als affines oder Gaußsches Netzwerk bezeichnet. Prägt man diesem Netzwerk eine äußere makroskopische Deformation auf, so wird jeder Netzbogen zwischen zwei Netzstellen gedehnt. Dies reduziert die Anzahl der möglichen Konfigurationen der Netzbögen und verringert somit die Entropie. Daraus resultiert eine Rückstellkraft, die versucht, die Entropie des Gesamtsystems gemäß dem 2. Hauptsatz der Thermodynamik zu erhöhen.

Zur Berechnung des Deformationsverhaltens des idealen Netzwerks wird ein räumliches Netzwerk aus ν gleich langen Netzbögen betrachtet. Dabei besteht jeder Netzbogen aus N Segmenten.

Greift an einem quaderförmigen Probekörper der Abmessungen l_x, l_y und l_z mit dem Volumen $V = l_x\, l_y\, l_z$ eine Kraft in x-Richtung an, so führt die Deformation des Quaders zu den neuen Abmessungen l'_x, l'_y und l'_z mit dem Volumen $V' = l'_x\, l'_y\, l'_z$ (siehe Abb. 4.6).

Die Annahme der Volumenkonstanz führt zu den Beziehungen

$$V' = l'_x \cdot l'_y\; l'_z = V = l_x \cdot l_y \cdot l_z \tag{4.28}$$

Führt man den Begriff der Dehnung λ ein,

$$\lambda = \frac{l'}{l} = \frac{l + \Delta l}{l} = 1 + \frac{\Delta l}{l} = 1 + \varepsilon \tag{4.29}$$

so folgt aus Gl. 4.28

$$\lambda_x \cdot \lambda_y \cdot \lambda_z = 1 \tag{4.30}$$

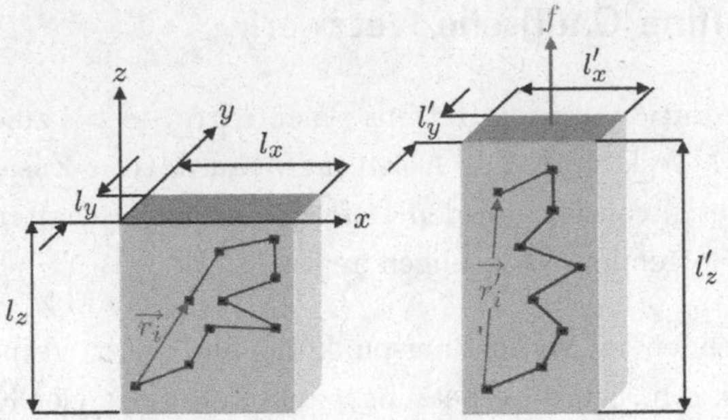

Abb. 4.6 Uniaxiale Deformation eines Netzbogens in einem quaderförmigen Probekörper der Abmessungen l_x, l_y und l_z

Die Definition der Dehnung λ (siehe Gl. 4.29) wird bei der Diskussion des nichtlinearen Verhaltens bevorzugt verwendet, da sie einen sehr anschaulichen Zusammenhang zwischen Kompression und Dehnung liefert. Bei $0 < \lambda < 1$ wird die Probe komprimiert, bei $\lambda = 1$ ist sie nicht deformiert, und bei allen $\lambda > 1$ wird sie gedehnt.

Zur übersichtlicheren Darstellung wird im Folgenden immer dann auf den Index einer Größe verzichtet, wenn sie in Richtung der Kraft weist. Bei dem Beispiel in Abb. 4.6 ist dies die z-Richtung. Damit ergibt sich aus der Forderung der Volumenkonstanz die Beziehung.

$$\lambda = \lambda_z = \frac{1}{\lambda_y \cdot \lambda_x} \tag{4.31}$$

Bei einer Dehnung in z-Richtung sind die resultierenden Dehnungen in den beiden anderen Raumrichtungen x und y identisch, wenn isotropes und affines Verhalten vorausgesetzt wird.

$$\lambda_y = \lambda_x \tag{4.32}$$

Die Kombination der Gleichungen 4.31 und 4.32 führt zu einem Zusammenhang zwischen der Dehnung in Kraftrichtung und den Dehnungen in den beiden anderen Raumrichtungen.

$$\lambda_y = \lambda_x = \frac{1}{\sqrt{\lambda}} \tag{4.33}$$

Betrachtet man einen nicht deformierten Probekörper mit ν Netzbögen, so berechnet sich der mittlere End-to-End-Abstand der Netzbögen mit Gl. 4.19 zu

$$r_M^2 = \frac{1}{\nu} \sum_{i=1}^{\nu} \vec{r_i}^2 = N \cdot a^2 \tag{4.34}$$

Bei einer isotropen Verteilung der Netzbögen in der Probe gilt:

$$\frac{1}{\nu} \sum_{i=1}^{\nu} r_{x_i}^2 = \frac{1}{\nu} \sum_{i=1}^{\nu} r_{y_i}^2 = \frac{1}{\nu} \sum_{i=1}^{\nu} r_{z_i}^2 = \frac{1}{3} N \cdot a^2 \tag{4.35}$$

Bei affiner Deformation gilt

$$\lambda_{x,y,z} = \frac{l'_{x,y,z}}{l_{x,y,z}} = \frac{r'_{x,y,z}}{r_{x,y,z}}$$

Damit entspricht die Deformation des Probekörpers für jede Raumrichtung der Deformation der Netzbögen. Für den deformierten Probekörper berechnet sich der mittlere End-to-End-Abstand der Netzbögen mit Gl. 4.29 und Gl. 4.33 dann zu

$$\begin{aligned}
{r'}_M^2 &= \frac{1}{\nu}\sum_{i=1}^{\nu} \vec{r'}_i^2 \\
&= \frac{1}{\nu}\sum_{i=1}^{\nu} {r'}_{zi}^2 + \frac{1}{\nu}\sum_{i=1}^{\nu} {r'}_{yi}^2 + \frac{1}{\nu}\sum_{i=1}^{\nu} {r'}_{xi}^2 \\
&= \lambda^2 \cdot \frac{1}{\nu}\sum_{i=1}^{\nu} r_{zi}^2 + \frac{1}{\lambda}\cdot\frac{1}{\nu}\sum_{i=1}^{\nu} r_{yi}^2 + \frac{1}{\lambda}\cdot\frac{1}{\nu}\sum_{i=1}^{\nu} r_{xi}^2 \\
&= \frac{1}{3} N \cdot a^2 \left(\lambda^2 + \frac{2}{\lambda}\right) \qquad (4.36)
\end{aligned}$$

Die Kraft f, die zur Deformation aller Netzbögen in der Probe benötigt wird, kann mit Gl. 4.14 aus der Ableitung der Entropie aller gedehnten Netzbögen nach der Länge $l'_z = l_z \cdot \lambda$ bestimmt werden.

$$\begin{aligned}
f &= -T\left(\frac{\delta S(r')}{\delta l'_z}\right)_{T,V} = -T\left(\frac{\delta}{\delta l'_z}\sum_{i=1}^{\nu} S(r'_i)\right)_{T,V} \\
&\overset{(\delta l'_z = l_z \cdot \delta\lambda)}{=} -T\,\frac{1}{l_z}\left(\frac{\delta}{\delta\lambda}\sum_{i=1}^{\nu} S(r'_i)\right)_{T,V}
\end{aligned}$$

Mit der Definition der Entropie nach Boltzmann und der in Gl. 4.21 angegebenen Beziehung für die Entropie einer gedehnten Kette erhält man die Kraft

$$\begin{aligned}
f &= -T\,\frac{1}{l_z}\left(\frac{\delta}{\delta\lambda}\sum_{i=1}^{\nu} S(r'_i)\right)_{T,V} \\
&= -T\,\frac{1}{l_z}\left(\frac{\delta}{\delta\lambda}\sum_{i=1}^{\nu}\left\{k_B \ln\frac{4b^3}{\sqrt{\pi}} - k_B\, b^2\, {r'}_i^2\right\}\right)_{T,V} \\
&= -T\,\frac{1}{l_z}\left(\frac{\delta}{\delta\lambda}\sum_{i=1}^{\nu} k_B \ln\frac{4b^3}{\sqrt{\pi}} - \frac{\delta}{\delta\lambda}\sum_{i=1}^{\nu} k_B\, b^2\, {r'}_i^2\right)_{T,V}
\end{aligned} \qquad (4.37)$$

Durch Aufsummieren über alle ν Netzbögen und anschließendes Ableiten nach der Dehnung λ ergibt sich die gesuchte Beziehung zwischen Kraft und Deformation des idealen Gaußschen Netzwerks (siehe dazu Gl. 4.16 und Gl. 4.36).

$$\begin{aligned} f &= -T\,\frac{1}{l_z}\left(\underbrace{\frac{\delta}{\delta\lambda}\left(\nu\,k_B\ln\frac{4b^3}{\sqrt{\pi}}\right)}_{=0}-\frac{\delta}{\delta\lambda}\left(k_B\,b^2\sum_{i=1}^{\nu} r'^2_i\right)\right)_{T,V} \\ &\overset{\left(b^2=\frac{3}{2\,N_S\,a^2}\right)}{=} T\,\frac{\nu\,k_B}{2\,l_z}\,\frac{\delta}{\delta\lambda}\left(\lambda^2+\frac{2}{\lambda}\right) \\ &= \frac{\nu\,k_B\,T}{l_z}\left(\lambda-\frac{1}{\lambda^2}\right) \end{aligned} \tag{4.38}$$

Bei der Berechnung der Spannung bezieht man sich üblicherweise auf die Querschnittsfläche $A = l_x\,l_y$ der nicht deformierten Probe. Man nennt die Spannung σ dann nominelle oder technische Spannung.

$$\sigma = \frac{f}{A} = \frac{f}{l_x\,l_y} = \frac{\nu k_B T}{l_x\,l_y\,l_z}\left(\lambda-\frac{1}{\lambda^2}\right) = \frac{\nu k_B T}{V}\left(\lambda-\frac{1}{\lambda^2}\right) \tag{4.39}$$

Alternativ kann auch die wahre Spannung berechnet werden. Diese bezieht sich auf die momentane Querschnittsfläche $A' = l'_x \cdot l'_y$. Bei affiner Deformation ($l'_x \cdot l'_y = \frac{1}{\lambda}\cdot l_y \cdot l_x$) gilt (siehe Gl. 4.33)

$$\sigma_W = \frac{f}{A'} = \frac{f}{A}\cdot\lambda = \sigma\cdot\lambda = \frac{\nu k_B T}{V}\left(\lambda^2-\frac{1}{\lambda}\right) \tag{4.40}$$

Da man sich in der Gummiindustrie aus historischen Gründen immer auf den Ursprungsquerschnitt A bezieht, wird im Folgenden nur noch die nominelle bzw. technische Spannung diskutiert.

Eine molare Darstellung von Gl. 4.39 erhält man durch den Zusammenhang

$$n = \frac{\nu}{N_A} = \frac{\nu\,k_B}{R} \tag{4.41}$$

wobei n die Anzahl der Mole der Kettenbögen zwischen zwei Netzstellen bezeichnet.

Mit dieser Beziehung und der Definition der Dichte ρ

$$\rho = \frac{M}{V} = \frac{n\cdot M_C}{V}$$

ergibt sich ein quantitativer Zusammenhang zwischen der Molmasse M_C eines Netzbogens und dem mechanischen Verhalten.

$$\sigma = \frac{\rho\,R\,T}{M_C}\cdot\left(\lambda-\frac{1}{\lambda^2}\right) \tag{4.42}$$

Abb. 4.7a zeigt den Einfluss zweier Netzbögen mit unterschiedlichen Massen auf das nichtlineare Deformationsverhalten. Gemäß Gl. 4.42 verursacht die Abnahme der Masse eines Netzbogens einen Anstieg der Spannung.

Kennt man zusätzlich das Molekulargewicht m_M der Monomere, so kann die Netzstellendichte p_C aus der Masse eines Netzbogens berechnet werden. p_C gibt dabei die Wahrscheinlichkeit an, dass ein Monomer Netzstelle ist. Üblicherweise wird p_C mit 1000 multipliziert und dann als Anzahl Netzstellen pro 1000 Monomere bezeichnet (siehe dazu Gl. 3.259 im Abschnitt 3.15.3). f gibt die Funktionalität der Netzstellen an. Bei einem idealen Gaußschen Netzwerk sind alle Netzstellen vierfunktional (d.h., es ist $f = 4$).

$$p_C = \frac{2}{f} \cdot \frac{m_M}{M_C} = \frac{m_M}{2} \cdot \frac{1}{M_C} \tag{4.43}$$

Daraus folgt für das ideale Gaußsche Netzwerk ein direkter Zusammenhang zwischen der Zunahme der Spannung und der Netzstellendichte. Vorausgesetzt wird dabei, dass die Vernetzung keinen Einfluss auf die Masse der Kettensegmente hat.

$$\sigma = \frac{2\,\rho R T}{m_M} \cdot p_C \cdot \left(\lambda - \frac{1}{\lambda^2}\right) \tag{4.44}$$

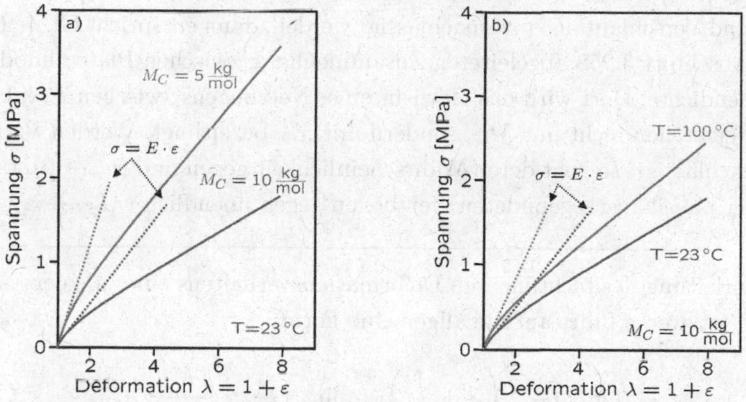

Abb. 4.7 Einfluss der Netzbogenlänge (a) und der Temperatur (b) auf das nichtlineare Deformationsverhalten eines idealen affinen (Gaußschen) Netzwerks

Der Einfluss der Temperatur auf das Zug-Dehnungs-Verhalten ist in Abb. 4.7b für zwei Temperaturen (23 °C und 100 °C) skizziert. Bei konstanter Dehnung steigt die Spannung bei Erhöhung der Temperatur. Dies ist wiederum eine direkte Folge der schon ausgiebig diskutierten Entropieelastizität.

Die gestrichelten Linien in Abb. 4.7 zeigen den jeweiligen Grenzfall des linearen Deformationsverhaltens. Bei kleinen Deformationen ($\varepsilon \to 0$ bzw. $\lambda \to 1$) kann das

Deformationsverhalten aus einer Grenzwertbetrachtung von Gl. 4.42 abgeleitet werden. Mit der Näherung

$$\lim_{x\to 0} \frac{1}{(1+x)^n} \approx 1 - nx$$

ergibt sich die Beziehung zwischen Spannung und Deformation zu

$$\begin{aligned} \sigma &\overset{\varepsilon=\lambda-1}{=} \frac{\rho RT}{M_C}\left(1+\varepsilon-\frac{1}{(1+\varepsilon)^2}\right) \\ &\overset{\varepsilon\to 0}{\approx} \frac{\rho RT}{M_C}\left(1+\varepsilon-(1-2\varepsilon)\right) \\ &= \frac{\rho RT}{M_C}\cdot 3\cdot\varepsilon \end{aligned} \tag{4.45}$$

Im Bereich des linearen Deformationsverhaltens ist das Verhältnis zwischen Spannung und Deformation konstant und wird bei uniaxialer Deformation durch den Elastizitätsmodul E beschrieben. Dieser entspricht bei inkompressiblen Medien dem dreifachen Wert des Schubmoduls G (siehe dazu Abschnitt 3.3).

$$E = 3\cdot G = \frac{\sigma}{\varepsilon} = 3\cdot\frac{\rho RT}{M_C} \Rightarrow G = \frac{\rho RT}{M_C} \tag{4.46}$$

Berücksichtigt man, dass bei der Diskussion des Gaußschen Netzwerks Verhakungen und Verschlaufungen vernachlässigt werden, dann entspricht Gl. 4.46 exakt dem in Abschnitt 3.258 abgeleiteten Zusammenhang zwischen Plateaumodul und Netzstellendichte. Dort wird das Gewicht eines Netzbogens zwischen zwei benachbarten Netzstellen nicht mit M_C, sondern mit M_x bezeichnet. Werden Verhakungen vernachlässigt, so geht deren Wahrscheinlichkeit gegen null ($p_e \to 0$), bzw. die Masse der physikalisch gebildeten Netzbögen gegen unendlich ($M_e \to \infty$).

Die Herleitung des nichtlinearen Deformationsverhaltens eines idealen Gaußschen Netzwerks führt auf die allgemeine Form

$$\sigma = G_C\cdot\left(\lambda-\frac{1}{\lambda^2}\right) \quad \text{mit} \quad G_C = \frac{\rho RT}{M_C} \tag{4.47}$$

wobei M_C die Masse eines Netzbogens zwischen zwei benachbarten Netzstellen bezeichnet.

Dabei wird vorausgesetzt, dass alle Ketten volumenlos sind, nicht mit anderen Ketten oder Segmenten wechselwirken und in Vernetzungspunkten enden, wobei jeder Vernetzungspunkt vier Kettensegmente verbindet. Zyklisierungen und Verhakungen von Kettensegmenten werden vernachlässigt. Des Weiteren wird vorausgesetzt, dass das gebildete Netzwerk isotrop und inkompressibel ist sowie affin deformiert.

4.2.5 Einfluss der Beanspruchungsmoden

Die Forderung nach Volumenkonstanz führt bei einem idealen affinen Netzwerk zu einer Spannungs-Dehnungs-Beziehung, die von der Art der Beanspruchung abhängt.

Man kann prinzipiell drei Beanspruchungen unterscheiden: die uniaxiale Dehnung bzw. Kompression, die einfache Scherung und die biaxiale Dehnung.

Für das Verständnis der folgenden drei Abschnitte ist es wichtig sich vor Augen zu halten, dass der diskutierte Probekörper bzw. das darin enthaltene Netzwerk bei allen Beanspruchungen identisch und durch den Modul G_C vollständig charakterisiert ist. Unterschiede im Spannungs-Dehnungs-Verhalten sind damit eine direkte Folge der unterschiedlichen Beanspruchungen.

Aus der theoretischen Betrachtung des affinen Netzwerks wurde in Abschnitt 4.2.4 auf Seite 291 ein allgemeiner, von der Art der Beanspruchung unabhängiger Zusammenhang zwischen Spannung und Deformation hergeleitet. Danach ist die Entropie eines deformierten, quaderförmigen Probekörpers gegeben durch

$$S = -\frac{1}{2}\frac{\rho R V}{M_C}\left(\lambda_x^2 + \lambda_y^2 + \lambda_z^2\right) \tag{4.48}$$

Bei rein entropieelastischem Verhalten berechnet sich die Spannung τ_{ik} nach Gl. 4.14 zu

$$\tau_{ik} = -\frac{T}{A_i}\left(\frac{\delta S}{\delta l'_k}\right) = -\frac{T}{V}\left(\frac{\delta S}{\delta \lambda_k}\right) \tag{4.49}$$

Zur Definition der Indices siehe Abschnitt 3.1 ab Seite 27.

Uniaxiale Dehnung bzw. Kompression

Eine Dehnung in z-Richtung ($\lambda = \lambda_z$) führt bei Volumenkonstanz und affiner Deformation zu der in Gl. 4.33 angegebenen Beziehung für die Dehnungskomponenten in x- und in y-Richtung.

$$\lambda_y = \lambda_x = \frac{1}{\sqrt{\lambda}}$$

Die Entropie erhält man durch einfaches Einsetzen in Gl. 4.48.

$$S = -\frac{1}{2}\frac{\rho R V}{M_C}\left(\lambda^2 + \frac{2}{\lambda}\right) \tag{4.50}$$

Die Ableitung der Entropie nach der wirkenden Dehnung (siehe Gl. 4.49) führt auf die schon bekannte Spannungs-Dehnungs-Beziehung (siehe Gl. 4.47) eines idealen Gaußschen Netzwerks bei uniaxialer Deformation.

$$\sigma = G_C \cdot \left(\lambda - \frac{1}{\lambda^2}\right) \quad \text{mit} \quad G_C = \frac{\rho R T}{M_C} \tag{4.51}$$

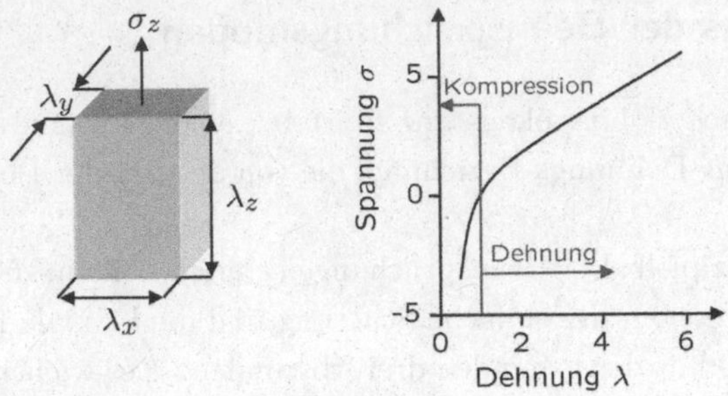

Abb. 4.8 Uniaxiale Deformation eines affinen, volumentreuen Netzwerks

In Abb. 4.8 ist sowohl der Zusammenhang zwischen der Kraft und den Dehnungen in allen Raumrichtungen skizziert als auch der prinzipielle Verlauf einer Spannungs-Dehnungs-Kurve dargestellt. Für den Fall der Dehnung gilt $\lambda > 1$, und die Kompression des Probekörpers ist durch $\lambda < 1$ charakterisiert.

Biaxiale Dehnung

Bei einer biaxialen Deformation entsprechen sich die Dehnungen in zwei Raumrichtungen. Bei dem in Abb. 4.9 dargestellten Beispiel wurde die Probe in z- und in x-Richtung gleichermaßen gedehnt.

$$\lambda = \lambda_z = \lambda_x$$

Die Dehnung in y-Richtung ergibt sich bei Volumenkonstanz, also bei $V'/V = \lambda_x \cdot \lambda_y \cdot \lambda_z = 1$, zu

$$\lambda_y = \frac{1}{\lambda_z \cdot \lambda_x} = \frac{1}{\lambda^2}$$

Bei der Berechnung der Spannung wird im Gegensatz zur uniaxialen Deformation nicht die technische oder nominale Definition der Spannung, sondern aus historischen Gründen der wahre Wert eingesetzt, der sich auf die Abmessungen bzw. auf die Querschnittsfläche A' der gedehnten Probe bezieht.

$$A' = l'_x \cdot l'_y = \lambda_x \cdot \lambda_y \cdot A = \frac{A}{\lambda}$$

Für die Entropie folgt

$$S = -\frac{1}{2}\frac{\rho R V}{M_C}\left(2\lambda^2 + \frac{1}{\lambda^4}\right) \tag{4.52}$$

Damit ergibt sich die Spannung zu

$$\sigma_w = \frac{\rho R V}{M_C}\frac{2}{A'}\left(\lambda^2 - \frac{1}{\lambda^4}\right) = 2\,G_C\left(\lambda^2 - \frac{1}{\lambda^4}\right) \tag{4.53}$$

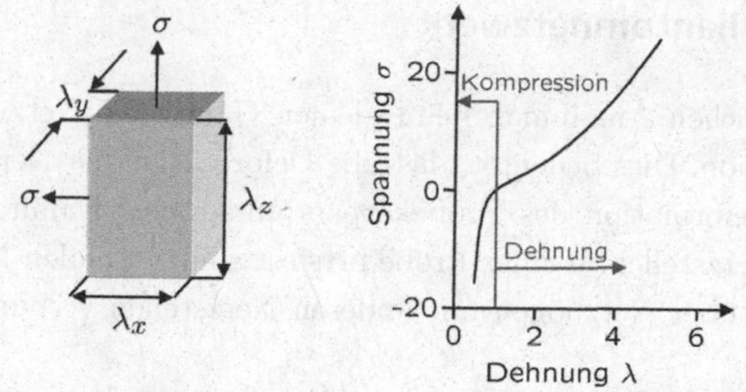

Abb. 4.9 Biaxiale Deformation eines affinen, volumentreuen Netzwerks

Einfache Scherung

Da bei der einfachen Scherung definitionsgemäß keine Dehnung in y-Richtung (bei der in Abb. 4.10 verwendeten Notation) auftritt, gilt bei Volumenkonstanz

$$\lambda_z = \lambda,\ \lambda_y = 1,\ \lambda_x = \frac{1}{\lambda} \quad \text{und} \quad \gamma = \tan\delta = \lambda - \frac{1}{\lambda}$$

Für die Entropie folgt

$$S = -\frac{1}{2}\frac{\rho R V}{M_C}\left(\lambda^2 + \frac{1}{\lambda^2}\right) = \frac{1}{2}\frac{1}{V}\gamma^2 G \tag{4.54}$$

Damit ergibt sich die Spannung aus Gl. 4.49 zu

$$\tau = G_C\,\gamma \tag{4.55}$$

D.h., für den Fall der einfachen Scherung findet man eine lineare Beziehung zwischen Scherdeformation und Scherspannung (siehe Abb. 4.10).

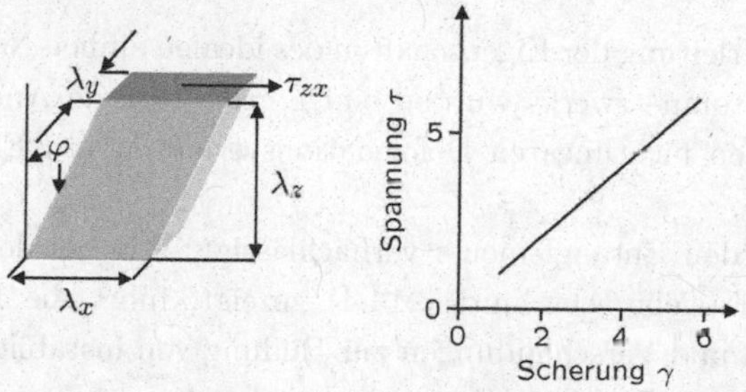

Abb. 4.10 Einfache Scherung eines affinen, volumentreuen Netzwerks

4.2.6 Das Phantomnetzwerk

Eine der wesentlichen Annahmen beim idealen Gaußschen Netzwerk ist die der affinen Deformation. Dies bedeutet, dass die Deformation der Netzbögen der makroskopischen Deformation des Probekörpers entspricht. Damit wird vorausgesetzt, dass die Netzstellen in einer Probe ortsfest sind. In realen Netzwerken sind Netzstellen aber über Netzbögen mit anderen Netzstellen verbunden und damit beweglich.

Bei der Herleitung des Phantomnetzwerks nimmt man deshalb an, dass Netzstellen um ihre mittlere Lage fluktuieren können. Durch diese Fluktuation wird die effektive Dehnung des Netzwerks reduziert. Die Dehnung eines Phantomnetzwerks benötigt daher weniger Kraft als die eines affinen Netzwerks. Auf die Herleitung des genauen Zusammenhangs sei an dieser Stelle verzichtet, Interessierte finden sie in Colby (1987) auf den Seiten 259–262. Als Resultat erhält man einen Ausdruck ähnlichen wie beim affinen Netzwerk, wobei f wiederum die Funktionalität der Netzstellen angibt.

$$\sigma = G_P \cdot \left(\lambda - \frac{1}{\lambda^2}\right) = G_C \cdot \left(1 - \frac{2}{f}\right) \cdot \left(\lambda - \frac{1}{\lambda^2}\right) \quad \text{mit} \quad G_C = \frac{\rho R T}{M_C} \tag{4.56}$$

Da ein räumliches Netzwerk nur für $f > 2$ entsteht ($f = 2$ verlängert eine Kette und $f = 1$ modifiziert ein Kettenende), ist der Modul eines Phantomnetzwerks um den Faktor $1 - \frac{2}{f}$ niedriger als der eines affinen Netzwerks mit gleicher Netzbogenlänge M_C. So würde der Modul eines Phantomnetzwerks bei einer 4-funktionalen Vernetzung um genau 50 % geringer sein als der eines idealen affinen Netzwerks.

4.2.7 Limitierungen der idealen Netzwerkmodelle

Sowohl bei der Herleitung der Eigenschaften des idealen affinen Netzwerks als auch bei der des Phantomnetzwerks wurden einige grundlegende Annahmen genutzt, die mit dem realen nichtlinearen Deformationsverhalten von Elastomeren nicht vereinbar sind.

Zum einen werden Entanglements vernachlässigt. Wie bei der Diskussion des Reptationsmodell (siehe Abschnitt 3.14.4) gezeigt, führt die Berücksichtigung von Verhakungen und Verschlaufungen zur Bildung von instabilen physikalischen Netzstellen. Bei der chemischen Vernetzung werden diese räumlich fixiert. Sie können sich zwar noch entlang der Netzbögen zwischen Netzstellen bewegen, sich aber nicht mehr lösen. Im Bereich der linearen Deformation wirken die fixierten Netzstellen somit als zusätzlicher konstanter Beitrag zur chemischen Netzstellendichte (siehe Abschnitt 3.15).

Die Auswirkung von Entanglements auf das nichtlineare Deformationsverhalten wird im Abschnitt 4.2.8 am Beispiel der empirischen Theorie von Mooney-Rivlin und in den Abschnitten 4.2.9 und 4.2.10 am Beispiel von zwei Erweiterungen der klassischen Netzwerktheorie, nämlich der Van-der-Waals-Theorie von Kilian und des nichtaffinen Reptationsmodells von deGennes, diskutiert.

Eine zweite und wesentlich drastischere Vereinfachung aller idealen Netzwerktheorien ist die Annahme der unendlichen Dehnbarkeit von Netzbögen. Dass diese Vereinfachung das reale Deformationsverhalten nur sehr ungenügend wiedergibt, kann einfach plausibel gemacht werden.

Die maximale Länge eines Netzbogens ist durch die Anzahl N_S der Kettensegmente zwischen zwei Netzstellen und die Länge a eines Segments festgelegt.

$$r_{\text{Max}} = N_S \cdot a$$

Nach Gl. 4.19 berechnet sich der End-to-End-Abstand eines nicht deformierten Netzbogens zu

$$r_M = a \cdot \sqrt{N_S}$$

Daraus ergibt sich die maximale Dehnung einer Gaußschen Kette bzw. eines Netzbogens.

$$\lambda_{\text{Max}} = \frac{r_{\text{Max}}}{r_M} = \frac{N_S \cdot a}{\sqrt{N_S} \cdot a} = \sqrt{N_S} \tag{4.57}$$

Für ein ideales Netzwerk kann die maximale Dehnung aus dem Plateaumodul G_C abgeschätzt werden. Dabei wird angenommen, dass ein Monomer identisch mit einen statistischen Segment ist, d.h., die Anzahl der Segmente zwischen zwei Netzstellen entspricht der Anzahl an Monomeren ($N_C = N_S$) zwischen zwei Netzstellen, und die Masse eines Segments entspricht der Masse eines Monomers ($m_M = m_S$). Dies ist zwar mit Sicherheit nicht richtig, aber für eine Abschätzung absolut ausreichend. Aus Gl. 4.46 und Gl. 4.57 ergibt sich

$$\lambda_{\text{Max}} = \sqrt{N_S} \approx \sqrt{N_C} = \sqrt{\frac{\rho R T}{G_C\, m_M}}$$

Für das bisher in den Beispielen betrachtete vernetzte HNBR mit 34 wt% ACN, mit einem mittleren Molekulargewicht der Monomere von 53.7 g/mol und einer Dichte von ca. 950 kg/m^3 findet man für typische Werte des bei 23 °C gemessenen Plateaumoduls (1 MPa $< G_C <$ 10 MPa) maximale Dehnbarkeiten in einem Bereich von $2 < \lambda_{\text{Max}} < 7$. Das vernetzte HNBR kann damit nur zwischen 100 % und 600 % deformiert werden, während ideale Netzwerktheorien eine unendliche Dehnbarkeit fordern.

Die Erweiterung der klassischen affinen Netzwerktheorie zur Beschreibung der maximalen Dehnbarkeit der Netzbögen wird in den Abschnitten 4.2.9 und 4.2.10 für das Van-der-Waals-Modell bzw. das nichtaffine Reptationsmodell vorgestellt.

4.2.8 Theorie von Mooney und Rivlin

Die Theorie von Mooney (1940, 1948) und Rivlin (1948a,b) ist keine molekulare Theorie, sondern eine phänomenologische Beschreibung. Daher haben die verwendeten Parameter zunächst keine physikalische Bedeutung.

Zur Beschreibung des nichtlinearen Zusammenhangs von Spannung und Dehnung verwendeten Mooney und Rivlin eine empirische Formulierung der freien Energie auf der Basis der drei Invarianten (Invarianten sind unabhängig vom verwendeten Koordinatensystem) der Deformation.

$$I_1 = \lambda_x^2 + \lambda_y^2 + \lambda_z^2 \tag{4.58}$$

$$I_2 = \lambda_x^2\,\lambda_y^2 + \lambda_y^2\,\lambda_z^2 + \lambda_z^2\,\lambda_x^2 \tag{4.59}$$

$$I_3 = \lambda_x^2\,\lambda_y^2\,\lambda_z^2 \tag{4.60}$$

Die freie Energiedichte F/V eines Netzwerks wird als Potenzreihenentwicklung der Differenz der Invarianten im gedehnten und im nicht gedehnten Zustand dargestellt.

$$\frac{F}{V} = C_0 + C_1\,(I_1 - 3) + C_2\,(I_2 - 3) + C_3\,(I_3 - 3) + \cdots \tag{4.61}$$

Der zweite Term in dieser Gleichung,

$$C_1(I_1 - 3) = C_1\left(\lambda_x^2 + \lambda_y^2 + \lambda_z^2 - 3\right)$$

ist identisch mit der freien Energie eines ideal entropieelastischen affinen Netzwerks (siehe Gl. 4.48)

$$\frac{F}{V} = \frac{\Delta S \cdot T}{V} = \frac{G_C}{2}\left(\lambda_x^2 + \lambda_y^2 + \lambda_z^2 - 3\right)$$

Damit ergibt sich ein funktionaler Zusammenhang zwischen der empirischen Konstante C_1 und dem auf molekulare Größen zurückführbaren Modul G_C.

$$C_1 = \frac{G_C}{2} = \frac{\rho R T}{2\,M_C} \tag{4.62}$$

Der dritte Term in Gl. 4.61 beschreibt die Änderung des Volumens bei Deformation und kann bei inkompressiblen Medien vernachlässigt werden.

$$C_3\left(\lambda_x^2\,\lambda_y^2\,\lambda_z^2 - 1\right) \approx 0$$

Die freie Energie eines inkompressiblen Netzwerks unter uniaxialer Deformation, d.h., $\lambda = \lambda_z$ und $\lambda_x = \lambda_y = \frac{1}{\sqrt{\lambda}}$, berechnet sich damit zu

$$\frac{F}{V} = C_0 + C_1\left(\lambda^2 + \frac{2}{\lambda} - 3\right) + C_2\left(2\lambda + \frac{1}{\lambda^2} - 3\right) + \cdots$$

Die wahre Spannung (dabei bezieht man sich auf den Querschnitt der deformierten Probe) kann dann aus der Ableitung der freien Energie nach der Deformation berechnet werden.

$$\sigma_W = \sigma \cdot \lambda = \frac{\lambda}{V}\frac{dF}{d\lambda} = 2C_1\left(\lambda^2 - \frac{1}{\lambda}\right) + 2C_2\left(\lambda - \frac{1}{\lambda^2}\right) + \cdots$$

Berücksichtigt man nur die linearen Glieder der Potenzreihenentwicklung und bezieht sich bei der Berechnung auf die Querschnittsfläche der nicht deformierten Probe, so erhält man die bekannte Mooney-Rivlin-Gleichung.

$$\sigma = 2\left(C_1 + \frac{C_2}{\lambda}\right)\left(\lambda - \frac{1}{\lambda^2}\right) \tag{4.63}$$

Führt man noch die reduzierte Spannung σ_{Red} ein, so resultiert daraus eine lineare Beziehung zwischen reduzierter Spannung und inverser Dehnung $\frac{1}{\lambda}$.

$$\sigma_{\mathrm{Red}} = \frac{\sigma}{\lambda - \frac{1}{\lambda^2}} = 2\,C_1 + \frac{2\,C_2}{\lambda} \tag{4.64}$$

Die praktische Bedeutung von Gl. 4.64 wird deutlich, wenn man Zug-Dehnungs-Kurven in der sogenannten Mooney-Rivlin-Darstellung betrachtet. Dazu wird die reduzierte Spannung σ_{Red} gegen die inverse Dehnung $\frac{1}{\lambda}$ aufgetragen.

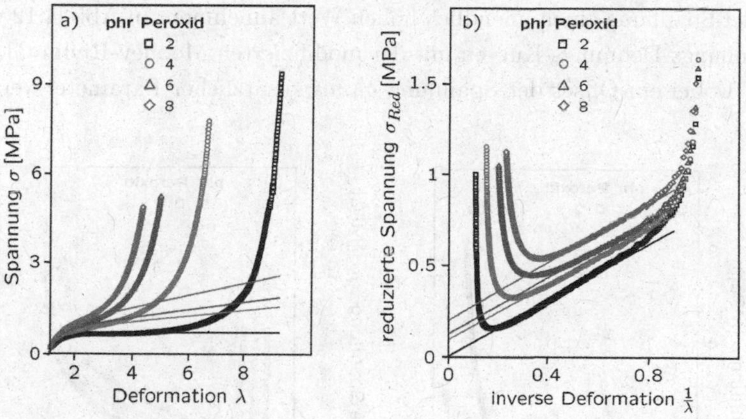

Abb. 4.11 Zug-Dehnungs-Messungen an unterschiedlich stark vernetztem HNBR mit 34 wt% ACN in normaler (a) und Mooney-Rivlin-Darstellung (b)

Abb. 4.11 zeigt Zug-Dehnungs-Kurven von peroxidisch (wie auch in Abschnitt 3.15.4 wurde ein Perkadox 14-40 als Vernetzer gewählt) vernetztem HNBR mit 34 wt% ACN sowohl in normaler (a) als auch in Mooney-Rivlin-Darstellung (b). Die je vier Kurven sind das Ergebnis der Zug-Dehnungs-Messungen an Vulkanisaten mit unterschiedlichen Peroxidmengen (2, 4, 6 bzw. 8 phr).

Betrachtet man die Zug-Dehnungs-Kurven in Mooney-Rivlin-Darstellung, so weichen die gemessenen Kurven bei kleinen und großen Dehnungen von dem in Gl. 4.64 prognostizierten linearen Verhalten ab. Die Abweichung bei hohen Dehnungen (d.h. $\frac{1}{\lambda} \to 0$) ist durch die endliche Länge der Netzbögen und die dadurch begrenzte maximale Dehnbarkeit erklärbar.

Die Abweichungen bei kleinen Dehnungen können sowohl durch physikalische als auch durch messtechnische Effekte erklärt werden. Bei der physikalischen Begründung geht man davon aus, dass der Einfluss von Verhakungen und Verschlaufungen durch die Mooney-Rivlin-Gleichung nicht richtig wiedergegeben wird.

Messtechnisch kann die Abweichung durch einen Offset der Spannung der nicht deformierten Probe erklärt werden. Praktisch bedeutet dies, dass das Kraftsignal nach dem Einbau der Probe leicht von null abweicht. Dies kann entweder durch eine leichte Dehnung der Probe oder auch durch die Sensorik verursacht werden. Berücksichtigt man den Offset der Spannung σ_0 in der Mooney-Rivlin-Gleichung, so erhält man einen modifizierten Ausdruck für die reduzierte Spannung.

$$\sigma_{\text{Red}} = \frac{\sigma}{\lambda - \frac{1}{\lambda^2}} = \frac{\sigma_0}{\lambda - \frac{1}{\lambda^2}} + 2\,C_1 + \frac{2\,C_2}{\lambda} \tag{4.65}$$

Der zusätzliche Term $\sigma_0 \cdot \left(\lambda - \frac{1}{\lambda^2}\right)^{-1}$ führt bei kleinen Dehnungen $\lambda \approx 1$ zu einem deutlichen Anstieg der reduzierten Spannung. Im Fall einer nicht deformierten Probe ($\lambda = 1$) würde die reduzierte Spannung selbst bei einem beliebig kleinen Offset der Spannung einen unendlich hohen Wert annehmen. In Abb. 4.12 wurden die Spannungs-Dehnungs-Kurven mit der modifizierten Mooney-Rivlin-Gleichung gefittet, wobei ein Offset der Spannung σ_0 als zusätzlicher Parameter verwendet wurde.

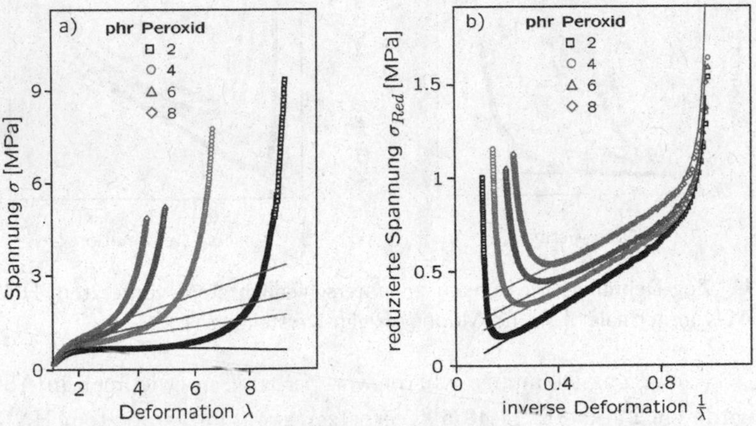

Abb. 4.12 Zug-Dehnungs-Messungen an unterschiedlich stark vernetztem HNBR mit 34 wt% ACN in normaler (a) und Mooney-Rivlin-Darstellung (b) mit Berücksichtigung eines Offsets der Spannung σ_0

Wie man in Abb. 4.12b erkennt, wird das Verhalten bei kleinen Dehnungen ($\lambda \rightarrow 1$) durch die Berücksichtigung des Offsets σ_0 sehr gut beschrieben. Für die im Beispiel dargestellten Zug-Dehnungs-Kurven ergeben sich durch den Fit des Offsets Werte zwischen 0.04 MPa und 0.06 MPa. Multipliziert man diese Werte mit der Querschnittsfläche der Proben (ca. 10 mm²), so erhält man Kräfte in einem Bereich von 0.4 N bis 0.6 N, die im Bereich der Auflösung der verwendeten Kraftaufnehmer liegen. Üblicherweise verwendet man bei Zug-Dehnungs-Messungen an Elastomeren Kraftmessdosen mit einer Maximalkraft von 1000 N.

Da auch ein kleiner Offset in der Kraft bzw. der Spannung einen beliebig großen Einfluss auf die reduzierte Spannung im Bereich kleiner Dehnungen hat,

$$\lim_{\varepsilon \to 0} \sigma_{\text{Red}} = \frac{\sigma_0}{1 + \varepsilon - \frac{1}{(1+\varepsilon)^2}} + 2\,C_1 + \frac{2\,C_2}{1+\varepsilon} \approx \frac{\sigma_0}{3\,\varepsilon} + 2\,C_1 + 2\,C_2 = \infty$$

wird der Offset bei allen folgenden Modellbetrachtungen als Fitparameter berücksichtigt.

Der Vorteil der Mooney-Rivlin-Darstellung liegt darin, dass sie eine einfache Bestimmung der chemischen Netzstellendichte ermöglicht. Der Vergleich mit dem ideal affinen Netzwerk zeigte schon, dass die Konstante C_1 und der Modul G_C proportional sind. Die Mooney-Rivlin-Konstante C_1 ist damit ein Maß für die chemische Netzstellendichte.

Zu ihrer Bestimmung plottet man die Zug-Dehnungs-Kurve in Mooney-Rivlin-Darstellung und extrapoliert die reduzierte Spannung im linearen Bereich, d.h. für $\frac{1}{\lambda} \to 0$. Für die in Abb. 4.11 dargestellten Kurven wurden die reduzierten Spannungen in dem Bereich zwischen etwa $0.4 \leq \frac{1}{\lambda} \leq 0.8$ für den Fit verwendet. Der Parameter $2\,C_1$ entspricht dann dem Achsenabschnitt der extrapolierten Geraden.

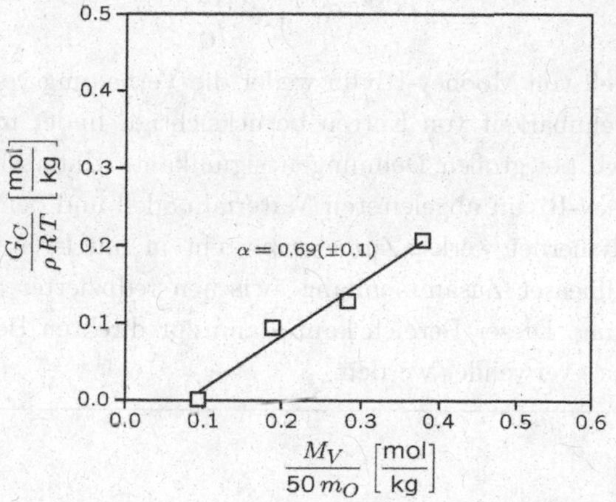

Abb. 4.13 Bestimmung der Vernetzungseffizienz aus der Mooney-Rivlin-Analyse von Zug-Dehnungs-Messungen

In Abb. 4.13 wurde der Modul G_C des idealen affinen Netzwerks aus den Werten von C_1 bestimmt und daraus die mittlere Molmasse eines Netzbogens berechnet. Plottet man die inverse Molmasse eines Netzbogens gegen die Menge der aktiven Sauerstoffbindungen (analog zu Abschnitt 3.15.4 $\frac{M_V}{m_{\text{O-O}}}$ des eingemischten Peroxids), so entspricht die Steigung der Ausgleichsgeraden (siehe Abb. 4.13) der

Effizienz der Vernetzungsreaktion. Bei dem angegebenen Beispiel findet man eine Effizienz von etwa 0.7. Demnach erzeugen 7 von 10 gebildeten Radikalen eine mechanisch wirksame Netzstelle. Dies ist in guter Übereinstimmung mit dem Ergebnis der dynamisch-mechanischen Vulkametermessungen im linear viskoelastischen Bereich (siehe dazu Abschnitt 3.15.4) und zeigt, dass die Mooney-Rivlin-Analyse eine einfache Möglichkeit zur Bestimmung der Netzstellendichte bietet.

Die Theorie von Mooney und Rivlin gründet auf einer empirischen Formulierung der freien Energie eines Netzwerks auf der Basis der Invarianten der Deformation. In der sogenannten reduzierten Darstellung ergibt sich ein linearer Zusammenhang zwischen reduzierter Spannung σ_{Red} und inverser Dehnung $\frac{1}{\lambda}$. Die Größen C_1 und C_2 sind empirische Parameter und haben keine direkt ableitbare physikalische Bedeutung.

$$\sigma_{\mathrm{Red}} = 2\,C_1 + 2\,C_2 \cdot \frac{1}{\lambda} \quad \text{mit} \quad \sigma_{\mathrm{Red}} = \sigma \cdot \frac{1}{\lambda - \frac{1}{\lambda^2}}$$

Aus dem Vergleich mit der affinen Netzwerktheorie ergibt sich ein Zusammenhang zwischen der Konstanten C_1 und dem Modul G_C bzw. der Masse eines Netzbogens zwischen zwei Netzstellen M_C. Die Mooney-Rivlin-Konstante C_1 kann somit als Maß für die Netzstellendichte betrachtet werden.

$$2\,C_1 = G_C = \frac{\rho\,R\,T}{M_C}$$

Da das Modell von Mooney-Rivlin weder die Verhakung von Ketten noch die endliche Dehnbarkeit von Ketten berücksichtigt, findet man sowohl bei kleinen als auch bei großen Dehnungen signifikante Unterschiede zwischen dem von Mooney-Rivlin abgeleiteten Materialmodell und dem Verhalten eines realen Polymernetzwerks. Zumeist besteht in mittleren Deformationsbereichen ein linearer Zusammenhang zwischen reduzierter Spannung und inverser Dehnung. Dieser Bereich kann dann zur direkten Bestimmung der Netzstellendichte verwendet werden.

4.2.9 Das Van-der-Waals-Modell

Ein Modell, das die endliche Dehnbarkeit der Netzbögen berücksichtigt, ist das von Kilian (1981, 1983, 1984,a, 1986, 1987,a, 1988) entwickelte Van-der-Waals-Modell für Polymernetzwerke. Die Formulierung der Zustandsgleichung eines Netzwerks wurde in Analogie zur Formulierung der Van-der-Waals-Zustandsgleichung (siehe van der Waals (1873)) für reale Gase durchgeführt:

$$p = \frac{nRT}{V - n\,b} - \frac{n^2}{V^2}\,a \tag{4.66}$$

n bezeichnet dabei die Anzahl der Gasmoleküle pro Volumeneinheit. Die Parameter a und b charakterisieren die Wechselwirkung der Gasmoleküle und deren Eigenvolumen. Ein ideales Gas hat kein Eigenvolumen der Moleküle ($b = 0$) und keine Wechselwirkung zwischen den Molekülen ($a = 0$).

Die Kraft, die man zur Dehnung eines realen Netzwerks benötigt, ergibt sich nach Kilian durch eine analoge Formulierung.

$$f = \frac{nRT}{l_0} \cdot \left(\frac{1}{\frac{1}{D} - b} - a_0\,D^2 \right) \tag{4.67}$$

Dabei stellt D die charakteristische Dehnungsfunktion eines entropieelastischen Netzwerks dar.

$$D = \lambda - \frac{1}{\lambda^2} \tag{4.68}$$

Der Parameter b berücksichtigt die endliche Dehnbarkeit der Netzbögen. Aus der maximalen Dehnung

$$\lambda_{\text{Max}} = \frac{l_{\text{Max}}}{l_0}$$

eines Netzwerks der Ursprungslänge l_0 resultiert die Dehnungsfunktion

$$D_{\text{Max}} = \lambda_{\text{Max}} - \frac{1}{\lambda^2_{\text{Max}}}.$$

Zwischen D_{Max} und dem Parameter b besteht dann der Zusammenhang

$$b = \frac{1}{D_{\text{Max}}} = \frac{1}{\lambda_{\text{Max}} - \frac{1}{\lambda^2_{\text{Max}}}} \tag{4.69}$$

Der Zusammenhang zwischen dem Parameter b und den molekularen Größen des Netzwerks wird klar, wenn man sich an die Diskussion der endlichen Dehnbarkeit in Abschnitt 4.2.7 erinnert. Für den Zusammenhang zwischen der maximalen Dehnbarkeit und der Anzahl N_S der Segmente eines Netzbogens ergab sich die Beziehung (siehe Gl. 4.57)

$$\lambda_{\text{Max}} = \sqrt{N_S}$$

Damit ist der Parameter b nur von der Anzahl der Segmente zwischen zwei Netzstellen abhängig.

$$b = \frac{1}{\sqrt{N_S} - \frac{1}{N_S}} \tag{4.70}$$

Die Konstante a_0 soll die Summe aller Wechselwirkungen zwischen den Netzwerkketten erfassen, kann aber nicht mit molekularen Netzwerkparametern verknüpft werden und stellt demzufolge einen empirischen Parameter dar. Damit ist das Van-der-Waals-Modell von Kilian keine rein molekulare Theorie, sondern zum Teil empirischer Natur.

Mit der Definition des Moduls des idealen Gaußschen Netzwerks,

$$G_C = \frac{\rho RT}{M_C} = \frac{m}{V}\frac{RT}{M_C} = \frac{N}{V}RT = nRT$$

und einer etwas modifizierten Definition des empirischen Parameters

$$a = \frac{a_0\, l_0}{nRT}$$

ergibt sich die allgemeine Formulierung des Spannungs-Dehnungs-Verhaltens eines Polymernetzwerks im Rahmen des Van-der-Waals-Modells, wobei σ_0, analog zum Modell von Mooney-Rivlin, den Offset der Spannung berücksichtigt.

$$\sigma = G_C \cdot D \left(\frac{D_{\text{Max}}}{D_{\text{Max}} - D} - a \cdot D \right) + \sigma_0 \tag{4.71}$$

Dabei bezieht sich die Spannung σ auf die Querschnittsfläche der nicht deformierten Probe.

Wird der Wechselwirkungsterm der Polymerketten vernachlässigt ($a = 0$), so kann Gl. 4.71 bei kleineren Dehnungen ($\lambda \ll \lambda_{\text{Max}}$) durch das Zug-Dehnungs-Verhalten eines idealen Gaußschen Netzwerks angenähert werden.

$$\sigma = G_C \cdot D + \sigma_0$$

Das ideale Gaußsche Netzwerk ist damit als Spezialfall im Van-der-Waals-Modell enthalten. Abb. 4.14 zeigt die schon bei der Mooney-Rivlin Analyse verwendeten Zug-Dehnungs-Kurven der peroxidisch vernetzten HNBR-Kautschuke in normaler und in Mooney-Rivlin-Darstellung. Die durchgezogenen Linien zeigen die Anpassung der Van-der-Waals-Gleichung (siehe Gl. 4.71) an die Messdaten. Dabei wurden G_C, λ_{Max} und a sowie der Offset σ_0 der Spannung als Fitparameter verwendet.

Vergleicht man die aus der Anpassung des Van-der-Waals-Modells resultierenden Kurven mit den Messwerten, so wird durch die Berücksichtigung der endlichen Dehnbarkeit der Netzbögen zwischen zwei benachbarten Netzstellen eine wesentlich bessere Übereinstimmung bei höheren Dehnungen erreicht.

Deutlichere Abweichungen der angepassten Kurven vom realen Zug-Dehnungs-Verhalten findet man bei den schwächer vernetzten Vulkanisaten (siehe Abb. 4.14a). Speziell bei hohen Dehnungen wird die Übereinstimmung zwischen den angepassten Kurven und den Messdaten mit steigender Vernetzung immer besser. Dies deutet darauf hin, dass das mechanische Verhalten der chemischen Netzstellen vom Van-der-Waals-Modell gut wiedergegeben wird, während der Einfluss

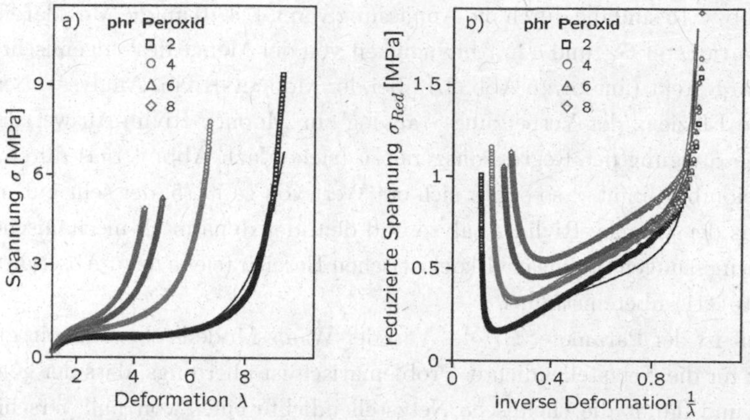

Abb. 4.14 Beschreibung des Zug-Dehnungs-Verhaltens von unterschiedlich stark vernetztem HNBR mit 34 wt% ACN mit dem Van-der-Waals-Modell in normaler (a) und in der Mooney-Rivlin-Darstellung (b)

von Verhakungen und Verschlaufungen, der bei schwächer vernetzten Netzwerken naturgemäß stärker zum Tragen kommt, nicht vollständig erfasst wird.

Das Verhalten bei kleinen Deformationen bestätigt diese Annahme. Vergleicht man die Messdaten mit den theoretisch berechneten Kurven bei kleinen Dehnungen ($\lambda \to 1$), so zeigen sich die größten Unterschiede bei den schwächer vernetzten Proben (siehe Abb. 4.14b). Betrachtet man dazu nochmals Gl. 4.71, so wird das Zug-Dehnungs-Verhalten bei höheren Dehnungen überwiegend durch die chemischen Netzstellen und die endliche Dehnbarkeit der Netzbögen bestimmt, während die Spannung bei kleinen Dehnungen deutlich durch den Parameter a beeinflusst wird. Je größer die Dehnung, umso geringer der Einfluss des Parameters a und umso besser die Übereinstimmung mit den Messwerten.

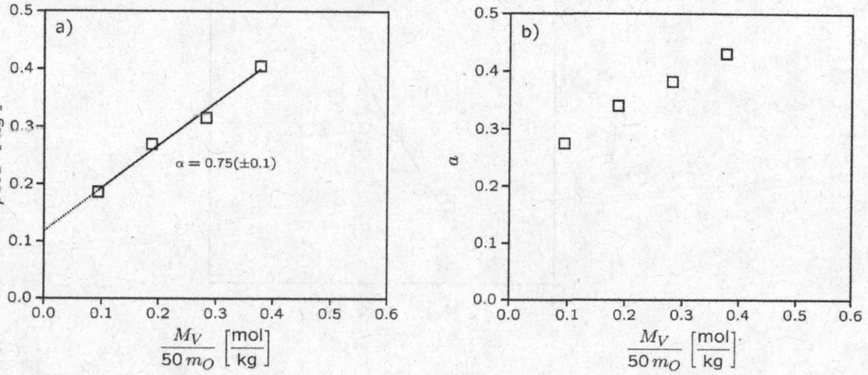

Abb. 4.15 Bestimmung der Effizienz der Vernetzung (a) und des empirischen Wechselwirkungsparameters (b) aus Zug-Dehnungs-Messungen mit dem Van-der-Waals-Modell

In Abb. 4.15 sind die durch die Anpassung von Gl. 4.70 an die Messdaten ermittelten Parameter G_C und a in Abhängigkeit von der Menge des eingemischten Peroxids dargestellt (analog zu Abb. 4.13 bei der Mooney-Rivlin Analyse). Berechnet man die Effizienz der Vernetzung – analog zur Mooney-Rivlin-Auswertung wird dazu die Steigung der Regressionsgeraden (siehe dazu Abb. 4.15a) durch lineare Regression bestimmt –, so ergibt sich ein Wert von ca. 0.75, der sehr gut mit dem Ergebnis der Mooney-Rivlin-Analyse und dem der dynamisch-mechanischen Vulkametermessungen im linear viskoelastischen Bereich (siehe dazu Abschnitt 3.15.4 auf Seite 241) übereinstimmt.

Damit ist der Parameter G_C des Van-der-Waals-Modells ebenfalls ein guter Indikator für die Netzstellendichte. Problematisch ist allerdings, dass der gemessene Modul und damit die chemische Netzstellendichte einen von null verschiedenen Wert annehmen würde, wenn die Peroxidmenge auf null extrapoliert wird (siehe dazu die gestrichelte Linie in Abb. 4.15a). Daraus müsste man schließen, dass auch im unvernetzten Polymer Netzstellen vorhanden sind. Dieses widersprüchliche Ergebnis würde bedeuten, dass der Parameter G_C im Van-der-Waals-Modell nicht nur die chemischen Netzstellen, sondern zu einem Teil auch die durch Verhakungen und Verschlaufungen gebildeten physikalischen Netzstellen beschreiben würde. Dieser Teil wäre dann von der Vernetzermenge unabhängig. Die Netzstellendichte wäre damit bei einer Analyse mit dem Van-der-Waals-Modell immer um den Beitrag der Verhakungen und Verschlaufungen zu hoch bestimmt.

Der Parameter a steigt beim abgebildeten Beispiel mit der Netzstellendichte an (siehe Abb. 4.15b). Da er nur empirisch definiert ist, können keine weiteren Rückschlüsse auf die Struktur des Netzwerks oder auf den Einfluss von Verhakungen oder Verschlaufungen gezogen werden.

Abb. 4.16 zeigt den Zusammenhang der endlichen Dehnung λ_{Max} mit der Netzstellendichte bzw. der mittleren Anzahl an Monomeren zwischen zwei Netzstellen.

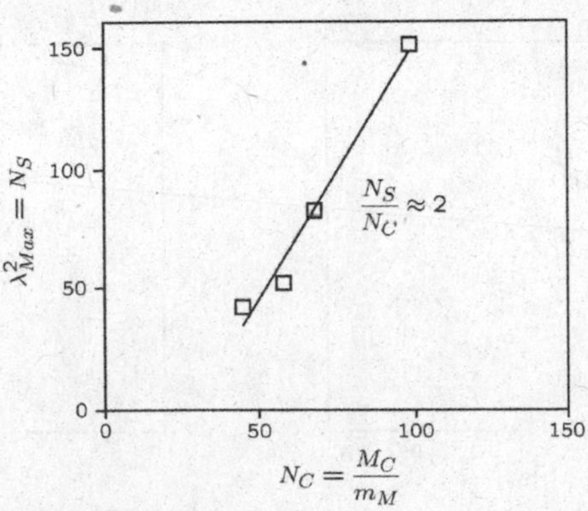

Abb. 4.16 Abschätzung der Größe eines statistischen Segments aus der endlichen Kettendehnbarkeit mit dem Van-der-Waals-Modell

Da das Quadrat der maximalen Dehnung direkt proportional zur Anzahl N_S der Segmente eines Netzbogens ist (siehe Gl. 4.57) und die Anzahl N_C der Monomere zwischen zwei Netzstellen aus dem Modul G_C mit

$$G_C = \frac{\rho RT}{M_C} = \frac{\rho RT}{m_M} \frac{1}{N_C}$$

bei bekannter Masse der Monomere m_C berechnet werden kann, lässt sich aus dem Vergleich beider Größen abschätzen, wie viele Monomere zur Bildung eines statistischen Segments notwendig sind.

Bei dem verwendeten Beispiel ist die Anzahl der statistischen Segmente zwischen zwei benachbarten Netzstellen etwa doppelt so groß wie die Anzahl der Monomere zwischen zwei benachbarten Netzstellen ($N_S \approx 2N_C$). Dies bedeutet, dass ein statistisches Segment einem halben Monomer entsprechen müsste. Da 3.3 C-C-Einfachbindungen das mittlere Monomer eines HNBR mit 34 wt% ACN bilden, würde dies bei einem halben Monomer pro statistischem Segment bedeuten, dass nur ca. 1.5 C-C-Einfachbindungen ein statistisches Element bilden. Dies ist mit Sicherheit nicht richtig, denn es würde bedeuten, dass eine aus Acrylnitril und Butadien synthetisierte Kette flexibler als eine Valenzwinkelkette mit freier Drehbarkeit wäre. Für diese ergab die Rechnung (siehe Abschnitt 4.2.3 auf Seite 290) ein aus ca. 3 Einfachbindungen gebildetes statistisches Segment.

Dieses doch sehr unphysikalische Ergebnis kann zum Teil durch die im Van-der-Waals-Modell zu hoch berechnete Netzstellendichte erklärt werden. Korrigiert man beim gewählten Beispiel alle Modulwerte um den von der Vernetzermenge unabhängigen Anteil (bei dem in Abb. 4.15a dargestellten Beispiel wären dies etwa $\frac{0.12}{\rho RT}$), so würde ein statistisches Segment statt aus 0.5 Monomeren aus ca. 2 Monomeren und damit aus ca. 6.6 C-C-Einfachbindungen gebildet. Da eine Valenzwinkelkette mit freier Drehbarkeit wesentlich flexibler als eine HNBR-Kette ist, würde dieses Ergebnis dem realen Verhalten deutlich näher kommen.

In dem von H. G. Kilian entwickelten Van-der-Waals-Modell für Polymernetzwerke wird die chemische Netzstellendichte, analog zum Gaußschen Netzwerk, durch den Modul G_C charakterisiert. Die endliche Dehnbarkeit der Netzbögen ist durch die Anzahl der statistischen Segmente zwischen zwei Netzstellen ($\lambda_{\text{Max}} = \sqrt{N_S}$) definiert. Der Parameter a beschreibt die globale Wechselwirkung zwischen den Polymerketten

$$\sigma = G_C \cdot D \left(\frac{D_{\text{Max}}}{D_{\text{Max}} - D} - a \cdot D \right)$$

Dabei entspricht D der charakteristischen Dehnungsfunktion.

$$D = \lambda - \frac{1}{\lambda^2}$$

Die Übereinstimmung zwischen gemessenen Zug-Dehnungs-Kurven und den mittels Van-der-Waals-Modell berechneten Daten verbessert sich mit steigendem Vernetzungsgrad, wobei sie bei größeren Dehnungen tendenziell besser ist als bei kleinen. Variiert man die Netzstellendichte, so zeigt sich, dass der Parameter G_C systematisch zu groß bestimmt wird. Dies deutet darauf hin, dass der Parameter G_C im Van-der-Waals-Modell nicht nur die chemischen Netzstellen, sondern auch einen Teil der durch Verhakungen und Verschlaufungen gebildeten physikalischen Netzstellen beinhaltet.

4.2.10 Das nichtaffine Reptationsmodell

Die Grundidee des nichtaffinen Reptationsmodells basiert auf der Annahme, dass Netzwerke mit verschlauften oder verhakten Ketten nichtaffin deformieren. Durch die Relaxation von Kettensegmenten entspricht die Deformation der Netzbögen zwischen Entanglements nicht mehr der makroskopischen Deformation eines Probekörpers. Rubinstein (1997) zeigte, dass die mikroskopische Deformation der Kettensegmente zwischen Entanglements über ein Potenzgesetz mit der makroskopischen Deformation einer Probe verbunden ist.

$$d_{x,y,z} = d_0 \cdot \lambda_{x,y,z}^{\nu} \tag{4.72}$$

Dabei entspricht d_0 dem mittleren Abstand zweier Entanglements. Im Reptationsmodell ist dies der Radius der undeformierten Röhre. $d_{x,y,z}$ charakterisiert den Radius der gedehnten Röhre in den jeweiligen Raumrichtungen, und $\lambda_{x,y,z}$ entspricht der makroskopischen Deformation. Für den Fall der nichtaffinen Deformation entspricht der Parameter $\nu = \frac{1}{2}$, und bei affiner Deformation erhält man $\nu = 1$.

Für den Fall der nichtaffinen Deformation führt die Berechnung der freien Energie bzw. der Energiedichte (Interessenten finden die Herleitung in Heinrich (1998); Edwards (1976, 1986, 1988)) auf den in Gl. 4.73 dargestellten Term, wobei w_C den Anteil der chemischen Netzstellen und w_e den der Entanglements bezeichnet.

$$w = w_C + w_e = \frac{G_C}{2}\left(\sum_{i=1}^{3}\lambda_i^2 - 3\right) + 2 \cdot G_e\left(\sum_{i=1}^{3}\lambda_i^{-1} - 3\right) \tag{4.73}$$

Bis zu diesem Punkt wird die endliche Dehnbarkeit der Ketten vernachlässigt. Die Betrachtung der nichtaffinen Deformation führt lediglich zu einer Änderung der Energie bei relativ kleinen Deformationen, und bei größeren Deformationen konvergiert der Term w_e gegen null. Für diesen Fall beschreibt Gl. 4.73 das ideale Gaußsche Netzwerk.

Edwards und Vilgis (siehe Edwards (1976, 1986)) berücksichtigten die endliche Dehnbarkeit der Netzbögen durch eine Modifikation des Terms w_c. Da w_e für hohe Deformationen gegen null konvergiert, kann er im Bereich der maximalen Kettendehnung vernachlässigt werden

$$w_c = \frac{G_C}{2}\left\{\frac{\left(\sum_{i=1}^{3}\lambda_i^2 - 3\right)\left(1-\frac{T_e}{n_e}\right)}{1-\frac{T_e}{n_e}\left(\sum_{i=1}^{3}\lambda_i^2 - 3\right)} + \ln\left(1-\frac{T_e}{n_e}\left(\sum_{i=1}^{3}\lambda_i^2 - 3\right)\right)\right\} \tag{4.74}$$

Allerdings wird die Ableitung von Gl. 4.74 auch bei längerer Lektüre der Originalarbeiten nicht wirklich transparent. Der Parameter n_e charakterisiert die mittlere Anzahl der Segmente zwischen zwei Entanglements. T_e wird als Langley-Trapping-Faktor (siehe Langley (1968)) bezeichnet und gibt den Anteil der Entanglements an, der durch die chemische Vernetzung irreversibel fixiert wird. Dieser Anteil ist zeitlich stabil und kann nicht durch die Reptation der Kette gelöst werden. T_e ist zwischen 0 und 1 definiert und hat bei kritischer Betrachtung alle Eigenschaften eines empirischen Anpassparameters.

Die chemische Vernetzung hat im nichtaffinen Reptationsmodell nur indirekten Einfluss auf die maximale Dehnbarkeit eines Netzwerks. So gehen die Autoren davon aus, dass bei einer Erhöhung der chemischen Netzstellendichte auch die Anzahl der fixierten Entanglements erhöht wird. Bei einer geringen chemischen Vernetzungsdichte ist dies eventuell noch nachvollziehbar, da die Anzahl der Verhakungen und Verschlaufungen deutlich größer ist als die Anzahl der chemischen Netzstellen. Sobald alle Entanglements fixiert sind, wird das Modell allerdings fragwürdig. Eine weitere Erhöhung der chemischen Netzstellendichte würde dann keinen weiteren Einfluss auf die maximale Dehnbarkeit haben. Damit müsste die maximale Dehnbarkeit eines Netzwerks bei steigender Vernetzung gegen ein Grenzwert streben. Dies wird experimentell nicht beobachtet.

Praktisch gibt das Verhältnis T_e/n_e den Einfluss aller Netzstellen, d.h. sowohl der chemischen als auch der fixierten physikalischen, auf die endliche Dehnbarkeit eines Netzwerks wieder.

Die Kombination der Gleichungen 4.73 und 4.74 und die Ableitung der freien Energie nach der Deformation führt im Fall einer uniaxialen Deformation auf die folgende Beziehung zwischen Spannung und Dehnung:

$$\sigma = G_C\left(\lambda - \frac{1}{\lambda^2}\right)\left\{\frac{1-\frac{T_e}{n_e}}{\left[1-\frac{T_e}{n_e}\left(\lambda^2+\frac{2}{\lambda}-3\right)\right]^2} - \frac{\frac{T_e}{n_e}}{1-\frac{T_e}{n_e}\left(\lambda^2+\frac{2}{\lambda}-3\right)}\right\} + 2G_e\left(\frac{1}{\sqrt{\lambda}} - \frac{1}{\lambda^2}\right) \tag{4.75}$$

Auch für das nichtaffine Reptationsmodell wurde eine Anpassung des Modells an die Zug-Dehnungs-Daten der mit unterschiedlichen Mengen an Peroxid vernetzten

HNBR-Systeme durchgeführt. Dabei wurden G_C, G_e und das Verhältnis T_e/n_e sowie ein Spannungsoffset σ_0 als Fitparameter verwendet. Abb. 4.17 zeigt die grafische Darstellung der Modellfunktion an die Messdaten in normaler (a) und Mooney-Rivlin-Darstellung (b).

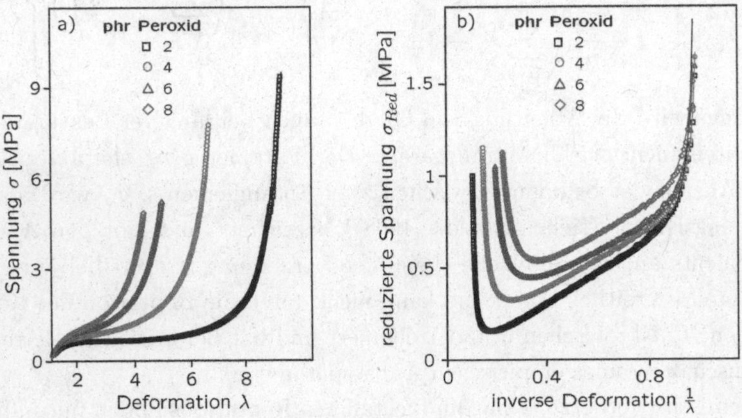

Abb. 4.17 Beschreibung des Zug-Dehnungs-Verhaltens von unterschiedlich stark vernetztem HNBR mit 34 wt% ACN mit dem nichtaffinen Reptationsmodell in normaler (a) und Mooney-Rivlin-Darstellung (b)

Im gesamten Deformationsbereich findet man für alle untersuchten Vernetzungsgrade eine gute bis sehr gute Übereinstimmung zwischen den mit Gl. 4.75 berechneten Kurven und den gemessenen Daten. Kleinere Unterschiede zwischen gemessenen und berechneten Werten finden sich nur noch bei kleinen Deformationen (siehe Mooney-Rivlin-Darstellung). Insgesamt findet man beim nichtaffinen Reptationsmodell die bisher beste Übereinstimmung zwischen Modell und Messwerten.

In Abb. 4.18 sind die durch die Anpassung von Gl. 4.75 an die Messdaten ermittelten Parameter G_C und G_e bzw. die daraus berechnete chemische und physikalische Netzstellendichte $\frac{G}{\rho RT}$ bzw. p_e (siehe dazu Abschnitt 3.15.3 ab Seite 236) in Abhängigkeit von der Menge des eingemischten Peroxids dargestellt.

Die Effizienz der peroxidischen Vernetzung kann wie schon beim Mooney-Rivlin- und beim Van-der-Waals-Modell aus der Steigung der Regressionsgeraden (siehe die Linie in Abb. 4.18a) berechnet werden. Auf der Basis der mit dem nichtaffinen Reptationsmodell berechneten Netzstellendichten ergibt sich die Vernetzungseffizienz zu 0.64 (±0.1). Dieser Wert stimmt im Rahmen der Mess- bzw. Auswertegenauigkeit sehr gut mit den aus der Mooney-Rivlin- und der Van-der-Waals-Analyse erhaltenen Werten überein.

In Abb. 4.18b ist die aus dem Parameter G_e berechnete physikalische Netzstellendichte p_e in Abhängigkeit von der Menge des eingemischten Peroxids aufgetragen. Im Bereich der untersuchten Netzstellendichten ist p_e unabhängig von der

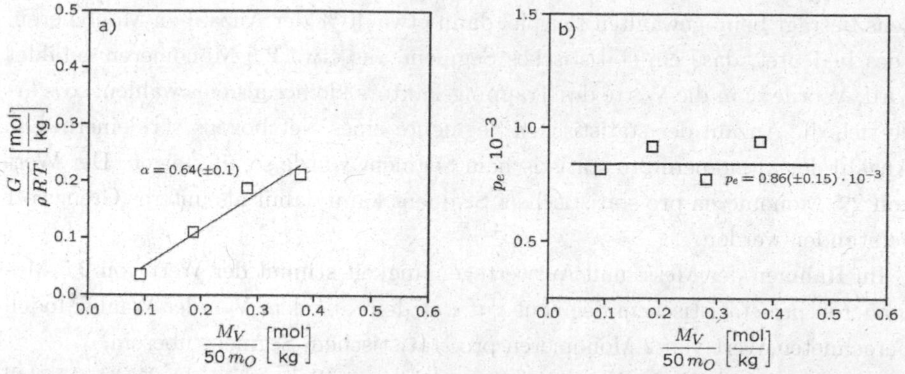

Abb. 4.18 Bestimmung der Effizienz der Vernetzung (a) und der Anzahl der Verhakungen und Verschlaufungen (b) aus Zug-Dehnungs-Messungen mit dem nichtaffinen Reptationsmodell

chemischen Netzstellendichte. Dies war zu erwarten, da es keinen physikalischen Grund für eine Abhängigkeit der Anzahl der Verhakungen und Verschlaufungen von der chemischen Netzstellendichte gibt. Man findet ca. 0.86 Verschlaufungen und Verhakungen pro 1000 Monomere. Dies stimmt gut mit den Ergebnissen der molekulargewichtsabhängigen Bestimmung der physikalischen Netzstellendichte in Abschnitt 3.15.4 auf Seite 243 überein.

Die Anzahl der Monomere pro statistischem Segment kann wie schon bei der Diskussion des Van-der-Waals-Modells aus dem Vergleich der endlichen Dehnbarkeit mit der Netzbogenmasse bestimmt werden (siehe Abb. 4.19).

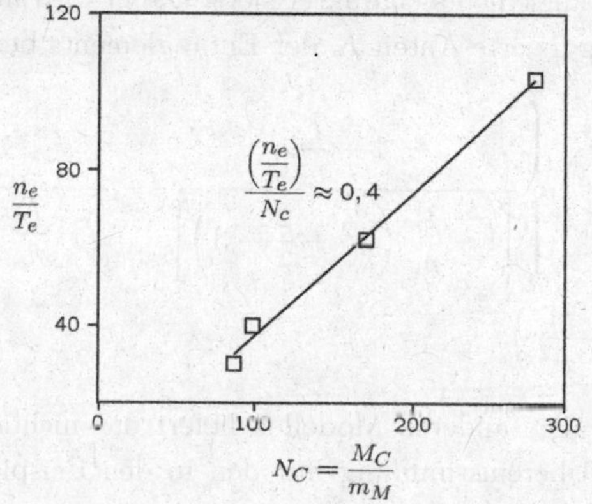

Abb. 4.19 Abschätzung der Größe eines statistischen Segments aus der endlichen Kettendehnbarkeit mit dem nichtaffinen Reptationsmodell

Für eine Abschätzung kann der Trapping-Faktor T_e zu eins gewählt werden. Damit setzt man voraus, dass alle physikalischen Netzstellen durch die chemische Vernetzung fixiert werden. Die Anzahl der statistischen Segmente eines Netzbogens beträgt beim gewählten Beispiel dann etwa 40 % der Anzahl an Monomeren. Dies bedeutet, dass ein statistisches Segment aus etwa 2.5 Monomeren gebildet wird. Würde man die Werte des Trapping-Faktors kleiner als eins wählen, so würde sich die Anzahl der statistischen Segmente eines Netzbogens verkleinern. Die Anzahl der Monomere pro statistischem Segment würde somit steigen. Der Wert von 2.5 Monomeren pro statistischem Segment kann damit als unterer Grenzwert verstanden werden.

Im Rahmen der Mess- und Auswertegenauigkeit stimmt der Wert von 2.5 Monomeren pro statistischem Segment gut mit dem aus dem Van-der-Waals-Modell berechneten Wert von 2 Monomeren pro statistischem Segment überein.

Auch der Vergleich der Netzbogenlängen N_S gemäß dem Van-der-Waals-Modell mit dem Verhältnis n_e/T_e des nichtaffinen Reptationsmodells zeigt eine starke lineare Korrelation beider Größen ($R^2 > 0.99$). Allerdings sind die Werte des Van-der-Waals-Modells um ca. 50 % größer als die des nichtaffinen Röhrenmodells. Bei gleicher Segmentlänge würde dies bedeuten, dass der Trapping-Faktor T_e des nichtaffinen Reptationsmodells einen Wert von ca. 0.66 besitzen müsste.

Die chemische Netzstellendichte beim nichtaffinen Reptationsmodell ist wie beim Gaußschen Netzwerk proportional zum Modul G_C. Die im Gaußschen Netzwerk nicht berücksichtigten Verhakungen und Verschlaufungen von Ketten werden im nichtaffinen Reptationsmodell durch den Modul G_e repräsentiert, wobei die lokale Relaxation von Kettensegmenten zur nichtaffinen Deformation der Netzbögen zwischen zwei Entanglements führt. Die endliche Dehnbarkeit der Netzbögen wird durch die Anzahl n_e der Kettensegmente zwischen zwei Entanglements charakterisiert. Dabei wird nur der durch chemische Vernetzung fixierte Anteil T_e der Entanglements berücksichtigt.

$$\sigma = G_C\left(\lambda - \frac{1}{\lambda^2}\right)\left\{\frac{1-\dfrac{T_e}{n_e}}{\left[1-\dfrac{T_e}{n_e}\left(\lambda^2+\dfrac{2}{\lambda}-3\right)\right]^2} - \frac{\dfrac{T_e}{n_e}}{1-\dfrac{T_e}{n_e}\left(\lambda^2+\dfrac{2}{\lambda}-3\right)}\right\}$$
$$+\ 2\,G_e\left(\frac{1}{\sqrt{\lambda}} - \frac{1}{\lambda^2}\right)$$

Im Vergleich mit allen anderen Modellen liefert das nichtaffine Reptationsmodell die beste Übereinstimmung mit den in den Beispielen verwendeten Messdaten.

Ein wesentlicher Kritikpunkt am nichtaffinen Reptationsmodell ist die in großen Teilen nicht nachvollziehbare Berücksichtigung der endlichen Dehnbarkeit der Netzbögen. Auch die der Ableitung der Spannungs-Dehnungs-Beziehung zugrunde liegenden Annahmen sind fragwürdig. Sind alle Entanglements fixiert ($T_e = 1$), so sollte sich die maximale Dehnbarkeit im Rahmen des nichtaffinen Reptationsmodells nicht mehr ändern und damit unabhängig von jeder weiteren Erhöhung der chemischen Netzstellendichte sein. Dies ist bisher experimentell nicht nachgewiesen.

4.3 Gefüllte Systeme

Bis hierhin beschränkte sich die Beschreibung des nichtlinearen Deformationsverhaltens auf ungefüllte, vernetzte Elastomere. Grundlage der Beschreibung war die Annahme eines rein entropieelastischen Verhaltens.

In der Praxis werden ungefüllte, vernetzte Vulkanisate selten eingesetzt. Nahezu jedes Compound wird durch die Zugabe von Füllstoffen modifiziert. Der Grund für die Verwendung von Füllstoffen wird schon bei der Betrachtung von Abb. 4.20 offensichtlich. Dargestellt sind Zug-Dehnungs-Messungen von vernetzten L-SBR-Vulkanisaten mit unterschiedlichen Mengen des aktiven Füllstoffs N220 (siehe dazu Abschnitt 3.16 ab Seite 245). Betrachtet man Spannungswerte bei gleichen Dehnungen, so steigen diese mit zunehmendem Füllgrad stark an. Die Bruchdehnung wird bei kleinen Füllgraden nur unwesentlich durch den Füllstoff beeinflusst und nimmt bei höheren Füllgraden ab. Die Bruchspannung steigt mit Erhöhung des Füllgrads stark an und durchläuft ein Maximum, um bei sehr hohen Füllgraden wieder abzunehmen. Die Systeme mit sehr hohen Füllgraden und abnehmender Bruchspannung bezeichnet man im Jargon des Compounding als überfüllte Systeme.

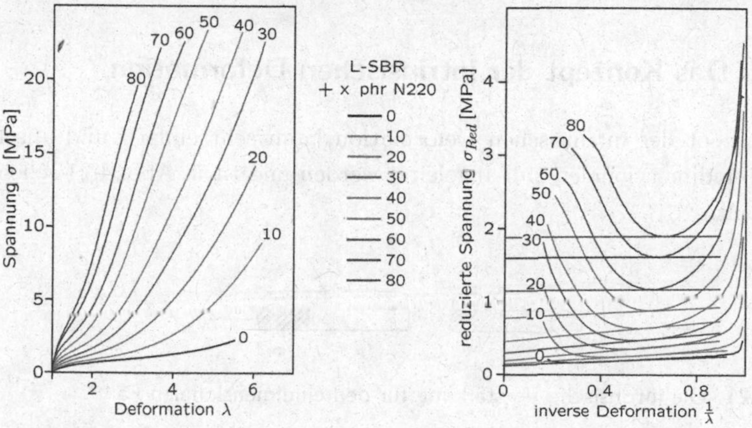

Abb. 4.20 Zug-Dehnungs-Messungen an gefüllten SBR-Vulkanisaten

Die Schwierigkeit bei der quantitativen Diskussion des Zug-Dehnungs-Verhaltens von gefüllten Systemen liegt nun darin, dass sich die nichtlinearen mechanischen Eigenschaften des polymeren Netzwerks und die durch Füllstoff-Füllstoff und/oder Füllstoff-Polymer verursachten Wechselwirkungen auf komplexe Art überlagern – eine einfache Separation beider Effekte ist deshalb nicht möglich.

Anschaulich wird dies, wenn man die im rechten Diagramm von Abb. 4.20 abgebildeten Zug-Dehnungs-Kurven in Mooney-Rivlin-Darstellung betrachtet. Bei unvernetzten Systemen war der Mooney-Rivlin-Parameter C_1, der aus der Extrapolation der reduzierten Spannungen bestimmt werden konnte ($2C_1 = \lim_{\frac{1}{\lambda}\to 0} \sigma_{\text{Red}}$) proportional zur chemischen Netzstellendichte (siehe Gl. 4.62). Die durchgezogenen Linien in Abb. 4.20 zeigen das Ergebnis der Mooney-Rivlin-Analyse für unterschiedliche Mengen an Füllstoff. Dabei wurde die Menge des Vernetzers, in diesem Fall Schwefel, konstant gehalten. Geht man davon aus, dass der Füllstoff die chemische Vernetzungsreaktion nicht beeinflusst, so führt die Ausbildung von Füllstoff-Füllstoff- bzw. Füllstoff-Polymer-Wechselwirkungen zu deutlich geänderten Mooney-Rivlin-Parametern. Mehr dazu in Abschnitt 4.3.2 auf Seite 324.

In gefüllten Systemen kann der Mooney-Rivlin-Parameter C_1 daher nicht mehr zur quantitativen Bestimmung der chemischen Netzstellendichte verwendet werden. Die mit steigender Füllstoffmenge zunehmenden Werte zeigen, dass C_1 sowohl von der chemischen Netzstellendichte als auch von den verstärkenden Eigenschaften der Füllstoffe beeinflusst wird.

Ein möglicher Ansatz zur Separation der nichtlinearen mechanischen Eigenschaften des polymeren Netzwerks von den verstärkenden Eigenschaften der Füllstoffe, das sogenannte Konzept der intrinsischen Deformation, wird in den folgenden Abschnitten sowohl im Rahmen der Bestimmung der chemischen Netzstellendichte von gefüllten Systemen als auch bei der Charakterisierung der verstärkenden Eigenschaften von Füllstoffen demonstriert.

4.3.1 Das Konzept der intrinsischen Deformation

Das Konzept der intrinsischen Deformation kann sehr einfach und anschaulich für den eindimensionalen Fall abgeleitet werden und ist in Abb. 4.21 schematisch dargestellt.

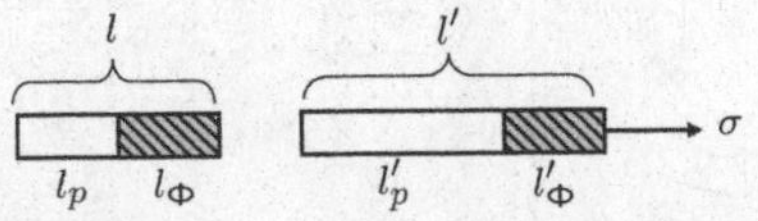

Abb. 4.21 Die intrinsische Verstärkung für den eindimensionalen Fall

Dabei bezeichnen l und l' die Längen des undeformierten bzw. des deformierten Probekörpers. l_P und l'_P bzw. l_Φ und l'_Φ entsprechen den Anteilen des Polymers und des Füllers im undeformierten bzw. im deformierten Zustand (siehe Abb. 4.21).

Die Deformation des Gesamtsystems ergibt sich definitionsgemäß zu

$$\lambda = \frac{l'}{l} = \frac{l'_P + l'_\Phi}{l_P + l'_\Phi} \tag{4.76}$$

Nimmt man an, dass der Modul des Füllstoffs sehr viel größer ist als der des Polymers, so wird der Bereich des Füllstoffs l_Φ bei Deformation nicht gedehnt.

$$l'_\Phi = l_\Phi$$

Dies bedeutet, dass die Deformation des Polymers deutlich höher ist als die Deformation des Gesamtsystems. Für den eindimensionalen Fall kann die Deformation des Polymers, die im Folgenden als intrinsische Deformation bezeichnet wird, noch relativ einfach abgeleitet werden.

$$\lambda_I = \frac{l'_P}{l_P} \tag{4.77}$$

Im eindimensionalen Fall ist die Länge l_ϕ proportional zum Anteil Φ des Füllstoffs und die Länge l_p proportional zum Anteil $(1 - \Phi)$ des Polymers im Vulkanisat.

$$l_\Phi = \Phi \cdot l \tag{4.78}$$

$$l_p = (1 - \Phi) \cdot l \tag{4.79}$$

Die Kombination der Gleichungen 4.76, 4.77, 4.78 und 4.79 führt auf die Beziehung zwischen der makroskopischen (λ) und der intrinsischen (λ_I) Deformation der Ketten im Netzwerk.

$$\begin{aligned} \lambda &= \frac{l'}{l} = \frac{l'_P + l'_\Phi}{l} = \frac{\lambda_I(1-\Phi)\cdot l + \Phi \cdot l}{l} \\ &= \lambda_I(1-\Phi) + \Phi \\ &\Downarrow \\ \lambda_I &= \frac{\lambda - \Phi}{1-\Phi} = \frac{\lambda - 1}{1 - \Phi} + 1 \\ \lambda_I &= 1 + \frac{1}{(1-\Phi)} \cdot (\lambda - 1) \end{aligned} \tag{4.80}$$

D.h. schon bei dem einfachen Fall der eindimensionalen Verstärkung erhöht sich die Dehnung der Netzbögen um den Faktor $(1 - \Phi)^{-1}$ gegenüber der makroskopischen Dehnung des gefüllten Vulkanisats.

Im dreidimensionalen Fall kann die erhöhte Dehnung der Netzbögen durch die von Einstein (siehe Einstein (1906, 1911)) berechnete hydrodynamische Verstärkung (siehe Abschnitt 3.16.2 ab Seite 248) beschrieben werden, wobei vorausgesetzt wird, dass die an die Füllstoffoberfläche angrenzenden Polymerketten auf dieser fixiert sind. Dies kann in Analogie zur Definition der Viskosität einer ideal newtonschen Flüssigkeit verstanden werden.

Vernachlässigt man Füllstoff-Füllstoff- und Polymer-Füllstoff-Wechselwirkungen und setzt voraus, dass der Modul des Füllstoffs sehr viel größer ist als der des polymeren Netzwerks, so ist die Dehnung ($\varepsilon_I = \lambda_I - 1$) der Polymerketten um den Faktor $(1 + 2.5\,\Phi)$ höher als die makroskopische Dehnung $\varepsilon = \lambda - 1$ des gefüllten Vulkanisats.

$$\lambda_I = 1 + (1 + 2.5\Phi) \cdot (\lambda - 1) \tag{4.81}$$

$$\Downarrow$$

$$\varepsilon_I = (1 + 2.5\,\Phi) \cdot \varepsilon$$

Das Ergebnis der Modellierung des Verstärkungsverhaltens von Füllstoffen durch das Konzept der intrinsischen Verstärkung ist in Abb. 4.22 exemplarisch für ein peroxidisch vernetztes HNBR dargestellt. Die Zug-Dehnungs-Messungen wurden dabei sowohl für ein ungefülltes als auch für ein mit 60 phr N330 gefülltes Vulkanisat durchgeführt.

Zur Berechnung des Zug-Dehnungs-Verhaltens des gefüllten Vulkanisats wurde in einem ersten Schritt das Zug-Dehnungs-Verhalten des ungefüllten Polymers durch das nichtaffine Reptationsmodell (siehe Abschnitt 4.2.10 auf Seite 312) gefittet. Weiterhin wurde angenommen, dass sowohl die chemische Vernetzung als auch die Ausbildung von Entanglements nicht durch den Füllstoff beeinflusst werden. Gilt diese Annahme, so können die Parameter G_C, G_e und T_e/n_e des ungefüllten Systems ungeändert auch zur Beschreibung des gefüllten Systems verwendet werden.

Zur theoretischen Beschreibung des Zug-Dehnungs-Verhaltens der gefüllten Systeme wird dann lediglich die Deformation λ in der Formel des nichtaffinen Reptationsmodells (siehe Gl. 4.75) durch die in Gl. 4.81 definierte intrinsische Deformation λ_I ersetzt.

Das Resultat der Modellierung ist nicht wirklich überzeugend und gibt das reale Deformationsverhalten des gefüllten Vulkanisats weder bei kleinen noch bei großen Deformationen richtig wieder.

Auch eine virtuelle Erhöhung des Füllgrads, wie im Konzept des Occluded Rubber (siehe Abschnitt 3.16.3 auf Seite 250) vorgeschlagen, bringt keine wesentliche Verbesserung. Deutlich wird dies, wenn man die zweite Linie in Abb. 4.22, die einer hydrodynamischen Verstärkung mit fünffach erhöhtem Füllgrad entspricht, mit dem gemessenen Zug-Dehnungs-Verhalten vergleicht. Auch hier findet man keine Übereinstimmung mit dem gemessenen Zug-Dehnungs-Verhalten. So sind die bei kleinen Dehnungen (bis ca. 150 %) berechneten Spannungswerte zu hoch, während sie bei hohen Dehnungen zu klein berechnet werden.

Dieses Ergebnis macht nochmals deutlich, dass die verstärkende Wirkung von Füllstoffen stark von der Deformation abhängt. Geht man analog zur Interpreta-

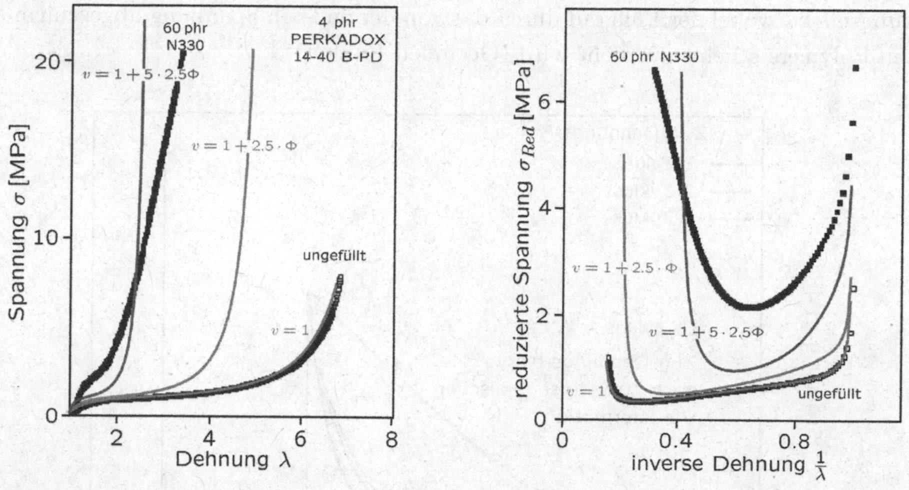

Abb. 4.22 Zug-Dehnungs-Verhalten von gefüllten und ungefüllten Vulkanisaten und hydrodynamische Modellierung

tion des Payne-Effekts (siehe Abschnitt 3.16 auf Seite 245) davon aus, dass mit steigender Deformation Füllstoff-Füllstoff- und/oder Füllstoff-Polymer-Bindungen aufgebrochen werden, so würde dies eine Abnahme der Verstärkung mit steigender Dehnung nach sich ziehen.

Im Gegensatz zum Payne-Effekt wird bei der uniaxialen Dehnung allerdings kein Gleichgewichtszustand zwischen Aufbrechen und Neubildung von Füllstoffagglomeraten erreicht (siehe dazu Abschnitt 3.16.3 auf Seite 252), vielmehr nimmt die Anzahl der aufgebrochenen Füllstoffcluster beim uniaxialen Zug-Dehnungs-Experiment mit steigender Deformation zu. Dies wird offensichtlich, wenn man das Zug-Dehnungs-Experiment nicht bis zum Bruch, sondern wiederholt bis kurz vor die Bruchgrenze durchführt. Bei dieser zyklischen Belastung werden Füllstoff-Füllstoff- und/oder Füllstoff-Polymer-Wechselwirkungen zerstört und nicht wieder aufgebaut.

In Abb. 4.23 ist dieses Vorgehen am Beispiel eines rußgefüllten L-SBR-Compounds dargestellt. In einem ersten Versuch wurde dazu die Bruchdehnung des Compounds bestimmt. Eine weitere Probe wurde dann mehrfach zyklisch bis zu 80 % der Bruchdehnung deformiert. Man erkennt sehr deutlich, dass der größte Effekt zwischen dem ersten und dem zweiten Zyklus auftritt und dass bei allen weiteren Zyklen kaum noch Unterschiede auszumachen sind. Dies bedeutet, dass beim ersten Zyklus Füllstoff-Füllstoff- bzw. Füllstoff-Polymer-Wechselwirkungen zerstört werden, die sich bei den nachfolgenden Zyklen nicht wieder bilden können. Durch die zyklische Vordeformation werden die mechanisch verstärkenden Eigenschaften des Füllstoffs abgebaut, und übrig bleibt der hydrodynamische Verstärkungseffekt, wobei der Füllgrad durch das von der äußeren Spannung abgeschirmten Polymers scheinbar erhöht wird (Occluded Rubber).

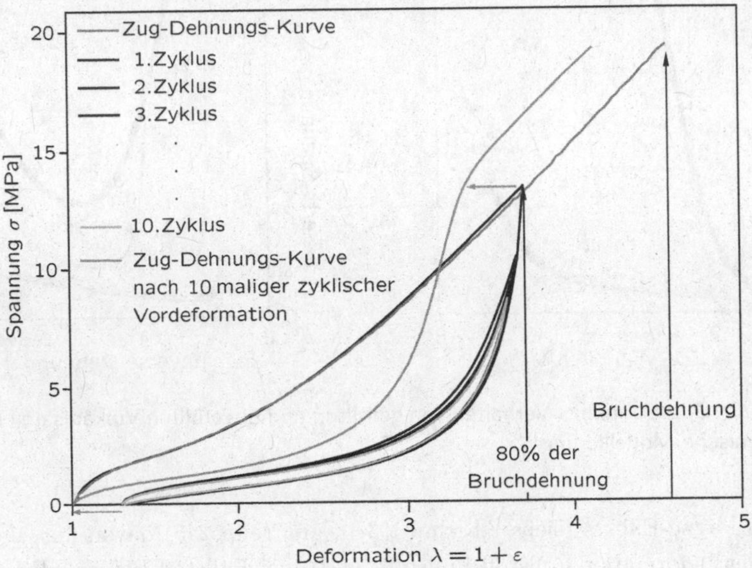

Abb. 4.23 Zug-Dehnungs-Verhalten bei zyklischer Deformation

4.3.2 Die Netzstellendichte in gefüllten Systemen

Zur Bestimmung der Netzstellendichte eines gefüllten Vulkanisats wird ein Probekörper mehrfach (hier zehnfach) auf bis zu 80 % seiner Bruchdehnung deformiert und anschließend einem weiteren Zug-Dehnungs-Experiment bis zum Bruch unterzogen.

Zur Bestimmung der chemischen Netzstellendichte des gefüllten Vulkanisats fittet man die vorzyklisierte Zug-Dehnungs-Kurve mit einem Materialmodell, wobei statt der makroskopischen Dehnung die intrinsische verwendet wird (siehe Gl. 4.81).

Ist der Verstärkungsfaktor $(1 + 2.5 \cdot \Phi')$ bzw. der Zusammenhang zwischen dem Volumenanteil Φ des Füllstoffs und den um den Anteil Φ' an Occluded Rubber erhöhten Füllgrad nicht bekannt, so kann er als weiterer Fitparameter angesetzt werden.

$$\Phi' = \alpha \cdot \Phi$$

Als Ergebnis des Fits erhält man dann neben der chemischen Netzstellendichte auch die Struktur des Füllstoffs (siehe dazu Gl. 3.274).

$$\alpha = 1 + \frac{DBP \cdot \rho}{100}$$

In Abb. 4.24 ist das Vorgehen für die gefüllten L-SBR-Systeme dargestellt. Im linken Diagramm ist die aus dem ursprünglichen Zug-Dehnungs-Experiment bestimmte reduzierte Spannung gegen die intrinsische Deformation der Polymermatrix geplottet. Zur Berücksichtigung des Occluded Rubber wurde Gl. 3.274 mit einem Strukturfaktor von 114 ml/(100 g) für den im Beispiel verwendeten Ruß N220 verwendet.

Wie man aus der linearen Extrapolation der reduzierten Spannung in der Mooney-Rivlin-Auftragung erkennt, ist der Achsenabschnitt der extrapolierten Linien immer noch vom Füllgrad abhängig (siehe linkes Diagramm).

Extrapoliert man das lineare Verhalten nach zehnfacher zyklischer Vordeformation (siehe rechtes Diagramm in Abb. 4.24), so ist der Achsenabschnitt unabhängig vom Füllgrad. Durch die zyklische Deformation wurden alle Polymer-Füllstoff- bzw. Füllstoff-Füllstoff-Wechselwirkungen abgebaut, und das Zug-Dehnungs-Verhalten kann damit vollständig durch das Konzept der intrinsischen Deformation der Netzwerkketten beschrieben werden.

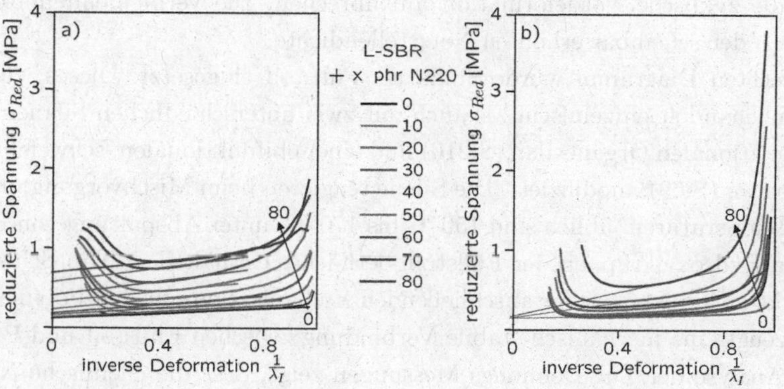

Abb. 4.24 Zug-Dehnungs-Verhalten vor (a) und nach (b) zyklischer Deformation in Mooney-Rivlin-Darstellung

Fittet man ein Materialmodell, wie beispielsweise das nichtaffine Reptationsmodell an die Daten der zyklisch vordeformierten Kurven und ersetzt die makroskopische Deformation durch die intrinsische, so kann die chemische Netzstellendichte aus dem Modulwert G_C berechnet werden. Analog kann natürlich auch das Van-der-Waals-, das Mooney-Rivlin- oder jedes andere Materialmodell verwendet werden, dessen Parameter sich mit der Netzstellendichte verknüpfen lassen.

Abb. 4.25 zeigt das Ergebnis der Bestimmung der chemischen Netzstellendichte mittels zyklischer Vordeformation für verschiedene Füllstoffe als Funktion des Füllgrads.

Im linken Diagramm wurden vier unterschiedlich aktive Ruße in einem schwefelvernetzten L-SBR charakterisiert. Bis zu einem Füllgrad von ca. 50 phr ist bei allen untersuchten Rußen kein Einfluss des Füllstoffs auf die Netzstellendichte zu

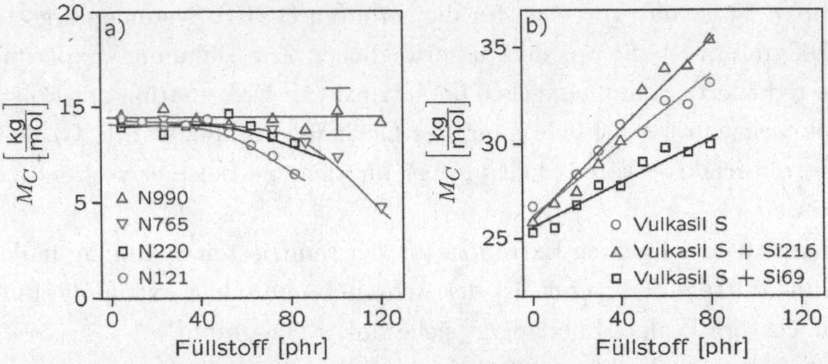

Abb. 4.25 Netzstellendichte von ruß- (a) und silika-gefüllten (b) Vulkanisaten

erkennen. Bei höheren Füllgraden nimmt die Netzstellendichte der Compounds mit den aktiven Füllstoffen scheinbar zu. Bei den hohen Füllgraden gelingt es damit nicht, alle Füllstoff-Füllstoff- und/oder Polymer-Füllstoff-Wechselwirkungen durch die zyklische Vordeformation aufzubrechen. Die verbleibenden Kontakte führen zu der scheinbar erhöhten Netzstellendichte.

Im rechten Diagramm wurde Silika als Füllstoff eingesetzt. Dieses wurde sowohl unbehandelt eingemischt als auch mit zwei unterschiedlichen Silanen, einem monofunktionalen Organosilan (Si216) und einem bifunktionalen, schwefelhaltigen Organosilan (Si69), modifiziert. Die Silane reagieren beim Mischvorgang unter höheren Temperaturen, üblich sind 150 °C bis 170 °C, unter Abspaltung von Ethanol mit den Hydroxylgruppen der Füllstoffoberfläche. Enthält das Silan Schwefel, so verbindet sich dieser bei der anschließenden Vulkanisation mit den Polymerketten und erzeugt eine mechanisch stabile Verbindung zwischen Füllstoff und Polymer.

Die Analyse der Zug-Dehnungs-Messungen zeigt, dass die chemische Netzstellendichte der silikagefüllten Vulkanisate mit steigendem Füllgrad abnimmt. Am stärksten ist dieser Effekt bei reinem und bei mit Si216 modifizierten Silika. Deutlich schwächer ist der Effekt bei den mit dem Silan Si69 modifizierten Systemen. Dies wird verständlich, wenn man berücksichtigt, dass Si69 bei der Vernetzung Schwefel freisetzt. Dieser freigesetzte Schwefel erzeugt zusätzliche Netzstellen und erhöht damit die Netzstellendichte.

Da die chemische Netzstellendichte deutlich abnimmt, wenn Silika als Füllstoff eingemischt wird, geht man davon aus, dass die Silikaoberfläche mit dem Vernetzer reagieren kann. Bei Ruß wird dieser Effekt nicht beobachtet.

Zur Bestimmung der chemischen Netzstellendichte eines gefüllten Vulkanisats werden die Füllstoff-Füllstoff- bzw. Füllstoff-Polymer-Kontakte durch eine mehrfache zyklische Dehnung abgebaut. Üblicherweise dehnt man zehnmal bis etwa 80 % der Bruchdehnung.

Die intrinsische Dehnung ε_I der Polymerketten kann dann aus der Multiplikation der hydrodynamische Verstärkung $(1+2.5\Phi)$ mit der makroskopischen Dehnung ε des gefüllten Vulkanisats berechnet werden.

Zur Bestimmung der Netzstellendichte des gefüllten Vulkanisats wird die Zug-Dehnungs-Kurve der vorzyklisierten Probe durch ein Materialmodell (Reptation, Van-der-Waals etc.) beschrieben, wobei die makroskopische durch die intrinsische Dehnung ersetzt wird.

Die Netzstellendichte wird dann analog zur Vorgehensweise bei ungefüllten Vulkanisaten aus den Parametern der jeweiligen Modelle ermittelt.

4.3.3 Verstärkung

Bei der Bestimmung der chemischen Netzstellendichte von gefüllten Vulkanisaten wurde die verstärkende Wirkung von Füllstoffen durch einen konstanten Faktor modelliert, der dann als weiterer Parameter in einem Materialmodell berücksichtigt wurde. Voraussetzung war, dass alle Füllstoff-Füllstoff- bzw. Füllstoff-Polymer-Wechselwirkungen durch eine zyklische Vordeformation abgebaut wurden. Ist dies nicht der Fall, dann führen die Wechselwirkungen mit dem Füllstoff zu einer deutlich höheren, von der Deformation abhängigen Verstärkung.

Dieser Zusammenhang kann durch eine verallgemeinerte Definition der intrinsischen Deformation quantitativ dargestellt werden.

$$\lambda_I = 1 + v(\lambda, \Phi, T) \cdot (\lambda - 1) \tag{4.82}$$

Dabei ist $v(\lambda, \Phi, T)$ ein von Deformation, Füllgrad und Temperatur abhängiger Verstärkungsfaktor.

Zur experimentellen Bestimmung des Verstärkungsfaktors $v(\lambda, \Phi, T)$ benötigt man die Zug-Dehnungs-Messungen des gefüllten und des ungefüllten vernetzten Vulkanisats.

In einem ersten Schritt wird wieder ein Materialmodell (z.B. Van der Waals, nichtaffine Reptation etc.) an die Zug-Dehnungs-Kurve des ungefüllten, vernetzten Elastomers gefittet. Unter der Annahme, dass die Parameter der verwendeten Materialmodelle nicht oder nur wenig vom Füllstoff beeinflusst werden, kann der deformationsabhängige Verstärkungsfaktor dann aus der Zug-Dehnungs-Kurve des gefüllten Vulkanisats ermittelt werden.

Zur Beschreibung des Zug-Dehnungs-Verhaltens des gefüllten Systems ersetzt man die makroskopische Deformation durch die intrinsische, verwendet die aus den Zug-Dehnungs-Messungen des ungefüllten Vulkanisats bestimmten Modellparameter und variiert dann den Verstärkungsfaktor in Gl. 4.82 so lange, bis die berechnete Spannung der gemessenen Spannung des gefüllten Systems entspricht.

Das Ergebnis dieser Berechnung ist in Abb. 4.26 für ein rußgefülltes vernetztes HNBR dargestellt.

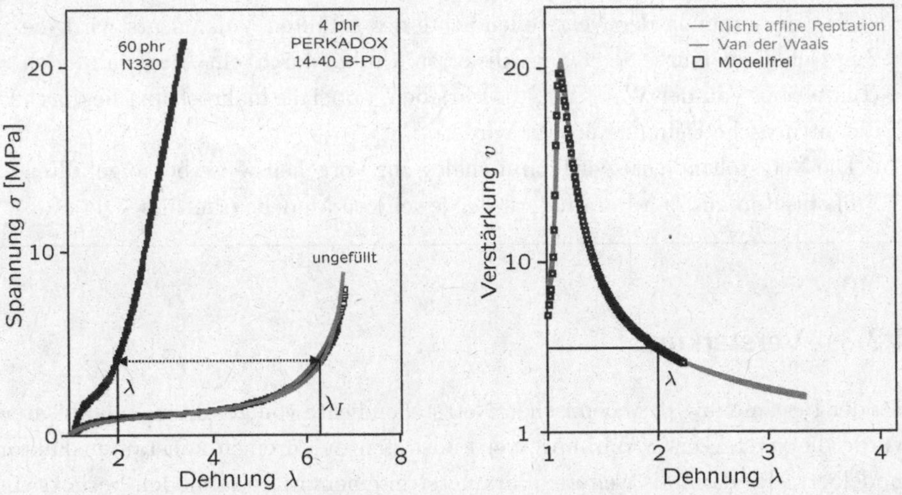

Abb. 4.26 Berechnung der deformationsabhängigen Verstärkung (b) aus Zug-Dehnungs-Messungen (a) der ungefüllten und der gefüllten Vulkanisate

Dabei wurden zwei Materialmodelle, das Van-der-Waals- und das nichtaffine Reptationsmodell zur Berechnung des deformationsabhängigen Verstärkungsverhaltens verwendet. Die Linien im linken Diagramm von Abb. 4.26 zeigen das Resultat des Fits der Modelle an die Messdaten des ungefüllten Vulkanisats. Im rechten Diagramm von Abb. 4.26 sind die mittels Gl. 4.82 berechneten Verstärkungsfaktoren des gefüllten Systems dargestellt.

Die □-Symbole im rechten Diagramm stellen einen Ansatz zur Berechnung der deformationsabhängigen Verstärkung dar, der ohne ein zugrunde liegendes Materialmodell auskommt. Zur Berechnung des Verstärkungsfaktors wird lediglich das Konzept der intrinsischen Verstärkung verwendet. Die Verstärkung ergibt sich aus Gl. 4.82 zu

$$v(\lambda, \Phi, T) = \frac{\lambda_I - 1}{\lambda - 1} \tag{4.83}$$

Zur Berechnung der Verstärkung bei der Dehnung λ bestimmt man die zugehörige Spannung im gefüllten System. Die intrinsische Dehnung der Netzbögen entspricht dann der Dehnung des ungefüllten Systems bei dieser Spannung.

In Abb. 4.26 ist die Berechnung der Verstärkung bei einer Dehnung $\lambda = 2$ skizzenhaft dargestellt. Die Spannung des gefüllten Vulkanisats beträgt bei dieser Dehnung ca. 4 MPa. Die Dehnung des ungefüllten Vulkanisats – die ja der intrinsischen Deformation der Netzbögen entspricht – besitzt bei dieser Spannung einen Wert von ca. 6.2. Die Verstärkung des gefüllten Vulkanisats bei der Dehnung $\lambda = 2$ berechnet sich somit zu

$$v(\lambda = 2, \Phi, T) = \frac{\lambda_I - 1}{\lambda - 1} = \frac{6.2 - 1}{2 - 1} = 5.2$$

Führt man diese Rechnung analog für jedes λ durch, so ergibt sich der im rechten Diagramm von Abb. 4.26 mit den □-Symbolen dargestellte Zusammenhang zwischen Dehnung und Verstärkung.

Vergleicht man die drei Methoden zur Berechnung der Verstärkung, so findet man im gesamten Deformationsbereich eine gute Übereinstimmung. Dies war auch zu erwarten, da beide Materialmodelle das Zug-Dehnungs-Verhalten der ungefüllten Systeme sehr gut beschreiben.

Der Kurvenverlauf der Verstärkung ist in Teilen überraschend. So durchläuft die Verstärkung mit zunehmender Deformation ein Maximum, um dann stetig abzunehmen. Die Ausbildung des Maximums kann mit klassischen Theorien nicht erklärt werden. Nach klassischem Verständnis müsste eine steigende Dehnung zu einem fortschreitenden Aufbrechen von Füllstoff-Füllstoff- und/oder Füllstoff-Polymer-Kontakten führen. Damit sollte die Verstärkung mit steigender Amplitude stetig abnehmen.

Eine mögliche Erklärung für die Existenz eines Maximums der Verstärkung wäre eine Orientierung und/oder Dehnung von Füllstoffclustern, bevor diese bei weiterer Belastung brechen. Die orientierten und/oder gedehnten Cluster müssten damit anisotrope Eigenschaften und/oder eine nichtlineare Zug-Dehnungs-Charakteristik aufweisen.

Eine Ursache für das nichtlineare Deformationsverhalten könnte die schon in Abschnitt 3.16.7 diskutierte immobilisierte Polymerschicht sein. Ein aus Füllstoff-Füllstoff- und Füllstoff-Polymer-Kontakten aufgebautes Füllstoffcluster kann bei Belastung durch die Deformation der immobilisierten Polymerschicht zwischen den Füllstoffaggregaten gedehnt werden, bevor es bricht. Diese Dehnung könnte als Ursache für die Ausbildung des Maximums der Verstärkung angesehen werden. Bei höheren Dehnungen brechen die gedehnten Cluster, und dies führt dann zu der stetigen Abnahme der Verstärkung.

Der Einfluss von Füllstoff-Füllstoff- und Füllstoff-Polymer-Kontakten auf das nichtlineare Deformationsverhalten kann durch einen deformationsabhängigen Verstärkungsterm $v(\varepsilon, \Phi, T)$ quantitativ beschrieben werden.

Zur experimentellen Bestimmung dieser Verstärkung $v(\varepsilon, \Phi, T)$ benötigt man die Zug-Dehnungs-Kurven des gefüllten und des ungefüllten Vulkanisats. Die Verstärkung entspricht dem Verhältnis der Dehnungen von gefülltem und ungefülltem Vulkanisat bei gleichen Spannungswerten.

$$v(\varepsilon, \Phi, T) = \frac{\varepsilon_I}{\varepsilon} = \frac{\lambda_I - 1}{\lambda - 1}$$

Betrachtet man die Verstärkung als Funktion der Dehnung, so findet man bei relativ kleinen Dehnungen ein Maximum, das durch klassische Füllstoffmodelle – nach denen eine Erhöhung der Dehnung immer zu einer Abnahme der Verstärkung führt – nicht erklärt werden kann.

Einfluss der Temperatur

Führt man die Zug-Dehnungs-Experimente am ungefüllten und am gefüllten Vulkanisat bei Variation der Temperatur durch, so kann der Einfluss der Temperatur auf Füllstoff-Füllstoff- bzw. Polymer-Füllstoff-Wechselwirkungen von dem temperaturabhängigen Verhalten der Polymermatrix extrahiert werden. Für ein vernetztes, ungefülltes Polymer konnte der Einfluss der Temperatur durch eine thermodynamische Beschreibung quantitativ abgeleitet werden (siehe Gleichung 4.44 auf Seite 295).

Der Einfluss der Temperatur auf das nichtlineare Deformationsverhalten von gefüllten, vernetzten Elastomeren ist in 4.27 exemplarisch für ein rußgefülltes, peroxidisch vernetztes Therban dargestellt.

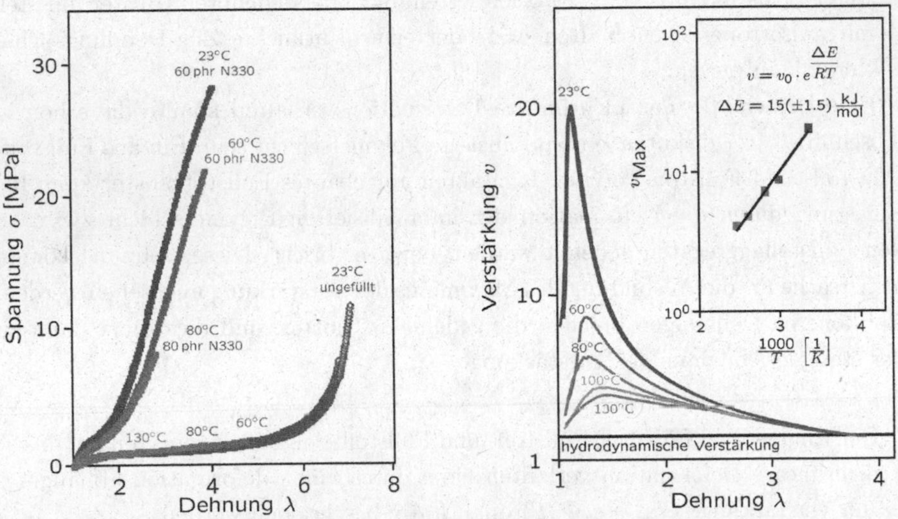

Abb. 4.27 Einfluss der Temperatur auf das Verstärkungsverhalten

Im linken Diagramm ist das Zug-Dehnungs-Verhalten der ungefüllten und der gefüllten Vulkanisate bei vier verschiedenen Temperaturen zwischen 23 °C und 130 °C dargestellt. Im rechten Diagramm finden sich die daraus extrahierten Verstärkungsfaktoren. Bei kleineren Deformationen steigen die Verstärkungsfaktoren für alle Temperaturen an, durchlaufen bei weiterer Erhöhung der Deformation ein Maximum und erreichen bei sehr hohen Deformationen den Grenzwert der hydrodynamischen Verstärkung. Bei Erhöhung der Temperatur sinken die maximalen Werte der Verstärkung, aber der prinzipielle Kurvenverlauf der Verstärkung bleibt allerdings erhalten. Der Zusammenhang zwischen Temperatur und maximaler Verstärkung ist im Inlay des rechten Diagramms grafisch dargestellt. Man findet, analog zur Ableitung des Platzwechselmodells in Abschnitt 3.11.1, eine lineare Beziehung zwischen inverser Temperatur und dem Logarithmus der Verstärkung. Die Steigung der Geraden ist proportional zur Aktivierungsenergie bzw. zu der Energie, die man benötigt, um eine Füllstoff-Polymer- oder Füllstoff-Füllstoff-Wechselwirkung zu lösen. Die Größenordnung der Aktivierungsenergie von ca. $15 \pm 1.5\,\mathrm{kJ/mol}$ deutet darauf hin, dass es sich bei den während des Zug-Dehnungs-Experiments abgebauten Wechselwirkungen um Van-der-Waals-Bindungen handelt.

Das Zug-Dehnungs-Experiment stellt somit eine einfache Möglichkeit zur quantitativen Bestimmung der Temperaturabhängigkeit von Füllstoff-Füllstoff- bzw. Polymer-Füllstoff-Wechselwirkungen dar.

Einfluss der Netzstellendichte

In Abb. 4.28 ist das nichtlineare Deformationsverhalten von Vulkanisaten mit gleichen Füllstoffmengen, aber variablen Mengen an Peroxid, dargestellt. Die Fragestellung bei diesem Experiment ist, ob und wie die Vernetzung die verstärkenden Eigenschaften des Füllstoffs beeinflusst. In den vorigen Abschnitten wurde gezeigt, dass Ruß die chemische Vernetzung nicht bzw. nur sehr geringfügig beeinflusst. Vergleicht man also das nichtlineare Deformationsverhalten von gefüllten und nicht gefüllten Vulkanisaten bei konstanter Füllstoffmenge bzw. das daraus berechnete Verstärkungsverhalten (siehe rechtes Diagramm in Abb. 4.28) für verschiedene Dosierungen des Vernetzers, so sind die Unterschiede im Verstärkungsverhalten ein Indiz für den Einfluss des chemischen Netzwerks auf die verstärkenden Eigenschaften des Füllstoffs.

Betrachtet man die Verstärkungsfaktoren als Funktion der chemischen Netzstellendichte, so zeigen die aus den Zug-Dehnungs-Messungen extrahierten Verstärkungsfaktoren eine mit steigender chemischer Netzstellendichte korrelierte Absenkung der maximalen Verstärkung.

Eine mögliche Erklärung dieses Verhaltens basiert auf der Flokkulation von Füllstoffaggregaten. Dies bedeutet, dass Füllstoffaggregate in einem unvernetzten Vulkanisat mit der Zeit zu immer größeren Clustern agglomerieren. Am deutlichsten ist dieser Effekt bei Silika; bei Ruß ist er vorhanden, aber wesentlich schwächer ausgeprägt.

Da die Viskosität der Polymermatrix mit steigender Temperatur abnimmt, kann die zur Reagglomeration nötige Diffusion von Füllstoffclustern schneller ablaufen.

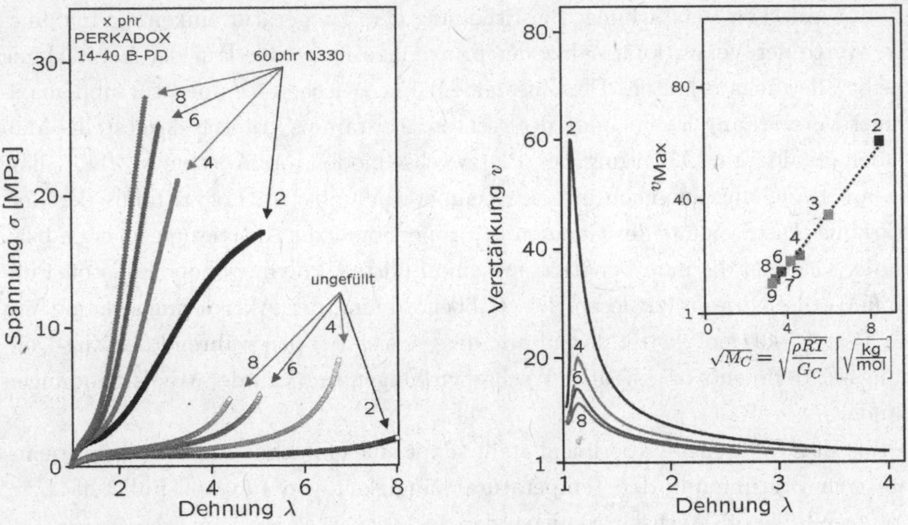

Abb. 4.28 Einfluss der chemischen Vernetzung auf das Verstärkungsverhalten

Die Flokkulation von Füllstoffagglomeraten beschleunigt sich daher mit steigender Temperatur.

Vernetzt man das gefüllte Polymer, so ist die Agglomeration von Füllstoffclustern eingeschränkt und nur noch für die Aggregate möglich, die deutlich kleiner als die Netzbogenlänge sind. Größere Füllstoffcluster werden vom Netzwerk fixiert und können damit nicht mehr agglomerieren.

Nimmt man an, dass die Größe eines Füllstoffclusters mit der Verstärkung korreliert – ein größeres Cluster verursacht eine höhere Verstärkung –, so muss die maximale Verstärkung mit steigender Netzstellendichte abnehmen.

Das Inlay im rechten Diagramm von Abb. 4.28 bestätigt diese These. Man findet eine lineare Beziehung zwischen der maximalen Verstärkung, die als Maß für die Clustergröße dient, und der Quadratwurzel der Masse der mittleren Netzbögen, die ein Maß für die Ausdehnung des Netzbogens zwischen zwei benachbarten Netzstellen darstellt.

Dieses Ergebnis bestätigt den Einfluss der Vernetzung auf die Flokkulation von Füllstoffen und zeigt, dass die Art und die Dauer der Vernetzung einen deutlichen Einfluss auf die verstärkenden Eigenschaften des Füllstoffs im Vulkanisat haben.

Literaturverzeichnis

Adam G., Gibbs J.H., J. Chem. Phys., Vol.43, p.139, 1965

Askadskii A., Chemistry and Life, Vol. 2, 1981

Askadskii A., Physical Properties of Polymers, G. a. B. Publishers, Amsterdam 1996

Beck R., Faserf. und Textiltech., Vol.29, p.361, 1978

Beevers R.B., White E.F.T., Trans. Faraday Soc., Vol.56, p.774, 1960

Bendel P., J. Magn. Reson., Vol.42, p.365, 1981

Berriot J. et. al., Macromolecules, Vol.35, p.9756, 2002

Boyer R.F., Simha R., J. Chem. Phys., Vol.37, p.1003, 1962

Boyer R.F., R. Chem. Technol., Vol.36, p.1303, 1963

Boyer R.F., J. Polym. Sci.: Symposium, Vol.50, p.189, 1975

Bueche F., J. Chem. Phys., Vol.20, p.1959, 1952

Cloizeau J., Europhys. Lett., Vol.5, p.437, 1988

Colby R.H. et al., Macromolecules, Vol.20, p.2226, 1987

Cole R., Cole H., J. Chem. Phys., Vol.9, p.341, 1941

Cole R., Cole H., H. Davidson, J. Chem. Phys., Vol.18, p.1417, 1950

Cox W.P., Merz E.H., J. Polym. Sci., Vol.28, p.619, 1958

deGennes P.G., J. Chem. Phys., Vol.55, p.572, 1971

Doi M., Edwards S.F., The Theory of Polym. Dynamics, Clarendon Press, 1986

Doi M., Introduction to Polymer Physics, Clarendon Press, 1996

Donnet J.P., Carbon Black Physics, Marcel Dekker, New York, 1976

Doolittle A.K., J. Appl. Phys., Vol.22, p.1471, 1951

Eckert G., Dissertation, Uni Ulm, 1997

Edwards S.F., Deam T.E., Phil. Trans. R. Soc, Vol.A280, p.370, 1976

Edwards S.F., Vilgis T.A., Polymer, Vol.27, p.483, 1986

Edwards S.F., Vilgis T.A., Rep. Prog. Phys., Vol.51, p.243, 1988

Ehrenstein G.W., Polymer-Werkstoffe, Hanser Verlag, München, 1978

Einstein A., Annalen der Physik, Vol.19, p.289, 1906

Einstein A., Annalen der Physik, Vol.34, p.591, 1911

Eisele U., Introduction to Polymer Physics, Springer Verlag, Berlin, 1990

Ferry J.D., Williams M.L., J. Polym. Sci., Vol.11, p.169, 1953

Ferry J.D., Viscoelastic Properties of Polymer, J.Wiley & Sons, New York, 1980

Fischer K.H. et al, Z., Physik der Polymere, IFF-Ferienkurs, 1987

Flory P.J., Principles of Polymer Chemistry, Cornell Univ. Press, Ithaca, 1979

Forrest J.A., Dalnoki-Veress K., Adv. Coll. Int. Sci., Vol.94, p.167, 2001

Fox T.G., Flory P.J., J. Am. Chem. Soc., Vol.70, p.2384, 1948

Fox T.G., Flory P.J., J. Appl. Sci., Vol.21, p.581, 1950

Berry G.C., Fox T.G., Adv. Polym. Sci., Vol.5, p.261, 1968

Thimm W., Friedrich C., Honerkamp J., J. Rheol., Vol.6, p.43, 1999

Fröhlich J., Füllstoffe und Chemikalien, WBK an der Universität Hannover, 2008

Funt J.M., Rubber Chem. Technol, Vol.61, p.842, 1987

Geisler H., Prüfung von Elastomeren, WBK an der Universität Hannover, 2008

Di Marzio E.A., Gibbs J.H., J. Polym. Sci., Vol.A1, 1963

Di Marzio E.A., Gibbs J.H., Macromolecules, Vol.9, p.763, 1976

Gordon M., Taylor J.S., J. Appl. Chem., Vol.2, p.493, 1952

Göritz D., Vortrag DKT, Nürnberg, 2006

Götze W., Z. Physik B, Vol.65, p.415, 1987

Guth E., Gold O., Phys. Rev., Vol.53, p.322, 1938

Guth E., J. Appl. Phys., Vol.16, p.20, 1945

Hayes R.A., J. Appl. Polym. Sci., Vol.5, p.318, 1961

Heijboer J., Brit. Polym. J., Vol.1, p.3, 1969

Heinrich G., Klüppel M., Rubber Chem. Technol., Vol.70, p.243, 1997

Heinrich G., Straube E., Helmis G., Adv. Polym. Sci., Vol.85, p.33, 1998

Heinze D., Chimia, Vol.22, p.123, 1968

Herzberg R.W., Def. and Frac. mech. of Eng. Mat., J. Wiley & Sons, New York, 1976

Hull D., Introduction to Dislocations, Pergamon Press, Oxford, 1968

Kanig G., Koll. Z.u.Z. Polym, Vol.1, p.190, 1963

Kellay N., Bueche F., J. Polym. Sci., Vol.50, p.549, 1961

Kilian H.G., Polymer, Vol.22, p.209, 1981

Kilian H.G., KGK, Vol.36, p.959, 1983

Vilgis T., Kilian H.G., Polymers, Vol.25, p.71, 1984

Kilian H.G., Vilgis T., Coll. & Polym. Sci., Vol.262, p.15, 1984

Kilian H.G., Ibid., Vol.39, p.689, 1986

Kilian H.G., Schenk H., Wolff S., Coll. & Polym. Sci., Vol.265, p.410, 1987

Kilian H.G., Prog. Coll. Polym. Sci, Vol.75, p.213, 1987

Kilian H.G., Schenk H., Appl. Polym. Sci., Vol.35, p.345, 1988

Klüppel M., Adv. Polym. Sci., Vol.164, p.1, 2003

Kovacs A.J., J. Polym. Sci., Vol.30, p.131, 1958

Kovacs A.J., Fortschr. Hochpolym. Forsch., Vol.3, p.394, 1966

Kraus G., Reinforcement of Elastomers, Wiley Intersci., New York, 1965

Kraus G., J. Appl. Polym. Sci., Vol.329, p.75, 1984

Kuchling H., Taschenbuch der Physik, Fachbuchverlag Leipzig, Leipzig-Köln, 1991

Langley N.R., Macromolecules, Vol.1, p.348, 1968

Leutheuser E., Phys. Ref. A, Vol.29, p.2765, 1984

Mandelkern L., Martin G.M., F.A. Quinn, J. Res. NBS, Vol.58, p.137, 1957

Mandelkern L., Martin G.M., J. Res. NBS, Vol.62, p.141, 1959

McKenna G., Compr. Polym. Sci., Vol.2, p.311, 1989

McLeish T.C.B., Larson R.G., J. Rheol., Vol.42(1), p.81, 1998

Medalia A.I., J. of Coll. and Int. Sci., Vol.32, p.115, 1970

Medalia A.I., Rubber Chem. Tech., Vol.45, p.1, 1972

Medalia A.I., Rubber Chem. Tech., Vol.51, p.437, 1978

Menzel H., Synthese und Analyse von Polymeren, WBK an der Univ. Hannover, 2008

Mooney M., J. Appl. Phys., Vol.11, p.582, 1940

Mooney M., J. Appl. Phys., Vol.19, p.434, 1948

Nabarro F.R.N., Theory of Crystal Dislocation, Clarendon Press, Oxford, 1967

Nye J.F., Physical Properties of Crystals, Clarendon Press, Oxford, 1985

Payne A.R., J. Appl. Polym. Sci., Vol.6, p.57, 1962

Payne A.R., J. Appl. Polym. Sci., Vol.7, p.873, 1963

Payne A.R., J. Appl. Polym. Sci., Vol.8, p.2661, 1964

Pearson D.S. et al., Macromolecules, Vol.27, p.711, 1994

Pechhold W., Blasenbrey S., Koll. Zt. u. Zt. f. Polym., Vol.241, p.955, 1970

Pechhold W., Sautter E., v. Soden W., Macromol. Chem. Suppl., Vol.3, p.247, 1979

Pechhold W., Böhm M., v. Soden W., Prog. Coll. Polym. Sci., Vol.75, p.23, 1987

Pechhold W., Böhm M., v. Soden W., Prog. Coll. Polym. Sci., Vol.268, p.1089, 1990

Rivlin R.S., Trans. R. Soc., Vol.A240, p.459, 1948

Rivlin R.S., Trans. R. Soc., Vol.A241, p.379, 1948

Rouse P.E., J. Chem. Phys., Vol.21, p.1272, 1953

Rubinstein M., Panyukow S., Macromolecules, Vol.30, p.8036, 1997

Rubinstein M., Colby R.H., Polymer Physics, Oxford Univ. Press, New York, 2003

Schmieder K., Wolf K., Kolloid-Z., Vol.65, p.127, 1953

Schröder A., Dissertation, DIK Hannover, 2000

Schwarzl F., Stavermann H.J., Physica, Vol.18, p.791, 1952

Schwarzl F., Stavermann H.J., Appl. Sci. Res. A., Vol.4, p.127, 1953

Schwarzl F.R., Polymermechanik, Springer Verlag, Berlin, 1990

Shen M., Eisenberg A., Rubber Chem. Technol., Vol.43, p.95, 1970

Soddemann M., Compounding von Elastomeren, WBK an der Universität Hannover, 2014

Stauffer D., Aharony A., Perkolationstheorie Eine Einführung, VCH, Weinheim, 1995

Sternstein S., Zhu A., Macromolecules, Vol.62, p.7262, 2000

Strobl G., The Physics of Polymers, Springer Verlag, Berlin, 1996

Strobl G., Physik kondensierter Materie, Springer Verlag, Berlin, 2002

Taylor G.I., Proc. Roy. Soc. London, Vol.41, p.A138, 1932

Thurnbull D., J. Chem. Phys., Vol.34, p.1003, 1962

Treloir L.R.G., The Physics of Rubber Elasticity, Clarendon Press, Oxford, 1975

Trinkle S., Friedrich C., Rheol. Acta, Vol.40, p.322, 2001

Trinkle S., Walter P., Friedrich C., Rheol. Acta, Vol.41, p.103, 2002

Twiss D.F., J. Soc. Chem. ind., Vol.44, p.1067, 1925

Ulmer J.D., Rubber Chem. Technol., Vol.69, p.15, 1996

Van der Waals J.D., Dissertation, Leiden, 1873

Van Gurp M., Palmen J., Rheol. Bull., Vol.67, p.5, 1998

van Krevelen D.W., Properties of Polymers, Elsevier, Amsterdam, 1990

Weiss R., Finite Elemente bei Elastomeren, WBK an der Universität Hannover, 2008

Williams M.L., Landel R.F., Ferry J.D., J. Am. Chem. Soc., Vol.77, p.3701, 1955

Wrana C., unpublished measurements, Leverkusen, 2000

Wrana C., Fischer C., Härtel V., ACS-Spring Meeting, Paper 20, 2003

Wrana C., Kroll J., Fall Rubber Colloquium, Hannover, 2006

Wrana C., Fischer C., Härtel V., KGK, Vol.12, p.647, 2008

Würstlin F., Kolloid-Z., Vol.120, p.84, 1951

Zanotto E.D., Am. J. Phys., Vol.66, p.392, 1997

Zanotto E.D., Am. J. Phys., Vol.67, p.260, 1998

Zimm B.H., J. Chem. Phys., Vol.24, p.269, 1956

Index